FFmpeg入门详解

SDK二次开发与直播美颜原理及应用

梅会东 ◎ 编著

清华大学出版社
北京

内容简介

本书系统讲解了 FFmpeg SDK 二次开发及直播美颜的基础理论及应用，包括 FFmpeg 各大核心组件，音视频转封装、转码、滤镜、音频重采样、视频缩放等，读取摄像头和话筒采集的数据，流媒体直播推流等功能。在本书的最后一章，介绍了 OpenCV 的图像特效处理，并结合 FFmpeg 进行直播推流。本书为 FFmpeg 音视频流媒体系列的第四部，前三部分别是《FFmpeg 入门详解——音视频原理及应用》《FFmpeg 入门详解——流媒体直播原理及应用》和《FFmpeg 入门详解——命令行及音视频特效原理及应用》。

全书共分为 13 章，系统讲解了 FFmpeg 源码编译及环境搭建的基础知识、转封装与转码、过滤器、音视频采集功能、音频重采样、视频缩放、流媒体直播等功能，并结合 OpenCV 进行图像特效处理等。

书中包含大量的示例，图文并茂，争取让每个音视频流媒体领域的读者真正入门，从此开启流媒体直播编程的大门。本书知识体系比较完整，侧重 FFmpeg SDK 二次开发及直播美颜的原理讲解及应用。建议读者先学习 FFmpeg 音视频流媒体系列的前 3 部，然后来学习本书。本书的讲解过程由浅入深，让读者在不知不觉中学会 FFmpeg SDK 二次开发的基础知识，并能动手实现各种转码功能、音视频特效处理，以及实现流媒体直播功能。

本书可作为 FFmpeg SDK 二次开发、音视频特效处理及流媒体直播方向的入门图书，也可作为高年级本科生和研究生的学习参考书。

图书在版编目(CIP)数据

FFmpeg 入门详解：SDK 二次开发与直播美颜原理及应用/梅会东编著. —北京：清华大学出版社，2023.2
(计算机技术开发与应用丛书)
ISBN 978-7-302-62695-4

Ⅰ. ①F… Ⅱ. ①梅… Ⅲ. ①视频编码－图形软件－基本知识 Ⅳ. ①TN762

中国国家版本馆 CIP 数据核字(2023)第 026842 号

责任编辑：赵佳霓
封面设计：吴　刚
责任校对：胡伟民
责任印制：曹婉颖

出版发行：清华大学出版社
网　　址：http://www.tup.com.cn，http://www.wqbook.com
地　　址：北京清华大学学研大厦 A 座　　**邮　　编**：100084
社 总 机：010-83470000　　**邮　　购**：010-62786544
投稿与读者服务：010-62776969，c-service@tup.tsinghua.edu.cn
质量反馈：010-62772015，zhiliang@tup.tsinghua.edu.cn
课件下载：http://www.tup.com.cn，010-83470236
印 装 者：三河市铭诚印务有限公司
经　　销：全国新华书店
开　　本：186mm×240mm　　**印　　张**：35.75　　**字　　数**：893 千字
版　　次：2023 年 2 月第 1 版　　**印　　次**：2023 年 2 月第 1 次印刷
印　　数：1～2000
定　　价：139.00 元

产品编号：097801-01

前言

PREFACE

近些年来，随着 5G 网络技术的迅猛发展，FFmpeg 音视频及流媒体直播应用越来越普及，音视频流媒体方面的开发岗位也非常多，然而，市面上没有一本通俗易懂的系统完整的 FFmpeg SDK 二次开发及直播美颜的入门图书。网络上的知识虽然不少，但是太散乱，不适合读者入门。

众所周知，FFmpeg 命令行应用起来简单，但 SDK 二次开发相对比较难以理解。很多程序员想从事音视频或流媒体开发，但始终糊里糊涂、不得入门。笔者刚毕业时，也是纯读者一个，付出了艰苦的努力，终于有一些收获。借此机会，整理成专业书籍，希望给读者带来帮助，少走弯路。

FFmpeg 发展迅猛，功能强大，命令行也很简单、很实用，但是有一个现象：即便使用命令行做出了一些特效，但依然不理解原理，不知道具体的参数是什么含义。音视频与流媒体是一门很复杂的技术，涉及的概念、原理、理论非常多，很多初学者不学基础理论，而是直接做项目、看源码，但往往在看到 C/C++的代码时一头雾水，不知道代码到底是什么意思。这是因为没有学习音视频和流媒体的基础理论，就像学习英语，不学习基本单词，而是天天听英语新闻，总也听不懂，所以一定要认真学习基础理论，然后学习播放器、转码器、非编、流媒体直播、视频监控等。

阅读建议

本书是 FFmpeg SDK 二次开发及直播美颜的入门图书，既有通俗易懂的基本概念，又有丰富的案例和原理分析，图文并茂，知识体系非常完善。对音视频、流媒体和直播的基本概念和原理进行复习，对重要的概念进行了具体的阐述，然后结合 FFmpeg 的 SDK 进行案例实战，既能学到实践操作知识，也能理解底层理论，非常适合初学者。建议读者先学习 FFmpeg 音视频流媒体系列的前 3 部，然后来学习本书。

本书总共 13 章。

第 1～4 章介绍 FFmpeg 环境搭建、基础架构、核心数据结构及重要 API。

第 5～13 章介绍 FFmpeg 的八大核心开发库，实现转封装、转码、过滤器、各种音视频特效、直播功能、音视频采集、音频重采样、视频缩放等功能，并结合 OpenCV 对图像进行特效处理等知识。

建议读者在学习过程中，循序渐进，不要跳跃。本书的知识体系是编者精心准备的，由浅入深，层层深入，对于抽象复杂的概念和原理，笔者尽量通过图文并茂的方式进行讲解，非常适合初学者。从最基础的 FFmpeg SDK 入门案例开始，理论与实践并重，读者一定要动手实践，亲自试验各个案例，并理解原理和流程。首先详细讲解 API 函数选项，然后应用到具体的案例中，争取每个案例都能将知识点活学活用。建议读者将本系列的第一部和第二部所学的音视频基础知识和流媒体直播基础知识应用到本书中，理论指导实践，加深对每个知识点的理解。不但要会用 FFmpeg 的 SDK 来完成各种复杂的音视频特效及直播功能，还要能理解底层原理及相关的理论基础。最后进行分析总结，争取使所学的理论得到升华，做到融会贯通。

致谢

首先感谢清华大学出版社责任编辑赵佳霓给编者提出了许多宝贵的建议，以及推动了本书出版。

在这里特别感谢雷(霄骅)博士对 FFmpeg 及音视频流媒体开发所做出的无私奉献，祝雷神在天堂一切安好。

感谢我的家人和亲朋好友，祝大家快乐健康每一天。

感谢我的学员，群里的学员越来越多，并经常提出很多宝贵意见。随着培训时间和经验的增长，对知识点的理解也越来越透彻，希望给大家多带来一些光明，尽量让大家少走弯路。群里的部分老学员通过学到的 FFmpeg 音视频流媒体知识已经获得了 50 万元的年薪(几乎没有低于 30 万元年薪的)，这一点让我感到非常兴奋。将知识分享出去，是 1 变 N 的成效，看着大家成长起来，心里确实有一股股暖流。学习是一个过程，没有终点，唯有坚持，大家一起加油，为美好的明天而奋斗。

由于时间仓促，书中难免存在不妥之处，请读者见谅，并提宝贵意见。

梅会东

2022 年 7 月 8 日于北京清华园

本书源代码

目录

CONTENTS

第1章 CHAPTER 1 编译FFmpeg源码并搭建开发环境

学习FFmpeg,可以先从命令行入手,能够快速熟悉主要功能及操作流程,但命令行有时很不方便,使用SDK进行二次开发就比较灵活。如果想再深入一层,则需要亲手剖析源码,精通设计架构,并能根据自己的需求任意拆解所需模块,真正做到"拿来主义、为我所用"。

7min

1.1 FFmpeg源码简介

打开FFmpeg的源码,会发现一系列libavxxx的模块,这些模块很好地划分了代码的结构和分工,如图1-1所示,主要包括以下模块。

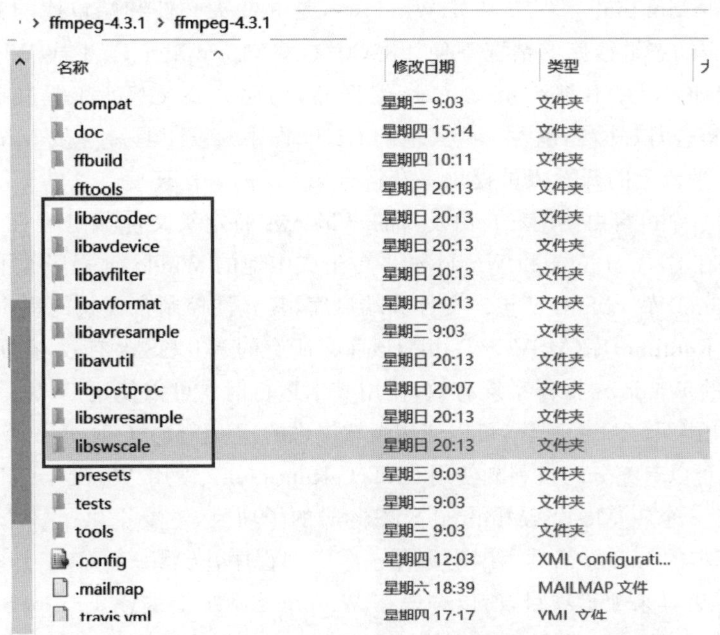

图1-1 FFmpeg的模块结构

（1）libavformat：format，格式封装。

（2）libavcodec：codec，编码、解码。

（3）libavutil：util，通用音视频工具，像素、IO、时间等工具。

（4）libavfilter：filter，过滤器，可以用作音视频特效处理。

（5）libavdevice：device，设备（如摄像头、拾音器等）。

（6）libswscale：scale，视频图像缩放，像素格式互换。

（7）libavresample：resample，重采样（最新的5.0版本中已经抛弃该模块）。

（8）libswresample：重采样，类似图像缩放。

（9）libpostproc：后期处理。

1.2 Windows平台下编译FFmpeg 5.0源码

由于FFmpeg是基于Linux开发的开源项目，源代码和Windows系统下最常见的Visual Studio提供的C/C++编译器不兼容，因此它不能直接使用MSVC++编译，需要在Windows系统下配置一个类似Linux的编译环境。这里介绍Windows 10 64位系统下使用VS 2015（或VS 2019）、MSYS2来联合编译FFmpeg的源码。

1.2.1 MinGW简介

MinGW，即Minimalist GNU for Windows，是一些头文件和端口库的集合，该集合允许在没有第三方动态链接库的情况下使用GCC（GNU Compiler C）生成Windows 32位程序。实际上MinGW并不是一个C/C++编译器，而是一套GNU工具集合。除了GCC（GNU编译器集合）以外，还包含一些其他的GNU程序开发工具。开发MinGW是为了帮助在Windows平台上的开发人员提供一套符合GNU的工作环境。

MinGW是一个可自由使用和自由发布的Windows特定头文件和使用GNU工具集导入库的集合，允许在GNU/Linux和Windows平台生成本地的Windows程序而不需要第三方C运行时（C Runtime）库。MinGW包含文件和端口库，其允许控制台模式的程序使用微软的标准C运行时（C Runtime）库（MSVCRT.dll），该库在所有的NT OS上有效，在所有的Windows 95发行版以上的Windows操作系统有效，使用基本运行时。可以使用GCC写控制台模式的符合美国标准化组织（ANSI）程序，可以使用微软提供的C运行时（C Runtime）扩展，与基本运行时相结合，就可以有充分的权利既使用CRT（C Runtime）又使用Windows API功能。

MinGW有一个叫MSYS（Minimal SYStem）的子项目，主要提供了一个模拟Linux的Shell和一些基本的Linux工具。因为编译一个大型程序，光靠一个GCC是不够的，还需要有Autoconf等工具来配置项目，所以一般在Windows系统下编译FFmpeg等Linux系统下的大型项目都是通过MSYS来完成的，MSYS只是一个辅助环境，核心编译工作还是由MinGW来完成。

MinGW 的工作原理是通过修改编译器，让 Windows 下的编译器把诸如 fork 等 API 的调用翻译成等价的形式。现代操作系统包括 Windows 和 Linux 的基本设计概念（如进程、线程、地址、空间、虚拟内存等）都是大同小异的，之所以二者的程序不能兼容，主要是它们对这些功能的具体实现上有差异。首先是可执行文件的格式，Windows 使用 PE 的格式，并且要求以 .exe 为后缀名；Linux 则使用 Elf。其次操作系统的 API 也不一样，如 Windows 用 CreateProcess()创建进程，而 Linux 使用 fork()，所以要移植程序必然要在这些地方进行改变，MinGW 有专门的 W32api 头文件，来把代码中 Linux 方式的系统调用替换为对应的 Windows 方式。

1.2.2　安装 MSYS2

MSYS2(Minimal SYStem 2)提供了一个类 Linux 的 Shell 环境和工具链，同时还使用了 Arch Linux 的 Pacman 管理软件包，比 Cygwin 的软件包管理要简单方便。Windows 上的安装包可直接在 GitHub 找到，下载网址为（读者也可以自己搜索，以便下载不同的版本）https://github.com/msys2/msys2-installer/releases/download/2022-05-03/msys2-x86_64-20220503.exe。

MSYS2 是一个 MSYS 的独立改写版本，主要用于 Shell 命令行开发环境。同时它也是一个在 Cygwin 和 MinGW-w64 基础上产生的，追求更好的互操作性的 Windows 软件。MSYS2 是 MSYS 的一个升级版，准确地说是集成了 Pacman 和 MinGW-64 的 Cygwin 升级版，提供了 Bash Shell 等 Linux 环境、版本控制软件(git/hg)和 MinGW-w64 工具链。与 MSYS 最大的区别是移植了 Arch Linux 的软件包管理系统 Pacman。

下载 msys2-x86_64-20220503.exe 后，双击后可运行，选择安装路径（默认为 C 盘，读者可以修改为别的盘符，笔者的安装路径为 D:__msys64)，如图 1-2 所示，然后单击 Next 按钮直至完成即可，如图 1-3 所示。

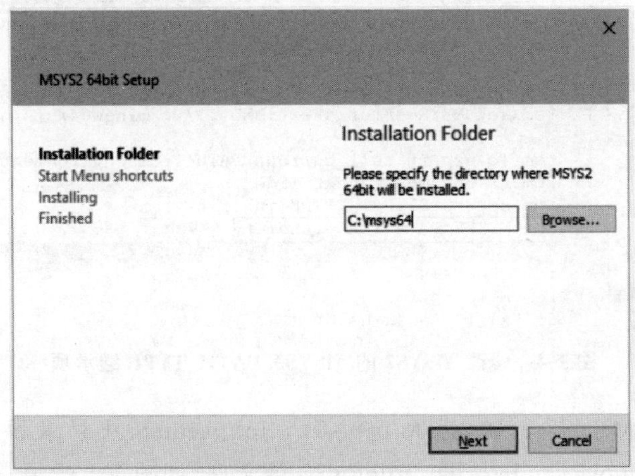

图 1-2　MSYS2 的安装路径

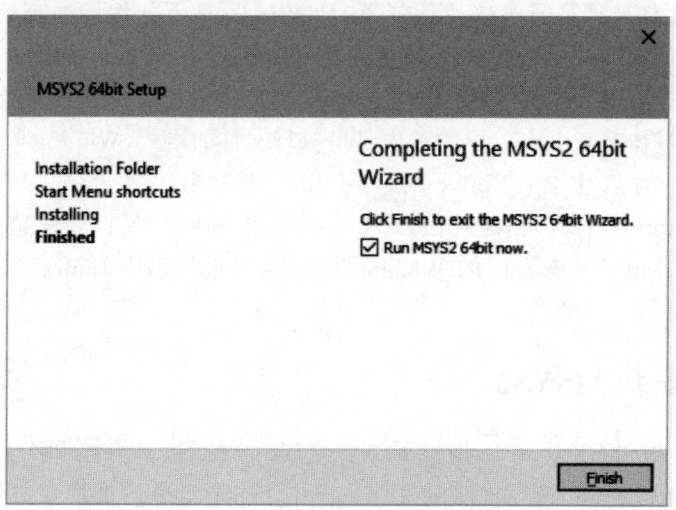

图 1-3 MSYS2 的安装完成

安装 MSYS2 之后，还要更新源并添加很多依赖项，比较麻烦。笔者将本地配置好的环境打包后放到了本书的课件资料中，读者可以扫码下载。

1.2.3 更新 MSYS2

安装完成后，进入 MSYS2 的安装目录中修改 msys2_shell.cmd 文件，将其中的外部环境继承项 MSYS2_PATH_TYPE=inherit 的注释打开(将最前边的 rem 去掉)，如图 1-4 所示。

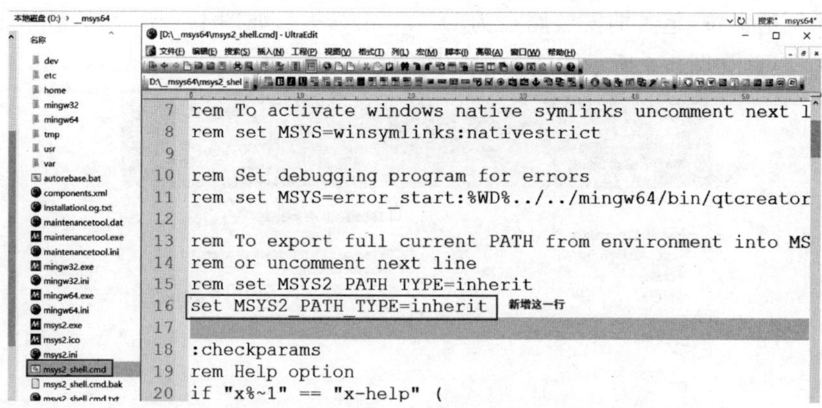

图 1-4 修改 MSYS2 的 MSYS2_PATH_TYPE 继承项

然后需要更新 MSYS2 的源，进入 msys64\etc\pacman.d 目录后会看到 mirrorlist.msys、mirrorlist.mingw64、mirrorlist.mingw32 等文件，如图 1-5 所示，需要更新这 3 个文件中的内容。

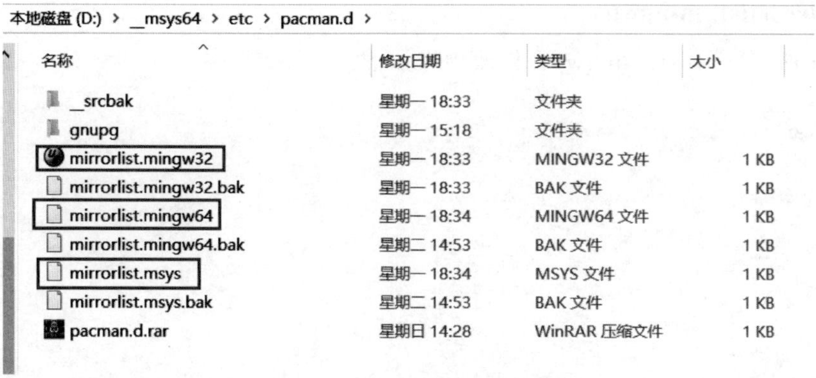

名称	修改日期	类型	大小
_srcbak	星期一 18:33	文件夹	
gnupg	星期一 15:18	文件夹	
mirrorlist.mingw32	星期一 18:33	MINGW32 文件	1 KB
mirrorlist.mingw32.bak	星期一 18:33	BAK 文件	1 KB
mirrorlist.mingw64	星期一 18:34	MINGW64 文件	1 KB
mirrorlist.mingw64.bak	星期二 14:53	BAK 文件	1 KB
mirrorlist.msys	星期一 18:34	MSYS 文件	1 KB
mirrorlist.msys.bak	星期二 14:53	BAK 文件	1 KB
pacman.d.rar	星期日 14:28	WinRAR 压缩文件	1 KB

本地磁盘 (D:) › _msys64 › etc › pacman.d ›

图 1-5　修改 MSYS2 的镜像源

1. mirrorlist. msys

打开文件 mirrorlist. msys，修改内容如下：

```
//chapter1/mirrorlist.msys.txt
##
##MSYS2 repository mirrorlist
##

##Primary
Server = https://repo.msys2.org/msys/$arch/
##Mirrors
Server = https://downloads.sourceforge.net/project/msys2/REPOS/MSYS2/$arch/
Server = https://www2.futureware.at/~nickoe/msys2-mirror/msys/$arch/
Server = https://mirror.yandex.ru/mirrors/msys2/msys/$arch/
Server = https://mirrors.tuna.tsinghua.edu.cn/msys2/msys/$arch/
Server = http://mirrors.ustc.edu.cn/msys2/msys/$arch/
Server = http://mirror.bit.edu.cn/msys2/msys/$arch/
Server = https://mirror.selfnet.de/msys2/msys/$arch/
Server = https://mirrors.sjtug.sjtu.edu.cn/msys2/msys/$arch/
Server = https://mirror.jmu.edu/pub/msys2/msys/$arch/
Server = https://ftp.cc.uoc.gr/mirrors/msys2/msys/$arch/
Server = https://ftp.acc.umu.se/mirror/msys2.org/msys/$arch/
Server = https://mirrors.piconets.webwerks.in/msys2-mirror/msys/$arch/
Server = https://quantum-mirror.hu/mirrors/pub/msys2/msys/$arch/
Server = https://mirrors.dotsrc.org/msys2/msys/$arch/
Server = https://mirror.ufro.cl/msys2/msys/$arch/
Server = https://mirror.clarkson.edu/msys2/msys/$arch/
Server = https://ftp.nluug.nl/pub/os/Windows/msys2/builds/msys/$arch/
Server = https://download.nus.edu.sg/mirror/msys2/msys/$arch/
Server = https://ftp.osuosl.org/pub/msys2/msys/$arch/
Server = https://fastmirror.pp.ua/msys2/msys/$arch/
```

2. mirrorlist. mingw64

打开文件 mirrorlist. mingw64，修改内容如下：

```
//chapter1/mirrorlist.mingw64.txt
##
##64-bit Mingw-w64 repository mirrorlist
##

##Primary
Server = https://repo.msys2.org/mingw/x86_64/
##Mirrors
Server = https://downloads.sourceforge.net/project/msys2/REPOS/MINGW/x86_64/
Server = https://www2.futureware.at/~nickoe/msys2-mirror/mingw/x86_64/
Server = https://mirror.yandex.ru/mirrors/msys2/mingw/x86_64/
Server = https://mirrors.tuna.tsinghua.edu.cn/msys2/mingw/x86_64/
Server = http://mirrors.ustc.edu.cn/msys2/mingw/x86_64/
Server = http://mirror.bit.edu.cn/msys2/mingw/x86_64/
Server = https://mirror.selfnet.de/msys2/mingw/x86_64/
Server = https://mirrors.sjtug.sjtu.edu.cn/msys2/mingw/x86_64/
Server = https://mirror.jmu.edu/pub/msys2/mingw/x86_64/
Server = https://ftp.cc.uoc.gr/mirrors/msys2/mingw/x86_64/
Server = https://ftp.acc.umu.se/mirror/msys2.org/mingw/x86_64/
Server = https://mirrors.piconets.webwerks.in/msys2-mirror/mingw/x86_64/
Server = https://quantum-mirror.hu/mirrors/pub/msys2/mingw/x86_64/
Server = https://mirrors.dotsrc.org/msys2/mingw/x86_64/
Server = https://mirror.ufro.cl/msys2/mingw/x86_64/
Server = https://mirror.clarkson.edu/msys2/mingw/x86_64/
Server = https://ftp.nluug.nl/pub/os/Windows/msys2/builds/mingw/x86_64/
Server = https://download.nus.edu.sg/mirror/msys2/mingw/x86_64/
Server = https://ftp.osuosl.org/pub/msys2/mingw/x86_64/
Server = https://fastmirror.pp.ua/msys2/mingw/x86_64/
```

3. mirrorlist. mingw32

打开文件 mirrorlist. mingw32，修改内容如下：

```
//chapter1/mirrorlist.mingw32.txt
##
##32-bit Mingw-w64 repository mirrorlist
##

##Primary
Server = https://repo.msys2.org/mingw/i686/
##Mirrors
Server = https://downloads.sourceforge.net/project/msys2/REPOS/MINGW/i686/
```

```
Server = https://www2.futureware.at/~nickoe/msys2-mirror/mingw/i686/
Server = https://mirror.yandex.ru/mirrors/msys2/mingw/i686/
Server = https://mirrors.tuna.tsinghua.edu.cn/msys2/mingw/i686/
Server = http://mirrors.ustc.edu.cn/msys2/mingw/i686/
Server = http://mirror.bit.edu.cn/msys2/mingw/i686/
Server = https://mirror.selfnet.de/msys2/mingw/i686/
Server = https://mirrors.sjtug.sjtu.edu.cn/msys2/mingw/i686/
Server = https://mirror.jmu.edu/pub/msys2/mingw/i686/
Server = https://ftp.cc.uoc.gr/mirrors/msys2/mingw/i686/
Server = https://ftp.acc.umu.se/mirror/msys2.org/mingw/i686/
Server = https://mirrors.piconets.webwerks.in/msys2-mirror/mingw/i686/
Server = https://quantum-mirror.hu/mirrors/pub/msys2/mingw/i686/
Server = https://mirrors.dotsrc.org/msys2/mingw/i686/
Server = https://mirror.ufro.cl/msys2/mingw/i686/
Server = https://mirror.clarkson.edu/msys2/mingw/i686/
Server = https://ftp.nluug.nl/pub/os/Windows/msys2/builds/mingw/i686/
Server = https://download.nus.edu.sg/mirror/msys2/mingw/i686/
Server = https://ftp.osuosl.org/pub/msys2/mingw/i686/
Server = https://fastmirror.pp.ua/msys2/mingw/i686/
```

1.2.4 Pacman 使用命令

MSYS2 上面使用 Pacman 管理软件，常用的命令如下：

```
//chapter1/others.txt
pacman -Su #升级软件包
pacman -Ss #查找软件
pacman -S #安装软件
pacman -Sl #列出支持的软件
pacman -Qi #查看某个软件包信息
pacman -Ql #列出软件包内容
```

查看更多的 Pacman 命令，命令如下：

```
pacman -h
pacman -S -h
```

1.2.5 在 MSYS2 安装依赖项

在 MSYS2 安装依赖项，命令如下：

```
//chapter1/others.txt
pacman -S nasm #汇编工具
pacman -S yasm #汇编工具
pacman -S make cmake #常规编译工具
pacman -S diffutils #比较工具,ffmpeg configure 生成 makefile 时用到
pacman -S pkg-config #库配置工具,编译支持 x264 和 x265 时会用到
pacman -S git #从版本库下载源码
pacman -S mingw-w64-x86_64-toolchain #MinGW-w64 64 位开发工具链的安装
pacman -Syu mingw-w64-i686-toolchain #MinGW-w64 32 位开发工具链的安装
```

1.2.6 使用 MSVC 工具链来编译 FFmpeg 5.0+Libx264+Libx265

MSYS2 编译 FFmpeg 时可以选择 MSVC 工具链，具体步骤如下。

1. 启动 MSYS2 与 VS 2015

(1) 修改 msys2_shell.cmd 文件，即修改外部环境继承项 MSYS2_PATH_TYPE=inherit，这样可以继承 MSVC 的环境配置信息(详见“1.2.3 更新 MSYS2”)。

(2) 从开始菜单中以管理员身份运行 VS 2015 x64 本机工具命令提示符，如图 1-6 所示。

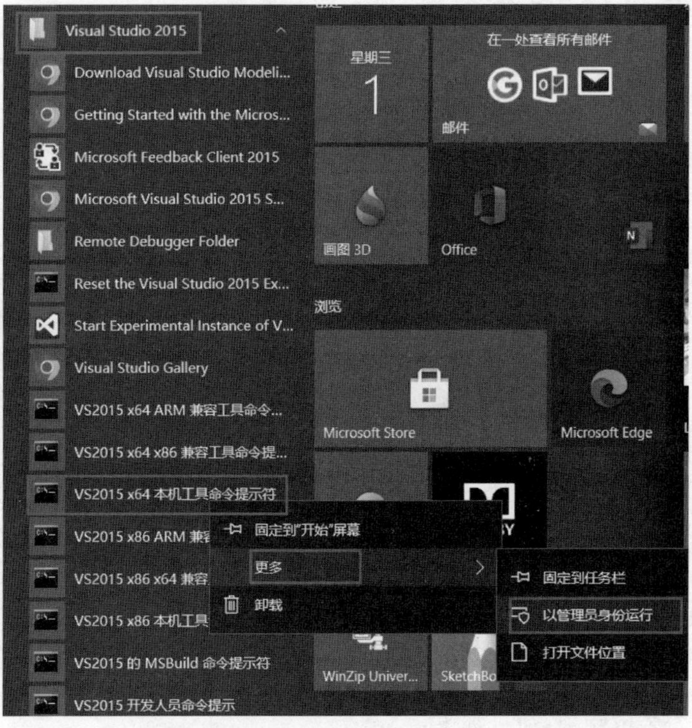

图 1-6 从开始菜单中以管理员身份运行 VS 2015 x64 命令行工具

(3) 在 cmd 窗口中切换到 msys2_shell. cmd 所在的路径，然后输入 msys2_shell. cmd-mingw64 命令，此时会弹出一个新的 MSYS2 窗口，如图 1-7 所示。

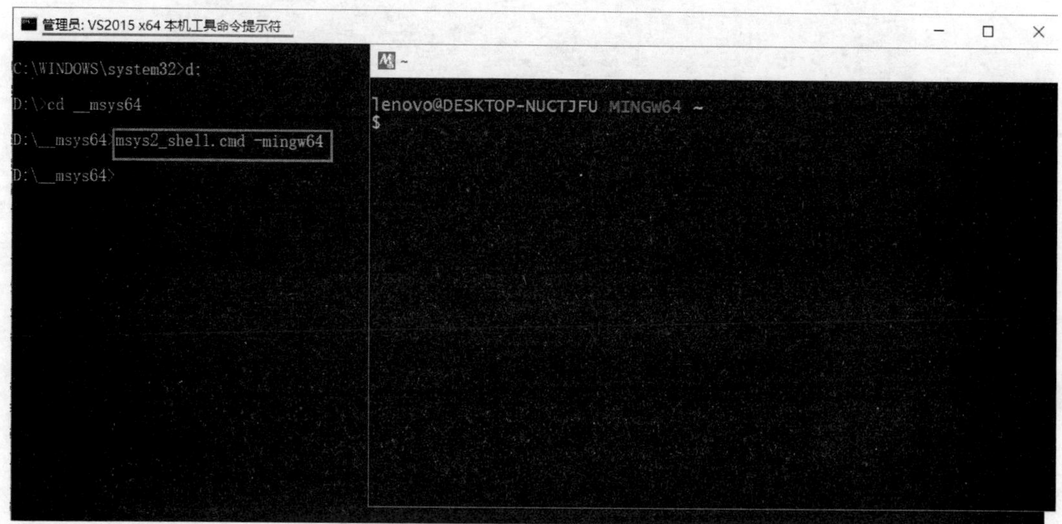

图 1-7 启动 MSYS2 程序

(4) 在 MSYS2 的窗口中输入 cl 命令，检测是否能使用 VS 2015 的编译命令，如图 1-8 所示。

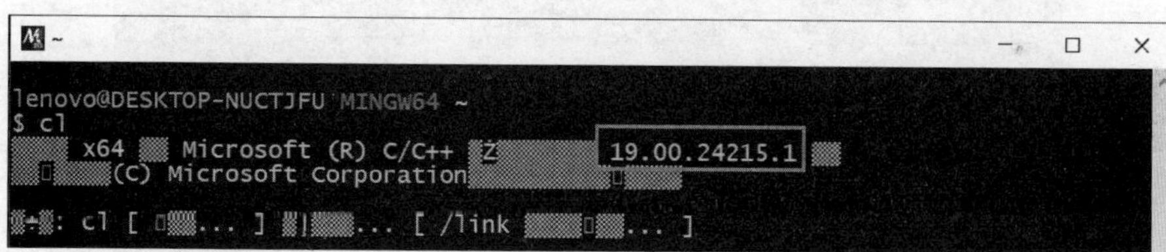

图 1-8 在 MSYS2 窗口中检测是否可以找到 cl. exe 程序

2. 编译 Libx264 源码并配置

(1) 下载 Libx264 的源码，下载网址为 https://www.videolan.org/developers/x264.html，笔者下载的版本为 0.164.x。在上述 MSYS2 窗口中，进入 x264-master 目录，然后输入命令，命令如下：

```
CC = cl ./configure -- enable - shared
```

(2) 配置成功后，如图 1-9 所示，然后开始编译，输入的命令如下：

```
make - j4
```

(3) 编译成功后，会生成 libx264. dll. lib 和 libx264. dll. exp 文件，如图 1-10 所示。

```
_qsinghuabooks/allcodes/F4Codes/x264-master

lenovo@DESKTOP-NUCTJFU MINGW64 /e/abwork/___videos/ffmpeg4.3.1/__qsinghuabooks/a
llcodes/F4Codes/x264-master
$ CC=cl ./configure --enable-shared
platform:       X86_64
byte order:     little-endian
system:         WINDOWS
cli:            yes
libx264:        internal
shared:         yes
static:         no
bashcompletion: no
asm:            yes
interlaced:     yes
avs:            yes
lavf:           no
ffms:           no
mp4:            no
gpl:            yes
thread:         win32
opencl:         yes
filters:        crop select_every
lto:            no
debug:          no
gprof:          no
strip:          no
PIC:            yes
bit depth:      all
chroma format:  all

You can run 'make' or 'make fprofiled' now.
```

图 1-9 配置 x264 成功

```
n/opencl-8.o encoder/slicetype-cl-8.o common/mc-10.o common/predict-10.o common/
pixel-10.o common/macroblock-10.o common/frame-10.o common/dct-10.o common/cabac
-10.o common/common-10.o common/rectangle-10.o common/set-10.o common/quant-10.o
 common/deblock-10.o common/vlc-10.o common/mvpred-10.o common/bitstream-10.o en
coder/analyse-10.o encoder/me-10.o encoder/ratecontrol-10.o encoder/set-10.o enc
oder/macroblock-10.o encoder/cabac-10.o encoder/cavlc-10.o encoder/encoder-10.o
encoder/lookahead-10.o common/threadpool-10.o common/x86/mc-c-10.o common/x86/pr
edict-c-10.o  common/x86/cpu-a.o common/x86/dct-64-8.o common/x86/trellis-64-8.o
 common/x86/bitstream-a-8.o common/x86/const-a-8.o common/x86/cabac-a-8.o common
/x86/dct-a-8.o common/x86/deblock-a-8.o common/x86/mc-a-8.o common/x86/mc-a2-8.o
 common/x86/pixel-a-8.o common/x86/predict-a-8.o common/x86/quant-a-8.o common/x
86/sad-a-8.o common/x86/dct-64-10.o common/x86/trellis-64-10.o common/x86/bitstr
eam-a-10.o common/x86/const-a-10.o common/x86/cabac-a-10.o common/x86/dct-a-10.o
 common/x86/deblock-a-10.o common/x86/mc-a-10.o common/x86/mc-a2-10.o common/x86
/pixel-a-10.o common/x86/predict-a-10.o common/x86/quant-a-10.o common/x86/sad16
-a-10.o
"/c/Program Files (x86)/Microsoft Visual Studio 14.0/VC/BIN/amd64/link.exe" -out
:x264.exe   x264res.o x264.o autocomplete.o input/input.o input/timecode.o input
/raw.o input/y4m.o output/raw.o output/matroska.o output/matroska_ebml.o output/
flv.o output/flv_bytestream.o filters/filters.o filters/video/video.o filters/vi
deo/source.o filters/video/internal.o filters/video/resize.o filters/video/fix_v
fr_pts.o filters/video/select_every.o filters/video/crop.o input/avs.o extras/ge
topt.o filters/video/cache-8.o filters/video/depth-8.o input/thread-8.o filters/
video/cache-10.o filters/video/depth-10.o input/thread-10.o libx264.lib shell32.
lib  -nologo -incremental:no
                      libx264.dll.lib          libx264.dll.exp
                             x264.lib          x264.exp
```

图 1-10 生成 x264 成功

(4) 将 libx264.dll.lib 文件复制一份，重命名为 libx264.lib，如图 1-11 所示。

(5) 在 MSYS2 窗口中，执行 make install 命令，默认的安装路径为/usr/local，如图 1-12 所示。

(6) 安装成功后，x264 的头文件和库文件都被复制到/usr/local 的对应目录下，如图 1-13 所示。

注意：笔者 MSYS2 的安装根目录为 D:/__msys64，所以在 MSYS2 的命令行环境中/usr/local 代表的实际路径为 D:/__msys64/usr/local。

名称	修改日期	类型	大小
config.log	星期二 16:05	UltraEdit Docum...	14 KB
config.mak	星期二 16:05	UltraEdit Docum...	2 KB
config.sub	星期三 2:03	SUB 文件	35 KB
configure	星期三 2:03	文件	53 KB
COPYING	星期三 2:03	文件	18 KB
example.c	星期三 2:03	UltraEdit Document (.c)	5 KB
libx264.dll.exp	星期二 16:08	Exports Library F...	8 KB
libx264.dll.lib	星期二 16:08	Object File Library	13 KB
libx264.lib	星期二 16:08	Object File Library	4,951 KB
libx264-164.dll	星期二 16:08	应用程序扩展	2,100 KB
Makefile	星期三 2:03	文件	14 KB
version.sh	星期三 2:03	Shell Script	1 KB
x264.c	星期三 2:03	UltraEdit Docum...	91 KB
x264.exe	星期二 16:08	应用程序	2,266 KB
x264.exp	星期二 16:08	Exports Library F...	8 KB
x264.h	星期三 2:03	UltraEdit Docum...	48 KB
x264.lib	星期二 16:08	Object File Library	13 KB
x264.o	星期二 16:07	O 文件	175 KB
x264.pc	星期二 16:05	PC 文件	1 KB
x264_config.h	星期二 16:05	UltraEdit Docum...	1 KB
x264cli.h	星期三 2:03	UltraEdit Docum...	4 KB
x264dll.c	星期三 2:03	UltraEdit Docum...	2 KB
x264dll.o	星期二 16:08	O 文件	14 KB

图 1-11 复制并重命名 libx264.lib

```
lenovo@DESKTOP-NUCTJFU MINGW64 /e/abwork/___videos/ffmpeg4.3.1/__qsinghuabooks/a
llcodes/F4Codes/x264-master
$ make install
install -d /usr/local/bin
install x264.exe /usr/local/bin
install -d /usr/local/include
install -d /usr/local/lib/pkgconfig
install -m 644 ./x264.h x264_config.h /usr/local/include
install -m 644 x264.pc /usr/local/lib/pkgconfig
install -d /usr/local/lib
install -d /usr/local/bin
install -m 755 libx264-164.dll /usr/local/bin
install -m 644 libx264.dll.lib /usr/local/lib
```

图 1-12 安装 x264

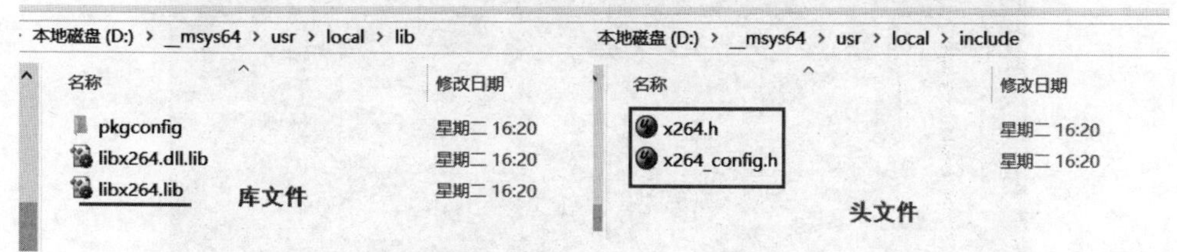

图 1-13 检测安装成功后的 x264 头文件与库文件

3. 编译 Libx265 源码并配置

(1) 下载 Libx265 的源码，版本选择 v3.3，下载网址为 https://www.x265.org/downloads/，如图 1-14 所示。下载成功后，解压即可。

(2) 在上述 MSYS2 窗口中(注意要使用管理员权限)，进入 x265_3.3 目录下，然后输入

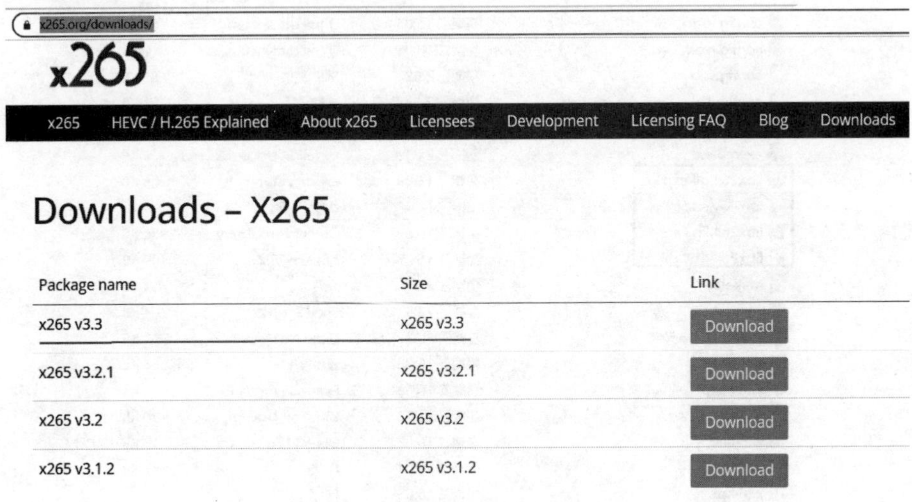

图 1-14　下载 x265 的源码

命令，命令如下：

```
//chapter1/others.txt
cd x265_3.3/build/msys-cl
./make-Makefiles.sh
nmake install #需要在 root 权限下进行,在开启 VS 编译工具时使用管理员权限打开
```

编译成功后，会生成 x265.exe 等文件，如图 1-15 所示。

```
/e/abwork/__videos/ffmpeg4.3.1/__qsinghuabooks/allcodes/F4Codes/x265_3.3/build/msys-cl
-- The C compiler identification is MSVC 19.0.24215.1
-- The CXX compiler identification is MSVC 19.0.24215.1
-- Check for working C compiler: C:/Program Files (x86)/Microsoft Visual Studio
14.0/VC/bin/amd64/cl.exe
-- Check for working C compiler: C:/Program Files (x86)/Microsoft Visual Studio
14.0/VC/bin/amd64/cl.exe -- works
-- Detecting C compiler ABI info
-- Detecting C compiler ABI info - done
-- Detecting C compile features
-- Detecting C compile features - done
-- Check for working CXX compiler: C:/Program Files (x86)/Microsoft Visual Studi
o 14.0/VC/bin/amd64/cl.exe
-- Check for working CXX compiler: C:/Program Files (x86)/Microsoft Visual Studi
o 14.0/VC/bin/amd64/cl.exe -- works
-- Detecting CXX compiler ABI info
-- Detecting CXX compiler ABI info - done
-- Detecting CXX compile features
-- Detecting CXX compile features - done
-- Detected x86_64 target processor
-- Looking for include file stdint.h
-- Looking for include file stdint.h - found
[ 98%] Building CXX object CMakeFiles/cli.dir/x265.cpp.obj
x265.cpp
[100%] Linking CXX executable x265.exe
[100%] Built target cli
```

图 1-15　编译 x265 的源码

(3) 执行 nmake install 命令来安装，默认安装路径为 C:/Program Files/x265，安装完成后的效果如图 1-16 所示。

图 1-16　安装 x265

(4) 进入安装目录(C:/Program Files/x265/)下，将 lib 文件夹下的所有文件和子文件夹全部复制到 MSYS2 中的 /usr/local/lib 目录下(笔者的实际物理路径为 D:/__msys2/usr/local/lib)，然后修改 pkgconfig 目录下的 x265.pc 文件，将其中的路径更改为 /usr/local，如图 1-17 所示。

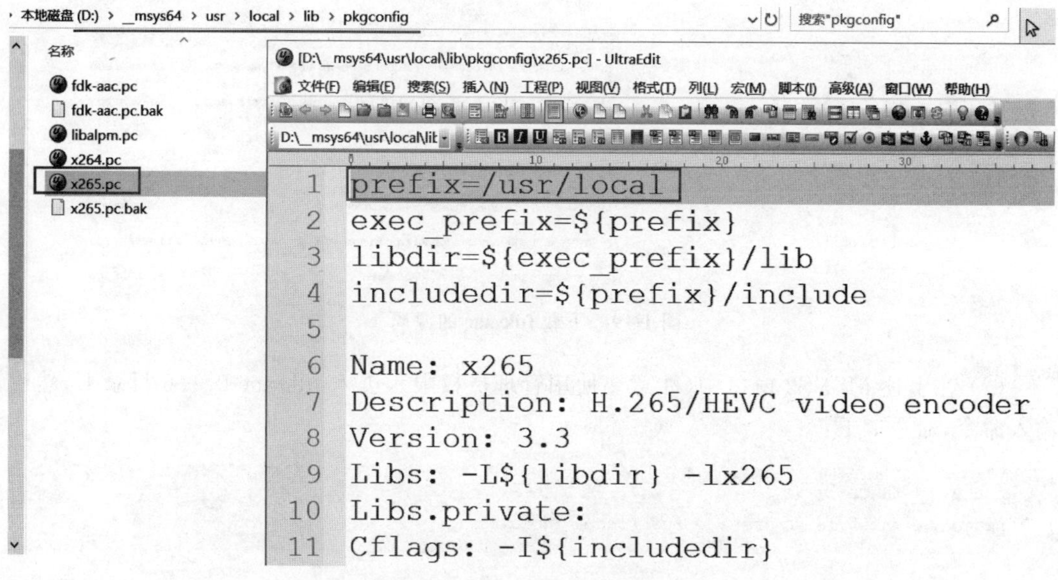

图 1-17　修改 pkgconfig 下的 x265.pc 文件

(5) 进入安装目录(C:/Program Files/x265)下，将 include 目录下的两个文件 x265.h 和 x265_config.h 复制到 MSYS2 中的 /usr/local/include 目录(笔者的实际物理路径为 D:/__msys2/usr/local/include)下，如图 1-18 所示。

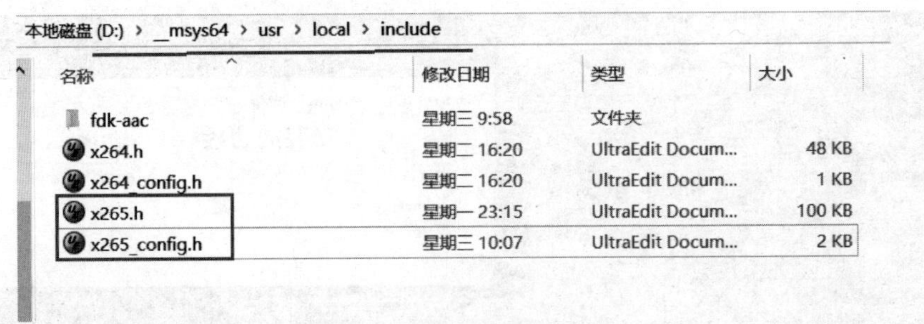

图 1-18 复制 x265 的头文件

4. 编译 Libfdk-aac 源码并配置

(1) 下载 fdk-aac 的源码，下载网址为 https://github.com/mstorsjo/fdk-aac，笔者选择的是 v0.16 版本，如图 1-19 所示。

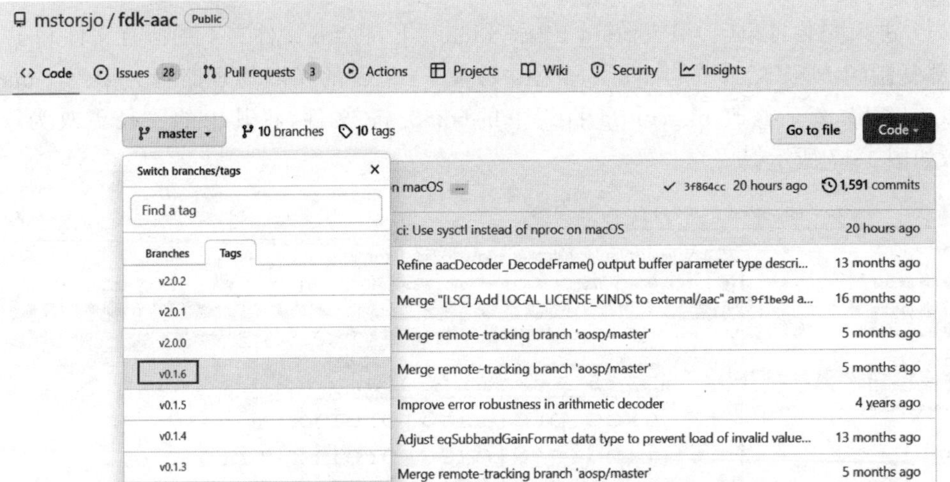

图 1-19 下载 fdk-aac 的源码

(2) 在上述 MSYS2 窗口中(注意要使用管理员权限)，进入 fdk-aac-0.1.6 目录下，然后输入命令，命令如下：

```
nmake -f Makefile.vc
nmake -f Makefile.vc prefix=/usr/local install
```

编译成功后，会将 fdk-aac 的头文件和库文件复制到 MSYS2 的/usr/local 目录下，如图 1-20 所示。

(3) 至此，已经完成了 Libx264、Libx265、libfdk-aac 的编译和安装，安装路径为 MSYS2 的/usr/local(笔者的实际物理路径为 D:/__msys2/usr/local/)。头文件在 include 路径下；库文件在 lib 目录下，将 libx264.dll.lib 复制一份后重命名为 libx264.lib，将 libx265.lib 复

```
/e/abwork/__videos/ffmpeg4.3.1/__qsinghuabooks/allcodes/F4Codes/fdk-aac-0.1.6

lenovo@DESKTOP-NUCTJFU MINGW64 /e/abwork/___videos/ffmpeg4.3.1/__qsinghuabooks/a
llcodes/F4Codes/fdk-aac-0.1.6
$ nmake -f Makefile.vc prefix=/usr/local install

Microsoft (R) 程序维护实用工具 14.00.24210.0 版
版权所有 (C) Microsoft Corporation。  保留所有权利。

        copy libAACdec\include\aacdecoder_lib.h D:\__msys64\usr\local\include\fd
k-aac
已复制         1 个文件。
        copy libAACenc\include\aacenc_lib.h D:\__msys64\usr\local\include\fdk-aa
c
已复制         1 个文件。
        copy libSYS\include\FDK_audio.h D:\__msys64\usr\local\include\fdk-aac
已复制         1 个文件。
        copy libSYS\include\genericStds.h D:\__msys64\usr\local\include\fdk-aac
已复制         1 个文件。
        copy libSYS\include\machine_type.h D:\__msys64\usr\local\include\fdk-aac
已复制         1 个文件。
        copy fdk-aac.lib D:\__msys64\usr\local\lib
已复制         1 个文件。
        copy fdk-aac.dll.lib D:\__msys64\usr\local\lib
已复制         1 个文件。
        copy fdk-aac-1.dll D:\__msys64\usr\local\bin
已复制         1 个文件。
        copy aac-enc.exe D:\__msys64\usr\local\bin
已复制         1 个文件。
        copy fdk-aac.def D:\__msys64\usr\local\lib
已复制         1 个文件。
```

图 1-20　编译并安装 fdk-aac

制一份后重命名为 x265.lib。修改完成后，效果如图 1-21 所示。

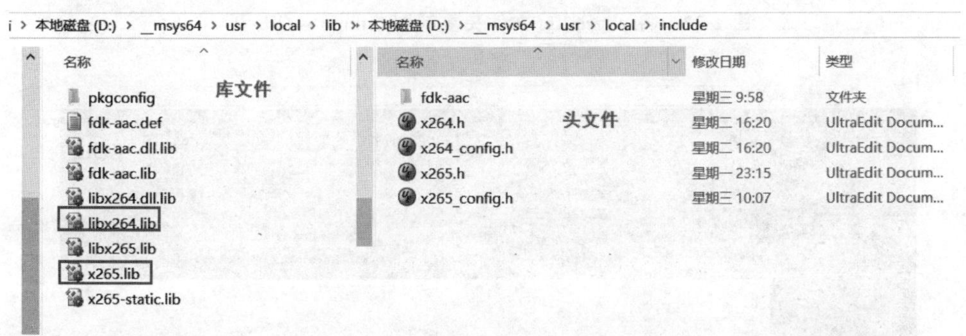

图 1-21　/usr/loca/下的头文件和库文件

（4）最后，将 MSYS2 的/usr/local/lib 下的 pkgconfig 文件夹复制到 MSYS2 的/mingw64/lib，主要包括 x264.pc、x265.pc、fdk-aac.pc 这 3 个文件，如图 1-22 所示。

5. 编译 FFmpeg 4.3 源码并配置

（1）下载 FFmpeg 的源码，下载网址为 https://ffmpeg.org/download.html，读者可以自己选择 v4.4、v4.3 或其他版本（笔者这里选择的是官方的稳定库 v4.3.4），如图 1-23 所示。

（2）在上述 MSYS2 窗口中（注意要使用管理员权限），进入 FFmpeg 的源码目录下，然后输入命令，命令如下：

本地磁盘 (D:) › _msys64 › mingw64 › lib › pkgconfig

名称	修改日期	类型
bzip2.pc	星期一 15:49	PC 文件
expat.pc	星期二 14:54	PC 文件
fdk-aac.pc	星期三 10:00	PC 文件
gnurx.pc	星期一 19:52	PC 文件
isl.pc	星期三 14:59	PC 文件
libalpm.pc	星期五 14:58	PC 文件
libcrypto.pc	星期三 22:40	PC 文件
libffi.pc	星期四 15:42	PC 文件
libssl.pc	星期三 22:40	PC 文件
libtasn1.pc	星期二 19:41	PC 文件
minizip.pc	星期五 15:18	PC 文件
openssl.pc	星期三 22:40	PC 文件
p11-kit-1.pc	星期四 15:16	PC 文件
python.pc	星期六 14:17	PC 文件
python-2.7.pc	星期六 14:17	PC 文件
python2.pc	星期六 14:17	PC 文件
regex.pc	星期一 19:52	PC 文件
tre.pc	星期一 19:50	PC 文件
x264.pc	星期二 16:20	PC 文件
x265.pc	星期三 10:20	PC 文件
x265.pc.bak	星期三 10:07	BAK 文件
zlib.pc	星期五 15:18	PC 文件

图 1-22　将 pkgconfig 文件夹复制到/mingw64/lib/下

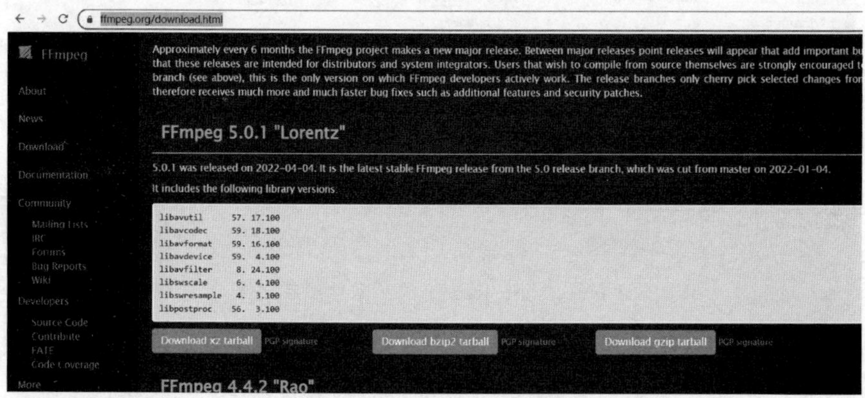

图 1-23　下载 FFmpeg 的源码

```
//chapter1/others.txt
CC = cl.exe ./configure --prefix = ./install --toolchain = msvc --enable-shared
--disable-programs --disable-ffplay --disable-ffmpeg --disable-ffprobe
--enable-libx264 --enable-libx265 --enable-libfdk-aac --enable-gpl
--enable-nonfree --extra-cflags = "-I/usr/local/include"
--extra-ldflags = -LIBPATH:/usr/local/lib
```

其中,--enable-libx264、--enable-libx265 和--enable-libfdk-aac 这 3 个选项分别用于开启对应的开源库,前边已经编译并配置好了这 3 个库。笔者这里选择的是官方的稳定库 v4.3.4,配置成功后,会显示相关的信息,例如 C compiler 是 cl.exe,并且关联好了第三方库 libx264、libx265、libfdk-aac 等,如图 1-24 所示。

```
/e/abwork/__videos/ffmpeg4.3.1/_qsinghuabooks/allcodes/F4Codes/ffmpeg-4.3.4
solve the problem.

lenovo@DESKTOP-NUCTJFU MINGW64 /e/abwork/___videos/ffmpeg4.3.1/__qsinghuabooks/a
llcodes/F4Codes/ffmpeg-4.3.4
$ CC=cl.exe ./configure --prefix=./install --toolchain=msvc --enable-shared --di
sable-programs --disable-ffplay --enable-ffmpeg --disable-ffprobe --enable-libx2
64 --enable-libx265  --enable-libfdk-aac --enable-gpl --enable-nonfree      --ex
tra-cflags="-I/usr/local/include" --extra-ldflags=-LIBPATH:/usr/local/lib
install prefix            ./install
source path               .
C compiler                cl.exe
C library                 msvcrt
ARCH                      x86 (generic)
big-endian                no
runtime cpu detection     yes
standalone assembly       yes
x86 assembler             nasm
MMX enabled               yes
MMXEXT enabled            yes
3DNow! enabled            yes
3DNow! extended enabled   yes
SSE enabled               yes
SSSE3 enabled             yes
AESNI enabled             yes
AVX enabled               yes
External libraries:
libfdk_aac                libx265                 schannel
libx264                   mediafoundation
```

这里是关联好的外部库

图 1-24 使用 MSVC 工具链配置 FFmpeg

(3) 配置成功后,输入 make -j4 命令进行编译,如图 1-25 所示。编译过程比较耗时,CPU 占用率几乎为 100%,如图 1-26 所示。

注意: MSVC 工具链指定库路径时需要使用-LIBPATH(这点读者务必谨慎),而 GCC 工具链指定库路径时需要使用-L。

```
License: nonfree and unredistributable
libavutil/avconfig.h is unchanged
libavfilter/filter_list.c is unchanged
libavcodec/parser_list.c is unchanged
libavcodec/bsf_list.c is unchanged
libavformat/demuxer_list.c is unchanged
libavformat/muxer_list.c is unchanged
libavdevice/indev_list.c is unchanged
libavdevice/outdev_list.c is unchanged
libavformat/protocol_list.c is unchanged

lenovo@DESKTOP-NUCTJFU MINGW64 /e/abwork/___videos/ffmpeg4.3.1/__qsinghuabooks/a
llcodes/F4Codes/ffmpeg-4.3.4
$ make -j4
```

图 1-25 使用 MSVC 工具链编译 FFmpeg

(4) 编译成功后,输入 make intall 命令进行安装,这里配置的安装路径为 FFmpeg 源码根目录下的 install 文件夹,安装成功后头文件在 include 目录下,. lib 和. dll 文件在 bin 目录下,如图 1-27 所示。

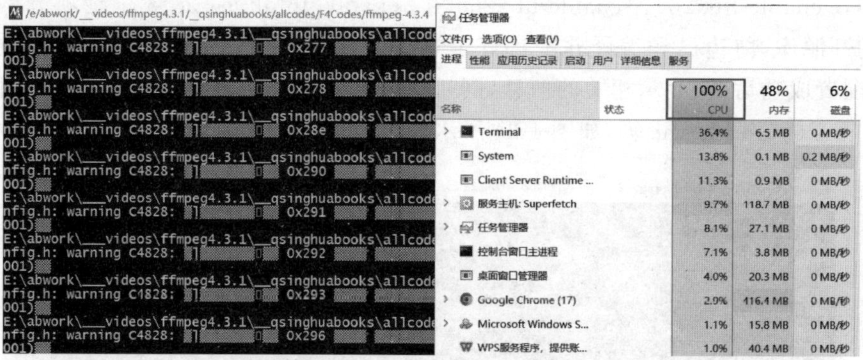
任务管理器
文件(F) 选项(O) 查看(V)
进程 性能 应用历史记录 启动 用户 详细信息 服务
名称 状态 100% CPU 48% 内存 6% 磁盘
Terminal 36.4% 6.5 MB 0 MB/秒
System 13.8% 0.1 MB 0.2 MB/秒
Client Server Runtime ... 11.3% 0.9 MB 0 MB/秒
服务主机: Superfetch 9.7% 118.7 MB 0 MB/秒
任务管理器 8.1% 27.1 MB 0 MB/秒
控制台窗口主进程 7.1% 3.8 MB 0 MB/秒
桌面窗口管理器 4.0% 20.3 MB 0 MB/秒
Google Chrome (17) 2.9% 416.4 MB 0 MB/秒
Microsoft Windows S... 1.1% 15.8 MB 0 MB/秒
WPS服务程序，提供账... 1.0% 40.4 MB 0 MB/秒

图 1-26 编译 FFmpeg 过程中 CPU 占用率

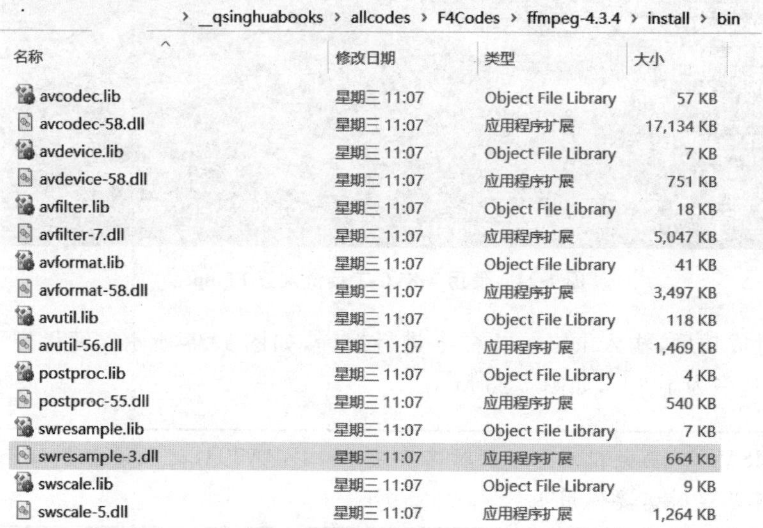
› _qsinghuabooks › allcodes › F4Codes › ffmpeg-4.3.4 › install › bin
名称 修改日期 类型 大小
avcodec.lib 星期三 11:07 Object File Library 57 KB
avcodec-58.dll 星期三 11:07 应用程序扩展 17,134 KB
avdevice.lib 星期三 11:07 Object File Library 7 KB
avdevice-58.dll 星期三 11:07 应用程序扩展 751 KB
avfilter.lib 星期三 11:07 Object File Library 18 KB
avfilter-7.dll 星期三 11:07 应用程序扩展 5,047 KB
avformat.lib 星期三 11:07 Object File Library 41 KB
avformat-58.dll 星期三 11:07 应用程序扩展 3,497 KB
avutil.lib 星期三 11:07 Object File Library 118 KB
avutil-56.dll 星期三 11:07 应用程序扩展 1,469 KB
postproc.lib 星期三 11:07 Object File Library 4 KB
postproc-55.dll 星期三 11:07 应用程序扩展 540 KB
swresample.lib 星期三 11:07 Object File Library 7 KB
swresample-3.dll 星期三 11:07 应用程序扩展 664 KB
swscale.lib 星期三 11:07 Object File Library 9 KB
swscale-5.dll 星期三 11:07 应用程序扩展 1,264 KB

图 1-27 编译成功后安装 FFmpeg

6. 编译 FFmpeg 源码的踩坑小结

在编译 FFmpeg 源码的过程中，如果遇到"找不到 xxx. lib 库"的错误提示，如图 1-28 所示，则可以将/usr/local/lib/libx264. dll. lib 更名为 libx264. lib，将/usr/local/lib/libx265. lib 重命名为 x265. lib，将/usr/local/lib/pkgconfig 剪切后粘贴到/mingw64/lib 目录下，然后在 FFmpeg 的配置命令中使用--extra-cflags="-I/usr/local/include" 指定头文件路径，使用--extra-ldflags=-LIBPATH:/usr/local/lib 指定库文件路径。注意，在使用 MSVC 工具链指定库文件时必须使用-LIBPATH。

注意：如果编译过程比较慢，则有可能是杀毒软件在内核层扫描文件导致的，可以关掉杀毒软件，速度会提高很多。

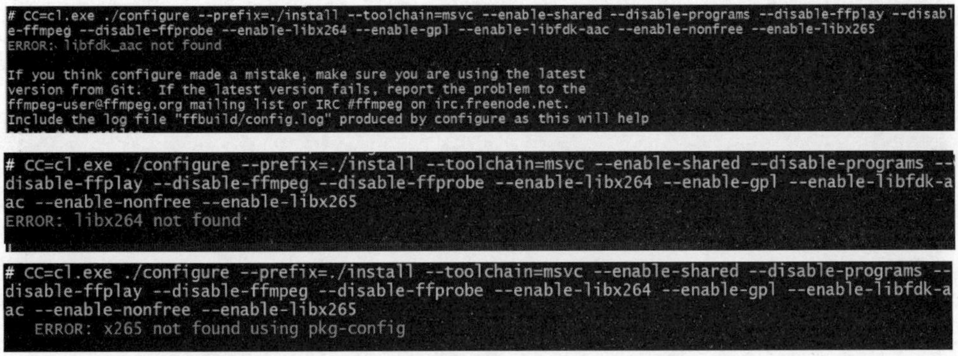

```
# CC=cl.exe ./configure --prefix=./install --toolchain=msvc --enable-shared --disable-programs --disable-ffplay --disabl
e-ffmpeg --disable-ffprobe --enable-libx264 --enable-gpl --enable-libfdk-aac --enable-nonfree --enable-libx265
ERROR: libfdk_aac not found

If you think configure made a mistake, make sure you are using the latest
version from Git.  If the latest version fails, report the problem to the
ffmpeg-user@ffmpeg.org mailing list or IRC #ffmpeg on irc.freenode.net.
Include the log file "ffbuild/config.log" produced by configure as this will help
```

```
# CC=cl.exe ./configure --prefix=./install --toolchain=msvc --enable-shared --disable-programs --
disable-ffplay --disable-ffmpeg --disable-ffprobe --enable-libx264 --enable-gpl --enable-libfdk-a
ac --enable-nonfree --enable-libx265
ERROR: libx264 not found
```

```
# CC=cl.exe ./configure --prefix=./install --toolchain=msvc --enable-shared --disable-programs --
disable-ffplay --disable-ffmpeg --disable-ffprobe --enable-libx264 --enable-gpl --enable-libfdk-a
ac --enable-nonfree --enable-libx265
   ERROR: x265 not found using pkg-config
```

图 1-28 找不到 x264/x265 等第三方库

7. 配置 FFmpeg 成功后的输出内容分析

执行./configure 配置成功后，FFmepg 会输出相关的信息，内容比较多，笔者截取了主要的部分，...代表省略了相关的内容，以＃开头的内容是笔者的注释信息，具体如下：

```
//chapter1/ffmpeg.configure.out.txt
lenovo@DESKTOP-NUCTJFU MINGW64
/e/abwork/___videos/ffmpeg4.3.1/__qsinghuabooks/allcodes/F4Codes/ffmpeg-4.3.4
$ CC=cl.exe ./configure --prefix=./install --toolchain=msvc --enable-shared --
disable-programs --disable-ffplay --enable-ffmpeg --disable-ffprobe --enable-
libx264 --enable-gpl --enable-nonfree --extra-cflags="-I/usr/local/include" --
extra-ldflags=-LIBPATH:/usr/local/lib
install prefix            ./install     #安装路径
source path               .
C compiler                cl.exe   #C 编译器，这里使用 MSVC 编译套件的 cl.exe
C library                 msvcrt   #运行时库，msvcrt
ARCH                      x86 (generic)
big-endian                no
runtime cpu detection     yes
standalone assembly       yes
x86 assembler             nasm
MMX enabled               yes
MMXEXT enabled            yes
3DNow! enabled            yes
3DNow! extended enabled   yes
SSE enabled               yes
SSSE3 enabled             yes
AESNI enabled             yes
AVX enabled               yes
AVX2 enabled              yes
AVX-512 enabled           yes
XOP enabled               yes
```

```
FMA3 enabled              yes
FMA4 enabled              yes
i686 features enabled     yes
CMOV is fast              yes
EBX available             no
EBP available             no
Debug symbols             yes
strip symbols             no
optimize for size         no
optimizations             yes
static                    no
shared                    yes #启用动态库
postprocessing support    yes
network support           yes
threading support         w32threads
safe bitstream reader     yes
texi2html enabled         no
perl enabled              no
pod2man enabled           no
makeinfo enabled          no
makeinfo supports HTML    no
xmllint enabled           yes

External libraries: #外部库,这里有 x264、x265 和 fdk - aac
libfdk_aac                libx265                   schannel
libx264                   mediafoundation


External libraries providing hardware acceleration: #硬件加速
d3d11va                   dxva2

Libraries: #八大核心开发库
avcodec                   avformat                  swresample
avdevice                  avutil                    swscale
avfilter                  postproc


Enabled decoders: #解码器
aac                       escape130                 pcm_u32be
aac_fixed                 evrc                      pcm_u32le
...

Enabled encoders: #编码器
a64multi                  h264_mf                   pfm
...
```

```
Enabled hwaccels: # 硬件加速
h264_d3d11va              mpeg2_d3d11va             vp9_d3d11va
h264_d3d11va2             mpeg2_d3d11va2            vp9_d3d11va2
h264_dxva2                mpeg2_dxva2               vp9_dxva2
hevc_d3d11va              vc1_d3d11va               wmv3_d3d11va
hevc_d3d11va2             vc1_d3d11va2              wmv3_d3d11va2
hevc_dxva2                vc1_dxva2                 wmv3_dxva2

Enabled parsers: # 解析器
aac                       dvbsub                    mpegvideo
aac_latm                  dvd_nav                   opus
ac3                       dvdsub                    png
adx                       flac                      pnm
amr                       g723_1                    rv30
av1                       g729                      rv40
avs2                      gif                       sbc
avs3                      gsm                       sipr
bmp                       h261                      tak
cavsvideo                 h263                      vc1
cook                      h264                      vorbis
cri                       hevc                      vp3
dca                       ipu                       vp8
dirac                     jpeg2000                  vp9
dnxhd                     mjpeg                     webp
dolby_e                   mlp                       xbm
dpx                       mpeg4video                xma
dvaudio                   mpegaudio

Enabled demuxers: # 解封装器
aa                        ico                       pcm_s16be
aac                       idcin                     pcm_s16le
aax                       idf                       pcm_s24be
...

Enabled muxers: # 封装器
a64                       hash                      pcm_s24le
...

Enabled protocols: # 协议
async                     hls                       rtmps
cache                     http                      rtmpt
concat                    httpproxy                 rtmpts
concatf                   https                     rtp
crypto                    icecast                   srtp
data                      md5                       subfile
```

```
ffrtmphttp              mmsh                    tcp
file                    mmst                    tee
ftp                     pipe                    tls
gopher                  prompeg                 udp
gophers                 rtmp                    udplite

Enabled filters: #过滤器
abench                  curves                  nullsrc
...

Enabled bsfs: #位流过滤器
aac_adtstoasc           hapqa_extract           pcm_rechunk
av1_frame_merge         hevc_metadata           prores_metadata
av1_frame_split         hevc_mp4toannexb        remove_extradata
av1_metadata            imx_dump_header         setts
chomp                   mjpeg2jpeg              text2movsub
dca_core                mjpega_dump_header      trace_headers
dump_extradata          mov2textsub             truehd_core
eac3_core               mp3_header_decompress   vp9_metadata
extract_extradata       mpeg2_metadata          vp9_raw_reorder
filter_units            mpeg4_unpack_bframes    vp9_superframe
h264_metadata           noise                   vp9_superframe_split
h264_mp4toannexb        null
h264_redundant_pps      opus_metadata

Enabled indevs: #输入输出设备
dshow                   lavfi
gdigrab                 vfwcap

Enabled outdevs:

License: nonfree and unredistributable

WARNING: using libx264 without pkg - config
```

8. 编译 FFmpeg 5.0 源码并配置

(1) 下载 FFmpeg 的源码，下载网址为 https://ffmpeg.org/download.html，截至笔者完稿时最新版本为 5.0.1。在上述的 MSYS2 窗口中（注意要使用管理员权限），进入 FFmpeg 的源码目录下(ffmpeg-5.0.1)，然后输入命令，命令如下：

```
//chapter1/ffmpeg.compile.txt
CC = cl.exe ./configure --prefix = ./install --toolchain = msvc --enable - shared
--disable - programs --disable - ffplay --disable - ffmpeg --disable - ffprobe
--enable - libx264 --enable - libx265  --enable - libfdk - aac --enable - gpl
--enable - nonfree  --extra - cflags = " - I/usr/local/include"
--extra - ldflags = - LIBPATH:/usr/local/lib
```

(2) 配置成功后，可以看到已经关联好了第三方库 libfdk-aac、libx264 和 libx265 等，如图 1-29 所示，然后输入 make -j4 命令进行编译，编译过程比较耗时。

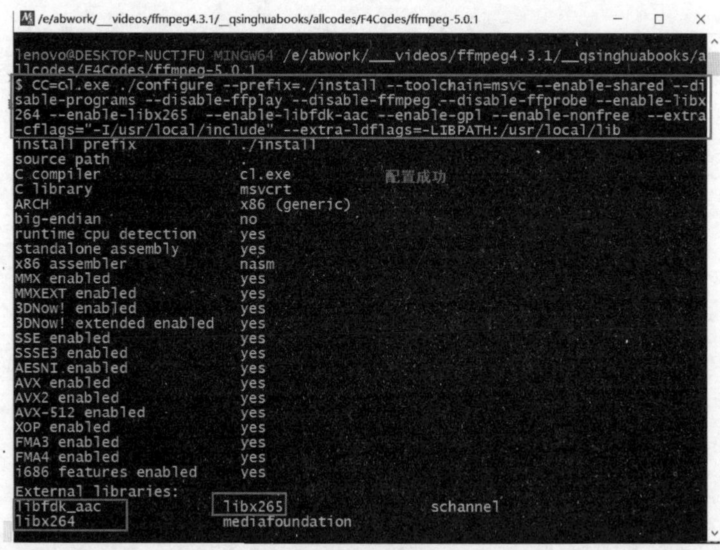

图 1-29 配置 FFmpeg 5.0

(3) 编译成功后，输入 make install 命令进行安装，这里会安装到--prefix 指定的源码根目录下的 install 文件夹，如图 1-30 所示。

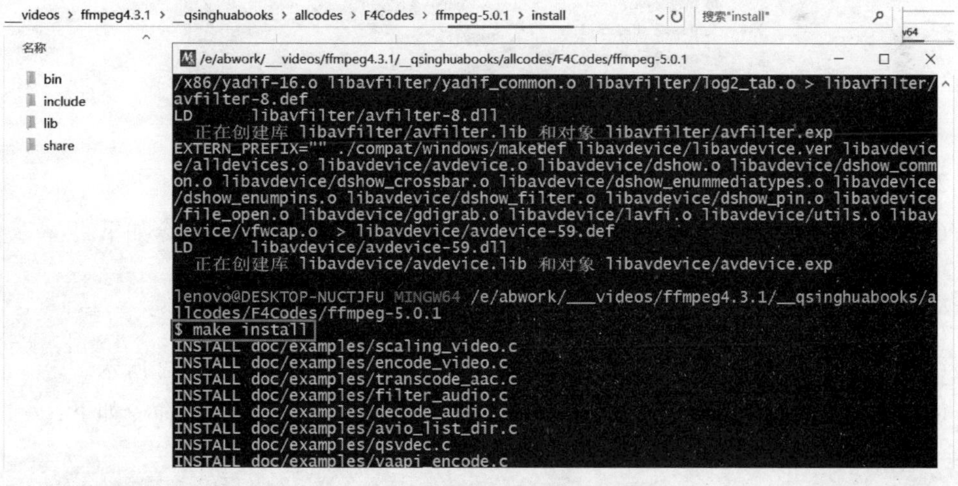

图 1-30 编译并安装 FFmpeg 5.0

1.2.7 使用 MinGW64 工具链来编译 FFmpeg 5.0+Libx264

MSYS2 编译 FFmpeg 时可以使用 MinGW64 编译套件，具体步骤如下所示。

1. 启动 MinGW64

右击 MSYS2 根目录下的 mingw64.exe 文件，选择“以管理员身份运行”，如图 1-31 所示。

图 1-31 管理员身份启动 mingw64.exe

2. 编译 Libx264 源码并配置

(1) 在 MinGW64 命令行中，切换到 x264-master 目录下，输入的命令如下：

```
./configure  --enable-shared --prefix=/usr/local  --disable-asm
```

(2) 配置 libx264 成功后，会提示输入 make 命令进行编译，如图 1-32 所示。

(3) 输入 make-j4 命令开始编译，成功后再输入 make install 命令，命令如下：

```
make -j4
make install
```

(4) 编译成功后，会安装到/usr/local 路径下，如图 1-33 所示。

3. 编译 FFmpeg 4.3+Libx264

(1) 在 MinGW64 命令行中，切换到 FFmpeg 4.3 源码根目录(笔者用的是 ffmpeg-4.3.4)

```
/e/abwork/__videos/ffmpeg4.3.1/__qsinghuabooks/allcodes/F4Codes/x264-master
lenovo@DESKTOP-NUCTJFU MINGW64 /e/abwork/___videos/ffmpeg4.3.1/__qsinghuabooks/a
llcodes/F4Codes/x264-master
$ ./configure  --enable-shared --prefix=/usr/local  --disable-asm
platform:       X86_64
byte order:     little-endian
system:         WINDOWS
cli:            yes
libx264:        internal
shared:         yes
static:         no
bashcompletion: no
asm:            no
interlaced:     yes
avs:            yes
lavf:           no
ffms:           no
mp4:            no
gpl:            yes
thread:         win32
opencl:         yes
filters:        crop select_every
lto:            no
debug:          no
gprof:          no
strip:          no
PIC:            yes
bit depth:      all
chroma format:  all

You can run 'make' or 'make fprofiled' now.
```

图 1-32　mingw64. exe 配置 x264

```
/e/abwork/__videos/ffmpeg4.3.1/__qsinghuabooks/allcodes/F4Codes/x264-master
n/threadpool-8.o common/opencl-8.o encoder/slicetype-cl-8.o common/mc-10.o commo
n/predict-10.o common/pixel-10.o common/macroblock-10.o common/frame-10.o common
/dct-10.o common/cabac-10.o common/common-10.o common/rectangle-10.o common/set-
10.o common/quant-10.o common/deblock-10.o common/vlc-10.o common/mvpred-10.o co
mmon/bitstream-10.o encoder/analyse-10.o encoder/me-10.o encoder/ratecontrol-10.
o encoder/set-10.o encoder/macroblock-10.o encoder/cabac-10.o encoder/cavlc-10.o
 encoder/encoder-10.o encoder/lookahead-10.o common/threadpool-10.o
gcc-ranlib libx264.a
gcc -o x264.exe   x264res.o x264.o autocomplete.o input/input.o input/timecode.o
 input/raw.o input/y4m.o output/raw.o output/matroska.o output/matroska_ebml.o o
utput/flv.o output/flv_bytestream.o filters/filters.o filters/video/video.o filt
ers/video/source.o filters/video/internal.o filters/video/resize.o filters/video
/fix_vfr_pts.o filters/video/select_every.o filters/video/crop.o input/avs.o fil
ters/video/cache-8.o filters/video/depth-8.o input/thread-8.o filters/video/cach
e-10.o filters/video/depth-10.o input/thread-10.o libx264.a -lshell32 -Wl,--imag
e-base,0x140000000 -m64   -Wl,--high-entropy-va -Wl,--dynamicbase,--nxcompat,--t
saware

lenovo@DESKTOP-NUCTJFU MINGW64 /e/abwork/___videos/ffmpeg4.3.1/__qsinghuabooks/a
llcodes/F4Codes/x264-master
$ make install
install -d /usr/local/bin
install x264.exe /usr/local/bin
install -d /usr/local/include
install -d /usr/local/lib/pkgconfig
install -m 644 ./x264.h x264_config.h /usr/local/include
install -m 644 x264.pc /usr/local/lib/pkgconfig
install -d /usr/local/lib
install -d /usr/local/bin
install -m 755 libx264-164.dll /usr/local/bin
install -m 644 libx264.dll.a /usr/local/lib
```

图 1-33　mingw64. exe 编译并安装 x264

下，如图 1-34 所示，输入的命令如下：

```
//chapter1/ffmpeg.compile.txt
./configure --prefix=./installmingw64  --enable-shared --disable-programs
--disable-ffplay --disable-ffmpeg --disable-ffprobe --enable-libx264
--enable-gpl --enable-nonfree  --extra-cflags="-I/usr/local/include"
--extra-ldflags="-L/usr/local/lib"
```

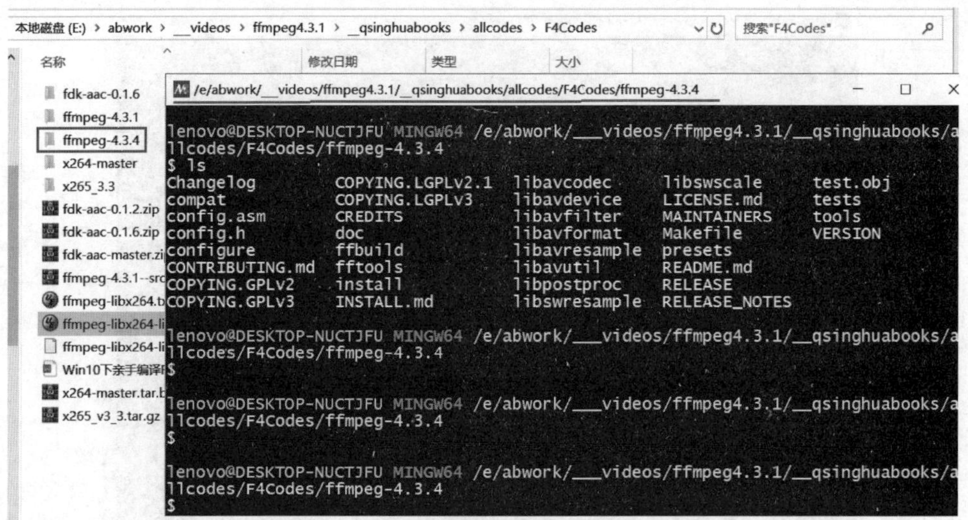

图 1-34 mingw64. exe 配置 FFmpeg 和 x264

(2) 配置成功后，如图 1-35 所示，然后输入 make-j4 命令开始编译。

```
lenovo@DESKTOP-NUCTJFU MINGW64 /e/abwork/__videos/ffmpeg4.3.1/__qsinghuabooks/a
llcodes/F4Codes/ffmpeg-4.3.4
$ ./configure --prefix=./installmingw64  --enable-shared --disable-programs --di
sable-ffplay --disable-ffmpeg --disable-ffprobe --enable-libx264 --enable-gpl --
enable-nonfree  --extra-cflags="-I/usr/local/include" --extra-ldflags="-L/usr/lo
cal/lib"
install prefix            ./installmingw64
source path               .
C compiler                gcc
C library                 mingw64
ARCH                      x86 (generic)
big-endian                no
runtime cpu detection     yes
standalone assembly       yes
x86 assembler             yasm
MMX enabled               yes
MMXEXT enabled            yes
3DNow! enabled            yes
3DNow! extended enabled   yes
SSE enabled               yes
SSSE3 enabled             yes
AESNI enabled             yes
AVX enabled               yes
AVX2 enabled              yes
AVX-512 enabled           yes
XOP enabled               yes
FMA3 enabled              yes
```

图 1-35 mingw64. exe 编译 FFmepg

(3) 编译成功后，输入 make install 命令会把编译成功的可执行文件安装到源码根目录下的 installmingw64 文件夹下，如图 1-36 所示。

4. 编译 FFmpeg 5.0+Libx264

(1) 在 MinGW64 命令行中，切换到 FFmpeg 5.0 源码根目录(笔者用的是 ffmpeg-5.0.1)下，如图 1-37 所示，输入的命令如下：

```
//chapter1/ffmpeg.compile.txt
./configure --prefix=./installmingw64  --enable-shared --disable-programs
--disable-ffplay --disable-ffmpeg --disable-ffprobe --enable-libx264
--enable-gpl --enable-nonfree  --extra-cflags="-I/usr/local/include"
--extra-ldflags="-L/usr/local/lib"
```

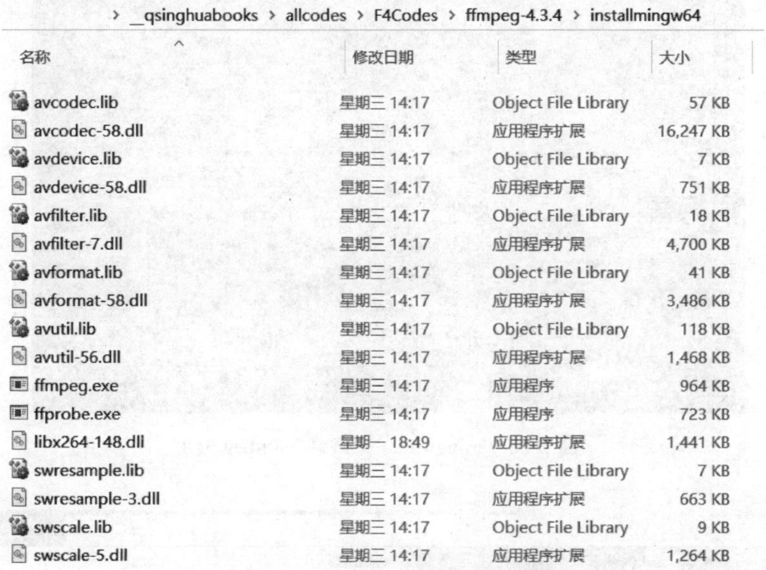

图 1-36　mingw64. exe 安装 FFmpeg

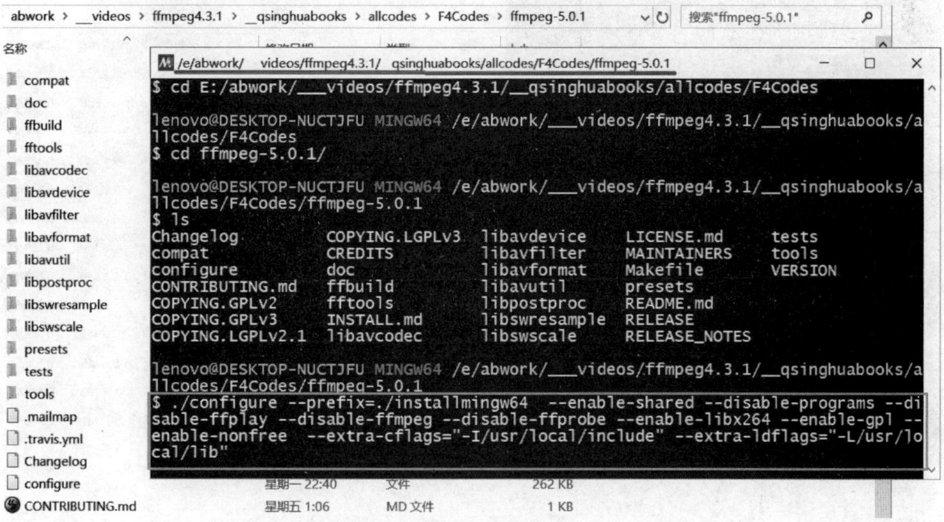

图 1-37　mingw64. exe 配置 FFmpeg 5. 0

(2) 配置成功后，如图 1-38 所示，输入 make -j4 命令进行编译，编译过程比较耗时，CPU 几乎会占到 100%，如图 1-39 所示。

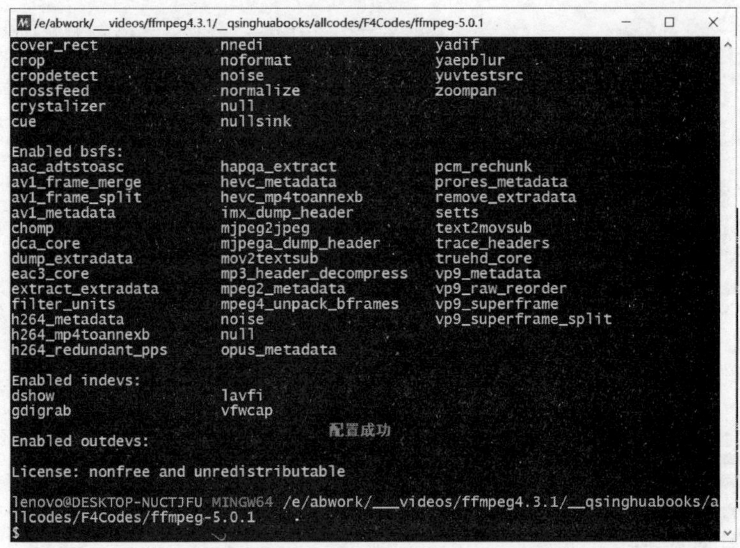

/e/abwork/__videos/ffmpeg4.3.1/__qsinghuabooks/allcodes/F4Codes/ffmpeg-5.0.1
cover_rect nnedi yadif
crop noformat yaepblur
cropdetect noise yuvtestsrc
crossfeed normalize zoompan
crystalizer null
cue nullsink
Enabled bsfs:
aac_adtstoasc hapqa_extract pcm_rechunk
av1_frame_merge hevc_metadata prores_metadata
av1_frame_split hevc_mp4toannexb remove_extradata
av1_metadata imx_dump_header setts
chomp mjpeg2jpeg text2movsub
dca_core mjpega_dump_header trace_headers
dump_extradata mov2textsub truehd_core
eac3_core mp3_header_decompress vp9_metadata
extract_extradata mpeg2_metadata vp9_raw_reorder
filter_units mpeg4_unpack_bframes vp9_superframe
h264_metadata noise vp9_superframe_split
h264_mp4toannexb null
h264_redundant_pps opus_metadata
Enabled indevs:
dshow lavfi
gdigrab vfwcap
配置成功
Enabled outdevs:
License: nonfree and unredistributable
lenovo@DESKTOP-NUCTJFU MINGW64 /e/abwork/__videos/ffmpeg4.3.1/__qsinghuabooks/allcodes/F4Codes/ffmpeg-5.0.1
$

图 1-38 mingw64. exe 编译 FFmpeg 5. 0

```
/e/abwork/__videos/ffmpeg4.3.1/__qsinghuabooks/allcodes/F4Codes/ffmpeg-5.0.1
CC      libavcodec/vorbisdec.o
CC      libavcodec/vorbisdsp.o
CC      libavcodec/vorbisenc.o
CC      libavcodec/vp3.o
CC      libavcodec/vp3_parser.o
CC      libavcodec/vp3dsp.o
CC      libavcodec/vp5.o
CC      libavcodec/vp56.o
CC      libavcodec/vp56data.o
CC      libavcodec/vp56dsp.o
CC      libavcodec/vp56rac.o
CC      libavcodec/vp6.o
CC      libavcodec/vp6dsp.o
CC      libavcodec/vp8.o
CC      libavcodec/vp8_parser.o
CC      libavcodec/vp8dsp.o
CC      libavcodec/vp9.o
CC      libavcodec/vp9_metadata_bsf.o
CC      libavcodec/vp9_parser.o
CC      libavcodec/vp9_raw_reorder_bsf.o
CC      libavcodec/vp9_superframe_bsf.o
CC      libavcodec/vp9_superframe_split_bsf.o
CC      libavcodec/vp9block.o
CC      libavcodec/vp9data.o
CC      libavcodec/vp9dsp.o
CC      libavcodec/vp9dsp_10bpp.o
CC      libavcodec/vp9dsp_12bpp.o
CC      libavcodec/vp9dsp_8bpp.o
CC      libavcodec/vp9lpf.o
CC      libavcodec/vp9mvs.o
CC      libavcodec/vp9prob.o
CC      libavcodec/vp9recon.o
```

任务管理器

文件(F) 选项(O) 查看(V)

进程 性能 应用历史记录 启动 用户 详细信息 服务

名称	状态	100% CPU	53% 内存	6% 磁盘
cc1.exe		41.7%	259.1 MB	0.4 MB/秒
cc1.exe		15.4%	66.4 MB	0.1 MB/秒
任务管理器		1.8%	26.4 MB	0 MB/秒
Windows 资源管理器 (3)		1.2%	94.9 MB	0 MB/秒
System		0.7%	0.1 MB	0.1 MB/秒
服务主机: Superfetch		0.7%	111.7 MB	0 MB/秒
Local Security Authori...		0.2%	4.2 MB	0 MB/秒
Terminal		0.2%	7.8 MB	0 MB/秒
控制台窗口主进程		0.2%	5.1 MB	0 MB/秒
系统中断		0.1%	0 MB	0 MB/秒
cc1.exe		0%	70.4 MB	0 MB/秒
gcc.exe		0%	0.4 MB	0 MB/秒
sh.exe		0%	1.4 MB	0 MB/秒
sh.exe		0%	1.6 MB	0 MB/秒

图 1-39 mingw64. exe 编译 FFmpeg 5. 0 过程中的 CPU 占用率

(3) 编译成功后，输入 make install 命令把编译成功的可执行文件安装到--prefix 指定的路径，这里是源码根目录下的 installmingw64，可以看到 bin、include、lib 等新生成的目录，如图 1-40 所示。

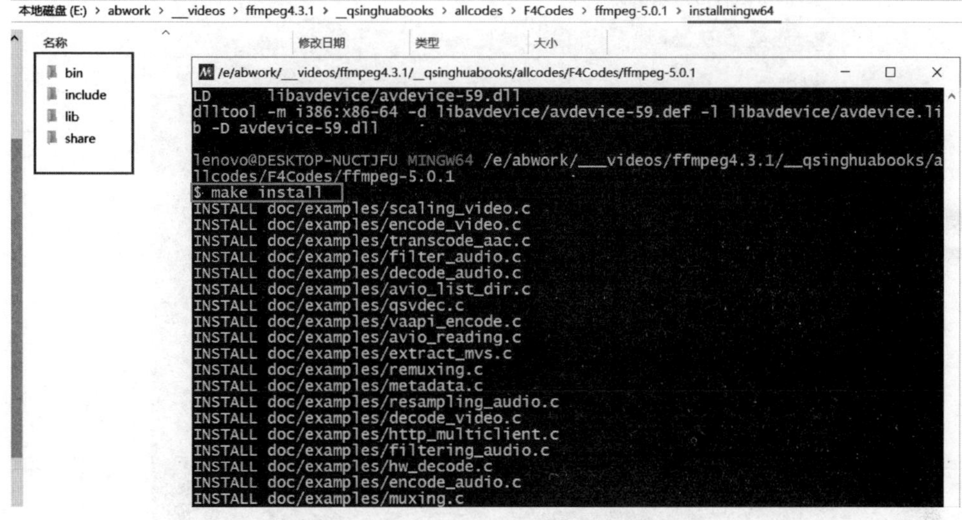

图 1-40　mingw64.exe 安装 FFmpeg 5.0

1.3　Linux 平台下编译 FFmpeg 5.0 源码

Linux 系统中编译 FFmpeg 的源码相对简单很多，遵循三部曲：configure、make 和 make install。这里以 Ubuntu18 为参考，具体步骤如下。

1. 下载 FFmpeg 5.0.1 的源码包

下载 FFmpeg 的源码，下载网址为 https://ffmpeg.org/download.html，读者可以选择不同的版本（笔者选择的是 5.0.1）。

2. 安装依赖项

安装 FFmpeg 的依赖包，命令如下：

```
//chapter1/ffmpeg.linux.compile.txt
sudo apt-get install libx264-dev libx265-dev libass-dev libfdk-aac-dev libmp3lame-dev
libopus-dev libsdl2-dev  gcc  cmake  make python p7zip-full vim pkg-config autoconf
automake build-essential nasm yasm  dos2UNIX  -y
```

该过程需要下载很多安装包，建议将 Ubuntu 的下载源切换为国内镜像源，这样速度会快很多。安装过程中可能会出现下载失败的情况，可以多次尝试几次该命令。下载成功后，会自动解压并安装这些程序，如图 1-41 所示。

注意：使用 apt-get 安装软件时，应使用 sudo 管理员权限。

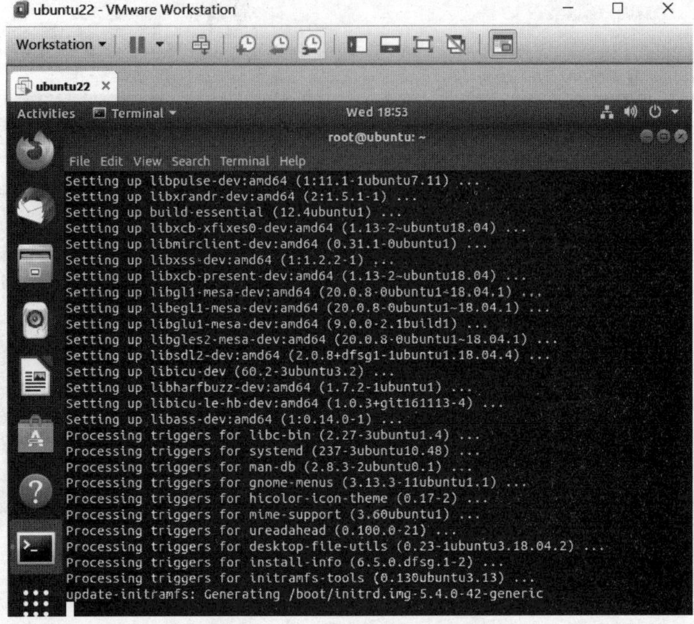

图 1-41　Ubuntu 安装依赖项

安装成功后，检测 gcc、cmake、make 等版本，显示的信息如图 1-42 所示，命令如下：

```
gcc --version
make --version
cmake --version
```

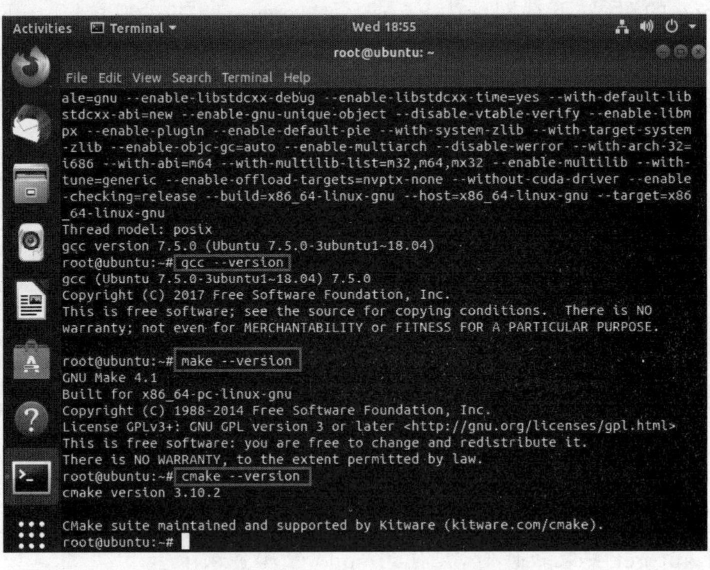

图 1-42　Ubuntu 检测 gcc、make 等版本

3. 安装 FFmpeg 的相关命令介绍

编译并安装 FFmpeg 的通用选项，命令如下：

```
//chapter1/ffmpeg.linux.compile.txt
#首先需要切换到 FFmpeg 的源码目录下
#如果编译静态库,则可执行以下命令
./configure --prefix=host --enable-static --disable-shared --disable-doc

#如果编译动态库,则可执行以下命令
./configure --prefix=host --enable-shared --disable-static --disable-doc

#如果需要编译 ffplay 以便直接用其打开测试,则可以在参数后面加上 --enable-ffplay
./configure --prefix=host --enable-shared --disable-static --disable-doc --enable
-ffplay


#默认安装路径: --prefix=/usr/local
./configure --enable-static --disable-shared --disable-doc --enable-gpl
--enable-libx264 --enable-libx265 --enable-libass --enable-libfdk-aac
--enable-libfreetype --enable-libmp3lame --enable-libopus
--enable-libvorbis --enable-nonfree

make  #还可以开启多线程编译,以便加快速度 make -j4
sudo make install
#编译完成后就可以在 --prefix 中看到生成的头文件、静态库文件
#bin include lib share

#在/usr/local/lib 中可以看到静态库文件
# libavcodec.a libavdevice.a libavfilter.a libavformat.a libavutil.a libpostproc.a
libswresample.a libswscale.a
#在/usr/local/include 中可以看到静态库文件需要的头文件
#查看 FFpmeg 的版本信息
ffmpeg -version
ffplay -version
ffporbe -version
```

4. 配置 FFmpeg 5.0.1

编译并安装 FFmpeg 5.0.1，将下载好的 ffmpeg-5.0.1.tar.bz2 文件复制到虚拟机的 Ubuntu 中，解压，然后开始配置，如图 1-43 所示，命令如下：

```
//chapter1/ffmpeg.linux.compile.txt
tar -jxvf ffmpeg-5.0.1.tar.bz2
```

```
./configure --prefix=./install5 --disble-static --enable-shared
--disable-doc --enable-gpl --enable-libx264 --enable-libx265
--enable-libfdk-aac --enable-libfreetype  --enable-nonfree
```

```
root@ubuntu: ~/ffmpeg-5.0.1
File Edit View Search Terminal Help
ffmpeg-user@ffmpeg.org mailing list or IRC #ffmpeg on irc.libera.chat.
Include the log file "ffbuild/config.log" produced by configure as this will h
elp
solve the problem.
root@ubuntu:~/ffmpeg-5.0.1# ./configure --prefix=./install5  --disable-static
--enable-shared --disable-doc --enable-gpl --enable-libx264 --enable-libx265 -
-enable-libass --enable-libfdk-aac --enable-libfreetype  --enable-nonfree
install prefix            ./install5
source path               .
C compiler                gcc
C library                 glibc
ARCH                      x86 (generic)
big-endian                no
runtime cpu detection     yes
standalone assembly       yes
x86 assembler             nasm
MMX enabled               yes
MMXEXT enabled            yes
3DNow! enabled            yes
3DNow! extended enabled   yes
SSE enabled               yes
SSSE3 enabled             yes
AESNI enabled             yes
AVX enabled               yes
AVX2 enabled              yes
AVX-512 enabled           yes
XOP enabled               yes
FMA3 enabled              yes
FMA4 enabled              yes
i686 features enabled     yes
CMOV is fast              yes
EBX available             yes
EBP available             yes
debug symbols             yes
```

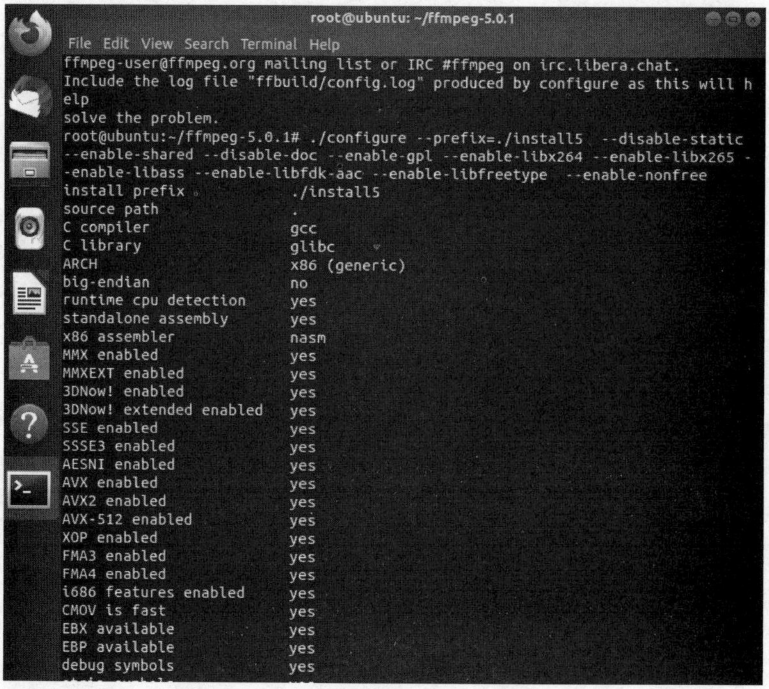

图 1-43 Ubuntu 下配置 FFmpeg 5.0

5. 编译并安装 FFmpeg 5.0.1

配置成功后，开始编译并安装，命令如下：

```
make -j4
make install
```

编译成功后，会生成相关的文件，然后输入 make install 命令安装程序，这里的路径为--prefix 所指向的 ffmpeg-5.0.1 根目录下的 install5 文件夹下，如图 1-44 所示。

6. 执行 FFmpeg 5.0.1

切换到 install5 下的 bin 路径下，输入命令./ffmpeg，此时会提示错误，内容如下：

```
./ffmpeg: error while loading shared libraries: libavdevice.so.59: cannot open shared object
file: No such file or directory
```

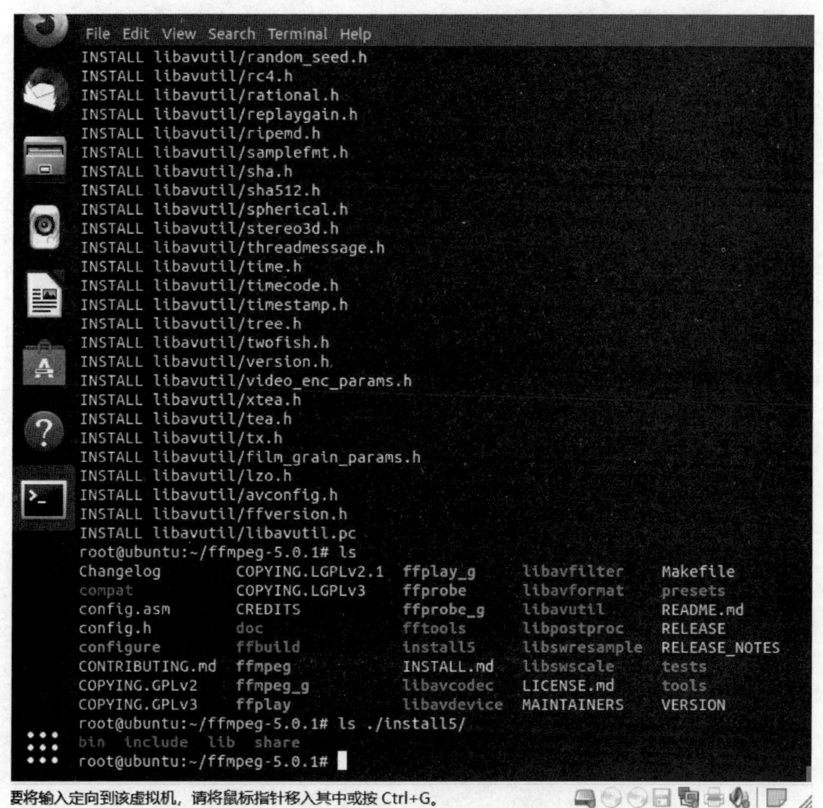

图 1-44 Ubuntu 下安装 FFmpeg 5.0

7. 配置环境变量

因为 Ubuntu 通过源码安装软件未进行环境变量配置，找不到 .so 动态库的启动路径，所以需要修改/etc/ld.so.conf 配置文件，命令如下：

```
sudo vim  /etc/ld.so.conf
```

打开文本后，在文件的末尾加入 libavdevice.so.59 所在的路径（笔者的路径为 /root/ffmpeg-5.0.1/install5/lib/），注意一定要加上最后面的斜杠。该路径为 FFmpeg 5.0.1 的安装路径，如果路径不同，则需要切换到自己的安装路径下，最后指向 lib 文件夹下，执行的命令如下：

```
sudo ldconfig
```

重新进入 install5 下的 bin 路径下，输入命令 ./ffmpeg，如图 1-45 所示，这次可以看到输出了版本等信息：ffmpeg version 5.0.1 Copyright (c) 2000-2022 the FFmpeg developers。

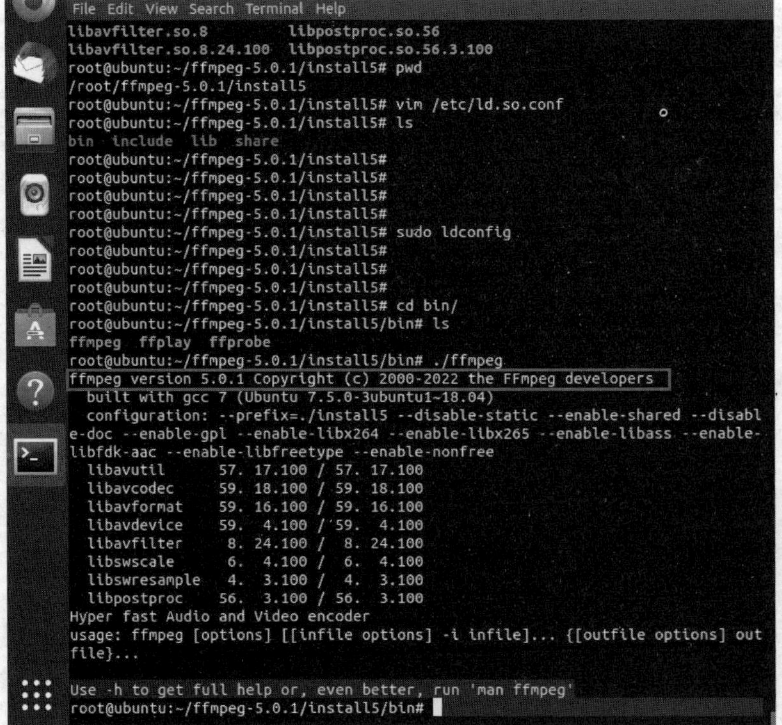

图 1-45 Ubuntu 下运行 FFmpeg 5.0

1.4 搭建 FFmpeg 的 Qt 开发环境

搭建 FFmpeg 的 Qt 开发环境，主要需要配置头文件、库文件的引用路径，以及运行时的动态库路径。

1. 下载开发包

(1) 可以使用自己手工编译好的开发包(例如上述--prefix 指定的 install、installmingw64 或 install5 等文件夹下的头文件和库文件)，也可以直接下载官方提供的编译好的开发包(下载网址为 https://github.com/BtbN/FFmpeg-Builds/releases)，如图 1-46 所示。笔者选择的是官方提供的编译好的开发包，因为它集成的第三方库比较多，Windows 版本选择 ffmpeg-n5.0-latest-win64-gpl-shared-5.0.zip，Linux 版本选择 ffmpeg-n5.0-latest-Linux64-gpl-shared-5.0.tar.xz，如图 1-46 所示。

注意： 目前最新版的 FFmpeg 只提供了 64 位开发包，读者如果需要 32 位的库，则需要自己编译。

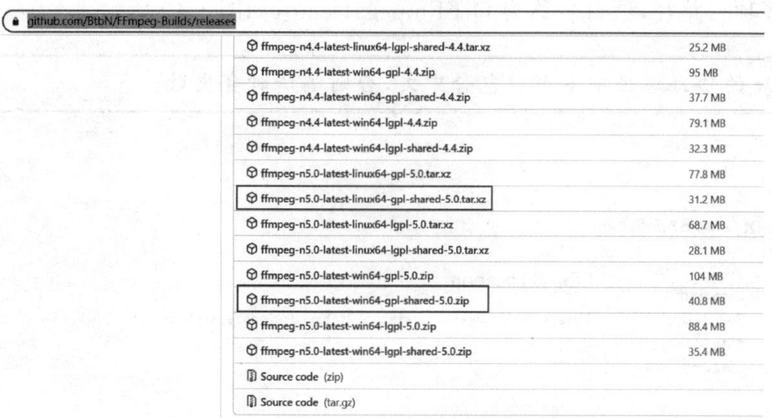

图 1-46 下载 FFmpeg 5.0 编译好的开发包

(2) 下载 ffmpeg-n5.0-latest-win64-gpl-shared-5.0.zip 文件后，直接解压，bin 目录下是.dll 动态库，lib 目录下是.lib 或.a 链接库，include 目录下是头文件，如图 1-47 所示。

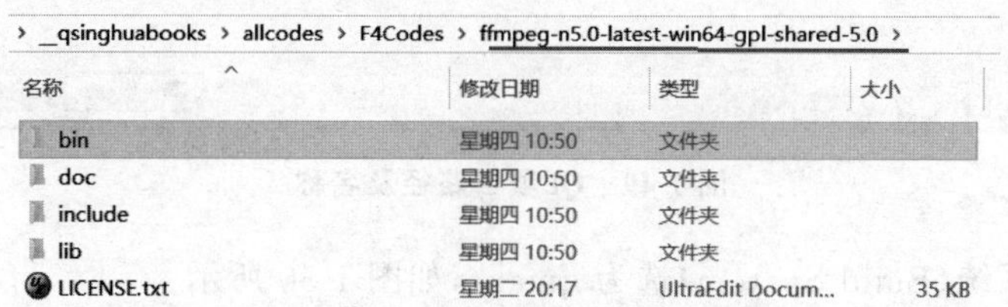

图 1-47 FFmpeg 5.0 开发包目录结构

2. 新建 Qt 工程

(1) 打开 Qt Creator，新建一个 QT 工程，选择 Qt Console Application，如图 1-48 所示。

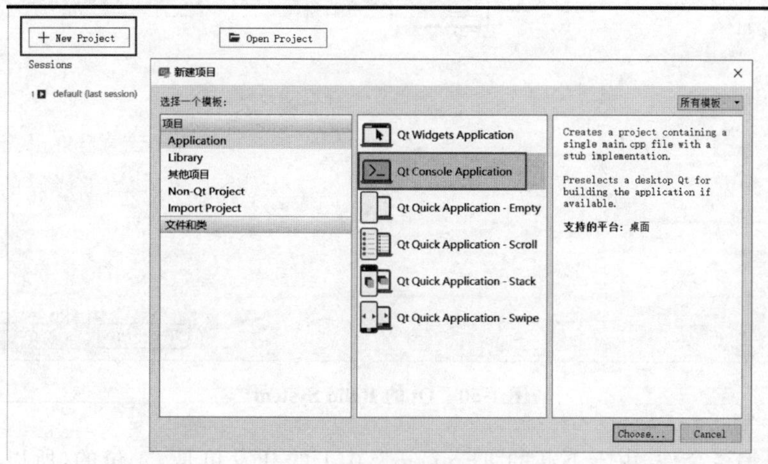

图 1-48 新建 Qt 项目

(2) 选择项目路径,项目名称为 QtFFmpeg5Demo,如图 1-49 所示。

注意:Qt 的项目路径中不可以包含中文,否则编译时会失败。

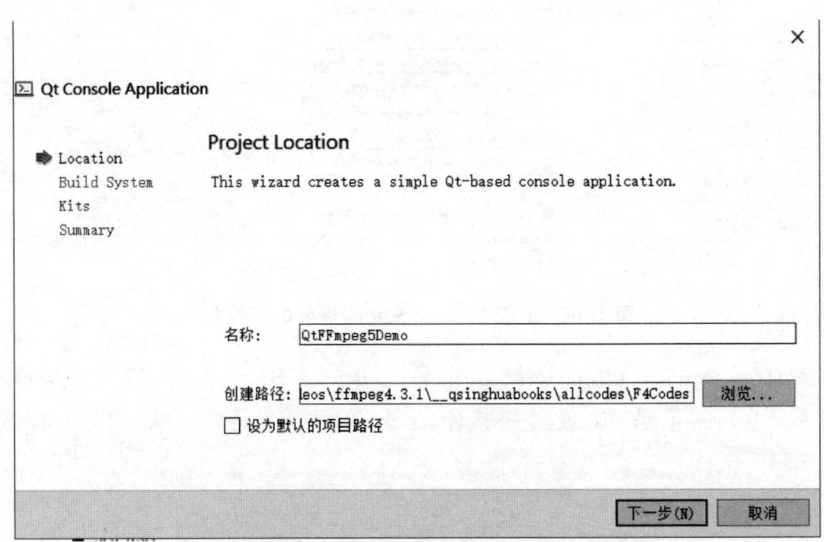

图 1-49 Qt 项目路径及名称

(3) 将编译系统(Build System)选为 qmake,如图 1-50 所示。

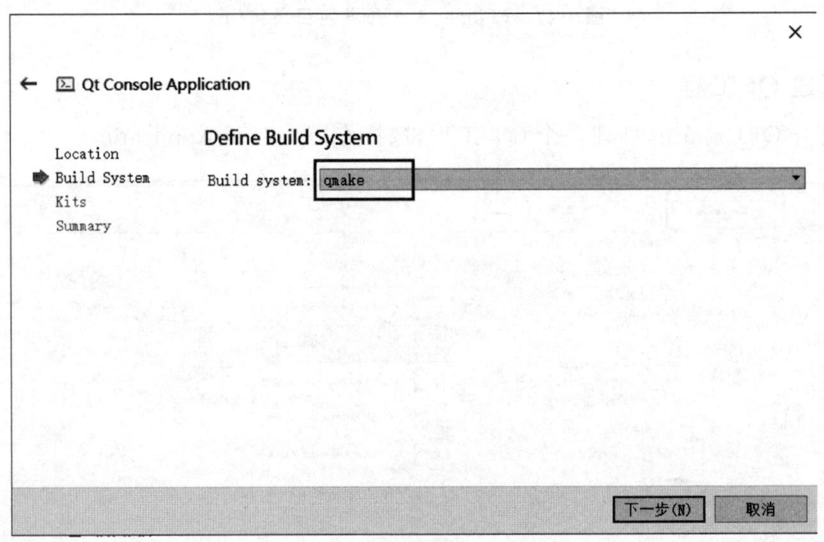

图 1-50 Qt 的 Build System

(4) 选择编译套件,由于下载的 FFmpeg 5.0.1 的开发包是 64 位的,所以这里只能选择 64 位的编译套件(Desktop Qt 5.9.8 MSVC2015 64bit),然后直接单击“下一步”按钮,直到最后一个页面，单击“完成”按钮即可，如图 1-51 所示。

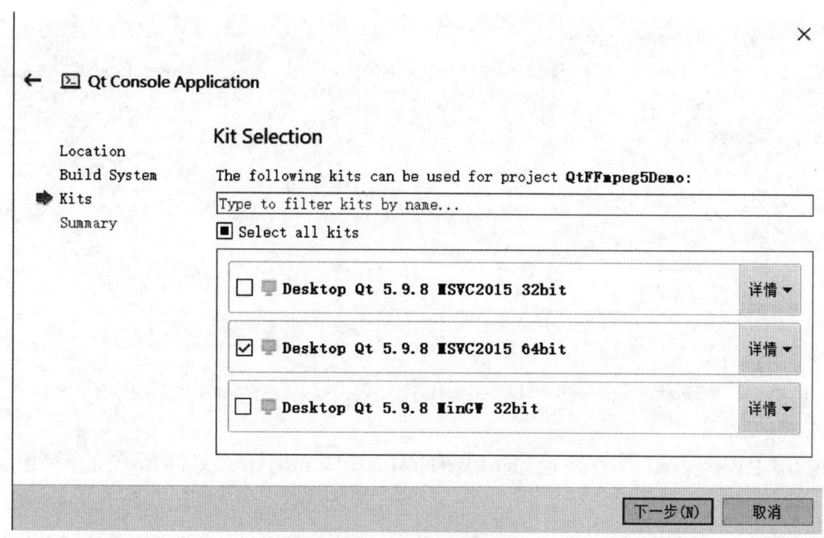
Qt Console Application
Kit Selection
Location
Build System
Kits
Summary
The following kits can be used for project QtFFmpeg5Demo:
Type to filter kits by name...
Select all kits
Desktop Qt 5.9.8 MSVC2015 32bit
详情
Desktop Qt 5.9.8 MSVC2015 64bit
详情
Desktop Qt 5.9.8 MinGW 32bit
详情
下一步(N)
取消

图 1-51　Qt 的编译套件

3. 配置 Qt 工程

搭建 FFmepg 的 Qt 开发环境，主要需要在 Qt Creator 项目的配置文件. pro 中进行设置，包括头文件路径和库文件路径等。

(1) 打开 QtFFmpeg5Demo. pro 文件，添加 INCLUDEPATH 和 LIBS，分别用于配置头文件路径及库文件路径，如图 1-52 所示。

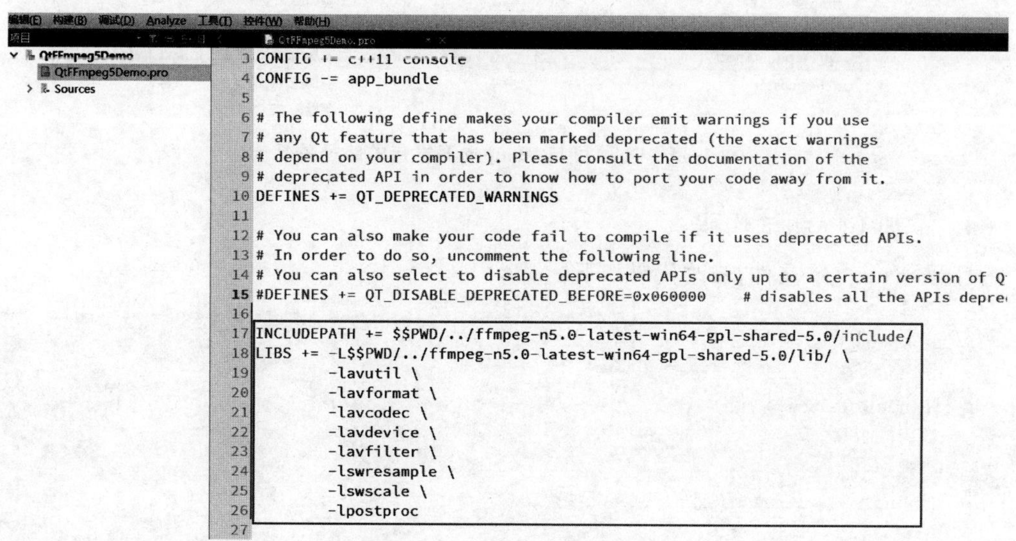
QtFFmpeg5Demo
QtFFmpeg5Demo.pro
Sources
CONFIG += c++11 console
CONFIG -= app_bundle
The following define makes your compiler emit warnings if you use
any Qt feature that has been marked deprecated (the exact warnings
depend on your compiler). Please consult the documentation of the
deprecated API in order to know how to port your code away from it.
DEFINES += QT_DEPRECATED_WARNINGS
You can also make your code fail to compile if it uses deprecated APIs.
In order to do so, uncomment the following line.
You can also select to disable deprecated APIs only up to a certain version of Q
#DEFINES += QT_DISABLE_DEPRECATED_BEFORE=0x060000   # disables all the APIs depre
INCLUDEPATH += $$PWD/../ffmpeg-n5.0-latest-win64-gpl-shared-5.0/include/
LIBS += -L$$PWD/../ffmpeg-n5.0-latest-win64-gpl-shared-5.0/lib/ \
-lavutil \
-lavformat \
-lavcodec \
-lavdevice \
-lavfilter \
-lswresample \
-lswscale \
-lpostproc

图 1-52　Qt 的. pro 配置文件

在 QtFFmpeg5Demo.pro 文件的空白处添加的代码如下：

```
//QtFFmpeg5Demo/QtFFmpeg5Demo.pro
INCLUDEPATH +=  $ $ PWD/../ffmpeg - n5.0 - latest - win64 - gpl - shared - 5.0/include/
LIBS +=  - L $ $ PWD/../ffmpeg - n5.0 - latest - win64 - gpl - shared - 5.0/lib/ \
        - lavutil \
        - lavformat \
        - lavcodec \
        - lavdevice \
        - lavfilter \
        - lswresample \
        - lswscale \
        - lpostproc
#需要注意  $ $ PWD/../ 的用法,FFmpeg 5.0 需要与 QtFFmpeg5Demo 项目在同一个路径下
```

这里的 $$ PWD 表示当前路径，即 QtFFmpeg5Demo.pro 文件所在的路径，../表示父目录。

(2) FFmpeg 5.0 开发包与 QtFFmpeg5Demo 项目在同一个路径下，如图 1-53 所示，因此，QtFFmpeg5Demo 项目下的 QtFFmpeg5Demo.pro 配置文件中的 $$ PWD/../表示的路径正好是 FFmpeg 5.0 开发包所在的路径。

名称	修改日期	类型
build-QtFFmpeg5Demo-Desktop_Qt_5_9_8_MSVC2015_64bit-Debug	星期四 11:13	文件夹
fdk-aac-0.1.6	星期三 9:58	文件夹
ffmpeg-4.3.1	星期三 10:57	文件夹
ffmpeg-4.3.4	星期三 15:48	文件夹
ffmpeg-5.0.1	星期四 8:36	文件夹
ffmpeg-n5.0-latest-win64-gpl-shared-5.0	星期四 10:50	文件夹
QtFFmpeg5Demo	星期四 11:15	文件夹
x264-master	星期三 15:24	文件夹
x265_3.3	星期三 10:06	文件夹

图 1-53　Qt 项目与 FFmpeg 开发包的路径关系

4. 添加 C++ 测试代码

打开 main.cpp 文件，修改代码如下：

```
//QtFFmpeg5Demo/main.cpp
#include <QCoreApplication>
#include <QtDebug>

extern "C"{
    #include <libavcodec/avcodec.h>
}
```

```
int main(int argc, char * argv[])
{
    QCoreApplication a(argc, argv);

    auto aversion = av_version_info();
    qDebug() << aversion;

    return a.exec();
}
```

(1) 添加头文件#include<libavcodec/avcodec.h>,需要用 extern "C"{}括起来,因为 FFmpeg 是由纯 C 语言开发的,而这里通过 C++的代码调用 C 语言的函数。

(2) qDebug()函数需要用到头文件#include<QtDebug>。

(3) auto 是 C++的新增语法,自动判断类型。

注意:切记 C++调用 C 的函数,需要用 extern "C"{}将头文件括起来。

---

5. 编译并运行程序

(1) 单击左下角的"小锤子"按钮编译项目,如果配置没有问题,就可以成功了,如图 1-54 所示。

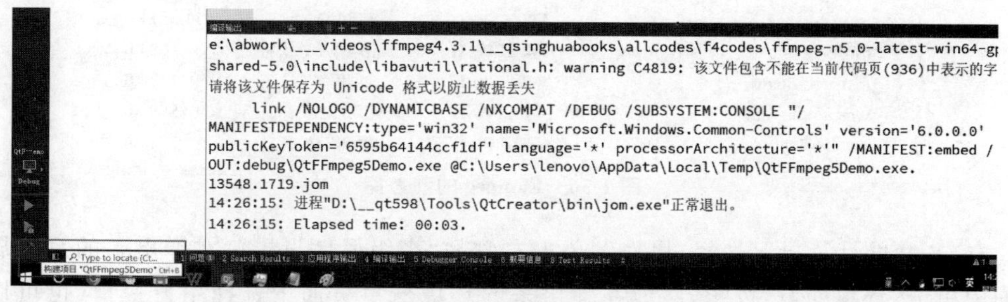

图 1-54 Qt 编译项目

(2) 单击左下角的小三角按钮运行项目,此时会发现程序异常退出(QtFFmpeg5Demo.exe exited with code-1073741515),弹出的控制台窗口中没有任何输出内容,如图 1-55 所示。

6. 配置 PATH 环境变量

该项目编译成功,但运行失败,这是因为运行时无法找到 FFmpeg 对应的动态库,可以通过配置 PATH 环境变量来解决这个问题。也可以直接将 avcodec-59.dll 和 avformat-59.dll 等共 8 个.dll 动态库文件复制到刚才所生成的 QtFFmpeg5Demo.exe 文件的同路径下,如图 1-56 所示,但是这样需要每个项目都复制一次,比较麻烦,所以这里重点介绍配置 PATH 环境变量(后续的 VS 工程也会用到这里配置好的 PATH 环境变量)。

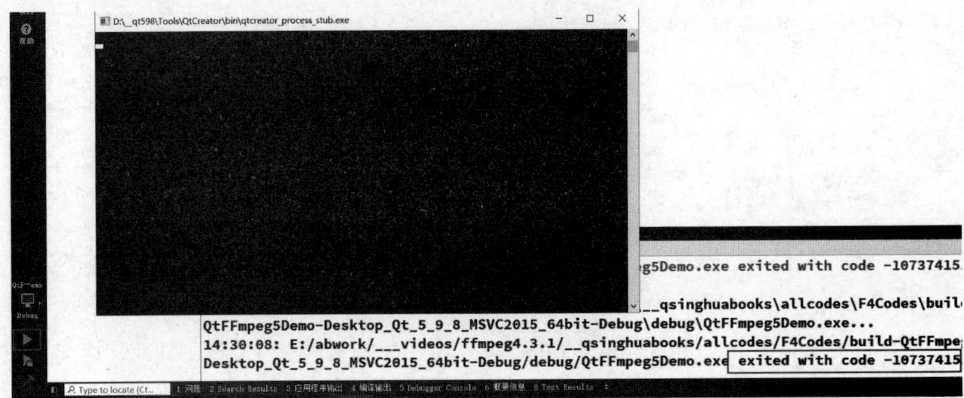

图 1-55　Qt 运行项目

› _qsinghuabooks › allcodes › F4Codes › ffmpeg-n5.0-latest-win64-gpl-shared-5.0 › bin

名称	修改日期	类型	大小
avcodec-59.dll	星期二 20:17	应用程序扩展	70,029 KB
avdevice-59.dll	星期二 20:17	应用程序扩展	1,778 KB
avfilter-8.dll	星期二 20:17	应用程序扩展	20,575 KB
avformat-59.dll	星期二 20:17	应用程序扩展	12,317 KB
avutil-57.dll	星期二 20:17	应用程序扩展	989 KB
ffmpeg.exe	星期二 20:17	应用程序	347 KB
ffplay.exe	星期二 20:17	应用程序	1,801 KB
ffprobe.exe	星期二 20:17	应用程序	188 KB
postproc-56.dll	星期二 20:17	应用程序扩展	133 KB
swresample-4.dll	星期二 20:17	应用程序扩展	588 KB
swscale-6.dll	星期二 20:17	应用程序扩展	592 KB

图 1-56　FFmpeg 的动态库

右击"我的计算机"，选择"属性"，单击左侧的"高级属性设置"，在弹出来的系统属性页面中单击"环境变量"按钮，然后在弹出来的环境变量页面中选择用户变量（也可以选择系统变量）中的 Path 条目，单击下面的"编辑"按钮，然后在弹出来的编辑环境变量页面中单击"新建"按钮，添加 FFmpeg 动态库所在的路径（笔者的路径为 E:\mywork__qsinghuabooks\allcodes\F4Codes\ffmpeg-n5.0-latest-win64-gpl-shared-5.0\bin），如图 1-57 所示。

注意：用户环境变量只对当前用户有效，而系统环境变量对所有用户都有效。

---

7. 重新运行 Qt 程序

配置好 PATH 环境变量后，需要重启 Qt Creator（不用重启计算机），这样才能加载刚才配置的 PATH 环境变量，然后单击项目左下角的"绿色小三角"按钮，这次可以正常运行

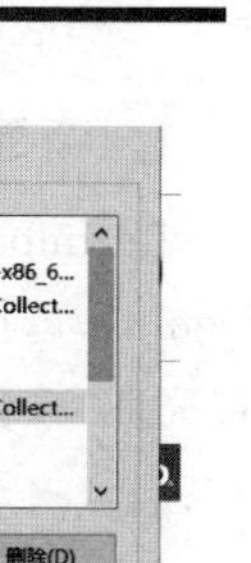

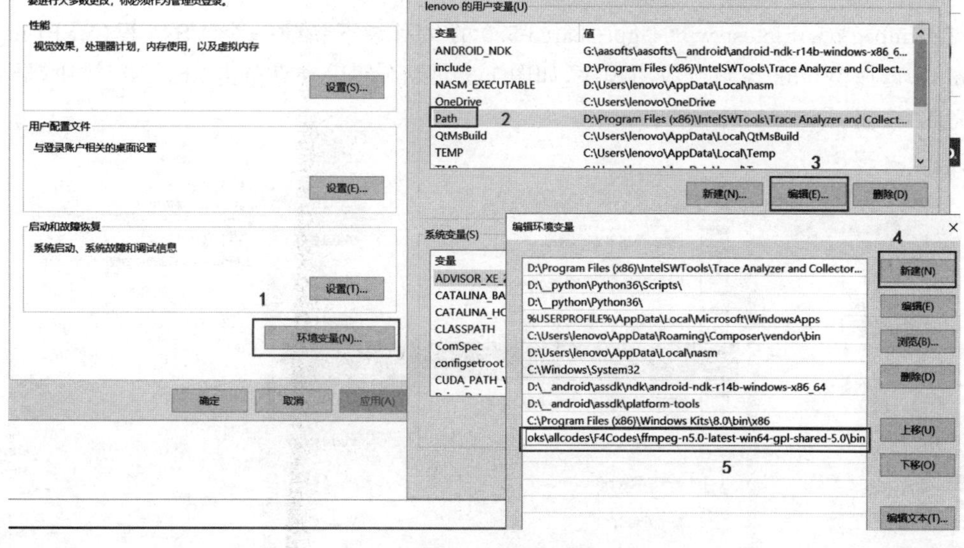

图 1-57 添加 PATH 环境变量

程序了，也通过 av_version_info()函数输出了 FFmepg 的版本信息(n5.0-4-g911d7f167c-20220208)，如图 1-58 所示。

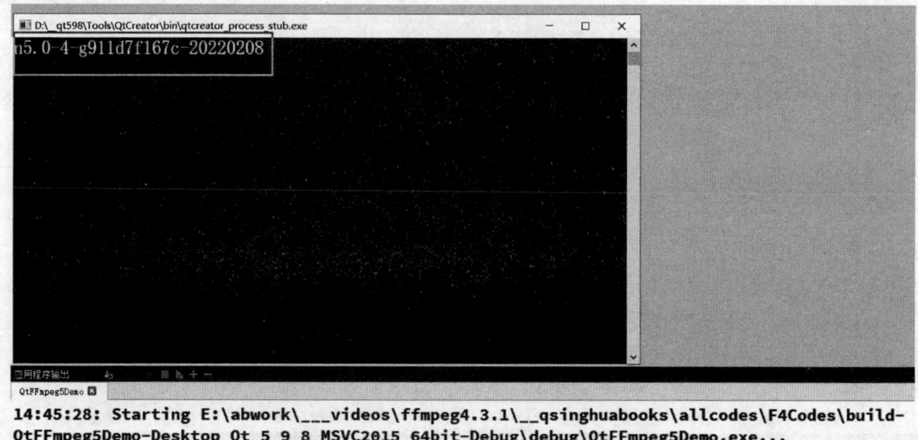

图 1-58 Qt 运行 FFmpeg 项目

1.5 搭建 FFmpeg 的 VS 开发环境

搭建 FFmpeg 的 VS 开发环境，主要需要配置头文件、库文件的引用路径，以及运行时的动态库路径。

1. 新建 VS 工程

在 ffmpeg-n5.0-latest-win64-gpl-shared-5.0 的父目录下新建一个 VS 工程(VSFFmpeg-5Demo),选择 Win32 控制台应用程序,如图 1-59 所示,然后一直单击"下一步"按钮,最后单击"完成"按钮。

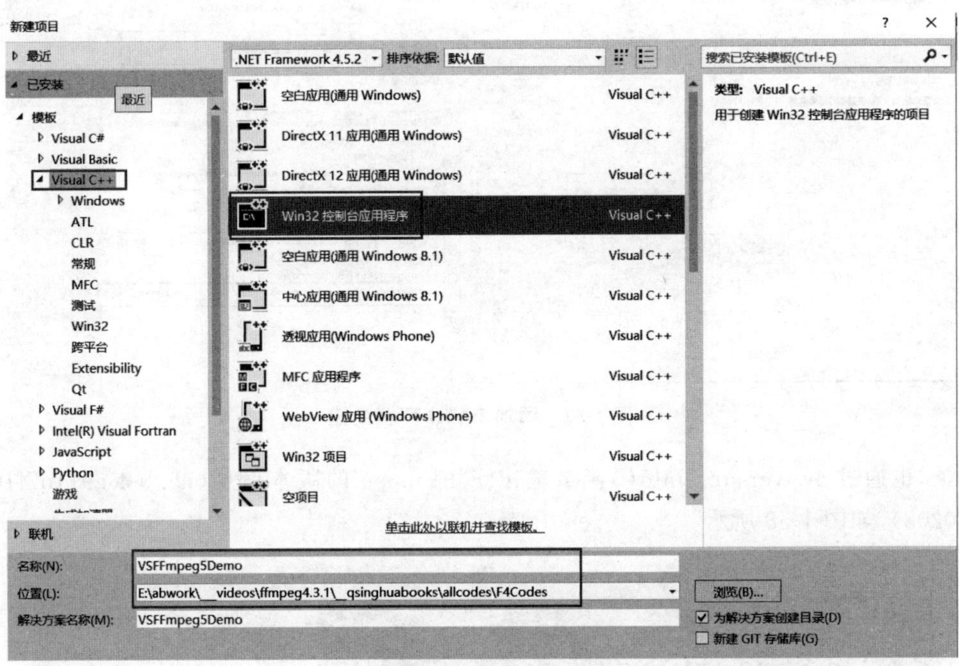

图 1-59 新建 VS 工程

2. 配置 VS 工程

(1) 选择 64 位编译工具,在"解决方案平台"下拉列表框中选择 x64,如图 1-60 所示。由于下载的 FFmpeg 5.0 的开发包是 64 位的,所以这里必须选择 64 位的编译工具。

图 1-60 选择 VS 的 64 位编译工具

(2) 添加头文件路径,用鼠标右击项目,选择"属性",在弹出来的属性页面选择 VC++ 目录,单击右侧的"包含目录",单击右侧的下拉列表框后单击"编辑"。在弹出来的包含目录页面，单击加号小图标，然后输入 FFmpeg 5.0 头文件所在路径，这里输入的是相对路径(..\..\ffmpeg-n5.0-latest-win64-gpl-shared-5.0\include)，因为 VS 创建的工程有两层文件夹(读者如果分不清相对路径的关系，则可以直接选择绝对路径)，如图 1-61 所示。

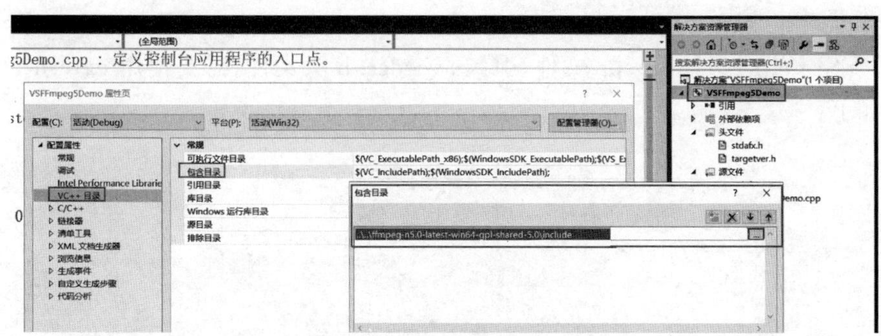

图 1-61　VS 中添加头文件路径

(3) 添加库文件路径，操作步骤与添加头文件路径基本类似，这里需要单击“库目录”，然后输入..\..\ffmpeg-n5.0-latest-win64-gpl-shared-5.0\lib 即可，操作完成后如图 1-62 所示。

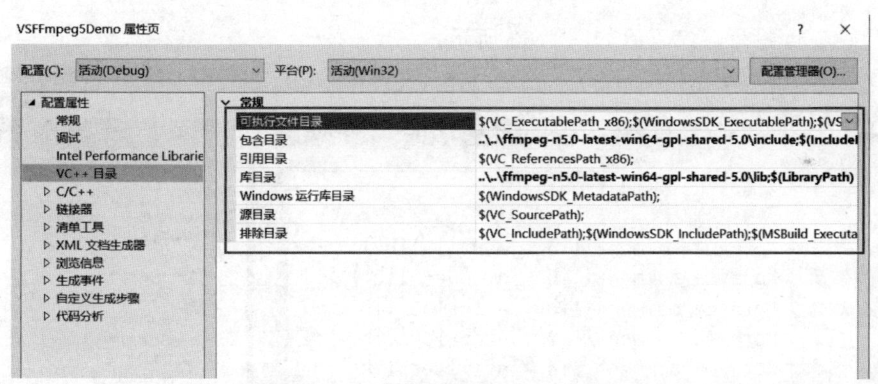

图 1-62　VS 中添加库文件路径

3. 添加.lib 链接库

在 VS 工程中，配置好头文件路径和库文件路径之后，还需要添加.lib 链接库文件。打开 VSFFmpeg5Demo.cpp 文件，在 main()函数上边的空白处添加代码：

```
//VSFFmpeg5Demo/VSFFmpeg5Demo/VSFFmpeg5Demo.cpp
#pragma comment(lib, "avutil.lib")
#pragma comment(lib, "avcodec.lib")
#pragma comment(lib, "avformat.lib")
#pragma comment(lib, "avdevice.lib")
#pragma comment(lib, "avfilter.lib")
```

```
#pragma comment(lib, "swresample.lib")
#pragma comment(lib, "swscale.lib")
```

4. 添加 C++测试代码

打开 VSFFmpeg5Demo.cpp 文件，引入 avcodec.h 头文件，需要使用 extern "C" 括起来，代码如下：

```
//VSFFmpeg5Demo/VSFFmpeg5Demo/VSFFmpeg5Demo.cpp
extern "C" {
#include <libavcodec/avcodec.h>
}

int main()
{
    auto aversion = av_version_info();
    printf("%s\n", aversion);
    return 0;
}
```

配置好项目并写好代码后如图 1-63 所示。

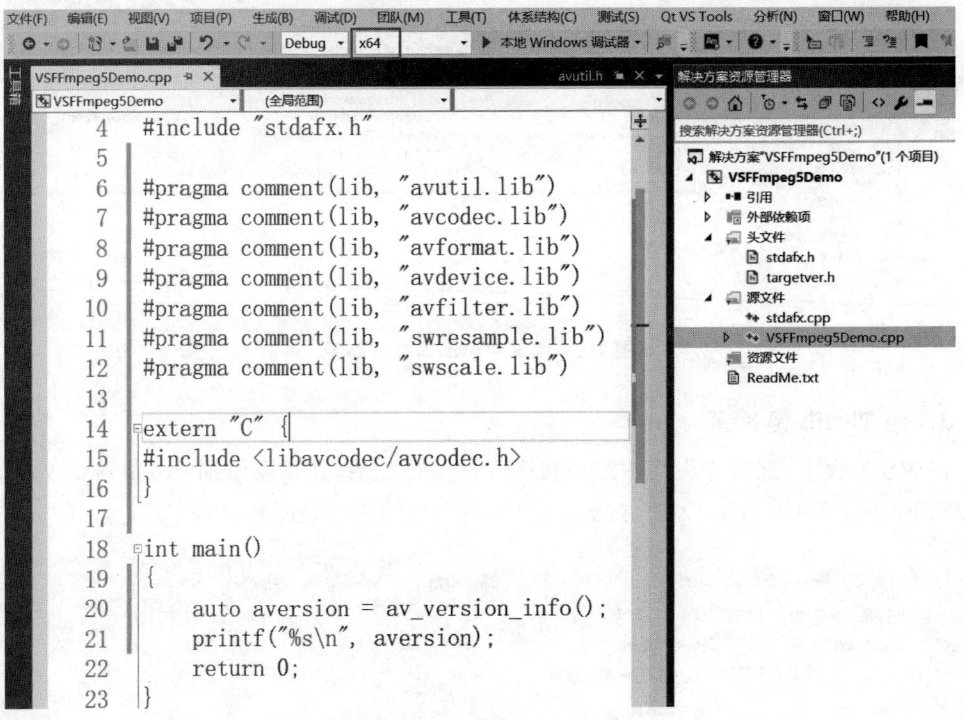

图 1-63 VS 中添加 C++代码

5. 编译并运行程序

如果没有配置 PATH 环境变量，则可参考"1.4 搭建 FFmpeg 的 Qt 开发环境"中的内容来配置 FFmpeg 运行时动态库的相关内容。

单击下拉菜单中的"调试"中的"开始执行"(或者按下 Ctrl+F5 快捷键)，程序运行成功，如图 1-64 所示。

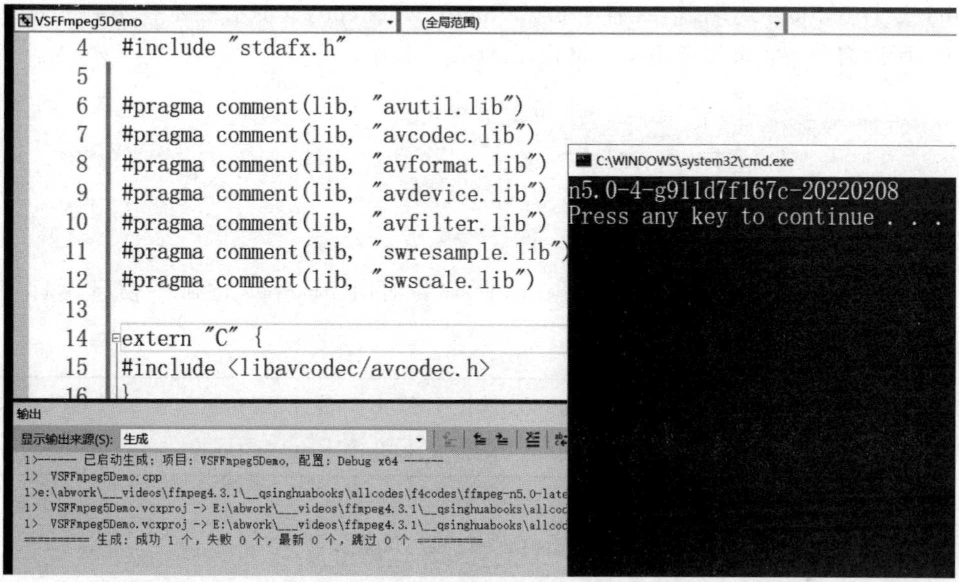

图 1-64　VS 中运行 FFmpeg 项目

1.6　Linux 下使用 GCC 编译 FFmpeg 的程序

使用 GCC 编译 FFmpeg 的相关程序，同样需要配置头文件及库文件路径，-I 用来指定头文件路径，-L 用来指定库文件路径，-l 用来引用链接文件。

新建一个 C++文件，命名为 hello.cpp，代码如下：

```
//linuxFFmpeg5Demo/hello.cpp
#include <stdio.h>
extern "C" {
#include <libavcodec/avcodec.h>
}

int main()
{
    auto aversion = av_version_info();
```

```
    printf("%s\n", aversion);
    return 0;
}
```

在 Ubuntu 中引用“1.3 Linux 平台下编译 FFmpeg 5.0 源码”中生成的头文件和库文件，这些文件在源码根目录下的 install5 文件夹下，笔者的实际路径为/root/ffmpeg-5.0.1/install5/。打开 Shell 终端，输入命令 gcc-o hello hello.cpp，此时会提示找不到 avcodec.h 头文件，所以需要用-I 来指定头文件路径，具体命令如下：

```
//linuxFFmpeg5Demo/hello.cpp.compile.txt
gcc -o hello hello.cpp -I /root/ffmpeg-5.0.1/install5/include/ -L /root/ffmpeg-5.0.1/
install5/lib/  -lavcodec -lavformat -lavutil
./hello
```

编译成功后，运行可执行文件./hello，此时会输出 FFmpeg 的版本信息，如图 1-65 所示。

注意：Linux 环境下需要在/etc/ld.so.conf 文件中配置 FFmpeg 5.0.1 的运行时动态库的环境变量信息，详情可以参考“1.3 Linux 平台下编译 FFmpeg 5.0 源码”。

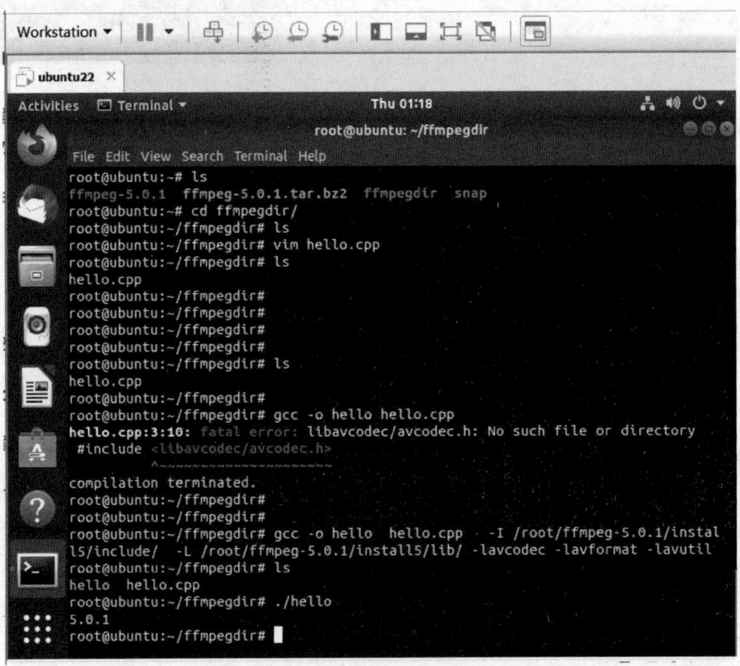

图 1-65　GCC 编译并运行 FFmpeg

第 2 章 把控 FFmpeg 骨架："八大金刚"核心开发库

CHAPTER 2

FFmpeg 包括 8 个核心开发库(Library)，也是最重要的 8 个功能模块，分别是 libavutil、libswscale、libswresample、libavcodec、libavformat、libavdevice、libavfilter 和 libpostproc。

应用程序接口(Application Programming Interface，API)，又称为应用编程接口，就是软件系统不同组成部分衔接的约定。由于近年来软件的规模日益庞大，常常需要把复杂的系统划分成小的组成部分，编程接口的设计十分重要。在程序设计的实践中，编程接口的设计首先要使软件系统的职责得到合理划分。良好的接口设计可以降低系统各部分的相互依赖，提高组成单元的内聚性，降低组成单元间的耦合程度，从而提高系统的可维护性和可扩展性。

2.1 FFmpeg 八大核心开发库

FFmpeg 的 8 个核心开发库，Windows 系统中对应的文件分别是 avcodec. lib、avdevice. lib、avfilter. lib、avformat. lib、avutil. lib、postproc. lib、swresample. lib 和 swscale. lib(Linux 系统中 8 个核心开发库的后缀名是. a)，如图 2-1 所示。

FFmpeg 包括 3 个命令行工具(ffmpeg、ffplay、ffprobe)和 8 个核心开发库，它们之间的层级关系如图 2-2 所示。

(1) AVUtil：核心工具库，该模块是最基础的模块之一，下面的许多其他模块会依赖该库做一些基本的音视频处理操作。

(2) AVFormat：文件格式和协议库，该模块是最重要的模块之一，封装了协议层(Protocol)和封装/解封装层(Demuxer/Muxer)，使协议和格式对于开发者来讲是透明的。

(3) AVCodec：编解码库，该模块也是最重要的模块之一，封装了编解码层(Codec)，但是有一些 Codec 有自己的授权(License)，FFmpeg 不会默认添加像 libx264、fdk-aac、lame

等库，但是 FFmpeg 就像一个通用平台一样，可以将其他的第三方 Codec 以插件的方式添加进来，并向开发者提供统一的接口。

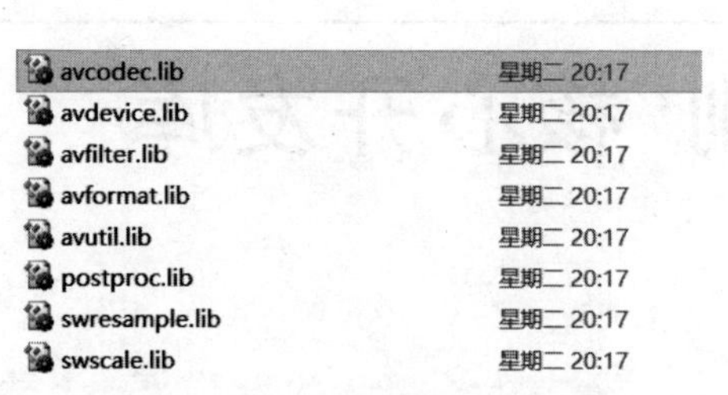

图 2-1 FFmpeg 的八大核心开发库

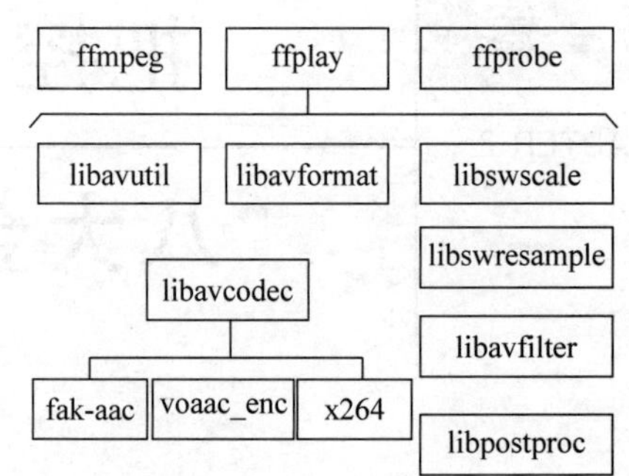

图 2-2 FFmpeg 命令行工具与核心开发库的关系

(4) AVFilter：音视频滤镜库，该模块提供了包括音频特效和视频特效的处理，在使用 FFmpeg 的 API 进行编解码的过程中，直接使用该模块为音视频数据做特效处理是非常方便的，同时也是一种非常高效的方式。

(5) AVDevice：输入输出设备库，如果需要编译出播放声音或视频的工具 ffplay，就需要确保该模块是打开的，同时也需要 libsdl 的预先编译，因为该设备模块播放声音与播放视频使用的都是 libsdl 库。

(6) SwResample：该模块可用于音频重采样，可以对数字音频进行声道数、数据格式、采样率等多种基本信息的转换。

(7) SWScale：该模块是将图像进行格式转换的模块，例如可以将 YUV 格式的数据转换为 RGB 格式的数据。

(8) PostProc：该模块可用于进行后期处理，当使用 AVFilter 时需要打开该模块的开关，因为过滤器(Filter)中会用到该模块的一些基础函数。

2.2 libavutil 库简介

libavutil 是一个实用的工具库，用于辅助可移植的多媒体编程。它包含安全的可移植的字符串函数、随机数生成器、数据结构、附加的数学函数、密码学和多媒体相关功能(例如像素和样本格式的枚举)。它不是 libavcodec 和 libavformat 都需要的代码库。该库的目标是模块化，它具有很少的相互依赖性，并且可以在使用期间禁用某个零部件，具有较低的 CPU 和内存使用率。libavutil 目录下的 aarch64、arm、avr32、bfin、loongarch、mips、ppc、sh4、tomi、x86 目录内容为基于 CPU 的特定功能实现，一般包含汇编代码，代码目录结构如图 2-3 所示。

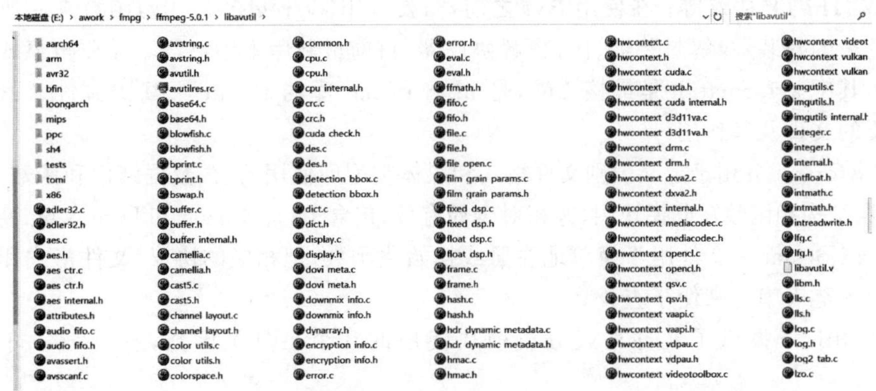

图 2-3　libavutil 的代码目录结构

2.3　libavformat 简介

libavformat(封装与解封装库，如 MP4、RMVB 等)为音频、视频和字幕流的复用和解复用(muxing and demuxing)提供了一个通用框架。它包含多个用于媒体容器格式的复用器和解复用器。它还支持多种输入和输出协议(如 FILE、HTTP、UDP、RTMP 等)访问媒体资源。libavformat 目录下的代码结构如图 2-4 所示。

图 2-4　libavformat 的代码目录结构

libavformat 库是 FFmpeg 的 I/O 及 Muxer/Demuxer 库，主要由 3 个头文件 avio. h、version. h 和 avformat. h 及一系列相关的源文件组成。lavf 是 libavformat 库的简称，这个在很多地方会出现，lavf 可以处理各种各样的容器封装；lavf 的主要目的就是解封装(将媒体文件信息分割到流)，以及相反的处理，进行封装(将媒体数据写入特定的容器封装中)。lavf 包含了 I/O 模块(lavf_io)，用于支持各种获取数据的协议，例如本地文件 FILE 协议、

TCP协议、HTTP协议等；在使用lavf之前，需要调用av_register_all()函数来注册所有已经编译进来的封装器/解封装器、协议/解协议器(目前最新版本中已经不需要再显式地调用该函数)，其中avformat.h是最核心的，是libavformat库的Public API头文件。下面介绍几个重要的文件及其作用。

(1) avformat.h用于定义识别文件格式和媒体类型库使用的宏、数据结构和函数，通常这些宏、数据结构和函数在此模块内，并相对全局有效，包含I/O、Muxing和Demuxing等功能。

(2) allformat.c文件用于简单地注册或初始化函数，把相应的协议、文件格式和解码器等用相应的链表串起来便于查找。

(3) cutils.c提供了文件格式分析模块使用的几个工具类函数，主要对字符串进行操作。

(4) file.c用于文件协议处理，在FFmpeg中把FILE当作类似于RTSP、RTP和TCP等协议的一种协议，使用file:前缀表示FILE协议。URLContext结构抽象统一表示这些广义上的协议，对外提供统一的抽象接口。各具体的广义协议实现URLContext接口。此文件实现了file广义协议的URLContext接口。

(5) avio.h提供了文件读写模块定义的数据结构和函数声明。

(6) avio.c文件实现了URLProtocol抽象层广义文件操作函数，由于URLProtocol是底层其他具体文件(file、pipe等)的简单封装，这一层只是一个中转站，大部分函数是简单中转到底层的具体实现函数。

(7) aviobuf.c提供了有缓存的广义文件ByteIOContext相关的文件操作，比如open、read、close、seek等。

(8) utils_format.c提供了识别文件格式和媒体格式部分使用的一些工具类函数。

(9) avidec.c提供了文件解析的相关函数。

2.4 libavcodec库简介

libavcodec(编解码库)提供了一个通用的编码/解码框架，并且包含用于音频、视频和字幕流的多个编解码器和解码器。共享架构提供从比特流I/O到DSP优化的各种服务，使其适用于实现稳健和快速的编解码器及实验。libavcodec目录下的aarch64、arm、avr32、bfin、loongarch、mips、ppc、sh4、tomi、x86目录内容为基于CPU的特定功能实现，一般包含汇编代码，代码目录结构如图2-5所示。

libavformat库负责封装和解封装，而libavcodec库则用于解码和编码。类型AVPacket表示编码后(如H.264、AAC)的数据，其中包含一个或多个编码后的帧数据。类型AVFrame表示解码后，或者说原始的(如PCM、YUV)帧数据。编码和解码在某种程度来讲，就是两者之间的互相转换。下面介绍几个重要的文件及其作用。

(1) avcodec.h文件用于定义编解码器库使用的宏、数据结构和函数，通常这些宏、数据结构和函数在此模块内相对全局有效。

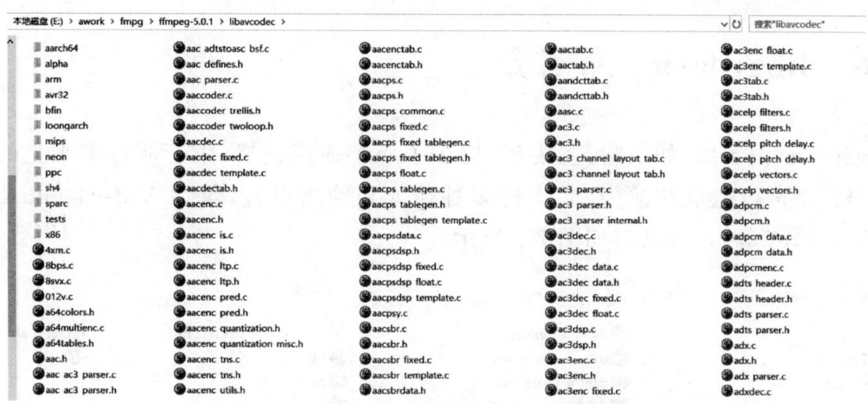

图 2-5　libavcodec 的代码目录结构

（2）allcodec.c 文件用于注册或初始化函数，把编解码器用相应的链表串起来便于查找识别。

（3）dsputil.h 文件用于定义 DSP 优化限幅运算使用的查找表及其初始化函数。

（4）utils_codec.c 文件提供了编解码库使用的帮助和工具函数。

（5）imgconvert_template.h 文件用于定义并实现图像颜色空间转换时使用的函数和宏。

（6）imgconvert.c 文件定义并实现图像颜色空间转换时使用的函数和宏。

（7）msrle.c 文件实现了微软行程长度压缩算法解码器。

2.5　libpostproc 库简介

libpostproc（后期处理库）用于进行后期处理，当使用 AVFilter 时需要打开该模块的开关，因为过滤器中会用到该模块的一些基础函数。该库包含的文件较少，目录结构如图 2-6 所示。

本地磁盘 (E:) › awork › fmpg › ffmpeg-5.0.1 › libpostproc

名称	修改日期	类型	大小
libpostproc.v	星期五 1:06	V 文件	1 KB
Makefile	星期五 1:06	文件	1 KB
postprocess.c	星期六 2:45	UltraEdit Docum...	37 KB
postprocess.h	星期六 2:45	UltraEdit Docum...	3 KB
postprocess_altivec_template.c	星期一 4:47	UltraEdit Docum...	54 KB
postprocess_internal.h	星期一 4:47	UltraEdit Docum...	6 KB
postprocess_template.c	星期六 2:45	UltraEdit Docum...	162 KB
postprocres.rc	星期二 5:48	Resource Script	2 KB
version.h	星期六 2:45	UltraEdit Docum...	2 KB

图 2-6　libpostproc 的代码目录结构

2.6 libavdevice 库简介

libavdevice(设备库,如录制、播放等)提供了一个通用框架,用于从许多常见的多媒体输入/输出设备进行抓取和渲染,并支持多种输入和输出设备,包括 Video4Linux2、VfW、DShow 和 ALSA 等,目录结构如图 2-7 所示。

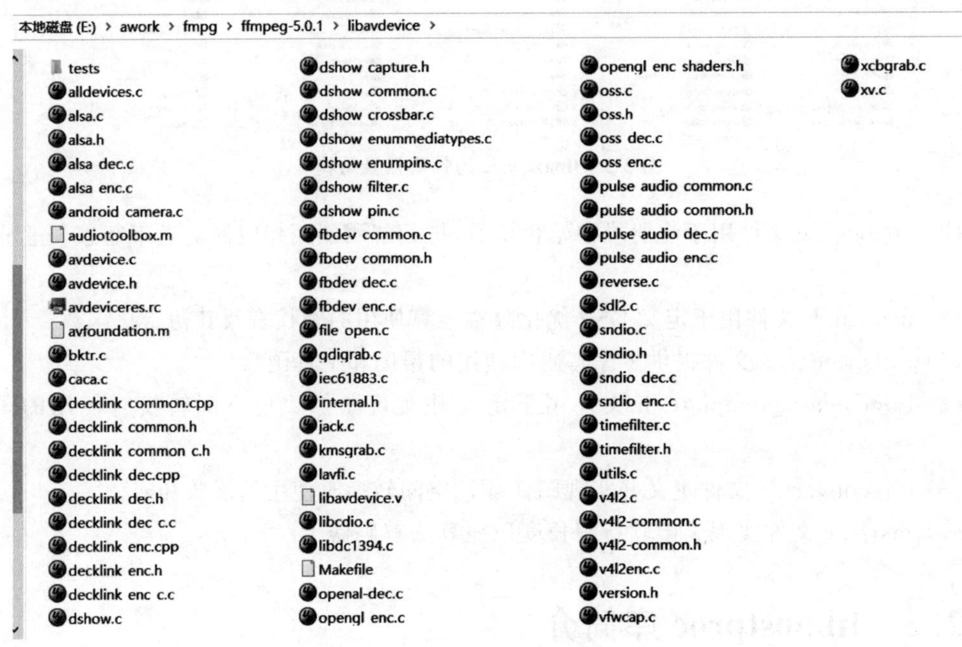

图 2-7 libavdevice 的代码目录结构

2.7 libavfilter 库简介

libavfilter 库提供了一个通用的音频/视频过滤框架,其中包含多个过滤器、源和接收器。libavfilter 模块提供了简单与复杂的音视频滤镜,所有滤波器由 AVFilterGraph 滤波器图表连接起来。简单滤镜为一对一输出,复杂滤镜为多对一输出。重要的结构体包括 AVFilterGraph、AVFilterLink、AVFilterContext 和 AVFilter 等,支持在滤波器图表指定位置插入 AVFilter 滤波器,然后由 AVFilterLink 把滤波器连接起来,而 buffersrc 与 buffersink 是连接 AVFilter 滤镜的桥梁,其中 buffersrc 是输入缓冲区,buffersink 是输出缓冲区。通过调用 av_buffersrc_add_frame_flags()函数把待滤波的音视频帧推送到输入缓冲区;调用 av_buffersink_get_frame_flags()函数从输出缓冲区取出滤波后的音视频帧。该库的目录结构如图 2-8 所示。

图 2-8　libavfilter 的代码目录结构

2.8　libswresample 库简介

libswresample（音频处理库）用于执行高度优化的音频重采样、重矩阵化和样本格式转换操作。具体来讲，这个库用于执行以下转换。

(1) Resampling：是改变音频码率的过程，例如从一个高采样率 44100Hz 转换为 8000Hz。音频从高采样率转换为低采样率是一个有损的过程。

(2) Format Conversion：是一个转换样本类型的过程，例如从有符号 16-bit（int16_t）样本转换为无符号 8-bit（uint8_t）或浮点样本。它也可处理打包方式转换，如从 Packed 布局转换为 Planar 布局。

(3) Rematrixing：是改变通道布局的过程，例如从立体声到单声道。当输入通道不能映射到输出流时，这个过程是有损的，因为它涉及不同的增益因子和混合。也可以通过专用选项启用各种其他音频转换（例如拉伸和填充）。

libswresample 目录下的 aarch64、arm、x86 目录内容为基于 CPU 的特定功能实现，一般包含汇编代码，代码目录结构如图 2-9 所示。

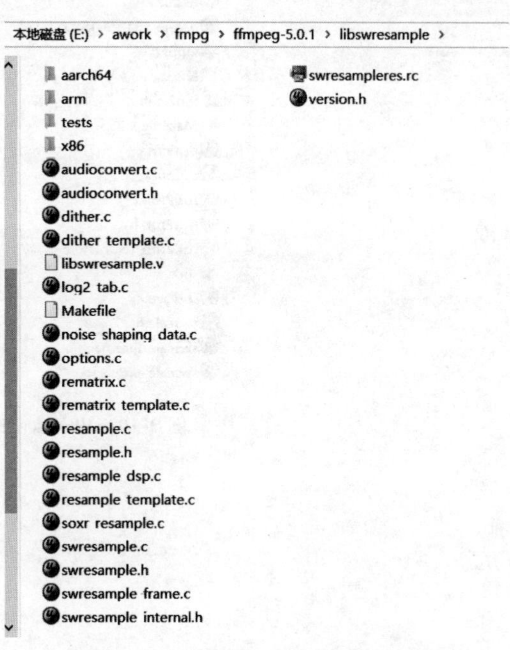

图 2-9　libswresample 的代码目录结构

2.9 libswscale 库简介

libswscale(图像转换库)用于执行高度优化的图像缩放及色彩空间和像素格式转换操作。具体来讲,这个库用于执行以下转换。

(1) Recalling：是改变视频大小的过程,有几个重新缩放选项和算法可用,通常是一个有损过程。

(2) Pixel Format Conversion：是将图像的图像格式和色彩空间转换的过程,例如从平面格式 YUV420P 到 RGB24 打包格式。它还可处理打包方式转换,即从 Packed 布局转换为 Planar 布局。如果源和目标颜色空间不同,则通常是一个有损过程。

libswscale 目录下的 aarch64、arm、x86 目录内容为基于 CPU 的特定功能实现,一般包含汇编代码,代码目录结构如图 2-10 所示。

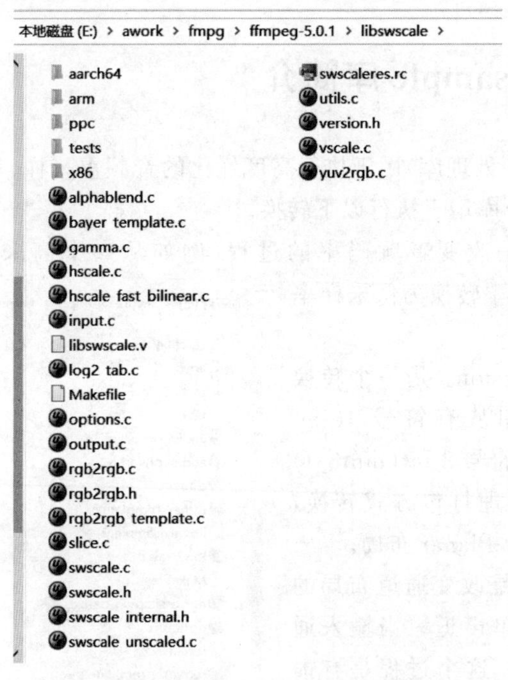

图 2-10 libswscale 的代码目录结构

第 3 章

CHAPTER 3

夯实 FFmpeg 基础：重要数据结构及 API

本章主要介绍 FFmpeg 编程中用到的基础知识，包含常见音视频概念、常用 API 函数、常用结构体、解封装流程、解复用器流程及注册等。FFmpeg 是编解码的利器，功能强大，使用起来比较方便，但 FFmpeg 更新非常快，有些 API 在新版本中可能被替换掉了，本书以新版本 5.0 为主要依据进行讲解，同时尽量兼顾旧版本。

7min

3.1 FFmpeg 的读者入门案例

网络上关于 FFmpeg 的帖子非常多，但不太适合读者入门，例如直接给出一个解码案例，涉及十几条数据结构和几十个 API。如果读者不了解音视频的概念，往往会有一种雾里看花的感受，虽然也能编译并运行成功，但不理解这些函数和数据结构的应用原理。

3.1.1 初识 FFmpeg 的 API

使用 FFmpeg 可以输出日志，也可以操作目录等，下面通过一个简单的案例来快速了解 FFmpeg 的 API 函数应用。

1. 使用 FFmpeg 输出日志的头文件和 API

使用 FFmpeg 输出日志，涉及的头文件包括< libavutil/log. h >，具体的 API 函数包括 av_log_set_level、av_log 等，伪代码如下：

```
//chapter3/3.1.help.txt
//日志操作的头文件
#include <libavutil/log.h>
//设置 log 打印级别
av_log_set_level(AV_LOG_Debug)
//打印输出 log 日志
av_log(NULL,AV_LOG_INFO,"... %s\n",op)
//常用 log 日志级别如下
AV_LOG_ERROR、AV_LOG_WARNING、AV_LOG_INFO、AV_LOG_Debug
```

2. 使用 FFmpeg 操作目录的头文件和 API

使用 FFmpeg 操作目录，涉及的头文件包括< libavformat/avformat. h >，具体的 API 函数包括 avio_open_dir、avio_read_dir 和 avio_close_dir 等，伪代码如下：

```
//chapter3/3.1.help.txt
//目录操作的头文件
#include <libavformat/avformat.h>
//打开目录
avio_open_dir()
//读取目录中文件的每项信息
avio_read_dir()
//关闭目录
avio_close_dir()

//操作目录的上下文结构
AVIODirContext
//目录项：用于存放文件名、文件大小等信息
AVIODirEntry
```

3. 创建 Qt 工程并使用 FFmpeg 操作目录

1）创建 Qt 工程

打开 Qt Creator，创建一个 Qt Console 工程，具体操作步骤可以参考"1. 4 搭建 FFmpeg 的 Qt 开发环境"，工程名称输入 QtFFmpeg5_Chapter3_001，如图 3-1 所示。由于使用的是 FFmpeg 5. 0. 1 的 64 位开发包，所以编译套件应选择 64 位的 MSVC 或 MinGW。

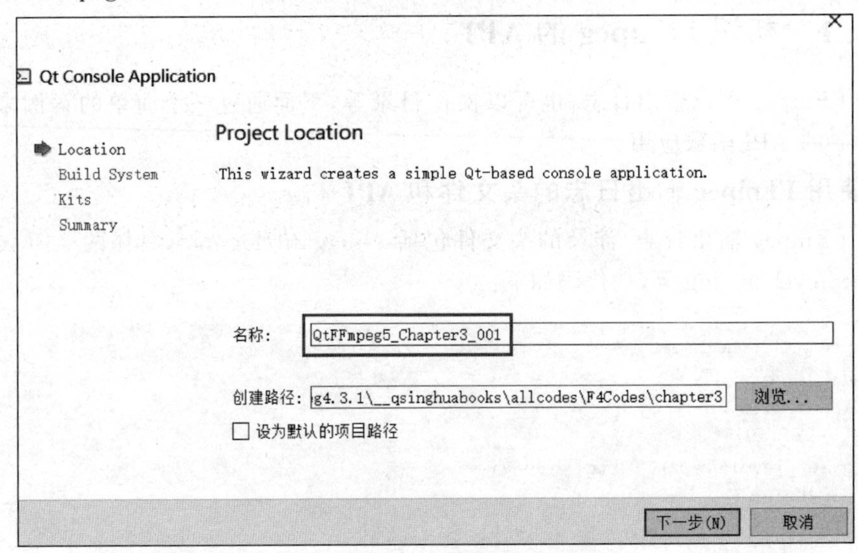

图 3-1　Qt 工程之 FFmpeg 操作目录

2）引用 **FFmpeg** 的头文件和库文件

打开配置文件 QtFFmpeg5_Chapter3_001.pro，添加引用头文件及库文件的代码，如图 3-2 所示。由于笔者的工程目录 QtFFmpeg5_Chapter3_001 在 chapter3 目录下，而 chapter3 目录与 ffmpeg-n5.0-latest-win64-gpl-shared-5.0 目录是平级关系，所以项目配置文件里引用 FFmpeg 开发包目录的代码是 $$PWD/../../ffmpeg-n5.0-latest-win64-gpl-shared-5.0/，$$PWD 代表当前配置文件（QtFFmpeg5_Chapter3_001.pro）所在的目录，../../代表父目录的父目录。

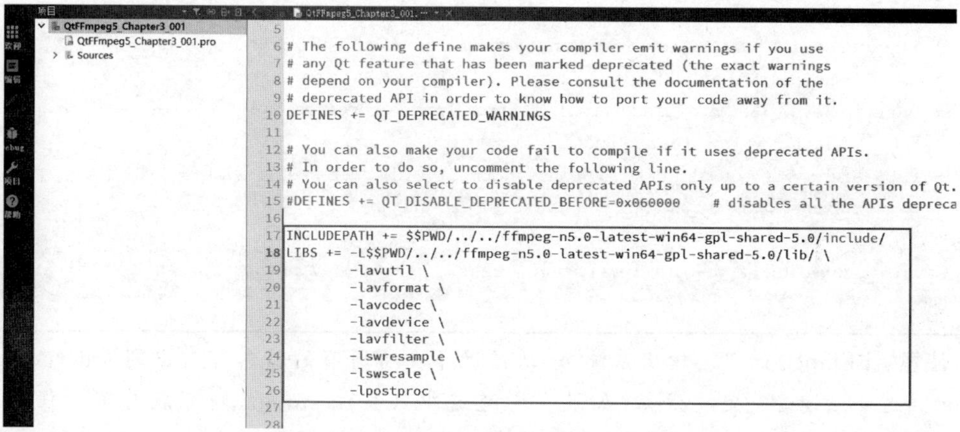

图 3-2　Qt 工程引用 FFmpeg 的头文件和库文件

在.pro 项目配置中，添加头文件和库文件的引用，代码如下：

```
//chapter3/3.1.help.txt
INCLUDEPATH += $$PWD/../../ffmpeg-n5.0-latest-win64-gpl-shared-5.0/include/
LIBS += -L$$PWD/../../ffmpeg-n5.0-latest-win64-gpl-shared-5.0/lib/ \
        -lavutil \
        -lavformat \
        -lavcodec \
        -lavdevice \
        -lavfilter \
        -lswresample \
        -lswscale \
        -lpostproc
```

3）使用 **FFmpeg** 输出不同级别的日志信息

打开 main.cpp 文件，添加日志操作的头文件 #include <libavutil/log.h>，由于是 C++ 代码调用 FFmpeg 的纯 C 函数，所以需要使用 extern "C"将头文件括起来。调用 av_log_set_level()函数可以设置 FFmpeg 的日志级别，调用 av_log()函数可以输出日志。av_log()函数在 libavutil/log.h 文件中，定义如下：

```
//chapter3/3.1.help.txt
/**
 * Send the specified message to the log if the level is less than or equal
 * to the current av_log_level. By default, all logging messages are sent to
 * stderr. This behavior can be altered by setting a different logging callback
 * function.
 * 如果日志级别小于或等于当前设置的日志级别,则将具体的日志消息发送到日志输出系统
 * 注意:默认情况下,所有的日志都输出到 stderr,而不是 stdtou
 * @see av_log_set_callback
 *
 * @param avcl A pointer to an arbitrary struct of which the first field is a
 *        pointer to an AVClass struct or NULL if general log.
 * @param level The importance level of the message expressed using a @ref
 *        lavu_log_constants "Logging Constant".
 * @param fmt The format string (printf-compatible) that specifies how
 *        subsequent arguments are converted to output.
 */
void av_log(void *avcl, int level, const char *fmt, ...) av_printf_format(3, 4);
```

注意：FFmpeg 的日志输出系统,默认情况下会将所有的信息都输出到 stderr,而不是 stdout。这一点读者一定要注意,如果在管道流中只关注 stdout,则可能看不到任何输出消息。

调用 avlog()函数,可以输出日志信息,代码如下：

```
//chapter3/QtFFmpeg5_Chapter3_001/main.cpp
extern "C"{
    //日志操作的头文件
    #include <libavutil/log.h>
}

int main(int argc, char *argv[])
{
    //QCoreApplication a(argc, argv);
    //return a.exec();

    av_log_set_level(AV_LOG_DEBUG);   //设置日志级别
    av_log(NULL, AV_LOG_DEBUG, "Hello FFmpeg!=>%s\n", "debug 信息");
    av_log(NULL, AV_LOG_INFO, "Hello FFmpeg!=>%s\n", "info 信息");
    av_log(NULL, AV_LOG_WARNING, "Hello FFmpeg!=>%s\n", "warning 信息");
    av_log(NULL, AV_LOG_ERROR, "Hello FFmpeg!=>%s\n", "error 信息");

    return 0;
```

在该案例中，先调用 av_log_set_level()函数将当前日志级别设置为 AV_LOG_DEBUG，然后调用 av_log()函数来输出不同级别的信息，分别是 AV_LOG_DEBUG、AV_LOG_INFO、AV_LOG_WARNING 和 AV_LOG_ERROR，控制台上会显示不同的颜色，如图 3-3 所示。

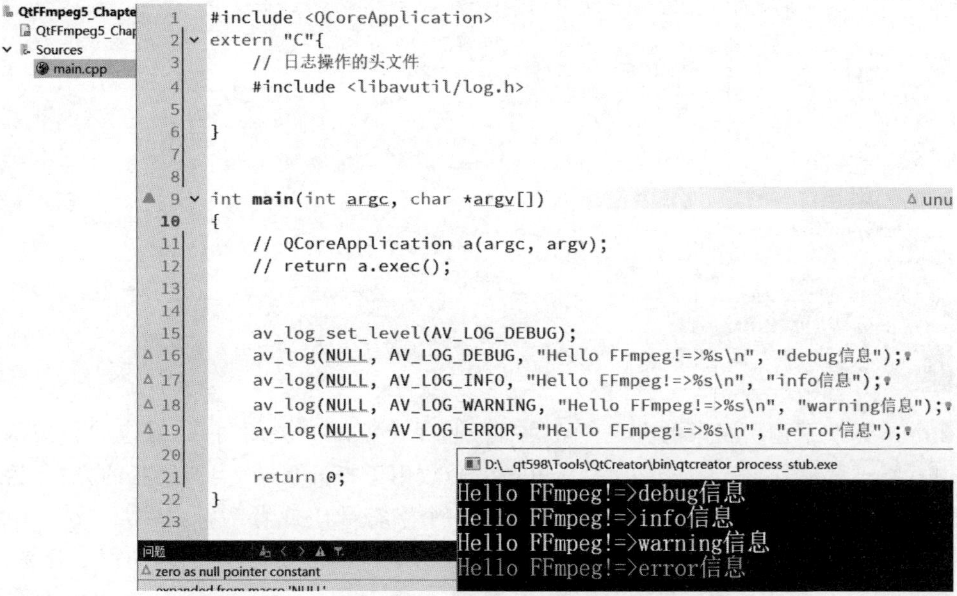

```
#include <QCoreApplication>
extern "C"{
    // 日志操作的头文件
    #include <libavutil/log.h>

}


int main(int argc, char *argv[])
{
    // QCoreApplication a(argc, argv);
    // return a.exec();


    av_log_set_level(AV_LOG_DEBUG);
    av_log(NULL, AV_LOG_DEBUG, "Hello FFmpeg!=>%s\n", "debug信息");
    av_log(NULL, AV_LOG_INFO, "Hello FFmpeg!=>%s\n", "info信息");
    av_log(NULL, AV_LOG_WARNING, "Hello FFmpeg!=>%s\n", "warning信息");
    av_log(NULL, AV_LOG_ERROR, "Hello FFmpeg!=>%s\n", "error信息");

    return 0;
}
```

```
D:\_qt598\Tools\QtCreator\bin\qtcreator_process_stub.exe
Hello FFmpeg!=>debug信息
Hello FFmpeg!=>info信息
Hello FFmpeg!=>warning信息
Hello FFmpeg!=>error信息
```

图 3-3　Qt 工程显示 FFmpeg 的不同颜色的日志级别

4）使用 C 语言操作目录

使用 C 语言可以遍历文件夹下的所有文件，dirent.h 文件是用于目录操作的头文件，Linux 系统中默认在/usr/include 目录下（会自动包含其他文件），常见的函数如下：

```
//chapter3/3.1.help.txt
//1. opendir() :打开目录,并返回句柄
//2. readdir() :读取句柄,返回 dirent 结构体
//3. telldir() :返回当前指针的位置,表示第几个元素
//4. close() :关闭句柄

#include <dirent.h>
DIR * opendir(const char * dirname);
struct dirent * readdir(DIR * dirp);
int closedir(DIR * dirp);

struct __dirstream
{
    void * __fd;
    char * __data;
```

```
    int __entry_data;
    char * __ptr;
    int __entry_ptr;
    size_t __allocation;
    size_t __size;
    __libc_lock_define (, __lock)
};
typedef struct __dirstream DIR;


struct dirent
{
long d_ino;
off_t d_off;
unsigned short d_reclen;
char d_name [NAME_MAX + 1];
}
```

Linux 系统下遍历目录的方法一般为打开目录→读取→关闭目录，对应的相关函数为 opendir()→readdir()→closedir()。opendir()函数用于打开目录，类似于流的方式，返回一个指向 DIR 结构体的指针，参数 * dirname 是一个字符数组或者字符串常量；readdir()函数用于读取目录，只有一个参数，即 opendir 返回的结构体指针，或者叫作句柄更容易理解。这个函数返回一个结构体指针 dirent *。

头文件 dirent.h 是 Linux 系统中的一个应用程序接口，主要用于文件系统的目录读取操作，提供了几个目录数据读取函数，但 Windows 平台的 MSVC 编译器并没有提供这个接口，对于跨平台的项目开发来讲就会带来一些麻烦，当在 MSVC 下编译时可能因为 Windows 平台缺少这个接口而导致编译失败，所以需要为 Windows 平台写一些代码实现 dirent.h 文件的功能，开源链接网址为 https://github.com/tronkko/dirent，使用方法有以下两种：

(1) 将解压后的 include/dirent.h 文件复制到 VS 的 include 目录下，如 C:\Program Files (x86)\MicrosoftVisualStudio12.0\VC\include。

(2) 直接将解压后的 include/dirent.h 复制到工程目录下即可。

所以，使用 C 语言可以实现跨平台编译文件夹的功能，代码如下：

```
//chapter3/QtFFmpeg5_Chapter3_001/cdodir.cpp
#include <stdio.h>

//#define __STDC_CONSTANT_MACROS

#if _WIN32
#include <Windows.h>
```

```
#include <io.h>
#include "dirent.h"
#else
#include <unistd.h>
#include <dirent.h>
#endif

//Windows 下载网址为 https://github.com/tronkko/dirent
int main (int argc, char * argv[])
{
    DIR * dir;
    struct dirent * mydirent;

    if((dir = opendir("./"))!= NULL)
    {
        while((mydirent = readdir(dir))!= NULL)
        {
            printf("FileName: %s \n",mydirent->d_name);
        }
    }
    else{
        printf("cannot open %s",argv[1]);
        return -1;
    }
    closedir(dir);

    return 0;
}
```

在 Qt 工程中添加一个文件 cdodir.cpp，添加上述代码，然后运行程序。由于该程序的生成路径为 build-QtFFmpeg5_Chapter3_001-Desktop_Qt_5_9_8_MSVC2015_64bit-Debug，所以遍历当前目录./后显示的是该文件夹下的所有文件，如图 3-4 所示。

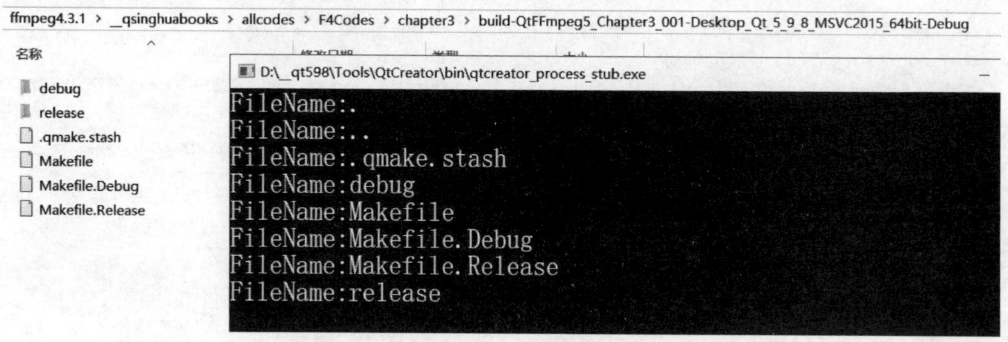

图 3-4　Qt 工程之列举当前目录下的文件

注意：读者需要将 main. cpp 文件中的 main()函数修改为 main123 或其他，否则 cdodir. cpp 文件中的 main()函数会提示重定义。

5）使用 **FFmpeg** 操作目录

使用 FFmpeg 也可以操作目录，需要在 Linux 平台下使用这些函数功能（注意目前 Windows 平台下的 FFmpeg 并没有实现此功能）。头文件是 libavformat/avformat. h，相关的函数和结构体的伪代码如下：

```
//chapter3/3.1.help.txt
//打开目录
avio_open_dir()
//读取目录中文件的每项信息
avio_read_dir()
//关闭目录
avio_close_dir()

//操作目录的上下文
AVIODirContext
//目录项:用于存放文件名、文件大小等信息
AVIODirEntry
```

使用 FFmpeg 遍历当前目录的相关代码如下（详见注释信息）：

```
//chapter3/QtFFmpeg5_Chapter3_001/ffmpegdodir.cpp
#include <stdio.h>
#define __STDC_CONSTANT_MACROS

extern "C"{ //C++调用 C 函数
    #include <libavutil/avutil.h>
    #include <libavformat/avformat.h>
}

//注意:该宏的定义要放到 libavformat/avformat.h 文件的下边
char av_error[10240] = { 0 };
#define av_err2str(errnum) av_make_error_string(av_error, AV_ERROR_MAX_STRING_SIZE, errnum)

int main  (int argc, char *argv[]) {
    AVIODirContext *ctx = NULL; //AVIO:目录操作上下文
    AVIODirEntry *entry = NULL; //AVIO:目录项
    av_log_set_level(AV_LOG_Debug); //设置日志级别

    int ret = avio_open_dir(&ctx, "./", NULL); //打开文件夹
    if (ret < 0) {
```

```
        av_log(NULL, AV_LOG_ERROR, "Cant open dir: %s\n", av_err2str(ret) );
        goto __fail;
    }

    while (1) { //遍历文件夹
        ret = avio_read_dir(ctx, &entry);  //读取文件项:AVIODirEntry
        if (ret < 0) {
            av_log(NULL, AV_LOG_ERROR, "Cant red dir:111\n");
            //跳转到__fail
            goto __fail;
        }
        //如果 entry 是 NULL,则代表是目录最末尾,退出
        if (!entry) break;

        //打印输出文件信息
        av_log(NULL, AV_LOG_INFO,
               "文件名:%s ,文件大小:%" PRId64"\n", //注意:PRId64 这个宏
               entry->name,
               entry->size);

        //释放 entry
        avio_free_directory_entry(&entry);
    }

    __fail:
    avio_close_dir(&ctx);

    return 0;
}
```

在 Qt 的项目中添加一个文件 ffmpegdodir.cpp，添加上述代码，运行程序，如图 3-5 所示。

在 Windows 平台下，运行该程序，会输出红色的错误信息：Can't open dir：Function not implemented。说明 Windows 平台下没有实现该函数，不支持该功能。

打开 Linux 系统，将 ffmpegdodir.cpp 文件从 Windows 系统中复制到 Linux 系统中，编译命令如下：

```
//chapter3/3.1.help.txt
gcc -o ffmpegdodir ffmpegdodir.cpp -I /root/ffmpeg-5.0.1/install5/include/ -L /root/
ffmpeg-5.0.1/install5/lib/  -lavcodec -lavformat -lavutil

./ffmpegdodir
```

生成可执行文件 ffmpegdodir，然后运行该程序，如图 3-6 所示，可以看出 Linux 系统中成功地输出了当前文件夹下的所有文件信息。

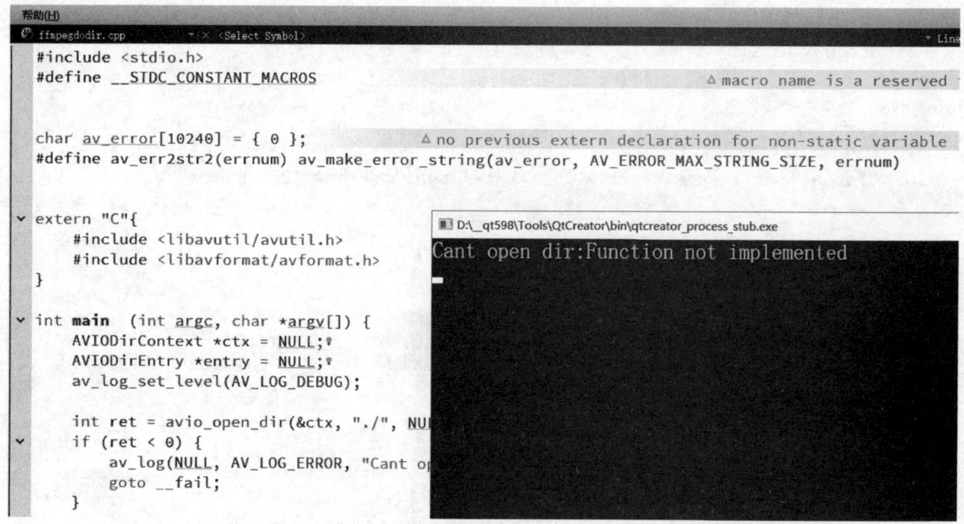

图 3-5 FFmpeg(Windows 平台下)列举当前目录下的文件

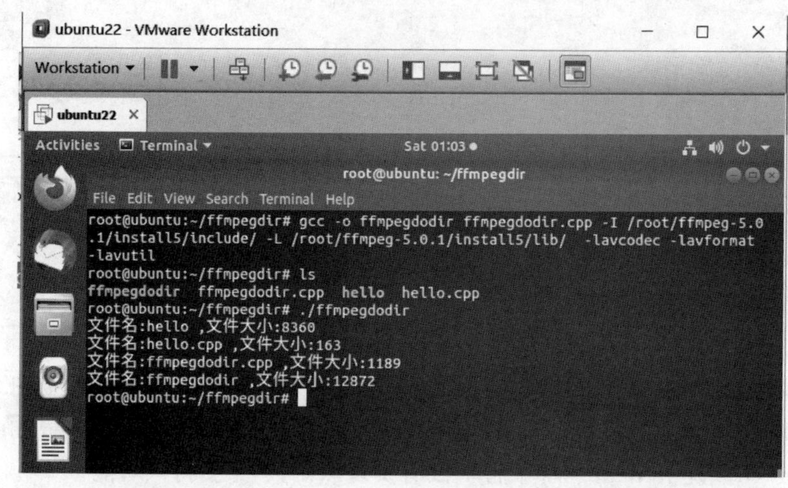

图 3-6 FFmpeg(Linux 平台下)列举当前目录下的文件

在该案例中,代码虽然不多,但知识点很多,如下所示。

(1) Windows 平台下目前没有实现 avio_open_dir、avio_read_dir 等目录操作函数。

(2) av_err2str 编译时出错。在 C++项目中使用 FFmpeg 中的 av_err2str 函数时会报错,这跟 C++与 C 语言的编译方式有关系,av_err2str 被定义为一个 C 语言级别的静态内联函数,有数组空间的定义和开销。C++编译时编译器存在内存方面开销和引用的冲突问题,所以编译不能通过。可以在调用该函数的文件开始加上以下代码,需要添加到 #include<libavformat/avformat.h>之后,相当于重新定义了该宏,如图 3-7 所示,代码如下:

```
//chapter3/3.1.help.txt
char av_error[AV_ERROR_MAX_STRING_SIZE] = { 0 };
#define av_err2str(errnum) av_make_error_string(av_error, AV_ERROR_MAX_STRING_SIZE, errnum)
```

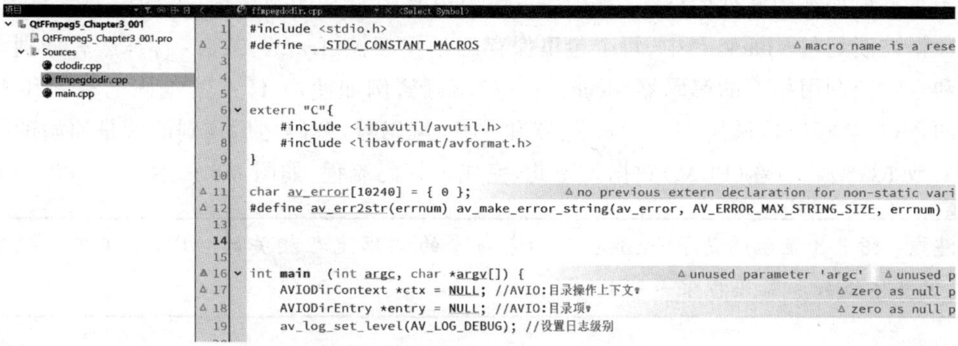

图 3-7　C++处理 av_err2str 宏

（3）PRID64 编译时出错。这是因为这个宏是定义给 C 语言用的，如果 C++要用它，就要定义一个__STDC_FORMAT_MACROS 宏打开它。C++使用 PRID64，需要分为两步，第 1 步是包含头文件<inttypes.h>，第 2 步是定义宏__STDC_FORMAT_MACROS，可以在编译时加-D__STDC_FORMAT_MACROS 参数，或者在包含文件之前定义这个宏。int64_t 用来表示 64 位整数，在 32 位系统中是 long long int，在 64 位系统中是 long int，所以打印 int64_t 的格式化方法，代码如下：

```
printf("%ld", value); //64 位 OS
printf("%lld", value); //32 位 OS
```

int64_t 也有跨平台的格式化方法，代码如下：

```
//chapter3/3.1.help.txt
#include <inttypes.h>
printf("%" PRId64 "\n", value);
//相当于 64 位的
printf("%" "ld" "\n", value);
//或 32 位的
printf("%" "lld" "\n", value);
```

3.1.2　FFmpeg 的解码及播放流程

使用 FFmpeg 对音视频文件进行解码并播放是非常方便的，有优秀的架构和通俗易懂的 API，并遵循一定的流程。

1. 使用 FFmpeg 进行解码的流程简介

视频文件有许多格式，例如 avi、mkv、rmvb、mov 和 mp4 等，这些被称为容器(Container)，不同的容器格式规定了其中音视频数据（也包括其他数据，例如字幕等）的组织方式。容器中一般会封装视频和音频轨，也称为视频流(stream)和音频流，播放视频文件的第1步是根据视频文件的格式，解析(demux)出其中封装的视频流、音频流及字幕流，解析的数据被读到包(packet)中，每个包里保存的是视频帧(frame)或音频帧，然后分别对视频帧和音频帧调用相应的解码器(decoder)进行解码，例如使用 H.264 编码的视频和 MP3 编码的音频，会相应地调用 H.264 解码器和 MP3 解码器，解码之后得到的就是原始的图像(YUV 或 RGB)和声音(PCM)数据。至此，完成了解码流程，如图 3-8 所示。

注意：图 3-8 显示的是 FFmpeg(2.0)老版本的解码流程相关的 API，新版本与此略有区别，但整体流程和解码框架是一致的。

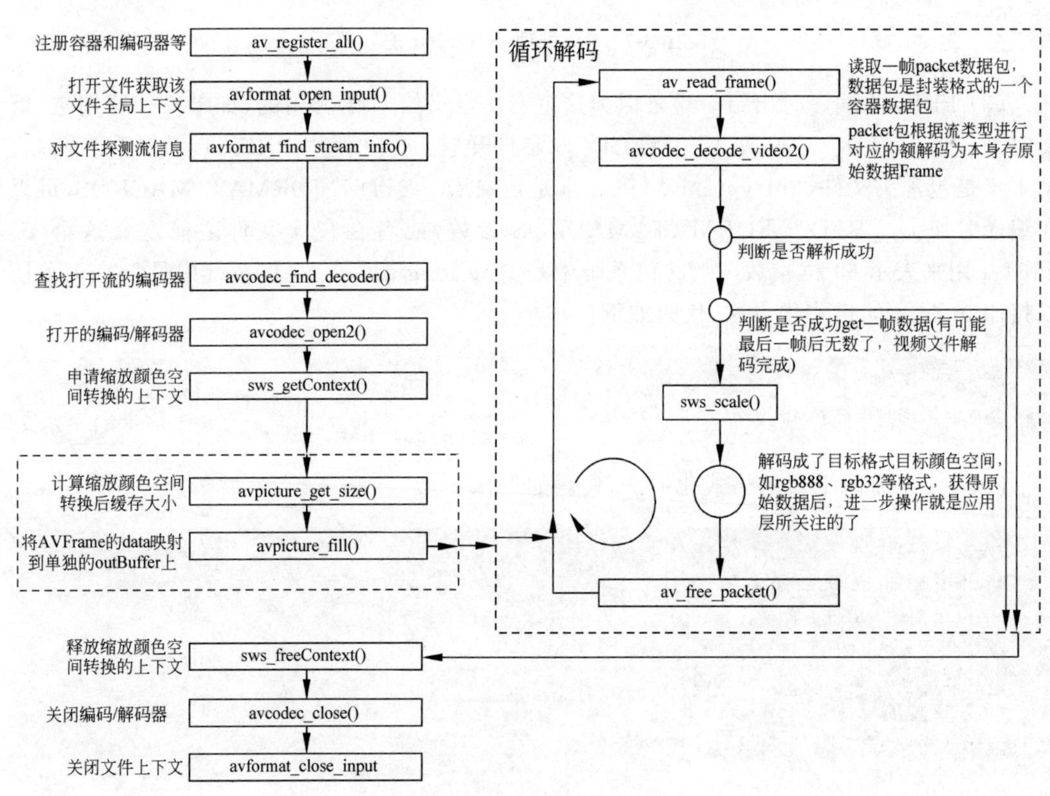

图 3-8 FFmpeg 的解码流程

2. 使用 FFmpeg 进行播放的流程简介

解码完成后，可以根据同步好的时间将图像显示到屏幕上，将声音输出到声卡，这个属于音视频播放流程中的渲染工作，如图 3-9 所示。FFmpeg 的 API 大体上就是根据这个过程（解协议、解封装、解码、播放）进行设计的，因此使用 FFmpeg 来处理视频文件的方法非常直观简单。

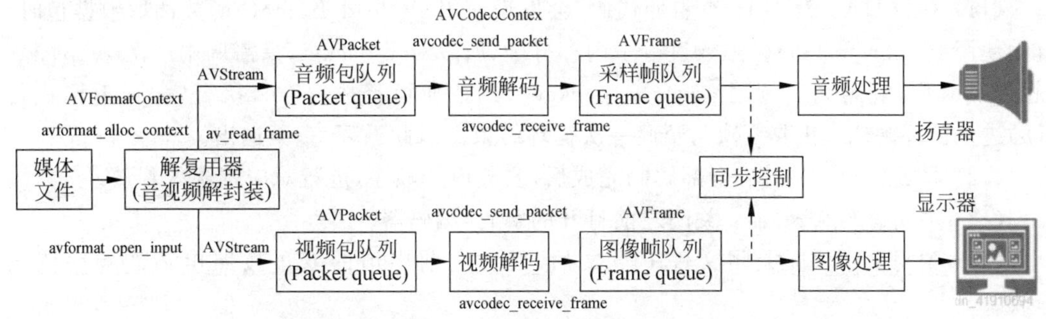

图 3-9 FFmpeg 的播放流程

3. 使用 FFmpeg 的解码流程与步骤分析

对于一位没有音视频基础的初学者来讲，解码音视频文件需要掌握大约十几个非常重要的函数及相关的数据结构，具体步骤如下。

（1）注册：使用 FFmpeg 对应的库，这些库都需要进行注册，可以注册子项也可以注册全部。

（2）打开文件：打开文件，根据文件名信息获取对应的 FFmpeg 全局上下文。

（3）探测流信息：需要先探测流信息，获得流编码的编码格式，如果不探测流信息，则其流编码器获得的编码类型可能为空，后续进行数据转换时就无法知道原始格式，从而导致错误。

（4）查找对应的解码器：依据流的格式查找解码器，软解码还是硬解码是在此处决定的，但是应特别注意是否支持硬件，需要自己查找本地的硬件解码器对应的标识，并查询其是否支持。普遍操作是，枚举支持文件后缀解码的所有解码器进行查找，查找到了就可以硬解码。注意解码时需要查找解码器，而编码时需要查找编码器，两者的函数不同。

（5）打开解码器：打开获取的解码器。

（6）申请缩放数据格式转换结构体：一般情况下解码的数据都是 YUV 格式，但是显示的数据是 RGB 等相关颜色空间的数据，所以此处转换结构体就是进行转换前到转换后的描述，给后续转换函数提供转码依据，是很关键并且常用的结构体。

（7）申请缓存区：申请一个缓存区（outBuffer），填充到目标帧数据的 data 上，例如 RGB 数据，QAVFrame 的 data 上存储的是有指定格式的数据，并且存储有规则，而填充到 outBuffer（自己申请的目标格式一帧缓存区）则是需要的数据格式存储顺序。

（8）进入循环解码：获取一帧（AVPacket），判断数据包的类型进行解码，从而获得存储的编码数据（YUV 或 PCM）。

（9）数据转换：使用转换函数结合转换结构体对编码的数据进行转换，获得需要的目标宽度、高度和指定存储格式的原始数据。

(10) 自行处理：获得的原始数据可以自行处理，例如添加水印、磨皮美颜等，然后不断循环，直到 AVPacket()函数虽然可以成功返回，但是无法得到一帧真实的数据，代表文件解码已经完成。

(11) 释放 QAVPacket：查看源代码，会发现使用 av_read_frame()函数读取数据包时，自动使用 av_new_packet()函数进行了内存分配，所以对于 packet，只需调用一次 av_packet_alloc()函数，解码完后调用 av_free_packet()函数便可释放内存。执行完后，返回执行"(8)进入循环解码：获取一帧"，至此一次循环结束。以此循环，直至退出。

(12) 释放转换结构体：全部解码完成后，安装申请顺序，进行对应资源的释放。

(13) 关闭解码/编码器：关闭之前打开的解码/编码器。

(14) 关闭上下文：关闭文件上下文后，要对之前申请的变量按照申请的顺序依次释放。

注意：FFmpeg 的解码与播放流程包括很多数据结构及 API，涉及很多音视频和流媒体相关的概念。如果读者没有基础，则会比较懵，建议先熟悉整体流程及进行宏观把握。

3.1.3 使用 FFmpeg 解封装并读取流信息的案例

使用 FFmpeg 可以读取音视频文件并解析出流信息，其间会用到几个经典的结构体及 API，主要包括 AVFormatContext、AVStream、AVCodecParameters，以及 avformat_open_input 和 avformat_find_stream_info 等。下面打开一个音视频文件 hello4. mp4，并读取其中的音视频流信息。首先打开 Qt 的项目 QtFFmpeg5_Chapter3_001，添加一个 C++文件 ffmpeganalysestreams. cpp，如图 3-10 所示。

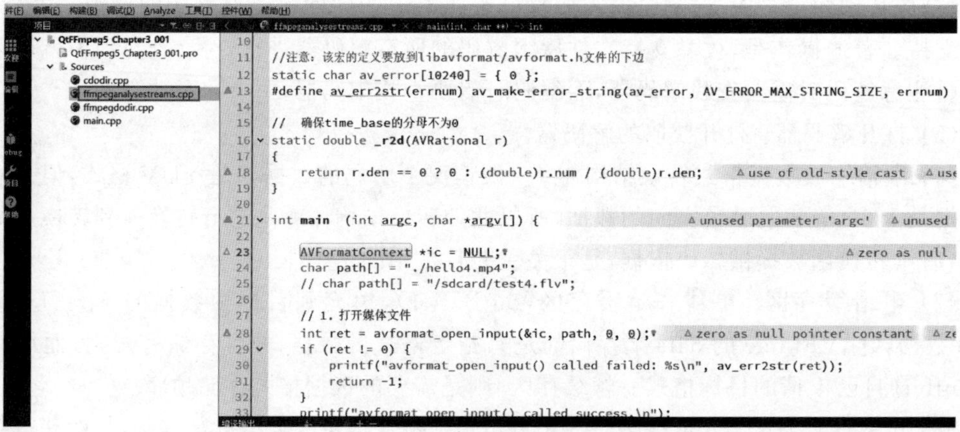

```
//注意：该宏的定义要放到libavformat/avformat.h文件的下边
static char av_error[10240] = { 0 };
#define av_err2str(errnum) av_make_error_string(av_error, AV_ERROR_MAX_STRING_SIZE, errnum)

//  确保time_base的分母不为0
static double _r2d(AVRational r)
{
    return r.den == 0 ? 0 : (double)r.num / (double)r.den;
}

int main  (int argc, char *argv[]) {

    AVFormatContext *ic = NULL;
    char path[] = "./hello4.mp4";
    // char path[] = "/sdcard/test4.flv";

    // 1. 打开媒体文件
    int ret = avformat_open_input(&ic, path, 0, 0);
    if (ret != 0) {
        printf("avformat_open_input() called failed: %s\n", av_err2str(ret));
        return -1;
    }
    printf("avformat_open_input() called success.\n");
```

图 3-10　使用 FFmpeg 解析音视频的流信息

ffmpeganalysestreams. cpp 文件的代码如下(详见注释信息)：

```
//chapter3/QtFFmpeg5_Chapter3_001/ffmpeganalysestreams.cpp
#include <stdio.h>
#define __STDC_CONSTANT_MACROS

extern "C"{  //C++调用C函数
    #include <libavutil/avutil.h>
    #include <libavformat/avformat.h>
    #include <libavcodec/avcodec.h>
}

//注意:该宏的定义要放到libavformat/avformat.h文件的下边
static char av_error[10240] = { 0 };
#define av_err2str(errnum) av_make_error_string(av_error, AV_ERROR_MAX_STRING_SIZE,
errnum)

//确保time_base的分母不为0
static double _r2d(AVRational r)
{
    return r.den == 0 ? 0 : (double)r.num / (double)r.den;
}

int main  (int argc, char *argv[]) {

    AVFormatContext *ic = NULL;
    char path[] = "./hello4.mp4";
    //char path[] = "/sdcard/test4.flv";

    //1.打开媒体文件
    int ret = avformat_open_input(&ic, path, 0, 0);
    if (ret != 0) {
        printf("avformat_open_input() called failed: %s\n", av_err2str(ret));
        return -1;
    }
    printf("avformat_open_input() called success.\n");
    //获取媒体总时长(单位为毫秒)及流的数量
    printf("duration is: %lld, nb_stream is: %d\n", ic->duration, ic->nb_streams);

    //2.探测获取流信息
    if (avformat_find_stream_info(ic, 0) >= 0 ) {
        printf("duration is: %lld, nb_stream is: %d\n", ic->duration, ic->nb_streams);
    }

    /**帧率*/
    int fps = 0;
    int videoStream = 0;
    int audioStream = 1;

    for (int i = 0; i < ic->nb_streams; i++) {
        AVStream *as = ic->streams[i];
```

```
        //3.1  查找视频流
        //新版的 API 可以使用:av_find_best_stream(ic, AVMEDIA_TYPE_VIDEO, -1, -1, NULL, 0);
        if (as->codecpar->codec_type == AVMEDIA_TYPE_VIDEO) {
            //videoStream = av_find_best_stream(ic, AVMEDIA_TYPE_VIDEO, -1, -1, NULL, 0);
            printf("video stream................\n");
            videoStream = i;
            fps = (int)_r2d(as->avg_frame_rate);
            printf("fps = %d, width = %d, height = %d, codecid = %d, format = %d\n",
                fps,
                as->codecpar->width,          //视频宽度
                as->codecpar->height,         //视频高度
                as->codecpar->codec_id,       //视频的编解码 ID
                as->codecpar->format);        //视频像素格式:AVPixelFormat
        }
        //3.2 查找音频流
        //audioStream = av_find_best_stream(ic, AVMEDIA_TYPE_AUDIO, -1, -1, NULL, 0);
        else if (as->codecpar->codec_type == AVMEDIA_TYPE_AUDIO) {
            printf("audio stream................\n");
            audioStream = i;
            printf("sample_rate = %d, channels = %d, sample_format = %d\n",
                as->codecpar->sample_rate,    //音频采样率
                as->codecpar->channels,       //音频声道数
                as->codecpar->format          //音频采样格式:AVSampleFormat
            );
        }
    }

    //4.关闭并释放资源
    avformat_close_input(&ic);


    return 0;
}
```

由于使用的是 Qt Creator，所以代码中的 char path[]="./hello4.mp4"表示的是当前目录下的 hello4.mp4 文件，即项目的编译输出路径，如图 3-11 所示。

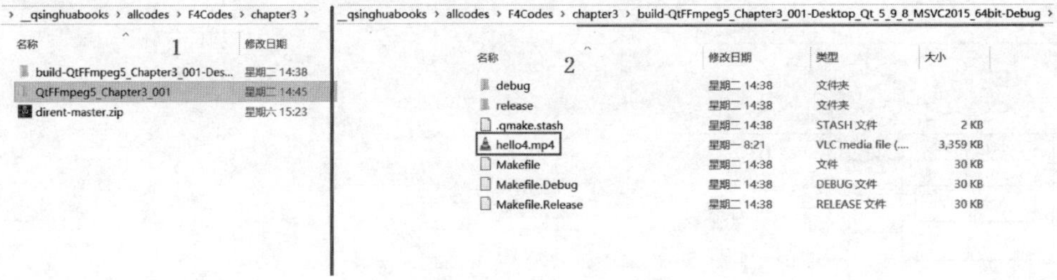

图 3-11　Qt Creator 项目中的./当前路径

可以看到，QtFFmpeg5_Chapter3_001 和 build-QtFFmpeg5_Chapter3_001-Desktop_Qt_5_9_8_MSVC2015_64bit-Debug（项目编译输出路径，在该目录中有 hello4. mp4 文件）是平级关系。

该案例的主要步骤如下：

(1) 打开媒体文件，使用 avformat_open_input()函数，并存储到 AVFormatContext 结构体变量 ic 中。

(2) 探测，以便获取流信息，使用 avformat_find_stream_info()函数，可以获取更多的音视频流信息，同样存储到 AVFormatContext 结构体变量 ic 中。

(3) 查找视频流/音频流，遍历 ic 变量中的流（AVStream），通过判断 as-> codecpar-> codec_type 类型来判断是音频（AVMEDIA_TYPE_AUDIO）还是视频（AVMEDIA_TYPE_VIDEO），然后可以读取详细的参数，包括视频的宽、高、帧率、像素格式，以及音频的采样率、采样格式和声道数等。

(4) 关闭并释放资源，调用 avformat_close_input()函数关闭流并释放资源。

3.2 FFmpeg 的经典数据结构

使用 FFmpeg 对音视频文件（或网络流）进行解码、播放，需要遵循一定的步骤，其间会用到很多数据结构和 API 函数。通常来讲，会按照协议层、封装/解封装层、编解码层这 3 个层次逐步展开。大概需要至少 4 条线程，包括读取源文件的线程（read_thread）、视频解码的线程（video_dec_thread）、音频解码的线程（audio_dec_thread）和渲染线程（render_thread）。FFmpeg 解码及播放的整体框架及流程如图 3-12 所示。

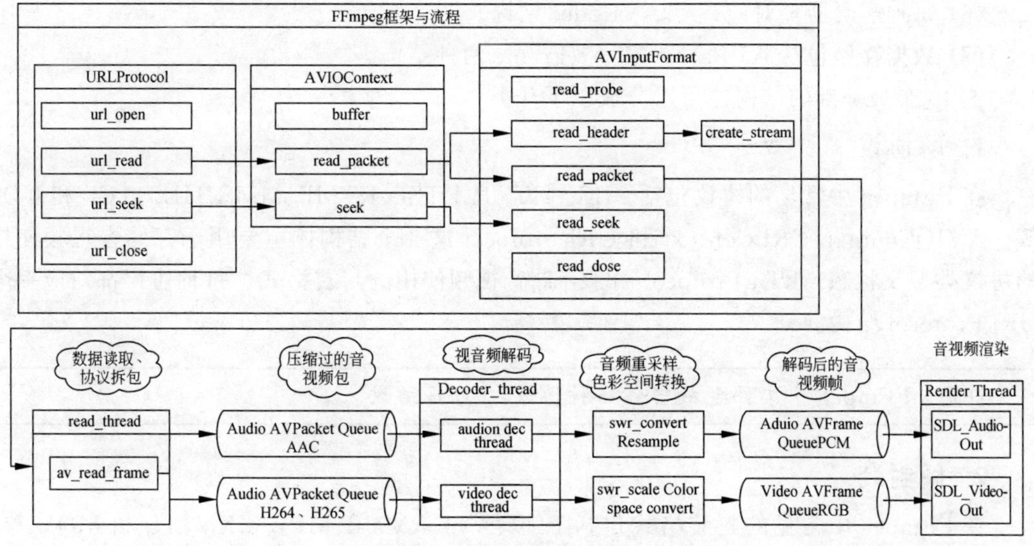

图 3-12　FFmpeg 的整体框架及流程

3.2.1 使用 FFmpeg 进行解码的 10 个经典结构体

使用 FFmpeg 进行解码几乎是必不可少的操作，这里列举了 10 个最基础的结构体（其实远远不止这 10 个），如图 3-13 所示。

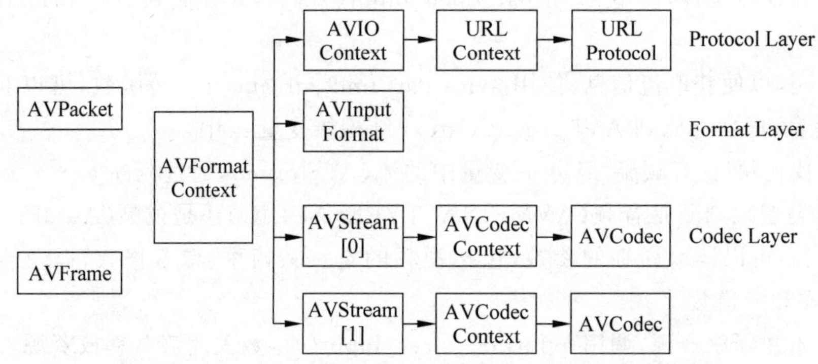

图 3-13 FFmpeg 解码音视频所涉及的 10 大经典数据结构

这几个结构体的解释如下：

(1) AVFormatContext 是贯穿全局的数据结构。

(2) 协议层包括 AVIOContext、URLContext 和 URLProtocol 共 3 种结构。

(3) 每个 AVStream 存储一个视频/音频流的相关数据。

(4) 每个 AVStream 对应一个 AVCodecContext，存储该视频/音频流所使用的解码方式的相关数据。

(5) 每个 AVCodecContext 中对应一个 AVCodec，包含该视频/音频对应的解码器。

(6) 每种解码器都对应一个 AVCodec 结构。

(7) 数据存储包括 AVPacket 和 AVFrame 两种结构。

这 10 个最基础的结构体可以分成以下几类。

1. 解协议

在 FFmpeg 中常见的协议包括 FILE、HTTP、RTSP、RTMP、MMS、HLS、TCP 和 UDP 等。AVIOContext、URLContext 和 URLProtocol 这 3 个结构体主要用于存储音视频使用的协议类型及状态。URLProtocol 用于存储音视频使用的封装格式。每种协议都对应一个 URLProtocol 结构。

注意：FFmpeg 中文件也被当作一种协议：FILE 协议。

---

2. 解封装

在 FFmpeg 中常见的封装格式包括 FLV、AVI、RMVB、MP4、MKV、TS 和 MOV 等。AVFormatContext 结构体主要用于存储音视频封装格式中包含的信息，是统领全局的最基本的结构体；AVInputFormat 用于存储输入的音视频使用的封装格式(输出格式对应的结构体是 AVOutputFormat)。每种音视频封装格式都对应一个 AVInputFormat 结构。

AVFormatContext 结构体按名字来讲应该将其归为封装层，但是，从整体的架构上来讲，它是 FFmpeg 中提纲挈领的最外层结构体，在音视频处理过程中，该结构体保存着所有信息。这些信息一部分由 AVFormatContext 的直接成员持有，另一部分由其他数据结构所持有，而这些结构体都是 AVFormatContext 的直接成员或者间接成员。总体来讲，AVFormatContext 结构体的作用有点类似于"管家婆"的角色。FFMPEG 是用 C 语言实现的，AVFormatContext 持有数据，方法与其是分开的。

3. 解码

在 FFmpeg 中常见的编解码格式包括 H. 264、H. 265、MPEG2、MP3 和 AAC 等。AVStream 结构体用于存储一个视频/音频流的相关数据；每个 AVStream 对应一个 AVCodecContext，用于存储该视频/音频流使用解码方式的相关数据；每个 AVCodecContext 中对应一个 AVCodec，包含该视频/音频对应的解码器。每种解码器都对应一个 AVCodec 结构。

4. 存数据

在 FFmpeg 中常见的存储数据的结构体包括 AVPacket 和 AVFrame，其中 AVPacket 是解封装后保存的压缩数据包，AVFrame 是解码后保存的原始音视频帧(PCM 或 YUV)。每个结构体存储的视频一般是一帧，而音频有可能是几帧。

3.2.2 AVPacket 与 AVFrame

1. AVPacket 结构体

AVPacket 结构体在旧版本中放在 avcodec. h 头文件中，在 FFmpeg 4. 4 以后放在单独的 packet. h 头文件中。官方对 AVPacket 的说明如下：

```
//chapter3/3.2.help.txt
/**
 * This structure stores compressed data. It is typically exported by demuxers
 * and then passed as input to decoders, or received as output from encoders and
 * then passed to muxers.
 *
 * For video, it should typically contain one compressed frame. For audio it may
 * contain several compressed frames. Encoders are allowed to output empty
 * packets, with no compressed data, containing only side data
 * (e.g. to update some stream parameters at the end of encoding).
 *
 */
```

AVPacket 结构体定义，代码如下：

```
//chapter3/3.2.help.txt
typedef struct AVPacket {
    AVBufferRef *buf;
    //显示时间戳,单位为 AVStream->time_base
    int64_t pts;
    //解码时间戳,单位为 AVStream->time_base
    int64_t dts;
    //音视频数据
    uint8_t *data;
    //数据包大小
    int   size;
    //码流索引下标
    int stream_index;
    //帧类型
    int flags;
    //额外数据
    AVPacketSideData *side_data;
    int side_data_elems;
    //帧显示时长,单位为 AVStream->time_base
    int64_t duration;
    //数据包所在码流的 position
    int64_t pos;

} AVPacket;
```

AVPacket 的分配与释放有对应的 API,需要注意的是释放所传的参数为 AVPacket 指针的地址。这些 API 与示例代码如下:

```
//chapter3/3.2.help.txt
//API:
AVPacket *av_packet_alloc(void);              //分配包空间
void av_packet_unref(AVPacket *pkt);          //解引用包
void av_packet_free(AVPacket **pkt);          //释放包空间

//参考示例代码
AVPacket *pkt = av_packet_alloc();
av_packet_unref(pkt);
av_packet_free(&pkt);
```

2. AVFrame 结构体

AVFrame 结构体位于 frame.h 头文件,用于存储解码后的音视频帧数据,使用 av_frame_alloc 进行分配,使用 av_frame_free 进行释放。AVFrame 分配一次,可多次复用,使用 av_frame_unref 可以解引用。官方关于 AVFrame 的描述如下:

```
//chapter3/3.2.help.txt
/**
 * This structure describes decoded (raw) audio or video data.
 *
 * AVFrame must be allocated using av_frame_alloc(). Note that this only
 * allocates the AVFrame itself, the buffers for the data must be managed
 * through other means (see below).
 * AVFrame must be freed with av_frame_free().
 * 此结构描述解码(原始)音频或视频数据.必须使用 av_frame_alloc()分配 AVFrame.
 * 需要注意,仅分配 AVFrame 本身,必须通过其他方式管理数据的缓冲区.
 * AVFrame 必须使用 av_frame_free()释放.
 *
 * AVFrame 通常分配一次,然后可以重复使用多次以保存不同的数据
 * AVFrame is typically allocated once and then reused multiple times to hold
 * different data (e.g. a single AVFrame to hold frames received from a
 * decoder).
 * In such a case, av_frame_unref() will free any references held by the frame and reset it to
its original clean state before it
 * is reused again.
 * 在这种情况下,av_frame_unref()将释放框架所持有的所有引用,
 * 并将其重置为原始的干净状态,然后重新使用
 */
```

AVFrame 在解码后用于存储音视频帧，包括 data 数组、width、height、pts、pkt_dts、pkt_size、pkt_duration、pkt_pos 等信息，在判断是否为关键帧时，可以使用 key_frame 参数。该结构体的定义，代码如下：

```
//chapter3/3.2.help.txt
typedef struct AVFrame {
#define AV_NUM_DATA_POINTERS 8

    //pointer to the picture/channel planes.//指向图片和通道平面的指针
    uint8_t *data[AV_NUM_DATA_POINTERS];

    /**
     * For video, size in Bytes of each picture line.
     * For audio, size in Bytes of each plane.
     * 对于视频,每张图片行的大小(字节);
     * 对于音频,每个平面的大小,以字节为单位

     * For audio, only linesize[0] may be set. For planar audio, each channel
     * plane must be the same size.
     * 对于音频,只能设置 linesize[0].对于平面音频,每个通道平面的大小必须相同
     * For video the linesizes should be multiples of the CPUs alignment
     * preference, this is 16 or 32 for modern desktop CPUs.
```

```
 * 对于视频,线条大小应为 CPU 对齐的倍数(对于 16 或 32 位的现代桌面 CPU)
 * Some code requires such alignment other code can be slower without
 * correct alignment, for yet other it makes no difference.
 */
int linesize[AV_NUM_DATA_POINTERS];

/**
 * pointers to the data planes/channels.
 *
 * For video, this should simply point to data[].对于视频,只需指向 data[]
 *
 * For planar audio, each channel has a separate data pointer, and
 * linesize[0] contains the size of each channel buffer.
 * 对于平面音频,每个通道都有一个单独的数据指针,
 * 并且 linesize[0]包含每个通道缓冲区的大小
 * For packed audio, there is just one data pointer, and linesize[0]
 * contains the total size of the buffer for all channels.
 * 对于压缩音频,只有一个数据指针和 linesize[0],包含所有通道缓冲区的总大小.
 */
uint8_t **extended_data;

/**
 * @name Video dimensions:视频的宽度和高度
 */
int width, height;

/**
 * number of audio samples (per channel) described by this frame
 * 此帧描述的音频采样数(每个通道)
 */
int nb_samples;

/**
 * format of the frame, -1 if unknown or unset
 * Values correspond to enum AVPixelFormat for video frames,
 * enum AVSampleFormat for audio):
 * 像素格式(视频:AVPixelFormat,音频:AVSampleFormat)
 */
int format;

/**
 * 1 -> keyframe, 0 -> not        //是否为关键帧
 */
int key_frame;
```

```
/**
 * Picture type of the frame.          //帧的图像类型
 */
enum AVPictureType pict_type;

/**
 * Sample aspect ratio for the video frame, 0/1 if unknown/unspecified.
 */
AVRational sample_aspect_ratio;      //宽高比

/**
 * Presentation timestamp in time_base units.
 */
int64_t pts; //pts:显示时间戳

/**
 * DTS copied from the AVPacket that triggered returning this frame.
 * This is also the Presentation time of this AVFrame calculated from
 * only AVPacket.dts values without pts values.
 */
int64_t pkt_dts;                      //dts:解码时间戳

/**
 * picture number in bitstream order :编码的图像序号
 */
int coded_picture_number;
/**
 * picture number in display order :显示的图像序号
 */
int display_picture_number;

/**
 * quality (between 1 (good) and FF_LAMBDA_MAX (bad))
 */
int quality;

/**
 * for some private data of the user :私有数据
 */
void *opaque;

/** 解码时,这会指示图片必须延迟多长时间
 * When decoding, this signals how much the picture must be delayed.
 * extra_delay = repeat_pict / (2 * fps)
 */
int repeat_pict;
```

```
/** 图片的内容是隔行扫描的
 * The content of the picture is interlaced.
 */
int interlaced_frame;

/** 如果内容隔行扫描,则需确定是否"顶场优先"
 * If the content is interlaced, is top field displayed first.
 */
int top_field_first;

/** 告诉用户应用程序调色板已从上一帧更改
 * Tell user application that palette has changed from previous frame.
 */
int palette_has_changed;

/**
 * reordered opaque 64 bits.
 */
int64_t reordered_opaque;

/**
 * Sample rate of the audio data. 音频数据的采样率
 */
int sample_rate;

/** 音频数据的声道布局
 * Channel layout of the audio data.
 */
uint64_t channel_layout;

/** AVBuffer 引用备份此帧的数据.
 * 如果此数组的所有元素都为 NULL,则该帧不进行参考计数
 * AVBuffer references backing the data for this frame.
 * If all elements of this array are NULL,
 * then this frame is not reference counted.
 */
AVBufferRef *buf[AV_NUM_DATA_POINTERS];

/** 帧标志
 * Frame flags, a combination of @ref lavu_frame_flags
 */
int flags;


/**
```

```
     * YUV colorspace type. YUV 颜色空间类型
     * - encoding: Set by user
     * - decoding: Set by libavcodec
     */
    enum AVColorSpace colorspace;



    //number of audio channels, only used for audio.
    int channels; //音频通道数,仅用于音频

    //size of the corresponding packet containing the compressed frame.
    int pkt_size; //包含压缩帧的相应数据包的大小

   ……//此处省略了一些代码
} AVFrame;
```

其中，帧类型使用 AVPictureType（位于 libavutil/avutil.h 文件中）表示，枚举定义，代码如下：

```
//chapter3/3.2.help.txt
enum AVPictureType {
    AV_PICTURE_TYPE_NONE = 0,      //< Undefined 未知
    AV_PICTURE_TYPE_I,             //< Intra  关键帧,I 帧
    AV_PICTURE_TYPE_P,             //< Predicted P 帧
    AV_PICTURE_TYPE_B,             //< Bi-dir predicted, B 帧
    AV_PICTURE_TYPE_S,             //< S(GMC)-VOP MPEG-4, S 帧
    AV_PICTURE_TYPE_SI,            //< Switching Intra, SI 帧,用于切换
    AV_PICTURE_TYPE_SP,            //< Switching Predicted, SP 帧
    AV_PICTURE_TYPE_BI,            //< BI type, BI 帧
};
```

AVFrame 的分配与释放也有相应的 API，具体的 API 及使用实例，代码如下：

```
//chapter3/3.2.help.txt
//API:
AVFrame *av_frame_alloc(void);
void av_frame_unref(AVFrame *frame);
void av_frame_free(AVFrame **frame);

//demo:
AVFrame *frame = av_frame_alloc();
av_frame_unref(frame);
av_frame_free(&frame);
```

3.3 协议层的三大重要数据结构

协议层,用于处理各种协议,也可以理解为 FFmpeg 的 I/O 处理层,提供了资源的按字节读写能力。这一层的作用:一方面根据音视频资源的 URL 来识别该以什么协议访问该资源(包括本地文件和网络流);另一方面识别协议后,就可以使用协议相关的方法,例如使用 open()打开资源、使用 read()读取资源的原始比特流、使用 write()向资源中写入原始比特流、使用 seek()在资源中随机检索、使用 close()关闭资源,并提供缓冲区 buffer,所有的操作就像访问一个文件一样。

FFmpeg 的协议层提供了这样一个抽象,像访问文件一样去访问资源,这个概念在 Linux 系统中普遍存在,一切皆是文件。这一层的主要结构体有 3 个,分别为 URLProtocol、URLContext 和 AVIOContext,可以认为这 3 个结构体在协议层也有上下级关系,如图 3-14 所示。

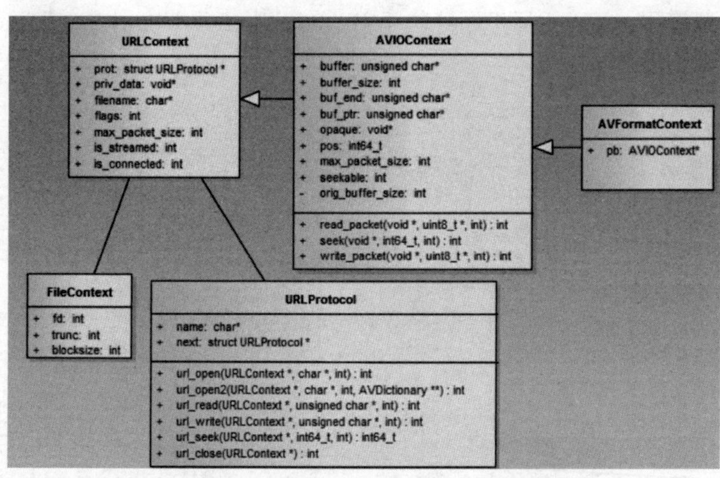

图 3-14 FFmpeg 协议层所涉及的 3 个数据结构

协议操作的顶层结构是 AVIOContext,这个对象实现了带缓冲的读写操作;FFmpeg 的输入对象 AVFormat 的 pb 字段指向一个 AVIOContext。AVIOContext 的 opaque 实际指向一个 URLContext 对象,这个对象封装了协议对象及协议操作对象,其中 prot 指向具体的协议操作对象,priv_data 指向具体的协议对象。URLProtocol 为协议操作对象,针对每种协议,会有一个这样的对象,每个协议操作对象和一个协议对象关联,例如,文件操作对象为 ff_file_protocol,它关联的结构体是 FileContext。

1. URLProtocol 结构体

URLProtocol 是这层中最底层的结构体,持有协议访问方法:每个协议都有其专属的 URLProtocol 结构体,在 FFmpeg 中以常量的形式存在,命名方式是 ff_xxx_protocol,其中

xxx 是协议名。URLProtocol 的成员函数指针族提供了上述类文件操作的所有方法，如果是网络协议，则网络访问的一切也被封装在这些方法中，可以认为 URLProtocol 提供了协议的访问方法。该结构体的声明，代码如下：

```
//chapter3/3.3.help.txt
typedef struct URLProtocol {
    const char * name; //协议名称
    int     ( * url_open)( URLContext * h, const char * url, int flags);
    int     ( * url_read)( URLContext * h, unsigned char * buf, int size);
    int     ( * url_write)(URLContext * h, const unsigned char * buf, int size);
    int64_t ( * url_seek)( URLContext * h, int64_t pos, int whence);
    int     ( * url_close)(URLContext * h);
    int ( * url_get_file_handle)(URLContext * h);
    struct URLProtocol * next; //指向下一个 URLProtocol 对象(所有 URLProtocol 以链表链接在一起)
    int priv_data_size;          //和该 URLProtocol 对象关联的对象的大小
    const AVClass * priv_data_class;
} URLProtocol;
```

URLProtocol 是 FFmpeg 中操作文件的结构（如文件、网络数据流等），包括 open、close、read、write、seek 等回调函数实现具体的操作。在 av_register_all()函数中，通过调用 REGISTER_PROTOCOL()宏，所有的 URLProtocol 都保存在以 first_protocol 为链表头的链表中。

以文件协议为例，ff_file_protocol 变量定义的代码如下：

```
//chapter3/3.3.help.txt
URLProtocol ff_file_protocol = {
    .name                = "file",
    .url_open            = file_open,
    .url_read            = file_read,
    .url_write           = file_write,
    .url_seek            = file_seek,
    .url_close           = file_close,
    .url_get_file_handle = file_get_handle,
    .url_check           = file_check,
    .priv_data_size      = sizeof(FileContext),
    .priv_data_class     = &file_class,
};
```

可以看出，.priv_data_size 的值为 sizeof(FileContext)，即 ff_file_protocol 和结构体 FileContext 相关联。

FileContext 对象的定义代码如下：

```
//chapter3/3.3.help.txt
typedef struct FileContext {
    const AVClass * class;
    int fd;          //文件描述符
    int trunc;       //截断属性
    int blocksize;  //块大小,每次读写文件的最大字节数
} FileContext;
```

返回去看 ff_file_protocol 里的函数指针,以 url_read 成员为例,它指向 file_read()函数,该函数的定义如下:

```
//chapter3/3.3.help.txt
static int file_read(URLContext * h, unsigned char * buf, int size)
{
    FileContext * c = h->priv_data;
    int r;
    size = FFMIN(size, c->blocksize);
    r = read(c->fd, buf, size);
    return (-1 == r)?AVERROR(errno):r;
}
```

从代码可以看出:

(1) 调用此函数时,URLContext 的 priv_data 指向一个 FileContext 对象。

(2) 该函数每次最大只读取 FileContext.blocksize 大小的数据。

另外,还可发现一个重要的对象:URLContext,这个对象的 priv_data 指向一个 FileContext。

可以看一下 FILE 协议的几个函数(其实就是读、写文件等操作),定义在 libavformat/file.c 文件中,代码如下:

```
//chapter3/3.3.help.txt
/* standard file protocol:标准文件协议 */
//读文件,最终调用 read()
static int file_read(URLContext * h, unsigned char * buf, int size)
{
    int fd = (intptr_t) h->priv_data;
    int r = read(fd, buf, size);
    return (-1 == r)?AVERROR(errno):r;
}
//写文件,最终调用 write()
static int file_write(URLContext * h, const unsigned char * buf, int size)
{
    int fd = (intptr_t) h->priv_data;
    int r = write(fd, buf, size);
```

```
    return ( - 1 == r)?AVERROR(errno):r;
}
//获取文件句柄
static int file_get_handle(URLContext * h)
{
    return (intptr_t) h->priv_data;
}


#if CONFIG_FILE_PROTOCOL
  //打开文件:最终调用 open()
static int file_open(URLContext * h, const char * filename, int flags)
{
    int access;
    int fd;

    av_strstart(filename, "file:", &filename);

    if (flags & AVIO_FLAG_WRITE && flags & AVIO_FLAG_READ) {
        access = O_CREAT | O_TRUNC | O_RDWR;
    } else if (flags & AVIO_FLAG_WRITE) {
        access = O_CREAT | O_TRUNC | O_WRONLY;
    } else {
        access = O_RDONLY;
    }
#ifdef O_BINARY
    access |= O_BINARY;
#endif
    fd = open(filename, access, 0666);
    if (fd == -1)
        return AVERROR(errno);
    h->priv_data = (void * ) (intptr_t) fd;
    return 0;
}

/* XXX: use llseek */
//定位文件:最终调用 lseek()
static int64_t file_seek(URLContext * h, int64_t pos, int whence)
{
    int fd = (intptr_t) h->priv_data;
    if (whence == AVSEEK_SIZE) {
        struct stat st;
        int ret = fstat(fd, &st);
        return ret < 0 ? AVERROR(errno) : st.st_size;
    }
    return lseek(fd, pos, whence);
```

```
}
//关闭文件:最终调用 close()
static int file_close(URLContext *h)
{
    int fd = (intptr_t) h->priv_data;
    return close(fd);
}
```

2. URLContext 结构体

URLContext 是协议上下文对象，是 URLProtocol 上一层的结构体，持有协议访问方法及当前访问状态信息：通过持有 URLProtocol 对象而持有协议访问方法，并且通过持有另外一个协议相关的状态信息结构体来持有当前协议访问的状态信息。持有状态信息的这个结构体名称与协议名相关，以 HTTP 协议为例，相应结构体名称为 HTTPContext。注意一点：有些相关的协议会映射到同一种状态信息的结构体上，例如 http、https、httpproxy 对应的 URLProtocol 结构体为 ff_http_protocol、ff_https_protocol 和 ff_httpproxy_protocol，但是这 3 个协议对应同一种状态信息上下文结构体 HttpContext。再例如 FILE、PIPE 协议对应的 URLProtocol 结构体为 ff_file_protocol 和 ff_pipe_protocol，二者对应同一种状态信息上下文结构体 FileContext。该结构体的声明，代码如下：

```
//chapter3/3.3.help.txt
typedef struct URLContext {
    const AVClass *av_class;      /**< information for av_log(). Set by url_open(). */
    const struct URLProtocol *prot; //指向某种 URLProtocol
    void *priv_data;              //一般用来指向某种具体协议的上下文,如 FileContext
    char *filename;               /**< specified URL */
    int flags;
    int max_packet_size;          /**< if non zero, the stream is packetized with this max packet
size */
    int is_streamed;              /**< true if streamed (no seek possible), default = false */
    int is_connected;
    AVIOInterruptCB interrupt_callback;
    int64_t rw_timeout;           /**< maximum time to wait for (network) read/write operation
completion, in mcs */
    const char *protocol_whitelist;
    const char *protocol_blacklist;
    int min_packet_size;          /**< if non zero, the stream is packetized with this min packet
size */
} URLContext;
```

可以看出，URLContext 的 filename 保存了输入文件名，prot 字段保存了查找到的协议操作对象指针，flags 由入参指定，is_streamed 及 max_packet_size 的默认值为 0，priv_data 指向了一个由协议操作对象的 priv_data_size 指定大小的空间，并且该空间被初始化为 0。URLContext 和 URLProtocol 的关系如图 3-15 所示。

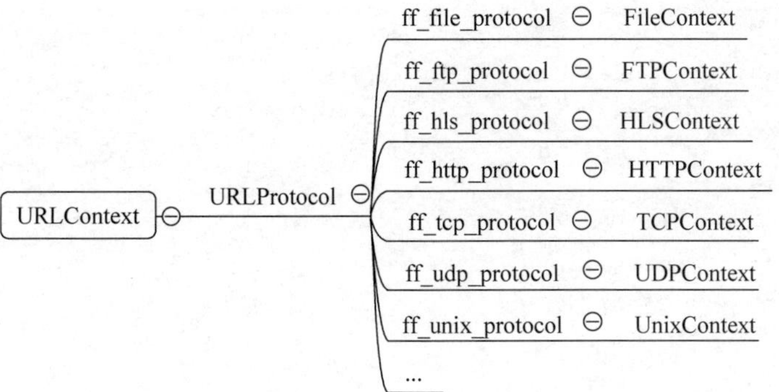

图 3-15 URLContext 和 URLProtocol 的关系

3. AVIOContext 结构体

AVIOContext 是协议层最上一层的结构体，可以认为是协议层的公共 API，提纲挈领的 AVFormatContext 通过持有 AVIOContext 而具备 IO 访问能力。AVIOContext 通过持有 URLContext 而持有协议访问方法及访问状态，同时内部再提供一个读写缓冲区。注意是读写缓冲区，既可以作为读缓冲区，也可以作为写缓冲区，当然同一时刻只支持读或者写，代码如下：

```
//chapter3/3.3.help.txt
typedef struct AVIOContext {
    const AVClass * av_class;
    unsigned char * buffer;  /** < 读写缓冲 buffer 起始地址 */
    int buffer_size;         /** < buffer 大小 */
    unsigned char * buf_ptr; /** < Current position in the buffer */
    unsigned char * buf_end; /** < End of the data */
    void * opaque;            /** < 指向 URLContext */
    int ( * read_packet)(void * opaque, uint8_t * buf, int buf_size); /* 指向 ffurl_read
() */
    int ( * write_packet)(void * opaque, uint8_t * buf, int buf_size); /* 指向 ffurl_write
() */
    int64_t ( * seek)(void * opaque, int64_t offset, int whence); /* 指向 ffurl_seek() */
    int64_t pos;             /** < 当前 buffer 对应的文件内容中的位置 */
    int must_flush;          /** < true if the next seek should flush */
    int eof_reached;         /** < true if eof reached */
    int write_flag;          /** < true if open for writing */
    int max_packet_size;
    unsigned long checksum;
    unsigned char * checksum_ptr;
    unsigned long ( * update_checksum)(unsigned long checksum, const uint8_t * buf, unsigned
int size);
```

```
    int error;              /**< contains the error code or 0 if no error happened */
    int (*read_pause)(void *opaque, int pause);/
    int64_t (*read_seek)(void *opaque, int stream_index,
                             int64_t timestamp, int flags);

    int seekable;           //是否可搜索,0 表示不可搜索
    int64_t maxsize;
    int direct;
    int64_t Bytes_read;
    int seek_count;
    int writeout_count;
    int orig_buffer_size;
}AVIOContext;
```

URLContext 再往上一层是 AVIOContext，AVIOContext. buffer 指向申请到的 buffer，AVIOContext. orig_buffer_size 和 AVIOContext. buffer_size 值为 buffer_size，buf_ptr 字段初始化为 buffer 的开始地址，opaque 指向 URLContext 对象。

AVIOContext 中有以下几个变量比较重要。

(1) unsigned char * buffer：缓存开始位置。

(2) int buffer_size：缓存大小(默认为 32 768)。

(3) unsigned char * buf_ptr：当前指针读取的位置。

(4) unsigned char * buf_end：缓存结束的位置。

(5) void * opaque：URLContext 结构体。

在解码的情况下，buffer 用于存储 FFmpeg 读入的数据。例如当打开一个视频文件时，先把数据从硬盘读入 buffer，然后送给解码器用于解码；其中 opaque 指向了 URLContext，这样就可以和 URLContext 关联上。

3.4 封装层的四大重要数据结构

1. AVFormatContext 结构体

AVFormatContext 可以说是贯穿全局的数据结构，很多函数要用它作为参数。此结构包含了一个视频流的格式内容，其中 AVInputFormat 或者 AVOutputFormat(同一时间 AVFormatContext 内只能存在其中一个)、AVStream 和 AVPacket 等几个重要的结构及一些其他信息，例如 title、author、copyright 等，还有一些可能在编解码中会用到的信息，例如 duration、file_size、bit_rate 等。在 FFmpeg 中，绝大多数结构体的使用是通过指针来使用的，而分配和释放内存的地方都由特定的函数调用来决定，不需要开发者手动操作，例如为 AVFormatContext 分配内存的代码如下：

```
AVFormatContext *formatCtx = avformat_alloc_context();
```

AVFormatContext 结构体非常重要，函数声明在 libavformat/avformat.h 文件中，代码如下（各个字段的含义详见注释信息）：

```
//chapter3/3.4.help.txt
typedef struct AVFormatContext {
const AVClass *av_class; //与 logging 及 avoptions 相关的 class,由 avformat_alloc_context()
//设置
    struct AVInputFormat *iformat;  //输入容器格式,只用在解复用(demuxing only),
//由 avformat_open_input()设置
    struct AVOutputFormat *oformat;  //输出容器格式,只用在复用(muxing only),必须在调用
//avformat_write_header()之前设置
    void *priv_data;   //格式私有数据,在复用时由 avformat_write_header()设置 demuxing:
//由 avformat_open_input() 设置
     AVIOContext *pb;  //I/O context. 在解复用时,在 avformat_open_input()调用之前设置,
//或者由 avformat_open_input()设置;在复用时,在 avformat_write_header()之前由使用者设置
    /* 流信息 */
    int ctx_flags;
    unsigned int nb_streams;  //流的数目
    AVStream **streams;  //文件所有流的列表,如果要创建新的流,则可以通过 avformat_new_
//stream()创建
    char filename[1024];  //输入或者输出的文件名,解复用时由 avformat_open_input()设置,
//复用时可以在 avformat_write_header()之前设置
    int64_t start_time;  //开始帧的位置,不要直接设置.只在解复用时用到(Demuxing only)
    int64_t duration;   //流的时长
    int64_t bit_rate;   //整个流的比特率
    unsigned int packeet_size;
    int max_delay;
    int flags;   //Demuxer/Muxer 的状态
    //此处省略宏定义
    int64_t probesize;   //通过 AVInputFormat 从输入流中读到数据的最大大小,在 avformat_
//open_input()之前设置,只在解复用使用(Demuxing only)
    int64_t max_analyze_duration;   //从来自 avformat_find_stream_info()输入流中读到数据的
//最大大小,在 avformat_find_stream_info()前设置
    const uint8_t *key;
    int keylen;
    unsigned int nb_programs;
    AVProgram **programs;
    enum AVCodecID video_codec_id;   //视频编解码器 id,在解码时由 user 设置
    enum AVCodecID audio_codec_id;  //音频编解码器 id,在解码时由 user 设置
    enum AVCodecID subtitle_codec_id;  //字母编解码器 id,在解码时由 user 设置
    unsigned int max_index_size;  //每条流的最大内存字节数
    unsigned int max_picture_buffer;  //Buffering frames 的最大内存字节数
    unsigned int nb_chapters;  //AVChapters array 的 chapters 的数量
```

```
    AVChapter ** chapters;
    AVDictionary * metadata;   //元数据
    int64_t start_time_realtime;  //起始时间,从 PTS = 0 开始
    int fps_probe_size;  //用在 avformat_find_stream_info()中,用于确定帧率,其值为帧数.
//只在解复用中
    int error_recognition;  //错误检测
    AVIOInterruptCB interrupt_callback;  //自定义
    int Debug;  //flags to enable Debugging
#define FF_FDebug_TS          0x0001
    int64_t max_interleave_delta; //最大交叉 Buffering(缓冲数据)时长,在 muxing(复用)时使用
    int strict_std_compliance;   //允许非标准拓展
    int event_flags;  //用户检测文件发生事件的标识
    int max_ts_probe;  //解码第 1 帧(第 1 个时间戳)时读取的最大 Packet 数目
    int avoid_negative_ts;  //在复用(muxing)过程中避免无效的时间戳(timestamps)
#define AVFMT_AVOID_NEG_TS_AUTO              -1 //< Enabled when required by target format
#define AVFMT_AVOID_NEG_TS_MAKE_NON_NEGATIVE 1 //< Shift timestamps so they are non negative
#define AVFMT_AVOID_NEG_TS_MAKE_ZERO          2 //< Shift timestamps so that they start at 0
    int ts_id;  //ts(Transport)流的 id
    int audio_preload;  //音频提前加载,不是所有格式都支持
    int max_chunk_duration;  //最大 chunk 时长,不是所有格式都支持
    int max_chunk_size;   //最大 chunk 以字节为单位,不是所有格式都支持
    int use_wallclock_as_timestamps;  //强制使用 wallclock 时间戳作为数据包的 pts/dts,如果
//有 b 帧存在,则会有未定义的结果出现
    int avio_flags;
    enum AVDurationEstimationMethod duration_estimation_method;   //可以通过不同的方式估计
//持续时间字段
    int64_t skip_initial_Bytes;  //当打开流时,跳过初始字节
    unsigned int correct_ts_overflow;  //纠正单个时间戳溢出
    int seek2any;   //强制搜索到任一帧
    int flush_packets;   //在每个 packet 之后,刷新 I/O Context
    int probe_score;  //格式探测评分,最大评分是 AVPROBE_SCORE_MAX
    int format_probesize;  //读取最大的字节数来确定格式
    char * codec_whitelist;  //由','分隔的所有可用的 decoder(解码器)
    char * format_whitelist;   //由','分隔的所有可用的 demuxers(解复用器)
    AVFormatInternal * internal;   //libavformat 内部私有成员
    int io_repositioned;   //I/O 更改的标志
    AVCodec * video_codec;  //Forced video codec,特殊解码器或者相同 codec_id 的视频 Codec
    AVCodec * audio_codec;   //Forced audio codec, 特殊解码器或者相同 codec_id 的音频 Codec
    AVCodec * subtitle_codec;//Forced subtitle codec, 特殊解码器或者相同 codec_id 的字幕 Codec
    AVCodec * data_codec;  //Forced data codce,特殊解码器或者相同 codec_id 的数据 Codec
    int metadata_header_padding;  //在 metadata(元数据)头设置 padding 值
    void * opaque;  //用户私有数据
    av_format_control_message control_message_cb;  //设备和应用通信用的 Callback
    int64_t output_ts_offset;   //输出时间戳偏移量
    uint8_t * dump_separator;  //转储分隔格式, 可以是","或者"\n"或者其他
    enum AVCodecId data_codec_id;  //Forced Data codec_id
```

```
    int ( * open_cb)(struct AVFormatContext * s, AVIOContext ** p, const char * url, int
flags, const AVIOInterruptCB * int_cb, AVDictionary ** options);   //过时函数,用 io_open_
//and_io_close 代替
    char * protocol_whitelist;                                       //协议白名单,用','分隔
    int ( * io_open)(struct AVFormatContext * s, AVIOContext ** pb, const char * url, int
flags, AVDictionary ** options);   //当 I/O 流打开时,解复用操作的回调函数
    void ( * io_close)(struct AVFormatContext * s, AVIOContext * pb);   //AVFormatContext 打
//开时的回调函数
    char * protocol_blacklist;   //协议黑名单
    int max_streams;   //流的最大数量,在 decodeing 时设置
}AVFormatContext;
```

2. AVInputFormat 结构体

AVInputFormat 是类似 COM 接口的数据结构，表示输入文件容器格式，着重于功能函数，一种文件容器格式对应一个 AVInputFormat 结构，在程序运行时有多个实例，位于 libavformat/avoformat.h 文件中。

AVInputFormat 在解复用器（解封装）时读取媒体文件并将其拆分为数据块（数据包）。每个数据包包含一个或者多个编码帧。比较重要的字段如下。

（1）long_name：格式的长名称（相对于短名称而言，更易于阅读）。

（2）mime_type：mime 类型，它用于在探测时检查匹配的 mime 类型。

（3）next：用于链接下一个 AVInputFormat。

（4）（ * read_probe）：判断给定文件是否有可能被解析为此格式。提供的缓冲区保证为 AVPROBE_PADDING_SIZE 字节大小，因此除非需要更多，否则无须检查。

（5）（ * read_header）：读取格式头，并初始化 AVFormatContext 结构体。

（6）（ * read_packet）：读取一个 packet 并存入 pkt 指针中。

该结构体的声明代码如下（各个字段的含义详见注释信息）：

```
//chapter3/3.4.help.txt
typedef struct AVInputFormat {
    const char * name; //输入格式的短名称
    const char * long_name; //格式的长名称(相对于短名称而言,更易于阅读)
    /**
     * Can use flags: AVFMT_NOFILE, AVFMT_NEEDNUMBER, AVFMT_SHOW_IDS,
     * AVFMT_GENERIC_INDEX, AVFMT_TS_DISCONT, AVFMT_NOBINSEARCH,
     * AVFMT_NOGENSEARCH, AVFMT_NO_BYTE_SEEK, AVFMT_SEEK_TO_PTS.
     */
    int flags;
    const char * extensions; //如果定义了扩展,就不会进行格式探测,但因为该功能目前支持不
//够,不推荐使用
    const struct AVCodecTag * const * codec_tag; //编解码标签,4 字节码
    const AVClass * priv_class; //< AVClass for the private context
```

```
    const char * mime_type; //mime 类型,它用于在探测时检查匹配的 mime 类型
        /* 此行下方的任何字段都不是公共 API 的一部分. 它们不能在 libavformat 之外使用,可
以随意更改和删除.
        * 应在上方添加新的公共字段. */
    struct AVInputFormat * next; //用于链接下一个 AVInputFormat
    int raw_codec_id; //原始 demuxers 将它们的解码器 id 保存在这里
    int priv_data_size; //私有数据大小,可以用于确定需要分配多大的内存来容纳下这些数据
        /**
        * 判断给定文件是否有可能被解析为此格式.提供的缓冲区保证为 AVPROBE_PADDING_
SIZE 字节大小,因此除非需要更多,否则无须检查.
        */
    int ( * read_probe)(AVProbeData * );
    /**
     * 读取格式头,并初始化 AVFormatContext 结构体
     * @return 0 表示操作成功
     */
    int ( * read_header)(struct AVFormatContext * );
    /**
     * 读取一个 packet 并存入 pkt 指针中.pts 和 flags 会被同时设置.
     * @return 0 表示操作成功, < 0 表示发生异常
     *          当返回异常时,pkt 可定没有 allocated 或者在函数返回之前被释放了.
     */
    int ( * read_packet)(struct AVFormatContext * , AVPacket * pkt);
     //关闭流,AVFormatContext 和 AVStreams 并不会被这个函数释放
    int ( * read_close)(struct AVFormatContext * );
    /**
     * 在 stream_index 的流中,使用一个给定的 timestamp,搜索到附近帧.
     * @param stream_index 不能为 - 1
     * @param flags 如果没有完全匹配,则决定向前还是向后匹配.
     * @return >= 0 成功
     */
    int ( * read_seek)(struct AVFormatContext * ,
                    int stream_index, int64_t timestamp, int flags);
    //获取 stream[stream_index]的下一个时间戳,如果发生异常,则返回 AV_NOPTS_VALUE
    int64_t ( * read_timestamp)(struct AVFormatContext * s, int stream_index,
                            int64_t * pos, int64_t pos_limit);
    //开始或者恢复播放,只有在播放 RTSP 格式的网络格式才有意义
    int ( * read_play)(struct AVFormatContext * );
    int ( * read_pause)(struct AVFormatContext * );  //暂停播放,只有在播放 RTSP 格式的网络
//格式才有意义
    /**
     * 快进到指定的时间戳
     * @param stream_index 需要快进操作的流
     * @param ts 需要快进到的地方
     * @param min_ts max_ts seek 的区间,ts 需要在这个范围中.
     */
```

```
    int ( * read_seek2)(struct AVFormatContext * s, int stream_index, int64_t min_ts, int64_t
ts, int64_t max_ts, int flags);
    //返回设备列表和其属性
    int ( * get_device_list)(struct AVFormatContext * s, struct AVDeviceInfoList * device_
list);
    //初始化设备能力子模块
    int ( * create_device_capabilities) (struct AVFormatContext * s, struct
AVDeviceCapabilitiesQuery * caps);
    //释放设备能力子模块
    int ( * free_device_capabilities)(struct AVFormatContext * s, struct AVDeviceCapabilitiesQuery
 * caps);
} AVInputFormat;
```

3. AVOutputFormat 结构体

AVOutpufFormat 与 AVInputFormat 类似，是类似于 COM 接口的数据结构，表示输出文件容器格式，着重于功能函数，位于 libavformat/avoformat.h 文件中。FFmpeg 支持各种各样的输出文件格式，包括 MP4、FLV、3GP 等，而 AVOutputFormat 结构体则保存了这些格式的信息和一些常规设置。每种封装对应一个 AVOutputFormat 结构，FFmpeg 将 AVOutputFormat 按照链表存储，如图 3-16 所示。

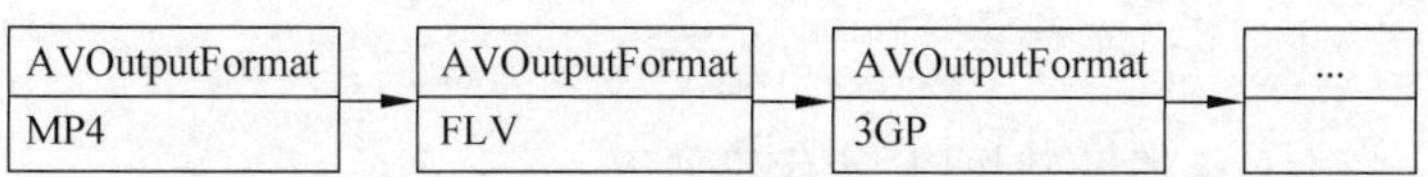

图 3-16 AVOutputFormat 按照链表结构存储

```
//chapter3/3.4.help.txt
typedef struct AVOutputFormat {
    const char * name;
    /**
     * Descriptive name for the format, meant to be more human - readable
     * than name. You should use the NULL_IF_CONFIG_SMALL() macro
     * to define it.
     */
    const char * long_name;
    const char * mime_type;
    const char * extensions; /**< comma - separated filename extensions */
    /* output support */
    enum AVCodecID audio_codec;      /**< default audio codec */
    enum AVCodecID video_codec;      /**< default video codec */
    enum AVCodecID subtitle_codec; /**< default subtitle codec */
    /**
     * can use flags: AVFMT_NOFILE, AVFMT_NEEDNUMBER,
     * AVFMT_GLOBALHEADER, AVFMT_NOTIMESTAMPS, AVFMT_VARIABLE_FPS,
```

```
     * AVFMT_NODIMENSIONS, AVFMT_NOSTREAMS, AVFMT_ALLOW_FLUSH,
     * AVFMT_TS_NONSTRICT, AVFMT_TS_NEGATIVE
     */
    int flags;

    /**
     * List of supported codec_id - codec_tag pairs, ordered by "better
     * choice first". The arrays are all terminated by AV_CODEC_ID_NONE.
     */
    const struct AVCodecTag * const * codec_tag;

    int ( * write_header)(struct AVFormatContext * );
    /**
     * Write a packet. If AVFMT_ALLOW_FLUSH is set in flags,
     * pkt can be NULL in order to flush data buffered in the muxer.
     * When flushing, return 0 if there still is more data to flush,
     * or 1 if everything was flushed and there is no more buffered
     * data.
     */
    int ( * write_packet)(struct AVFormatContext * , AVPacket * pkt);
    int ( * write_trailer)(struct AVFormatContext * );
  ...
} AVOutputFormat;
```

该结构体中的常见字段及其作用,伪代码如下:

```
//chapter3/3.4.help.txt
const char * name;                                      //名称
const char * long_name;                                 //格式的描述性名称,易于阅读
enum AVCodecID audio_codec;                             //默认的音频编解码器
enum AVCodecID video_codec;                             //默认的视频编解码器
enum AVCodecID subtitle_codec;                          //默认的字幕编解码器
struct AVOutputFormat * next;
int ( * write_header)(struct AVFormatContext * );
int ( * write_packet)(struct AVFormatContext * , AVPacket * pkt);   //写一个数据包. 如果在标
//志中设置 AVFMT_ALLOW_FLUSH,则 pkt 可以为 NULL
int ( * write_trailer)(struct AVFormatContext * ); //写文件尾
int ( * interleave _ packet) ( struct AVFormatContext * , AVPacket * out, AVPacket * in, int
flush);
int ( * control_message)(struct AVFormatContext * s, int type, void * data, size_t data_size);
                                                        //允许从应用程序向设备发送消息
int ( * write_uncoded_frame)(struct AVFormatContext * , int stream_index,   AVFrame ** frame,
unsigned flags);                                        //写一个未编码的 AVFrame
int ( * init)(struct AVFormatContext * );  //初始化格式.可以在此处分配数据,并设置在发送数
//据包之前需要设置的任何 AVFormatContext 或 AVStream 参数
```

```
void ( * deinit)(struct AVFormatContext * );          //取消初始化格式
int ( * check_bitstream)(struct AVFormatContext * , const AVPacket * pkt);  //设置任何必要的
//比特流过滤,并提取全局头部所需的任何额外数据
```

4. AVStream 结构体

AVStream 是存储每个视频/音频流信息的结构体，在 AVFormatContext 结构体中有两个参数，代码如下：

```
unsigned int nb_streams;
AVStream ** streams;
```

nb_streams 是当前轨道数，也就是流数量，streams 是轨道的指针数组。一般而言一个视频文件会有一个视频流和一个音频流，也就是两个 AVStream 结构。

AVStream 结构体是在 libavformat/avformat.h 文件中声明的，由于代码较长，这里只显示部分基础字段，代码如下（详细含义可以参考注释信息）：

```
//chapter3/3.4.help.txt
/**
 * Stream structure. :流结构体
 * New fields can be added to the end with minor version bumps.
 * Removal, reordering and changes to existing fields require a major
 * version bump.
 * 可以在较小的版本变更中在末尾添加新字段.
 * 如果删除、重新排序和更改现有字段,则需要进行主要版本升级
 * sizeof(AVStream) must not be used outside libav *
 * sizeof(AVStream)不能在 libav 之外使用
 */
typedef struct AVStream {
    //AVFormatContext 中的流索引
    int index;    /** < stream index in AVFormatContext */
    /**
     * Format - specific stream ID. :特定格式的流 ID
     * decoding: set by libavformat,被 libavformat 解码
     * encoding: set by the user, replaced by libavformat if left unset
     * 编码:优先被用户设置,否则被 libavformat 设置
     */
    int id;
#if FF_API_LAVF_AVCTX
    /**
     * @deprecated use the codecpar struct instead,
     * 该字段已过时,推荐使用 codecpar 字段
     */
    attribute_deprecated
```

```
    AVCodecContext * codec;
#endif
    void * priv_data;

    /**
     * This is the fundamental unit of time (in seconds) in terms
     * of which frame timestamps are represented.
     * 这是时间的基本单位(秒),表示帧时间戳.
     * decoding: set by libavformat
     * encoding: May be set by the caller before avformat_write_header() to
     *           provide a hint to the muxer about the desired timebase. In
     *           avformat_write_header(), the muxer will overwrite this field
     *           with the timebase that will actually be used for the timestamps
     *           written into the file (which may or may not be related to the
     *           user-provided one, depending on the format).
     * 可以由调用方在 avformat_write_header()函数之前设置为向 muxer 提供有关所需时基的提示信息.在 avformat_write_header()函数的内部,muxer 将覆盖此字段,实际用于时间戳的时基写入文件(可能由用户根据格式提供)
     */
    AVRational time_base;

    /**
     * Decoding: pts of the first frame of the stream in presentation order, in stream time base.流的第 1 帧在流时基中按表示顺序的 pts
     * Only set this if you are absolutely 100% sure that the value you set
     * it to really is the pts of the first frame.
     * 如果百分之百确定所设置的值是第 1 帧的 pts,则可以设置该字段的值
     * This may be undefined (AV_NOPTS_VALUE),也可能未定义(AV_NOPTS_VALUE).
     * @note The ASF header does NOT contain a correct start_time the ASF
     * demuxer must NOT set this.
     * ASF 格式头不包含正确的 start_time,所以一定不可以设置该值
     */
    int64_t start_time;

    /**
     * Decoding: duration of the stream, in stream time base.流时间基
     * If a source file does not specify a duration, but does specify
     * a bitrate, this value will be estimated from bitrate and file size.
     * 如果源文件未指定 duration,但指定了比特率,则该值将根据比特率和文件大小进行估计
     * Encoding: May be set by the caller before avformat_write_header() to
     * provide a hint to the muxer about the estimated duration.
     * 编码:可以由调用方在 avformat_write_header()函数之前
     * 设置为向 muxer 提供有关估计持续时间的提示
     */
    int64_t duration;
```

```
   //帧数,未知,设为 0
  int64_t nb_frames;   //< number of frames in this stream if known or 0

  AVDictionary * metadata; //元数据

 /**
   * Average framerate :平均帧率
   *
   * - demuxing: May be set by libavformat when creating the stream or in
   *              avformat_find_stream_info().
   * - muxing: May be set by the caller before avformat_write_header().
   */
  AVRational avg_frame_rate;


  /**
   * Real base framerate of the stream.流的实际基本帧率
   * This is the lowest framerate with which all timestamps can be
   * represented accurately (it is the least common multiple of all
   * framerates in the stream). Note, this value is just a guess!
   * For example, if the time base is 1/90000 and all frames have either
   * approximately 3600 or 1800 timer ticks, then r_frame_rate will be 50/1.
   * 这是可以准确表示所有时间戳的最低帧速率(它是流中所有帧速率中最不常见的倍数)
   * 注意,这个值只是一个猜测值
   * 例如,如果时基为 1/90 000,并且所有帧都有大约 3600 或 1800 个计时器刻度,
   * 则 r_frame_rate 将为 50/1
   */
  AVRational r_frame_rate;


  /**
   * For streams with AV_DISPOSITION_ATTACHED_PIC disposition, this packet
   * will contain the attached picture.
   * 对于具有 AV_DISPOSITION_ATTACHED_PIC DISPOSITION 的流,
   * 此数据包将包含所附图片
   * decoding: set by libavformat, must not be modified by the caller.
   * encoding: unused
   */
  AVPacket attached_pic;


  /**
   * Codec parameters associated with this stream. Allocated and freed by
   * libavformat in avformat_new_stream() and avformat_free_context()
   * respectively.
   * 与此流关联的编解码器参数.由 avformat_new_stream()进行分配,
```

```
     * 由 avformat_free_context()进行释放.
     * - demuxing: filled by libavformat on stream creation or in
     *             avformat_find_stream_info()
     * - muxing: filled by the caller before avformat_write_header()
     */
    AVCodecParameters *codecpar;


} AVStream;
```

各个字段信息的说明如下：

(1) int index：标识该视频/音频流。

(2) AVCodecContext *codec：指向该视频/音频流的 AVCodecContext(它们是一一对应的关系)。

(3) AVRational time_base：时间基。通过该值可以把 PTS、DTS 转换为真正的时间。

(4) int64_t duration：该视频/音频流的时长。

(5) AVDictionary *metadata：元数据信息。

(6) AVRational avg_frame_rate：帧率。

(7) AVPacket attached_pic：附带的图片，例如一些 MP3、AAC 音频文件附带的专辑封面。

(8) nb_frames：帧个数。

(9) AVCodecParameters *codecpar：包含音视频参数的结构体，该字段非常重要，可以用于获取音视频参数中的宽度、高度、采样率和编码格式等信息。

3.5 编解码层的三大重要数据结构

1. AVCodecParameters 结构体

AVCodecParameters 结构体是将 AVCodecContext 中编解码器参数抽取出而形成的新的结构体，在新版本的 FFmpeg 中，有些结构体中的 AVCodecContext 已经被弃用，取而代之的是 AVCodecParameters，先介绍几个比较重要的字段，如图 3-17 所示。

(1) enum AVMediaType codec_type：编码类型，说明这段流数据是音频还是视频。

(2) enum AVCodecID codec_id：编码格式，说明这段流的编码格式，例如 H. 264、MPEG4、MJPEG 等。

(3) uint32_t codecTag：编解码标志值，一般是 4 字节的英文字符串(FourCC 格式)。

(4) int format：格式。对于视频来讲指的是像素格式；对于音频来讲，指的是音频的采样格式。

(5) int width, int height：视频的宽和高。

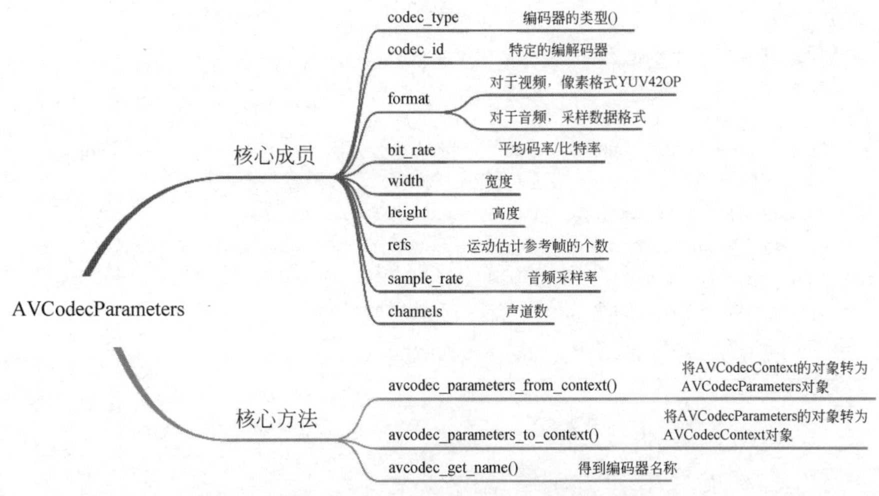

图 3-17 AVCodecParameters 的成员及相关 API

(6) uint64_t channel_layout：声道模式，例如单声道、立体声等。

(7) int channels：声道数。

(8) int sample_rate：采样率。

(9) int frame_size：帧大小，只针对音频，指一帧音频的大小。

AVCodecParameters 结构体定义在 libavcodec/codec_par.h 文件中，代码如下(详见注释信息)：

```
//chapter3/3.5.help.txt
/**
 * This struct describes the properties of an encoded stream.
 * 此结构用于描述编码流的属性.sizeof(AVCodecParameters)不是公共 ABI 的一部分
 * sizeof(AVCodecParameters) is not a part of the public ABI, this struct must
 * be allocated with avcodec_parameters_alloc() and freed with
 * avcodec_parameters_free().
 * 必须被 avcodec_parameters_alloc()分配,被 avcodec_parameters_free()释放
 */
typedef struct AVCodecParameters {
    /**
     * General type of the encoded data. 编码数据的类型
     */
    enum AVMediaType codec_type;
    /**
     * Specific type of the encoded data (the codec used).
     */
    enum AVCodecID   codec_id;
    /** 编码器的标志信息,FourCC 格式
     * Additional information about the codec (corresponds to the AVI FOURCC).
```

```
    */
    uint32_t         codec_tag;

    /**
     * Extra binary data needed for initializing the decoder, codec - dependent.
     * 初始化解码器所需的额外二进制数据,取决于编解码器
     * Must be allocated with av_malloc() and will be freed by
     * avcodec_parameters_free(). The allocated size of extradata must be at
     * least extradata_size + AV_INPUT_BUFFER_PADDING_SIZE, with the padding
     * Bytes zeroed. 分配的字节数至少是 sizeof(extradata) + 填充字节数
     */
    uint8_t *extradata;
    /**
     * Size of the extradata content in Bytes. 额外数据的字节数
     */
    int       extradata_size;

    /**
     * - video: the pixel format, the value corresponds to enum AVPixelFormat.
     * - audio: the sample format, the value corresponds to enum AVSampleFormat.
     * 音频或视频格式,分别对应结构体:AVSampleFormat、AVPixelFormat
     */
    int format;

    /** 编码数据的平均比特率,单位为 b/s
     * The average bitrate of the encoded data (in bits per second).
     */
    int64_t bit_rate;

    /**
     * The number of bits per sample in the codedwords.
     * 码字中每个样本的位数
     * This is basically the bitrate per sample. It is mandatory for a bunch of  formats to
actually decode them. It's the number of bits for one sample in the actual coded bitstream.
     * 这基本上是每个样本的比特率.对于一组格式来讲,必须对其进行实际解码.它是实际编码
比特流中一个样本的比特数
     * This could be for example 4 for ADPCM
     * For PCM formats this matches bits_per_raw_sample
     * Can be 0
     */
    int bits_per_coded_sample;

    /** 这是每个输出样本中的有效位数
     * This is the number of valid bits in each output sample. If the
     * sample format has more bits, the least significant bits are additional
     * padding bits, which are always 0. Use right shifts to reduce the sample
```

```
     * to its actual size. For example, audio formats with 24 bit samples will
     * have bits_per_raw_sample set to 24, and format set to AV_SAMPLE_FMT_S32.
     * To get the original sample use "(int32_t)sample >> 8"."
     * 如果样本格式有更多的位,则最低有效位是额外的填充位,通常为 0.使用右移将样本缩小到
实际大小.例如,具有 24 位采样的音频格式将 bits_per_raw_sample 设置为 24,将 format 设置为 AV_
sample_FMT_S32
     * For ADPCM this might be 12 or 16 or similar
     * Can be 0
     */
    int bits_per_raw_sample;

    /** 流符合的特定于编解码器的位流限制,例如 libx264 的 profile 和 level 参数
     * Codec - specific bitstream restrictions that the stream conforms to.
     */
    int profile;
    int level;

    /** 视频帧的宽和高,单位为像素
     * Video only. The dimensions of the video frame in pixels.
     */
    int width;
    int height;

    /**
     * Video only. The aspect ratio (width / height) which a single pixel
     * should have when displayed. 单像素的纵横比(宽/高)
     * 当纵横比未知/未定义时,分子应设置为 0(分母可以为任何值)
     * When the aspect ratio is unknown / undefined, the numerator should be
     * set to 0 (the denominator may have any value).
     */
    AVRational sample_aspect_ratio;

    /** 隔行扫描视频中的场顺序,例如顶场优先、底场优先
     * Video only. The order of the fields in interlaced video.
     */
    enum AVFieldOrder                  field_order;

    /** 额外的颜色空间特性
     * Video only. Additional colorspace characteristics.
     */
    enum AVColorRange                  color_range;
    enum AVColorPrimaries              color_primaries;
    enum AVColorTransferCharacteristic color_trc;
    enum AVColorSpace                  color_space;
    enum AVChromaLocation              chroma_location;
```

```
/**
 * Video only. Number of delayed frames. 延迟帧数
 */
int video_delay;

/**
 * Audio only. The channel layout bitmask. May be 0 if the channel layout is  unknown or
unspecified, otherwise the number of bits set must be equal to the channels field. 声道布局位掩
码.如果声道布局未知或未指定,则可能为 0,否则设置的位数必须等于声道字段
 */
uint64_t channel_layout;
/**
 * Audio only. The number of audio channels.音频的声道数
 */
int        channels;
/**
 * Audio only. The number of audio samples per second. 采样率
 */
int        sample_rate;
/**
 * Audio only. The number of Bytes per coded audio frame, required by some
 * formats.
 * 某些格式所需的每个编码音频帧的字节数
 * Corresponds to nBlockAlign in WAVEFORMATEX.
 */
int        block_align;
/**
 * Audio only. Audio frame size, if known. Required by some formats to be static. 音频帧大
小(如果已知).某些格式要求为静态
 */
int        frame_size;

/**
 * Audio only. The amount of padding (in samples) inserted by the encoder at the beginning
of the audio. I.e. this number of leading decoded samples must be discarded by the caller to get
the original audio without leading padding.编码器在音频开头插入的填充量(以样本为单位).例如
调用者必须丢弃这一数量的前导解码样本,以便在没有前导填充的情况下获得原始音频
 */
int initial_padding;

/**
 * Audio only. The amount of padding (in samples) appended by the encoder to the end of the
audio. I.e. this number of decoded samples must be discarded by the caller from the end of the
stream to get the original audio without any trailing padding.
编码器附加到音频末尾的填充量(以样本为单位).例如调用者必须从流的末尾丢弃此数量的解码样
本,以获得原始音频,而不需要任何尾随填充
```

```
     */
    int trailing_padding;

    /** 不连续后要跳过的样本数
     * Audio only. Number of samples to skip after a discontinuity.
     */
    int seek_preroll;
} AVCodecParameters;
```

2. AVCodecContext 结构体

AVCodecContext 是 FFmpeg 使用过程中比较重要的结构体，该结构体位于 libavcodec/avcodec.h 文件中，保存了编码器上下文的相关信息。不管是编码，还是解码都会用到，但在两种不同的应用场景中，结构体中部分字段的作用和说明并不一致，在使用时要特别注意。该结构体中的定义很多，下面介绍一些比较重要的字段。

(1) enum AVMediaType codec_type：编解码器的类型。

(2) const struct AVCodec * codec：编解码器，初始化后不可更改。

(3) enum AVCodecID codec_id：编解码器的 id。

(4) int64_t bit_rate：平均比特率。

(5) uint8_t * extradata; int extradata_size：针对特定编码器包含的附加信息。

(6) AVRational time_base：根据该参数可以将 pts 转换为时间。

(7) int width, height：视频帧的宽和高。

(8) int gop_size：一组图片的数量，编码时由用户设置。

(9) enum AVPixelFormat pix_fmt：像素格式，编码时由用户设置，解码时可由用户指定，但是在分析数据时会覆盖用户的设置。

(10) int refs：参考帧的数量。

(11) enum AVColorSpace colorspace：YUV 色彩空间类型。

(12) enum AVColorRange color_range：MPEG、JPEG、YUV 范围。

(13) int sample_rate：采样率，仅音频有效。

(14) int channels：声道数(音频)。

(15) enum AVSampleFormat sample_fmt：采样格式。

(16) int frame_size：每个音频帧中每个声道的采样数量。

(17) int profile：配置类型。

(18) int level：级别。

3. AVCodec 结构体

AVCodec 是存储编解码器信息的结构体，每种视频(音频)编解码器对应一个该结构体，下面先介绍几个比较重要的字段。

(1) const char * name：编解码器的名字，比较短。

(2) const char * long_name：编解码器的名字，全称，比较长。

(3) enum AVMediaType type：媒体类型，视频、音频或字幕。

(4) enum AVCodecID id：ID，不重复。

(5) const AVRational * supported_framerates：支持的帧率(仅视频)。

(6) const enum AVPixelFormat * pix_fmts：支持的像素格式(仅视频)。

(7) const int * supported_samplerates：支持的采样率(仅音频)。

(8) const enum AVSampleFormat * sample_fmts：支持的采样格式(仅音频)。

(9) const uint64_t * channel_layouts：支持的声道数(仅音频)。

(10) int priv_data_size：私有数据的大小。

AVCodec 结构体的定义位于 libavcodec/codec.h 文件中，代码如下：

```
//chapter3/3.5.help.txt
/**
 * AVCodec. 编解码器
 */
typedef struct AVCodec {
    /**
     * Name of the codec implementation.
     * The name is globally unique among encoders and among decoders (but an
     * encoder and a decoder can share the same name).
     * This is the primary way to find a codec from the user perspective.
     */
    const char * name;
    /**
     * Descriptive name for the codec, meant to be more human readable than name.
     * You should use the NULL_IF_CONFIG_SMALL() macro to define it.
     */
    const char * long_name;
    enum AVMediaType type;
    enum CodecID id;
    /**
     * Codec capabilities.
     * see CODEC_CAP_ *
     */
    int capabilities;
    const AVRational * supported_framerates; //< array of supported framerates, or NULL if
any, array is terminated by {0,0}
    const enum PixelFormat * pix_fmts;   //< array of supported pixel formats, or NULL if
unknown, array is terminated by -1
    const int * supported_samplerates;   //< array of supported audio samplerates, or NULL if
unknown, array is terminated by 0
    const enum AVSampleFormat * sample_fmts; //< array of supported sample formats, or NULL if
unknown, array is terminated by -1
```

```
    const uint64_t * channel_layouts;   //< array of support channel layouts, or NULL if
unknown. array is terminated by 0
    uint8_t max_lowres;  //< maximum value for lowres supported by the decoder
    const AVClass * priv_class;   //< AVClass for the private context
    const AVProfile * profiles;   //< array of recognized profiles, or NULL if unknown, array
is terminated by {FF_PROFILE_UNKNOWN}

    /*****************************************************************
     * No fields below this line are part of the public API. They
     * may not be used outside of libavcodec and can be changed and
     * removed at will.
     * New public fields should be added right above.
     *****************************************************************
     */
    int priv_data_size;
    struct AVCodec * next;
    /**
     * @name Frame - level threading support functions
     * @{
     */
    /**
     * If defined, called on thread contexts when they are created.
     * If the codec allocates writable tables in init(), re - allocate them here.
     * priv_data will be set to a copy of the original.
     */
    int ( * init_thread_copy)(AVCodecContext * );
    /**
     * Copy necessary context variables from a previous thread context to the current one.
     * If not defined, the next thread will start automatically; otherwise, the codec
     * must call ff_thread_finish_setup().
     *
     * dst and src will (rarely) point to the same context, in which case memcpy should be
skipped.
     */
    int ( * update_thread_context)(AVCodecContext * dst, const AVCodecContext * src);
    /** @} */

    /**
     * Private codec - specific defaults.
     */
    const AVCodecDefault * defaults;

    /**
     * Initialize codec static data, called from avcodec_register().
     */
    void ( * init_static_data)(struct AVCodec * codec);
```

```
    int ( * init)(AVCodecContext * );
    int ( * encode)(AVCodecContext * , uint8_t * buf, int buf_size, void * data);
    /**
     * Encode data to an AVPacket.
     *
     * @param        avctx          codec context
     * @param        avpkt          output AVPacket (may contain a user - provided buffer)
     * @param[in]    frame          AVFrame containing the raw data to be encoded
     * @param[out] got_packet_ptr encoder sets to 0 or 1 to indicate that a
     *                              non - empty packet was returned in avpkt.
     * @return 0 on success, negative error code on failure
     */
    int ( * encode2)(AVCodecContext * avctx, AVPacket * avpkt, const AVFrame * frame,
                   int * got_packet_ptr);
    int ( * decode)(AVCodecContext * , void * outdata, int * outdata_size, AVPacket * avpkt);
    int ( * close)(AVCodecContext * );
    /**
     * Flush buffers.
     * Will be called when seeking
     */
    void ( * flush)(AVCodecContext * );
} AVCodec;
```

4. 其他相关的枚举

FFmpeg 的编解码器类型 AVMediaType 是个枚举类型，代码如下：

```
//chapter3/3.5.help.txt
enum AVMediaType {
    AVMEDIA_TYPE_UNKNOWN = -1,     //< Usually treated as AVMEDIA_TYPE_DATA
    AVMEDIA_TYPE_VIDEO,            //视频
    AVMEDIA_TYPE_AUDIO,            //音频
    AVMEDIA_TYPE_DATA,             //< Opaque data information usually continuous
    AVMEDIA_TYPE_SUBTITLE,         //字幕
    AVMEDIA_TYPE_ATTACHMENT,       //< Opaque data information usually sparse
    AVMEDIA_TYPE_NB
};
```

FFmpeg 的采样格式 AVSampleFormat 是个枚举类型，代码如下：

```
//chapter3/3.5.help.txt
enum AVSampleFormat {
    AV_SAMPLE_FMT_NONE = -1,
    AV_SAMPLE_FMT_U8,             //< unsigned 8 bits
```

```
    AV_SAMPLE_FMT_S16,          //< signed 16 bits
    AV_SAMPLE_FMT_S32,          //< signed 32 bits
    AV_SAMPLE_FMT_FLT,          //< float
    AV_SAMPLE_FMT_DBL,          //< double

    AV_SAMPLE_FMT_U8P,          //< unsigned 8 bits, planar
    AV_SAMPLE_FMT_S16P,         //< signed 16 bits, planar
    AV_SAMPLE_FMT_S32P,         //< signed 32 bits, planar
    AV_SAMPLE_FMT_FLTP,         //< float, planar
    AV_SAMPLE_FMT_DBLP,         //< double, planar
    AV_SAMPLE_FMT_S64,          //< signed 64 bits
    AV_SAMPLE_FMT_S64P,         //< signed 64 bits, planar

    //< Number of sample formats. DO NOT USE if linking dynamically
    AV_SAMPLE_FMT_NB
};
```

FFmpeg 的编解码器 ID(AVCodecID)是个枚举类型,代码如下：

```
//chapter3/3.5.help.txt
enum AVCodecID {
    AV_CODEC_ID_NONE,

    /* video codecs */
    AV_CODEC_ID_MPEG1VIDEO,
    AV_CODEC_ID_MPEG2VIDEO, //< preferred ID for MPEG-1/2 video decoding
    AV_CODEC_ID_MPEG2VIDEO_XVMC,
    AV_CODEC_ID_H261,
    AV_CODEC_ID_H263,
    AV_CODEC_ID_RV10,
    AV_CODEC_ID_RV20,
    AV_CODEC_ID_MJPEG,
    AV_CODEC_ID_MJPEGB,
    AV_CODEC_ID_LJPEG,
    AV_CODEC_ID_SP5X,
    AV_CODEC_ID_JPEGLS,
    AV_CODEC_ID_MPEG4,
    AV_CODEC_ID_RAWVIDEO,
    AV_CODEC_ID_MSMPEG4V1,
    AV_CODEC_ID_MSMPEG4V2,
    AV_CODEC_ID_MSMPEG4V3,
    AV_CODEC_ID_WMV1,
    AV_CODEC_ID_WMV2,
    AV_CODEC_ID_H263P,
    AV_CODEC_ID_H263I,
```

```
    AV_CODEC_ID_FLV1,
    AV_CODEC_ID_SVQ1,
    AV_CODEC_ID_SVQ3,
    AV_CODEC_ID_DVVIDEO,
    AV_CODEC_ID_HUFFYUV,
    AV_CODEC_ID_CYUV,
    AV_CODEC_ID_H264,
    ...
}
```

FFmpeg 的像素格式(AVPixelFormat)是个枚举类型,代码如下:

```
//chapter3/3.5.help.txt
enum AVPixelFormat { //P结尾代表平面模式(planar),否则是打包模式(packed)
    AV_PIX_FMT_NONE = -1,
    AV_PIX_FMT_YUV420P,    //< planar YUV 4:2:0, 12bpp, (1 Cr & Cb sample per 2x2 Y samples)
    AV_PIX_FMT_YUYV422,    //< packed YUV 4:2:2, 16bpp, Y0 Cb Y1 Cr
    AV_PIX_FMT_RGB24,      //< packed RGB 8:8:8, 24bpp, RGBRGB...
    AV_PIX_FMT_BGR24,      //< packed RGB 8:8:8, 24bpp, BGRBGR...
    AV_PIX_FMT_YUV422P,    //< planar YUV 4:2:2, 16bpp, (1 Cr & Cb sample per 2x1 Y samples)
    AV_PIX_FMT_YUV444P,    //< planar YUV 4:4:4, 24bpp, (1 Cr & Cb sample per 1x1 Y samples)
    AV_PIX_FMT_YUV410P,    //< planar YUV 4:1:0,  9bpp, (1 Cr & Cb sample per 4x4 Y samples)
    AV_PIX_FMT_YUV411P,    //< planar YUV 4:1:1, 12bpp, (1 Cr & Cb sample per 4x1 Y samples)
    AV_PIX_FMT_GRAY8,      //<       Y       ,  8bpp
    AV_PIX_FMT_MONOWHITE, //<        Y       ,  1bpp, 0 is white, 1 is black, in each Byte
pixels are ordered from the msb to the lsb
    AV_PIX_FMT_MONOBLACK, //<        Y       ,  1bpp, 0 is black, 1 is white, in each Byte
pixels are ordered from the msb to the lsb
    AV_PIX_FMT_PAL8,       //< 8 bit with PIX_FMT_RGB32 palette
    AV_PIX_FMT_YUVJ420P,   //< planar YUV 4:2:0, 12bpp, full scale (JPEG), deprecated in favor
of PIX_FMT_YUV420P and setting color_range
    AV_PIX_FMT_YUVJ422P,   //< planar YUV 4:2:2, 16bpp, full scale (JPEG), deprecated in favor
of PIX_FMT_YUV422P and setting color_range
    AV_PIX_FMT_YUVJ444P,   //< planar YUV 4:4:4, 24bpp, full scale (JPEG), deprecated in favor
of PIX_FMT_YUV444P and setting color_range
    AV_PIX_FMT_XVMC_MPEG2_MC,//< XVideo Motion Acceleration via common packet passing
    AV_PIX_FMT_XVMC_MPEG2_IDCT,
    ...
}
```

3.6 FFmpeg 的重要 API 函数

FFmpeg 提供了很多 API,使用起来非常方便,读者需要掌握八大核心模块中的常用函数。每个模块少则十几个，多则几十个，但很难一次性掌握全部。

使用 FFmpeg 进行音视频解码涉及的 API 非常多，相对比较枯燥，各个函数的参数更加复杂。这里笔者列举出一些比较重要的 API 函数，如图 3-18 所示，后续章节会分门别类地按照模块进行详细分析与案例剖析。

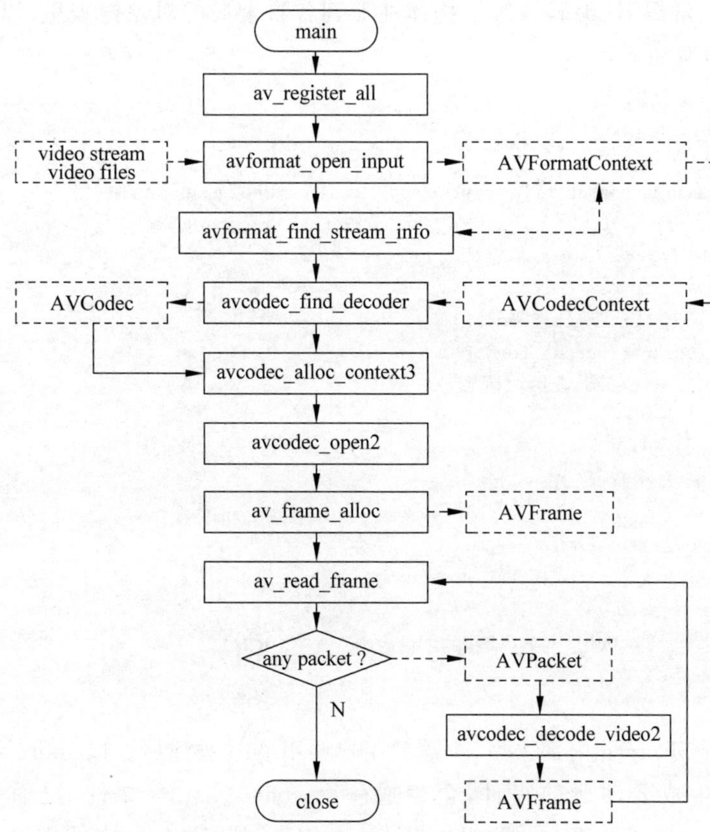

图 3-18　FFmpeg 解码相关的重要 API

图 3-18 中列出的这些结构体和 API 是针对 FFmpeg 2.0 版本的，虽然个别函数已经被标记为"过时的"(deprecated)，但整体流程却一直没有变化。例如 FFmpeg 5.0 版本中，av_register()函数已经不用再手工调用了。之前的视频解码函数 avcodec_decode_video2()和 avcodec_decode_audio4()音频解码函数被设置为 deprecated，对这两个接口进行了合并，使用统一的接口，并且将音视频解码步骤分为两步，第 1 步调用 avcodec_send_packet()函数发送编码数据包，第 2 步调用 avcodec_receive_frame()函数接收解码后的数据。

1. 初始化函数

FFmpeg 与初始化操作相关的主要函数如下。

(1) av_register_all()：注册所有组件，4.0 版本后已经弃用。

(2) avdevice_register_all()：对设备进行注册，例如 V4L2 等。

(3) avformat_network_init()：初始化与网络卡及网络加密协议相关的库，例如openssl等。

1) av_register_all()函数

使用FFmpeg，首先要执行av_register_all()函数(新版本中已经不需要手工调用该函数了)，把全局的解码器、编码器等结构体注册到各自全局的对象链表里，以便后面查找调用。该函数的声明如下：

```
//chapter3/3.6.help.txt
/**
 * Initialize libavformat and register all the muxers, demuxers and
 * protocols. If you do not call this function, then you can select
 * exactly which formats you want to support.
 *
 * @see av_register_input_format()
 * @see av_register_output_format()
 * attribute_deprecated:表示该函数已过时
 */
attribute_deprecated
void av_register_all(void);

attribute_deprecated
void av_register_input_format(AVInputFormat * format);
attribute_deprecated
void av_register_output_format(AVOutputFormat * format);
#endif
```

这些工作由FFmpeg内部去做，不需要用户调用API去注册。以codec编解码器为例，在configure时生成要注册的组件，会生成一个codec_list.c文件，里面有static const AVCodec * const codec_list[]数组。在libavcodec/allcodecs.c文件中会将static const AVCodec * const codec_list[]的编解码器用链表的方式组织起来。对于demuxer/muxer(解复用器，也称作容器)则对应libavformat/muxer_list.c和libavformat/demuxer_list.c这两个文件，也是在configure时生成；在libavformat/allformats.c文件中将demuxer_list[]数组和muexr_list[]数组以链表的方式组织。其他组件也是类似的方式。

FFmpeg中av_register_all()函数用于注册所有muxers、demuxers与protocols。FFmpeg 4.0以前是用链表存储muxer/demuxer，FFmpeg 4.0以后改为数组存储，并且av_register_all()方法已被标记为过时，av_register_input_format和av_register_output_format也被标记为过时。av_register_all()的声明位于libavformat/avformat.h头文件中，在版本4.0以后，不需要调用该方法，可以直接使用所有模块。如果不调用此函数，则可以选择想要支持的那种格式，通过av_register_input_format()和av_register_output_format()函数实现。

2）avformat_network_init()函数

avformat_network_init()函数用于初始化网络，默认状态下 FFmpeg 是不允许联网的，必须调用该函数初始化网络后 FFmpeg 才能进行联网。如果是非 Windows 平台，则实际上什么事情都没有做，如果是 Windows 平台，则需要特别地调用 WSAStartup() 函数去初始化 Winsock 服务，这个是 Windows 平台特有的行为。函数声明如下：

```
//chapter3/3.6.help.txt
/**
 * Do global initialization of network libraries. This is optional,
 * and not recommended anymore.
 *
 * This functions only exists to work around thread-safety issues
 * with older GnuTLS or OpenSSL libraries. If libavformat is linked
 * to newer versions of those libraries, or if you do not use them,
 * calling this function is unnecessary. Otherwise, you need to call
 * this function before any other threads using them are started.
 *
 * This function will be deprecated once support for older GnuTLS and
 * OpenSSL libraries is removed, and this function has no purpose
 * anymore.
 */
int avformat_network_init(void);
```

2. 封装相关函数

FFmpeg 的封装步骤及调用的相关 API：首先使用 avformat_alloc_context()函数分配解复用器上下文，接着使用 avformat_open_input()函数根据 url 打开本地文件或网络流，然后使用 avformat_find_stream_info()函数读取媒体的部分数据包以获取码流信息，再从文件中读取数据包，主要使用 av_read_frame()函数，或定位文件：avformat_seek_file()、av_seek_frame()函数，最后使用 avformat_close_format()函数关闭解复用器。FFmpeg 与封装操作相关的主要函数如下。

(1) avformat_alloc_context()：负责申请一个 AVFormatContext 结构的内存，并进行简单初始化。

(2) avformat_free_context()：释放 AVFormatContext 结构里的所有相关内存及该结构本身。

(3) avformat_close_input()：关闭解复用器，关闭后就不再需要使用 avformat_free_context()函数进行释放。

(4) avformat_open_input()：打开输入视频文件或网络音视频流。

(5) avformat_find_stream_info()：获取音视频文件的流信息。

(6) av_read_frame()：读取音视频包。

(7) avformat_seek_file()：定位文件。

(8) av_seek_frame()：定位帧。

这里介绍几个比较重要的函数，一定要注意源码中的英文注释信息，对于理解函数功能非常有帮助。

1) avformat_alloc_context()函数

avformat_alloc_context()函数用来申请AVFormatContext类型变量并初始化默认参数。该函数用于分配空间并创建一个AVFormatContext对象，强调使用avformat_free_context()函数来清理并释放该对象的空间。注意内存需要分配在堆上；给AVFormatContext的成员赋默认值；完成AVFormatContext内部使用对象AVFormatInternal结构体的空间分配及其部分成员字段的赋值。函数声明的代码如下：

```
//chapter3/3.6.help.txt
/**
 * Allocate an AVFormatContext.//:分配 AVFormatContext 空间
 * avformat_free_context() can be used to free the context and everything
 * allocated by the framework within it.
 * 需要使用 avformat_free_context()释放
 */
AVFormatContext *avformat_alloc_context(void);
```

在该函数内部，通过av_malloc为AVFormatContext分配内存空间，并且给internal字段分配内存，供FFmpeg内部使用，并设置相关字段的初始值。具体的实现代码如下：

```
//chapter3/3.6.help.txt
AVFormatContext *avformat_alloc_context(void)
{
    AVFormatContext *ic;          //创建一个 AVFormatContext 对象 ic
    //使用 av_malloc 分配空间,分配空间的作用是存储数据
    ic = av_malloc(sizeof(AVFormatContext));
    if (!ic) return ic;           //判断 ic 是否为 NULL,如果为空,则返回 ic
     //用于设置 AVFormatContext 的字段的默认值
    avformat_get_context_defaults(ic);
    //给 internal 字段分配内存,供 FFmpeg 内部使用
    ic->internal = av_mallocz(sizeof(*ic->internal));

     //判断 ic->internal 是否为 NULL,如果为 NULL,则释放上下文和内容,返回 NULL
    if (!ic->internal) {
        avformat_free_context(ic);
        return NULL;
    }
    ic->internal->offset = AV_NOPTS_VALUE;
    ic->internal->raw_packet_buffer_remaining_size = RAW_PACKET_BUFFER_SIZE;
    ic->internal->shortest_end = AV_NOPTS_VALUE;

    return ic;
}
```

可以看到，avformat_alloc_context()函数调用 av_malloc()函数为 AVFormatContext 结构体从堆上分配了内存，而且同时也给 AVFormatContext 中的 internal 字段分配了内存，供 FFmpeg 内部使用。此外还调用了一个 avformat_get_context_defaults()函数，用于设置 AVFormatContext 的字段的默认值。

2）avformat_free_context()函数

AVFormatContext 结构体的初始化函数是 avformat_alloc_context()，而销毁函数是 avformat_free_context()。avformat_free_context()函数声明在 libavformat\avformat.h 文件中，代码如下：

```
//chapter3/3.6.help.txt
/**
  * 释放 AVFormatContext 及其所有流.
  * @param s 要释放的上下文
  */
/**
 * Free an AVFormatContext and all its streams.
 * @param s context to free
 */
void avformat_free_context(AVFormatContext *s);
```

avformat_free_context()函数定义在 libavformat\utils.c 文件中，代码如下：

```
//chapter3/3.6.help.txt
void avformat_free_context(AVFormatContext *s)
{
    int i;

    if (!s)
        return;

    av_opt_free(s);
    if (s->iformat && s->iformat->priv_class && s->priv_data)
        av_opt_free(s->priv_data);
    if (s->oformat && s->oformat->priv_class && s->priv_data)
        av_opt_free(s->priv_data);

     //针对流进行释放,同时把 number 置零
    for (i = s->nb_streams - 1; i >= 0; i--)
        ff_free_stream(s, s->streams[i]);

     //针对 programs 进行释放,同时把 number 置零
    for (i = s->nb_programs - 1; i >= 0; i--) {
        av_dict_free(&s->programs[i]->metadata);
        av_freep(&s->programs[i]->stream_index);
```

```
        av_freep(&s->programs[i]);
    }
    av_freep(&s->programs);
    av_freep(&s->priv_data);
    while (s->nb_chapters--) {
        av_dict_free(&s->chapters[s->nb_chapters]->metadata);
        av_freep(&s->chapters[s->nb_chapters]);
    }
    av_freep(&s->chapters);
    av_dict_free(&s->metadata);
    av_dict_free(&s->internal->id3v2_meta);
    av_freep(&s->streams);
    flush_packet_queue(s);
    av_freep(&s->internal);
    av_freep(&s->url);
    av_free(s);
}
```

可以看到，avformat_free_context()函数调用了很多销毁函数，包括 av_opt_free()、av_freep()和 av_dict_free()等，这些函数分别用于释放不同种类的变量。

3）avformat_find_streaminfo()函数

avformat_find_stream_info()函数主要用于获取媒体信息，函数声明的代码如下：

```
//chapter3/3.6.help.txt
/**
 * Read packets of a media file to get stream information. This
 * is useful for file formats with no headers such as MPEG. This
 * function also computes the real framerate in case of MPEG-2 repeat
 * frame mode.
 * 读取媒体文件的数据包以获取流信息.这对于没有标头的文件格式(如 MPEG)很有用.
 * 此函数还用于计算 MPEG-2 重复帧模式下的实际帧速率
 * The logical file position is not changed by this function;
 * examined packets may be buffered for later processing.
 *
 * @param ic media file handle
 * @param options  If non-NULL, an ic.nb_streams long array of pointers to
 *                 dictionaries, where i-th member contains options for
 *                 codec corresponding to i-th stream.
 *                 On return each dictionary will be filled with options that were not found.
 * @return >=0 if OK, AVERROR_xxx on error
 *
 * @note this function isn't guaranteed to open all the codecs, so
 *       options being non-empty at return is a perfectly normal behavior.
 *
```

```
 * @todo Let the user decide somehow what information is needed so that
 *        we do not waste time getting stuff the user does not need.
 */
int avformat_find_stream_info(AVFormatContext *ic, AVDictionary **options);
```

该函数会从媒体文件中读取音视频包(packet,即未解码之前的音视频数据),以便获取音视频流的信息,对于没有文件头的视频格式非常好用,例如 MPEG 文件(因为视频文件经常使用文件头 header 来标注这个视频文件的各项信息,例如 muxing 格式等)。还可以用于计算帧率,例如 MPEG-2 重复帧模式下。它不会更改逻辑文件的位置,被检查的数据包可以被缓冲以供以后处理。既然这个函数的功能是更新流的信息,那么可以得知它的作用就是更新 AVStream 这个结构体中的字段。

该函数有两个参数,一个是 AVFormatContext 的上下文句柄,即这个函数实际的操作对象;还有一个是 AVDictionary 数组,如果第 2 个参数传入时不为空,则它应该是一个长度等于 ic 中包含 nb_stream 的 AVDictionary 数组的长度,第 i 个数组对应视频文件中第 i 个 stream,函数返回时,每个 dictionary 将填充没有找到的选项。

该函数的返回值为大于或等于 0 的数字,返回大于或等于 0 代表没有其他情况,其他数字代表不同的错误。该函数中不能保证 stream 中的编解码器会被打开,所以在返回之后如果 options 不为空也是正常的。

4) avformat_open_input()函数

播放一个音视频多媒体文件之前,首先要打开该文件,文件的地址类型可以是文件路径地址,也可以是网络地址。avformat_open_input()函数用于打开输入流并读取头,但并不负责打开编解码器,必须使用 avformat_close_input()关闭,返回 0 表示成功,负数为失败的错误码,函数声明如下:

```
//chapter3/3.6.help.txt
/**
 * Open an input stream and read the header. The codecs are not opened.
 * The stream must be closed with avformat_close_input().
 *
 * @param ps Pointer to user - supplied AVFormatContext (allocated by avformat_alloc_
context).
 *           May be a pointer to NULL, in which case an AVFormatContext is allocated by this
 *           function and written into ps.
 *           Note that a user - supplied AVFormatContext will be freed on failure.
 * @param url URL of the stream to open.
 * @param fmt If non - NULL, this parameter forces a specific input format.
 *            Otherwise the format is autodetected.
 * @param options  A dictionary filled with AVFormatContext and demuxer - private options.
 *                 On return this parameter will be destroyed and replaced with a dict containing
```

```
*                  options that were not found. May be NULL.
*
* @return 0 on success, a negative AVERROR on failure.
*
* @note If you want to use custom IO, preallocate the format context and set its pb field.
*/
int avformat_open_input(AVFormatContext **ps, const char *url,
                        const AVInputFormat *fmt, AVDictionary **options);
```

该函数的参数含义如下。

(1) 第 1 个参数指向用户提供的 AVFormatContext(由 avformat_alloc_context 分配)的指针。

(2) 第 2 个参数表示要打开的流的 url。

(3) 第 3 个参数 fmt 如果非空,则此参数强制使用特定的输入格式;否则将自动检测格式。

(4) 第 4 个参数为包含 AVFormatContext 和 demuxer 私有选项的字典;返回时此参数将被销毁并替换为包含找不到的选项,如果所有项都有效,则返回空(NULL)。

5) av_read_frame()函数

对于音视频频的编解码来讲,要对数据进行解码,首先要获取视频帧的压缩数据,av_read_frame()的作用就是获取视频的数据。av_read_frame()用于获取视频的一帧,不存在半帧的说法,但可以获取音频的若干帧。av_read_frame()函数是 FFmpeg 新型的用法,旧用法之所以被抛弃,是因为以前获取的数据可能不是完整的,而新版的 av_read_frame()保证了一帧视频数据的完整性。av_read_frame()函数的作用是读取一帧视频数据或者读取多帧音频数据,读取的数据都是待解码的数据,该函数的声明如下:

```
//chapter3/3.6.help.txt
/**
* Return the next frame of a stream.
* This function returns what is stored in the file, and does not validate
* that what is there are valid frames for the decoder. It will split what is
* stored in the file into frames and return one for each call. It will not
* omit invalid data between valid frames so as to give the decoder the maximum
* information possible for decoding.
*
* On success, the returned packet is reference-counted (pkt->buf is set) and
* valid indefinitely. The packet must be freed with av_packet_unref() when
* it is no longer needed. For video, the packet contains exactly one frame.
* For audio, it contains an integer number of frames if each frame has
* a known fixed size (e.g. PCM or ADPCM data). If the audio frames have
* a variable size (e.g. MPEG audio), then it contains one frame.
*
```

```
* pkt->pts, pkt->dts and pkt->duration are always set to correct * values in AVStream.
time_base units (and guessed if the format cannot
* provide them). pkt->pts can be AV_NOPTS_VALUE if the video format
* has B-frames, so it is better to rely on pkt->dts if you do not
* decompress the payload.
*
* @return 0 if OK, < 0 on error or end of file. On error, pkt will be blank
*          (as if it came from av_packet_alloc()).
*
* @note pkt will be initialized, so it may be uninitialized, but it must not
*        contain data that needs to be freed.
*  返回流的下一帧.
*  此函数用于返回存储在文件中的内容,但不验证解码器是否有有效帧.
*  它将把文件中存储的内容拆分为帧,并为每个调用返回一个帧.
*  它不会省略有效帧之间的无效数据,以便给解码器最大可能的解码信息.
*  如果 pkt->buf 为 NULL,则直到下一个 av_read_frame()或直到 avformat_close_input()包都是
有效的.否则数据包将无限期有效.在这两种情况下,当不再需要包时,必须使用 av_free_packet 释
放包.
*  对于视频,数据包只包含一帧.
*  对于音频,如果每个帧具有已知的固定大小(例如 PCM 或 ADPCM 数据),则它包含整数帧数.
*  如果音频帧有一个可变的大小(例如 MPEG 音频),则它包含一帧.
*  在 AVStream 中,pkt->pts、pkt->dts 和 pkt->持续时间总是被设置为恰当的值.
*  time_base 单元(猜测格式是否不能提供它们).
*  如果视频格式为 B-frames,pkt->pts 可以是 AV_NOPTS_VALUE,所以如果不解压缩有效负载,则
最好依赖 pkt->dts.
*/
int av_read_frame(AVFormatContext *s, AVPacket *pkt);
```

参数及返回值的说明如下。

(1) *AVFormatContext s：文件格式上下文,输入的 AVFormatContext。

(2) *AVPacket pkt：这个值不能传 NULL,必须是一个内存空间,用于存储输出的 AVPacket。

(3) 返回值：返回 0 表示成功,负数表示失败或到达文件尾(return 0 is OK,< 0 on error or end of file)。

av_read_frame()函数非常重要,其内部的操作流程如图 3-19 所示。

读出当前流数据,并存储于 AVPacket 包中；如果当前流为视频帧,则只读出一帧；如果当前流为音频帧,则根据音频格式读取固定的数据。读取成功后,流数据会自动指向下一帧。如果 AVPacket 包内存为空,表示读取失败,则读取无效,需要等待 av_read_frame()或者 avformat_close_input()函数来处理。该函数中主要调用了两个函数,如果 paketList 中有数据,则调用 ff_packet_list_get 直接从 list 中读取一帧数据,如果没有数据,则调用 read_

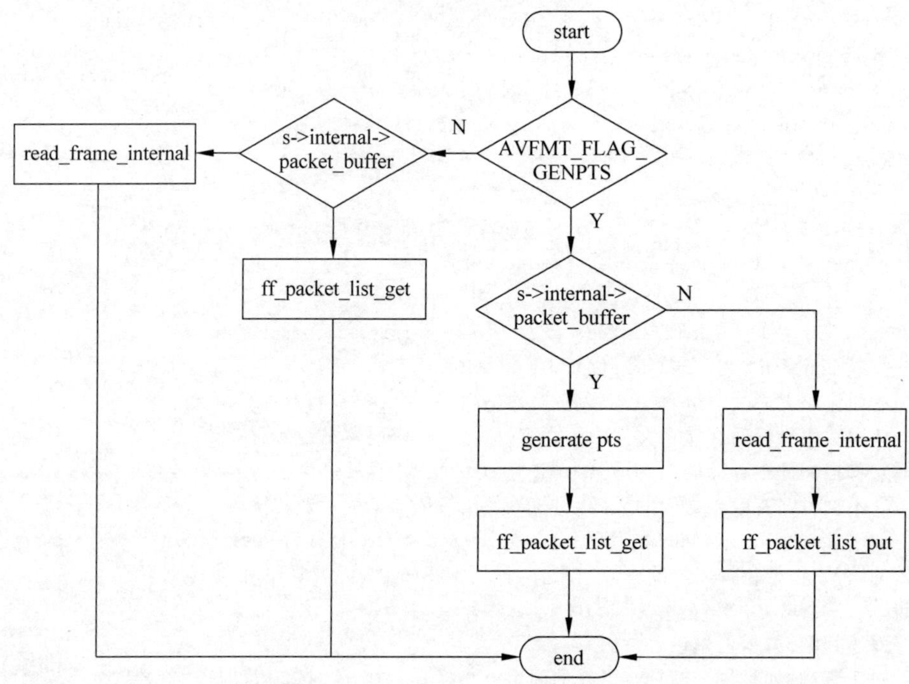

图 3-19 av_read_frame()函数的内部流程

frame_internal 重新读取一帧数据并放到 list 中。

6）avformat_close_input()函数

avformat_open_input()函数用于打开输入媒体流并读取头部信息，包括本地文件、网络流、自定义缓冲区等，而对应的释放函数为 avformat_close_input()，该函数位于 libavformat/avformat.h 文件中，函数原型如下：

```
//chapter3/3.6.help.txt
/**
 * Close an opened input AVFormatContext. Free it and all its contents
 * and set *s to NULL. 释放资源，并释放与之关联的内容，然后将*s设置为 NULL
 */
void avformat_close_input(AVFormatContext **s);
```

下面查看 avformat_close_input()的源代码，位于 libavformat\utils.c 文件中，代码如下：

```
//chapter3/3.6.help.txt
void avformat_close_input(AVFormatContext **ps)
{
    AVFormatContext *s;
    AVIOContext *pb;
```

```
    if (!ps || ! * ps)
        return;

    s   = * ps;
    pb = s->pb;

    if ((s->iformat && strcmp(s->iformat->name, "image2") && s->iformat->flags &
AVFMT_NOFILE) ||
        (s->flags & AVFMT_FLAG_CUSTOM_IO))
        pb = NULL;

    flush_packet_queue(s);

    if (s->iformat)
        if (s->iformat->read_close)
            s->iformat->read_close(s);

    avformat_free_context(s);

    * ps = NULL;

    avio_close(pb);
}
```

从源代码中可以看出，avformat_close_input()主要做了以下几步工作：

(1) 调用 AVInputFormat 的 read_close()函数关闭输入流。

(2) 调用 avformat_free_context()释放 AVFormatContext。

(3) 调用 avio_close()关闭并且释放 AVIOContext。

AVInputFormat 的 read_close()是一个函数指针，指向关闭输入流的函数。不同的 AVInputFormat 包含不同的 read_close()方法。例如，FLV 格式对应的 AVInputFormat 的定义如下：

```
//chapter3/3.6.help.txt
AVInputFormat ff_flv_demuxer = {
    .name           = "flv",
    .long_name      = NULL_IF_CONFIG_SMALL("FLV (Flash Video)"),
    .priv_data_size = sizeof(FLVContext),
    .read_probe     = flv_probe,
    .read_header    = flv_read_header,
    .read_packet    = flv_read_packet,
    .read_seek      = flv_read_seek,
    .read_close     = flv_read_close,
```

```
    .extensions     = "flv",
    .priv_class     = &flv_class,
};
```

从 ff_flv_demuxer 的定义中可以看出，read_close()指向的函数是 flv_read_close()函数，代码如下：

```
//chapter3/3.6.help.txt
static int flv_read_close(AVFormatContext * s)
{
    int i;
    FLVContext * flv = s->priv_data;
    for (i = 0; i < FLV_STREAM_TYPE_NB; i++)
        av_freep(&flv->new_extradata[i]);
    return 0;
}
```

从 flv_read_close()的定义可以看出，该函数释放了 FLVContext 中的 new_extradata 数组中每个元素指向的内存。

avformat_free_context()是一个 FFmpeg 的 API 函数，用于释放一个 AVFormatContext。

avio_close()是一个 FFmpeg 的 API 函数，用于关闭和释放 AVIOContext。它的声明位于 libavformat/avio.h 文件，代码如下：

```
//chapter3/3.6.help.txt
/**
 * Close the resource accessed by the AVIOContext s and free it.
 * This function can only be used if s was opened by avio_open().
 * 只有在使用 avio_open()函数打开的情况，才可以调用 avio_close()函数
 * The internal buffer is automatically flushed before closing the
 * resource. 内部缓冲区在关闭资源前被自动冲刷
 *
 * @return 0 on success, an AVERROR < 0 on error.
 * @see avio_closep
 */
int avio_close(AVIOContext * s);
```

avio_close()函数的定义位于 libavformat/aviobuf.c 文件，代码如下：

```
//chapter3/3.6.help.txt
int avio_close(AVIOContext * s)
{
    AVIOInternal * internal;
```

```
    URLContext *h;

    if (!s)
        return 0;

    avio_flush(s);
    internal = s->opaque;
    h        = internal->h;

    av_freep(&s->opaque);
    av_freep(&s->buffer);
    if (s->write_flag)
        av_log(s, AV_LOG_VERBOSE, "Statistics: %d seeks, %d writeouts\n", s->seek_count,
s->writeout_count);
    else
        av_log(s, AV_LOG_VERBOSE, "Statistics: %"PRId64" Bytes read, %d seeks\n", s->
Bytes_read, s->seek_count);
    av_opt_free(s);

    avio_context_free(&s);

    return ffurl_close(h);
}
```

从源代码可以看出，avio_close()函数按照顺序执行了以下几步：

(1) 调用 avio_flush()函数强制清除缓存中的数据。

(2) 调用 av_freep()函数释放 AVIOContext 中的 buffer。

(3) 调用 avio_context_free()函数释放 AVIOContext 结构体。

(4) 调用 ffurl_close()函数关闭并且释放 URLContext。

ffurl_close()和 ffurl_closep()是 FFmpeg 内部的两个函数，它们的声明位于 libavformat/url.h 文件，代码如下：

```
//chapter3/3.6.help.txt
/**
 * Close the resource accessed by the URLContext h, and free the
 * memory used by it. Also set the URLContext pointer to NULL.
 *
 * @return a negative value if an error condition occurred, 0
 * otherwise
 */
int ffurl_closep(URLContext **h);
int ffurl_close(URLContext *h);
```

其实这两个函数是等同的，ffurl_close()函数的定义位于 libavformat/avio.c 文件，代码如下：

```
//chapter3/3.6.help.txt
int ffurl_close(URLContext * h)
{
    return ffurl_closep(&h);
}
```

可见 ffurl_close()函数调用了 ffurl_closep()函数，代码如下：

```
//chapter3/3.6.help.txt
int ffurl_closep(URLContext ** hh)
{
    URLContext * h = * hh;
    int ret = 0;
    if (!h)
        return 0;      /* can happen when ffurl_open fails */

    if (h->is_connected && h->prot->url_close)
        ret = h->prot->url_close(h);
#if CONFIG_NETWORK
    if (h->prot->flags & URL_PROTOCOL_FLAG_NETWORK)
        ff_network_close();
#endif
    if (h->prot->priv_data_size) {
        if (h->prot->priv_data_class)
            av_opt_free(h->priv_data);
        av_freep(&h->priv_data);
    }
    av_freep(hh);
    return ret;
}
```

可以看出，它主要完成了两步工作：

(1) 调用 URLProtocol 的 url_close()函数。

(2) 调用 av_freep()函数释放 URLContext 结构体。

例如文件协议的结构体变量的定义如下：

```
//chapter3/3.6.help.txt
URLProtocol ff_file_protocol = {
    .name                = "file",
    .url_open            = file_open,
    .url_read            = file_read,
    .url_write           = file_write,
```

```
    .url_seek            = file_seek,
    .url_close           = file_close,
    .url_get_file_handle = file_get_handle,
    .url_check           = file_check,
    .priv_data_size      = sizeof(FileContext),
    .priv_data_class     = &file_class,
};
```

从 ff_file_protocol 中可以看出，url_close()函数指向了 file_close()函数，而 file_close()函数的定义，代码如下：

```
//chapter3/3.6.help.txt
static int file_close(URLContext * h)
{
    FileContext * c = h->priv_data;
    return close(c->fd);
}
```

由此可见，file_close()函数最终调用了系统函数 close()关闭了文件指针。至此 avio_close()函数的流程执行完毕。

3. 解码器相关函数

使用 FFmepg 进行解码的主要相关步骤：首先使用 avcodec_alloc_context3()函数分配编解码上下文，接着使用 avcode_parameter_to_context()函数将码流中的编解码信息复制到编解码器上下文结构体(AVCodecContex)中，然后根据编解码器信息使用 avcodec_find_decoder()函数查找相应的解码器或使用 avcodec_find_decoder_by_name()函数根据解码器名称查找指定的解码器，再使用 avcodec_open2()函数打开解码器并关联到 AVCodecContex，然后使用 avcodec_send_packet()函数向解码器发送数据包或使用 avcodec_receive_frame()函数接收解码后的帧，最后使用 avcodec_close()函数和 avcodec_free_context()函数关闭解码器并释放上下文。FFmpeg 与解码操作相关的主要函数如下。

(1) avcodec_alloc_context3()：分配解码器上下文。

(2) avcodec_find_decoder()：根据 ID 查找解码器。

(3) avcodec_find_decoder_by_name()：根据解码器名字查找解码器。

(4) avcodec_open2()：打开编解码器。

(5) avcodec_decode_video2()：解码一帧视频数据。

(6) avcodec_decode_audio4()：解码一帧音频数据。

(7) avcodec_send_packet()：发送编码数据包。

(8) avcodec_receive_frame()：接收解码后数据。

(9) avcodec_free_context()：释放解码器上下文，包含了 avcodec_close()函数。

(10) avcodec_close()：关闭解码器。

1）avcodec_alloc_context3()函数

avcodec_alloc_context3()函数用于分配解码器上下文，并将其字段设置为默认值，应使用 avcodec_free_context()函数释放相应的资源，函数声明如下：

```
//chapter3/3.6.help.txt
/**
 * Allocate an AVCodecContext and set its fields to default values. The
 * resulting struct should be freed with avcodec_free_context().
 *
 * @param codec if non-NULL, allocate private data and initialize defaults
 *              for the given codec. It is illegal to then call avcodec_open2()
 *              with a different codec.
 *              If NULL, then the codec-specific defaults won't be initialized,
 *              which may result in suboptimal default settings (this is
 *              important mainly for encoders, e.g. libx264).
 *
 * @return An AVCodecContext filled with default values or NULL on failure.
 */
AVCodecContext *avcodec_alloc_context3(const AVCodec *codec);
```

参数 codec 如果非 NULL，则对于给定的编解码器分配私有数据并初始化默认值，然后使用不同的编解码器调用 avcodec_open2()函数是非法的。如果为 NULL，则不会初始化特定于编解码器的默认值，这可能会导致次优的默认设置（这对于一些编码器非常重要，例如 libx264）。成功时返回用默认值填充的 AVCodecContext，失败时返回 NULL。

2）avcodec_open2()函数

avcodec_open2()函数用于打开编解码器，并将编码器上下文和编码器进行关联，函数声明如下：

```
//chapter3/3.6.help.txt
/**
 * Initialize the AVCodecContext to use the given AVCodec. Prior to using this
 * function the context has to be allocated with avcodec_alloc_context3().
 * *
 * @warning This function is not thread safe! :注意该函数非线程安全
 *
 * @note Always call this function before using decoding routines (such as
 * @ref avcodec_receive_frame()).
 * @param avctx The context to initialize.
 * @param codec The codec to open this context for. If a non-NULL codec has been previously
passed to avcodec_alloc_context3() or for this context, then this parameter MUST be either NULL
or equal to the previously passed codec.
 * @param options A dictionary filled with AVCodecContext and codec-private options. On
return this object will be filled with options that were not found.
```

```
 *
 * @return zero on success, a negative value on error
 * @see avcodec_alloc_context3(), avcodec_find_decoder(), avcodec_find_encoder(),
 *      av_dict_set(), av_opt_find().
 */
int avcodec_open2(AVCodecContext *avctx, const AVCodec *codec, AVDictionary **options);
```

各个参数的含义如下。

(1) avctx：需要初始化的 AVCodecContext。

(2) codec：输入的 AVCodec。

(3) options：一些编码器选项。例如使用 libx264 编码时，preset、tune 等都可以通过该参数设置。

avcodec_open2()的源代码量非常大，但是它的调用关系非常简单，只调用了一个关键的函数，即 AVCodec 的 init()，用于初始化编解码器，它所做的工作如下所述：

(1) 为各种结构体分配内存(通过各种 av_malloc()实现)。

(2) 将输入的 AVDictionary 形式的选项设置到 AVCodecContext。

(3) 其他检查，例如检查编解码器是否处于“实验”阶段。

(4) 如果是编码器，则检查输入参数是否符合编码器的要求。

(5) 调用 AVCodec 的 init() 初始化具体的解码器。

3) avcodec_find_decoder()函数

FFmpeg 提供了两种方式查找解码器：通过 codecId 查找 avcodec_find_decoder()与通过名字查找 avcodec_find_decoder_by_name()。同样地，也提供了两种方式查找编码器：通过 codecId 查找 avcodec_find_encoder()与通过名字查找 avcodec_find_encoder_by_name()。这两个函数声明的代码如下：

```
//chapter3/3.6.help.txt
/**
 * Find a registered decoder with a matching codec ID.
 * 根据 codecID 来查找一个注册过的解码器
 * @param id AVCodecID of the requested decoder
 * @return A decoder if one was found, NULL otherwise.
 */
const AVCodec *avcodec_find_decoder(enum AVCodecID id);

/**
 * Find a registered decoder with the specified name.
 * 根据给定的名称来查找一个注册过的解码器
 * @param name name of the requested decoder
 * @return A decoder if one was found, NULL otherwise.
 */
const AVCodec *avcodec_find_decoder_by_name(const char *name);
```

avcodec_find_decoder()函数通过 AVCodecID 查找对应的解码器，如果未查找到，则返回 NULL；参数 id 是 AVCodecID 类型，表明要查找解码器的 id。avcodec_find_encoder_by_name()函数通过解码器的名称找到解码器，如果查找成功，则返回解码器信息，如果未找到，则返回 NULL；参数 name 是编解码器的名称。

函数源码位于 libavcodec/allcodecs.c 文件中，查找编解码器的过程如图 3-20 所示。

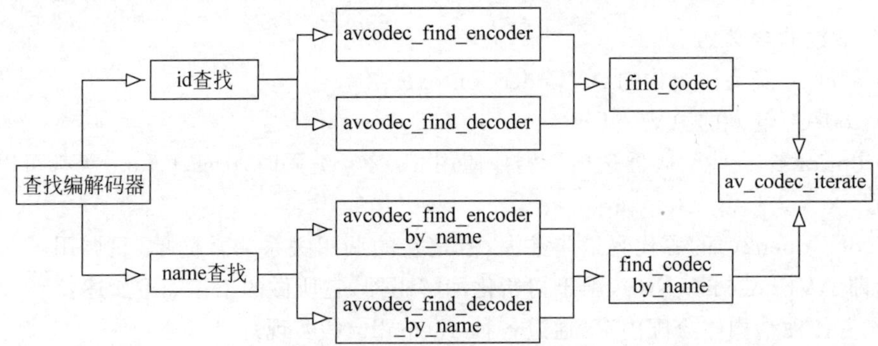

图 3-20　avcodec_find_decoder()函数的查找过程

avcodec_find_decoder()函数通过 codecId 来查找解码器，该函数的实现代码如下：

```
//chapter3/3.6.help.txt
AVCodec * avcodec_find_decoder(enum AVCodecID id)
{
    return find_codec(id, av_codec_is_decoder);
}
```

函数体只有一行代码，即调用 find_codec()函数来查找，第 1 个参数为 codecId，第 2 个参数是 int 类型，表示是否属于解码器类型，具体的代码如下：

```
//chapter3/3.6.help.txt
static AVCodec * find_codec(enum AVCodecID id, int ( * x)(const AVCodec * ))
{
    const AVCodec * p, * experimental = NULL;
    void * i = 0;

    id = remap_deprecated_codec_id(id);

    while ((p = av_codec_iterate(&i))) {
        if (!x(p))
            continue;
        if (p->id == id) {
            if (p->capabilities & AV_CODEC_CAP_EXPERIMENTAL && !experimental) {
                experimental = p;
```

```
            } else
                return (AVCodec * )p;
        }
    }

    return (AVCodec * )experimental;
}
```

可以看到，该函数主要通过 while 循环调用 av_codec_iterate()来迭代遍历，获取 AVCodec，然后用 id 判断是否相等。如果 id 相等，就返回对应的 AVCodec。下面来看 av_codec_iterate()函数的代码实现：

```
//chapter3/3.6.help.txt
AVCodec * codec_list[] = {
    NULL,
    NULL,
    NULL
};
static void av_codec_init_static(void)
{
    for (int i = 0; codec_list[i]; i++) {
        if (codec_list[i] -> init_static_data)
            codec_list[i] -> init_static_data((AVCodec * )codec_list[i]);
    }
}

const AVCodec * av_codec_iterate(void ** opaque)
{
    uintptr_t i = (uintptr_t) * opaque;
    const AVCodec * c = codec_list[i];

    ff_thread_once(&av_codec_static_init, av_codec_init_static);

    if (c)
        * opaque = (void * )(i + 1);

    return c;
}
```

该函数主要根据传入的 id，从 codec_list 编解码器列表中查找对应的项。

avcodec_find_decoder_by_name()函数通过名字查找解码器，代码如下：

```
//chapter3/3.6.help.txt
AVCodec *avcodec_find_decoder_by_name(const char *name)
{
    return find_codec_by_name(name, av_codec_is_decoder);
}
```

可以看到，主要调用了 find_codec_by_name()函数，第 1 个参数为解码器名字，第 2 个参数是 int 类型，表示是否属于解码器类型，具体方法如下：

```
//chapter3/3.6.help.txt
static AVCodec *find_codec_by_name(const char *name, int (*x)(const AVCodec *))
{
    void *i = 0;
    const AVCodec *p;

    if (!name)
        return NULL;

    while ((p = av_codec_iterate(&i))) {
        if (!x(p))
            continue;
        if (strcmp(name, p->name) == 0)
            return (AVCodec*)p;
    }

    return NULL;
}
```

可以看到，主要通过 while 循环调用 av_codec_iterate()函数来迭代遍历，获取 AVCodec，然后用名字进行比较。如果匹配成功，就返回对应的 AVCodec；否则返回 NULL。

上述是查找解码器的函数及其实现原理，查找编码器的方式与此类似，函数是 avcodec_find_encoder()和 avcodec_find_encoder_by_name()，实现原理完全相同，这两个函数声明的代码如下：

```
//chapter3/3.6.help.txt
/**
 * Find a registered encoder with a matching codec ID.
 * 根据 codecID 来查找一个注册过的编码器
 * @param id AVCodecID of the requested encoder
 * @return An encoder if one was found, NULL otherwise.
 */
const AVCodec *avcodec_find_encoder(enum AVCodecID id);
```

```
/**
 * Find a registered encoder with the specified name.
 * 根据给定的名称来查找一个注册过的编码器
 * @param name name of the requested encoder
 * @return An encoder if one was found, NULL otherwise.
 */
const AVCodec *avcodec_find_encoder_by_name(const char *name);
```

4）avcodec_free_context()函数

avcodec_alloc_context3()函数为AVCodecContext分配内存空间，并设置默认的值，释放需要使用avcodec_free_context()函数，函数声明的代码如下：

```
//chapter3/3.6.help.txt
/**
 * Free the codec context and everything associated with it
 * and write NULL to the provided pointer.
 * 释放codec context和与之关联的everything,并将指针置为NULL
 */
void avcodec_free_context(AVCodecContext **avctx);
```

该函数释放AVFormatContext结构里的所有东西及该结构本身，并将指针置为空。

5）编解码器列表及id

编解码器列表来自libavcodec/allcodecs.c文件，含有声明全局变量，这些变量都是以ff_开头的，中间是编解码类型（如h264、aac、wmv、pcm、vp9等），以_encoder结尾表示的是编码器，以_decoder结尾表示的是解码器，代码如下：

```
//chapter3/3.6.help.txt
extern AVCodec ff_flv_encoder;
extern AVCodec ff_flv_decoder;
extern AVCodec ff_h264_decoder;
extern AVCodec ff_hevc_decoder;
extern AVCodec ff_mpeg4_encoder;
extern AVCodec ff_mpeg4_decoder;
extern AVCodec ff_msmpeg4v1_decoder;
extern AVCodec ff_msmpeg4v2_encoder;
extern AVCodec ff_msmpeg4v2_decoder;
extern AVCodec ff_msmpeg4v3_encoder;
extern AVCodec ff_msmpeg4v3_decoder;
extern AVCodec ff_vp8_decoder;
extern AVCodec ff_vp9_decoder;
extern AVCodec ff_wmv1_encoder;
extern AVCodec ff_wmv1_decoder;
```

```
extern AVCodec ff_wmv2_encoder;
extern AVCodec ff_wmv2_decoder;
extern AVCodec ff_wmv3_decoder;

/* audio codecs */
extern AVCodec ff_aac_encoder;
extern AVCodec ff_aac_decoder;
extern AVCodec ff_ac3_encoder;
extern AVCodec ff_ac3_decoder;
extern AVCodec ff_amrnb_decoder;
extern AVCodec ff_amrwb_decoder;
extern AVCodec ff_ape_decoder;
extern AVCodec ff_eac3_encoder;
extern AVCodec ff_eac3_decoder;
extern AVCodec ff_flac_encoder;
extern AVCodec ff_flac_decoder;
extern AVCodec ff_mp3_decoder;
extern AVCodec ff_opus_encoder;
extern AVCodec ff_opus_decoder;
extern AVCodec ff_truehd_encoder;
extern AVCodec ff_truehd_decoder;
extern AVCodec ff_vorbis_encoder;
extern AVCodec ff_vorbis_decoder;
extern AVCodec ff_wmav1_encoder;
extern AVCodec ff_wmav1_decoder;
extern AVCodec ff_wmav2_encoder;
extern AVCodec ff_wmav2_decoder;

/* PCM codecs */
extern AVCodec ff_pcm_alaw_encoder;
extern AVCodec ff_pcm_alaw_decoder;
extern AVCodec ff_pcm_mulaw_encoder;
extern AVCodec ff_pcm_mulaw_decoder;
extern AVCodec ff_pcm_s8_encoder;
extern AVCodec ff_pcm_s8_decoder;
extern AVCodec ff_pcm_s16le_encoder;
extern AVCodec ff_pcm_s16le_decoder;
extern AVCodec ff_pcm_s16le_planar_encoder;
extern AVCodec ff_pcm_s16le_planar_decoder;
extern AVCodec ff_pcm_s24le_encoder;
extern AVCodec ff_pcm_s24le_decoder;
extern AVCodec ff_pcm_s32le_encoder;
extern AVCodec ff_pcm_s32le_decoder;
extern AVCodec ff_pcm_s64le_encoder;
extern AVCodec ff_pcm_s64le_decoder;
extern AVCodec ff_pcm_u8_encoder;
```

```
extern AVCodec ff_pcm_u8_decoder;

/* ADPCM codecs */
extern AVCodec ff_adpcm_ima_wav_encoder;
extern AVCodec ff_adpcm_ima_wav_decoder;
extern AVCodec ff_adpcm_ms_encoder;
extern AVCodec ff_adpcm_ms_decoder;

/* subtitles */
extern AVCodec ff_ssa_encoder;
extern AVCodec ff_ssa_decoder;
extern AVCodec ff_ass_encoder;
extern AVCodec ff_ass_decoder;
extern AVCodec ff_movtext_encoder;
extern AVCodec ff_movtext_decoder;
extern AVCodec ff_pgssub_decoder;
extern AVCodec ff_sami_decoder;
extern AVCodec ff_srt_encoder;
extern AVCodec ff_srt_decoder;
extern AVCodec ff_subrip_encoder;
extern AVCodec ff_subrip_decoder;
extern AVCodec ff_ttml_encoder;
extern AVCodec ff_webvtt_encoder;
extern AVCodec ff_webvtt_decoder;

/* external libraries */
extern AVCodec ff_aac_at_encoder;
extern AVCodec ff_aac_at_decoder;
extern AVCodec ff_ac3_at_decoder;
extern AVCodec ff_amr_nb_at_decoder;
extern AVCodec ff_eac3_at_decoder;
extern AVCodec ff_mp3_at_decoder;
extern AVCodec ff_libaom_av1_encoder;
extern AVCodec ff_libdav1d_decoder;
extern AVCodec ff_libfdk_aac_encoder;
extern AVCodec ff_libfdk_aac_decoder;
extern AVCodec ff_libmp3lame_encoder;
extern AVCodec ff_libopencore_amrnb_decoder;
extern AVCodec ff_libopencore_amrwb_decoder;
extern AVCodec ff_libopus_encoder;
extern AVCodec ff_libopus_decoder;
extern AVCodec ff_libshine_encoder;
extern AVCodec ff_libspeex_encoder;
extern AVCodec ff_libspeex_decoder;
extern AVCodec ff_libvorbis_encoder;
extern AVCodec ff_libvorbis_decoder;
```

```
extern AVCodec ff_libvpx_vp8_encoder;
extern AVCodec ff_libvpx_vp8_decoder;
extern AVCodec ff_libvpx_vp9_encoder;
extern AVCodec ff_libvpx_vp9_decoder;
extern AVCodec ff_libwebp_encoder;
extern AVCodec ff_libx264_encoder;
extern AVCodec ff_libx265_encoder;

/* hwaccel hooks only, so prefer external decoders */
extern AVCodec ff_av1_decoder;
extern AVCodec ff_av1_cuvid_decoder;
extern AVCodec ff_av1_qsv_decoder;
extern AVCodec ff_libopenh264_encoder;
extern AVCodec ff_libopenh264_decoder;
extern AVCodec ff_h264_cuvid_decoder;
extern AVCodec ff_h264_nvenc_encoder;
extern AVCodec ff_h264_omx_encoder;
extern AVCodec ff_h264_qsv_encoder;
extern AVCodec ff_h264_v4l2m2m_encoder;
extern AVCodec ff_h264_vaapi_encoder;
extern AVCodec ff_h264_videotoolbox_encoder;
extern AVCodec ff_hevc_mediacodec_decoder;
extern AVCodec ff_hevc_nvenc_encoder;
extern AVCodec ff_hevc_qsv_encoder;
extern AVCodec ff_hevc_v4l2m2m_encoder;
extern AVCodec ff_hevc_vaapi_encoder;
extern AVCodec ff_hevc_videotoolbox_encoder;
extern AVCodec ff_mp3_mf_encoder;
extern AVCodec ff_mpeg4_cuvid_decoder;
extern AVCodec ff_mpeg4_mediacodec_decoder;
extern AVCodec ff_mpeg4_omx_encoder;
extern AVCodec ff_mpeg4_v4l2m2m_encoder;
extern AVCodec ff_vp9_cuvid_decoder;
extern AVCodec ff_vp9_mediacodec_decoder;
extern AVCodec ff_vp9_qsv_decoder;
extern AVCodec ff_vp9_vaapi_encoder;
extern AVCodec ff_vp9_qsv_encoder;
```

编解码器 id 是个枚举类型 AVCodecId,其定义位于 libavcodec/codec_id.h 头文件中,原文件中有几百个枚举项,笔者这里只列出一些重要的枚举项,代码如下:

```
//chapter3/3.6.help.txt
enum AVCodecID {
    AV_CODEC_ID_NONE,
```

```
    /* video codecs */
    AV_CODEC_ID_MPEG1VIDEO,
    AV_CODEC_ID_MPEG2VIDEO, //< preferred ID for MPEG-1/2 video decoding
    AV_CODEC_ID_MPEG4,
    AV_CODEC_ID_MSMPEG4V1,
    AV_CODEC_ID_MSMPEG4V2,
    AV_CODEC_ID_MSMPEG4V3,
    AV_CODEC_ID_WMV1,
    AV_CODEC_ID_WMV2,
    AV_CODEC_ID_FLV1,
    AV_CODEC_ID_H264,
    AV_CODEC_ID_PNG,
    AV_CODEC_ID_VC1,
    AV_CODEC_ID_WMV3,
    AV_CODEC_ID_AVS,
    AV_CODEC_ID_JPEG2000,
    AV_CODEC_ID_GIF,
    AV_CODEC_ID_VP8,
    AV_CODEC_ID_VP9,
    AV_CODEC_ID_HEVC,
#define AV_CODEC_ID_H265 AV_CODEC_ID_HEVC
    AV_CODEC_ID_VVC,
#define AV_CODEC_ID_H266 AV_CODEC_ID_VVC
    AV_CODEC_ID_AV1,

    /* various PCM "codecs" */
    AV_CODEC_ID_PCM_S16LE = 0x10000,
    AV_CODEC_ID_PCM_S16BE,
    AV_CODEC_ID_PCM_S8,
    AV_CODEC_ID_PCM_U8,
    AV_CODEC_ID_PCM_MULAW,
    AV_CODEC_ID_PCM_ALAW,
    AV_CODEC_ID_PCM_S32LE,
    AV_CODEC_ID_PCM_S24LE,
    AV_CODEC_ID_PCM_S24DAUD,
    AV_CODEC_ID_PCM_S16LE_PLANAR,
    AV_CODEC_ID_PCM_F32LE,
    AV_CODEC_ID_PCM_F64LE,
    AV_CODEC_ID_PCM_S8_PLANAR,
    AV_CODEC_ID_PCM_S24LE_PLANAR,
    AV_CODEC_ID_PCM_S32LE_PLANAR,
    AV_CODEC_ID_PCM_S64LE = 0x10800,
    AV_CODEC_ID_PCM_F16LE,
    AV_CODEC_ID_PCM_F24LE,
```

```
    /* various ADPCM codecs */
    AV_CODEC_ID_ADPCM_IMA_QT = 0x11000,
    AV_CODEC_ID_ADPCM_IMA_WAV,
    AV_CODEC_ID_ADPCM_MS,

    AV_CODEC_ID_ADPCM_AFC = 0x11800,
    AV_CODEC_ID_ADPCM_IMA_OKI,

    /* AMR */
    AV_CODEC_ID_AMR_NB = 0x12000,
    AV_CODEC_ID_AMR_WB,

    /* audio codecs */
    AV_CODEC_ID_MP2 = 0x15000,
    AV_CODEC_ID_MP3, //preferred ID for decoding MPEG audio layer 1, 2 or 3
    AV_CODEC_ID_AAC,
    AV_CODEC_ID_AC3,
    AV_CODEC_ID_VORBIS,
    AV_CODEC_ID_WMAV1,
    AV_CODEC_ID_WMAV2,
    AV_CODEC_ID_FLAC,
    AV_CODEC_ID_APE,
    AV_CODEC_ID_EAC3,
    AV_CODEC_ID_TRUEHD,
    AV_CODEC_ID_OPUS,

    /* subtitle codecs */
    AV_CODEC_ID_DVD_SUBTITLE = 0x17000,
    AV_CODEC_ID_DVB_SUBTITLE,
    AV_CODEC_ID_SSA,
    AV_CODEC_ID_MOV_TEXT,
    AV_CODEC_ID_SRT,

    AV_CODEC_ID_MICRODVD   = 0x17800,
    AV_CODEC_ID_SAMI,
    AV_CODEC_ID_SUBRIP,
    AV_CODEC_ID_WEBVTT,
    AV_CODEC_ID_ASS,
    AV_CODEC_ID_TTML,

    AV_CODEC_ID_TTF = 0x18000,
};
```

6）核心解码函数

FFmpeg 中提供了 avcodec_send_frame()和 avcodec_receive_packet()函数，这两个函

数用于编码，此外，avcodec_send_packet()和avcodec_receive_frame()函数用于解码。

查到了对应的编解码器之后，通过avcodec_open2()函数打开编解码器，然后就可以做真正的编解码工作了，例如解码包括几个相关的函数：avcodec_decode_video2()、avcodec_decode_audio4()、avcodec_send_packet()和avcodec_receive_frame()。

这些函数在FFmpeg的libavcodec模块中，旧版本提供了avcodec_decode_video2()作为视频解码函数，avcodec_decode_audio4()作为音频解码函数。在FFmpeg 3.1版本新增了avcodec_send_packet()与avcodec_receive_frame()作为音视频解码函数。后来，在3.4版本把avcodec_decode_video2()和avcodec_decode_audio4()标记为过时API，版本变更描述信息，代码如下：

```
//chapter3/3.6.help.txt
//FFmpeg 3.1
2016-04-21 - 7fc329e - lavc 57.37.100 - avcodec.h
Add a new audio/video encoding and decoding API with decoupled input
and output -- avcodec_send_packet(), avcodec_receive_frame(),
avcodec_send_frame() and avcodec_receive_packet().

//FFmpeg 3.4
2017-09-26 - b1cf151c4d - lavc 57.106.102 - avcodec.h
Deprecate AVCodecContext.refcounted_frames. This was useful for deprecated
API only (avcodec_decode_video2/avcodec_decode_audio4). The new decode APIs
(avcodec_send_packet/avcodec_receive_frame) always work with reference
counted frames.
```

视频解码接口avcodec_decode_video2和avcodec_decode_audio4音频解码在新版本中被标记为过时的(deprecated)，对两个接口进行了合并，使用统一的API。将音视频解码步骤分为以下两步。

(1) avcodec_send_packet()：发送编码数据包。

(2) avcodec_receive_frame()：接收解码后的数据。

avcodec_send_packet的函数原型，代码如下：

```
int avcodec_send_packet(AVCodecContext *avctx, const AVPacket *avpkt);
```

参数说明如下。

(1) AVCodecContext *avctx：视频解码的上下文信息，包含解码器。

(2) const AVPacket *avpkt：编码的音视频帧数据。

(3) 返回值：如果成功，则返回0，否则返回错误码(负数)。

通常情况下，在解码的最后环节，需要将空指针(NULL)传递给avpkt参数。例如平时看一些视频，播放时经常会少最后几帧，很多情况就是因为没有处理好缓冲帧的问题。FFmpeg内部会缓冲几帧，要想取出来就需要将空的AVPacket(NULL)传递进去。

avcodec_receive_frame 的函数原型,代码如下:

```
int avcodec_receive_frame(AVCodecContext *avctx, AVFrame *frame);
```

参数说明如下。

(1) AVCodecContext *avctx:视频解码的上下文,包含解码器。

(2) AVFrame *frame:解码后的音视频帧数据。

(3) 返回值:如果成功,则返回 0,否则返回错误码(负数)。

需要注意的是,解码后的图像空间由函数内部申请,程序员只需分配 AVFrame 对象空间。如果每次调用 avcodec_receive_frame()函数都传递同一个对象,则接口内部会判断空间是否已经分配,如果没有分配,则会在函数内部为图片分配内存空间。

avcodec_send_packet()和 avcodec_receive_frame()的函数调用关系并不一定是一对一的,例如一些音频数据的一个 AVPacket 中包含了 1s 的音频,调用一次 avcodec_send_packet()函数之后,可能需要调用 25 次 avcodec_receive_frame()函数才能获取全部的解码音频数据,所以要做如下处理,伪代码如下:

```
//chapter3/3.6.help.txt
int ret = avcodec_send_packet(codec, pkt);
if (ret != 0)
{
    return;
}

while( avcodec_receive_frame(codec, frame) == 0)
{
    //读取一帧音频或者视频
    //处理解码后的音视频 frame
}
```

avcodec_send_packet()和 avcodec_receive_frame()函数的声明位于 libavcodec/avcodec.h 文件中,函数声明的代码如下:

```
//chapter3/3.6.help.txt
/**
 * Supply raw packet data as input to a decoder.
 * 给解码器提供原始的音视频包
 * @param avctx codec context :编解码器上下文
 * @param[in] avpkt The input AVPacket. Usually, this will be a single video
 *                  frame, or several complete audio frames.
 * 音视频包,通常是一个完整的视频帧或几个完整的音频帧
 * @return 0 on success, otherwise negative error code:
 * 如果成功,则返回 0,否则返回负数(代表错误码)
```

```
 *       AVERROR(EAGAIN):   input is not accepted in the current state - user
 *                          must read output with avcodec_receive_frame()
 *       AVERROR_EOF:       the decoder has been flushed, and no new packets
 *       AVERROR(EINVAL):   codec not opened, it is an encoder, or requires flush
 *       AVERROR(ENOMEM):   failed to add packet to internal queue, or similar
 */
int avcodec_send_packet(AVCodecContext *avctx, const AVPacket *avpkt);


/**
 * Return decoded output data from a decoder.
 * 返回解码后的音视频裸数据,例如 YUV 或 PCM
 * @param avctx codec context :编解码器上下文
 * @param frame This will be set to a reference-counted video or audio
 *              frame (depending on the decoder type) allocated by the
 *              decoder. Note that the function will always call
 *              av_frame_unref(frame) before doing anything else.
 * 注意:这个函数在做任何工作之前,总是调用 av_frame_unref()函数
 * @return
 *       0: success, a frame was returned:返回 0 表示成功
 *       AVERROR(EAGAIN):   output is not available in this state
 *       AVERROR_EOF:       the decoder has been fully flushed
 *       AVERROR(EINVAL):   codec not opened, or it is an encoder
 *       AVERROR_INPUT_CHANGED: current decoded frame has changed parameters
 */
int avcodec_receive_frame(AVCodecContext *avctx, AVFrame *frame);
```

由描述可知，avcodec_send_packet()函数负责把 AVpacket 数据包发送给解码器，avcodec_receive_frame()函数则从解码器取出 AVFrame 数据。如果返回 0，则代表解码成功；如果返回 EAGAIN，则代表当前状态无可输出的数据；如果返回 EOF，则代表到达文件流结尾；如果返回 INVAL，则代表解码器未打开或者当前打开的是编码器；如果返回 INPUT_CHANGED，则代表输入参数发生变化，例如 width 和 height 改变了。avcodec_send_packet()和 avcodec_receive_frame()函数的解码流程如图 3-21 所示。

avcodec_send_packet()函数位于 libavcodec/decode.c 文件中，具体的代码如下：

```
//chapter3/3.6.help.txt
int avcodec_send_packet(AVCodecContext *avctx, const AVPacket *avpkt)
{
    AVCodecInternal *avci = avctx->internal;
    int ret;
    //判断解码器是否打开,是否为解码器
    if (!avcodec_is_open(avctx) || !av_codec_is_decoder(avctx->codec))
        return AVERROR(EINVAL);
    if (avctx->internal->draining)
```

```
        return AVERROR_EOF;
    if (avpkt && !avpkt->size && avpkt->data)
        return AVERROR(EINVAL);

    av_packet_unref(avci->buffer_pkt);                          //先解除包引用
    if (avpkt && (avpkt->data || avpkt->side_data_elems)) {     //判断非空
        ret = av_packet_ref(avci->buffer_pkt, avpkt);           //增加包引用
        if (ret < 0)
            return ret;
    }
    //则 packet 发送到 bitstream 滤波器
    ret = av_bsf_send_packet(avci->bsf, avci->buffer_pkt);
    if (ret < 0) {//如果失败了,则解除包引用
        av_packet_unref(avci->buffer_pkt);
        return ret;
    }
    if (!avci->buffer_frame->buf[0]) {//调用 decode_receive_frame_internal
        ret = decode_receive_frame_internal(avctx, avci->buffer_frame);
        if (ret < 0 && ret != AVERROR(EAGAIN) && ret != AVERROR_EOF)
            return ret;
    }

    return 0;
}
```

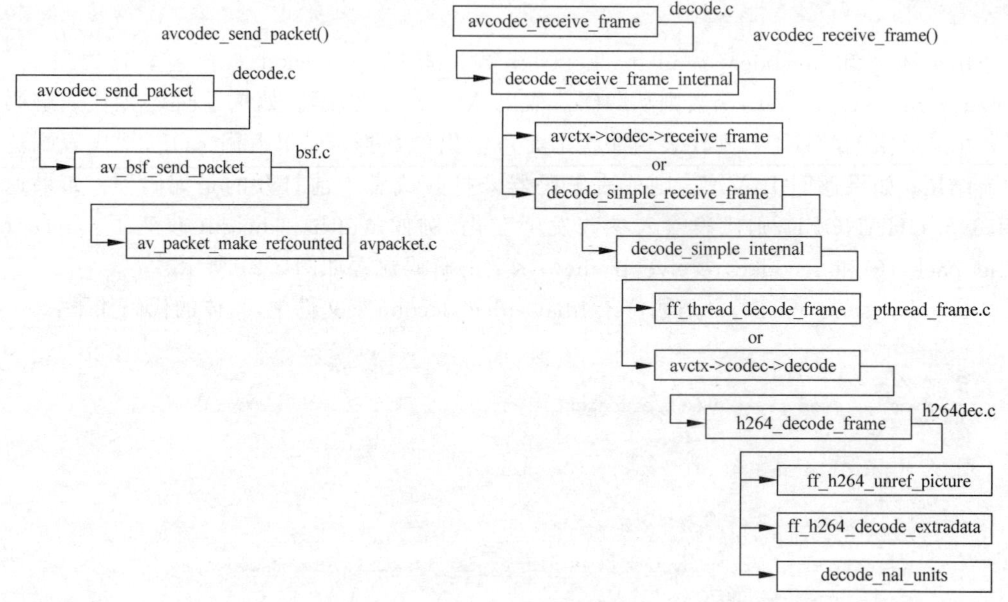

图 3-21 avcodec_send_packet()和 avcodec_receive_frame()函数

可以看到，在该函数内部调用 av_bsf_send_packet()函数把 packet 发送给 bitstream 滤波器，代码位于 libavcodec/bsf.c 文件中，具体的代码如下：

```
//chapter3/3.6.help.txt
int av_bsf_send_packet(AVBSFContext *ctx, AVPacket *pkt)
{
    AVBSFInternal *bsfi = ctx->internal;
    int ret;

    if (!pkt || IS_EMPTY(pkt)) {
        bsfi->eof = 1;
        return 0;
    }
    if (bsfi->eof) {
        return AVERROR(EINVAL);
    }
    if (!IS_EMPTY(bsfi->buffer_pkt))
        return AVERROR(EAGAIN);
    //申请 AVPacket 内存,并复制数据
    ret = av_packet_make_refcounted(pkt);
    if (ret < 0)
        return ret;
    //把 pkt 指针赋值给 bsfi->buffer_pkt
    av_packet_move_ref(bsfi->buffer_pkt, pkt);

    return 0;
}
```

可以看到，av_bsf_send_packet()函数内部调用 av_packet_make_refcounted()来申请 AVPacket 内存，并复制数据，然后调用 av_packet_move_ref()函数把 pkt 指针赋值给 bsfi->buffer_pkt。

avcodec_receive_frame()函数位于 libavcodec/decode.c 文件中，主要调用内部函数 decode_receive_frame_internal()实现解码，具体的代码如下：

```
//chapter3/3.6.help.txt
int avcodec_receive_frame(AVCodecContext *avctx, AVFrame *frame)
{
    AVCodecInternal *avci = avctx->internal;
    int ret, changed;

    av_frame_unref(frame);
    //判断解码器是否打开,是否为解码器
    if (!avcodec_is_open(avctx) || !av_codec_is_decoder(avctx->codec))
        return AVERROR(EINVAL);
```

```
    if (avci->buffer_frame->buf[0]) {
        av_frame_move_ref(frame, avci->buffer_frame);
    } else {
        ret = decode_receive_frame_internal(avctx, frame);
        if (ret < 0)
            return ret;
    }
    if (avctx->codec_type == AVMEDIA_TYPE_VIDEO) {
        ret = apply_cropping(avctx, frame);
        if (ret < 0) {
            av_frame_unref(frame);
            return ret;
        }
    }

    ...

    return 0;
}
```

decode_receive_frame_internal()函数用于判断是否支持 avctx－＞codec－＞receive_frame，如果支持就调用 avctx－＞codec－＞receive_frame()函数进行解码，否则调用 decode_simple_receive_frame()函数进行解码，具体的代码如下：

```
//chapter3/3.6.help.txt
static int decode_receive_frame_internal(AVCodecContext *avctx, AVFrame *frame)
{
    AVCodecInternal *avci = avctx->internal;
    int ret;

    if (avctx->codec->receive_frame) {
        ret = avctx->codec->receive_frame(avctx, frame);
        if (ret != AVERROR(EAGAIN))
            av_packet_unref(avci->last_pkt_props);
    } else {
        ret = decode_simple_receive_frame(avctx, frame);
    }
    ...

    /* free the per-frame decode data */
    av_buffer_unref(&frame->private_ref);
    return ret;
}
```

decode_simple_receive_frame()函数又调用 decode_simple_internal()内部函数进行解

码，代码如下：

```
//chapter3/3.6.help.txt
static int decode_simple_receive_frame(AVCodecContext * avctx, AVFrame * frame)
{
    int ret;
    int64_t discarded_samples = 0;

    while (!frame->buf[0]) {
        if (discarded_samples > avctx->max_samples)
            return AVERROR(EAGAIN);
        ret = decode_simple_internal(avctx, frame, &discarded_samples);
        if (ret < 0)
            return ret;
    }

    return 0;
}
```

可以看出，decode_simple_internal()函数是解码器的核心函数。在真实应用场景中，需要循环调用 avcodec_receive_frame()函数，直到返回 EAGAIN。通过判断是否需要特定线程进行解码，如果需要就调用 ff_thread_decode_frame()函数，否则调用 avctx->codec->decode 指向的解码函数，具体的代码如下：

```
//chapter3/3.6.help.txt
/*
 * The core of the receive_frame_wrapper for the decoders implementing
 * the simple API. 解码器的核心解码函数
 * Certain decoders might consume partial packets without
 * returning any output, so this function needs to be called in a loop until it 有可能没有任何输
出的情况下，已经消费了一些输入的音视频包，所以需要循环调用该函数
 * returns EAGAIN.
 **/
static inline int decode_simple_internal(AVCodecContext * avctx,
                                         AVFrame * frame,
                                         int64_t * discarded_samples)
{
    AVCodecInternal    * avci = avctx->internal;
    DecodeSimpleContext * ds = &avci->ds;
    AVPacket           * pkt = ds->in_pkt;
    int got_frame, actual_got_frame;
    int ret;

    if (!pkt->data && !avci->draining) {//判断包非空
        av_packet_unref(pkt);
```

```
        ret = ff_decode_get_packet(avctx, pkt);
        if (ret < 0 && ret != AVERROR_EOF)
            return ret;
    }
    if (avci->draining_done)
        return AVERROR_EOF;

    if (!pkt->data &&
        !(avctx->codec->capabilities & AV_CODEC_CAP_DELAY ||
          avctx->active_thread_type & FF_THREAD_FRAME))
        return AVERROR_EOF;

    got_frame = 0;

    //判断是否需要特定线程进行解码
    if (HAVE_THREADS && avctx->active_thread_type & FF_THREAD_FRAME) {
        ret = ff_thread_decode_frame(avctx, frame, &got_frame, pkt);
    } else {
        ret = avctx->codec->decode(avctx, frame, &got_frame, pkt);

        ...
    }

    ...

    return ret < 0 ? ret : 0;
}
```

7）核心编码函数

在 FFmpeg 中，avcodec_send_frame()和 avcodec_receive_packet()函数用于编码，函数原型如下(详见注释信息)：

```
//chapter3/3.6.help.txt
//int avcodec_send_frame(AVCodecContext *avctx, const AVFrame *frame);
//int avcodec_receive_packet(AVCodecContext *avctx, AVPacket *avpkt);

/**
 * Supply a raw video or audio frame to the encoder. Use avcodec_receive_packet()  to retrieve
buffered output packets.
 * 向编码器提供原始视频或音频帧.使用avcodec_receive_packet()检索缓冲输出数据包
 * @param avctx      codec context:编解码器上下文参数
 * @param[in] frame AVFrame containing the raw audio or video frame to be encoded. 原始音频或
视频帧:AVFrame
 *                  Ownership of the frame remains with the caller, and the
 *                  encoder will not write to the frame. The encoder may create
```

```
*                     a reference to the frame data (or copy it if the frame is
*                     not reference - counted).
*                     It can be NULL, in which case it is considered a flush
*                     packet.  This signals the end of the stream. If the encoder
*                     still has packets buffered, it will return them after this
*                     call. Once flushing mode has been entered, additional flush
*                     packets are ignored, and sending frames will return
*                     AVERROR_EOF.
帧的所有权仍然属于调用方,并且编码器不会写入帧.编码器可能会创建对帧数据的引用(如果帧未
计算引用).它可以为 NULL,在这种情况下,它被视为"刷新数据包".这标志着流的结束.如果编码器
仍有缓冲的数据包,则它将在此之后返回它们.一旦进入冲洗模式,额外冲洗数据包被忽略,发送帧
将返回 AVERROR_EOF.
*
*                     For audio:
*                     If AV_CODEC_CAP_VARIABLE_FRAME_SIZE is set, then each frame
*                     can have any number of samples.
* 如果设置了 AV_CODEC_CAP_VARIABLE_FRAME_SIZE,则每个帧可以有任意数量的样本
*                     If it is not set, frame -> nb_samples must be equal to
*                     avctx -> frame_size for all frames except the last.
* 如果未设置,frame -> nb_samples 必须等于 avctx -> frame 除最后一帧外的所有帧的大小
*                     The final frame may be smaller than avctx -> frame_size.
* 最终帧可能小于 avctx -> frame_size
* @return 0 on success, otherwise negative error code:
* 如果成功,则返回 0,否则返回错误码(负数)
*       AVERROR(EAGAIN):   input is not accepted in the current state - user
*                          must read output with avcodec_receive_packet() (once
*                          all output is read, the packet should be resent, and
*                          the call will not fail with EAGAIN).
* 当前状态下不接收输入 -- 用户必须使用 avcodec_receive_packet()读取输出
* (一旦读取所有输出,应重新发送数据包,并且在使用 EAGAIN 时,就不会失败)
*       AVERROR_EOF:       the encoder has been flushed, and no new frames can
*          be sent to it.编码器已刷新,不可以给它再发送新帧
*       AVERROR(EINVAL):   codec not opened, it is a decoder, or requires flush
                                 编解码器未打开,它是解码器,或需要刷新
*       AVERROR(ENOMEM):   failed to add packet to internal queue, or similar
*       other errors: legitimate encoding errors
* 无法将数据包添加到内部队列,或类似操作的其他错误:合法编码错误
*/
int avcodec_send_frame(AVCodecContext * avctx, const AVFrame * frame);

/**
* Read encoded data from the encoder.
* 从编码器读取编码数据
* @param avctx codec context :编解码器上下文信息
* @param avpkt This will be set to a reference - counted packet allocated by the encoder. Note
that the function will always call
```

```
*               av_packet_unref(avpkt) before doing anything else.
* 这将被设置为编码器分配的参考计数数据包.
* 需要注意,该函数将始终调用 av_packet_unref(avpkt),然后执行其他操作
* @return 0 on success, otherwise negative error code:
* 如果成功,则返回 0, 否则返回错误码(负数)
*       AVERROR(EAGAIN):   output is not available in the current state - user
*             must try to send input.输出在当前状态下不可用,用户必须尝试再次输入
*       AVERROR_EOF:        the encoder has been fully flushed, and there will be   no more
output packets :编码器已完全刷新,将不再有输出数据包
*       AVERROR(EINVAL):   codec not opened, or it is a decoder
*       other errors: legitimate encoding errors
*/
int avcodec_receive_packet(AVCodecContext *avctx, AVPacket *avpkt);
```

对于编码,需要调用 avcodec_send_frame()函数为编码器提供包含未压缩音频或视频的 AVFrame。avcodec_send_frame() 函数负责将未压缩的 AVFrame 音视频数据传给编码器。成功后,它将返回一个带有压缩帧的 AVPacket。重复此调用,直到返回 AVERROR(EAGAIN)或错误。AVERROR(EAGAIN)返回值意味着需要新的输入数据才能返回新的输出。在这种情况下,继续发送输入。对于每个输入帧/数据包,编解码器通常会返回 1 个输出帧/数据包,但也可以是 0 或大于 1。avcodec_receive_packet()函数负责返回保存在 AVPacket 中的压缩数据,即编码数据。

FFmpeg 的音视频编码的函数执行流程如图 3-22 所示。

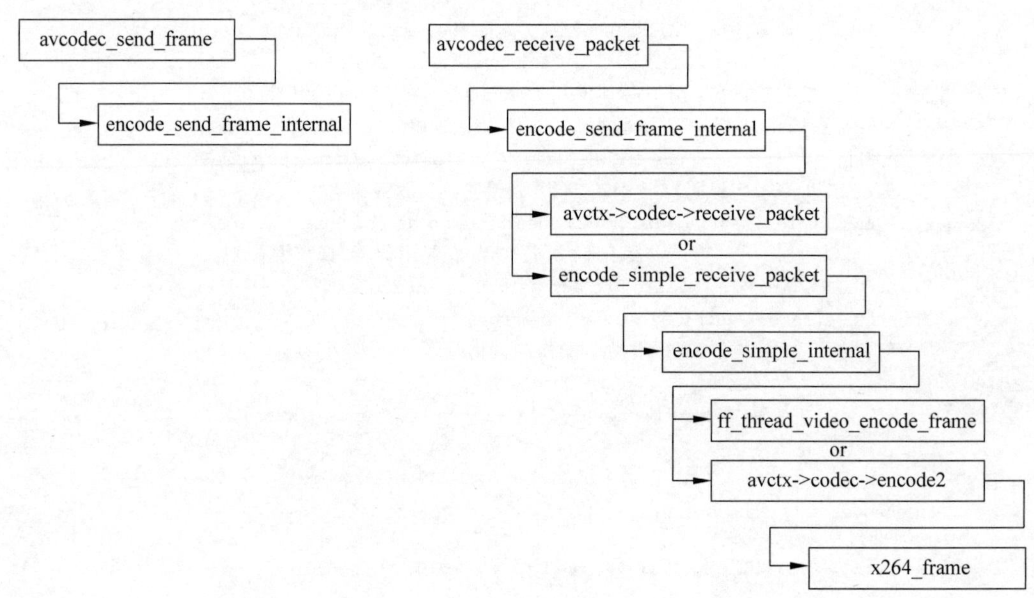

图 3-22　avcodec_send_frame()和 avcodec_receive_packet()函数

avcodec_send_frame()函数位于 libavcodec/encode.c 文件中，首先判断编码器有没打开及是否为编码器类型，然后调用 internal 函数执行具体操作，代码如下：

```
//chapter3/3.6.help.txt
int avcodec_send_frame(AVCodecContext *avctx, const AVFrame *frame)
{
    AVCodecInternal *avci = avctx->internal;
    int ret;
    //判断编码器有没有打开,是否为编码器
    if (!avcodec_is_open(avctx) || !av_codec_is_encoder(avctx->codec))
        return AVERROR(EINVAL);
    if (avci->draining)
        return AVERROR_EOF;
    if (avci->buffer_frame->data[0])
        return AVERROR(EAGAIN);
    if (!frame) {
        avci->draining = 1;
    } else {
        ret = encode_send_frame_internal(avctx, frame);
        if (ret < 0)
            return ret;
    }

    if (!avci->buffer_pkt->data && !avci->buffer_pkt->side_data) {
        ret = encode_receive_packet_internal(avctx, avci->buffer_pkt);
        if (ret < 0 && ret != AVERROR(EAGAIN) && ret != AVERROR_EOF)
            return ret;
    }

    return 0;
}
```

avcodec_receive_packet()函数首先判断编码器是否打开及是否为编码器类型，然后调用 encode_receive_packet_internal()函数执行具体操作，代码如下：

```
//chapter3/3.6.help.txt
int avcodec_receive_packet(AVCodecContext *avctx, AVPacket *avpkt)
{
    AVCodecInternal *avci = avctx->internal;
    int ret;
    av_packet_unref(avpkt);
    //判断编码器是否打开,是否为编码器
    if (!avcodec_is_open(avctx) || !av_codec_is_encoder(avctx->codec))
        return AVERROR(EINVAL);
```

```
    if (avci->buffer_pkt->data || avci->buffer_pkt->side_data) {
        av_packet_move_ref(avpkt, avci->buffer_pkt);
    } else {
        ret = encode_receive_packet_internal(avctx, avpkt);
        if (ret < 0)
            return ret;
    }

    return 0;
}
```

encode_receive_packet_internal()函数首先检测视频的宽和高、像素格式，然后判断使用 receive_packet 还是 encode_simple_receive_packet 执行编码操作。encode_simple_receive_packet()函数比较简单，主要调用 encode_simple_internal()函数。encode_simple_internal()函数首先判断 frame，如果 frame 为空，则调用 ff_encode_get_frame()取出一帧未压缩的数据，然后判断使用 ff_thread_video_encode_frame 还是 avctx—> codec—> encode2 执行真正的编码操作。最终会调用相应的编码器(libx264、libmp3lame)来执行真正的编码工作，例如 libx264 编码一帧图像会调用 X264_frame()函数。

由于 avcodec_encode_video2()函数已经过时，所以内部提供了 compat_encode()函数兼容旧版本，具体的代码如下：

```
//chapter3/3.6.help.txt
int avcodec_encode_video2(AVCodecContext *avctx,
                          AVPacket *avpkt,
                          const AVFrame *frame,
                          int *got_packet_ptr)
{
    int ret = compat_encode(avctx, avpkt, got_packet_ptr, frame);

    if (ret < 0)
        av_packet_unref(avpkt);

    return ret;
}
```

而 compat_encode()函数内部其实调用了 avcodec_send_frame()和 avcodec_receive_packet()这两个函数进行编码，具体代码如下：

```
//chapter3/3.6.help.txt
static int compat_encode(AVCodecContext *avctx, AVPacket *avpkt,
                         int *got_packet, const AVFrame *frame)
{
    AVCodecInternal *avci = avctx->internal;
```

```
    AVPacket user_pkt;
    int ret;
    * got_packet = 0;
    //检测视频的 pixel_format、width、height
    if (frame && avctx->codec->type == AVMEDIA_TYPE_VIDEO) {
        if (frame->format == AV_PIX_FMT_NONE)
            av_log(avctx, AV_LOG_WARNING, "format is not set\n");
        if (frame->width == 0 || frame->height == 0)
            av_log(avctx, AV_LOG_WARNING, "width or height is not set\n");
    }
    //调用 avcodec_send_frame()发送 frame
    ret = avcodec_send_frame(avctx, frame);
    if (ret == AVERROR_EOF)
        ret = 0;
    else if (ret == AVERROR(EAGAIN)) {
        return AVERROR_Bug;
    } else if (ret < 0)
        return ret;

    av_packet_move_ref(&user_pkt, avpkt);
    while (ret >= 0) {
        //调用 avcodec_receive_packet()接收 packet
        ret = avcodec_receive_packet(avctx, avpkt);
        if (ret < 0) {
            if (ret == AVERROR(EAGAIN) || ret == AVERROR_EOF)
                ret = 0;
            goto finish;
        }
        ...
    }

finish:
    if (ret < 0)
        av_packet_unref(&user_pkt);

    return ret;
}
```

和 avcodec_encode_video2()函数一样，avcodec_encode_audio2()函数已经过时，内部也提供了 compat_encode()函数兼容旧版本，具体的代码如下：

```
//chapter3/3.6.help.txt
int avcodec_encode_audio2(AVCodecContext * avctx,
                                              AVPacket * avpkt,
                                              const AVFrame * frame,
```

```
                                        int * got_packet_ptr)
{
    int ret = compat_encode(avctx, avpkt, got_packet_ptr, frame);

    if (ret < 0)
        av_packet_unref(avpkt);

    return ret;
}
```

4. 内存分配相关函数

内存操作的常见函数位于 libavutil\mem.c 文件中，FFmpeg 开发中最常使用的几个内存操作函数包括 av_malloc()、av_realloc()、av_mallocz()、av_calloc()、av_free()和 av_freep()等。

1）av_malloc()函数

av_malloc()是 libavutil 模块中的函数，用于给对象分配内存块，并且是内存对齐的，该函数声明的代码如下：

```
//chapter3/3.6.help.txt
/**
 * Allocate a memory block with alignment suitable for all memory accesses
 * (including vectors if available on the CPU).以内存对齐方式分配内存
 * @param size Size in Bytes for the memory block to be allocated
 * @return Pointer to the allocated block, or `NULL` if the block cannot
 *          be allocated
 * @see av_mallocz()
 */
void * av_malloc(size_t size) av_malloc_attrib av_alloc_size(1);
```

该函数用于分配一个适合所有内存访问的对齐方式的内存块(包括向量，如果在 CPU 上可用)。参数 size 表示要分配的内存块的大小(以字节为单位)。如果成功，则返回指向已分配块的指针，否则返回 NULL。

av_malloc_attrib 是一个宏定义，如果是在编译器 GCC 3.1 及以上版本的情况下，则需给方法 av_malloc 增加属性__attribute__((malloc))，该属性用于指示编译器按照 malloc 函数来对待，并且可以对其实施相应的优化措施，该宏的代码如下：

```
//chapter3/3.6.help.txt
  //@def av_malloc_attrib
  //函数属性表示类似 malloc 的函数
/**
 * @def av_malloc_attrib
```

```
 * Function attribute denoting a malloc - like function.
 */
#if AV_GCC_VERSION_AT_LEAST(3,1)
    #define av_malloc_attrib __attribute__((__malloc__))
#else
    #define av_malloc_attrib
#endif
```

av_alloc_size(1)也是一个宏定义，如果是在编译器 GCC 4.3 及以上版本的情况下，则需给函数增加一个属性__attribute__((alloc_size(1)))，告知编译器 av_malloc(size_t size)函数的第 1 个参数，即 size 是要分配的空间大小。

av_malloc()是 FFmpeg 中最常见的内存分配函数，它的定义代码如下：

```
//chapter3/3.6.help.txt
void *av_malloc(size_t size)
{
    void *ptr = NULL;

    /* let's disallow possibly ambiguous cases:禁止有歧义的情况 */
    if (size > (max_alloc_size - 32))
        return NULL;

#if HAVE_POSIX_MEMALIGN //处理内存对齐
    if (size) //OS X on SDK 10.6 has a broken posix_memalign implementation
    if (posix_memalign(&ptr, ALIGN, size))
        ptr = NULL;
#elif HAVE_ALIGNED_MALLOC
    ptr = _aligned_malloc(size, ALIGN);
#elif HAVE_MEMALIGN
#ifndef __DJGPP__
    ptr = memalign(ALIGN, size);
#else
    ptr = memalign(size, ALIGN);
#endif

#else
    ptr = malloc(size);
#endif
    if(!ptr && !size) {
        size = 1;
        ptr= av_malloc(1);
    }
#if CONFIG_MEMORY_POISONING
    if (ptr)
```

```
        memset(ptr, FF_MEMORY_POISON, size);
#endif
    return ptr;
}
```

可以看到,av_malloc()简单地封装了系统函数 malloc(),并做了一些错误检查工作,以内存对齐的方式调用 memalign()或 malloc()函数来分配指定大小的内存块。

2）malloc()函数

malloc()函数用来动态地分配内存空间(C 语言动态内存分配及变量存储类别),其函数原型如下:

```
void * malloc (size_t size);
```

参数 size 为需要分配的内存空间的大小,以字节(Byte)为单位。如果分配成功,则返回指向该内存的地址,否则返回 NULL。

该函数在堆区分配一块指定大小的内存空间,用来存放数据。这块内存空间在函数执行完成后不会被初始化,它们的值是未知的。如果希望在分配内存的同时进行初始化,则可以使用 calloc()函数。由于申请内存空间时可能会失败,所以需要自行判断是否申请成功,再进行后续操作。如果 size 的值为 0,则返回值会因标准库实现的不同而不同,可能是 NULL,也可能不是,但返回的指针不应该再次被引用。

size_t 这种类型在 FFmpeg 中多次出现,简单解释一下其作用。size_t 是为了增强程序的可移植性而定义的。在不同的系统上,定义 size_t 可能不一样。它实际上是 unsigned int。

注意:malloc()函数的返回值类型是 void *,void 并不是说没有返回值或者返回空指针,而是返回的指针类型未知,所以在使用 malloc() 时通常需要进行强制类型转换,将 void 指针转换成具体的类型,例如 char * ptr = (char *)malloc(10)。

下面列举一个动态内存分配的案例,代码如下:

```
//chapter3/3.6.help.txt
#include <stdio.h>  /* printf, scanf, NULL */
#include <stdlib.h>  /* malloc, free, rand, system */
int main ()
{
    int i,n;
    char * buffer;
    printf ("输入字符串的长度:");
    scanf ("%d", &i);
```

```
    buffer = (char * )malloc(i + 1);          //字符串最后包含 \0
    if(buffer == NULL) exit(1);               //判断是否分配成功
    //随机生成字符串
    for(n = 0; n < i; n++)
        buffer[n] = rand() % 26 + 'a';
    buffer[i] = '\0';
    printf ("随机生成的字符串为 % s\n",buffer);
    free(buffer);                             //释放内存空间
    system("pause");
    return 0;
}
```

该程序会生成一个指定长度的字符串，并用随机生成的字符填充。字符串的长度受限于可用内存的长度。

可能的运行结果如下：

```
输入字符串的长度:20
随机生成的字符串为 pcqdhueeaxlnlf23firc
```

3）内存对齐简介

posix_memalign()函数在大多数情况下，编译器和C库会自动处理对齐问题。POSIX标明了通过malloc( )、calloc( )和 realloc( ) 返回的地址对于任何的C类型来讲都是对齐的。在 Linux 系统中，这些函数返回的地址在 32 位系统是以 8 字节为边界对齐的，在 64 位系统是以 16 字节为边界对齐的。有时，对于更大的边界，例如页面，程序员需要动态地对齐。虽然动机是多种多样的，但最常见的是 I/O 缓存的对齐或者其他的软件对硬件的交互，因此，POSIX 1003.1d 提供了一个叫作 posix_memalign( )的函数。

下面用一个例子来解释内存对齐，看下面的小程序，理论上，32 位系统下，int 占 4 字节，char 占 1 字节，那么将它们放到一个结构体中应该占 4+1=5 字节，但是实际上，通过运行程序得到的结果是 8 字节，这就是由内存对齐所导致的，代码如下：

```
//chapter3/3.6.help.txt
//32 位系统
#include <stdio.h>
struct{
    int x;
    char y;
} s;
int main()
{
    printf(" % d\n", sizeof(s)),; //输出 8
    return 0;
}
```

现代计算机中内存空间都是按照字节(Byte)划分的,从理论上讲似乎对任何类型的变量的访问都可以从任何地址开始,但是实际的计算机系统对基本类型数据在内存中存放的位置有限制,它们会要求这些数据的首地址的值是某个数 k(通常它为 4 或 8)的倍数,这就是所谓的内存对齐。

尽管内存是以字节为单位的,但是大部分处理器并不是按字节块来存取内存的。它一般会以双字节、4 字节、8 字节、16 字节甚至 32 字节为单位来存取内存,将上述这些存取单位称为内存存取粒度。

现在考虑 4 字节存取粒度的处理器取 int 类型变量(32 位系统),该处理器只能从地址为 4 的倍数的内存开始读取数据。

(1) 平台原因(移植原因):不是所有的硬件平台都能访问任意地址上的任意数据的;某些硬件平台只能在某些地址处取某些特定类型的数据,否则会抛出硬件异常。

(2) 性能原因:数据结构(尤其是栈)应该尽可能地在自然边界上对齐。原因在于,为了访问未对齐的内存,处理器需要进行两次内存访问,而对齐的内存访问仅需要一次访问。

假如没有内存对齐机制,数据可以任意存放,现在一个 int 变量存放在从地址 1 开始的连续 4 字节地址中,该处理器去取数据时,要先从 0 地址开始读取第 1 个 4 字节块,剔除不想要的字节(0 地址),然后从地址 4 开始读取下一个 4 字节块,同样剔除不要的数据(5、6、7 地址),最后留下的两块数据合并放入寄存器。这需要做很多工作。

现在有了内存对齐,int 类型数据只能存放在按照对齐规则的内存中,例如 0 地址开始的内存。那么现在该处理器在取数据时一次性就能将数据读出来了,而且不需要做额外的操作,从而提高了效率。

内存对齐规则如下。

(1) 基本类型的对齐值就是其 sizeof 值。

(2) 结构体的对齐值就是其成员的最大对齐值。

(3) 编译器可以设置一个最大对齐值,类型的实际对齐值是该类型的对齐值与默认对齐值取最小值得来。

4) av_mallocz()函数

av_mallocz()函数可以理解为 av_malloc()+ZeroMemory,函数声明的代码如下:

```
//chapter3/3.6.help.txt
/* 分配一个适合所有内存访问的对齐方式的内存块
  *(包括向量,如果在 CPU 上可用)并将所有字节归零.
  * @param size 要分配的内存块的大小(以字节为单位)
  * @return 指向已分配块的指针,如果无法分配,则为`NULL`
  * @参见 av_malloc()
*/
/**
* Allocate a memory block with alignment suitable for all memory accesses
* (including vectors if available on the CPU) and zero all the Bytes of the
```

```
 * block.
 *
 * @param size Size in Bytes for the memory block to be allocated
 * @return Pointer to the allocated block, or `NULL` if it cannot be allocated
 * @see av_malloc()
 */
void *av_mallocz(size_t size) av_malloc_attrib av_alloc_size(1);
```

从源代码可以看出 av_mallocz()中调用了 av_malloc()之后，又调用 memset()将分配的内存设置为 0，代码如下：

```
//chapter3/3.6.help.txt
void *av_mallocz(size_t size)
{
    void *ptr = av_malloc(size);            //使用 av_malloc 分配内存
    if (ptr)
        memset(ptr, 0, size);               //将分配的内存的所有字节置为 0
    return ptr;
}
```

memset()函数用来初始化内存，函数声明的代码如下：

```
//头文件：#include<string.h>
void *memset(void *str, int c, size_t n)
```

该函数的功能是将字符 c(一个无符号字符)复制到参数 str 所指向的字符串的前 n 个字符。它是在一段内存块中填充某个给定的值，是对较大的结构体或数组进行清零操作的一种非常快的方法。

函数非常简单，只用于初始化，但是需要注意的是 memset 赋值时是按字节赋值的，是将参数化成二进制之后填入一字节。例如想通过 memset(a,100,sizeof a)给 int 类型的数组赋值，给第 1 字节的是 100，转换成二进制就是 0110 0100，而 int 有 4 字节，也就是说，一个 int 被赋值为 0110 0100,0110 0100,0110 0100,0110 0100，对应的十进制是 1 684 300 900，根本不是想要赋的值 100。

memset 赋值时可以是任何值，例如任意字符都是可以的，初始化成 0 是最常用的。int 类型一般赋值 0 或－1，其他的值都不行。

总之，为地址 str 开始的 n 字节赋值 c，注意：是逐字节赋值，str 开始的 n 字节中的每字节都赋值为 c。

(1) 若 str 指向 char 型地址，则 value 可为任意字符值。

(2) 若 str 指向非 char 型，如 int 型地址，要想赋值正确，value 的值只能是－1 或 0，因为－1 和 0 转化成二进制后每位都是一样的，假如 int 型占 4 字节，则－1＝0XFFFFFFFF，0＝0X00000000。

例如给数组 A 赋值－1，代码如下：

```
int A[2];
memset(A, -1, sizeof A);
```

5）av_calloc()函数

av_calloc()函数简单封装了 av_mallocz()，函数定义的代码如下：

```
//chapter3/3.6.help.txt
void *av_calloc(size_t nmemb, size_t size)
{
    if (size <= 0 || nmemb >= INT_MAX / size)
        return NULL;
    return av_mallocz(nmemb * size);
}
```

可以看出，它调用 av_mallocz()函数分配了 nmemb * size 字节的内存（*代表乘）。

6）av_free()函数

av_free()用于释放申请的内存，它的定义代码如下：

```
//chapter3/3.6.help.txt
void av_free(void *ptr)
{
#if CONFIG_MEMALIGN_HACK
    if (ptr) {
        int v = ((char *)ptr)[-1];
        av_assert0(v > 0 && v <= ALIGN);
        free((char *)ptr - v);
    }
#elif HAVE_ALIGNED_MALLOC
    _aligned_free(ptr);
#else
    free(ptr);
#endif
}
```

默认情况下（CONFIG_MEMALIGN_HACK 这些宏使用的默认值为 0）的代码如下：

```
//chapter3/3.6.help.txt
void av_free(void *ptr)
{
    free(ptr);
}
```

可以看出，av_free()只是简单地封装了 free()函数。

7）av_freep()函数

av_freep()函数封装了 av_free()函数，并且在释放内存之后将目标指针设置为 NULL，函数的定义代码如下：

```
//chapter3/3.6.help.txt
void av_freep(void * arg)
{
    void ** ptr = (void ** )arg;
    av_free( * ptr);
    * ptr = NULL;
}
```

3.7 Ubuntu 下编译并运行解封装案例

在“3.1 FFmpeg 的读者入门案例”中使用的是 Qt 开发工具，在 Windows 10 环境下调试成功。现在将代码文件 ffmpeganalysestreams.cpp 复制到 Ubuntu 系统中，使用的编译命令如下：

```
//chapter3/3.7.help.txt
gcc -o ffmpeganalysestreams ffmpeganalysestreams.cpp -I
/root/ffmpeg-5.0.1/install5/include/ -L /root/ffmpeg-5.0.1/install5/lib/
-lavcodec -lavformat -lavutil
```

编译成功后会生成可执行文件 ffmpeganalysestreams，然后将 hello.mp4 文件复制到 Ubuntu 同路径下，如图 3-23 所示。运行该程序即可，如图 3-24 所示。

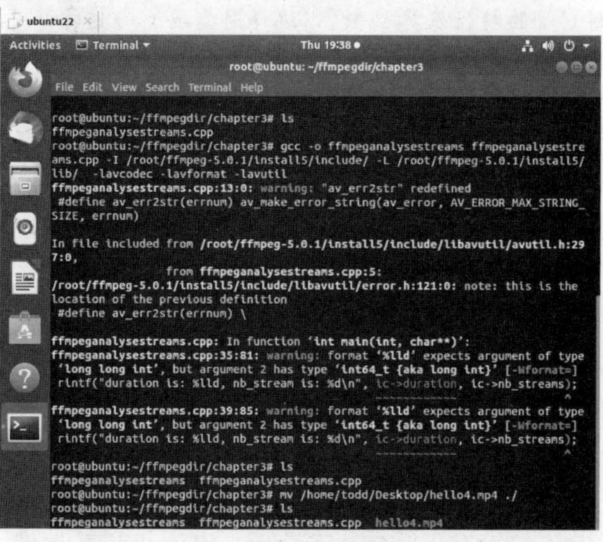

图 3-23　avcodec_send_frame()和 avcodec_receive_packet()函数

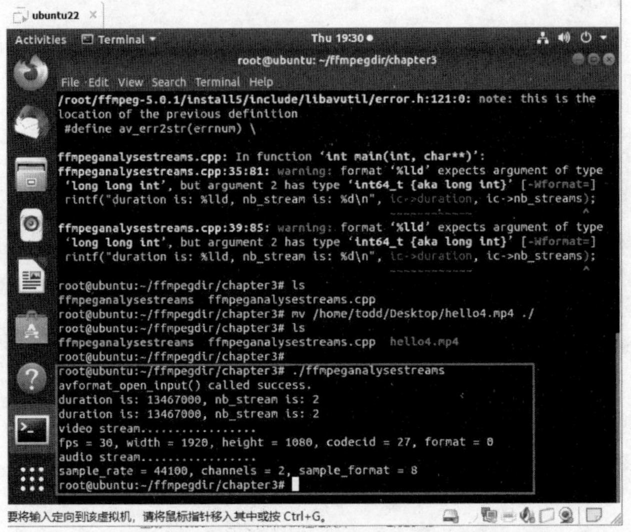

图 3-24　avcodec_send_frame()和 avcodec_receive_packet()函数

由于 Linux 下编译这些 C++文件的命令几乎完全相同，后续章节中不再重复，这里先给出比较完整的 Linux 系统中编译 FFmpeg 案例的命令，具体命令如下：

```
//chapter3/3.7.help.txt
gcc -o hello xxx.cpp -I /root/ffmpeg-5.0.1/install5/include/ -L /root/ffmpeg-5.0.1/
install5/lib/ -lavcodec -lavformat -lavutil -lswscale -lswresample -lavfilter -
lstdc++
```

注意：如果用到 C++的特性及库函数，则编译时需要 C++链接库-lstdc++。

第 4 章 精通 FFmpeg 框架流程：击鼓传花之责任链设计模式

CHAPTER 4

FFmpeg(Fast Forward Moving Pictures Experts Group)是音视频的分离、转换、编码解码及流媒体的完整解决方案，其中最重要的就是 libavcodec 库，是一个集录制、转换、音/视频编码解码功能为一体的完整的开源解决方案。最核心的转码功能遵循一定的框架和流程，通过 libavfilter 可以实现各种滤镜功能，还可以将多种滤镜组合使用，非常方便。

4.1 击鼓传花之责任链设计模式简介

责任链模式(Chain of Responsibility Pattern)是一种设计模式。在责任链设计模式里，很多对象由每个对象对其下家的引用而连接起来形成一条链。请求在这个链上传递，直到链上的某个对象决定处理此请求。发出这个请求的客户端并不知道链上的哪一个对象最终处理这个请求，这使系统可以在不影响客户端的情况下动态地重新组织和分配责任，操作流程如图 4-1 所示。

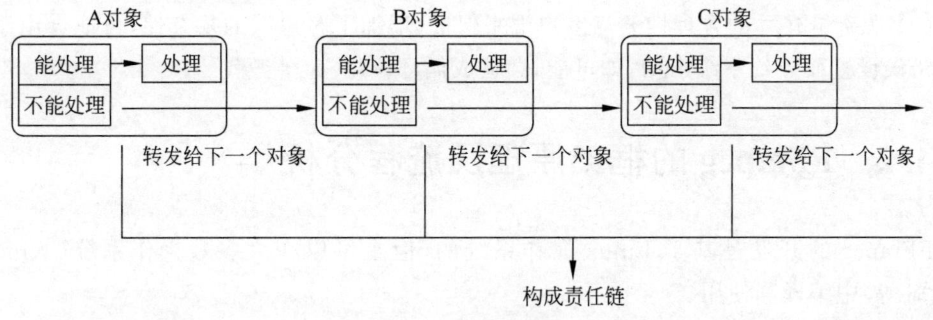

图 4-1　责任链模式

责任链设计模式类似于《红楼梦》中的“击鼓传花”游戏，是集氛围热闹与情绪紧张双双涵盖的一种酒令游戏。通常是在酒宴上大家依次而坐，为了以示公正，由一人击鼓，或者蒙上击鼓人的双眼，或者击鼓人与宴席用围屏隔开。随着击鼓开始，花束也开始依次传递，鼓声落时，花束落在谁手，则该人便被罚酒，因此大家传递得很快，唯恐花束留在自己手中。而击鼓之人利用技巧，或紧或慢，时断时续，忽行忽止，让人难以捉摸，现场造成一种分外紧张的气氛，一旦鼓声戛然而止，大家都会不约而同地关注持花者，此时大家一哄而笑，紧张的气氛也随之消散。

为了避免请求发送者与多个请求处理者耦合在一起，可以将所有请求的处理者通过前一对象记住其下一个对象的引用而连成一条链；当有请求发生时，可将请求沿着这条链传递，直到有对象处理它为止。在责任链模式中，客户只需将请求发送到责任链上，无须关心请求的处理细节和请求的传递过程，请求会自动进行传递，所以请求的发送者和请求的处理者就实现了解耦。

责任链模式是一种对象行为型模式，其主要优点如下：

(1) 降低对象之间的耦合度。该模式使一个对象无须知道到底是哪一个对象处理其请求及链的结构，发送者和接收者也无须拥有对方的明确信息。

(2) 增强系统的可扩展性。可以根据需要增加新的请求处理类，满足开闭原则。

(3) 增强给对象指派职责的灵活性。当工作流程发生变化时，可以动态地改变链内的成员或者调动它们的次序，也可动态地新增或者删除责任。

(4) 责任链简化了对象之间的连接。每个对象只需保持一个指向其后继者的引用，不需保持其他所有处理者的引用，这避免了使用众多的 if、else 语句。

(5) 责任分担。每个类只需处理自己该处理的工作，不该处理的传递给下一个对象完成，明确各类的责任范围，符合类的单一职责原则。

责任链模式的主要缺点如下：

(1) 不能保证每个请求一定被处理。由于一个请求没有明确的接收者，所以不能保证它一定会被处理，该请求可能一直传到链的末端都得不到处理。

(2) 对比较长的职责链，请求的处理可能涉及多个处理对象，系统性能将受到一定影响。

(3) 职责链建立的合理性要靠客户端来保证，增加了客户端的复杂性，可能会由于职责链的错误设置而导致系统出错，如可能，会造成循环调用。

4.2 FFmpeg 的框架原理及流程分析

FFmpeg 的开发是基于 Linux 操作系统的，但是可以在大多数操作系统（Windows、macOS 等）中编译和使用。

1. FFmpeg 的框架简介

FFmpeg 是音视频及流媒体的解决方案，提供了音视频编解码工具，同时也是一组音视频编解码开发软件，为开发者提供了丰富的接口函数，提供了各种音视频格式的封装和解封装、编解码等功能。FFmpeg 框架提供了多种插件模块，包含封装与解封装的插件、编码与解码的插件等。FFmpeg 支持 MPEG、DivX、MPEG4、AC3、DV、FLV 等 40 多种编码，以及

AVI、MPEG、OGG、Matroska、ASF 等 90 多种解码。TCPMP、VLC、MPlayer 等开源播放器都用到了 FFmpeg。

FFmpeg 的源码主目录下主要有 libavcodec、libavformat 和 libavutil 等子目录。FFmpeg 软件包经编译过后将生成 3 个可执行文件，包括 ffmpeg、ffprobe 和 ffplay，其中 ffmpeg 用于对媒体文件进行处理，ffprobe 是一个音视频流分析工具，ffplay 是一个基于 SDL 的简单播放器。这 3 个命令行工具与核心开发库模块的关系如图 4-2 所示。

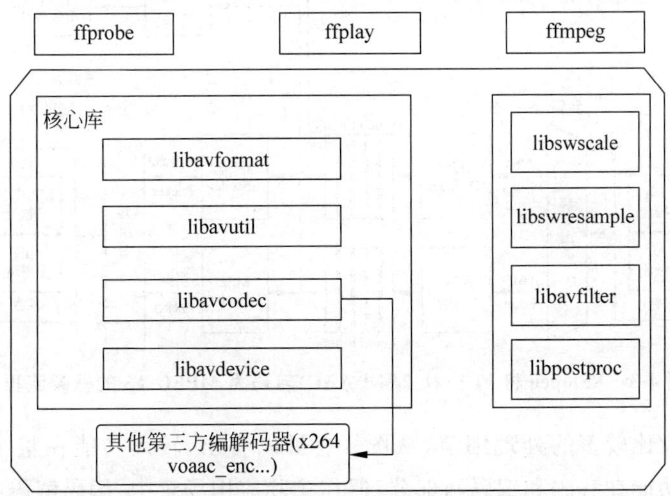

图 4-2　FFmpeg 的三大命令行工具与八大库

各个核心模块和命令行工具的具体功能如下：

(1) libavcodec 用于存放各个 encode/decode 模块，CODEC 其实是 Coder/Decoder 的缩写，即编码解码器；用于各种类型声音/图像编解码。

(2) libavformat 用于存放 muxer/demuxer 模块，对音频视频格式的解析，用于各种音视频封装格式的生成和解析，包括获取解码所需信息以生成解码上下文结构和读取音视频帧等功能。

(3) libavutil 基础工具，包含一些公共的工具函数，用于存放内存操作等辅助性模块，是一个通用的小型函数库，该库中实现了 CRC 校验码的产生、128 位整数数字、最大公约数、整数开方、整数取对数、内存分配和大端小端格式的转换等功能。

(4) libavdevice：用于对输出输入设备的支持。

(5) libpostproc：用于后期效果处理。

(6) libswscale：用于视频场景比例缩放、色彩映射转换。

(7) libswresample：包括高度优化的音频重采样和样本格式转换等操作。

(8) ffmpeg：该项目提供的一个工具，可用于格式转换、编解码、音视频特效等。

(9) ffprobe：一个音视频流分析工具。

(10) ffplay：是一个简单的播放器，使用 ffmpeg 库解析和解码，通过 SDL 显示。

2. FFmpeg 的转码流程简介

FFmpeg 的整体框架包括输入、转码、输出和播放等四大部分，其中转码流程包括读取源、解封装、解码、过滤、编码和封装等几个步骤，如图 4-3 所示。

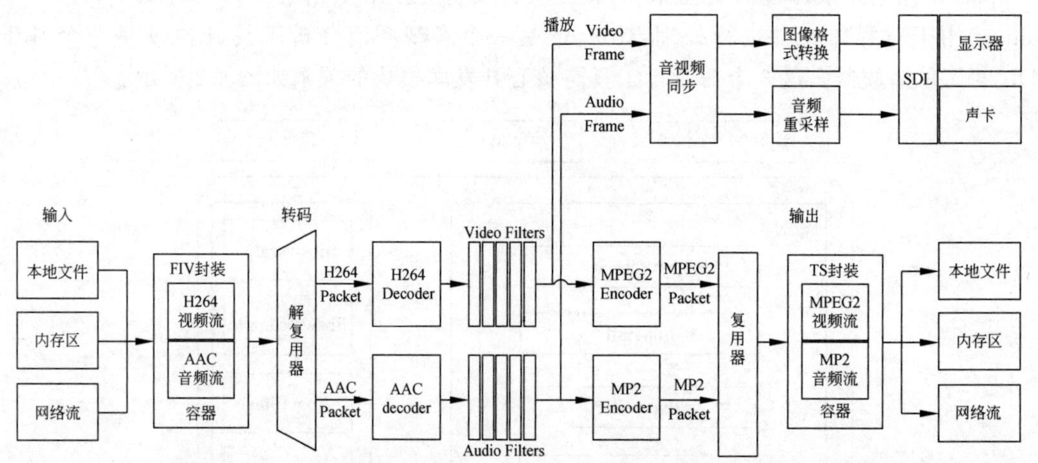

图 4-3　FFmpeg 将 FLV(H.264＋AAC)转码为 MPEG-TS 的框架流程

转码环节涉及比较多的处理细节，从图 4-3 可以看出，转码功能在整个流程中占比很大。转码的核心功能在解码和编码两部分，但在实际应用场景中，编码解码与输入输出是难以分割的。解复用器为解码器提供输入，解码器会输出原始帧，对原始帧可进行各种复杂的滤镜处理，滤镜处理后的帧经编码器生成编码帧，多路流的编码帧经复用器输出到输出文件。

4.3　FFmpeg 的解码流程分析

使用 FFmpeg 可以对本地文件、网络流或摄像头等提供的音视频源进行解码，包括解协议、解封装、解码和输出/播放等步骤，如图 4-4 所示。

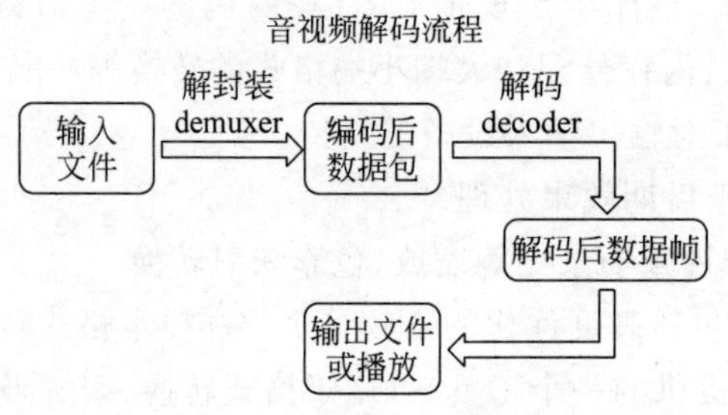

图 4-4　FFmpeg 的解码流程

1. FFmpeg 解码过程中的数据结构

在 FFmpeg 的解码过程中，使用的数据结构主要包括 AVFormatContext、AVIOContext、URLContext、URLProtocol、AVInputFormat、AVStreamt、AVCodecParameter、AVCodecContext、AVCodec、AVPacket 和 AVFrame 等，如图 4-5 所示。

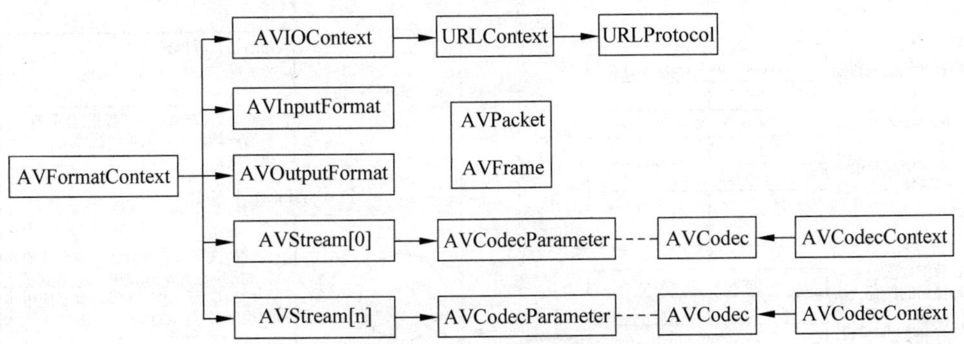

图 4-5 FFmpeg 的解码流程相关数据结构

2. FFmpeg 解码过程中的 API 函数

在 FFmpeg 的解码过程中，使用的 API 函数主要包括 avformat_open_input()、avformat_find_streaminfo()、avcodec_find_decoder()、avcodec_open2()、av_read_frame() 和 avcodec_close()等；解码函数主要包括 avcodec_send_packet()和 avcodec_receive_frame()，旧版本中可以直接调用 avcodec_decode_video2()、avcodec_decode_audio4()函数对音视频进行解码；如果涉及图像缩放或颜色空间转换，则会用到 libswscale 模块中的 API 函数，包括 sws_getContext()、sws_scale()和 sws_freeContext()等。

具体的解码环节，首先循环地读取音视频包(AVPacket)，然后调用解码器进行解码，得到解压后的音视频帧(AVFrame)，依次循环直到文件尾。颜色空间转换是在这个循环中进行的，解码后会得到视频帧数据，一般为 YUV 格式，可能需要进行缩放或颜色空间转换，转换时可调用 libswscale 模块中的 sws_scale()函数。FFmpeg 的解码流程及相关 API 如图 4-6 所示。

3. FFmpeg 解码步骤小结

FFmpeg 的解码过程主要围绕着几个核心数据结构和一些相关的 API 展开，遵循一定的框架和流程，如图 4-7 所示。

使用 FFmpeg 进行解码，首先引入相关的头文件及库文件，如果是 C++调用纯 C 编写的 FFmpeg 的 API 函数，注意需要使用 extern "C" {}将头文件括起来，具体步骤如下。

(1) 注册所有组件：调用 av_register_all()函数。

(2) 打开视频文件：调用 avformat_open_input()函数，并判断是否成功。

(3) 获取音视频相关信息，包括视频流、音频流或字幕流。

(4) 查找流信息：调用 avformat_find_stream_info()函数，获取详细的音视频参数。

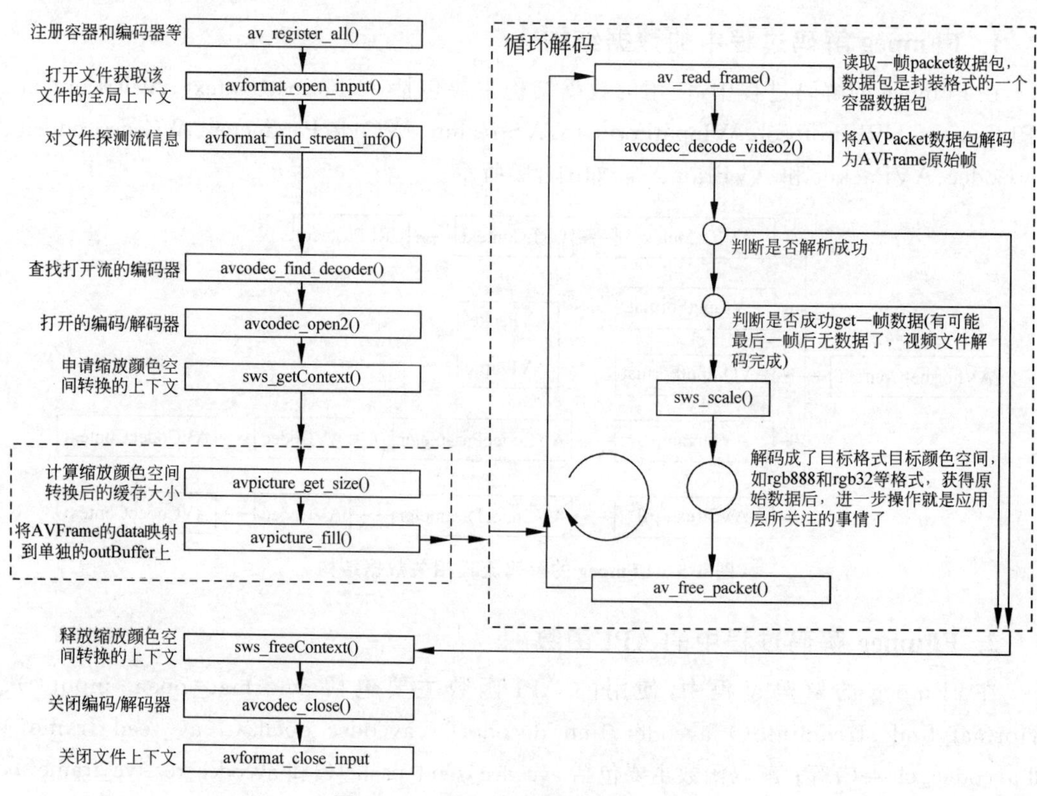

图 4-6　FFmpeg 的解码流程相关 API

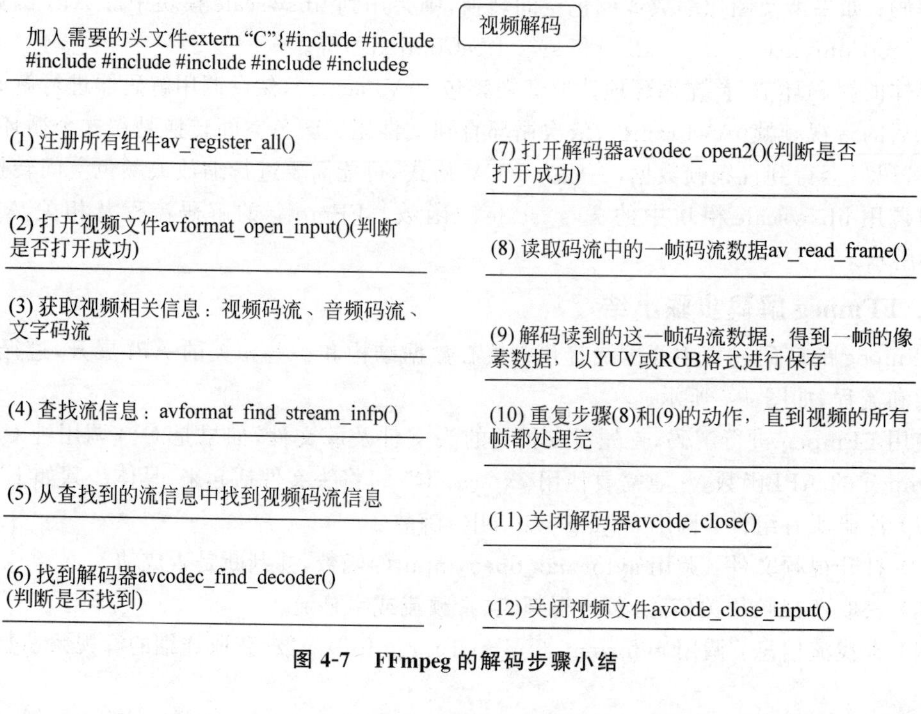

视频解码

加入需要的头文件extern "C"{#include #include #include #include #include #include #includeg

(1) 注册所有组件av_register_all()

(2) 打开视频文件avformat_open_input()(判断是否打开成功)

(3) 获取视频相关信息：视频码流、音频码流、文字码流

(4) 查找流信息：avformat_find_stream_infp()

(5) 从查找到的流信息中找到视频码流信息

(6) 找到解码器avcodec_find_decoder()(判断是否找到)

(7) 打开解码器avcodec_open2()(判断是否打开成功)

(8) 读取码流中的一帧码流数据av_read_frame()

(9) 解码读到的这一帧码流数据，得到一帧的像素数据，以YUV或RGB格式进行保存

(10) 重复步骤(8)和(9)的动作，直到视频的所有帧都处理完

(11) 关闭解码器avcode_close()

(12) 关闭视频文件avcode_close_input()

图 4-7　FFmpeg 的解码步骤小结

(5) 查找视频流：调用 av_find_best_stream()函数。

(6) 查找解码器：调用 avcodec_find_decoder()函数，并判断是否成功。

(7) 打开解码器：调用 avcodec_open2()函数，并判断是否成功。

(8) 读取码流中的一个音视频包：调用 av_read_frame()函数，存储到 AVPacket 结构体变量中。

(9) 解码：调用 avcodec_send_packet()和 avcodec_receive_frame()函数得到解压后的音视频帧 AVFrame。

(10) 循环步骤(8)和(9)，直至结束。

(11) 关闭解码器：调用 avcodec_close()函数。

(12) 关闭视频文件，释放资源：调用 avformat_close_input()函数。

4.4　FFmpeg 的编码流程分析

FFmpeg 的编码与解码是一个互逆的有损的过程，在 FFmpeg 中将磁盘文件与 RTMP/HTTP 等网络协议统一作为 URLProtocol 协议，作为输入或者输出。FFmpeg 在使用时主要处理解码、编码两个流程，也可能只处理其中的一小部分。

1. FFmpeg 编码过程中的数据结构

使用 FFmpeg 可以对原始的音视频帧数据进行编码，核心数据结构主要包括 AVFrame、AVCodecContext、AVCodec 和 AVPacket 等。AVFrame 用于存储一帧未压缩的音视频数据，编码器会用到 AVCodecContext 和 AVCodec 等数据结构，经过压缩后的音视频数据会使用 AVPacket 数据结构来存储，然后按照封装格式存储到本地文件或输出到网络流媒体服务器中，如图 4-8 所示。

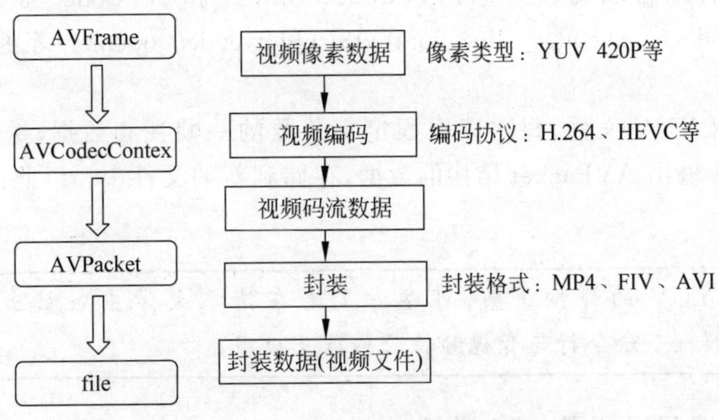

图 4-8　FFmpeg 的编码过程相关数据结构

2. FFmpeg 将 YUV 文件编码为 H.264 的过程

以编码视频为例，假如视频帧存储在一个本地 YUV 文件中，大体思路是先准备好与封装格式相关的输出流信息，根据相关编解码格式打开编码器，然后开始从文件中循环地读取视频帧，传送给编码器进行编码，将编码好的数据根据新的封装格式存储到文件中，如图 4-9 所示。

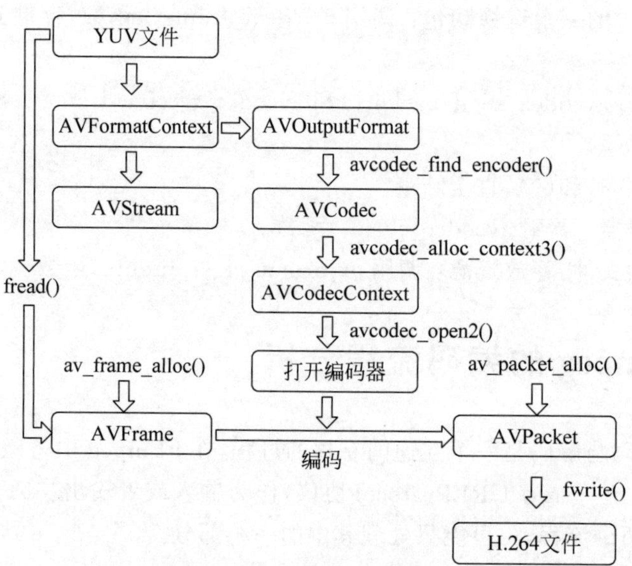

图 4-9 FFmpeg 之 YUV 编码到 H. 264

在该案例中，需要提前知道 YUV 的具体格式(例如 YUV420P、NV21)及宽和高，在读取 YUV 文件时，可以根据 YUV 格式的宽和高计算出一帧数据的字节数，并且不同格式 YUV 的内存布局也不同。编码后的数据需要根据新的封装格式存储到文件中(或直播推流)，会用到 AVFormatContext 和 AVOutputFormat 等数据结构，并创建一路新的视频流(AVStream)，然后准备编码器，用到 AVCodecContext 和 AVCodec 等数据结构，包括 avcodec_find_encoder()、avcodec_alloc_context3()和 avcodec_open2()等函数，至此初始化工作已经完成。

然后循环读取 YUV 文件，每次读取固定字节数的一帧视频数据，送给编码器(例如 libx264)，编码后会输出 AVPacket 结构的数据，存储到新的文件中。以此循环直至文件结束，整个流程完毕。

注意：关于 YUV 的详细讲解，可参考笔者在清华大学出版社出版的另一本书《FFmpeg 入门详解——命令行与音视频特效原理及应用》。

---

3. FFmpeg 编码过程及 API 详解

FFmpeg 的编码过程遵循一定的框架和流程，具体步骤和用到的 API 如图 4-10 所示，主要的 API 如下：

（1）av_register_all()。

（2）avformat_alloc_output_context2()。

（3）avio_open()。

（4）avformat_new_stream()。

（5）avcodec_find_encoder()。

（6）avcodec_open2()。

（7）avformat_write_header()。

（8）av_write_frame()。

（9）av_write_trailer()。

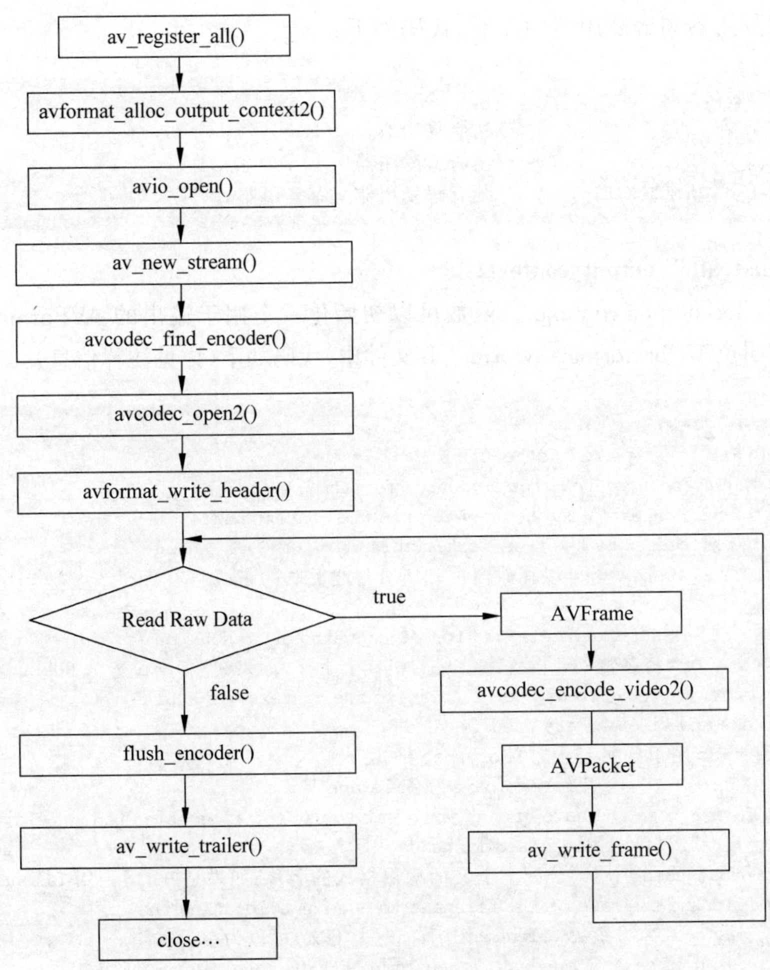

图 4-10　FFmpeg 的编码过程相关 API

1）av_register_all()

初始化所有组件，该函数在所有基于 FFmpeg 的应用程序中几乎是第 1 个被调用的（新版本中已经不需要手工调用该函数)。只有调用了该函数,才能使用复用器及编码器等。

该接口内部的调用流程如下。

(1) avcodec_register_all(),该接口内部的执行步骤,伪代码如下:

```
//chapter4/4.1.help.txt
   REGISTER_HWACCEL()                //注册硬件加速器
   REGISTER_ENCODER()                //注册音视频编码器
   REGISTER_DECODER()                //注册音视频解码器
   REGISTER_ENCDEC()                 //打包注册
   REGISTER_PARSER()                 //注册解析器
```

(2) 执行复用器和解复用器的注册,代码如下:

```
//chapter4/4.1.help.txt
   REGISTER_MUXER()                  //注册复用器
   REGISTER_DEMUXER()                //注册解复用器
   REGISTER_MUXDEMUX(X,x));          //既有解复用器又有复用器
```

2) avformat_alloc_output_context2()

avformat_alloc_output_context2()函数可以初始化一个用于输出的 AVFormatContext 结构体。它的声明位于 libavformat\avformat.h 文件中,代码如下(详见注释信息):

```
//chapter4/4.1.help.txt
/** 为输出格式分配 AVFormatContext
 * Allocate an AVFormatContext for an output format.
 * avformat_free_context() can be used to free the context and
 * everything allocated by the framework within it.
 * avformat_free_context()可以释放内存和所有与之关联的东西

 * @param *ctx is set to the created format context, or to NULL in
 * case of failure :将参数 ctx 设置为创建的格式上下文,如果失败,则设置为 NULL
 * @param oformat format to use for allocating the context, if NULL
 * format_name and filename are used instead
    参数 oformat 用于分配上下文的 oformat 格式
    如果为 NULL,则改为使用 format_name 和 filename
 * @param format_name the name of output format to use for allocating the
 * context, if NULL filename is used instead
     参数 format_name 是用于分配上下文的输出格式的名称;如果是 NULL,则用 filename
 * @param filename the name of the filename to use for allocating the
 * context, may be NULL :参数 filename 用于分配上下文,可以为空.
 * @return >= 0 in case of success, a negative AVERROR code in case of
 * failure :如果成功,则返回 0;否则返回错误码(负数)
 */
int avformat_alloc_output_context2(AVFormatContext **ctx, AVOutputFormat *oformat, const
char *format_name, const char *filename);
```

参数及返回值的说明如下。

(1) ctx：函数调用成功之后创建的AVFormatContext结构体，如果失败，则为NULL。

(2) oformat：指定AVFormatContext中的AVOutputFormat，用于确定输出格式。如果指定为NULL，则可以设定后两个参数(format_name或者filename)由FFmpeg猜测输出格式。

注意：使用该参数需要自己手动获取AVOutputFormat，相对于使用后两个参数来讲要麻烦一些。

---

(3) format_name：指定输出格式的名称。根据格式名称，FFmpeg会推测输出格式。输出格式可以是FLV、MKV等。

(4) filename：指定输出的文件名称。根据文件的后缀名，FFmpeg会推测输出格式。输出格式可以是xxx.flv、xxx.mkv、xxx.mp4等。

(5) 返回值：如果函数执行成功，则返回0，否则返回错误码(负数)。

avformat_alloc_output_context2()函数的实现流程主要包含以下两个步骤，如图4-11所示。

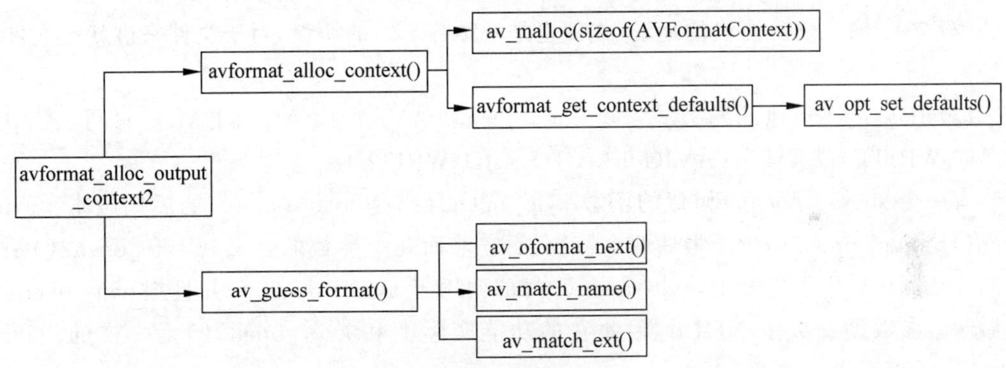

图4-11 avformat_alloc_output_context2()的函数流程

(1) 调用avformat_alloc_context()初始化一个默认的AVFormatContext。

(2) 如果指定了输入的AVOutputFormat，则直接将输入的AVOutputFormat赋值给AVOutputFormat的oformat。如果没有指定输入的AVOutputFormat，就需要根据文件格式名称或者文件名推测输出的AVOutputFormat。无论是通过文件格式名称还是文件名推测输出格式，都会调用一个函数av_guess_format()。

3) avio_open()

avio_open()函数用于打开FFmpeg的输入输出文件，声明位于libavformat\avio.h文件中，代码如下(详见注释信息)：

```
//chapter4/4.1.help.txt
/**
```

```
* Create and initialize a AVIOContext for accessing the
* resource indicated by url. 创建并初始化 AVIOContext 以访问 url 指示的资源
* @note When the resource indicated by url has been opened in
* read + write mode, the AVIOContext can be used only for writing.
* 注意:在"读 + 写模式"打开 url 指示的资源时,AVIOContext 只能用于写入
* @param s Used to return the pointer to the created AVIOContext.
* In case of failure the pointed to value is set to NULL.
    参数 s:用于存储创建成功的 AVIOContext,如果失败,则为 NULL
* @param url resource to access :要访问的 url 资源
* @param flags flags which control how the resource indicated by url
* is to be opened:控制资源,通过 url 指示的标志如何被打开
* @return >= 0 in case of success, a negative value corresponding to an
* AVERROR code in case of failure :如果成功,则返回 0,否则返回失败码(负数)
*/
int avio_open(AVIOContext ** s, const char * url, int flags);
```

参数含义如下。

(1) s：函数调用成功之后创建的 AVIOContext 结构体，如果失败，则返回 NULL。

(2) url：输入输出协议的地址（文件也是一种“广义”的协议，对于文件来讲就是文件的路径）。

(3) flags：打开地址的方式。可以选择只读（AVIO_FLAG_READ）、只写（AVIO_FLAG_WRITE）或者读写（AVIO_FLAG_READ_WRITE）。

有一个和 avio_open()相似的函数 avio_open2()，是 avio_open()的后期版本。avio_open()比 avio_open2()少了最后两个参数，而它前面几个参数的含义和 avio_open2()是一样的。从源代码中可以看出，avio_open()内部调用了 avio_open2()，并且把 avio_open2()的后两个参数设置成了 NULL，因此它的功能实际上和 avio_open2()是一样的。avio_open2()的声明代码如下：

```
//chapter4/4.1.help.txt
/**
* Create and initialize a AVIOContext for accessing the
* resource indicated by url.
* @note When the resource indicated by url has been opened in
* read + write mode, the AVIOContext can be used only for writing.
*
* @param s Used to return the pointer to the created AVIOContext.
* In case of failure the pointed to value is set to NULL.
* @param url resource to access
* @param flags flags which control how the resource indicated by url
* is to be opened
* @param int_cb an interrupt callback to be used at the protocols level
```

```
    int_cb:在协议级别使用的中断回调函数
* @param options  A dictionary filled with protocol - private options. On return
* this parameter will be destroyed and replaced with a dict containing options
* that were not found. May be NULL.
    options: 协议专用选项的字典.返回时,此参数将被销毁并替换为包含未找到选项的 dist.有
可能是 NULL.
* @return >= 0 in case of success, a negative value corresponding to an
* AVERROR code in case of failure
*/
int avio_open2(AVIOContext ** s, const char * url, int flags,
               const AVIOInterruptCB * int_cb, AVDictionary ** options);
```

4）avformat_new_stream()

avformat_new_stream()函数用于在 AVFormatContext 中创建一个新的流通道(AVStream),函数声明的代码如下(详见注释信息)：

```
//chapter4/4.1.help.txt
/** 向媒体文件添加新流
 * Add a new stream to a media file.
 * 当解复用时,被解复用器在 read_header()内部调用.
 * 如有 AVFMTCTX_NOHEADER 标志值(在 s.ctx_flags 中),则可能在 read_packet()被调用
 * When demuxing, it is called by the demuxer in read_header(). If the
 * flag AVFMTCTX_NOHEADER is set in s.ctx_flags, then it may also
 * be called in read_packet().
 * 当复用时,该函数应该被用户调用,应早于 avformat_write_header()函数.
 * When muxing, should be called by the user before avformat_write_header().
 * 用户需要调用 avcodec_close() 和 avformat_free_context()这两个函数来清理资源
 * User is required to call avcodec_close() and avformat_free_context() to
 * clean up the allocation by avformat_new_stream().
 * 参数 s:媒体文件句柄
 * @param s media file handle
 * @param c If non - NULL, the AVCodecContext corresponding to the new stream
 * will be initialized to use this codec. This is needed for e.g. codec - specific
 * defaults to be set, so codec should be provided if it is known.
 * 返回值:新创建成功的流,若失败,则返回 NULL
 * @return newly created stream or NULL on error.
 */
AVStream * avformat_new_stream(AVFormatContext * s, const AVCodec * c);
```

5）avcodec_find_encoder()

avcodec_find_encoder()函数用于查找 FFmpeg 的编码器,函数声明的代码如下：

```
//chapter4/4.1.help.txt
    /**
     * avcodec_find_encoder()的声明位于 libavcodec\avcodec.h
     * Find a registered encoder with a matching codec ID.
     *
     * @param id AVCodecID of the requested encoder
     * @return An encoder if one was found, NULL otherwise.
     */
    AVCodec *avcodec_find_encoder(enum AVCodecID id);
```

函数的参数是一个编码器的 ID,返回查找到的编码器(如果没有找到就返回 NULL)。avcodec_find_encoder()函数的调用关系如图 4-12 所示。

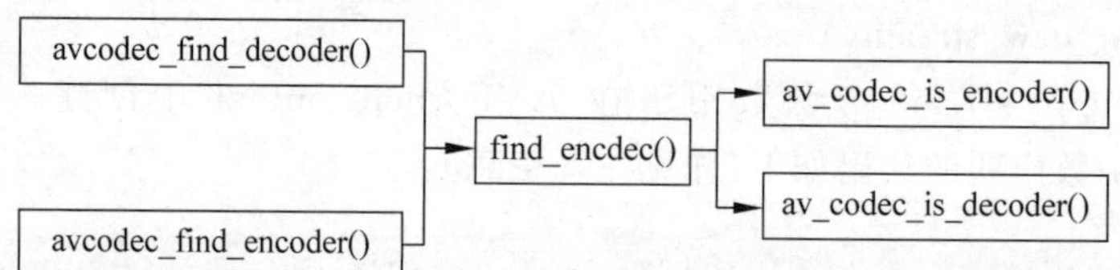

图 4-12　avcodec_find_encoder()的函数流程

6）avcodec_open2()

avcodec_open2()函数用于初始化一个视音频编解码器的 AVCodecContext,声明位于 libavcodec\avcodec.h 文件中,代码如下(详见注释信息):

```
//chapter4/4.1.help.txt
/** 初始化 AVCodecContext 以使用给定的 AVCodec
 * 在使用此函数之前,必须使用 avcodec_alloc_context3()分配上下文
 * Initialize the AVCodecContext to use the given AVCodec. Prior to using this
 * function the context has to be allocated with avcodec_alloc_context3().
 *
 * The functions avcodec_find_decoder_by_name(), avcodec_find_encoder_by_name(),
 * avcodec_find_decoder() and avcodec_find_encoder() provide an easy way for
 * retrieving a codec:这几个函数提供了检索编解码器的简单方法
 * 注意:该函数不是线程安全的
 * @warning This function is not thread safe!
 * 注意:在使用解码例程(如 avcodec_receive_frame())之前,始终调用此函数
 * @note Always call this function before using decoding routines (such as
 * @ref avcodec_receive_frame()).
 *
 * @code
 * avcodec_register_all(); //注册所有的编解码器
 * av_dict_set(&opts, "b", "2.5M", 0); //设置参数,
 * codec = avcodec_find_decoder(AV_CODEC_ID_H264);   //查找 H.264 解码器
 * if (!codec) //判断是否找到了对应的解码器
```

```
*     exit(1);
* context = avcodec_alloc_context3(codec); //分配解码器上下文参数
* if (avcodec_open2(context, codec, opts) < 0) //打开解码器
*     exit(1);
* @endcode
*
* @param avctx :The context to initialize.要初始化的上下文参数
* @param codec: The codec to open this context for. If a non - NULL codec has been
previously passed to avcodec_alloc_context3() or           for this context, then this
parameter MUST be either NULL or      equal to the previously passed codec.
*要为其打开此上下文的编解码器.
*如果先前已将非 NULL 编解码器传递给 avcodec_alloc_context3()或此上下文,
*则此参数必须为 NULL 或等于先前传递的编解码器
* @param options: A dictionary filled with AVCodecContext and codec - private options.包含
AVCodecContext 和编解码器专用选项的字典
*      On return this object will be filled with options that were not found. :返回时,此对象将
填充未找到的选项
*   返回值: 如果成功,则返回 0,否则返回错误码(负数)
* @return zero on success, a negative value on error
* @see avcodec_alloc_context3(), avcodec_find_decoder(), avcodec_find_encoder(),
*       av_dict_set(), av_opt_find().
*/
int avcodec_open2(AVCodecContext *avctx, const AVCodec *codec, AVDictionary **options);
```

参数的含义如下。

(1) avctx：需要初始化的 AVCodecContext。

(2) codec：输入的 AVCodec。

(3) options：一些选项。例如使用 libx264 编码时,preset、tune 等都可以通过该参数设置。

总结一下 avcodec_open2()函数所做的工作,如下所述：

(1) 为各种结构体分配内存(通过各种 av_malloc()实现)。

(2) 将输入的 AVDictionary 形式的选项设置到 AVCodecContext。

(3) 其他的一些零零碎碎的检查,例如检查编解码器是否处于“实验”阶段。

(4) 如果是编码器,则需检查输入参数是否符合编码器的要求。

(5) 调用 AVCodec 的 init()初始化具体的解码器。

7) avformat_write_header()

avformat_write_header()函数用于写视频文件头,av_write_frame()函数用于写视频帧,av_write_trailer()函数用于写视频尾。

需要注意的是,尽管这 3 个函数的功能是配套的,但是它们的前缀却不一样,写文件头(Header)的函数前缀是 avformat_,其他两个函数的前缀是 av_。

avformat_write_header()函数声明的代码如下(详见注释信息)：

```
//chapter4/4.1.help.txt
/** 分配流专用数据并将流头写入输出媒体文件
 * Allocate the stream private data and write the stream header to
 * an output media file.
 *
 * @param s: Media file handle, must be allocated with avformat_alloc_context().媒体文件句柄,必须使用 avformat_alloc_context()分配
 * Its oformat field must be set to the desired output format;
 * 它的 oformat 字段必须设置为所需的输出格式
 * Its pb field must be set to an already opened AVIOContext.
 * 它的 pb 字段必须设置为已打开的 AVIOContext
 * @param options : An AVDictionary filled with AVFormatContext and muxer - private options.
 * 参数 options:一个包含 AVFormatContext 和 muxer 私有选项的 AVDictionary
 * On return this parameter will be destroyed and replaced with a dict containing options that were not found. May be NULL.
 * 返回时,options 参数将被销毁并替换为包含未找到选项的 dict.可能为空.
 * @return AVSTREAM_INIT_IN_WRITE_HEADER on success if the codec had not already been fully initialized in avformat_init,
 *          AVSTREAM_INIT_IN_INIT_OUTPUT on success if the codec had already been fully initialized in avformat_init,
 *          negative AVERROR on failure.
 * 返回值:AVSTREAM_INIT_IN_WRITE_HEADER 表示成功,如果编解码器尚未在 avformat_init 中完全初始化.
 * 返回值:AVSTREAM_INIT_IN_INIT_OUTPUT 表示成功,如果编解码器已在 avformat_init 中完全初始化.
 * 返回值:负数(表示错误码),代表失败了.
 * @see av_opt_find, av_dict_set, avio_open, av_oformat_next, avformat_init_output.
 */
int avformat_write_header(AVFormatContext *s, AVDictionary **options);
```

参数的含义如下。

(1) s：用于输出的 AVFormatContext。

(2) options：额外的选项，一般为 NULL。

8) av_write_frame()

av_write_frame()函数用于输出一帧视音频数据，它的声明位于 libavformat\avformat.h 文件，代码如下(详见注释信息)：

```
//chapter4/4.1.help.txt
/** 将数据包写入输出的媒体文件
 * Write a packet to an output media file.
 * 此函数将数据包直接传递给 muxer,无须任何缓冲或重新排序.
 * 如果格式需要,则调用方负责正确交错数据包.
 * 如果希望 libavformat 库来处理音视频交织,
 * 则调用方应该调用 av_interleaved_write_frame()而不是此函数
```

```
* This function passes the packet directly to the muxer, without any buffering
* or reordering. The caller is responsible for correctly interleaving the
* packets if the format requires it. Callers that want libavformat to handle
* the interleaving should call av_interleaved_write_frame() instead of this
* function.
*
* @param s: media file handle,媒体文件句柄
* @param pkt:   The packet containing the data to be written. Note that unlike
*              av_interleaved_write_frame(), this function does not take
*              ownership of the packet passed to it (though some muxers may make
*              an internal reference to the input packet).
* 参数 pkt:包含要写入的数据的数据包.需要注意,与 av_interleaved_write_frame()不同,此函数
不获取传递给它的数据包的所有权(尽管某些 muxer 可能会对输入数据包进行内部引用)
*              <br>
*              This parameter can be NULL (at any time, not just at the end), in    order to
immediately flush data buffered within the muxer, for  muxers that buffer up data internally
before writing it to the  output.
*     此参数可以为 NULL(在任何时候,而不仅在最后),以便立即刷新 muxer 中缓冲的数据,对于在
将数据写入输出之前在内部缓冲数据的 muxer
*              <br>
*              Packet's @ref AVPacket.stream_index "stream_index" field must be
*              set to the index of the corresponding stream in @ref
*              AVFormatContext.streams "s->streams".
数据包的 AVPacket.stream_index 中的 "stream_index"字段必须设置为@ref AVFormatContext 中对
应流的索引,"s->streams"
*              <br>
*              The timestamps (@ref AVPacket.pts "pts", @ref AVPacket.dts "dts")
*              must be set to correct values in the stream's timebase (unless the output format
is flagged with the AVFMT_NOTIMESTAMPS flag, then they can be set to AV_NOPTS_VALUE).
*   时间戳(@ref AVPacket.pts"pts"、@ref AVPacket.dts"dts")必须设置为流时基中的正确值(除
非输出格式标记有 AVFMT_NOTIMESTAMPS 标志,否则可以将其设置为 AV_NOPTS\u 值)
*                The dts for subsequent packets passed to this function must be strictly
increasing when compared in their respective timebases (unless the output format is flagged
with the AVFMT_TS_NONSTRICT, then they merely have to be nondecreasing). @ref AVPacket.
duration "duration") should also be set if known.
*  当在各自的时基中进行比较时,传递给此函数的后续数据包的 dts 必须严格增加(除非输出格式
标记为 AVFMT_TS_NONSTRICT,否则它们只需不减少)@参考 AVPacket.如果已知,则还应设置持续时
间"duration"
* @return < 0 on error, = 0 if OK, 1 if flushed and there is no more data to flush
* 返回值:0 代表成功,负数代表失败,1 表示已刷新并且没有更多数据要刷新
* @see av_interleaved_write_frame()
*/
int av_write_frame(AVFormatContext *s, AVPacket *pkt);
```

参数及返回值的含义如下。

(1) s：用于输出的 AVFormatContext。

(2) pkt：等待输出的 AVPacket。

(3) 返回值：函数正常执行后返回值等于 0，如果已刷新且没有更多数据要刷新，则返

回1,如果失败,则返回负数。

av_write_frame()函数主要完成了以下几步工作:

(1) 调用 check_packet()做一些简单的检测。

(2) 调用 compute_pkt_fields2()设置 AVPacket 的一些属性值。

(3) 调用 write_packet()写入数据。

9) av_write_trailer()

av_write_trailer()函数用于输出文件尾,它的声明位于 libavformat\avformat.h 文件,代码如下(详见注释信息):

```
//chapter4/4.1.help.txt
/** 将流尾写入输出媒体文件并释放文件专用数据
 * Write the stream trailer to an output media file and free the
 * file private data.
 * 只能在成功调用 avformat_write\u 标头后调用
 * May only be called after a successful call to avformat_write_header.
 *
 * @param s :media file handle:媒体文件句柄
 * @return 0 if OK, AVERROR_xxx on error,如果成功,则返回 0,否则返回错误码
 */
int av_write_trailer(AVFormatContext *s);
```

该函数只需指定一个参数,即用于输出的 AVFormatContext;函数正常执行后返回值等于0,否则返回错误码。

av_write_trailer()主要完成了以下两步工作:

(1) 循环调用 interleave_packet()及 write_packet(),将还未输出的 AVPacket 输出出来。

(2) 调用 AVOutputFormat 的 write_trailer(),输出文件尾。

4.5 FFmpeg 的转码流程分析

使用 FFmpeg 转码是最经典的应用,可以实现视频格式之间的转换,包括封装格式的转换及视音频编码格式的转换等。

4.5.1 FFmpeg 转码流程简介

FFmpeg 的转码流程大概分为读取音视频源、解封装、解码、过滤、编码、封装和输出等几个环节,如图 4-13 所示。

(1) 读取源:音视频源包括本地文件、网络流和音视频采集设备等,该功能主要由 libavformat 模块提供。

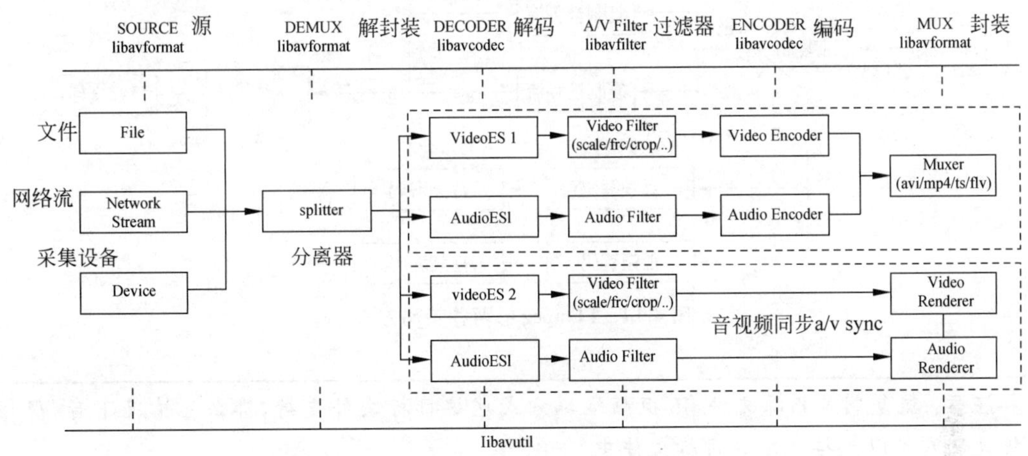

图 4-13　FFmpeg 的转码流程

(2) 解封装：获得音视频源之后，需要解封装/解复用(demuxer)，将音频流、视频流和字幕流分开，该功能主要由 libavformat 模块提供。

(3) 解码：分别对音频流、视频流和字幕流进行解码，一般情况下视频流会被解码为 YUV 格式，音频流会被解码为 PCM 格式，字幕流会被解码为文本格式，该功能主要由 libavcodec 模块提供。

(4) 过滤：各种音视频特效及字幕处理都在该环节完成，主要由 libavfilter 模块提供。

(5) 重新编码：对音频、视频和字幕重新编码，例如对视频 H.264 编码，对音频的 AAC 编码，该功能主要由 libavcodec 模块提供。

(6) 重新封装：将音频流、视频流和字幕流按照新的格式进行封装，例如 FLV、MP4 格式，该功能主要由 libavformat 模块提供。

注意：*在解码及过滤环节之后，可以不用重新编码，而是进入渲染环节，进行同步处理后直接播放。*

4.5.2　FFmpeg 的两种转码方式

音视频转码主要包括以下几个概念：

(1) 容器格式的转换，例如 MP4 转换为 FLV。

(2) 容器中音视频数据编码方式转换，例如 H.264 编码转码成 MPEG4 编码，MP3 转码成 AAC。

(3) 音视频码率的转换，例如 4Mb 的视频码率降为 2Mb。

(4) 视频分辨率的转换，例如 1080P 视频变为 720P，以及音频重采样等。

音视频转码可以直接进行流复制，也可以先解码后再编码，如图 4-14 所示。

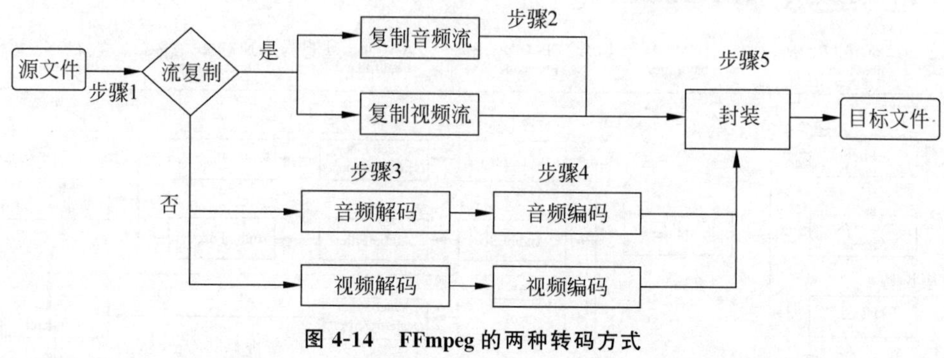

图 4-14　FFmpeg 的两种转码方式

注意：流复制是指源文件音/视频编码方式也被目标文件支持，那么此情况下音/视频数据复制就可以直接复制到目标文件中。

容器格式的转换有两种情况，第 1 种情况是源容器格式的音/视频编码方式在目标容器也被支持，这样只需进行流复制；第 2 种情况是源容器格式的音/视频编码方式在目标容器不被支持，此种情况就需要先解码再编码。

1. 流复制方式的转码流程

流复制方式的转码流程不涉及编码和解码，如图 4-15 所示。

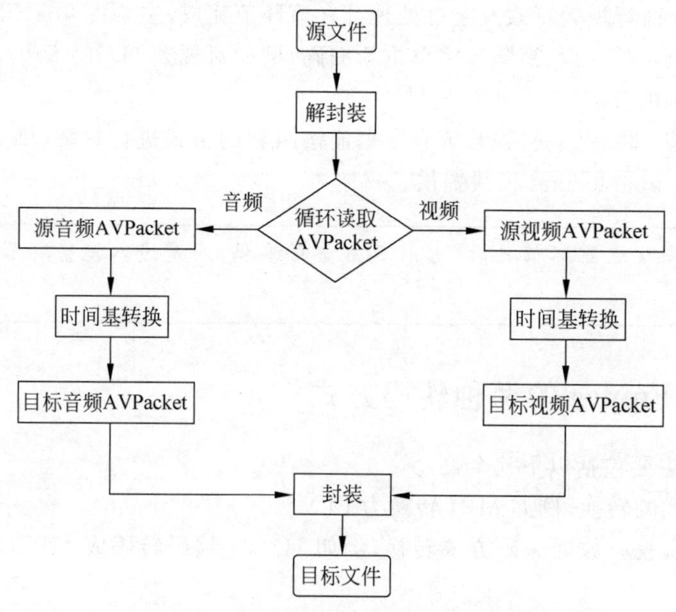

图 4-15　FFmpeg 之流复制方式的转码

该过程不用解码后再编码，而是解封装后，重新封装即可，速度很快，会用到 AVFormatContext、AVInputFormat 和 AVOutputFormat 等结构体，以及相关的 API 函数。

1）解封装实现相关 API 函数

在该环节，AVFormatContext 结构体代表解封装相关上下文，相关 API 如下。

（1）avformat_open_input()：对源文件进行解封装。

（2）avformat_find_streaminfo()：查找流信息。

（3）av_frame_read()：从源文件中读取音频或者视频包（AVPacket）。

2）封装实现相关 API 函数

在该环节，AVFormatContext 结构体代表封装相关上下文，相关 API 如下。

（1）avformat_alloc_output_context2()：创建基于目标容器格式的上下文对象。

（2）avformat_new_stream()：向封装上下文添加音/视频流。

（3）avio_open2()：打开输出流，用于封装时写入数据。

（4）avformat_write_header()：封装时写入头文件。

（5）av_write_frame()：写入音/视数据。

（6）av_write_trailer()：封装时写入尾部信息。

2. 重新编解码方式的转码流程

采用重新编解码方式意味着解封装之后需要先对源音视频数据进行解码，然后将得到的未压缩音视频数据按照目标编码方式再次编码，最后将得到的压缩数据按照指定的容器格式进行封装。该转码流程如图 4-16 所示。

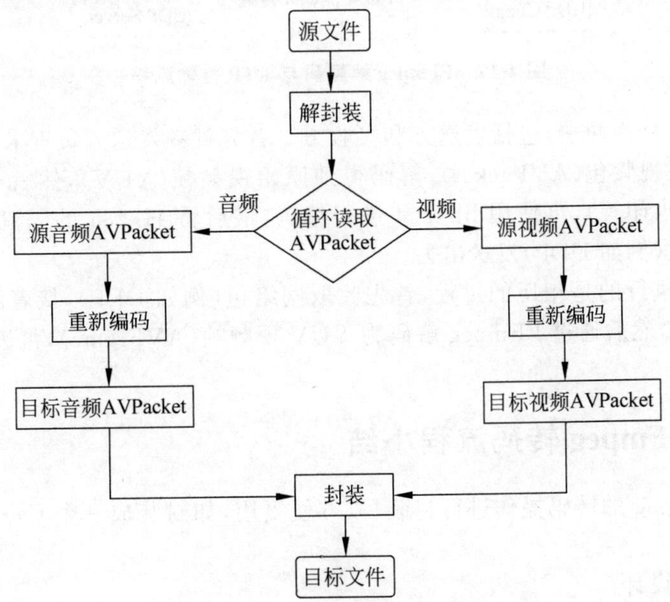

图 4-16　FFmpeg 之重新编解码方式的转码

这种方式需要解码后再编码,因此需要与编解码相关的 API。

(1) avcodec_send_packet():发送压缩的音视频包。

(2) avcodec_receive_frame():接收解压后的原始音视频帧(YUV/PCM)。

(3) avcodec_send_frame():发送原始音视频帧(YUV/PCM)。

(4) avcodec_receive_packet():接收编码压缩后的音视频包。

4.5.3 基于 RTP 传输的 FFmpeg 转码应用

FFmpeg 已经成为音视频流媒体开发的必备工具,而 RTP 协议本身是一种非常优秀的流媒体实时传输协议,用于网络上实时传输音视频数据的标准数据包格式,例如流媒体、视频会议、电视服务等。RTP 可以提供低延时的数据传送服务,但无法保证数据包到达客户端时仍然保持着发送时的顺序,所以要依靠 RTCP 来完成流量控制和拥塞监控。基于 RTP 传输的 FFmpeg 转码应用案例,整体流程如图 4-17 所示。

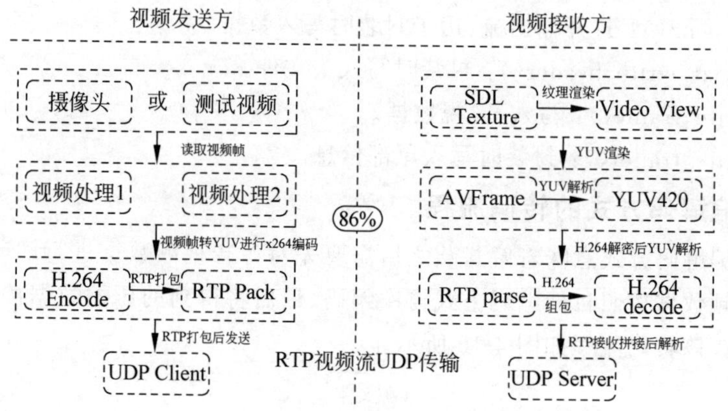

图 4-17 FFmpeg 编解码与 RTP 传输流程

在该案例中,分为两端,包括发送方和接收方。首先视频发送方负责采集摄像头或其他源,解封装后获得视频包(AVPacket),解码得到原始视频帧(YUV),然后可以做一些滤镜处理(例如美颜、水印等),再使用 libx264 进行编码,最后将 H.264 的码流打包为 RTP 格式,通过网络协议(例如 UDP)发送出去。

视频接收方执行的是相反的过程,首先收取网络包(例如 UDP),接着解析为 RTP 包,获得 H.264 码流,然后通过 FFmpeg 解码为 YUV 视频帧(AVFrame),再进行渲染,最后将视频显示出来。

4.5.4 FFmpeg 转码流程小结

可以对 FFmpeg 的转码操作进行封装,以方便复用,如封装成一个 C++类和几个函数,具体如下。

1) 转码类的设计

设计一个 C++类(例如类名为 CFFmpegTranscoding),负责封装 FFmpeg 的转码功能。

2） 构造函数的初始化功能

在类的构造函数中，初始化相关的结构体变量（例如 AVFormatContext），并注册相关的组件（例如 avformat_init_network）。

3） 解封装功能的函数封装

解封装主要是对视频源的解析，获得音视频流，功能如下：

（1）打开视频源，包括本地文件或网络流（avformat_open_input），判断是否成功。

（2）查找音视频流（av_find_best_stream），准备好流的索引。

（3）查找音视频流的具体参数信息，为解码做好准备。

4） 转码功能的函数封装

转码包括解码和编码两个环节，功能如下：

（1）初始化解码器并打开，初始化编码器并打开。

（2）循环读取 AVPacket 之后，调用 avcodec_send_packet()函数进行解码。

（3）调用 avcodec_receive_frame()函数收取解码后的音视频帧（AVFrame）。

（4）做一些滤镜操作，比较添加水印、磨皮美颜等。

（5）将音视频帧 AVFrame 通过 avcodec_send_frame()函数送给编码器。

（6）调用 avcodec_receive_packet()函数收取编码后的音视频包（AVPacket）。

（7）循环结束后，写入文件尾。

（8）关闭编解码器，并释放相关的资源。

4.5.5　视频文件转码流程案例分析

使用 FFmpeg 命令行可以实现音视频转码，代码如下：

```
ffmpeg -i test_1920x1080.mp4  -acodec copy -vcodec libx264 -s 1280x720 test_1280x720.flv
```

在该案例中，实现了将一个 MP4 文件转码为 FLV 文件，其中音频流直接复制，视频流使用 libx264 进行编码，如图 4-18 所示。

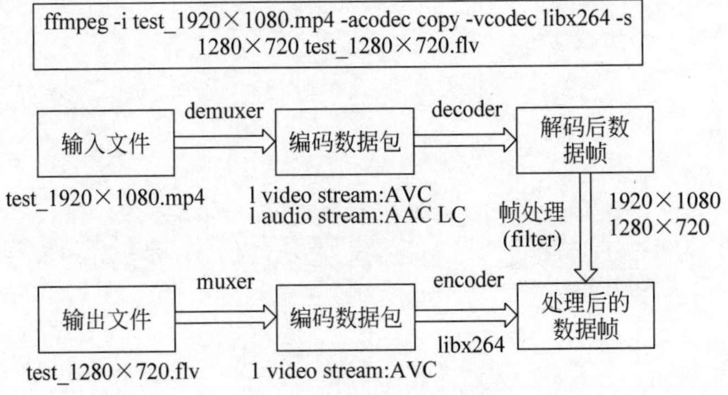

图 4-18　FFmpeg 转码流程

转码流程及各个参数的含义如下。

(1) -i：指定输入文件。

(2) demuxer：解复用，即将音视频流分离出来，例如视频流是 AVC(H.264)格式，音频流是 AAC 格式。

(3) decoder：解码，将音视频数据包(AVPacket)解码为未压缩的音视频帧(AVFrame)。

(4) filter：过滤器，可以处理帧，包括缩放、添加水印等，这里将原始的宽和高 1920×1080 转换为 1280×720(单位：像素)。

(5) muxer：复用，将音频包和视频包进行重新封装。

第5章 AVUtil 通用工具层理论及案例实战

CHAPTER 5

libavutil 是一个实用库，用于辅助多媒体编程。此库包含安全的可移植字符串函数、随机数生成器、数据结构、附加数学函数、加密和多媒体相关功能（如像素和样本格式的枚举）等。常用的 libavcodec 和 libavformat 两个库并不依赖此库。本章重点介绍与该库相关的数据结构、枚举、API 及几个应用案例。

2min

5.1 AVUtil 库及相关 API 简介

libavutil 库包含 200 多个文件，如图 5-1 所示，主要包括以下几种功能：

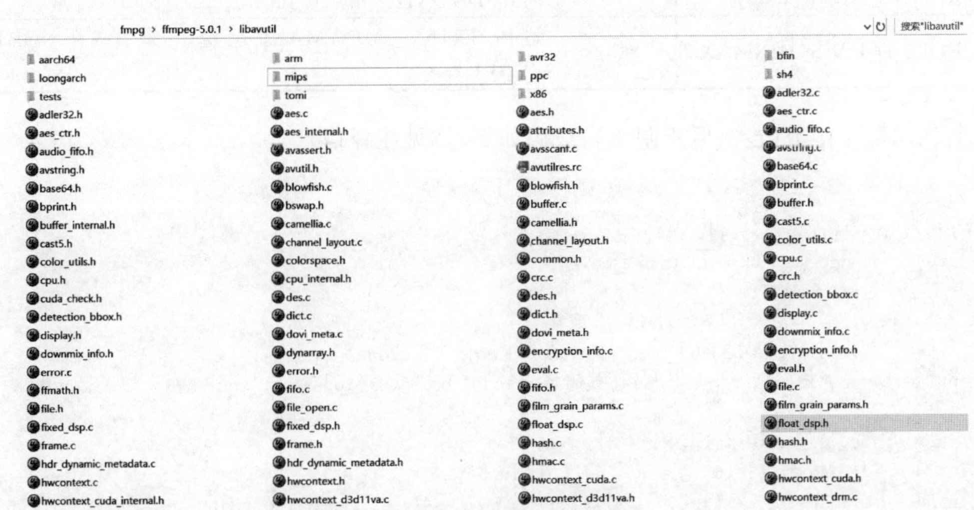

图 5-1 libavutil 库的目录结构

(1) 数学函数。

(2) 字符串操作。

(3) 内存管理相关。

(4) 数据结构相关。

(5) 错误码及错误处理。

(6) 日志输出。

(7) 其他辅助信息,例如密钥、哈希值、宏、库版本、常量等。

1. 数学函数

这部分主要提供与基本数学概念相关的功能,例如有理数的定义代码如下:

```
//chapter5/5.1.help.txt
struct AVRational{
    int num; //< Numerator 分子
    int den; //< Denominator 分母
};
```

近似取值的枚举值(enum AVRounding),如表 5-1 所示。

表 5-1 AVRational 的近似值

枚举名	值	描述
AV_ROUND_ZERO	0	向零取整
AV_ROUND_INF	1	向非零取整
AV_ROUND_DOWN	2	向负无穷取整
AV_ROUND_UP	3	向正无穷取整
AV_ROUND_NEAR_INF	5	向无穷取整,包含中点位置
AV_ROUND_PASS_MINMAX	8192	透传 INT64 _ MIN/MAX,避免出现 AV _ NOPTS _VALUE

其他的数学函数(包括但不限于),代码如下(详见注释信息):

```
//chapter5/5.1.help.txt
//获得 a 和 b 的最大公约数
int64_t av_gcd (int64_t a, int64_t b);

//a * bq / cq, 有理数,按照 rnd 标志取整
int64_t av_rescale_q (int64_t a, AVRational bq, AVRational cq);
int64_t av_rescale_q_rnd (int64_t a, AVRational bq, AVRational cq, enum AVRounding rnd);

//a * b / c,按照 rnd 标志取整
int64_t av_rescale (int64_t a, int64_t b, int64_t c);
int64_t av_rescale_rnd (int64_t a, int64_t b, int64_t c, enum AVRounding rnd);

//比较余数大小,即 a % mod 与 b % mod,mod 必须是 2 的倍数
int64_t av_compare_mod (uint64_t a, uint64_t b, uint64_t mod)

//比较 ts_a/tb_a 与 ts_b/tb_b 的大小. - 1:前者小;0:相等;1:后者小
int av_compare_ts (int64_t ts_a, AVRational tb_a, int64_t ts_b, AVRational tb_b);
```

```
//创建 AVRational
static AVRational av_make_q (int num, int den);

//将 AVRational 转换为 double
static double av_q2d (AVRational a);

//浮点转 AVRational,分子、分母的最大值是 max
AVRational av_d2q (double d, int max) av_const

//AVRational 转 float,返回以 32 位表示的浮点数(float)值
uint32_t av_q2intfloat (AVRational q)

//比较两个 AVRational.0:a == b; 1: a > b; -1: a < b
static int  av_cmp_q (AVRational a, AVRational b);

//分数的约分,分子分母需要小于 max
int av_reduce (int *dst_num, int *dst_den, int64_t num, int64_t den, int64_t max)

//分数相加,return b + c
AVRational av_add_q (AVRational b, AVRational c) av_const

//分数相减,return b - c
AVRational av_sub_q (AVRational b, AVRational c) av_const

//分数相乘,return b*c
AVRational av_mul_q (AVRational b, AVRational c) av_const

//分数相除,return b/c
AVRational av_div_q (AVRational b, AVRational c) av_const

//求倒数,return 1/q
static AVRational av_inv_q (AVRational q)

//找到离 q 最近的值.0:等距离;-1:q1 离 q 近;1:q2 离 q 近
int av_nearer_q (AVRational q, AVRational q1, AVRational q2)

//找到指定数组中离 q 最近的值的索引
int av_find_nearest_q_idx (AVRational q, const AVRational *q_list)

//在特定时间戳上累加一个值,返回为 ts + inc / inc_tb * ts_tb
int64_t av_add_stable (AVRational ts_tb, int64_t ts, AVRational inc_tb, int64_t inc)
```

2. 字符串函数

与字符串操作相关的宏,代码如下:

```
//chapter5/5.1.help.txt
//转译所有空格,包括位于字符串中间的空格
#define    AV_ESCAPE_FLAG_WHITESPACE   (1 << 0)

//仅对特殊标记字符转译.如果没有该标志,则将对av_get_token()返回的特殊字符做转译
#define    AV_ESCAPE_FLAG_STRICT   (1 << 1)

//支持大于0x10FFFF的codepoints
#define    AV_UTF8_FLAG_ACCEPT_INVALID_BIG_CODES   1

//支持非字符(0xFFFE和0xFFFF)
#define    AV_UTF8_FLAG_ACCEPT_NON_CHARACTERS   2

//支持UTF-16的surrogates codes
#define    AV_UTF8_FLAG_ACCEPT_SURROGATES   4

//排除不被XML支持的控制码
#define    AV_UTF8_FLAG_EXCLUDE_XML_INVALID_CONTROL_CODES   8

#define    AV_UTF8_FLAG_ACCEPT_ALL   AV_UTF8_FLAG_ACCEPT_INVALID_BIG_CODES|AV_UTF8_FLAG_
ACCEPT_NON_CHARACTERS|AV_UTF8_FLAG_ACCEPT_SURROGATES
```

与字符串操作相关的枚举,如表5-2所示。

表5-2 字符串相关的枚举

枚举名	值	描述
AV_ESCAPE_MODE_AUTO	0	使用自动选择的反转译模式
AV_ESCAPE_MODE_BACKSLASH	1	使用反斜杠转译
AV_ESCAPE_MODE_QUOTE	2	使用单引号转译

与字符串操作相关的API,代码如下:

```
//chapter5/5.1.help.txt
//标准库中strstr的替代版本,区分大小写字母的字符串匹配
char * av_stristr (const char * haystack, const char * needle);

//忽略大小写字母的字符串匹配
int av_stristart (const char * str, const char * pfx, const char ** ptr);

//标准库中strstr的替代版本,限制字符串长度
char * av_strnstr (const char * haystack, const char * needle, size_t hay_length);

//查找匹配子字符串,如果找到,则返回非0,否则返回0
//如果pfx是str的子串,则ptr将返回第一匹配字符串的地址
```

```
int av_strstart (const char * str, const char * pfx, const char ** ptr);

//ASCII 字符串比较,对大小写敏感
int av_strcasecmp (const char * a, const char * b);

//ASCII 字符串比较,对大小写不敏感
int av_strncasecmp (const char * a, const char * b, size_t n);

//与 BSD strlcpy 功能类似,复制最多 size - 1 个字符,并将 dst[size - 1]置为'\0'
size_t av_strlcpy (char * dst, const char * src, size_t size);
//字符串格式化输出
size_t av_strlcatf (char * dst, size_t size, const char * fmt,...);

//字符串拼接,该保证 dst 的总长度不超过 size - 1
size_t av_strlcat (char * dst, const char * src, size_t size);

//返回从字符串开始位置连续的非'\0'字符的数目
size_t av_strnlen (const char * s, size_t len);

//将字符串和参数格式化输出到一个临时缓冲区,正常返回的指针需要通过调用 av_free 释放
char * av_asprintf (const char * fmt,...)

//将 double 转换为字符串
char * av_d2str (double d);

//字符串分割
char * av_get_token (const char ** buf, const char * term);
//类似 POSIX.1 中的 strtok_r()函数
char * av_strtok (char * s, const char * delim, char ** saveptr);

//判断字符类型和转换
int av_isdigit (int c); //ASCII isdigit
int av_isgraph (int c); //ASCII isgraph
int av_isspace (int c); //ASCII isspace
int av_toupper (int c); //ASCII 字符转大写
int av_tolower (int c); //ASCII 字符转小写
int av_isxdigit (int c); //ASCII isxdigit

//查找盘符或根目录
const char * av_basename (const char * path);

//获得目录名,此函数会修改 path 变量的值
const char * av_dirname (char * path);

//在 names 中查找 name,如果找到,则返回 1;否则返回 0
int av_match_name (const char * name, const char * names);
```

```
//路径拼接,添加新的 folder
char * av_append_path_component (const char * path, const char * component);

//文本转译处理
int av_escape (char ** dst, const char * src, const char * special_chars, enum AVEscapeMode
mode, int flags);

//UTF-8 字符读取
int av_utf8_decode (int32_t * codep, const uint8_t ** bufp, const uint8_t * buf_end, unsigned
int flags);

//在 list 查找 name
int av_match_list (const char * name, const char * list, char separator);
```

3. 日志函数

日志模块主要提供日志输出的相关接口和宏,通过这些接口外部可以控制 FFmpeg 所有的日志输出,其中与日志级别相关的宏定义如表 5-3 所示。

表 5-3 AV_LOG 的日志级别

枚举名	值	描述
AV_LOG_QUIET	−8	无任何日志输出
AV_LOG_PANIC	0	发生无法处理的错误,程序将崩溃
AV_LOG_FATAL	8	发生无法恢复的错误,例如特定格式的文件头没找到
AV_LOG_ERROR	16	发生错误,无法无损恢复,但是对后续运行无影响
AV_LOG_WARNING	24	警告信息,有些部分不太正确,可能会也可能不会导致问题
AV_LOG_INFO	32	标准信息输出,通常可以使用这个
AV_LOG_VERBOSE	40	详细信息,通常比较多,频繁输出那种
AV_LOG_Debug	48	仅用于 libav * 开发者使用的标志
AV_LOG_TRACE	56	特别烦琐的调试信息,仅用在 libav * 开发中

与日志操作相关的 API 及其他宏定义,代码如下:

```
//chapter5/5.1.help.txt
//最大 log 级别的跨度
#define AV_LOG_MAX_OFFSET (AV_LOG_TRACE - AV_LOG_QUIET)
#define AV_LOG_C(x) ((x) << 8) //设置日志输出的颜色,通常用法如下
av_log(ctx, AV_LOG_INFO|AV_LOG_C(255), "Message in red\n");
//跳过重复的日志
#define AV_LOG_SKIP_REPEATED  1
//输出日志对应的 level
#define AV_LOG_PRINT_LEVEL  2
```

```
//日志输出函数包括 log()和 vlog()
void av_log (void * avcl, int level, const char * fmt,...);
void av_vlog (void * avcl, int level, const char * fmt, va_list vl);

//设置和获取日志级别:av_log_level,av_set_level
int av_log_get_level (void);
void av_log_set_level (int level);

//设置日志输出回调函数及默认的日志回调函数
void av_log_set_callback (void( * callback)(void * , int, const char * , va_list));
void av_log_default_callback (void * avcl, int level, const char * fmt, va_list vl);

//获得 ctx 的名字
const char * av_default_item_name (void * ctx);

//获得 AVClassCategory 分类
AVClassCategory av_default_get_category (void * ptr)

//使用 FFmpeg 默认的 log 输出方式格式化参数
void av_log_format_line (void * ptr, int level, const char * fmt, va_list vl, char * line, int
line_size, int * print_prefix);
int av_log_format_line2 (void * ptr, int level, const char * fmt, va_list vl, char * line, int
line_size, int * print_prefix);

//设置与日志输出相关的标志值 flag
void av_log_set_flags (int arg);
int av_log_get_flags (void);
```

4. 内存管理函数

与内存管理相关的函数主要涉及堆管理，其中堆函数的代码如下：

```
//chapter5/5.1.help.txt
//分配指定大小的内存,类似 C 的 malloc
void * av_malloc (size_t size);

//分配内存并将该内存初始化为 0
void * av_mallocz (size_t size);

//作为 C 中 calloc 的替代
void * av_calloc (size_t nmemb, size_t size);

//作为 C 中 realloc 的替代
void * av_realloc (void * ptr, size_t size);
```

```
//在 buffer 不足的情况下,重新分配内存,否则不做处理
void * av_fast_realloc (void * ptr, unsigned int * size, size_t min_size);

//在 buffer 不够时重新分配,够用时直接使用默认的
void av_fast_malloc (void * ptr, unsigned int * size, size_t min_size);

//与 av_fast_malloc 功能类似,只是分配成功之后初始化为 0
void av_fast_mallocz (void * ptr, unsigned int * size, size_t min_size);

//释放内存,类似 C 中的 free
void av_free (void * ptr);

//释放内存,并将指针置为空
void av_freep (void * ptr);

//字符串复制,并返回一个内存指针,返回值需要通过 av_free 释放
char * av_strdup (const char * s);
char * av_strndup (const char * s, size_t len);

//内存区域复制,并返回一个动态申请的内存
void * av_memdup (const void * p, size_t size);

//支持重叠区域的 memcpy 实现
void av_memcpy_backptr (uint8_t * dst, int back, int cnt);

//检查 a * b 是否存在溢出,返回值 0 表示成功, AVERROR(EINVAL)表示存在溢出
int av_size_mult (size_t a, size_t b, size_t * r);
```

5. 错误码及错误处理函数

FFmpeg 提供了统一的与错误处理逻辑相关的 API 及宏定义,代码如下:

```
//chapter5/5.1.help.txt
#define AVERROR(e) (e)                                  //错误值
#define AVUNERROR(e) (e)                                //非错误值
#define FFERRTAG(a, b, c, d) (-(int)MKTAG(a, b, c, d))//生成四字节错误码
#define AV_ERROR_MAX_STRING_SIZE 64                     //错误字符的最大长度

//错误码转字符串,方便使用的宏
#define av_err2str(errnum) av_make_error_string((char[AV_ERROR_MAX_STRING_SIZE]){0}, AV_
ERROR_MAX_STRING_SIZE, errnum)

//根据错误码,将错误信息输到 errbuf 中,如果返回负值,则表示错误码未找到
int av_strerror (int errnum, char * errbuf, size_t errbuf_size);

//功能类似,只是返回值不同
static char * av_make_error_string (char * errbuf, size_t errbuf_size, int errnum);
```

6. 与数据结构操作系统相关的函数

1）AVBuffer

AVBuffer 是一系列支持引用计数的数据缓冲的 API 集合，包括 API 及相关结构体，代码如下：

```
//chapter5/5.1.help.txt
//基于引用计数的 buffer 类型,外部不可见,通过 AVBufferRef 访问
typedef struct AVBuffer AVBuffer;

//对数据 buffer 的引用,该结构不应该被直接分配
struct AVBufferRef {
    AVBuffer * buffer;
    uint8_t * data; //数据缓冲和长度
    int       size;
};

//创建将长度指定为 size 的 buffer,一般调用 av_malloc
AVBufferRef * av_buffer_alloc (int size);
AVBufferRef * av_buffer_allocz (int size);
//使用 data 中长度为 size 的数据创建 AVBuffer,并注册释放函数及标志
AVBufferRef * av_buffer_create (uint8_t * data, int size, void( * free)(void * opaque, uint8_
t * data), void * opaque, int flags);

//使用默认方式释放 buffer
void av_buffer_default_free (void * opaque, uint8_t * data);

//复制和减少对 buffer 的引用计数
AVBufferRef * av_buffer_ref (AVBufferRef * buf);
void av_buffer_unref (AVBufferRef ** buf);

//buffer 是否可写
int av_buffer_is_writable (const AVBufferRef * buf);

//返回 av_buffer_create 设置的 opaque 参数
void * av_buffer_get_opaque (const AVBufferRef * buf);

//返回当前 buffer 的引用计数值
int av_buffer_get_ref_count (const AVBufferRef * buf);

//创建一个可写的 buffer
int av_buffer_make_writable (AVBufferRef ** buf);

//重新分配 buffer 大小
int av_buffer_realloc (AVBufferRef ** buf, int size);
```

2）AVBufferPool

AVBufferPool 是一个由 AVBuffer 构成的、没有线程锁的、线程安全的缓冲池。频繁地分配和释放大量内存缓冲区效率会较低。AVBufferPool 主要解决用户需要使用同样长度的缓冲区的情况(例如原始 PCM 格式的音频帧)。

开始时用户可以调用 av_buffer_pool_init()函数来创建缓冲池，然后在任何时间都可以调用 av_buffer_pool_get()函数来获得 buffer，在该 buffer 的引用计数为 0 时，将会返给缓冲池，这样就可以被循环使用了。用户使用完缓冲池之后可以调用 av_buffer_pool_uninit()函数来释放缓冲池。相关的 API 函数的代码如下：

```
//chapter5/5.1.help.txt
//创建缓冲池
AVBufferPool * av_buffer_pool_init (int size, AVBufferRef * ( * alloc)(int size));

//Allocate and initialize a buffer pool with a more complex allocator.
//使用更复杂的分配器分配和初始化缓冲池,可以使用用户自定义的分配和释放函数
AVBufferPool * av_buffer_pool_init2 (int size, void * opaque, AVBufferRef * ( * alloc)(void
 * opaque, int size), void( * pool_free)(void * opaque));

//释放缓冲池
void av_buffer_pool_uninit (AVBufferPool ** pool);

//获得 buffer
AVBufferRef * av_buffer_pool_get (AVBufferPool * pool);
```

3）AVDictionary

AVDictionary 是一个简单的键-值对的字典集，其中公开的结构体代码如下：

```
//chapter5/5.1.help.txt
typedef struct AVDictionaryEntry {
    char * key;
    char * value;
} AVDictionaryEntry;

typedef struct AVDictionary AVDictionary;
```

支持的宏定义，如表 5-4 所示。

表 5-4 AV_DICT 相关的宏定义

枚 举 名	值	描 述
AV_DICT_MATCH_CASE	1	大小写完全匹配的 key 检索
AV_DICT_IGNORE_SUFFIX	2	忽略后缀
AV_DICT_DONT_STRDUP_KEY	4	不复制 key

续表

枚 举 名	值	描　述
AV_DICT_DONT_STRDUP_VAL	8	不制 value
AV_DICT_DONT_OVERWRITE	16	不覆盖原有值
AV_DICT_MULTIKEY	64	支持多重键值

支持的相关 API 函数，代码如下：

```
//chapter5/5.1.help.txt
//从 prev 开始检索 m 中的键值为 key 的元素
AVDictionaryEntry * av_dict_get (const AVDictionary * m, const char * key, const
AVDictionaryEntry * prev, int flags);

//获得 m 中的元素个数
int av_dict_count (const AVDictionary * m);
//设置 * pm 中的 key:value 键 - 值对
int av_dict_set (AVDictionary ** pm, const char * key, const char * value, int flags);
//使用 int64_t 的 value 类型
int av_dict_set_int (AVDictionary ** pm, const char * key, int64_t value, int flags);
//从 str 中解析键 - 值对，并添加到 * pm 中
int av_dict_parse_string (AVDictionary ** pm, const char * str, const char * key_val_sep,
const char * pairs_sep, int flags);
//AVDictionary 复制
int av_dict_copy (AVDictionary ** dst, const AVDictionary * src, int flags);
//释放 AVDictionary
void av_dict_free (AVDictionary ** m);
//按照字符串格式输出 AVDictionary 的所有数据
int av_dict_get_string (const AVDictionary * m, char ** buffer, const char key_val_sep, const
char pairs_sep);
```

4）AVTree

AVTree 是一种树容器，支持的插入、删除、查找等常用操作都是 $O(\log n)$复杂度的实现版本，主要提供的 API 的代码如下：

```
//chapter5/5.1.help.txt
//创建
struct AVTreeNode * av_tree_node_alloc (void);
//元素查找
void * av_tree_find (const struct AVTreeNode * root, void * key, int( * cmp)(const void * key,
const void * b), void * next[2]);
//元素插入
void * av_tree_insert (struct AVTreeNode ** rootp, void * key, int( * cmp)(const void * key,
const void * b), struct AVTreeNode ** next);
//销毁
```

```
void av_tree_destroy (struct AVTreeNode * t);
//数元素枚举
void av_tree_enumerate (struct AVTreeNode * t, void * opaque, int( * cmp)(void * opaque, void
 * elem), int( * enu)(void * opaque, void * elem));
```

5）AVFrame

AVFrame 是对原始多媒体数据的一个基于引用计数的抽象，比较常用的是音频帧和视频帧(例如 PCM、YUV 等格式的原始音视频帧)，完整代码可以参考 libavutil/frame.h 文件。

AVFrame 必须使用 av_frame_alloc()函数进行分配，需要注意的是该函数仅仅分配 AVFrame 本身，AVFrame 中的数据缓冲必须通过其他方式管理。AVFrame 必须使用 av_frame_free()函数释放。AVFrame 通常只分配一次，然后用于存放不同的数据，例如 AVFrame 可以保存从 decoder 中解码出来的数据。在这种情况下 av_frame_unref()函数将释放所有由 frame 添加的引用计数并将其重置为初始值。

AVFrame 中的数据通常基于 AVBuffer API 提供的引用计数机制，其中的引用计数保存在 AVFrame.buf/AVFrame.extended_buf 字段中。sizeof(AVFrame)并不是公开 API 的一部分，以保证 AVFrame 中新添加成员之后可以正常运行。AVFrame 中的成员可以通过 AVOptions 访问，使用其对应的名称字符串即可。AVFrame 的 AVClass 可以通过 avcodec_get_frame_class()函数获得。

它提供的主要函数的代码如下：

```
//chapter5/5.1.help.txt
//获取和设置 AVFrame.best_effort_timestamp 的值
int64_t av_frame_get_best_effort_timestamp (const AVFrame * frame);
void av_frame_set_best_effort_timestamp (AVFrame * frame, int64_t val);

//获取和设置 AVFrame.pkt_duration
int64_t av_frame_get_pkt_duration (const AVFrame * frame);
void av_frame_set_pkt_duration (AVFrame * frame, int64_t val);

//获取和设置 AVFrame.pkt_pos
int64_t av_frame_get_pkt_pos (const AVFrame * frame);
void av_frame_set_pkt_pos (AVFrame * frame, int64_t val);

//获取和设置 AVFrame.channel_layout
int64_t av_frame_get_channel_layout (const AVFrame * frame);
void    av_frame_set_channel_layout (AVFrame * frame, int64_t val);

//获取和设置 AVFrame.channels
int     av_frame_get_channels (const AVFrame * frame);
void    av_frame_set_channels (AVFrame * frame, int val);

//获取和设置 AVFrame.sample_rate
```

```
int     av_frame_get_sample_rate (const AVFrame * frame);
void    av_frame_set_sample_rate (AVFrame * frame, int val);

//获取和设置 AVFrame.metadata
AVDictionary *   av_frame_get_metadata (const AVFrame * frame);
void av_frame_set_metadata (AVFrame * frame, AVDictionary * val);

//获取和设置 AVFrame.decode_error_flags
int av_frame_get_decode_error_flags (const AVFrame * frame);
void av_frame_set_decode_error_flags (AVFrame * frame, int val);

//获取和设置 AVFrame.pkt_size
int av_frame_get_pkt_size (const AVFrame * frame);
void av_frame_set_pkt_size (AVFrame * frame, int val);
AVDictionary ** avpriv_frame_get_metadatap (AVFrame * frame)

//获取和设置 AVFrame.colorspace
enum AVColorSpace av_frame_get_colorspace (const AVFrame * frame);
void av_frame_set_colorspace (AVFrame * frame, enum AVColorSpace val);

//获取和设置 AVFrame.color_range
enum AVColorRange av_frame_get_color_range (const AVFrame * frame);
void av_frame_set_color_range (AVFrame * frame, enum AVColorRange val)

//获得 ColorSpace 的名称
const char * av_get_colorspace_name (enum AVColorSpace val);

//创建和释放 AVFrame
AVFrame * av_frame_alloc (void);
void av_frame_free (AVFrame ** frame);

//增加引用计数
int av_frame_ref (AVFrame * dst, const AVFrame * src);
//AVFrame 复制
AVFrame * av_frame_clone (const AVFrame * src);
//去除引用计数
void av_frame_unref (AVFrame * frame);
//引用计数转译
void av_frame_move_ref (AVFrame * dst, AVFrame * src);
//重新分配缓冲区
int av_frame_get_buffer (AVFrame * frame, int align);
//AVFrame 复制
int av_frame_copy (AVFrame * dst, const AVFrame * src);
int av_frame_copy_props (AVFrame * dst, const AVFrame * src);

//获得某个平面的数据
AVBufferRef * av_frame_get_plane_buffer (AVFrame * frame, int plane);
```

6）AVOptions

AVOptions 提供了通用的 option 设置和获取机制，可适用于任意 struct（通常要求该结构体的第 1 个成员必须是 AVClass 指针，该 AVClass.options 必须指向一个 AVOptions 的静态数组，以 NULL 作为结束），该结构体定义的代码如下：

```
//chapter5/5.1.help.txt
struct AVOption {
    const char * name;          //名称
    const char * help;          //说明信息
    int offset;                 //相对于上下文的偏移量，对常量而言，必须是 0
    enum AVOptionType type;     //类型

    //实际存储数据的共用体
    union {
        int64_t i64;
        double dbl;
        const char * str;
        AVRational q;
    } default_val;
    double min;
    double max;
    int flags; //AV_OPT_FLAG_XXX
    const char * unit;
};

struct AVOptionRange {
    const char * str;
    double value_min, value_max; //值范围，对字符串表示长度，对分辨率表示最大最小像素个数
    double component_min, component_max;//实际数据取值区间，对字符串，表示 Unicode 的取值范
//围 ASCII 为[0,127]
    int is_range;               //是否是一个取值范围，1:是;0:单值
};

struct AVOptionRanges {
    AVOptionRange ** range;
    int nb_ranges;              //range 数目
    int nb_components;          //组件数目
} AVOptionRanges;
```

选项（Option）的设置及与获取相关的 API 函数，代码如下：

```
//chapter5/5.1.help.txt
//set 类函数
int av_opt_set (void * obj, const char * name, const char * val, int search_flags); //任意字符串
int av_opt_set_int (void * obj, const char * name, int64_t val, int search_flags);  //int
```

```
int av_opt_set_double (void * obj, const char * name, double val, int search_flags); //double
int av _ opt _ set _ q (void * obj, const char * name, AVRational val, int search _ flags);
//AVRational
int av_opt_set_bin (void * obj, const char * name, const uint8_t * val, int size, int search_
flags); //二进制
int av_opt_set_image_size (void * obj, const char * name, int w, int h, int search_flags);
//图像分辨率
int av_opt_set_pixel_fmt (void * obj, const char * name, enum AVPixelFormat fmt, int search_
flags); //PixelFormat
int av_opt_set_sample_fmt (void * obj, const char * name, enum AVSampleFormat fmt, int search_
flags); //SampleFormat
int av_opt_set_video_rate (void * obj, const char * name, AVRational val, int search_flags);
//视频帧率
int av_opt_set_channel_layout (void * obj, const char * name, int64_t ch_layout, int search_
flags); //channel_layou
int av_opt_set_dict_val (void * obj, const char * name, const AVDictionary * val, int search_
flags); //AVDictionary

//get 类函数
int av_opt_get (void * obj, const char * name, int search_flags, uint8_t ** out_val);
int av_opt_get_int (void * obj, const char * name, int search_flags, int64_t * out_val);
int av_opt_get_double (void * obj, const char * name, int search_flags, double * out_val);
int av_opt_get_q (void * obj, const char * name, int search_flags, AVRational * out_val);
int av_opt_get_image_size (void * obj, const char * name, int search_flags, int * w_out, int
* h_out);
int av_opt_get_pixel_fmt (void * obj, const char * name, int search_flags, enum AVPixelFormat
* out_fmt);
int av _ opt _ get _ sample _ fmt (void * obj, const char * name, int search _ flags, enum
AVSampleFormat * out_fmt);
int av_opt_get_video_rate (void * obj, const char * name, int search_flags, AVRational * out_val);
int av_opt_get_channel_layout (void * obj, const char * name, int search_flags, int64_t * ch_
layout);
int av_opt_get_dict_val (void * obj, const char * name, int search_flags, AVDictionary ** out_val);
```

与 AVOptions 相关的 API 及结构体，代码如下：

```
//chapter5/5.1.help.txt
//优先检索给定对象的子对象
#define AV_OPT_SEARCH_CHILDREN   (1 << 0)
#define AV_OPT_SEARCH_FAKE_OBJ   (1 << 1)
//在 av_opt_get 中支持返回 NULL，而不是空字符串
#define AV_OPT_ALLOW_NULL   (1 << 2)
```

```
//支持多组件范围的 option
#define AV_OPT_MULTI_COMPONENT_RANGE   (1 << 12)
//只保存非默认值的 option
#define AV_OPT_SERIALIZE_SKIP_DEFAULTS   0x00000001
//只保存完全符合 opt_flags 的 option
#define AV_OPT_SERIALIZE_OPT_FLAGS_EXACT   0x00000002

//枚举值
enum AVOptionType {
  AV_OPT_TYPE_FLAGS, AV_OPT_TYPE_INT, AV_OPT_TYPE_INT64, AV_OPT_TYPE_DOUBLE,
  AV_OPT_TYPE_FLOAT, AV_OPT_TYPE_STRING, AV_OPT_TYPE_RATIONAL, AV_OPT_TYPE_BINARY,
  AV_OPT_TYPE_DICT, AV_OPT_TYPE_UINT64, AV_OPT_TYPE_CONST = 128, AV_OPT_TYPE_IMAGE_SIZE =
MKBETAG('S','I','Z','E'),
  AV_OPT_TYPE_PIXEL_FMT = MKBETAG('P','F','M','T'), AV_OPT_TYPE_SAMPLE_FMT = MKBETAG('S','F',
'M','T'),
  AV_OPT_TYPE_VIDEO_RATE = MKBETAG('V','R','A','T'), AV_OPT_TYPE_DURATION = MKBETAG('D','U',
'R',' '),
  AV_OPT_TYPE_COLOR = MKBETAG('C','O','L','R'), AV_OPT_TYPE_CHANNEL_LAYOUT = MKBETAG('C','H',
'L','A'),
  AV_OPT_TYPE_BOOL = MKBETAG('B','O','O','L')
}

enum  { AV_OPT_FLAG_IMPLICIT_KEY = 1 }

//支持的函数
//显示 obj 的所有 options
int av_opt_show2 (void * obj, void * av_log_obj, int req_flags, int rej_flags);
//将 s 的所有 options 设置为默认值
void av_opt_set_defaults (void * s);
void av_opt_set_defaults2 (void * s, int mask, int flags);

//解析 opts 中的键-值对,并设置(主要区别是对 ctx 要求不一样)
int av_set_options_string (void * ctx, const char * opts, const char * key_val_sep, const char
* pairs_sep);
int av_opt_set_from_string (void * ctx, const char * opts, const char * const * shorthand,
const char * key_val_sep, const char * pairs_sep);
//释放 obj 所有分配的 options 资源
void av_opt_free (void * obj);
//检查 obj.flag_name 对应的 AVOption 属性名为 filed_name 时该值是否设置
int av_opt_flag_is_set (void * obj, const char * field_name, const char * flag_name);
//从 AVDictionary 读取 option
int av_opt_set_dict (void * obj, struct AVDictionary ** options);
int av_opt_set_dict2 (void * obj, struct AVDictionary ** options, int search_flags);

//从 ropts 开始提取键-值对
```

```
int av_opt_get_key_value (const char ** ropts, const char * key_val_sep, const char * pairs_
sep, unsigned flags, char ** rkey, char ** rval);
//在 obj 中查找名字为 name 的 AVOption
const AVOption * av_opt_find (void * obj, const char * name, const char * unit, int opt_flags,
int search_flags);
const AVOption * av_opt_find2 (void * obj, const char * name, const char * unit, int opt_
flags, int search_flags, void ** target_obj);

//遍历 obj 中所有的 AVOption
const AVOption * av_opt_next (const void * obj, const AVOption * prev);
//遍历 obj 中所有使能的子对象
void *  av_opt_child_next (void * obj, void * prev);
const AVClass * av_opt_child_class_next (const AVClass * parent, const AVClass * prev);

//获取 obj 中名字为 name 的属性的指针
void * av_opt_ptr (const AVClass * avclass, void * obj, const char * name);

//AVOption 复制
int av_opt_copy (void * dest, const void * src);

//释放 AVOptionRanges,并置为 NULL
void av_opt_freep_ranges (AVOptionRanges ** ranges);
//获取有效范围的取值
int av_opt_query_ranges (AVOptionRanges ** , void * obj, const char * key, int flags);
int av_opt_query_ranges_default (AVOptionRanges ** , void * obj, const char * key, int
flags);

//获取是否所有的 AVOption 都是默认值
int av_opt_is_set_to_default (void * obj, const AVOption * o);
int av_opt_is_set_to_default_by_name (void * obj, const char * name, int search_flags);
//序列化所有的 AVOption
int av_opt_serialize (void * obj, int opt_flags, int flags, char ** buffer, const char key_val
_sep, const char pairs_sep);
    Serialize object's options. More...
```

7. 其他辅助函数

其他辅助函数主要包括密钥、哈希值、宏、库版本、常量等。FFmpeg 支持 AES、Base64、Blowfish 等常用的密钥算法，哈希函数支持 CRC、MD5、SHA、SHA-512 等。

1）与库版本相关的 **API** 及宏

代码如下：

```
//chapter5/5.1.help.txt
//版本号的两种信息
#define AV_VERSION_INT(a, b, c)   ((a)<<16 | (b)<<8 | (c))
```

```
#define AV_VERSION_DOT(a, b, c)   a ##.## b ##.## c
#define AV_VERSION(a, b, c)   AV_VERSION_DOT(a, b, c)

//主版本、次版本、微版本号
#define AV_VERSION_MAJOR(a) ((a) >> 16)
#define AV_VERSION_MINOR(a) (((a) & 0x00FF00) >> 8)
#define AV_VERSION_MICRO(a) ((a) & 0xFF)

#define LIBAVUTIL_VERSION_MAJOR   55
#define LIBAVUTIL_VERSION_MINOR   74
#define LIBAVUTIL_VERSION_MICRO   100

#define LIBAVUTIL_VERSION_INT
#define LIBAVUTIL_VERSION

#define LIBAVUTIL_BUILD LIBAVUTIL_VERSION_INT

//与库版本相关的 API
unsigned avutil_version (void);                 //获取版本
const char * av_version_info (void);            //获取版本信息
const char * avutil_configuration (void);       //配置字符串
const char * avutil_license (void);             //获取版本 license
```

2）与字符串处理相关的宏

代码如下：

```
//chapter5/5.1.help.txt
#define AV_STRINGIFY(s) AV_TOSTRING(s)        //转换为字符串
#define AV_TOSTRING(s) #s
#define AV_GLUE(a, b) a ## b                  //两个变量拼接
#define AV_JOIN(a, b) AV_GLUE(a, b)
```

3）与时间戳相关的宏

代码如下：

```
//chapter5/5.1.help.txt
//未定义的时间戳
#define AV_NOPTS_VALUE ((int64_t)UINT64_C(0x8000000000000000))

//内部时间基准,通常是微秒(μs)
#define AV_TIME_BASE   1000000
#define AV_TIME_BASE_Q   (AVRational){1, AV_TIME_BASE}
```

4）AVMediaType 及 FourCC

代码如下：

```
//chapter5/5.1.help.txt
#define AV_FOURCC_MAX_STRING_SIZE 32
#define av_fourcc2str(fourcc) av_fourcc_make_string((char[AV_FOURCC_MAX_STRING_SIZE]){0},
fourcc)
//将 fourcc 填充到字符串中
char * av_fourcc_make_string (char * buf, uint32_t fourcc);
//媒体类型：音频、视频、数据、未知
enum    AVMediaType {
  AVMEDIA_TYPE_UNKNOWN = -1, AVMEDIA_TYPE_VIDEO, AVMEDIA_TYPE_AUDIO, AVMEDIA_TYPE_DATA,
  AVMEDIA_TYPE_SUBTITLE, AVMEDIA_TYPE_ATTACHMENT, AVMEDIA_TYPE_NB
}
//获得 AVMediaType 对应的字符串
const char * av_get_media_type_string (enum AVMediaType media_type);

//使用 utf8 的文件名打开文件
FILE * av_fopen_utf8 (const char * path, const char * mode);

//返回表示内部时间戳的 time_base
AVRational av_get_time_base_q (void);
```

5）AVPicture 相关

关于 AVPicture 的用法说明，其中包括像素采样格式、基本图像平面操作等，相关的 API 及枚举量的定义，代码如下：

```
//chapter5/5.1.help.txt
//各种帧类型，I/P/B/S/SI/SP/BI
enum  AVPictureType {
  AV_PICTURE_TYPE_NONE = 0, AV_PICTURE_TYPE_I, AV_PICTURE_TYPE_P, AV_PICTURE_TYPE_B,
  AV_PICTURE_TYPE_S, AV_PICTURE_TYPE_SI, AV_PICTURE_TYPE_SP, AV_PICTURE_TYPE_BI
}

//使用单个字符表示图片类型，未知时返回'?'
char av_get_picture_type_char (enum AVPictureType pict_type);

//计算给定采样格式和宽度的图像的 linesize
int av_image_get_linesize (enum AVPixelFormat pix_fmt, int width, int plane);

//填充特定采样格式和宽度的 linesize 数组
int av_image_fill_linesizes (int linesizes[4], enum AVPixelFormat pix_fmt, int width);
```

```
//使用 ptr 中的数据填充 plane 中的数组(不申请内存)
int av_image_fill_pointers (uint8_t * data[4], enum AVPixelFormat pix_fmt, int height, uint8_
t * ptr, const int linesizes[4]);

//根据给定的格式分配 Image 数组,主要是 pointers 和 linesizes
int av_image_alloc (uint8_t * pointers[4], int linesizes[4], int w, int h, enum AVPixelFormat
pix_fmt, int align);

//复制特定 plane 的数据,即将 src 中的数据复制到 dst 中
void av_image_copy_plane (uint8_t * dst, int dst_linesize, const uint8_t * src, int src_
linesize, int Bytewidth, int height);

//复制 Image,将 src_data 中的数据复制到 dst_data 中
void av_image_copy (uint8_t * dst_data[4], int dst_linesizes[4], const uint8_t * src_data
[4], const int src_linesizes[4], enum AVPixelFormat pix_fmt, int width, int height);

//将 src 填充到 dst_data 中
int av_image_fill_arrays (uint8_t * dst_data[4], int dst_linesize[4], const uint8_t * src,
enum AVPixelFormat pix_fmt, int width, int height, int align);

//返回指定格式的图片需要的缓冲区长度
int av_image_get_buffer_size (enum AVPixelFormat pix_fmt, int width, int height, int align);

//将图像填充为黑色
int av_image_fill_black (uint8_t * dst_data[4], const ptrdiff_t dst_linesize[4], enum
AVPixelFormat pix_fmt, enum AVColorRange range, int width, int height);
```

5.2 AVLog 应用案例及剖析

FFmpeg 有专门的日志输出系统,核心函数只有一个：av_log(),下面通过案例来详细应用并解析相关知识点。

1. 创建 Qt 工程使用 FFmpeg 操作目录

1）创建 Qt 工程

打开 Qt Creator,创建一个 Qt Console 工程,具体操作步骤可以参考“1.4 搭建 FFmpeg 的 Qt 开发环境”,工程名称为 QtFFmpeg5_Chapter5_001,如图 5-2 所示。由于使用的是 FFmpeg 5.0.1 的 64 位开发包,所以编译套件应选择 64 位的 MSVC 或 MinGW,如图 5-3 所示。

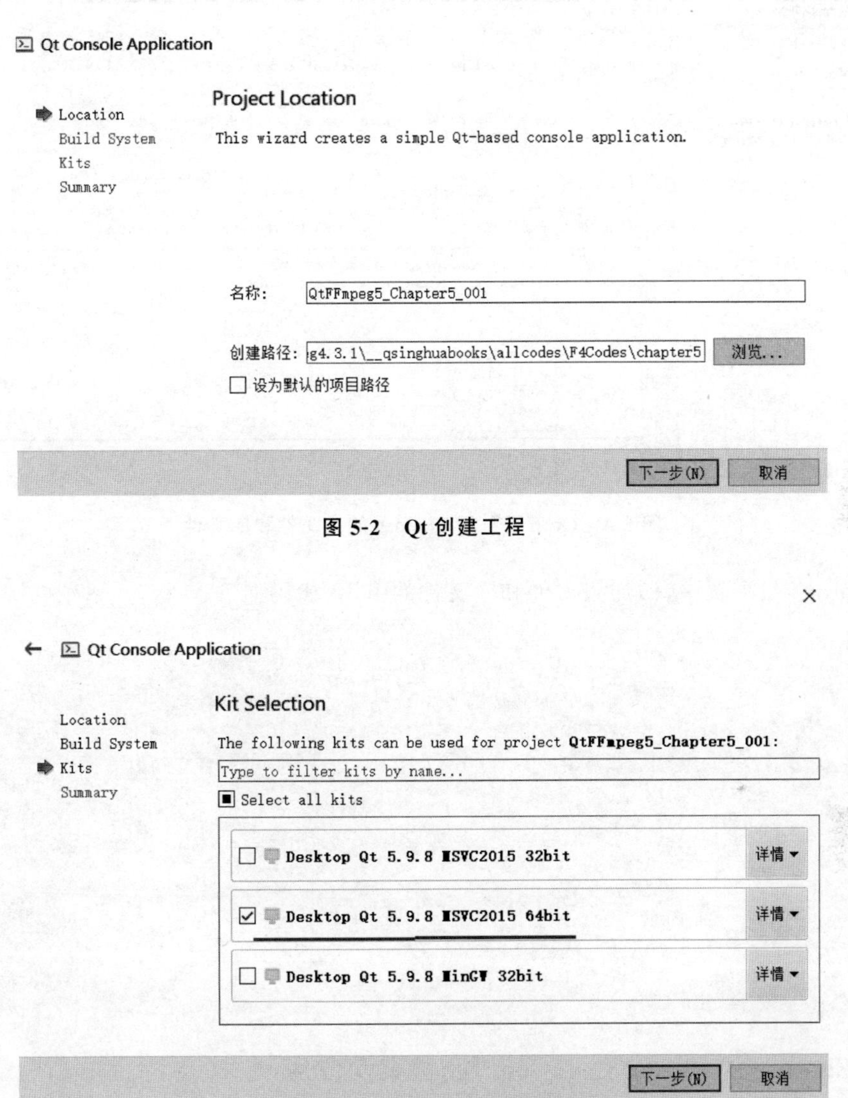

图 5-2 Qt 创建工程

图 5-3 Qt 工程之 64 位编译器

2）引用 **FFmpeg** 的头文件和库文件

打开配置文件 QtFFmpeg5_Chapter5_001.pro，添加引用头文件及库文件的代码，如图 5-4 所示。由于笔者的工程目录 QtFFmpeg5_Chapter5_001 在 chapter5 目录下，而 chapter5 目录与 ffmpeg-n5.0-latest-win64-gpl-shared-5.0 目录是平级关系，所以项目配置文件里引用 FFmpeg 开发包目录的代码是 $$PWD/../../ffmpeg-n5.0-latest-win64-gpl-shared-5.0/，$$PWD 代表当前配置文件(QtFFmpeg5_Chapter5_001.pro)所在的目录，../../代表父目录的父目录。

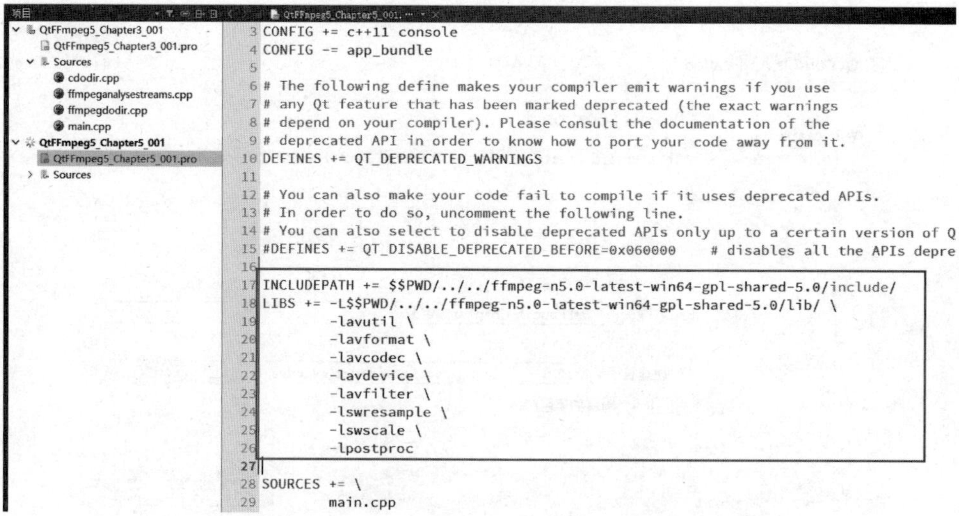

图 5-4　Qt 工程引用 FFmpeg 的头文件和库文件

在.pro 项目配置中，添加头文件和库文件的引用，代码如下：

```
//chapter5/QtFFmpeg5_Chapter5_001/QtFFmpeg5_Chapter5_001.pro
INCLUDEPATH += $$PWD/../../ffmpeg-n5.0-latest-win64-gpl-shared-5.0/include/
LIBS += -L$$PWD/../../ffmpeg-n5.0-latest-win64-gpl-shared-5.0/lib/ \
        -lavutil \
        -lavformat \
        -lavcodec \
        -lavdevice \
        -lavfilter \
        -lswresample \
        -lswscale \
        -lpostproc
```

2. FFmpeg 的日志输出 av_log()函数案例应用

FFmpeg 的日志信息从重到轻分为 Panic、Fatal、Error、Warning、Info、Verbose、Debug 几个级别，并且日志信息输到控制台的颜色也不同。下面的函数输出了几种不同级别的日志。默认情况下，所有日志信息都发送到 stderr，而不是 stdout，代码如下：

```
//chapter5/QtFFmpeg5_Chapter5_001/main.cpp
void test_log(){
    av_register_all();
    AVFormatContext *pobj = NULL;
    pobj = avformat_alloc_context();
    printf("=====================================\n");
```

```
    av_log(pobj ,AV_LOG_PANIC,"Panic: Something went really wrong and we will crash now.\n");
    av_log(pobj ,AV_LOG_FATAL,"Fatal: Something went wrong and recovery is not possible.\n");
    av_log(pobj ,AV_LOG_ERROR,"Error: Something went wrong and cannot losslessly be recovered.\n");
    av_log(pobj ,AV_LOG_WARNING,"Warning: This may or may not lead to problems.\n");
    av_log(pobj ,AV_LOG_INFO,"Info: Standard information.\n");
    av_log(pobj ,AV_LOG_VERBOSE,"Verbose: Detailed information.\n");
    av_log(pobj ,AV_LOG_Debug,"Debug: Stuff which is only useful for libav* developers.\n");
    printf("====================================\n");
    avformat_free_context(pobj );
}
```

将上述函数添加到 main.cpp 文件中，需要引用相关的头文件，代码如下：

```
//chapter5/QtFFmpeg5_Chapter5_001/main.cpp
extern "C"{  //C++调用 C 函数
    #include <libavutil/avutil.h>
    #include <libavformat/avformat.h>
}
```

注意：C++调用 C 函数，需要用 extern "C"{}将头文件括起来。

编译并运行该项目，会输出不同颜色的日志信息，如图 5-5 所示。

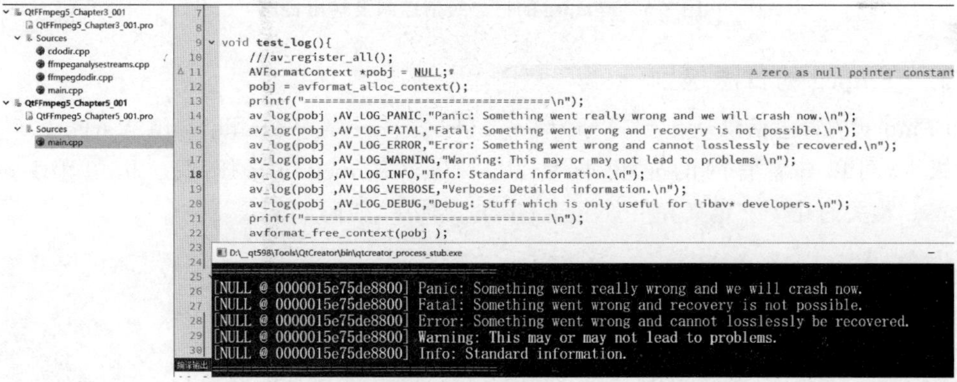

图 5-5 FFmpeg 的输出日志

观察日志输出信息，会发现没有输出 AV_LOG_VERBOSE 和 AV_LOG_Debug 信息。这是因为 FFmpeg 的默认日志级别是 AV_LOG_INFO。可以通过 av_log_set_level()函数设置日志级别，修改 test_log()函数，代码如下：

```
//chapter5/QtFFmpeg5_Chapter5_001/main.cpp
void test_log(){
```

```
    //av_register_all();
    AVFormatContext * pobj = NULL;
    pobj = avformat_alloc_context();

    //av_log_set_level(AV_LOG_VERBOSE);  //设置日志级别
    av_log_set_level(AV_LOG_Debug);
     …
}
```

重新编译并运行该项目，会输出不同颜色的日志信息，此时可发现多了两条绿色的日志信息（AV_LOG_VERBOSE 和 AV_LOG_Debug），如图 5-6 所示。

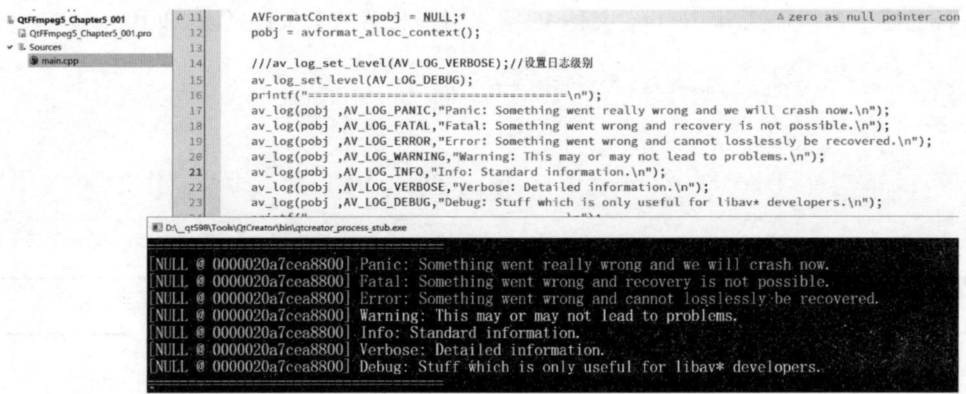

图 5-6　FFmpeg 的日志级别控制及输出日志

3. FFmpeg 的日志级别

FFmpeg 的日志信息从重到轻分为 Panic、Fatal、Error、Warning、Info、Verbose、Debug 几个级别，可以查看官网的介绍，网址为 https://ffmpeg.org/ffmpeg.html#Generic-options。相关的几个宏定义在 libavutil/log.h 文件中，代码如下：

```
//chapter5/5.2.help.txt
/**
 * Print no output. :不输出日志
 */
#define AV_LOG_QUIET    -8

/** 出了点问题，现在要崩溃了
 * Something went really wrong and we will crash now.
 */
#define AV_LOG_PANIC     0

/** 出现问题，无法恢复
```

```
* Something went wrong and recovery is not possible.
* For example, no header was found for a format which depends
* on headers or an illegal combination of parameters is used.
*例如,找不到需要依赖于头的相关格式的头信息,或者使用了非法的参数组合.
*/
#define AV_LOG_FATAL     8

/** 出了问题,无法无损地恢复. 然而,并非所有未来的数据都会受到影响.
* Something went wrong and cannot losslessly be recovered.
* However, not all future data is affected.
*/
#define AV_LOG_ERROR    16

/** 有些东西看起来不太对劲.这可能会也可能不会导致问题.例如使用'-vstrict-2'.
* Something somehow does not look correct. This may or may not
* lead to problems. An example would be the use of '-vstrict -2'.
*/
#define AV_LOG_WARNING  24

/**
* Standard information. 标准信息,这个是默认级别
*/
#define AV_LOG_INFO     32

/**
* Detailed information. 细节信息
*/
#define AV_LOG_VERBOSE  40

/** 只对 libav*开发人员有用的东西.
* Stuff which is only useful for libav* developers.
*/
#define AV_LOG_Debug    48

/** 非常详细的调试,对 libav*开发非常有用.
* Extremely verbose Debugging, useful for libav* development.
*/
#define AV_LOG_TRACE    56
```

注意：FFmpeg 的默认日志级别是 AV_LOG_INFO，此外，还有一个级别不输出任何信息，即 AV_LOG_QUIET。

4. FFmpeg 的日志输出 av_log()函数详解

av_log()是 FFmpeg 中输出日志的函数，在 FFmpeg 的源代码文件中到处遍布着 av_

log()函数。一般情况下 FFmpeg 类库的源代码中不允许使用 printf()这种函数，所有的输出一律使用 av_log()。av_log()函数声明在头文件 libavutil\log.h 中，代码如下：

```
//chapter5/5.2.help.txt
/**
 * Send the specified message to the log if the level is less than or equal
 * to the current av_log_level. By default, all logging messages are sent to
 * stderr. This behavior can be altered by setting a different logging callback
 * function.
 * 如果级别小于或等于当前 av_log 级别，则将指定的消息发送到日志.
 * 默认情况下，所有日志消息都发送到 stderr.注意是默认输出到 stderr.
 * 可以通过设置不同的日志回调函数来更改此行为
 * @see av_log_set_callback
 *
 * @param avcl :A pointer to an arbitrary struct of which the first field is a  pointer to an
AVClass struct or NULL if general log.
 * 指向任意结构的指针，其中第 1 个字段是指向 AVClass 结构的指针，如果是常规日志，则为 NULL
 * @param level :The importance level of the message expressed using a @ref
 *          lavu_log_constants "Logging Constant". 消息的重要性级别.
 * @param fmt The format string (printf - compatible) that specifies how
 *          subsequent arguments are converted to output.格式化字符串
 */
void av_log(void *avcl, int level, const char *fmt, ...) av_printf_format(3, 4);
```

这个函数的声明有以下两个地方比较特殊：

(1) 函数最后一个参数是“...”。在 C 语言中，在函数参数数量不确定的情况下使用“...”来代表参数。例如 printf()的函数原型定义，代码如下：

```
int printf (const char*, ...);
```

(2) 声明后面有一个 av_printf_format(3, 4)，其作用是按照 printf()的格式检查 av_log()的格式。

av_log()函数每个字段的含义如下。

(1) avcl：指定一个包含 AVClass 的结构体。

(2) level：日志的级别。

(3) fmt：和 printf()一样，格式化的字符串。

由此可见，av_log()和 printf()的不同主要在于前面多了两个参数，其中第 1 个参数用于指定该 log 所属的结构体，例如 AVFormatContext、AVCodecContext 等。第 2 个参数用于指定 log 的级别，源代码中定义了几个级别，代码如下：

```
//chapter5/5.2.help.txt
#define AV_LOG_QUIET    -8
```

```
#define AV_LOG_PANIC     0
#define AV_LOG_FATAL     8
#define AV_LOG_ERROR    16
#define AV_LOG_WARNING  24
#define AV_LOG_INFO     32
#define AV_LOG_VERBOSE  40
#define AV_LOG_Debug    48
```

从定义中可知，随着严重程度的逐渐下降，一共包含如下级别：AV_LOG_PANIC、AV_LOG_FATAL、AV_LOG_ERROR、AV_LOG_WARNING、AV_LOG_INFO、AV_LOG_VERBOSE 和 AV_LOG_Debug。每个级别定义的数值代表了严重程度，数值越小代表越严重。默认的级别是 AV_LOG_INFO。此外，还有一个级别不输出任何信息，即 AV_LOG_QUIET。

当前项目中存在着一个"Log 级别"，所有严重程度高于该级别的 Log 信息都会输出。例如当前的 Log 级别是 AV_LOG_WARNING，则会输出 AV_LOG_PANIC、AV_LOG_FATAL、AV_LOG_ERROR 和 AV_LOG_WARNING 级别的信息，而不会输出 AV_LOG_INFO 级别的信息。可以通过 av_log_get_level()函数获得当前 Log 的级别，通过另一个函数 av_log_set_level()设置当前项目的 Log 级别。

av_log_get_level()和 av_log_set_level()的函数定义，代码如下：

```
//chapter5/5.2.help.txt
void av_log_set_level(int level)
{
    av_log_level = level;
}
int av_log_get_level(void)
{
    return av_log_level;
}
```

以上两个函数主要操作了一个静态全局变量 av_log_level，该变量用于存储当前系统 Log 的级别，代码如下：

```
static int av_log_level = AV_LOG_INFO;
```

av_log()函数的源代码位于 libavutil\log.c 文件中，代码如下：

```
//chapter5/5.2.help.txt
void av_log(void * avcl, int level, const char * fmt, ...)
{
    AVClass * avc = avcl ? * (AVClass ** ) avcl : NULL;
```

```
    va_list vl;
    va_start(vl, fmt);
    if (avc && avc->version >= (50 << 16 | 15 << 8 | 2) &&
        avc->log_level_offset_offset && level >= AV_LOG_FATAL)
        level += *(int *) (((uint8_t *) avcl) + avc->log_level_offset_offset);
    av_vlog(avcl, level, fmt, vl);
    va_end(vl);
}
```

下面看一下C语言函数中“...”参数的含义，与它相关的部分还涉及以下4部分，包括va_list变量、va_start()、va_arg()和va_end()。va_list是一个指向函数的参数的指针；va_start()用于初始化va_list变量；va_arg()用于返回可变参数；va_start()用于结束可变参数的获取。有关它们的用法可以参考一个小案例，代码如下：

```
//chapter5/QtFFmpeg5_Chapter5_001/valistdemo.cpp
#include <stdio.h>
#include <stdarg.h>
void fun2(int a,...){
    va_list pp;
    va_start(pp, a);
    do{
        printf("param = %d\n", a);
        a = va_arg(pp,int); //使 pp 指向下一个参数,将下一个参数的值赋给变量 a
    }
    while (a != 0); //直到参数为 0 时停止循环
}

int main(int argc, char* argv[]){
    fun2(20, 40, 60, 80, 0);
    return 0;
}
```

在av_log()的源代码中，在va_start()和va_end()之间，调用了另一个函数av_vlog()，它是一个FFmpeg的API函数，位于libavutil\log.h文件中，代码如下：

```
void av_vlog(void *avcl, int level, const char *fmt, va_list vl);
```

在项目中添加valistdemo.cpp文件，将上述代码复制进去，并将main.cpp文件中的main函数重命名为main3，然后运行程序，如图5-7所示。

5. FFmpeg的日志回调函数

在一些非命令行程序（如MFC程序和Android程序等）中，av_log()调用的fprintf(stderr,…)无法将日志内容显示出来。对于这种情况，FFmpeg提供了日志回调函数av_

QtFFmpeg5_Chapter5_001
QtFFmpeg5_Chapter5_001.pro
Sources
main.cpp
valistdemo.cpp

```
#include <stdio.h>
#include<stdarg.h>

void fun2(int a,...){
    va_list pp;
    va_start(pp, a);
    do{
        printf("param = %d\n", a);
        a = va_arg(pp,int); //使 pp 指向下一个参数，将下一个参数的值赋给变量 a
    }
    while (a != 0); //直到参数为 0 时停止循环
}

int main(int argc, char* argv[]){
    fun2(20, 40, 60, 80, 0);
    return 0;
}
```

D:_qt598\Tools\QtCreator\bin\qtcreator_process_stub.exe

```
param = 20
param = 40
param = 60
param = 80
```

图 5-7 C 语言的“...”可变参数

log_set_callback()。该函数可以指定一个自定义的日志输出函数，以便将日志输出到指定的位置，函数声明位于 libavutil/log.h 文件中，代码如下：

```
//chapter5/QtFFmpeg5_Chapter5_001/main.cpp
/**
 * Set the logging callback:设置日志回调
 * 注意：即使应用程序本身不使用线程，回调也必须是线程安全的，因为某些编解码器是多线程的
 * @note The callback must be thread safe, even if the application does not use    threads
itself as some codecs are multithreaded.
 *
 * @see av_log_default_callback
 *
 * @param callback A logging function with a compatible signature.
 */
void av_log_set_callback(void (*callback)(void*, int, const char*, va_list));
```

下面的自定义函数 custom_output()将日志输出到当前路径下的 simplest_ffmpeg_log.txt 文本中，代码如下：

```
//chapter5/QtFFmpeg5_Chapter5_001/main.cpp
//需要注意:Qt 的当前目录"./"具体代表的路径
void custom_output(void* ptr, int level, const char* fmt,va_list vl){
    FILE *fp = fopen("./simplest_ffmpeg_log.txt","a+");
    if(fp){
        vfprintf(fp,fmt,vl);
        fflush(fp);
        fclose(fp);
    }
}
```

```
int main(int argc, char * argv[])
{
    QCoreApplication a(argc, argv);
    //设置日志回调
    av_log_set_callback(custom_output);  //注意:需要添加到 test_log()函数前
    test_log();

    return a.exec();
}
```

注意：av_log_set_callback()函数需要添加到 test_log()函数前。

运行程序，会发现控制台上没有输出任何日志信息，如图 5-8 所示，然后观察 Qt 的项目生成路径（笔者的目录名称是 build-QtFFmpeg5_Chapter5_001-Desktop_Qt_5_9_8_MSVC2015_64bit-Debug）下多了一个文件 simplest_ffmpeg_log.txt，打开文件后可以发现有相关的日志输出信息，如图 5-9 所示。

```
    avformat_free_context(pobj );
}


void custom_output(void* ptr, int level, const char* fmt,va_list vl){
    FILE *fp = fopen("./simplest_ffmpeg_log.txt","a+");
    if(fp){
        vfprintf(fp,fmt,vl);
        fflush(fp);
        fclose(fp);
    }
}


int main(int argc, char *argv[])
{
    QCoreApplication a(argc, argv);
    av_log_set_callback(custom_output);
    test_log();

    return a.exec();
}
```

图 5-8 FFmpeg 的日志回调函数

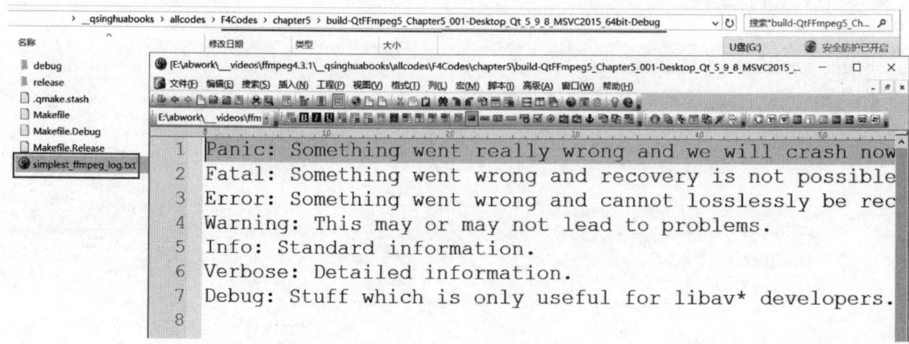

图 5-9 FFmpeg 的日志输出到文件中

5.3 AVParseUtil 应用案例及剖析

AVParseUtil 是 FFmpeg 的字符串解析工具，包括一系列 av_parse_xxx 开头的函数，例如分辨率解析函数 av_parse_video_size()可以从形如"1920x1080"的字符串中解析出图像宽为 1920、高为 1080；帧率函数 av_parse_video_rate()可以解析出帧率信息；时间解析函数则可以从形如"00:01:01"的字符串解析出时间的毫秒数。这些函数的声明位于 libavutil/parseutils.h 文件中，代码如下：

```
//chapter5/5.3.help.txt
//解析时间
int av_parse_time(int64_t * timeval, const char * timestr, int duration);
//解析颜色
int av_parse_color(uint8_t * rgba_color, const char * color_string, int slen,
                   void * log_ctx);
//解析帧率
int av_parse_video_rate(AVRational * rate, const char * str);
//解析分辨率
int av_parse_video_size(int * width_ptr, int * height_ptr, const char * str);
//解析 str 并将解析后的比率存储在 q 中
int av_parse_ratio(AVRational * q, const char * str, int max,
                   int log_offset, void * log_ctx);
```

1. AVParseUtil 案例

下面的案例显示了这几个函数的用法，代码如下：

```
//chapter5/QtFFmpeg5_Chapter5_001/main.cpp
//解析函数:avparseutils 相关的函数应用案例
void test_parseutil(){
    char input_strBuf[256] = {0};
    printf(" ========= Parse Video Size ========= \n");
    int output_w = 0;
    int output_h = 0;
    strcpy(input_strBuf, "1920x1080");

    av_parse_video_size(&output_w, &output_h, input_strBuf);
    printf("w: % 4d | h: % 4d\n",output_w,output_h);

    strcpy(input_strBuf,"vga");
    //strcpy(input_strBuf,"hd1080");
    //strcpy(input_strBuf,"ntsc");
    av_parse_video_size(&output_w,&output_h,input_strBuf);
```

```
    printf("w: %4d | h: %4d\n",output_w,output_h);


    printf("========= Parse Frame Rate =========\n");
    AVRational output_rational = {0,0};
    strcpy(input_strBuf, "25/1");
    av_parse_video_rate(&output_rational,input_strBuf);
    printf("framerate: %d/%d\n",output_rational.num,output_rational.den);


    strcpy(input_strBuf,"pal");
    av_parse_video_rate(&output_rational,input_strBuf);
    printf("framerate: %d/%d\n",output_rational.num,output_rational.den);


    printf("=========== Parse Time =============\n");
    int64_t output_timeval;
    strcpy(input_strBuf, "00:01:03");
    av_parse_time(&output_timeval, input_strBuf,1);
    printf("microseconds: %lld\n", output_timeval);
    printf("=====================================\n");
}
```

注意：需要引入 AVParseUtil 的头文件：#include <libavutil/parseutils.h>。

将该函数复制到 QtFFmpeg5_Chapter5_001 项目的 main.cpp 文件中，运行程序，如图 5-10 所示。

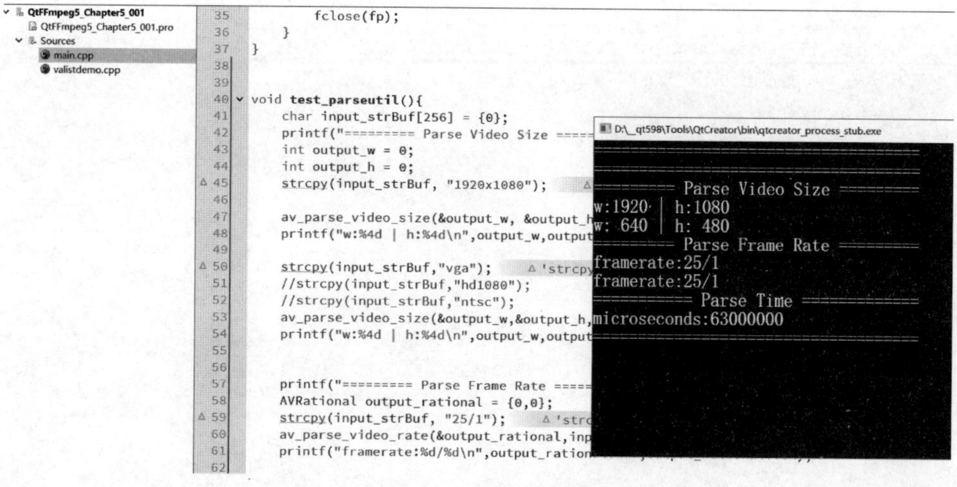

图 5-10 FFmpeg 的字符串解析函数

可以看出,PAL 制的视频帧率是 25/1,VGA 格式的分辨率是 640×480 像素。

2. VGA 简介

1) VGA 相关的分辨率

与 VGA 相关的几个概念如下。

(1) QVGA(QuarterVGA):标准 VGA 分辨率的 1/4 尺寸,亦即 320×240 像素,目前主要应用于手机及便携播放器上面;QQVGA 为 QVGA 的 1/4 屏,分辨率为 120×160 像素。

(2) VGA(Video Graphics Array):分辨率为 640×480 像素,一些小的便携设备在使用这种屏幕。

(3) SVGA(Super Video Graphics Array):属于 VGA 屏幕的替代品,最大支持 800×600 像素。

(4) XGA(Extended Graphics Array):这是目前笔记本普遍采用的一种 LCD 屏幕,市面上将近 80%的笔记本采用了这种产品。它支持最大 1024×768 分辨率,屏幕大小从 10.4 英寸、12.1 英寸、13.3 英寸、14.1 英寸到 15.1 英寸都有。

(5) SXGA+(Super Extended Graphics Array):作为 SXGA 的一种扩展 SXGA+是一种专门为笔记本设计的屏幕。其显示分辨率为 1400×1050 像素。由于笔记本 LCD 屏幕的水平与垂直点距不同于普通桌面 LCD,所以其显示的精度要比普通 17 英寸的桌面 LCD 高出不少。

(6) UVGA(Ultra Video Graphics Array):这种屏幕应用在 15 英寸屏幕的笔记本上,支持最大 1600×1200 分辨率。由于对制造工艺要求较高所以价格也比较昂贵。目前只有少部分高端的移动工作站配备了这一类型的屏幕。

(7) WXGA(Wide Extended Graphics Array):作为普通 XGA 屏幕的宽屏版本,WXGA 采用 16:10 的横宽比例来扩大屏幕的尺寸。其最大显示分辨率为 1280×800 像素。由于其水平像素只有 800,所以除了一般 15 英寸的笔记本外,也有 12.1 英寸的笔记本采用了这种类型的屏幕。

(8) WXGA+(Wide Extended Graphics Array):这是一种 WXGA 的扩展,其最大显示分辨率为 1280×854 像素。由于其横宽比例为 15:10 而非标准宽屏的 16:10,所以只有少部分屏幕尺寸在 15.2 英寸的笔记本采用这种产品。

(9) WSXGA+(Wide Super Extended Graphics Array):其显示分辨率为 1680×1050 像素,除了大多数 15 英寸以上的宽屏笔记本以外,目前较为流行的大尺寸 LCD-TV 也采用了这种类型的产品。

(10) WUVGA(Wide Ultra Video Graphics Array):和 4:3 规格中的 UVGA 一样,WUVGA 屏幕是非常少见的,其显示分辨率可以达到 1920×1200 像素。

2) 以 K 命名的分辨率

以 K 命名的分辨率比较模糊混乱,其中 2K 可以泛指长边有 2000 像素等级的分辨率。数字电影联盟(Digital Cinema Initiatives,DCI)将 2048×1080 分辨率定义为 2K,不过更多厂商将2560×1440分辨率定义为2K。也有些厂商将稍大于2K的分辨率引申为2K+甚至是3K。根据定义4K、8K屏则是指长边分辨率分别达到4000和8000像素级别，宽达到2000和4000像素级别的分辨率，但现在手机屏幕做得越来越长，对K的定义也随之改变。全球首款4K HDR屏幕手机(Xperia XZ Premium)采用标准16∶9的4K屏幕，分辨率为3840×2160。后来的Xperia 1虽然也是4K屏，但比例改成了21∶9，所以分辨率相应地变成了3840×1644，总像素减少了大约23.89%。这几个分辨率如图5-11所示。

3）以字母简称命名方式的分辨率

该方式的命名系统基本没有规律可循，但是指向性比较明显，一看到名字就可以知道是什么类型的屏幕，不像2K、4K这么模糊。例如HD(High Definition)就是高清晰度的意思，指的是1280×720分辨率，现在大多数分辨率的简称就是在它的基础上命名的，例如FHD、QHD和UHD等，但有一个很特别，即qHD(quarter High Definition)，q的意思是四分之一，指FHD总像素的四分之一，所以长和宽都只有FHD分辨率的一半，即960×540，实际分辨率比QHD小得多，而SD(Standard Definition)的意思是分辨率不足以达到HD的标准，一般标准4∶3的比例是640×480(VGA)，16∶9是840×480(WVGA)。这几种分辨率如图5-12所示。

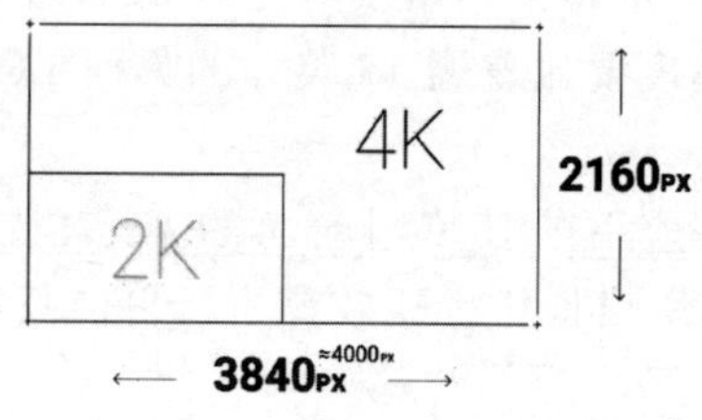

图5-11　2K和4K的分辨率

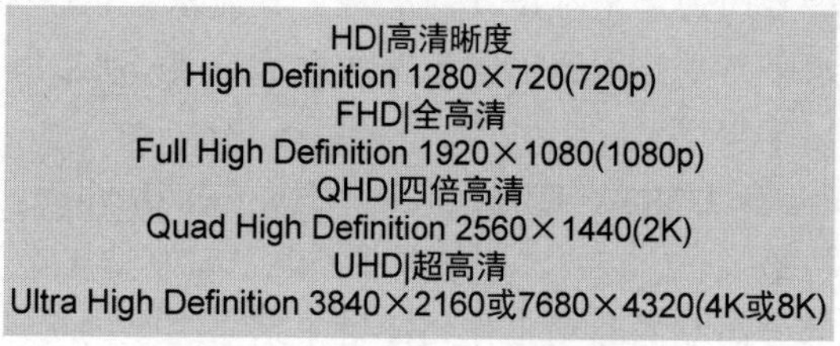

HD|高清晰度
High Definition 1280×720(720p)
FHD|全高清
Full High Definition 1920×1080(1080p)
QHD|四倍高清
Quad High Definition 2560×1440(2K)
UHD|超高清
Ultra High Definition 3840×2160或7680×4320(4K或8K)

图5-12　HD和UHD的分辨率

3. PAL与NTSC

电视信号的标准简称制式，可以简单地理解为用来实现电视图像或声音信号所采用的一种技术标准，即一个国家或地区播放节目时所采用的特定制度和技术标准。电视制式就是用来实现电视图像信号和伴音信号，或其他信号传输的方法和电视图像的显示格式，以及这种方法和电视图像显示格式所采用的技术标准。只有遵循相同的技术标准，才能实现电视机正常接收电视信号、播放电视节目。

PAL制又称为帕尔制，是英文Phase Alteration Line的缩写，意思是逐行倒相，属于同时制。PAL由德国人Walter Bruch在1967年提出，当时他为德律风根(Telefunken)工作。PAL有时亦被用来指625线、每秒25帧、隔行扫描、PAL色彩编码的电视制式。

NTSC是National Television Standards Committee(美国国家电视标准委员会)的英文缩写，是美国和日本的主流电视标准。NTSC每秒发送30个隔行扫描帧，分辨率为525线。

NTSC和PAL归根到底只是两种不同的视频格式，其主要差别在于NTSC每秒是60

场而 PAL 每秒是 50 场，由于现在的电视都采取隔行模式，所以 NTSC 每秒可以得到 30 个完整的视频帧，而 PAL 每秒可以得到 25 个完整的视频帧。

5.4 AVDictionary 应用案例及剖析

AVDictionary 是 FFmpeg 的键-值对存储工具，FFmpeg 经常使用 AVDictionary 设置/读取内部参数。经常被使用在 avformat_open_input()、avformat_init_output()、avcodec_open2()等函数中，用于设置 demux、muxer、codec 的 private options，即成员变量 priv_data。相关的数据结构和 API 定义在 libavutil/dict.h 文件中，代码如下：

```
//chapter5/5.4.help.txt
typedef struct AVDictionaryEntry {
    char * key;
    char * value;
} AVDictionaryEntry;
typedef struct AVDictionary AVDictionary;

AVDictionaryEntry * av_dict_get(const AVDictionary * m, const char * key,
                               const AVDictionaryEntry * prev, int flags);
int av_dict_count(const AVDictionary * m);
int av_dict_set(AVDictionary ** pm, const char * key, const char * value, int flags);
void av_dict_free(AVDictionary ** m);
```

注意：需要引入 AVDictionary 的头文件：#include <libavutil/dict.h>。

下面列举一个 AVDictionary 的应用案例，代码如下：

```
//chapter5/QtFFmpeg5_Chapter5_001/main.cpp
void test_avdictionary()
{
    AVDictionary * d = NULL;
    AVDictionaryEntry * t = NULL;

    av_dict_set(&d, "name", "zhangsan", 0);
    av_dict_set(&d, "gender", "man", 0);
    av_dict_set(&d, "website", "http://www.hellotongtong.com", 0);
    //av_strdup()
    char * k = av_strdup("location");
    char * v = av_strdup("Beijing - China");
    av_dict_set(&d, k, v, AV_DICT_DONT_STRDUP_KEY | AV_DICT_DONT_STRDUP_VAL);

    printf("======================================\n");
```

```
    int dict_cnt = av_dict_count(d); //该字典的总项数
    printf("dict_count: % d\n", dict_cnt);
    printf("dict_element:\n");
    //遍历该字典,通过 while 循环读取 av_dict_get
    while (t = av_dict_get(d, "", t, AV_DICT_IGNORE_SUFFIX)) {
        printf("key: % 10s  |  value: % s\n",t -> key,t -> value);
    }

    t = av_dict_get(d, "website", t, AV_DICT_IGNORE_SUFFIX);
    printf("website is % s\n", t -> value);
    printf(" ===================================== \n");
    av_dict_free(&d);
}
```

将该函数复制到 QtFFmpeg5_Chapter5_001 项目的 main. cpp 文件中,运行程序,如图 5-13 所示。

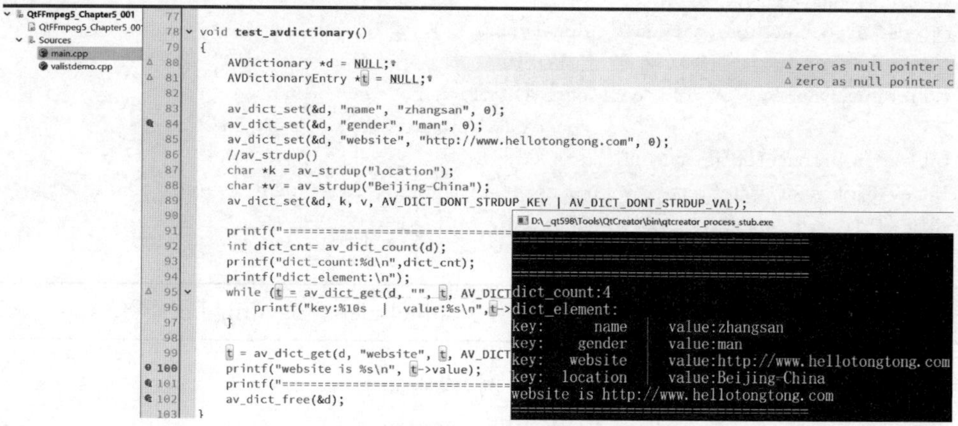

图 5-13 FFmepg 的 AVDictionary 操作

5.5 AVOption 应用案例及剖析

AVOption 是 FFmpeg 的选项设置工具,与 AVOption 最相关的选项设置函数就是 av_opt_set()。AVOption 的核心概念就是“根据字符串操作结构体的属性值”。有关 AVOption 函数的说明在 libavutil\opt. h 文件中,对于 libx264 提供的 codec 选项可以参见 libavcodec\libx264. c 文件。

1. 选项设置

对于 AVCodecContext 类型,可以使用成员方式访问后直接设置,也可以使用 av_opt_set_xxx 系列函数设置。例如下面代码块中的 #if 和 #else 之间代码的作用和 #else 和

endif 之间代码的作用是一样的，代码如下：

```
//chapter5/QtFFmpeg5_Chapter5_001/main.cpp
#if TEST_OPT
    av_opt_set(pCodecCtx,"b","400000",0);            //bitrate
    //Another method
    //av_opt_set_int(pCodecCtx,"b",400000,0);         //bitrate
    av_opt_set(pCodecCtx,"time_base","1/25",0);       //time_base
    av_opt_set(pCodecCtx,"bf","5",0);                 //max b frame
    av_opt_set(pCodecCtx,"g","25",0);                 //gop
    av_opt_set(pCodecCtx,"qmin","10",0);              //qmin/qmax
    av_opt_set(pCodecCtx,"qmax","51",0);
#else
    pCodecCtx->time_base.num = 1;
    pCodecCtx->time_base.den = 25;
    pCodecCtx->max_b_frames = 5;
    pCodecCtx->bit_rate = 400000;
    pCodecCtx->gop_size = 25;
    pCodecCtx->qmin = 10;
    pCodecCtx->qmax = 51;
#endif
```

2. 选项获取

av_opt_get()可以将结构体的属性值以字符串的形式返回，代码如下：

```
//chapter5/QtFFmpeg5_Chapter5_001/main.cpp
//使用 char val_str[128]是无效的，必须用堆空间内存
char * val_str = (char *)av_malloc(128);

//preset: ultrafast, superfast, veryfast, faster, fast,
//medium, slow, slower, veryslow, placebo
av_opt_set(pCodecCtx->priv_data,"preset","slow",0);
//tune: film, animation, grain, stillimage, psnr,
//ssim, fastdecode, zerolatency
av_opt_set(pCodecCtx->priv_data,"tune","zerolatency",0);
//profile: baseline, main, high, high10, high422, high444
av_opt_set(pCodecCtx->priv_data,"profile","main",0);

//print
av_opt_get(pCodecCtx->priv_data,"preset",0,(uint8_t **)&val_str);
printf("preset val: %s\n",val_str);
av_opt_get(pCodecCtx->priv_data,"tune",0,(uint8_t **)&val_str);
printf("tune val: %s\n",val_str);
av_opt_get(pCodecCtx->priv_data,"profile",0,(uint8_t **)&val_str);
printf("profile val: %s\n",val_str);

av_free(val_str);
```

对于非字符串选项,如 int 类型,可以使用 av_opt_get_int()函数,其他类型与此类似,代码如下:

```
//chapter5/QtFFmpeg5_Chapter5_001/main.cpp
int64_t gop;
av_opt_get_int(pCodecCtx->priv_data,"g",0,&gop);
printf("gop val: %lld\n",gop);
```

3. 选项查找

可以通过 av_opt_find()函数获取结构体中任意选项的 AVOption 结构体,并打印 AVOption 的值,代码如下:

```
//chapter5/QtFFmpeg5_Chapter5_001/main.cpp
void print_opt(const AVOption *opt_test){//打印相关的选项内容
    printf("=====================================\n");
    printf("Option Information:\n");
    printf("[name]%s\n",opt_test->name);
    printf("[help]%s\n",opt_test->help);
    printf("[offset]%d\n",opt_test->offset);

    switch(opt_test->type){
    case AV_OPT_TYPE_INT:{
        printf("[type]int\n[default]%d\n",opt_test->default_val.i64);
        break;
        }
    case AV_OPT_TYPE_INT64:{
        printf("[type]int64\n[default]%lld\n",opt_test->default_val.i64);
        break;
        }
    case AV_OPT_TYPE_FLOAT:{
        printf("[type]float\n[default]%f\n",opt_test->default_val.dbl);
        break;
        }
    case AV_OPT_TYPE_STRING:{
        printf("[type]string\n[default]%s\n",opt_test->default_val.str);
        break;
        }
    case AV_OPT_TYPE_RATIONAL:{

    printf("[type]rational\n[default]%d/%d\n",opt_test->default_val.q.num,opt_test->
default_val.q.den);
        break;
        }
    default:{
        printf("[type]others\n");
```

```
        break;
        }
    }

    printf("[max val] %f\n",opt_test->max);
    printf("[min val] %f\n",opt_test->min);

    if(opt_test->flags&AV_OPT_FLAG_ENCODING_PARAM){
        printf("Encoding param.\n");
    }
    if(opt_test->flags&AV_OPT_FLAG_DECODING_PARAM){
        printf("Decoding param.\n");
    }
    if(opt_test->flags&AV_OPT_FLAG_AUDIO_PARAM){
        printf("Audio param.\n");
    }
    if(opt_test->flags&AV_OPT_FLAG_VIDEO_PARAM){
        printf("Video param.\n");
    }
    if(opt_test->unit!= NULL)
        printf("Unit belong to: %s\n",opt_test->unit);

    printf("=====================================\n");
}

#define TEST_OPT 1
void test_avoptions()
{
    AVCodecContext * pCodecCtx;
    //为一个"空编码器"申请上下文空间,仅仅用作测试
    pCodecCtx = avcodec_alloc_context3(NULL);
    if(pCodecCtx == NULL){
        printf("alloc failed\n");
        return;
    }

#if TEST_OPT
    av_opt_set(pCodecCtx,"b","200000", 0);          //bitrate
    av_opt_set(pCodecCtx,"bf","3", 0);             //max b frame
    av_opt_set(pCodecCtx,"g","15", 0);             //gop
    av_opt_set(pCodecCtx,"qmin","10", 0);          //qmin/qmax
    av_opt_set(pCodecCtx,"qmax","31", 0);
#else
    pCodecCtx->time_base.num = 1;
    pCodecCtx->time_base.den = 25;
    pCodecCtx->max_b_frames = 5;
```

```
    pCodecCtx->bit_rate = 400000;
    pCodecCtx->gop_size=25;
    pCodecCtx->qmin = 10;
    pCodecCtx->qmax = 51;
#endif

    const AVOption *opt=NULL;
    opt = av_opt_find(pCodecCtx, "b", NULL, 0, 0);
    print_opt(opt);

    opt = av_opt_find(pCodecCtx, "g", NULL, 0, 0);
    print_opt(opt);


    //释放这个"空编码器"的申请上下文空间,注意防止"野指针"
    if(pCodecCtx){
        avcodec_free_context(&pCodecCtx);
        pCodecCtx = NULL;
    }
}
```

将上述代码复制到 QtFFmpeg5_Chapter5_001 项目的 main.cpp 文件中，在 test_avoptions()函数中为一个“空编码器”申请上下文空间(AVCodecContext)，仅仅用作测试，然后使用 av_opt_set()函数设置各种编解码参数，再使用 av_opt_find()函数查询选项，最后记着释放这个“空编码器”的申请上下文空间，并要注意防止“野指针”。运行程序，如图 5-14 所示。

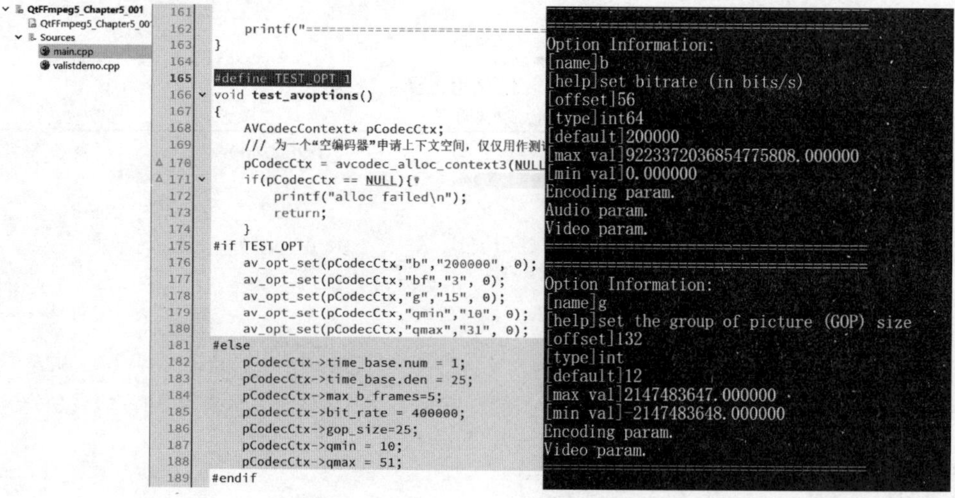

图 5-14　FFmepg 的 AVOption 操作

第6章 AVProtocol 协议层理论及案例实战

CHAPTER 6

FFmpeg 的 I/O 处理层，也叫协议层，用于处理各种协议，提供了资源的按字节读写能力。一方面可以根据音视频资源 URL 来识别该以什么协议访问该资源（包括本地文件和网络流）。另一方面，识别协议后就可以使用协议相关的方法，例如使用 open()打开资源、使用 read()读取资源的原始比特流、使用 write()向资源中写入原始比特流、使用 seek()在资源中随机检索，以及使用 close()关闭资源，并提供缓冲区 buffer，所有的操作就像访问一个文件一样。FFmpeg 中的 I/O 之所以复杂，是因为 FFmpeg 基本支持所有的读写协议，例如最底层的有 TCP、UDP、FILE 和串口协议等，上层也支持很多协议，例如 RTMP、RTSP、HTTP、HLS 和 RTP 等。

3min

6.1 协议层 AVIO 的流程及数据结构

FFmpeg 的协议层提供了一个抽象，像访问文件一样去访问资源，这个概念在 Linux 系统中普遍存在，一切皆是文件。这一层的主要结构体有 3 个：URLProtocol、URLContext 和 AVIOContext，可以认为这 3 个结构体在协议层也是有上下级关系的，如图 6-1 所示。

1. FFmpeg 的 IO 层级关系

FFmpeg 的数据 IO 部分主要是在 libavformat 库中实现，某些对于内存的操作部分在 libavutil 库中。数据 IO 是基于文件格式（Format）及文件传输协议（Protocol）的，与具体的编解码标准无关。FFmpeg 的数据 IO 层次关系如图 6-2 所示。

对于上面的数据 IO 流程，具体可以用下面的例子来说明，例如从一个 HTTP 服务器获取音视频数据，格式是 MP4 的，需要通过转码后变成 FLV 格式，然后通过 RTP 协议进行发布，其过程就如下：

(1) 读入 HTTP 协议数据流，根据 HTTP 协议获取真正的文件数据（去除无关报文信息）。

(2) 根据 MP4 格式对数据进行解封装。

(3) 读取帧进行转码操作。

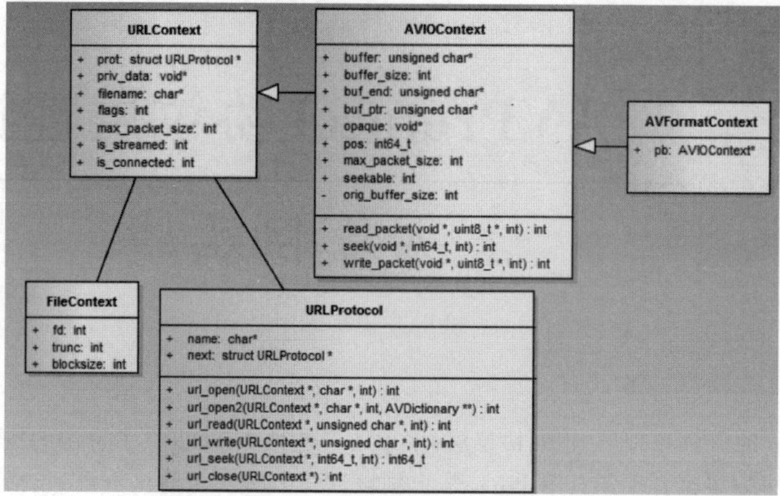

图 6-1　FFmpeg 协议层的 3 个重要数据结构

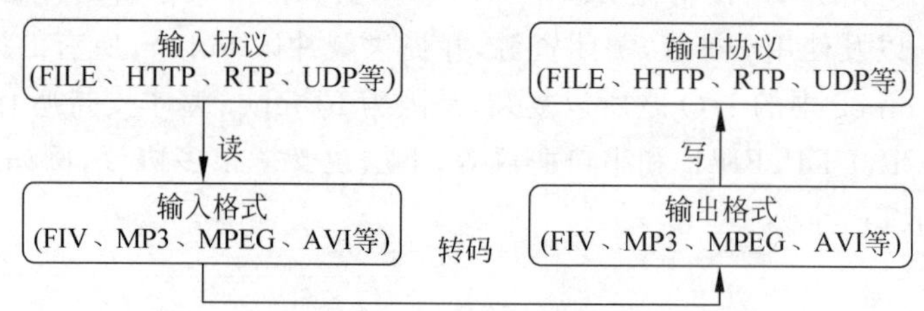

图 6-2　FFmpeg 的 IO 层次关系

(4) 按照目标格式 FLV 进行封装。

(5) 通过 RTP 协议发送出去。

在 libavformat 库中与数据 IO 相关的数据结构主要有 URLProtocol、URLContext、AVIOContext(早期版本中为 ByteIOContext)和 AVFormatContext 等,各结构之间的关系如图 6-3 所示。

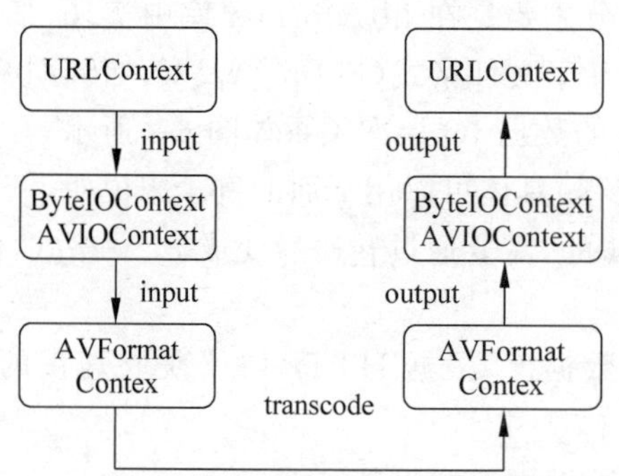

图 6-3　URLContext、AVIOContext 与 AVFormat 的关系

2. AVIOContext 结构体

AVIOContext 结构体是 FFmpeg 中有关 IO 操作的顶层结构体，是 AVIO 的核心。FFmpeg 支持打开本地文件路径和流媒体协议的 URL。虽然 AVIOContext 是 AVIO 操作的核心，但 AVIOContext 中的所有函数指针都不应该直接调用，它们只应在实现自定义 I/O 时由客户端应用程序设置。通常这些设置为 avio_alloc_context()中指定的函数指针。在应用时需要将 AVIOContext 变量的 pb 字段指向 AVIOContext 类型的指针变量。AVIOContext 的相关调用都是在 AVFormatContext 中间接触发的，比较重要的字段如下。

(1) (* read_packet)：读取音视频数据的函数。

(2) (* write_packet)：写入音视频数据的函数。

(3) (* read_pause)：暂停或恢复网络流媒体协议的播放。

初始化与清理，典型的使用方式，代码如下：

```
//chapter6/6.1.help.txt
size_t buffer_size, avio_ctx_buffer_size = 4096;
struct buffer_data bd = { 0 };
AVFormatContext * fmt_ctx = avformat_alloc_context();
unsigned char * avio_ctx_buffer = (unsigned char * ) av_malloc(avio_ctx_buffer_size);
//将 AVIOContext 与 回调函数 read_packet 相关联
AVIOContext * avio_ctx = avio_alloc_context(avio_ctx_buffer, avio_ctx_buffer_size, 0, &bd,
&read_packet, NULL, NULL);
fmt_ctx->pb = avio_ctx; //将 fmt_ctx 的 pb 字段指向 avio_ctx
//清理
av_freep(&avio_ctx->buffer);
av_freep(&avio_ctx);
```

先通过文件的 buffer 大小，申请一段内存，然后使用 avio_alloc_context 为 AVIOContext 分配内存，申请时，注册内存数据读取的回调函数 read_packet，最后将申请到的 AVIOContext 句柄挂载到 AVFormatContext 的 pb 字段，这样就可以通过 AVFormatContext 对文件进行操作了。

AVIOContext 是 FFmpeg 管理输入及输出数据的结构体，位于 avio.h 文件中，结构定义及成员解读代码如下(详见注释信息)：

```
//chapter6/6.1.help.txt
typedef struct AVIOContext {
    //私有选项(options)的类指针
    //如果 AVIOContext 是通过 avio_open2()创建的，则 av_class 已设置并将选项传递给协议
    //如果是手动 allocated 的，则 av_class 可能是被调用者设置的. 这个字段一定不能为空
  const AVClass * av_class;
  unsigned char * buffer;  //buffer 的起始地址
  int buffer_size;         //可以读取或者写入的最大的 buffer size
  unsigned char * buf_ptr; //当前正在读或写操作的 buffer 地址
```

```
    unsigned char * buf_end;    //数据结束的 buffer 地址,如果读取函数返回的数据小于请求
//数据,则 buf_end 可能小于 buffer + buffer_size
    void * opaque;  //一个私有指针,传递给 read/write/seek 等函数
    //读取音视频数据的函数
    int ( * read_packet)(void * opaque, uint8_t * buf, int buf_size);
     //写入音视频数据的函数
    int ( * write_packet)(void * opaque, uint8_t * buf, int buf_size);
    //随机定位的函数
    int64_t ( * seek)(void * opaque, int64_t offset, int whence);
    int64_t pos; //当前 buffer 在文件中的位置
    int must_flush; //如果下一个搜索应该刷新,则为 true
    int eof_reached; //如果到达 eof(end of file 文件尾),则为 true
    int write_flag; //如果开放写,则为 true
      //暂停或恢复网络流媒体协议的播放
    int ( * read_pause)(void * opaque, int pause);
     //快进到指定 timestamp
     int64_t ( * read_seek)(void * opaque, int stream_index,
                           int64_t timestamp, int flags);
    int seekable; //如果为 0,则表示不可搜索操作.其他值可查看 AVIO_SEEKABLE_XXX
    int64_t maxsize; //max filesize,用于限制分配空间大小
    int direct; //avio_seek 是否直接调用底层的搜索功能
    int64_t Bytes_read; //字节读取统计数据
    int seek_count; //搜索计数
    int writeout_count; //写入次数统计
    int orig_buffer_size; //原始 buffer 大小
    const char * protocol_whitelist; //允许的协议白名单,以','分隔
    const char * protocol_blacklist; //不允许的协议黑名单,以','分隔
    //用于替换 write_packet 的回调函数
    int ( * write_data_type)(void * opaque, uint8_t * buf, int buf_size,
                             enum AVIODataMarkerType type, int64_t time);
} AVIOContext;
```

AVIOContext 中有以下几个比较重要的字段。

(1) unsigned char * buffer：缓存开始位置。

(2) int buffer_size：缓存大小(默认为 32 768)。

(3) unsigned char * buf_ptr：当前指针读取的位置。

(4) unsigned char * buf_end：缓存结束的位置。

(5) void * opaque：URLContext 结构体。

在解码的情况下,buffer 字段用于存储 FFmpeg 读入的数据。例如当打开一个视频文件时,先把数据从硬盘读入 buffer,然后送给解码器用于解码,其中 opaque 字段指向了 URLContext。注意,这个结构体并不在 FFmpeg 提供的头文件中,而是在 libavformat/avio.c 源文件中,用于判断输入的 URL 是哪一种协议,代码如下：

```
//chapter6/6.1.help.txt
typedef struct URLContext {
    const AVClass *av_class; //< information for av_log(). Set by url_open().
    struct URLProtocol *prot;
    int flags;
    //是否流式,例如直播流不支持随机定位
    int is_streamed;  /**< true if streamed (no seek possible), default = false */
    //最大包空间
    int max_packet_size;  /**< if non zero, the stream is packetized with this max packet size */
    void *priv_data; //私有数据
    char *filename; /**< specified URL */ //具体的 URL 全路径
    int is_connected; //是否已打开链接
    AVIOInterruptCB interrupt_callback;
} URLContext;
```

3. urlProtocol 结构体

URLContext 结构体中还有一个结构体 URLProtocol，该结构表示广义的输入文件，该结构体提供了很多功能函数，每种广义的输入文件（如 FILE、PIPE、TCP、RTP 等）对应着一个 URLProtocol 结构，在 av_register_all()中将该结构体初始化为一个链表，表头为 avio.c 文件里的 URLProtocol *first_protocol = NULL 的 first_protocol 指针变量，用于保存所有支持的输入文件协议，该结构体的部分代码（重要字段）如下：

```
//chapter6/6.1.help.txt
typedef struct URLProtocol {
    const char *name;
    int     (*url_open)( URLContext *h, const char *url, int flags);
    int     (*url_read)( URLContext *h, unsigned char *buf, int size);
    int     (*url_write)(URLContext *h, const unsigned char *buf, int size);
    int64_t (*url_seek)( URLContext *h, int64_t pos, int whence);
    int     (*url_close)(URLContext *h);
    int (*url_get_file_handle)(URLContext *h);
    //指向下一个 URLProtocol 对象(所有 URLProtocol 以链表连接在一起)
    struct URLProtocol *next;
    int priv_data_size;       //和该 URLProtocol 对象关联的对象的大小
    const AVClass *priv_data_class;
} URLProtocol;
```

在 URLProtocol 结构体中，除了一些回调函数接口之外，有一个变量 const char * name，该变量存储了协议的名称。每种输入协议都对应这样一个结构体，例如文件协议中的代码如下（file.c）：

```
//chapter6/6.1.help.txt
URLProtocol ff_file_protocol = {
    .name                = "file",
    .url_open            = file_open,
    .url_read            = file_read,
    .url_write           = file_write,
    .url_seek            = file_seek,
    .url_close           = file_close,
    .url_get_file_handle = file_get_handle,
    .url_check           = file_check,
};
```

RTMP 协议中的代码如下(librtmp.c)：

```
//chapter6/6.1.help.txt
URLProtocol ff_rtmp_protocol = {
    .name                = "rtmp",
    .url_open            = rtmp_open,
    .url_read            = rtmp_read,
    .url_write           = rtmp_write,
    .url_close           = rtmp_close,
    .url_read_pause      = rtmp_read_pause,
    .url_read_seek       = rtmp_read_seek,
    .url_get_file_handle = rtmp_get_file_handle,
    .priv_data_size      = sizeof(RTMP),
    .flags               = URL_PROTOCOL_FLAG_NETWORK,
};
```

等号右边的函数是完成具体读写功能的函数，例如 FILE 协议的几个函数(其实就是读文件、写文件等操作)，代码如下：

```
//chapter6/6.1.help.txt
/* standard file protocol:读文件 */
static int file_read(URLContext *h, unsigned char *buf, int size)
{
    int fd = (intptr_t) h->priv_data;
    int r = read(fd, buf, size);          //通过系统 API 读取文件
    return (-1 == r)?AVERROR(errno):r;
}
//写文件
static int file_write(URLContext *h, const unsigned char *buf, int size)
{
    int fd = (intptr_t) h->priv_data;
    int r = write(fd, buf, size);         //通过系统 API 写入文件
    return (-1 == r)?AVERROR(errno):r;
```

```
}
//打开文件
static int file_open(URLContext * h, const char * filename, int flags)
{
    int access;
    int fd;

    av_strstart(filename, "file:", &filename);

    if (flags & AVIO_FLAG_WRITE && flags & AVIO_FLAG_READ) {
        access = O_CREAT | O_TRUNC | O_RDWR;
    } else if (flags & AVIO_FLAG_WRITE) {
        access = O_CREAT | O_TRUNC | O_WRONLY;
    } else {
        access = O_RDONLY;
    }
#ifdef O_BINARY
    access |= O_BINARY;
#endif
    fd = open(filename, access, 0666);          //通过系统 API:access
    if (fd == -1)
        return AVERROR(errno);
    h->priv_data = (void *) (intptr_t) fd;
    return 0;
}
//关闭文件
static int file_close(URLContext * h)
{
    int fd = (intptr_t) h->priv_data;
    return close(fd);                           //通过系统 API:close
}
```

6.2 AVIO 案例实战之打开本地文件

首先打开 Qt Creator,创建一个 Qt Console 工程,具体操作步骤可以参考“1.4 搭建 FFmpeg 的 Qt 开发环境”,工程名称为 QtFFmpeg5_Chapter6_001。由于使用的是 FFmpeg 5.0.1 的 64 位开发包,所以编译套件应选择 64 位的 MSVC 或 MinGW,然后打开配置文件 QtFFmpeg5_Chapter6_001.pro,添加引用头文件及库文件的代码。具体操作可以参照前几章的相关内容,这里不再赘述。

1. FFmpeg 打开本地文件案例实战

使用 FFmpeg 可以很方便地打开音视频文件,并读取相关的流信息,围绕

AVFormatContext 数据结构和几个相关的 API 函数，大概分为以下几个步骤：

（1）调用 avformat_open_input()函数打开音视频文件。

（2）调用 avformat_find_stream_info()函数进一步查找详细的流信息。

（3）调用 av_dump_format()函数打印媒体信息。

（4）读取 duration 等字段信息并解析。

（5）遍历流信息，解析详细的音视频参数。

（6）调用 avformat_close_input()函数关闭流并释放资源。

使用 FFmpeg 打开音视频文件的详细的代码如下（详见注释信息）：

```
//chapter6/QtFFmpeg5_Chapter6_001/main.cpp
//#include <QCoreApplication>
#include <iostream>

//头文件要在代码中引入,C++调用 C 需要使用 extern "C"
extern "C"
{
    #include "libavformat/avformat.h"
}

using namespace  std;

int open_file()
{
    int ret = 0;
    //记录视频源文件的路径,这里的视频文件采用的是绝对路径.Linux 下与之类似
    const char * path = "d:/_movies/__test/ande_10.mp4";

    //路径不要使用反斜杠"\",而应使用斜杠"/",不然会被视为转义字符
    printf( "Open File : TEST DEMUX \n" );

    //初始化封装库
    //在新版本中 av_register_all()被弃用了,可以根据代码里有无此函数判断 FFmpeg 的版本

    //初始化网络库(可以打开 RTSP、RTMP、HTTP 协议的流媒体视频)
    //avformat_network_init();

    //解封装上下文 AVFormatContext,是存储音视频封装格式中包含信息的结构体
    //将其地址作为输入,会申请一块空间,将这块空间的地址赋给 ic
    AVFormatContext * pFormat = NULL;

    //1.打开音视频文件
    int re = avformat_open_input(&pFormat, path, 0, nullptr);  //第 3 个参数为 0
                                                               //表示自动选择解封装器
    if (re != 0)//如果返回值不是 0,则说明打开时出现错误
```

```
    {
        char buf[1024] = { 0 };
        av_strerror(re, buf, sizeof(buf) - 1);   //记录错误
        printf( "open file: %s failed: %s.\n", path,buf );   //提示错误
        return -1;
    }
    printf(  "open file: %s success\n", path );   //提示成功

    //2.查找流信息
    ret = avformat_find_stream_info(pFormat, NULL);  //寻找流信息
    if (ret < 0)
    {
        printf("avformat_find_stream_info failed\n");
        return -1;
    }
    printf("avformat_find_stream_info success\n");

//3.打印参数信息
//最后一个参数是指 AVFormatContext 的类型是否是输出信息.这里是输入信息,所以为0
    av_dump_format(pFormat, NULL, path, 0);

    //4.读取时长:duration
    int time = pFormat->duration;   //获取时长,单位为μs;
    int mbittime = (time / 1000000) / 60;   //得到多少分钟
    int mmintime = (time / 1000000) % 60;  //得到多少秒

    printf("mbittime = %dmin,mmintime = %ds\n", mbittime, mmintime);

    //自行计算视频的总时长,以毫秒为单位,AV_TIME_BASE 为 1s 时长
    int totalDuration = pFormat->duration / (AV_TIME_BASE/1000);
    cout << "total ms = " << totalDuration << endl;


    //5.遍历流信息:查找详细的音视频参数
    for (int i = 0; i < pFormat->nb_streams; i++)//对视频中所有的流进行遍历
    {
        AVStream * as = pFormat->streams[i];
        //音频
        if (as->codecpar->codec_type == AVMEDIA_TYPE_AUDIO)
        {
            cout << i << "-->Audio::" << endl;
            cout << ",format:" << as->codecpar->format ;
            cout << ",codec_id:" << as->codecpar->codec_id ;
            cout << ",channels:" << as->codecpar->channels ;
            cout << ",simple_rate:" << as->codecpar->sample_rate << endl;
        }
```

```
        //视频
        else if (as->codecpar->codec_type == AVMEDIA_TYPE_VIDEO)
        {
            cout << i << "-->Videoo::" << endl;
            cout << ",format:" << as->codecpar->format ;
            cout << ",codec_id:" << as->codecpar->codec_id ;
            cout << ",width:" << as->codecpar->width ;
            cout << ",height:" << as->codecpar->height << endl;
        }
    }
    //也可以通过 av_find_best_stream()函数直接查找视频流
    int videoStream = av_find_best_stream(pFormat, AVMEDIA_TYPE_VIDEO, -1, -1, NULL, 0);
    cout << "videoStream:" << videoStream << endl;
    int nWidth =   pFormat->streams[videoStream]->codecpar->width;

    //6.关闭流,释放资源
    if(pFormat){
        avformat_close_input(&pFormat);
        pFormat = NULL;
    }

    return 0;
}

int main(int argc, char *argv[])
{
//QCoreApplication a(argc, argv);
//return a.exec();

    open_file();

    return 0;
}
```

在该案例中,用到的几条数据结构体和相关的 API 函数的整体流程如图 6-4 所示。

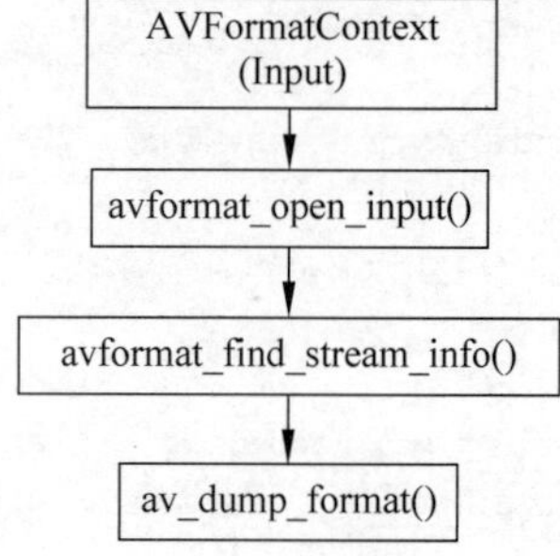

图 6-4　使用 FFmpeg 打开音视频文件的几个 API

编译运行该程序,如图 6-5 所示。可以看出,通过 av_dump_format()函数打印了媒体信息,然后分别找到了视频流和音频流,并打印了相关的参数信息,包括视频流的宽度、高度和 CodecID,以及音频流的声道数、采样率和 CodecID 等。

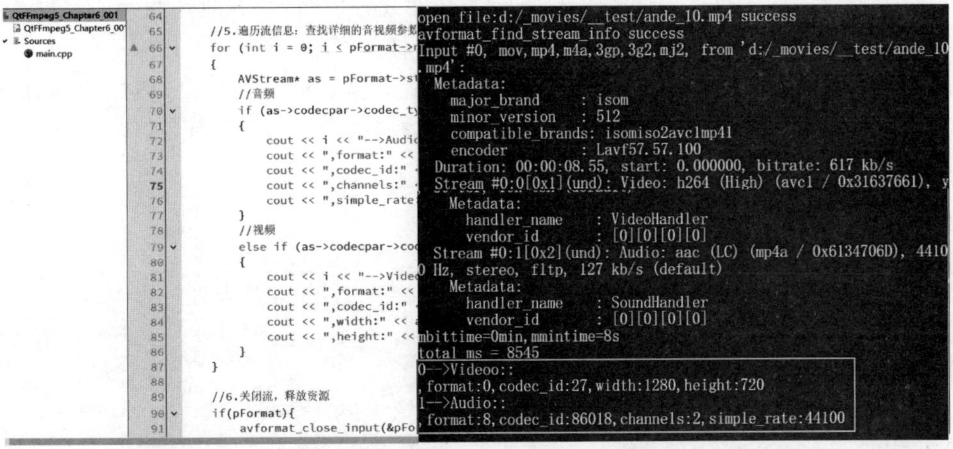

图 6-5 使用 FFmpeg 的 av_dump_format 打印音视频流信息

2. AVFormatContext 结构体解析

使用 FFmpeg 打开音视频文件离不开 AVFormatContext 结构体,该结构描述了媒体文件和媒体流的基本信息,是 FFmpeg 最基本的数据结构,是对一个多媒体文件或流的根本抽象,其中主要的成员如下。

(1) struct AVInputFormat *iformat: 输入文件的格式。

(2) AVIOContext *pb: IO 上下文结构体。

(3) unsigned int nb_streams: 文件中流的数量。例如值为 2,表示一个音频流和一个视频流。

(4) AVStream **streams: 流结构体。

(5) char filename[1024]: 文件名。

(6) int64_t duration: 流的持续时间,单位为微秒(μs)。

(7) int64_t bit_rate: 比特率,单位为 bps。

(8) int64_t probesize: 判断文件格式(format)需要读入的文件尺寸。

(9) int max_ts_probe: 解码 TS 格式时,在得到第 1 个 PTS 前可解码的最大 packet 的数量。

(10) int ts_id: TS 格式中流的 pid。

3. av_dump_format()函数解析

av_dump_format()函数是在 libavformat/avformat.h 文件中声明的,并在 libavformat/dump.c 文件中实现,主要用来打印媒体信息。英文 dump 为转储、转存的意思,可以理解为将 AVFormatContext 中的媒体信息转存到输出(例如控制台)。

一般使用 avformat_find_stream_info() 函数探测码流格式,它的作用是为 pFormatContext->streams 填充上正确的音视频格式信息。可以通过 av_dump_format() 函数将音视频数据格式通过 av_log 输到指定的文件或者控制台,方便开发者了解输入的音视频格式,对于程序的调用,删除该函数的调用没有任何影响。

av_dump_format()函数用于打印关于输入或输出格式的详细信息,例如持续时间、比特率、流、容器、程序、元数据、编解码器和时基等。该函数声明的代码如下:

```
//chapter6/6.2.help.txt
/**
 * Print detailed information about the input or output format, such as
 * duration, bitrate, streams, container, programs, metadata, side data,
 * codec and time base.
 *
 * @param ic         the context to analyze
 * @param index      index of the stream to dump information about
 * @param url        the URL to print, such as source or destination file
 * @param is_output Select whether the specified context is an input(0) or output(1)
 */
void av_dump_format(AVFormatContext *ic,
                    int index,
                    const char *url,
                    int is_output);
```

该函数的各个参数说明如下:

(1) 参数 index 是指当前输入(url)的索引号,在源码里只有 av_log 直接调用。

(2) 参数 url 是指当前输入的 url 具体内容,在源码里只有 av_log 直接调用。index 和 url 这两个参数只是给用户看的,也就是用户传递什么信息,它就打印成什么。

(3) 参数 is_output 是指 AVFormatContext 的类型是输入还是输出,决定了打印哪些信息。只有是输入时才会打印时长、比特率等信息。该参数 is_output 用于选择指定的上下文是输入(0),还是输出(1),也就是说最后一个参数填 0,打印输入流;最后一个参数填 1,打印输出流。如果 AVFormatContext 实际上是输入,却写成输出,则程序会崩溃,这是因为打印输出信息对应的 AVOutputFormat 为空。例如将案例中的 av_dump_format(pFormat, NULL, path, 0)的最后一个参数改为 1,运行程序后会崩溃,代码修改如下:

```
//3.打印参数信息
//最后一个参数是指 AVFormatContext 的类型是否是输出信息.这里是输入信息,所以为 0
av_dump_format(pFormat, NULL, path, 1);
```

例如指定 index 和 url 打印信息,代码如下:

```
av_dump_format(pFormat,100,"DUMMY_URL", 0);
```

运行程序,打印的结果如图 6-6 所示,由此可见 index 和 url 的作用。

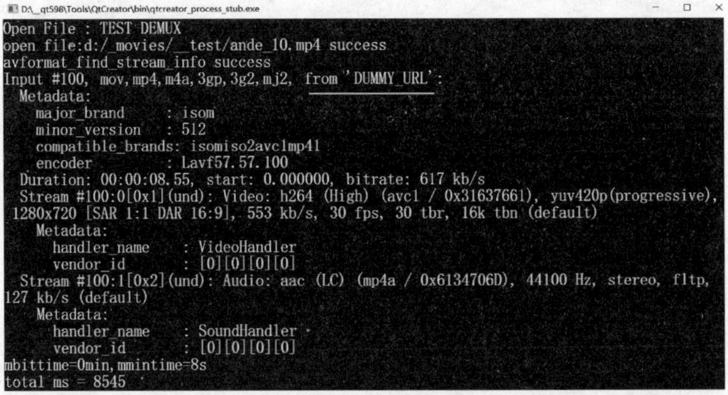

```
D:\_qt598\Tools\QtCreator\bin\qtcreator_process_stub.exe
Open File : TEST DEMUX
open file:d:/_movies/__test/ande_10.mp4 success
avformat_find_stream_info success
Input #100, mov,mp4,m4a,3gp,3g2,mj2, from 'DUMMY_URL':
  Metadata:
    major_brand     : isom
    minor_version   : 512
    compatible_brands: isomiso2avc1mp41
    encoder         : Lavf57.57.100
  Duration: 00:00:08.55, start: 0.000000, bitrate: 617 kb/s
  Stream #100:0[0x1](und): Video: h264 (High) (avc1 / 0x31637661), yuv420p(progressive),
 1280x720 [SAR 1:1 DAR 16:9], 553 kb/s, 30 fps, 30 tbr, 16k tbn (default)
    Metadata:
      handler_name    : VideoHandler
      vendor_id       : [0][0][0][0]
  Stream #100:1[0x2](und): Audio: aac (LC) (mp4a / 0x6134706D), 44100 Hz, stereo, fltp,
127 kb/s (default)
    Metadata:
      handler_name    : SoundHandler
      vendor_id       : [0][0][0][0]
mbittime=0min,mmintime=8s
total ms = 8545
```

图 6-6　av_dump_format 的第 3 个参数的含义及输出内容

4. for 循环方式遍历流信息

AVFormatContext 结构体中有两个字段,即 nb_streams(流的个数)和 streams[]数组(存储流的数组,类型为 AVStream)。通过这两个字段可以实现对流的遍历,代码如下:

```
//chapter6/6.2.help.txt
    //5.遍历流信息:查找详细的音视频参数
    for (int i = 0; i < pFormat -> nb_streams; i++)//对视频中的所有流进行遍历
    {
        AVStream * as = pFormat -> streams[i];
        //音频
        if (as -> codecpar -> codec_type == AVMEDIA_TYPE_AUDIO)
        {
            cout << i << " --> Audio::" << endl;
            cout << ",format:" << as -> codecpar -> format ;
            cout << ",codec_id:" << as -> codecpar -> codec_id ;
            cout << ",channels:" << as -> codecpar -> channels ;
            cout << ",simple_rate:" << as -> codecpar -> sample_rate << endl;
        }
        //视频
        else if (as -> codecpar -> codec_type == AVMEDIA_TYPE_VIDEO)
        {
            cout << i << " --> Videoo::" << endl;
            cout << ",format:" << as -> codecpar -> format ;
            cout << ",codec_id:" << as -> codecpar -> codec_id ;
            cout << ",width:" << as -> codecpar -> width ;
            cout << ",height:" << as -> codecpar -> height << endl;
        }
    }
```

可以看出通过一个 for 循环来遍历 streams 数组中的项，其类型为 AVStream，而 AVStream 结构体中有一个字段 codecpar，用于存储编解码参数，类型为 AVCodecParameters，内部记录了详细的音视频编解码参数。通过 codecpar->codec_type 来判断是音频(AVMEDIA_TYPE_AUDIO)，还是视频(AVMEDIA_TYPE_VIDEO)。最后通过 codecpar 来读取具体的参数，例如视频的宽度、高度和 CodecID，以及音频的声道数、采样率和 CodecID 等。

5. 通过 av_find_best_stream()函数查找流信息

可以通过 av_find_best_stream()函数直接查找视频流或音频流，代码如下：

```
//chapter6/6.2.help.txt
//通过 av_find_best_stream()函数直接查找视频流,并输出帧宽度
int videoStream = av_find_best_stream(pFormat, AVMEDIA_TYPE_VIDEO, -1, -1, NULL, 0);
cout << "videoStream:" << videoStream << endl;
int nWidth =   pFormat->streams[videoStream]->codecpar->width;   //视频帧宽度

int audioStream = av_find_best_stream(pFormat, AVMEDIA_TYPE_AUDIO, -1, -1, NULL, 0);
cout << "audioStream:" << audioStream << endl;
int nChannels =   pFormat->streams[audioStream]->codecpar->channels;   //声道数
```

av_find_best_stream()函数用于获取音视频流对应的流索引(stream_index)，同样是在 libavformat/avformat.h 文件中声明的，代码如下：

```
//chapter6/6.2.help.txt
/**
 * Find the "best" stream in the file. 在文件中查找"最佳"流
 * The best stream is determined according to various heuristics as the most
 * likely to be what the user expects.
 * 最佳流是根据各种启发式方法确定的,因为最有可能是用户期望的流
 * If the decoder parameter is non-NULL, av_find_best_stream will find the
 * default decoder for the stream's codec; streams for which no decoder can
 * be found are ignored.
 * 如果 decoder 参数非空,则 av_find_best_stream 将为流的编解码器找到默认解码器;忽略找不到
解码器的流
 * @param ic                   media file handle
 * @param type                 stream type: video, audio, subtitles, etc.
 * @param wanted_stream_nb   user-requested stream number,
 * or -1 for automatic selection 用户请求的流编号,或-1 用于自动选择
 * @param related_stream     try to find a stream related (eg. in the same
 * program) to this one, or -1 if none
 *   尝试查找与此相关的流(例如,在同一程序中),如果没有,则查找-1
 * @param decoder_ret        if non-NULL, returns the decoder for the
 *                             selected stream
 * @param flags                flags; none are currently defined
 * @return   the non-negative stream number in case of success,非负表示成功
```

```
 *            AVERROR_STREAM_NOT_FOUND if no stream with the requested type
 *            could be found,
 *            AVERROR_DECODER_NOT_FOUND if streams were found but no decoder
 * @note  If av_find_best_stream returns successfully and decoder_ret is not
 *        NULL, then * decoder_ret is guaranteed to be set to a valid AVCodec.
 */
int av_find_best_stream(AVFormatContext * ic,
                        enum AVMediaType type,
                        int wanted_stream_nb,
                        int related_stream,
                        AVCodec ** decoder_ret,
                        int flags);
```

该函数返回的是 int 值，即返回音视频的索引值；参数 ic 是 AVFormatContext，从 avformat_open_input 中得来；参数 type 是 AVMediaType，是音视频类型，例如要获取视频流，所以就是 AVMEDIA_TYPE_VIDEO；参数 wanted_stream_nb 表示用户请求的流编号，或－1 用于自动选择；参数 related_stream 是关联流，基本不使用，也填写－1；最后 flags 填入 0。

av_find_best_stream()函数本质上也是通过 for 循环来遍历所有的流，然后根据条件来匹配，以找到"最佳流"。整体跟以前的实现思路是一样的，只不过此处的条件更多一点，代码如下(详见注释信息)：

```
//chapter6/6.2.help.txt
int av_find_best_stream(AVFormatContext * ic, enum AVMediaType type, int wanted_stream_nb,
int related_stream, AVCodec ** decoder_ret, int flags)
{
    int i, nb_streams = ic->nb_streams;                             //流的综述
    int ret = AVERROR_STREAM_NOT_FOUND, best_count = -1, best_bitrate = -1, best_
multiframe = -1, count, bitrate, multiframe;                        //比特率、多帧等参数
    unsigned * program = NULL;
    const AVCodec * decoder = NULL, * best_decoder = NULL;     //解码器指针
    //查找节目关联流
    if (related_stream >= 0 && wanted_stream_nb < 0) {
        AVProgram * p = av_find_program_from_stream(ic, NULL, related_stream);
        if (p) {
            program = p->stream_index;
            nb_streams = p->nb_stream_indexes;
        }
    }
    //开始 for 循环,对于只有音频与视频流的媒体文件来讲,nb_streams = 2
    for (i = 0; i < nb_streams; i++) {
         //program = NULL,所以 real_stream_index = i;
        int real_stream_index = program ? program[i] : i;
```

```
        AVStream * st = ic->streams[real_stream_index];          //获得流:AVStream
        AVCodecContext * avctx = st->codec; //获得流中的编解码上下文参数
        //以下 3 个 if 是过滤条件
        if (avctx->codec_type != type)                            //判断流类型
            continue;
        if (wanted_stream_nb >= 0 && real_stream_index != wanted_stream_nb)
            continue;
        if (wanted_stream_nb != real_stream_index &&
            st->disposition & (AV_DISPOSITION_HEARING_IMPAIRED |
                               AV_DISPOSITION_VISUAL_IMPAIRED))
            continue;
        if (type == AVMEDIA_TYPE_AUDIO && !(avctx->channels && avctx->sample_rate))//如
果是音频流,则需要判断声道数和采样率,这两个参数必须非空
            continue;

    //decoder_ret = NULL,所以下面这个 find_decoder 也没有调用
        if (decoder_ret) {
            decoder = find_decoder(ic, st, st->codec->codec_id);
            if (!decoder) {
                if (ret < 0)
                    ret = AVERROR_DECODER_NOT_FOUND;
                continue;
            }
        }
        count = st->codec_info_nb_frames;                         //帧数
        bitrate = avctx->bit_rate;                                //比特率
        if (!bitrate)
            bitrate = avctx->rc_max_rate;
        multiframe = FFMIN(5, count);
        if ((best_multiframe > multiframe) ||
            (best_multiframe == multiframe && best_bitrate > bitrate) ||
            (best_multiframe == multiframe && best_bitrate == bitrate && best_count >=
             count))
            continue;
        best_count = count;
        best_bitrate = bitrate;
        best_multiframe = multiframe;
//到此 real_stream_index 就是匹配了 3 个 if 的 index,不匹配的都已跳过
        ret = real_stream_index;
        best_decoder = decoder;
        if (program && i == nb_streams - 1 && ret < 0) {
            program = NULL;
            nb_streams = ic->nb_streams;
            /* no related stream found, try again with everything */
            i = 0;
        }
```

```
    }
    if (decoder_ret)
        * decoder_ret = (AVCodec * )best_decoder;    //找到了最佳流
    return ret;                                      //返回即可
}
```

6.3 AVIO 案例实战之打开网络直播流

使用 FFmpeg 可以很方便地打开网络流，并读取相关的流信息，具体步骤与打开本地文件完全相同，这里不再赘述。

1. FFmpeg 打开网络流案例实战

在调用 avformat_open_input()函数打开网络流之前，必须调用 avformat_network_init()函数初始化网络库。avformat_open_input()函数的最后一个参数 AVDictionary ** options 是一个充满解复用器私有选项(demuxer-privat)的字典，用于指定解复用的具体参数选项，可以用 av_dict_set()函数通过 name:value 的方式来设定具体的属性名与属性值，例如 av_dict_set(&opt，"rtsp_transport"，"udp"，0)用于指定 RTSP 的数据传输协议 RTP 底层使用 UDP 协议，也可以指定为 TCP。具体的代码如下(详见注释信息)：

```
//chapter6/QtFFmpeg5_Chapter6_001/main.cpp
void  open_networkstream(){
    //1.必须初始化网络库:avformat_network_init()
    avformat_network_init();
    //AVFormatContext 设备上下文

    AVFormatContext * pFormatContext = NULL;
    const char * path = "rtsp://127.0.0.1:8554/test1";

    //2.参数选项:字典 AVDictionary
    AVDictionary * opt = NULL;
    av_dict_set(&opt, "rtsp_transport","udp",0);                //底层使用 UDP
    av_dict_set(&opt,"max_delay","550",0);
//int ret = avformat_open_input(&pFormatContext, path,NULL,NULL);     //打开文件

    //3.打开网络流:avformat_open_input
int ret = avformat_open_input(&pFormatContext, path,NULL,&opt);     //打开网络流
    if (ret)
    {
        //打开失败
        cout << "open rtsp failed..." << endl;
        return;
```

```
    }
    //打开成功
    cout << "open rtsp success..." << endl;

    //4.avformat_find_stream_info
    //寻找解码器信息,H.264 还是 H.265
    ret = avformat_find_stream_info(pFormatContext,NULL);
    if (ret)
    {
        //寻找解码器失败
        cout << "avformat_find_stream_info failed..." << endl;
        return;
    }
    cout << "avformat_find_stream_info success..." << endl;

    int time = pFormatContext->duration;
    int mbitime = (time / 1000000)/60;
    cout << "time:" << mbitime;

    //5.打印流详细信息 av_dump_format
    //打印输出或者输入格式的详细信息,例如持续时间、比特率、编解码器、编码格式
    av_dump_format(pFormatContext, NULL, path, 0);

    //6.关闭流,释放资源
    if(pFormatContext){
        avformat_close_input(&pFormatContext);
        pFormatContext = NULL;
    }

    return ;
}

int main(int argc, char * argv[])
{
//QCoreApplication a(argc, argv);
//return a.exec();

   //open_file();
    open_networkstream();

    return 0;
}
```

该案例中读取的是 RTSP 网络流,读取其他流(RTMP、HLS 等)的方式与此完全相同,只需将 URL 改成对应的流链接地址。这里笔者使用了 VLC 模拟推送 RTSP 流,读者也可

以使用 SRS、ZLMediakit 等流媒体服务器来推送 RTSP 流。程序运行如图 6-7 所示。

注意：VLC 推送的 RTSP 流的地址为 rtsp://127.0.0.1:8554/test1。

```
open rtsp success...
avformat_find_stream_info success...
time:0Input #0, rtsp, from 'rtsp://127.0.0.1:8554/test1':
  Metadata:
    title           : Unnamed
    comment         : N/A
  Duration: N/A, start: 253.048922, bitrate: N/A
  Stream #0:0: Audio: mp2, 44100 Hz, stereo, s16p, 128 kb/s
  Stream #0:1: Video: h264 (Constrained Baseline), yuv420p(progressive), 640x480 [SAR 1:1 DAR 4:3], 30 fps, 30 tbr, 90k tbn
```

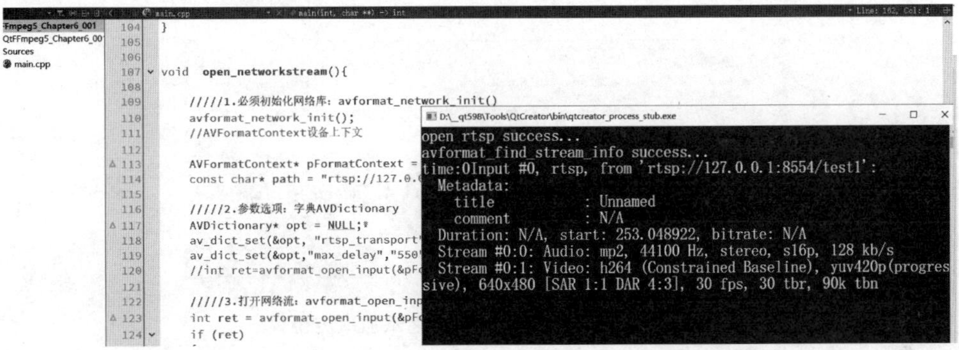

图 6-7 使用 FFmpeg 打开网络流并解析音视频流信息

2. VLC 推送 RTSP 流

VLC 的功能很强大，不仅是一个视频播放器，也可作为小型的视频服务器，还可以一边播放一边转码，把视频流发送到网络上。VLC 作为视频服务器的具体步骤如下：

(1) 单击主菜单中"媒体"下的"流"。

(2) 在弹出的对话框中单击"添加"按钮，选择一个本地视频文件，如图 6-8 所示。

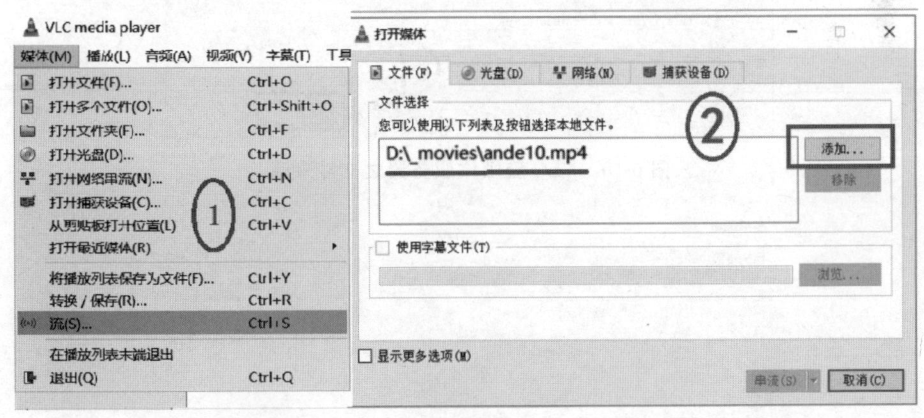

图 6-8 VLC 流媒体服务器之打开本地文件

(3) 单击页面下方的"串流"，添加串流协议，如图 6-9 所示。

(4) 该页面会显示刚才选择的本地视频文件，然后单击"下一步"按钮，如图 6-10 所示。

(5) 在该页面单击"添加"按钮，选择具体的流协议，例如这里选择 RTSP 下拉项，然后单击"下一步"按钮，如图 6-11 所示。

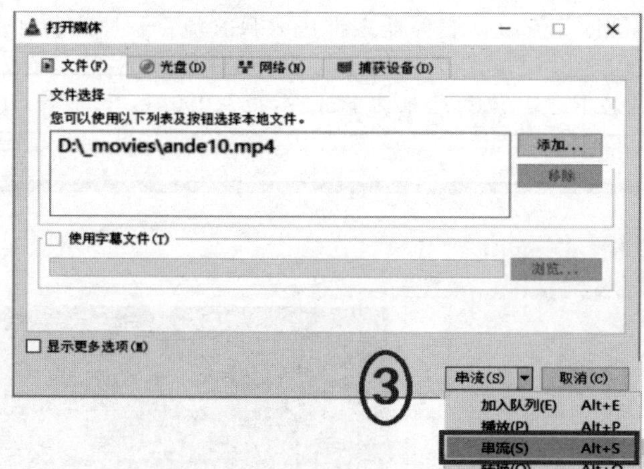

图 6-9　VLC 流媒体服务器之添加串流协议

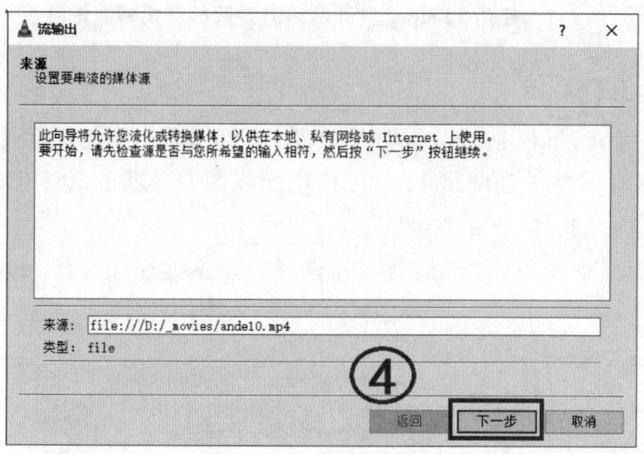

图 6-10　VLC 流媒体服务器之文件来源

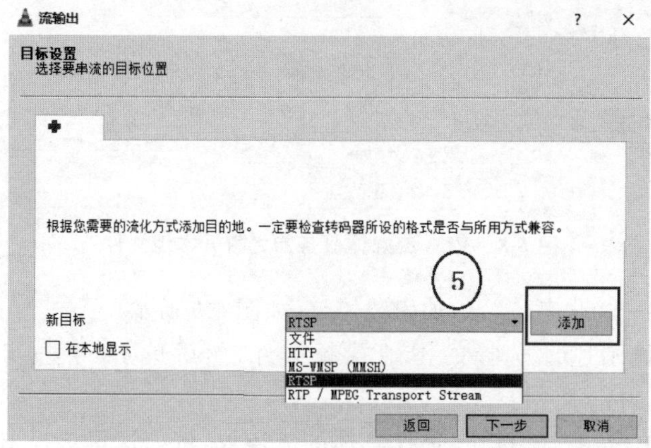

图 6-11　VLC 流媒体服务器之选择 RTSP 协议

(6) 在该页面的下拉列表框列表中选择 Video- H. 264 + MP3(TS),然后单击"下一步"按钮,如图 6-12 所示。

注意:一定要选中"激活转码",并且需要是 TS 流格式。

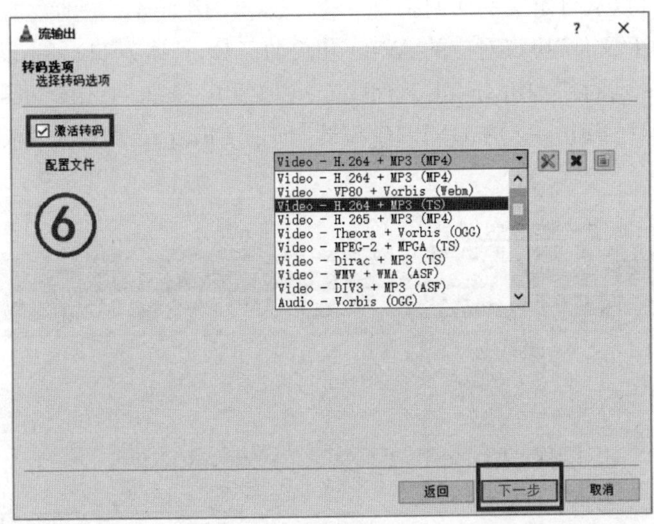

图 6-12 VLC 流媒体服务器之 H. 264+MP3(TS)

(7) 在该页面可以看到 VLC 生成的所有串流输出参数,然后单击"流"按钮即可,如图 6-13 所示。

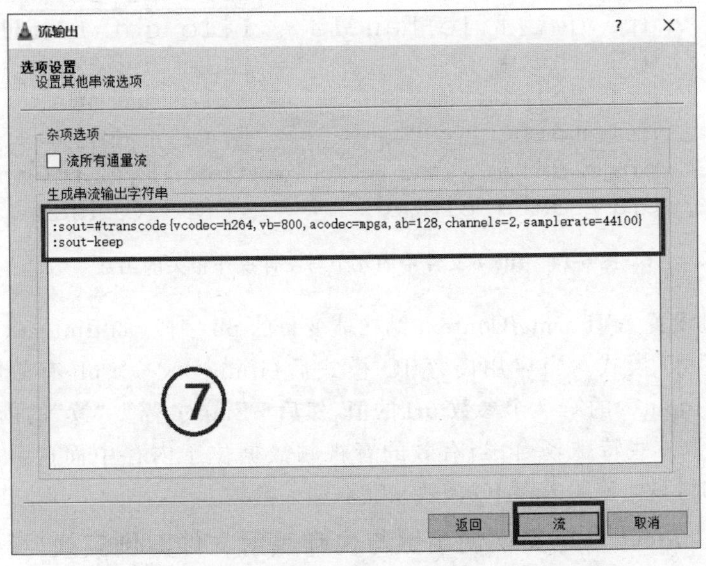

图 6-13 VLC 流媒体服务器之串流输出参数字符串

6.4 内存IO模式之自定义AVIO案例实战

默认情况下，FFmpeg会自动处理输入的数据源，包括本地文件或网络流；通过AVIOContext也可以从自定义的回调函数中输入数据。例如当读取的数据源是本地文件时，FFmpeg会自动调用“文件”协议对应的AVIO相关的函数，具体为libavformat/file.c文件中的相关函数，包括file_open()、file_read()、file_write()、file_seek()、file_close()等，如图6-14所示。这种方式称为FFmpeg的URL-IO模式，即由FFmpeg直接从指定的URL中读取数据或写入数据。

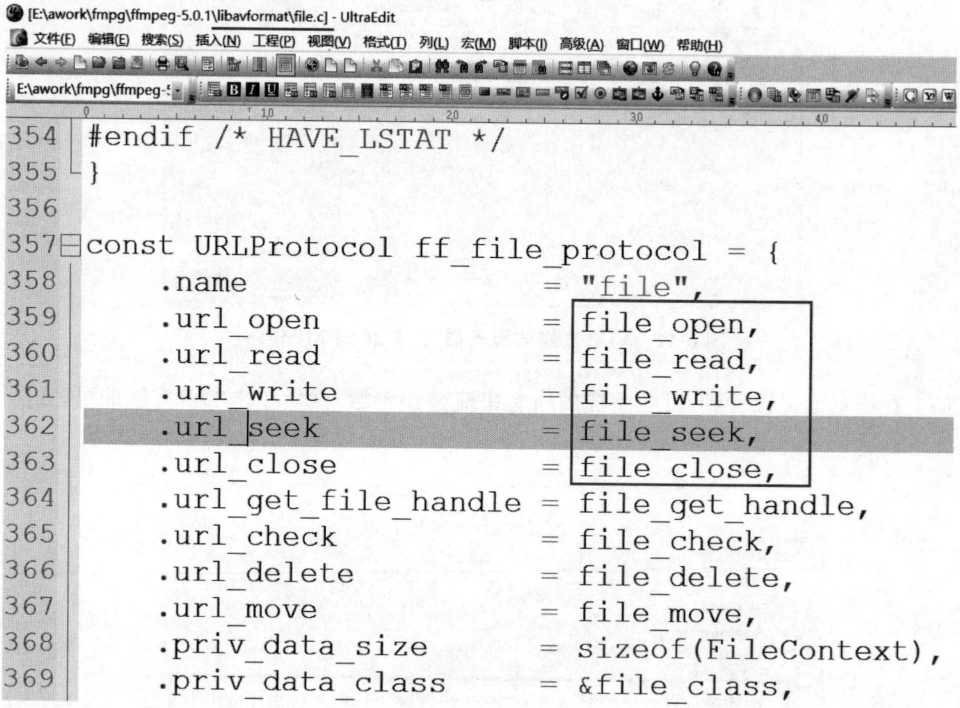

```
#endif /* HAVE_LSTAT */
}

const URLProtocol ff_file_protocol = {
    .name                = "file",
    .url_open            = file_open,
    .url_read            = file_read,
    .url_write           = file_write,
    .url_seek            = file_seek,
    .url_close           = file_close,
    .url_get_file_handle = file_get_handle,
    .url_check           = file_check,
    .url_delete          = file_delete,
    .url_move            = file_move,
    .priv_data_size      = sizeof(FileContext),
    .priv_data_class     = &file_class,
```

图6-14 file.c文件中的几个与文件操作相关的函数

也可以通过设置AVFormatContext结构体变量的pb字段(如ifmt_ctx->pb)来启用FFmpeg的内存IO模式。当启用内存IO模式后(ifmt_ctx->pb有效时)，将会忽略avformat_open_input()的第2个参数url的值，然后FFmpeg需要“读”的内容将由回调函数来提供，而对于一些特殊场合，当有效的音视频数据位于内存中而这片内存并无一个URL属性可用时，只能使用内存IO模式来获取输入数据。

1. AVIOContext自定义回调函数与内存映射文件案例实战

下面先看一个案例，自定义一个read_packet()函数用于回调，将AVFormatContext变量的 pb 字段设置为 AVIOContext 类型的变量 avio_ctx，而 avio_ctx 变量会通过 avio_alloc_context()函数关联上 read_packet()回调函数。当 FFmpeg 需要读取数据时，会自动调用该函数。这段逻辑的核心代码如下：

```
//chapter6/6.4.help.txt
    AVFormatContext * fmt_ctx = NULL;       //格式上下文:贯穿始终
    AVIOContext * avio_ctx = NULL;          //AVIO 上下文:协议层的上下文参数
    uint8_t * avio_ctx_buffer = NULL;       //AVIO 的缓冲区
    size_t avio_ctx_buffer_size = 4096;     //AVIO 的缓冲区大小:4096

    fmt_ctx = avformat_alloc_context();     //为格式上下文分配空间

    //使用的缓冲区大小:4096 字节
    avio_ctx_buffer = (uint8_t * )av_malloc(avio_ctx_buffer_size);

     //为 AVIOContext 分配内存空间
     //并关联 avio_ctx_buffer 缓冲区和 read_packet 回调函数
    avio_ctx = avio_alloc_context(avio_ctx_buffer, avio_ctx_buffer_size,
                                  0, &bd, &read_packet, NULL, NULL);

    //需要将 AVFormatContext 的 pb 字段指向 AVIOContext 类型的指针变量(avio_ctx)
    fmt_ctx->pb = avio_ctx;                 //AVFormatContext 与 AVIOContext 的关联
```

结构体变量(AVFormatContext 和 AVIOContext)、回调函数(read_packet())和缓冲区 avio_ctx_buffer 之间的逻辑关系如图 6-15 所示。

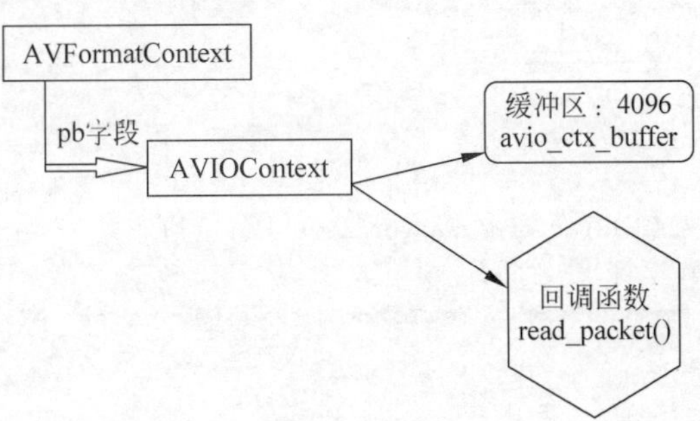

图 6-15 AVFormatContext 和 AVIOContext 的逻辑关系

由此可见，格式上下文参数 AVFormatContext 最终可以关联上 read_packet()回调函数，当调用 avformat_open_input()函数打开文件时，用户自定义的 read_packet()回调函数将会被 FFmpeg 自动调用。使用 AVIOContext 自定义回调函数所涉及的数据结构及 API 的整体流程如图 6-16 所示。

注意： 当 AVFormatContext 结构体类型的变量的 pb 字段(如 ifmt_ctx->pb)有效时，将会忽略 avformat_open_input()的第 2 个参数 url 的值。

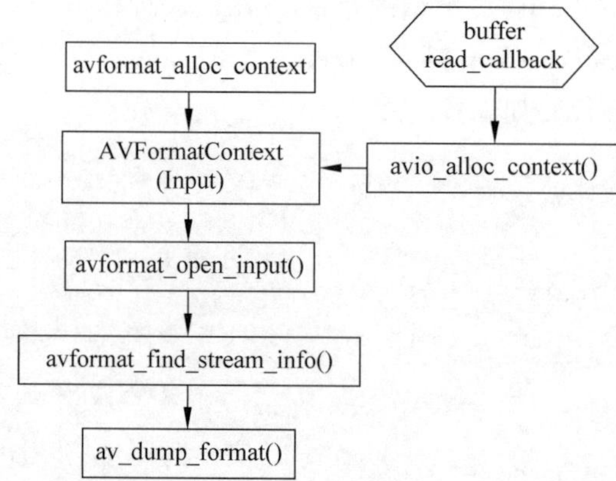

图 6-16　AVIOContext 自定义回调函数的流程及 API 函数

该案例的完整代码如下(注释信息比较详细,建议读者根据注解的流程来理解代码):

```
//chapter6/QtFFmpeg5_Chapter6_001/customaviocontext.cpp
/** AVIOContext 应用案例
 * libavformat AVIOContext API example.
 * 使 libavformat 解复用器通过自定义 AVIOContext 读取回调访问媒体内容.
 * Make libavformat demuxer access media content through a custom
 * AVIOContext read callback.
 */
extern "C"{ //C++调用 C
    #include <libavcodec/avcodec.h>
    #include <libavformat/avformat.h>
    #include <libavformat/avio.h>
    #include <libavutil/file.h>
}
//注意:该宏的定义要放到 libavformat/avformat.h 文件下边
static char av_error[1024] = { 0 };
#define av_err2str(errnum) av_make_error_string(av_error, AV_ERROR_MAX_STRING_SIZE,
errnum)

//自定义结构体,用于维护用户缓冲区,包括指针 ptr 和字节数 size
struct buffer_data {
    uint8_t *ptr;
    size_t size; //< size left in the buffer
};

//自定义回调函数:当 FFmpeg 需要读取数据时,会自动调用该函数
static int read_packet(void *opaque, uint8_t *buf, int buf_size)
{
    struct buffer_data *bd = (struct buffer_data *)opaque;
    buf_size = FFMIN(buf_size, bd->size);
```

```
    if (!buf_size)
        return AVERROR_EOF;
    printf("ptr:%p size:%zu\n", bd->ptr, bd->size);

    /* copy internal buffer data to buf */
    memcpy(buf, bd->ptr, buf_size);
    bd->ptr  += buf_size;
    bd->size -= buf_size;

    return buf_size;
}

int main(int argc, char *argv[])
{
    //1. 准备相关变量
    AVFormatContext *fmt_ctx = NULL;
    AVIOContext *avio_ctx = NULL;
    uint8_t *buffer = NULL, *avio_ctx_buffer = NULL;
    size_t buffer_size, avio_ctx_buffer_size = 4096;
    int ret = 0;
    struct buffer_data bd = { 0 };

    const char *input_filename = "d:/_movies/__test/ande_10.mp4";

    //2. 内存映射文件
    /* slurp file content into buffer */
    //av_file_map类似于UNIX下的mmap()函数所实现的功能:内存映射文件
    ret = av_file_map(input_filename, &buffer, &buffer_size, 0, NULL);
    if (ret < 0)
        goto end;

    /* fill opaque structure used by the AVIOContext read callback */
    bd.ptr  = buffer;
    bd.size = buffer_size;

    //3. 分配格式上下文AVFormatContext
    if (!(fmt_ctx = avformat_alloc_context())) {
        ret = AVERROR(ENOMEM);
        goto end;
    }

    //4. 分配缓冲区,使用的缓冲区大小:4096字节
    avio_ctx_buffer = (uint8_t *)av_malloc(avio_ctx_buffer_size);
    if (!avio_ctx_buffer) {
        ret = AVERROR(ENOMEM);
```

```
        goto end;
    }

    //5. 为 AVIOContext 分配内存空间
//为 AVIOContext 分配空间,关联 avio_ctx_buffer 缓冲区和 read_packet 回调函数
    /* avio_ctx_buffer 是缓冲区,
     * 将 avio_ctx_buffer 的初始地址赋值到 avio_ctx->buffer
     * avio_ctx_buffer_size 是缓冲区大小, 也是每次读取数据的大小
     * bd 是输入文件的映射文件
     * read_packet 回调函数,读取数据的功能,具体在 avformat_open_input 下才会回调
     */
    avio_ctx = avio_alloc_context(avio_ctx_buffer, avio_ctx_buffer_size,
                                  0, &bd, &read_packet, NULL, NULL);
    if (!avio_ctx) {
        ret = AVERROR(ENOMEM);
        goto end;
    }

    //6. AVFormatContext 与 AVIOContext 的关联
    //需要将 AVFormatContext 的 pb 字段指向 AVIOContext 类型的指针变量(avio_ctx)
    fmt_ctx->pb = avio_ctx; //AVFormatContext 与 AVIOContext 的关联

    //7. 打开文件:avformat_open_input
    ret = avformat_open_input(&fmt_ctx, NULL, NULL, NULL);
    if (ret < 0) {
        fprintf(stderr, "Could not open input\n");
        goto end;
    }

    //8. 查找流信息:avformat_find_stream_info
    ret = avformat_find_stream_info(fmt_ctx, NULL);
    if (ret < 0) {
        fprintf(stderr, "Could not find stream information\n");
        goto end;
    }

    //9. 打印流信息:av_dump_format
    av_dump_format(fmt_ctx, 0, input_filename, 0);


    //10. 关闭文件、释放相关参数
end:
    avformat_close_input(&fmt_ctx);

/* the internal buffer could have changed, and be != avio_ctx_buffer */
    if (avio_ctx)
```

```
        av_freep(&avio_ctx->buffer);   //内部缓冲区可能已经变更,需要单独释放
    avio_context_free(&avio_ctx);

    av_file_unmap(buffer, buffer_size);

    if (ret < 0) {
        fprintf(stderr, "Error occurred: %s\n", (char *)av_err2str(ret));
        return 1;
    }

    return 0;
}
```

在该案例中,用到了内存映射文件技术,通过 av_file_map()函数将文件内容映射到内存中。定义了一个 avio_ctx_buffer_size 变量表示每次从文件中将多少字节的数据读到内存。在该例子中,使用了内存映射文件技术把输入的音视频数据全部读入内存,而并不是需要使用时才去读取。通过 AVIOContext 从自定义回调函数输入数据的代码流程如图 6-17 所示。

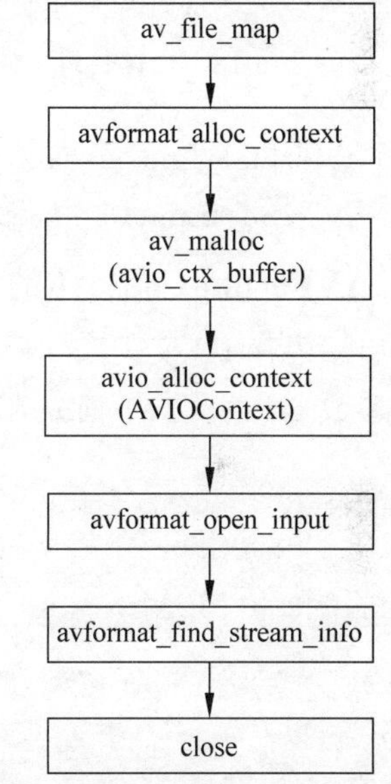

图 6-17 内存映射文件及 AVIOContext 自定义回调函数的完整流程

关键函数的说明如下。

(1) av_file_map():读取文件,并将其内容放入一个新分配的 buffer 中,需要使用 av_file_unmap()函数来释放内存。

(2) av_malloc():这里分配了 AVIOContext 中需要用到的 buffer。

(3) avio_alloc_context():为缓冲 I/O 分配和初始化 AVIOContext,需要使用 avio_context_free()函数来释放内存。

在工程中添加一个新文件 customaviocontext.cpp,将上述代码复制进去,运行程序,如图 6-18 所示。可以看到,read_packet()回调函数是被自动调用的,FFmpeg 会根据解复用的需要来自动调用该函数。

2. 回调函数的时机

下面介绍在上述案例中 read_packet()回调函数的回调时机。所有需要从输入源中读取数据的时刻,FFmpeg 都将自动调用该回调函数。与输入源是普通文件相比,只不过输入源变成了内存区,其他各种外在表现并无不同。下面各函数在不同的阶段从输入源读数据时都会调用回调函数。

(1) avformat_open_input():从输入源读取封装格式文件头。

图 6-18 内存映射文件及以 AVIOContext 自定义回调函数的方式读取流信息

(2) avformat_find_stream_info():从输入源读取一段数据,尝试解码,以获取流信息。

(3) av_read_frame():从输入源读取数据包。

3. AVFormatContext 的 pb 字段

当启用内存 IO 模式后(ifmt_ctx-> pb 有效时),将会忽略 avformat_open_input()的第 2 个参数 url 的值。下面先看一下 AVFormatContext 的 pb 字段,代码如下:

```
//chapter6/6.4.help.txt
/**
 * Format I/O context.
 */
typedef struct AVFormatContext {
    ...
    /**
     * I/O context. IO 上下文
     * 解复用:在 avformat_open_input()之前由用户设置(用户必须手动关闭)
     * 或由 avformat_open_input()设置
     * - demuxing: either set by the user before avformat_open_input() (then
     *       the user must close it manually) or set by avformat_open_input().
 *复用:由用户在 avformat_write_header()之前设置.调用者必须负责关闭/释放 IO 上下文
     * - muxing: set by the user before avformat_write_header(). The caller must take care of
closing / freeing the IO context.
 *如果在 iformat/oformat 的 flags 字段中设置了 AVFMT_NOFILE 标志,则不要设置此字段.
 *在这种情况下,(de)muxer 将以其他方式处理 I/O,此字段将为 NULL
     * Do NOT set this field if AVFMT_NOFILE flag is set in
     * iformat/oformat.flags. In such a case, the (de)muxer will handle
     * I/O in some other way and this field will be NULL.
     */
```

```
    AVIOContext * pb; //该字段指向自定义的 AVIOContext,启动 IO 内存模式
    ...
}
```

struct AVFormatContext 结构体中与内存 IO 操作相关的重要成员是 AVIOContext * pb,有以下规则。

(1) 解复用过程：在调用 avformat_open_input()函数前由用户手工设置,因为从 avformat_open_input()函数开始有读输入的操作。调用 avformat_open_input()函数打开输入流读取头部信息。如果使用内存 IO 模式,则应在此之前分配 AVFormatContext 并设置其 pb 成员。

(2) 复用过程：在调用 avformat_write_header()函数前由用户手工设置,因为从 avformat_write_header()函数开始有写输出的操作。

4. avio_alloc_context()详解

使用 FFmpeg 实现 AVIO 的自定义回调,需要使用 AVIOContext、avio_alloc_context()和 avio_context_free()等结构体和 API 函数。AVIOContext 结构体是 FFmpeg 中有关 IO 操作的顶层结构体,是 AVIO 的核心。FFmpeg 支持打开本地文件路径和流媒体协议的 URL。虽然 AVIOContext 是 AVIO 操作的核心,但 AVIOContext 中的所有函数指针都不应该直接调用,它们只应在实现自定义 I/O 时由客户端应用程序设置。通常这些设置为 avio_alloc_context()中指定的函数指针。

1) avio_alloc_context()函数说明

avio_alloc_context()函数非常重要,用于为 AVIOContext 分配内存空间,并管理相关的缓冲区和用户回调函数。首先要开辟一块缓冲区,供 FFmpeg 读数据、用户写数据。当指定输入数据来自于内存、网络时,需要提供一个 int (* read_packet)(void * opaque, uint8_t * buf, int buf_size)类型的回调函数。当 FFmpeg 需要数据时,会自动回调 read_packet 函数,要求用户至多将 buf_size 字节读到 buf 指针指向的内存中。对于读 IO 数据,write_flag 为 0,回调 write_packet 和 seek 均为 NULL。该函数声明在 libavformat/avio.h 文件中,代码如下(详见注释信息)：

```
//chapter6/6.4.help.txt
/** 为缓冲 I/O 分配并初始化 AVIOContext.稍后必须使用 avio_context_free()来释放
 * Allocate and initialize an AVIOContext for buffered I/O. It must be later
 * freed with avio_context_free().
 *
 * @param buffer: Memory block for input/output operations via AVIOContext.
 *         The buffer must be allocated with av_malloc() and friends.
 *         It may be freed and replaced with a new buffer by libavformat.
 *         AVIOContext.buffer holds the buffer currently in use,
 *         which must be later freed with av_free().
```

```
 * 用于通过 AVIOContext 进行输入/输出操作的内存块.必须使用 av_malloc()和相关函数分配缓冲区.可以通过 libavformat 将其释放并替换为新的缓冲区.
 * AVIOContext.buffer 保存当前正在使用的缓冲区,稍后必须使用 av_free()释放该缓冲区

 *  @param buffer_size: The buffer size is very important for performance.
 *          For protocols with fixed blocksize it should be set to this blocksize.
 *          For others a typical size is a cache page, e.g. 4Kb.
 * 缓冲区大小对性能非常重要.对于具有固定块大小的协议,应将其设置为此块大小.
 * 对于其他页面,典型的大小是缓存页,例如 4K(4096)
 *  @param write_flag :Set to 1 if the buffer should be writable, 0 otherwise.
 *  @param opaque: An opaque pointer to user - specific data.用户自定义数据
 *  @param read_packet : A function for refilling the buffer, may be NULL.
 *                      For stream protocols, must never return 0 but rather
 *                      a proper AVERROR code.   读 -- 回调函数
 *  @param write_packet :A function for writing the buffer contents, may be NULL.   写 -- 回调函数
 *          The function may not change the input buffers content.
 *  @param seek :A function for seeking to specified Byte position, may be NULL.
随机定位 -- 回调函数
 *
 *  @return Allocated AVIOContext or NULL on failure.
    返回成功分配的 AVIOContext,如果失败,则返回 NULL
 */
AVIOContext * avio_alloc_context(
          unsigned char * buffer,
          int buffer_size,
          int write_flag,
          void * opaque,
          int ( * read_packet)(void * opaque, uint8_t * buf, int buf_size),
          int ( * write_packet)(void * opaque, uint8_t * buf, int buf_size),
          int64_t ( * seek)(void * opaque, int64_t offset, int whence));
```

该函数执行成功后将返回已分配的 AVIOContext,如果失败,则返回 NULL,参数说明如下。

(1) buffer：用于 AVIOContext 的输入或输出操作的数据 buffer。

(2) buffer_size：buffer 的大小。buffer 和 buffer_size 是 read_packet/write_packet 的第 2 个和第 3 个参数,是供 FFmpeg 使用的数据区。当 buffer 用作 FFmpeg 输入时,由用户负责向 buffer 中填充数据,FFmpeg 负责取走数据。当 buffer 用作 FFmpeg 输出时,由 FFmpeg 负责向 buffer 中填充数据,用户负责取走数据。

(3) write_flag：如果需要对 buffer 进行写操作,则需要设置为 1,否则设置为 0。write_flag 是缓冲区读写标志,读写的主语是指 FFmpeg。当 write_flag 为 1 时,buffer 用于写,即作为 FFmpeg 输出。当 write_flag 为 0 时,buffer 用于读,即作为 FFmpeg 输入。

(4) opaque：一个指向用户自定数据的指针。opaque 是 read_packet/write_packet 回调函数的第 1 个参数,指向用户数据。

（5）read_packet：用于往 buffer 填充数据的函数，对于流协议，绝对不能返回 0，而必须返回正确的 AVERROR。在从自定义 buffer 读取数据时，需要设置为对应的填充数据的函数。

（6）write_packet：用于输出 buffer 中内容的函数。函数不能改变 buffer 中的内容。在从自定义 buffer 获取输出的数据时，需要设置为对应的输出数据处理函数。read_packet 和 write_packet 是函数指针，指向用户编写的回调函数。

（7）seek：用于查找指定字节位置的函数，可能为空。需要支持 seek 时才能使用，可以类比文件检索 fseek()函数的机制。

2）avio_alloc_context()函数的源码实现

avio_alloc_context()函数的源码实现比较简单，主要用于调用 ffio_init_context()函数来初始化 AVIOContext 结构体，代码如下：

```
//chapter6/6.4.help.txt
AVIOContext * avio_alloc_context(
                  unsigned char * buffer,
                  int buffer_size,
                  int write_flag,
                  void * opaque,
                  int ( * read_packet)(void * opaque, uint8_t * buf, int buf_size),
                  int ( * write_packet)(void * opaque, uint8_t * buf, int buf_size),
                  int64_t ( * seek)(void * opaque, int64_t offset, int whence))
{
    //调用 av_malloc()函数分配内存,创建一个 AVIOContext 结构体
    AVIOContext * s = av_malloc(sizeof(AVIOContext));
    if (!s) //判断非空
        return NULL;
    //调用 ffio_init_context(),初始化 AVIOContext 结构体
    ffio_init_context(s, buffer, buffer_size, write_flag, opaque,
                  read_packet, write_packet, seek);
    return s;
}
```

ffio_init_context()函数的主要功能是初始化 AVIOContext 结构体变量的各个字段，代码如下：

```
//chapter6/6.4.help.txt
int ffio_init_context(AVIOContext * s,
                  unsigned char * buffer,
                  int buffer_size,
                  int write_flag,
                  void * opaque,
```

```
                int ( * read_packet)(void * opaque, uint8_t * buf, int buf_size),
                //读取音视频数据的函数
                int ( * write_packet)(void * opaque, uint8_t * buf, int buf_size),
                //写音视频数据的函数
                int64_t ( * seek)(void * opaque, int64_t offset, int whence))
{
    memset(s, 0, sizeof(AVIOContext));

    s->buffer      = buffer;
    s->orig_buffer_size =
    s->buffer_size = buffer_size;
    s->buf_ptr     = buffer;
    s->buf_ptr_max = buffer;
    s->opaque      = opaque;
    s->direct      = 0;

    url_resetbuf(s, write_flag ? AVIO_FLAG_WRITE : AVIO_FLAG_READ);

    s->write_packet    = write_packet;
    s->read_packet     = read_packet;
    s->seek            = seek;
    s->pos             = 0;
    s->eof_reached     = 0;
    s->error           = 0;
    s->seekable        = seek ? AVIO_SEEKABLE_NORMAL : 0;
    s->min_packet_size = 0;
    s->max_packet_size = 0;
    s->update_checksum = NULL;
    s->short_seek_threshold = SHORT_SEEK_THRESHOLD;

    if (!read_packet && !write_flag) {
        s->pos     = buffer_size;
        s->buf_end = s->buffer + buffer_size;
    }
    s->read_pause = NULL;
    s->read_seek  = NULL;

    s->write_data_type       = NULL;
    s->ignore_boundary_point = 0;
    s->current_type          = AVIO_DATA_MARKER_UNKNOWN;
    s->last_time             = AV_NOPTS_VALUE;
    s->short_seek_get        = NULL;
    s->written               = 0;

    return 0;
}
```

3）avio_context_free()函数说明

avio_context_free()函数用于释放所提供的IO上下文和所有内容，该函数声明在libavformat\avio.h文件中，定义在libavformat\aviobuf.c文件中，代码如下：

```
//chapter6/6.4.help.txt
/**
 * Free the supplied IO context and everything associated with it.
 * 释放提供的IO上下文及其关联的所有内容
 * @param s :Double pointer to the IO context. This function will write NULL
 * into s.
 */
void avio_context_free(AVIOContext **s);

//源码实现,调用了 av_freep()函数
void avio_context_free(AVIOContext **ps)
{
    av_freep(ps);
}
```

5. av_file_map()的内存映射文件

av_file_map()函数类似于UNIX下的mmap()函数所实现的功能，属于内存映射文件技术，该函数的声明在libavutil/file.h文件中，代码如下：

```
//chapter6/6.4.help.txt
/**
 * Read the file with name filename, and put its content in a newly
 * allocated buffer or map it with mmap() when available.
读取名为 filename 的文件,并将其内容放在新分配的缓冲区中,或在可用时将其映射到 mmap()中

 * In case of success set *bufptr to the read or mmapped buffer, and
 * *size to the size in Bytes of the buffer in *bufptr.
如果执行成功,则将*bufptr设置为读取或映射的缓冲区,
并将*size设置为*bufptr中缓冲区的字节大小

 * Unlike mmap this function succeeds with zero sized files, in this
 * case *bufptr will be set to NULL and *size will be set to 0.
与 mmap 不同,此函数在大小为 0 的文件中成功执行,
在这种情况下,*bufptr将设置为NULL,*size将设置为0
 * The returned buffer must be released with av_file_unmap().
 * 必须使用 av_file_unmap()释放返回的缓冲区
 * @param log_offset :loglevel offset used for logging,日志级别 offset
 * @param log_ctx :context used for logging:日志上下文
 * @return a non negative number in case of success, a negative value
 * corresponding to an AVERROR error code in case of failure
```

```
*/
av_warn_unused_result
int av_file_map(const char *filename, uint8_t **bufptr, size_t *size,
                int log_offset, void *log_ctx);
```

参数说明如下：

(1) bufptr 将被设置为指向分配的 buffer，如果文件是空的，则 bufptr 会被设置为 NULL。

(2) *size 将被赋值为 buffer 中字节的大小。如果文件是空的，则 *size 会被设置为 0。

(3) buffer 使用完毕时，需要使用 av_file_unmap()来释放内存。

在该案例中，关于 av_file_map()的代码如下：

```
//av_file_map 类似于 UNIX 下的 mmap()函数所实现的功能:内存映射文件
ret = av_file_map(input_filename, &buffer, &buffer_size, 0, NULL);
```

代码中的 buffer 参数是文件开始指针，buffer_size 参数是文件大小(单位是字节)，然后申请视频缓冲，把视频文件内容读到这个 avio_ctx_buffer 缓冲里面；avio_ctx_buffer_size 参数用于设置存储缓冲文件的大小，代码如下：

```
//4. 分配缓冲区,使用的缓冲区大小:4096 字节
avio_ctx_buffer = (uint8_t *)av_malloc(avio_ctx_buffer_size);
```

通过 avio_alloc_context()函数关联相关的缓冲区和回调函数，代码如下：

```
//chapter6/6.4.help.txt
//5. 为 AVIOContext 分配内存空间
//为 AVIOContext 分配空间,关联 avio_ctx_buffer 缓冲区和 read_packet 回调函数
/* avio_ctx_buffer 是缓冲区,
 * 将 avio_ctx_buffer 的初始地址赋值到 avio_ctx->buffer
 * avio_ctx_buffer_size 是缓冲区大小, 也是每次读取数据的大小
 * bd 是输入文件的映射文件
 * read_packet 回调函数,具有读取数据功能, 具体在 avformat_open_input 下才会回调
 */
avio_ctx = avio_alloc_context(avio_ctx_buffer, avio_ctx_buffer_size,
                              0, &bd, &read_packet, NULL, NULL);
```

read_packet()回调函数会在这里被调用，它将输入文件中的数据都先存入缓冲区中，如果后面需要用到数据，它就从缓存中直接调用。

最后需要调用 av_file_unmap()函数来释放相关的缓冲区，该函数的声明在 libavutil/file.h 文件中，代码如下：

```
//chapter6/6.4.help.txt
/** 取消映射或释放由 av_file_map()创建的缓冲区
 * Unmap or free the buffer bufptr created by av_file_map().
 *
 * @param size :size in Bytes of bufptr, must be the same as returned
 * by av_file_map():字节数,必须与 av_file_map()函数中的对应参数相等.
 */
void av_file_unmap(uint8_t *bufptr, size_t size);
```

6. AVIOContext 自定义回调函数案例实战之二

上述的 AVIOContext 自定义回调函数的案例使用了内存映射文件技术（av_file_map），相当于一次性地将文件内容直接读到了内存中。也可以不使用该技术，而是在回调函数中通过 C 语言的 fread()函数来每次读取指定字节数的文件内容。通过 fopen()函数打开一个本地文件，将返回的文件句柄传递给 avio_alloc_context()函数的第 4 个参数，然后在 read_packet()回调函数中就可以获得这个文件句柄了，通过 fread()函数来读取文件内容，代码如下（详见注释信息）：

```
//chapter6/QtFFmpeg5_Chapter6_001/customavio2.cpp
#ifdef __cplusplus
extern "C" {
#endif
    #include "libavformat/avformat.h"
    #include "libavutil/time.h"
#ifdef __cplusplus
}
#endif

static int read_packet(void *opaque, uint8_t *buf, int buf_size)
{
//注意:第 1 个参数 opaque 是通过 avio_alloc_context()函数传递给 FFmpeg 框架的
//FFmpeg 在回调该函数时,又被传递回来,所以这里可以获得这个用户自定义的参数
//在该案例中,该参数是一个文件句柄:pFile.通过 fread 就可以读取文件内容了
    int sz = fread(buf, 1, buf_size, (FILE *)opaque);
    printf("[%lld]read callback: need %d, read %d\n", av_gettime(), buf_size, sz);
    return sz;
}

int main()
{
    int ret;

    //本地文件
    const char* input_file = "d:/_movies/__test/ande_10.mp4";
```

```
    FILE * pFile = fopen(input_file, "rb");
    if(!pFile) {
        av_log(NULL, AV_LOG_ERROR, "Cannot open input file\n");
    }

    size_t buff_size = 4 * 1024;
    unsigned char * buff;
    buff = (unsigned char * )av_malloc(buff_size);


    //注意:第 4 个参数(void * opaque),这里传递的是 pFile,即已打开的文件句柄
    //在回调函数中,该参数 pFile 会被传递回来,读文件时会使用它
    AVIOContext * avio_ctx = avio_alloc_context(buff, buff_size, 0, pFile, read_packet,
NULL, NULL);
    if(!avio_ctx) {
        ret = AVERROR(ENOMEM);
        exit(1);
    }

    AVFormatContext * input_fmt_ctx = avformat_alloc_context();
    if(!input_fmt_ctx) {
        ret = AVERROR(ENOMEM);
        goto end;
    }
    input_fmt_ctx->pb = avio_ctx;

    ret = avformat_open_input(&input_fmt_ctx, NULL, NULL, NULL);
    if(ret < 0) {
        fprintf(stderr, "Could not open input\n");
        goto end;
    }

    //分析流信息
    if((ret = avformat_find_stream_info(input_fmt_ctx, NULL)) < 0) {
        av_log(NULL, AV_LOG_ERROR, "Cannot find stream information\n");
        return ret;
    }

    //打印信息
    av_dump_format(input_fmt_ctx, 0, input_file, 0);

end:
    //关闭输入
    avformat_close_input(&input_fmt_ctx);
}
```

在工程中新增一个文件 customavio2.cpp，将上述代码复制进去，编译并运行，如图 6-19 所示。可以看出，每次回调，读取的缓冲大小为 size_t buff_size＝4 * 1024，即 4096 字节，但最后一次读取的值一般小于该值（这里为 3811）。

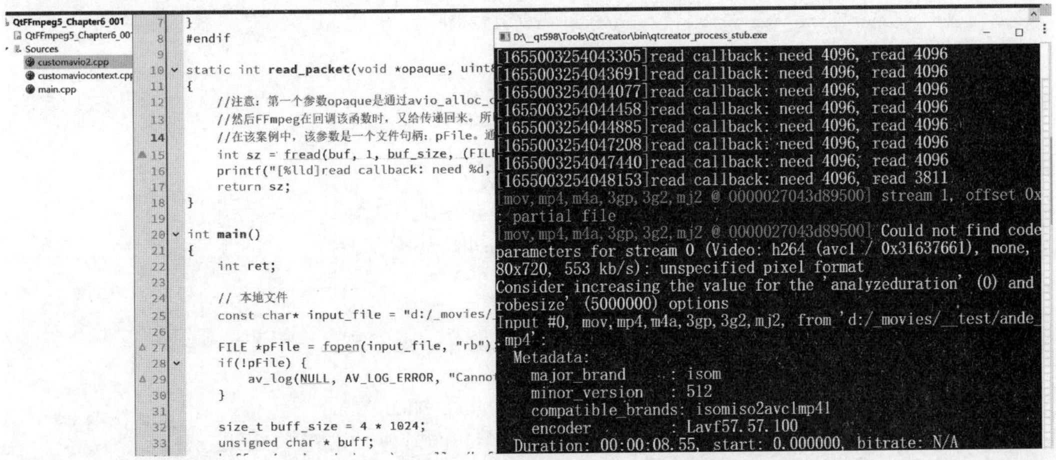

图 6-19　自定义 AVIO 的案例 2 的输出结果

7. 内存区作为输出

使用 FFmpeg 写文件时，默认为写入本地文件或网络推流地址中。也可以启用内存 IO 模式，写入指定的内存区中。当启用内存 IO 模式后（ofmt_ctx－>pb 有效时），FFmpeg 会将输出的内容写入内存缓冲区 obuf，用户可在回调函数中将 obuf 中的数据取走。例如打开一个命名管道 FIFO，FIFO 的数据在内存中，伪代码如下：

```
//chapter6/6.4.help.txt
//@opaque：是由用户提供的参数，指向用户数据
//@buf：作为 FFmpeg 的输出，此处 FFmpeg 已准备好 buf 中的数据
//@buf_size：buf 的大小
//@return：本次 IO 数据量
static int write_packet(void * opaque, uint8_t * buf, int buf_size)
{
    int fd = *((int *)opaque);
    int ret = write(fd, buf, buf_size);
    return ret;
}

int main()
{
    AVFormatContext * ofmt_ctx = NULL;
    AVIOContext * avio_out = NULL;
    uint8_t * obuf = NULL;
```

```
    size_t obuf_size = 4096;
    int fd = -1;

    //打开一个 FIFO 文件的写端
    fd = open_fifo_for_write("/tmp/test_fifo123");

    //1. 分配缓冲区
    obuf = av_malloc(obuf_size);

    //2. 分配 AVIOContext,第 3 个参数 write_flag 为 1
    //此时,AVIOContext 已经关联上了输出缓冲区 obuf 和回调函数 write_packet
    AVIOContext * avio_out = avio_alloc_context(obuf, obuf_size, 1, &fd, NULL, write_
packet, NULL);

    //3. 分配 AVFormatContext,并指定 AVFormatContext.pb 字段
    //必须在调用 avformat_write_header()之前完成
    avformat_alloc_output_context2(&ofmt_ctx, NULL, NULL, NULL);
    //将 AVFormatContext 与 AVIOContext 关联上,启用 FFmpeg 的内存 IO 模式
    ofmt_ctx->pb = avio_out;

    //4. 将文件头写入输出文件
    avformat_write_header(ofmt_ctx, NULL);

    ...
}
```

所有输出数据的时刻,FFmpeg 都将调用该回调函数。和输出是普通文件相比,只不过输出变成了内存区,其他各种外在表现并无不同。如下各函数在不同的阶段会输出数据,都会调用回调函数。

(1) avformat_write_header():将流头部信息写入输出区。

(2) av_interleaved_write_frame():将数据包写入输出区。

(3) av_write_trailer():将流尾部信息写入输出区。

6.5 内存映射文件技术

内存映射文件是一种很常用的技术,内存映射文件与虚拟内存有些类似,通过内存映射文件可以保留一个地址空间的区域,同时将物理存储器提交给此区域,内存文件映射的物理存储器来自一个已经存在于磁盘上的文件,而且在对该文件进行操作之前必须首先对文件进行映射。当使用内存映射文件处理存储于磁盘上的文件时,将不必再对文件执行 I/O 操作,使内存映射文件在处理大数据量的文件时能起到相当重要的作用。内存映射文件的意思就是把一个硬盘上的文件映射到物理页上,再把物理页映射到虚拟内存上,如图 6-20 所

示。这样的好处是不必再打开、关闭文件，直接像访问自己的内存一样想读就读想写就写，想要读写文件时就直接读写内存。还有一个很大的优点就是当文件很大时使用这种方式会提高性能。几乎主流的操作系统都提供了相关的机制和API函数。

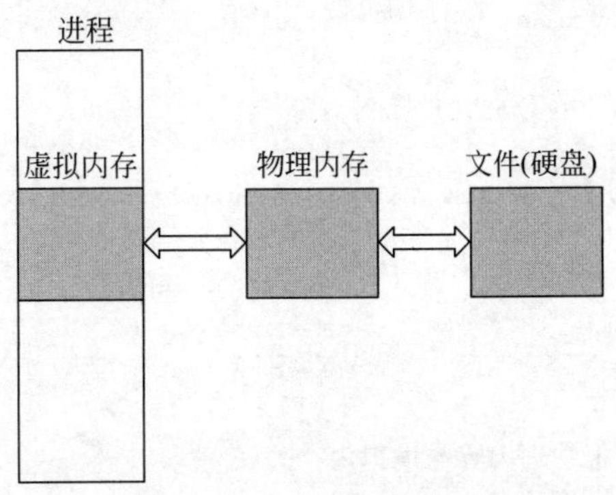

图 6-20 虚拟内存、物理内存及文件的关系

1. Windows的内存映射文件

文件操作是应用程序最基本的功能之一，Win32 API和MFC均提供了支持文件处理的函数和类，常用的有Win32 API的CreateFile()、WriteFile()、ReadFile()和MFC提供的CFile类等。一般来讲，以上这些函数可以满足大多数场合的要求，但是对于某些特殊应用领域所需要的动辄几十GB、几百GB，乃至几TB的海量存储，再以通常的文件处理方法进行处理显然是行不通的。对于上述这种大文件的操作一般是以内存映射文件的方式来加以处理的。

内存映射文件是由一个文件到进程地址空间的映射。Win32中，每个进程有自己的地址空间，一个进程不能轻易地访问另一个进程地址空间中的数据，所以不能像16位Windows那样做。Win32系统允许多个进程(运行在同一计算机上)使用内存映射文件来共享数据。实际上，其他共享和传送数据的技术，诸如使用SendMessage或者PostMessage，都在内部使用了内存映射文件。这种数据共享是让两个或多个进程映射同一文件映射对象的视图，即它们在共享同一物理存储页。这样，当一个进程向内存映射文件的一个视图写入数据时，其他的进程立即会在自己的视图中看到变化。注意，对文件映射对象要使用同一名字。这样，文件内的数据就可以用内存读/写指令访问了，而不是用ReadFile和WriteFile这样的I/O系统函数，从而提高了文件存取速度。两个进程共享一份物理内存，通过内存映射文件技术可以同时共享一个文件，如图6-21所示。

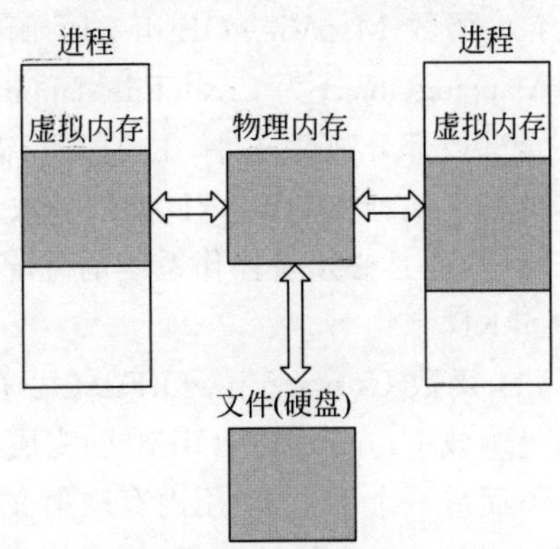

图 6-21 多进程共享物理内存

使用内存映射文件时的相关 API 函数，代码如下：

```
//chapter6/6.5.help.txt
HANDLE CreateFile(LPCTSTR lpFileName, DWORD dwDesiredAccess, DWORD dwShareMode, LPSECURITY_
ATTRIBUTES lpSecurityAttributes, DWORD dwCreationDisposition, DWORD dwFlagsAndAttributes,
HANDLE hTemplateFile);
HANDLE CreateFileMapping( //创建文件映射对象
  [in]           HANDLE                  hFile,
  [in, optional] LPSECURITY_ATTRIBUTES lpFileMappingAttributes,
  [in]           DWORD                  flProtect,
  [in]           DWORD                  dwMaximumSizeHigh,
  [in]           DWORD                  dwMaximumSizeLow,
  [in, optional] LPCSTR                 lpName
);
LPVOID MapViewOfFile(//把物理内存与虚拟内存关联
  [in] HANDLE hFileMappingObject,
  [in] DWORD  dwDesiredAccess,
  [in] DWORD  dwFileOffsetHigh,
  [in] DWORD  dwFileOffsetLow,
  [in] SIZE_T dwNumberOfBytesToMap
);
BOOL UnmapViewOfFile(LPCVOID lpBaseAddress);
```

（1）函数 CreateFile()：即使是在对普通的文件进行操作时也经常用来创建、打开文件，在处理内存映射文件时，该函数用来创建/打开一个文件内核对象，并将其句柄返回。

（2）函数 CreateFileMapping()：创建一个文件映射内核对象，通过参数 hFile 指定待映射到进程地址空间的文件句柄（该句柄由 CreateFile()函数的返回值获取）。由于内存映射文件的物理存储器实际是存储于磁盘上的一个文件，而不是从系统的页文件中分配的内存，所以系统不会主动为其保留地址空间区域，也不会自动将文件的存储空间映射到该区域。

（3）函数 MapViewOfFile()：函数负责把文件数据映射到进程的地址空间，参数 hFileMappingObject 为 CreateFileMapping()返回的文件映射对象句柄。MapViewOfFile()函数允许全部或部分映射文件，在映射时，需要指定数据文件的偏移地址及待映射的长度，其中，文件的偏移地址由 DWORD 型的参数 dwFileOffsetHigh 和 dwFileOffsetLow 组成的 64 位值来指定，而且必须是操作系统的分配粒度的整数倍，对于 Windows 操作系统，分配粒度固定为 64KB。

（4）函数 UnmapViewOfFile()：在完成对映射到进程地址空间区域的文件处理后，需要通过函数 UnmapViewOfFile()完成对文件数据映射的释放。

下面举一个例子，使用内存映射文件技术打开文件，将所有内容映射到内存中，然后直接读取相关的内存地址即可，代码如下：

```
//chapter6/WinFileMapDemo/WinFileMapDemo/WinFileMapDemo.cpp
//WinFileMapDemo.cpp: 定义控制台应用程序的入口点
//

#include "stdafx.h"
#include <stdio.h>
#include <Windows.h>

DWORD MappingFile1(char * lpcFile)
{
    HANDLE hFile;
    HANDLE hMapFile;
    //DWORD dwFileMapSize = 0;
    char * lpAddr;
     //1.打开
    hFile = CreateFileA(lpcFile,
        GENERIC_READ | GENERIC_WRITE,
        0,
        NULL,
        OPEN_EXISTING,//打开现有文件
        FILE_ATTRIBUTE_NORMAL,
        NULL
        );
    if (hFile == INVALID_HANDLE_VALUE)
    {
        printf("CreateFile failed: %d \n", GetLastError());
        return 0;
    }

    //2.创建 FileMapping 对象
    hMapFile = CreateFileMappingA(hFile,
        NULL,
        PAGE_READWRITE,
        0,
        0,
        NULL
        );
    if (hMapFile == NULL)
    {
        printf("CreateFileMapping failed: %d \n ", GetLastError());
        CloseHandle(hFile);
        return 0;
    }
    //3.映射到虚拟内存
    lpAddr = (char * )MapViewOfFile(hMapFile,
```

```
        FILE_MAP_COPY,//FILE_MAP_ALL_ACCESS FILE_MAP_COPY
        0, 0, 0);


    //4.读取文件
    char dwTest1 = *lpAddr;              //读文件开始的地方
    char dwTest2 = *(lpAddr + 3);        //想读到哪(加上偏移)
    printf("%c %c \n", dwTest1, dwTest2);

    //5.关闭资源
    UnmapViewOfFile(lpAddr);
    CloseHandle(hMapFile);
    CloseHandle(hFile);
}
int main(){
    MappingFile1("D:\\hello.txt");
    return 0;
}
```

打开 VS 2010，新建一个 C++的 Win32 控制台应用程序，项目名称为 WinFileMapDemo，如图 6-22 所示。将上述代码复制到 WinFileMapDemo.cpp 文件中，然后在 D 盘根目录下新建一个文本文件 hello.txt，内容为 abcdefghi。编译并运行该程序，如图 6-23 所示。

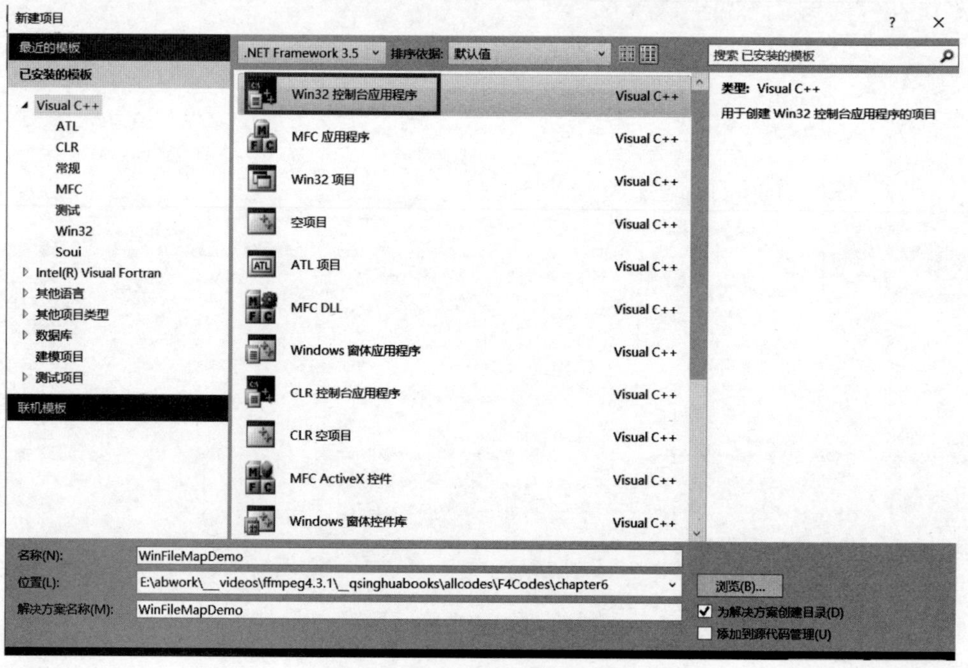

图 6-22　VS 2010 创建 C++工程

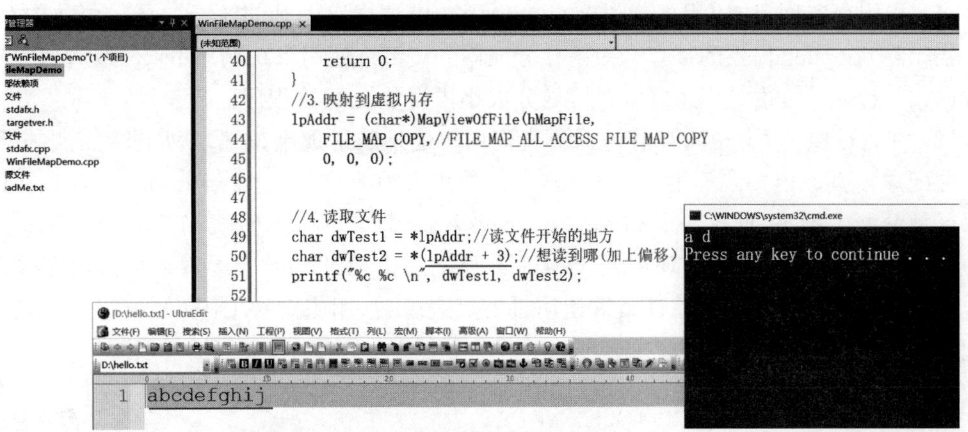

图 6-23 以内存映射文件方式读取文件内容

在该案例中，通过 CreateFileA 打开文件；通过 CreateFileMappingA 创建文件映射对象，并关联上刚才打开的文件句柄，然后通过 MapViewOfFile 将文件内容映射到虚拟内存中(lpAddr)，接着就可以像操作普通内存地址一样访问 lpAddr 了；最后记着解除映射对象并关闭相关的句柄。

2. Linux 的内存映射文件

所谓的内存映射就是把物理内存映射到进程的地址空间内，这些应用程序就可以直接使用输入输出的地址空间，从而提高读写的效率。Linux 提供了 mmap()函数，用来映射物理内存。在驱动程序中，应用程序以设备文件为对象，调用 mmap()函数，内核进行内存映射的准备工作，生成 vm_area_struct 结构体，然后调用设备驱动程序中定义的 mmap()函数。Linux 系统中的内存管理分为用户空间、内核空间和硬件共 3 个层面，如图 6-24 所示。

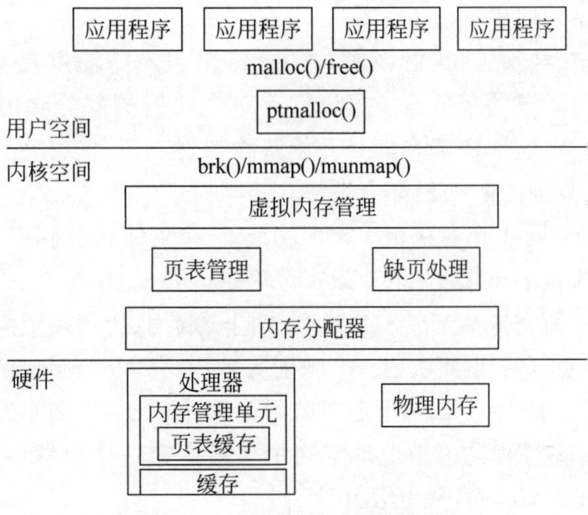

图 6-24 Linux 的内存管理层次

(1) 在用户空间,应用程序通过 malloc()函数申请内存并通过 free()函数释放内存(是内存分配器 ptmalloc 提供的接口),而内存分配器 ptmalloc 使用系统调用 brk()或者 mmap()函数向内核以页为单位申请内存,然后划分成小内存块分配给程序。

(2) 在内核空间,虚拟内存管理器负责把用户地址映射成虚拟地址,从进程的虚拟地址空间分配虚拟页。内核程序通过 sys_brk()函数扩大缩小堆、通过 sys_mmap()函数在内存映射区域分配虚拟页、通过 sys_munmap()函数释放虚拟页,页分配器负责分配物理页。

(3) 在硬件层面,内存管理单元 MMU 负责把虚拟地址转换成物理地址。内存管理单元包含页表缓存 TLB,以此保存最近使用过的页表映射,用来解决 CPU 及内存处理速度不匹配问题。

使用内存映射文件时的相关 API 函数,代码如下:

```
//chapter6/6.5.help.txt
#include <sys/mman.h>
void *mmap( void *addr, size_t length, int prot, int flags, int fd, off_t offset );
                                                    //创建一个映射
int munmap( void *addr, size_t length );            //解除映射
int msync( void *addr, size_t length, int flags );
void * mremap(void *old_address, size_told_size , size_tnew_size, intflags);
```

(1) 函数 mmap():创建一个映射,如果成功,则返回新映射的起始地址,如果失败,则返回 MAP_FAILED。参数 addr 代表映射被放置的虚拟地址,推荐为 NULL(内核会自动选择合适地址)。参数 length 表示映射的字节数;参数 prot 代表位掩码;参数 flags 表示位掩码,MAP_PROVATE 代表创建私有映射、MAP_SHARED 代表创建共享映射;参数 fd 表示被映射的文件的文件描述符(调用之后就能够关闭文件描述符),在打开描述符 fd 引用的文件时必须具备与 prot 和 flags 参数值匹配的权限,文件必须总是被打开允许读取;参数 offset 表示映射在文件中的起点。

(2) 函数 munmap():解除映射区域,参数 addr 表示待解除映射的起始地址;参数 length 表示待解除映射区域的字节数。可以解除一个映射的部分映射,这样原来的映射要么收缩,要么被分成两个,这取决于在何处开始解除映射。还可以指定一个跨越多个映射的地址范围,这样所有在范围内的映射都会被解除。

(3) 函数 msync():同步映射区域,参数 addr 表示文件映射到进程空间的地址;参数 length 表示映射空间的大小;参数 flags 表示刷新的参数设置,MS_ASYNC 代表异步调用(会立即返回,不等到更新完成)、MS_SUNC 代表同步调用(会等待更新完成之后返回)。

(4) 函数 mremapsync():重新映射一个映射区域,参数 old_address 和 old_size 分别指现有映射的位置和大小;参数 new_size 指定新映射的大小;参数 flags 为标志值,MREMAP_MAYMOVE 表示映射在进程的虚拟地址空间中重新指定一个位置、MREMAP_FIXED 表示配合 MREMAP_MAYMOVE 一起使用。

下面举一个例子,使用内存映射文件技术打开文件,将所有内容映射到内存中,然后直

接读取相关的内存地址，代码如下：

```
//chapter6/linuxMmap.c
#include <stdio.h>
#include <sys/types.h>
#include <sys/stat.h>
#include <fcntl.h>
#include <unistd.h>
#include <sys/mman.h>

int main(int argc, char * argv[])
{
    int fd;
    void *start;
    struct stat sb;

    fd = open("./hello.txt", O_RDONLY); //打开文件 test.txt
    fstat(fd, &sb);                                                    //获取文件状态
    start = mmap(NULL, sb.st_size, PROT_READ, MAP_PRIVATE, fd, 0); //建立内存映射
    if(start == MAP_FAILED){
        return (-1);
    }

    printf("%s\n", (char*)start);                                     //输出内存内容
    munmap(start, sb.st_size);                                         //解除内存映射
    close(fd);                                                         //关闭文件
    return 0;
}
```

新建一个源文件 LinuxMmap.c，将上述代码复制进去。在同路径下新建一个文本文件 hello.txt，内容为 abcdefghij，然后使用 GCC 编译，并运行，代码及输出内容如下：

```
//chapter6/linuxMmap.c.compile.txt
gcc LinuxMmap.c -o hello.exe
./hello.exe
abcdefghij
```

第 7 章 AVFormat 封装层理论及案例实战

CHAPTER 7

4min

音视频的封装格式(Container Format)可以看作编码流(音频流、视频流等)数据的一层外壳,将编码后的数据存储于此封装格式的文件之内。封装又称容器,容器的称法更为形象。所谓容器,就是存放内容的器具,以一瓶饮料为例,饮料是内容,那么装饮料的瓶子就是容器。

在 FFmpeg 的 AVFormat 中实现了目前多媒体领域中的绝大多数媒体封装格式,包括封装和解封装,如 MP4、FLV、KV、TS 等文件封装格式,以及 RTMP、RTSP、MMS、HLS 等网络协议封装格式。FFmpeg 是否支持某种媒体封装格式,取决于编译时是否包含了该格式的封装库。可以根据实际需求进行媒体封装格式的扩展,增加自己定制的封装格式,即在 AVFormat 中增加自己的封装处理模块。

7.1 封装格式原理分析

所谓封装格式,就是以怎样的方式将视频轨、音频轨、字幕轨等信息组合在一起。不同的封装格式支持的视音频编码格式是不一样的,例如 MKV 格式支持的视音频编码格式比较多,RMVB 则主要支持 Real 公司的视音频编码格式。常见的封装格式包括 AVI、VOB、WMV、RM、RMVB、MOV、MKV、FLV、MP4、MP3、WebM、DAT、3GP、ASF、MPEG、OGG 等。视频文件的封装格式并不影响视频的画质,影响视频画面质量的是视频的编码格式。通常一个完整的视频文件是由音频和视频两部分(有的也包括字幕)组成的。

7.1.1 视频封装格式简介

封装格式也称多媒体容器,它只是为多媒体编码提供了一个“外壳”,也就是将所有处理好的视频、音频或字幕都包装到一个文件容器内呈现给观众,这个包装的过程就叫封装,如图 7-1 所示。其实封装就是按照一定规则把音视频、字幕等数据组织起来,包含

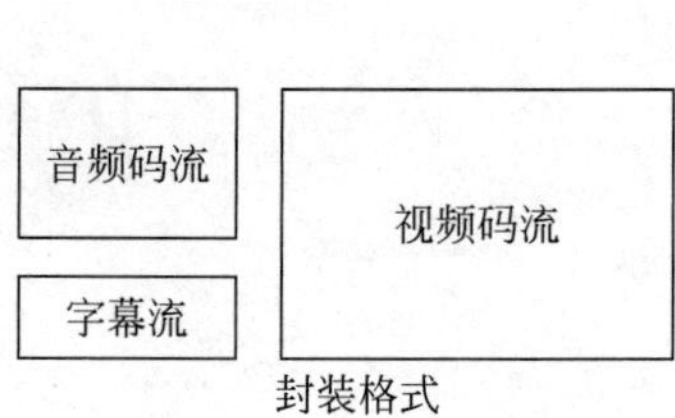

图 7-1 音视频的封装

编码类型等公共信息，播放器可以按照这些信息来匹配解码器、同步音视频。

Windows 系统中的文件名都有后缀，例如 1. doc、2. wps、3. psd 等。Windows 设置后缀名的目的是让系统中的应用程序来识别并关联这些文件，让相应的文件由相应的应用程序打开。例如双击 1. doc 文件，它会知道让 Microsoft Word 打开，而不会用 Photoshop 打开这个文件。常见的视频文件格式如 1. avi、2. mpg，这些都叫作视频的文件格式，它由计算机上安装的视频播放器关联，通过后缀名来判断格式。常见的视频封装格式与对应的视频文件格式如表 7-1 所示。

表 7-1 常用的视频封装格式与对应的文件格式

视频封装格式	视频文件格式
AVI(Audio Video Interleave)	. avi
WMV(Windows Media Video)	. wmv
MPEG	. mpg/. vob/. dat/. mp4
Matroska	. mkv
Real Video	. rm
QuickTime	. mov
Flash Video	. flv

7.1.2 使用 FFmpeg 处理音视频的封装与解封装

基于 FFmpeg 的封装格式转换就是从一种封装格式转换为另一种，例如在 AVI、FLV、MKV、MP4 等格式之间转换(对应. avi、. flv、. mkv、. mp4 文件)。需要注意的是，封装与解封装并不进行音视频的编码和解码工作，而是直接将视音频压缩码流从一种封装格式文件中获取出来，然后打包成另外一种封装格式的文件。例如从 FLV 文件中提取出视频流(H. 264)和音频流(AAC)，然后封装成 AVI 格式的流程如图 7-2 所示。

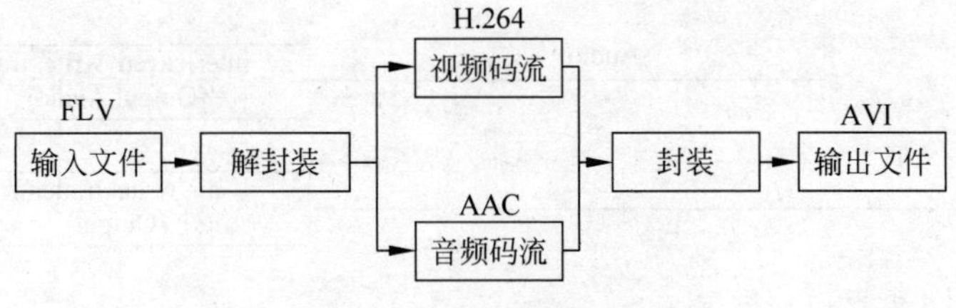

图 7-2 FLV 转封装为 AVI

只处理封装与解封装，而不进行重新编解码有两个好处。一是处理速度非常快，因为音视频编解码算法十分复杂，占据了转码的绝大部分时间。如果不需要进行音视频的编码和解码，就能节约大量的时间。二是音视频质量无损，因为不需要进行音视频的编码和解码，所以不会有音视频的压缩损伤，但各种封装格式之间不能保证完美地兼容内部的音视频编解码格式，所以有可能会导致转封装失败。

使用 FFmpeg 对音视频文件进行转封装，包括解封装和封装两个步骤。解封装主要用于读取音视频文件或网络流，解析出音视频包（AVPacket）；封装主要用于打开新的音视频文件或网络直播推流，然后将音视频包写入新的文件中。该流程如图 7-3 所示。

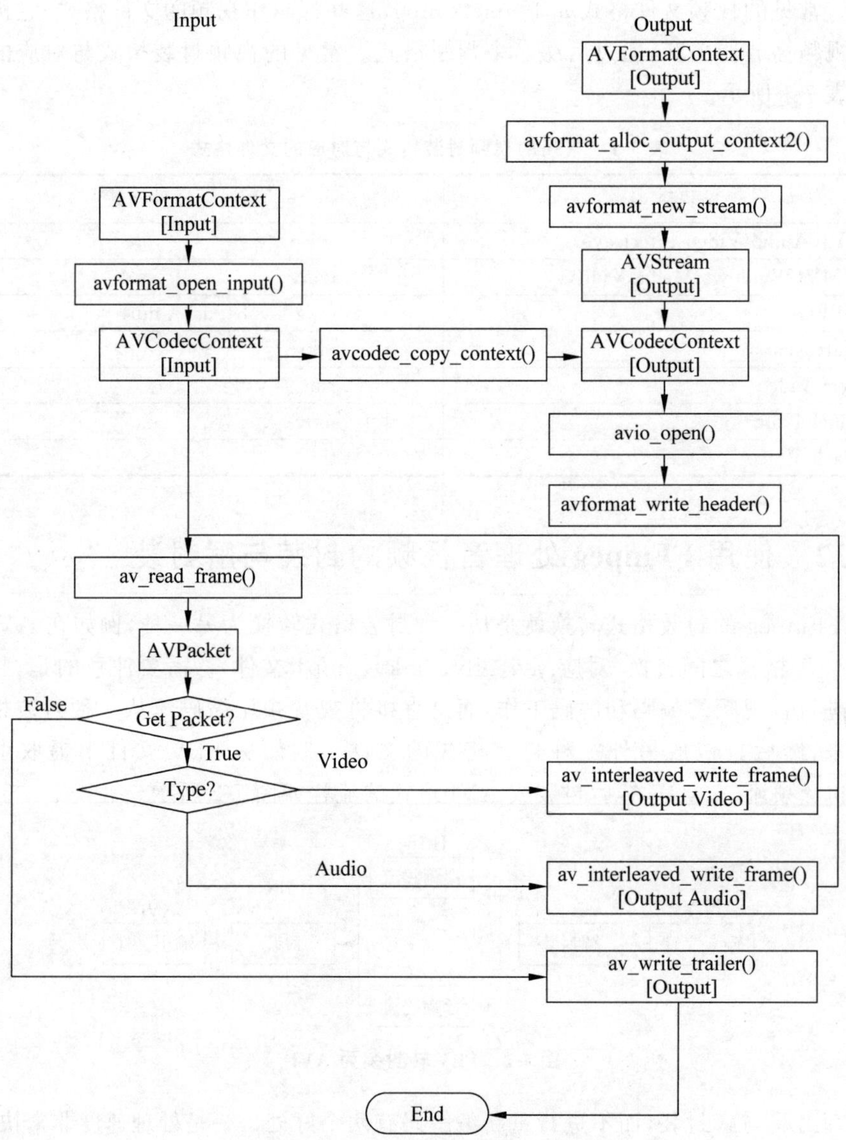

图 7-3　FFmpeg 转封装流程及 API

使用 FFmpeg 对音视频文件进行转封装的主要步骤如下。

(1) avformat_open_input()：打开输入文件，初始化输入视频码流的 AVFormatContext。

(2) av_read_frame()：从输入文件中读取一个音视频包 AVPacket。

(3) avformat_alloc_output_context2():初始化输出视频码流的 AVFormatContext。

(4) avformat_new_stream():创建输出码流的 AVStream。

(5) avcodec_copy_context():将输入视频码流的 AVCodecContex 参数复制到输出视频的 AVCodecContext。这个是旧的 API 函数,新版本中建议使用 avcodec_parameters_copy()函数。

(6) avio_open():打开输出文件。

(7) avformat_write_header():写文件头(对于某些没有文件头的封装格式,不需要此函数,例如 MPEG2TS)。

(8) av_interleaved_write_frame():将 AVPacket(存储视频压缩码流数据)写入文件。

(9) av_write_trailer():写文件尾(对于某些没有文件头的封装格式,不需要此函数,例如 MPEG2TS)。

7.2 封装层的重要 API 函数简介

FFmpeg 的封装层的主要 API 函数包括 avformat_open_input()、av_read_frame()、avformat_alloc_output_context2(),以及初始化输出视频码流的 AVFormatContext、avformat_new_stream()、avcodec_copy_context()、avio_open()、avformat_write_header()、av_interleaved_write_frame()和 av_write_trailer()等。

1. avformat_open_input()函数简介

avformat_open_input()函数用于打开音视频文件(或网络流)并根据格式信息读取数据头,以便创建相应的 AVStream,但不打开解码器,返回 0 表示成功。它的声明位于 libavformat/avformat.h 文件中,代码如下:

```
int avformat_open_input(AVFormatContext **ps, const char *url, const AVInputFormat *fmt,
AVDictionary **options);
```

参数说明如下:

(1) 参数 ps 表示函数调用成功之后处理过的 AVFormatContext 结构体。

(2) 参数 file 表示打开的视音频流的 URL。

(3) 参数 fmt 表示强制指定 AVInputFormat。这个参数一般情况下可以设置为 NULL,这样 FFmpeg 可以自动检测 AVInputFormat。

(4) 参数 dictionary 表示附加的一些选项,一般情况下可以设置为 NULL。

该函数的内部逻辑及流程如图 7-4 所示,具体步骤如下:

(1) 根据传入的 url 确定要使用的协议 URLProtocol,例如 HTTP 的或是 FILE 类型的协议。

(2) 按该协议打开文件或建立连接,开始循环读取数据。

(3) 再遍历所有的 AVInputFormat，确定 iformat，即确定数据的格式，例如 FLV 或 MP4 等。

(4) 调用 AVInputFormat 结构的 read_header()回调函数读取该格式下的头部数据，在此可能会创建流(AVStream)，否则会在调用 avformat_find_stream_info()函数时通过 read_frame_internal()函数创建流。

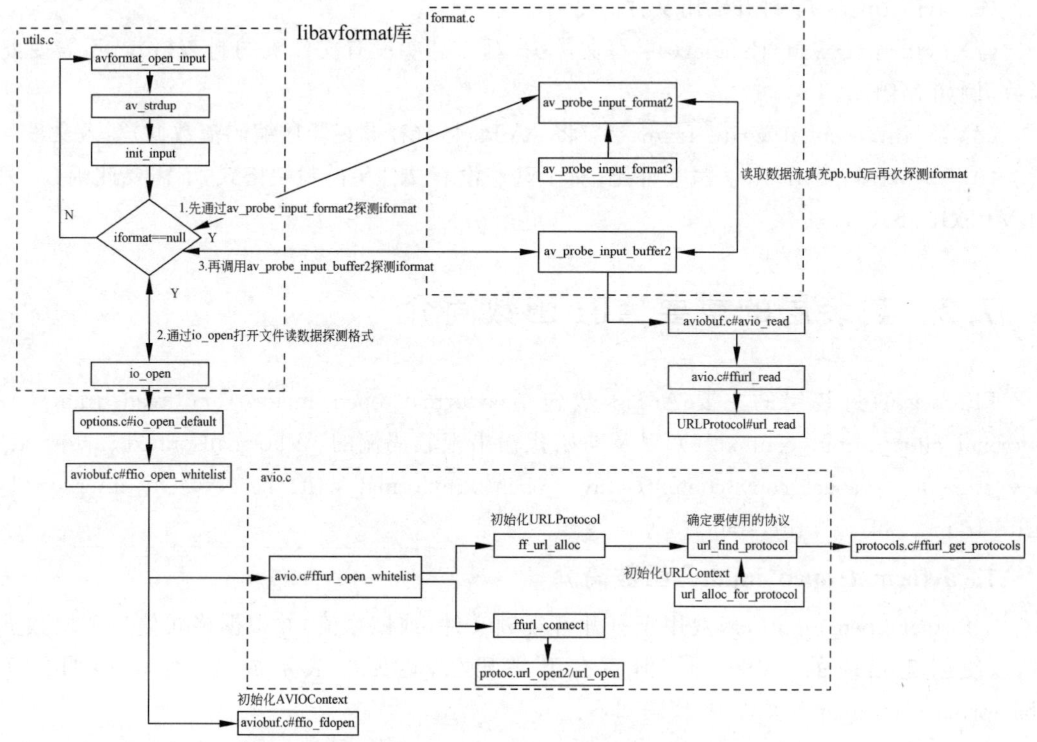

图 7-4 avformat_open_input()函数的内部逻辑及流程

2. avformat_find_stream_info()函数简介

avformat_find_stream_info()函数可以读取一部分视音频数据并且获得一些相关的信息，声明位于 libavformat/avformat.h 文件中，代码所示。

```
int avformat_find_stream_info(AVFormatContext *ic, AVDictionary **options);
```

函数正常执行后返回值大于或等于 0，各个参数说明如下。

(1) ic：输入的 AVFormatContext。

(2) options：额外的选项。

3. av_read_frame()函数简介

要对音视频数据进行解码，首先要获取音视频的压缩包数据(AVPacket)。av_read_frame()

函数的作用是获取音视频的压缩包数据。

注意：av_read_frame()函数用于获取视频的一个完整帧，不存在半帧的情况，但可以同时获取音频的若干帧。

该函数的声明位于 libavformat/avformat.h 文件中，代码如下：

```
int av_read_frame(AVFormatContext *s, AVPacket *pkt);
```

该函数的功能是读取当前流数据，并存于 AVPacket 包中，如果当前流为视频帧，则只读出一帧；如果当前流为音频帧，则可根据音频格式读取固定的数据。读取成功后流数据自动指向下一帧，如果 AVPacket 包内存为空，则表示读取失败。

该函数成功后，返回流的下一帧，对于存储在文件中的内容，不验证解码器是否有有效帧。它将把文件中存储的内容拆分为帧，并为每个调用返回一个帧。它不会省略有效帧之间的无效数据，以便给解码器最大可能的解码信息。如果数据包的缓冲区(buf)为 NULL，则直到下一个 av_read_frame()或直到 avformat_close_input()包都是有效的。否则数据包将无限期有效。在这两种情况下，当不再需要包时，必须使用 av_free_packet()函数释放包。对于视频，数据包只包含一帧。对于音频，如果每个帧具有已知的固定大小(例如 PCM 或 ADPCM 数据)，则它包含整数帧数。如果音频帧有一个可变的大小(例如 MPEG 音频)，则它包含一帧。在 AVStream 中，数据包的 pts、dts 和 duration 总是被设置为恰当的值。如果视频格式为 B 帧，则包的 pts 可以是 AV_NOPTS_VALUE，所以如果不解压缩有效负载，则最好依赖包的 dts。

4. avformat_alloc_output_context2()函数简介

avformat_alloc_output_context2()函数可以初始化一个用于输出的 AVFormatContext 结构体，它的声明位于 libavformat/avformat.h 文件中，代码如下：

```
//chapter7/7.2.help.txt
/**
 * Allocate an AVFormatContext for an output format.
 * avformat_free_context() can be used to free the context and
 * everything allocated by the framework within it.
 *
 * @param *ctx is set to the created format context, or to NULL in
 * case of failure
 * @param oformat format to use for allocating the context, if NULL
 * format_name and filename are used instead
 * @param format_name the name of output format to use for allocating the
 * context, if NULL filename is used instead
 * @param filename the name of the filename to use for allocating the
 * context, may be NULL
```

```
 * @return >= 0 in case of success, a negative AVERROR code in case of
 * failure
 */
int avformat_alloc_output_context2(AVFormatContext ** ctx, const AVOutputFormat * oformat,
const char * format_name, const char * filename);
```

函数执行成功后，其返回值大于或等于0。各个参数的含义如下。

(1) ctx：函数调用成功之后创建的AVFormatContext结构体。

(2) oformat：指定AVFormatContext中的AVOutputFormat，用于确定输出格式。如果指定为NULL，则可以设定后两个参数(format_name或者filename)由FFmpeg猜测输出格式。使用该参数需要自己手动获取AVOutputFormat，相对于使用后两个参数要麻烦一些。

(3) format_name：指定输出格式的名称。根据格式名称，FFmpeg会推测输出格式。输出格式可以是FLV、MKV等。

(4) filename：指定输出文件的名称。根据文件名称，FFmpeg会推测输出格式。文件名称可以是xx.flv，yy.mkv等。

(5) 函数执行成功后，其返回值大于或等于0。

该函数的主要调用流程如下：

(1) 调用avformat_alloc_context()函数初始化一个默认的AVFormatContext。

(2) 如果指定了输入的AVOutputFormat，则直接将输入的AVOutputFormat赋值给AVOutputFormat的oformat。如果没有指定输入的AVOutputFormat，就需要根据文件格式名称或者文件名推测输出的AVOutputFormat。无论是通过文件格式名称还是通过文件名推测输出格式，都会调用一个函数av_guess_format()。

av_guess_format()函数是FFmpeg的一个API，它的声明位于libavformat/avformat.h文件中，代码如下：

```
//chapter7/7.2.help.txt
/**
 * Return the output format in the list of registered output formats
 * which best matches the provided parameters, or return NULL if
 * there is no match.
 * 在已注册的输出格式列表中返回与提供的参数最匹配的输出格式，如果不匹配，则返回 NULL
 * @param short_name :if non - NULL checks if short_name matches with the
 * names of the registered formats:检测 short_name 是否与注册格式的名称匹配
 * @param filename:if non - NULL checks if filename terminates with the
 * extensions of the registered formats 检查文件名是否以注册格式的扩展名终止
 * @param mime_type if non - NULL checks if mime_type matches with the
 * MIME type of the registered formats 是否与注册格式的 mime 类型匹配
 */
const AVOutputFormat * av_guess_format(const char * short_name,
```

```
                         const char * filename,
                         const char * mime_type);
```

av_guess_format()函数中使用一个整型变量 score 记录每种输出格式的匹配程度。函数中包含了一个 while()循环,该循环利用函数 av_oformat_next()遍历 FFmpeg 中所有的 AVOutputFormat,并逐一计算每个输出格式的 score。具体的计算过程可分成如下几步:

(1) 如果封装格式名称匹配,则 score 增加 100。匹配中使用了函数 av_match_name()。

(2) 如果 mime 类型匹配,则 score 增加 10。匹配直接使用字符串比较函数 strcmp()。

(3) 如果文件名称的后缀匹配,则 score 增加 5。匹配中使用了函数 av_match_ext()。

5. avformat_new_stream()函数简介

结构体 AVStream 代表流通道,例如将 H.264 和 AAC 码流存储为 MP4 文件时,就需要在 MP4 文件中增加两个流通道,一个用于存储视频流(H.264),另一个用于存储音频流(AAC)。AVStream 包含很多参数,用于记录通道信息,其中非常重要的两个成员如下。

(1) AVCodecParameters * codecpar:用于记录编码后的流信息,即通道中存储的流的编码信息。

(2) AVRational time_base:AVStream 通道的时间基,时间基是个相当重要的概念。

注意:FFmpeg 3.1.4 版本之后已经使用 AVCodecParameters * codecpar 替换了原先的 CodecContext * codec。

---

avformat_new_stream()函数的声明位于 libavformat/avformat.h 文件中,代码如下:

```
//chapter7/7.2.help.txt
/**
 * Add a new stream to a media file. 向媒体文件添加新流.
 *
 * When demuxing, it is called by the demuxer in read_header(). If the
 * flag AVFMTCTX_NOHEADER is set in s.ctx_flags, then it may also
 * be called in read_packet().解复用时,它由 read_header()中的解复用器调用.如果在 s.ctx_标志中设置了标志 AVFMTCTX_ NOHEADER,则可以在 read_packet()中调用该标志 *
 * When muxing, should be called by the user before avformat_write_header().
 * muxing 时,应在 avformat_write_header()之前由用户调用
 * User is required to call avformat_free_context() to clean up the allocation
 * by avformat_new_stream(). 用户需要调用 avformat_free_context()来清除 avformat_new_stream()分配的内存
 *
 * @param s media file handle:媒体文件句柄
 * @param c unused, does nothing:未使用,不做任何事情
 * 返回新创建的流,失败返回 NULL
 * @return newly created stream or NULL on error.
 */
AVStream * avformat_new_stream(AVFormatContext * s, const AVCodec * c);
```

avformat_new_stream()函数用于在 AVFormatContext 中创建流通道(AVStream)。AVFormatContext 结构体中与 AVStream 相关的字段,代码如下:

```
//chapter7/7.2.help.txt
/**
      * Number of elements in AVFormatContext.streams.
      *
      * Set by avformat_new_stream(), must not be modified by any other code.
      */
unsigned int nb_streams;   //记录 stream 通道数目

/**
      * A list of all streams in the file. New streams are created with
      * avformat_new_stream().
      *
      * - demuxing: streams are created by libavformat in avformat_open_input().
      *             If AVFMTCTX_NOHEADER is set in ctx_flags, then new streams may also
      *             appear in av_read_frame().
      * - muxing: streams are created by the user before avformat_write_header().
      *
      * Freed by libavformat in avformat_free_context().
      */
AVStream **streams; //存储 stream 通道
```

调用 avformat_new_stream()函数之后便在 AVFormatContext 里增加了 AVStream 通道,如图 7-5 所示。

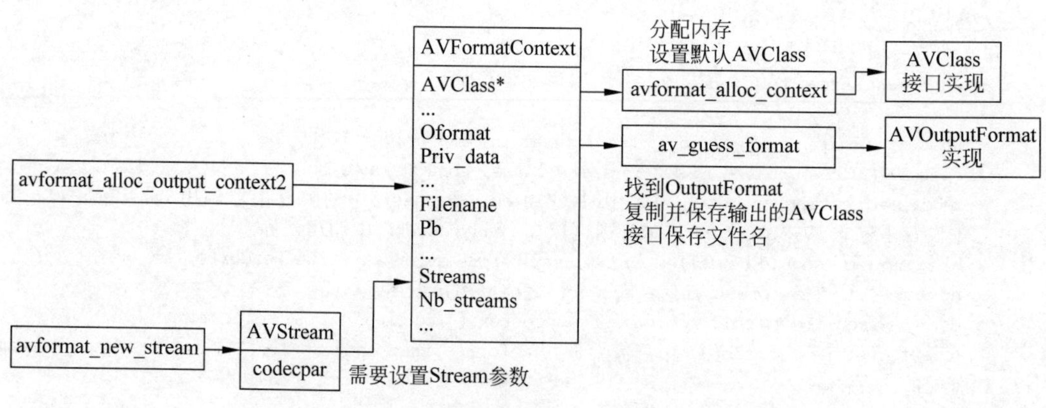

图 7-5 avformat_new_stream()函数创建流通道

6. avcodec_parameters_copy()函数简介

avcodec_copy_context()函数是在 FFmpeg 库中的一个旧的 API,主要的功能就是复制编码参数上下文,函数原型如下:

```
int avcodec_copy_context(AVCodecContext * dest, const AVCodecContext * src);
```

通过 avcodec_copy_context()函数可以将输入视频/音频的参数复制至输出视频/音频的 AVCodecContext 结构体。使用这个函数可以直接获取 AVCodecContext 结构体参数，伪代码如下：

```
AVCodecContext * pAVCodecContext = avcodec_alloc_context3(NULL);
pAVCodecContext = pAVFormatContext -> streams[videoStream] -> codec;
```

1）avcodec_parameters_copy()函数简介

老版本 FFmpeg 用 AVCondecContext 来存储 AVCodec 的上下文，但是在新版 FFmpeg(3.4 版)中，使用 avcodec_copy_context()函数会报错，所以需要使用 avcodec_parameters_copy()函数来复制 AVCodec 的上下文，该函数声明的代码如下：

```
//chapter7/7.2.help.txt
/**
 * Copy the contents of src to dst. Any allocated fields in dst are freed and
 * replaced with newly allocated duplicates of the corresponding fields in src. 将 src 的内容复
制到 dst.dst 中任何分配的字段都将被释放,并替换为 src 中相应字段的新分配副本
 * 如果返回非 0,则表示成功,如果返回负数,则表示失败
 * @return >= 0 on success, a negative AVERROR code on failure.
 */
int avcodec_parameters_copy(AVCodecParameters * dst, const AVCodecParameters * src);
```

2）AVCodecParameters 结构体简介

新版本 FFmpeg 中保存音视频流信息的结构体 AVCodecParameters，提供了 avcodec_parameters_to_context()函数，以此将音频流信息复制到新的 AVCodecContext 结构体中，其代码如下：

```
//chapter7/7.2.help.txt
/** 此结构描述编码流的属性
 * This struct describes the properties of an encoded stream.
 *
 * sizeof(AVCodecParameters) is not a part of the public ABI, this struct must
 * be allocated with avcodec_parameters_alloc() and freed with
 * avcodec_parameters_free().
 */
typedef struct AVCodecParameters {
    enum AVMediaType codec_type;
    enum AVCodecID   codec_id;
    uint32_t          codec_tag;
    uint8_t * extradata;
```

```
    int        extradata_size;
    int format;
    int64_t bit_rate;
    int bits_per_coded_sample;
    int bits_per_raw_sample;

    int profile;
    int level;
    int width;
    int height;
    AVRational sample_aspect_ratio;
    enum AVFieldOrder                     field_order;
    enum AVColorRange                     color_range;
    enum AVColorPrimaries                 color_primaries;
    enum AVColorTransferCharacteristic color_trc;
    enum AVColorSpace                     color_space;
    enum AVChromaLocation                 chroma_location;
    int video_delay;
    uint64_t channel_layout;
    int        channels;
    int        sample_rate;
    int        block_align;
    int        frame_size;
    int initial_padding;
    int trailing_padding;
    int seek_preroll;
} AVCodecParameters;
```

AVCodecParameters 与 AVCodecContext 里的参数有很多相同的，但是没有函数，主要是把一些编解码器的参数从 AVCodecContext 中分离出来，重要字段说明如下。

(1) enum AVMediaType codec_type：编解码器的类型(视频、音频等)。

(2) enum AVCodecID codec_id：表示特定的编解码器。

(3) int format：像素格式/采样数据格式。

(4) int bit_rate：平均比特率。

(5) uint8_t * extradata；int extradata_size：针对特定编码器包含的附加信息(例如对于 H.264 解码器来讲，可以存储 SPS、PPS 等)。

(6) int width，height：如果是视频，则代表宽和高。

(7) int refs：运动估计参考帧的个数。

(8) int sample_rate：采样率(音频)。

(9) uint64_t channel_layout：声道格式。

(10) int channels：声道数(音频)。

(11) int profile：型，例如 H.264 编码标准的 profile。

(12) int level：级。

从 AVCodecParameters 的定义来看，很多参数在编码时会用到，而在解码时并没有用到，这是因为 FFmpeg 不仅负责解码，也负责编码。

3) avcodec_parameters_to_context()函数简介

新版本中保存视音频流信息的结构体是 AVCodecParameters，FFmpeg 提供了 avcodec_parameters_to_context()函数将音频流信息复制到新的 AVCodecContext 结构体中。该函数位于 libavcodec/avcodec.h 文件中，声明代码如下：

```
//chapter7/7.2.help.txt
/**
 * Fill the codec context based on the values from the supplied codec
 * parameters. Any allocated fields in codec that have a corresponding field in par are freed and
replaced with duplicates of the corresponding field in par. 根据提供的编解码器参数中的值填充
编解码器上下文.将释放编解码器中所有分配的字段,并将其替换为 par 中相应字段的副本
 * Fields in codec that do not have a counterpart in par are not touched.
 * 不会触及编解码器中 par 中没有对应项的字段
 * @return >= 0 on success, a negative AVERROR code on failure.
 */
int avcodec_parameters_to_context(AVCodecContext *codec,
                                  const AVCodecParameters *par);
```

该函数将 AVCodecParameters 结构体中码流参数复制到 AVCodecContext 结构体中，并且重新复制一份 extradata 内容，主要用于解码，涉及的视频的关键参数有 format、width、height、codec_type 等。其内部代码比较简单，主要是各个字段的复制，代码如下（详见注释信息）：

```
//chapter7/7.2.help.txt
int avcodec_parameters_to_context(AVCodecContext *codec,
                                  const AVCodecParameters *par)
{
    codec->codec_type = par->codec_type;     //AVMEDIA_TYPE_VIDEO
    codec->codec_id   = par->codec_id;       //AV_CODEC_ID_H264,编解码器 ID
    codec->codec_tag  = par->codec_tag;      //0,编解码器标签

    codec->bit_rate              = par->bit_rate;   //0
    codec->bits_per_coded_sample = par->bits_per_coded_sample;   //0
    codec->bits_per_raw_sample   = par->bits_per_raw_sample;   //8
    codec->profile               = par->profile;   //66
    codec->level                 = par->level;   //42

    switch (par->codec_type) {
    case AVMEDIA_TYPE_VIDEO:
        codec->pix_fmt                = par->format;   //12(像素格式)
```

```
        codec->width                  = par->width;    //1920(视频宽度)
        codec->height                 = par->height;   //1080(视频高度)
        codec->field_order            = par->field_order;   //AV_FIELD_PROGRESSIVE
        codec->color_range            = par->color_range;   //AVCOL_RANGE_JPEG
        codec->color_primaries        = par->color_primaries;   //AVCOL_PRI_BT709
        codec->color_trc              = par->color_trc;   //AVCOL_TRC_BT709
        codec->colorspace             = par->color_space;   //AVCOL_SPC_BT709
        codec->chroma_sample_location = par->chroma_location;   //AVCHROMA_LOC_LEFT
        codec->sample_aspect_ratio    = par->sample_aspect_ratio;   //num = 0,den = 1
(宽高比)
        codec->has_b_frames           = par->video_delay;   //0(是否有 b 帧)
        break;
    case AVMEDIA_TYPE_AUDIO:
        codec->sample_fmt       = par->format;           //采样格式
        codec->channel_layout   = par->channel_layout;   //声道布局
        codec->channels         = par->channels;         //声道数
        codec->sample_rate      = par->sample_rate;      //采样率
        codec->block_align      = par->block_align;      //对齐
        codec->frame_size       = par->frame_size;       //帧大小
        codec->delay            =
        codec->initial_padding  = par->initial_padding;
        codec->trailing_padding = par->trailing_padding;
        codec->seek_preroll     = par->seek_preroll;
        break;
    case AVMEDIA_TYPE_SUBTITLE:
        codec->width  = par->width;
        codec->height = par->height;
        break;
    }

    //extradata 用于保存 SPS、PPS 信息,重新复制一份到 AVCodecContext 中,用于解码
    if (par->extradata) {
        av_freep(&codec->extradata);
        codec->extradata = av_mallocz(par->extradata_size + AV_INPUT_BUFFER_PADDING_
SIZE);
        if (!codec->extradata)
            return AVERROR(ENOMEM);
        memcpy(codec->extradata, par->extradata, par->extradata_size);
        codec->extradata_size = par->extradata_size;
    }

    return 0;
}
```

4）avcodec_parameters_from_context()函数简介

avcodec_parameters_from_context()函数用于将 AVCodecContext 中的数据赋给 AVCodecParameters。该函数位于 libavcodec/avcodec.h 文件中，声明代码如下：

```
//chapter7/7.2.help.txt
/**
 * Fill the parameters struct based on the values from the supplied codec
 * context. Any allocated fields in par are freed and replaced with duplicates
 * of the corresponding fields in codec.
 * 根据提供的编解码器上下文中的值填充参数结构.par 中任何分配的字段都将被释放,并替换为
编解码器中相应字段的副本.
 * @return >= 0 on success, a negative AVERROR code on failure
 */
int avcodec_parameters_from_context(AVCodecParameters *par,
                                    const AVCodecContext *codec);
```

7. avio_open()与 avio_open2()函数简介

avio_open2()函数用于打开 FFmpeg 的输入输出文件，声明位于 libavformatavio.h 文件中，代码如下：

```
//chapter7/7.2.help.txt
/**
 * 前 3 个参数与 avio_open()相同
 * @param int_cb an interrupt callback to be used at the protocols level
 * @ param options   A dictionary filled with protocol - private options. On return this
parameter will be destroyed and replaced with a dict containing options that were not found. May
be NULL.
 * 返回值与 avio_open()相同
 */
int avio_open2(AVIOContext **s, const char *url, int flags,
               const AVIOInterruptCB *int_cb, AVDictionary **options);

/**
 * avio_open()比 avio_open2()少了最后两个参数
 */
int avio_open(AVIOContext **s, const char *url, int flags);
```

该函数的参数含义如下。

(1) s：函数调用成功以后创建的 AVIOContext 结构体。

(2) url：输入输出协议的地址（文件的一种协议，对文件来讲就是文件的路径）。

(3) flags：打开地址的方式。可以选择只读（AVIO_FLAG_READ）、只写（AVIO_FLAG_WRITE）或读写（AVIO_FLAG_READ_WRITE）。

(4) int_cb：在协议级别使用的中断回调函数。

(5) options：填充满私有协议选项的字典。返回时，此参数将被销毁并替换为包含未

找到选项的 dict。有可能为空。

avio_open2()的函数实现位于 libavformat/aviobuf.c 文件中，代码如下：

```
//chapter7/7.2.help.txt
int avio_open2(AVIOContext ** s, const char * filename, int flags,
               const AVIOInterruptCB * int_cb, AVDictionary ** options)
{
return ffio_open_whitelist(s, filename, flags, int_cb, options, NULL, NULL);
}

int ffio_open_whitelist(AVIOContext ** s, const char * filename, int flags,
                        const AVIOInterruptCB * int_cb, AVDictionary ** options,
                        const char * whitelist, const char * blacklist
                        )
{
    URLContext * h;
    int err;

    err = ffurl_open_whitelist(&h, filename, flags, int_cb, options, whitelist, blacklist,
NULL);
    if (err < 0)
        return err;
    err = ffio_fdopen(s, h);
    if (err < 0) {
        ffurl_close(h);
        return err;
    }
    return 0;
}
```

该函数主要调用了 ffurl_open_whitelist()函数，从 ffio_open_whitelist()的源代码可以看出，它主要调用了两个函数：ffurl_open_whitelist()和 ffio_fdopen()，其中 ffurl_open_whitelist()用于初始化 URLContext，ffio_fdopen()用于根据 URLContext 初始化 AVIOContext。URLContext 中包含的 URLProtocol 完成了具体的协议读写等工作。AVIOContext 则是在 URLContext 的读写函数外面加上了一层"包装"。

ffurl_open_whitelist()主要调用了两个函数：ffurl_alloc()和 ffurl_connect()。ffurl_alloc()用于查找合适的 URLProtocol，并创建一个 URLContext；ffurl_connect()用于打开获得的 URLProtocol。

ffurl_alloc()主要调用了两个函数：url_find_protocol()根据文件路径查找合适的 URLProtocol；url_alloc_for_protocol()为查找到的 URLProtocol 创建 URLContext。

url_find_protocol()函数表明了 FFmpeg 根据文件路径猜测协议的方法。该函数首先根据 strspn()函数查找字符串中第 1 个"非字母或数字"的字符的位置，并保存到 proto_len

中。一般情况下,协议 URL 中包含“:”,例如 RTMP 的 URL 格式是 rtmp://...,UDP 的 URL 格式是 udp://...,HTTP 的 URL 格式是 http://...,因此,一般情况下 proto_len 的数值就是“:”的下标(代表了“:”前面的协议名称的字符的个数,例如 rtmp://的 proto_len 为 4)。接下来将 filename 的前 proto_len 字节复制至 proto_str 字符串中。“文件”在 FFmpeg 中也是一种“协议”,并且前缀是 file。也就是标准的文件路径应该是 file://... 格式的,但是这太不符合一般的使用习惯,因为通常情况下不会在文件路径前面加上 FILE 协议名称,所以该函数采取的方法是:一旦检测出来输入的 URL 是文件路径而不是网络协议,就自动向 proto_str 中复制 file 这 4 个字符。

avio_open()函数比 avio_open2()函数少了最后两个参数,而它前面几个参数的含义和 avio_open2()是一样的。从源代码中可以看出,avio_open()内部调用了 avio_open2(),并且把 avio_open2()的后两个参数设置成了 NULL,因此它的功能实际上和 avio_open2()是一样的。该函数的源码实现如下:

```
//chapter7/7.2.help.txt
int avio_open(AVIOContext ** s, const char * filename, int flags)
{
    return avio_open2(s, filename, flags, NULL, NULL);
}
```

8. avformat_write_header()函数简介

FFmpeg 的封装(Mux)主要分为以下 3 步操作。

(1) avformat_write_header:写文件头。

(2) av_write_frame/av_interleaved_write_frame:写音视频包。

(3) av_write_trailer:写文件尾。

FFmpeg 在 libavformat 模块提供了封装视频(mux)的 API,包括 avformat_write_header()写文件头、av_write_frame()写音视频帧和 av_write_trailer()写文件尾。在 libavformat/avformat.h 文件中有这 3 个 API 的描述,描述如下:

```
//chapter7/7.2.help.txt
* The main API functions for muxing are avformat_write_header() for writing the file header, av_write_frame() / av_interleaved_write_frame() for writing the packets and av_write_trailer() for finalizing the file.
* When the muxing context is fully set up, the caller must call avformat_write_header() to initialize the muxer internals and write the file header. Any muxer private options must be passed in the options parameter to this function.
```

封装文件格式的主要 API 包括 avformat_write_header()写文件头、av_write_frame()/av_interleaved_write_frame()写音视频帧、av_write_trailer()写文件尾。当完全创建封装上下文后,必须调用 avformat_write_header()来初始化封装器内部和写入文件头。任何封

装器的私有选项必须通过选项参数传递到这个函数。

avformat_write_header()函数的声明位于 libavformat/avformat.h 文件中,代码如下:

```
//chapter7/7.2.help.txt
/**
 * Allocate the stream private data and write the stream header to
 * an output media file.分配流专用数据并将流头写入输出媒体文件
 *
 * @param s: Media file handle, must be allocated with avformat_alloc_context().媒体文件句柄,必须使用 avformat_alloc_context()分配
 *             Its oformat field must be set to the desired output format;
 *             Its pb field must be set to an already opened AVIOContext.
其 oformat 字段必须设置为所需的输出格式;其 pb 字段必须设置为已打开的 AVIOContext
 * @param options: An AVDictionary filled with AVFormatContext and muxer - private options. On return this parameter will be destroyed and replaced with a dict containing   options that were not found. May be NULL.
 * 参数 options: 一个包含 AVFormatContext 和 muxer 私有选项的 AVDictionary.返回时,此参数将被销毁并替换为包含未找到选项的 dict.可能为空
 * @return AVSTREAM_INIT_IN_WRITE_HEADER on success if the codec had not already been fully initialized in avformat_init,如果编解码器尚未在 avformat_init 中完全初始化,则返回 AVSTREAM_INIT_IN_WRITE_HEADER 表示成功,
 *            AVSTREAM_INIT_IN_INIT_OUTPUT  on success if the codec had already been fully initialized in avformat_init,如果编解码器已在 avformat_init 中完全初始化,则返回 AVSTREAM_INIT_IN_INIT_OUTPUT 表示成功
 *            negative AVERROR on failure.返回负数表示失败
 *
 * @see av_opt_find, av_dict_set, avio_open, av_oformat_next, avformat_init_output.
 */
av_warn_unused_result
int avformat_write_header(AVFormatContext *s, AVDictionary **options);
```

avformat_write_header()函数主要做了以下 4 件事:

(1) 调用 avformat_init_output()函数来初始化输出文件。

(2) 调用 avio_write_marker()函数来写入 marker 标识,前提是存在 AVIOContext。

(3) 调用 AVOutputFormat 的 write_header()函数来写入文件头。

(4) 调用 init_pts()函数来初始化时间戳。

9. av_write_trailer()函数简介

av_write_trailer()函数用于输出文件尾,声明位于 libavformat/avformat.h 文件中,代码如下:

```
//chapter7/7.2.help.txt
/**
 * Write the stream trailer to an output media file and free the
```

```
* file private data.
* 将流尾信息写入输出媒体文件并释放文件专用数据
* May only be called after a successful call to avformat_write_header.
* 只能在成功调用 avformat_write_header()函数后调用
* @param s: media file handle,媒体文件句柄
* @return 0 if OK, AVERROR_xxx on error 如果成功,则返回 0
*/
int av_write_trailer(AVFormatContext *s);
```

该函数只需指定一个参数,即用于输出的 AVFormatContext。函数正常执行后返回值等于 0。

10. av_write_frame()函数简介

av_write_frame()函数用于输出一帧视音频数据,直接将音视频包写进目标文件中,没有缓存和重新排序,一切都需要用户自己设置。在有多个流的情况下要用 av_interleaved_write_frame()函数,如果只有单一流,则这两个函数都可以用。它的声明位于 libavformat/avformat.h 文件中,代码如下:

```
//chapter7/7.2.help.txt
/**
* Write a packet to an output media file.
* 将数据包写入输出媒体文件
* This function passes the packet directly to the muxer, without any buffering
* or reordering. The caller is responsible for correctly interleaving the
* packets if the format requires it. Callers that want libavformat to handle
* the interleaving should call av_interleaved_write_frame() instead of this
* function.
* 此函数将数据包直接传递给 muxer,无须任何缓冲或重新排序.如果格式需要,则调用方负责正确交
错数据包.希望 libavformat 处理交织的调用方应该调用 av_interleaved_write_frame()而不是此函数.
* @param s :media file handle 媒体文件句柄
* @param pkt :The packet containing the data to be written. Note that unlike
* av_interleaved_write_frame(), this function does not take ownership of the packet passed to
it (though some muxers may make an internal reference to the input packet). 包含要写入的数据的
数据包.需要注意,与 av_interleaved_write_frame()不同,此函数不获取传递给它的数据包的所有
权(尽管某些 muxer 可能会对输入数据包进行内部引用)
  This parameter can be NULL (at any time, not just at the end), in order to immediately flush
data buffered within the muxer, for muxers that buffer up data internally before writing it to
the output. 此参数可以为 NULL(在任何时候,而不仅在最后),以便立即刷新 muxer 中缓冲的数据,对
于在将数据写入输出之前在内部缓冲数据的 muxer
*
* Packet's @ref AVPacket.stream_index "stream_index" field must be  set to the index of the
corresponding stream in @ref AVFormatContext.streams "s->streams". It is very strongly
recommended that timing information (@ref AVPacket.pts "pts", @ref AVPacket.dts "dts", @ref
AVPacket.duration "duration") is set to correct values. 数据包的流索引字段必须设置为
AVFormatContext 中对应流的索引.强烈建议将时间信息(@ref AVPacket.pts "pts"、@ref AVPacket.
dts "dts"、@ref AVPacket.duration "duration")设置为正确的值
```

```
 * @return :< 0 on error, = 0 if OK, 1 if flushed and there is no more data to flush. 0 表示成功,
负数表示失败,1 表示已刷新并且没有更多数据要刷新
 *
 * @see av_interleaved_write_frame()
 */
int av_write_frame(AVFormatContext *s, AVPacket *pkt);
```

av_write_frame()函数的内部调用流程如图 7-6 所示,具体步骤如下:

(1) 调用 check_packet()函数进行一些简单的检测。首先检查一下输入的 AVPacket 是否为空,如果为空,则直接返回,然后检查一下 AVPacket 的 stream_index(标记了该 AVPacket 所属的 AVStream)设置是否正常,如果为负数或者大于 AVStream 的个数,则返回错误信息。

(2) 调用 compute_pkt_fields2()函数设置 AVPacket 的一些属性值。主要有两方面的功能:一方面用于计算 AVPacket 的 duration、dts 等信息;另一方面用于检查 pts、dts 参数的合理性(例如 PTS 是否一定大于 DTS)。

(3) 调用 write_packet()写入数据。该函数最关键的地方就是调用了 AVOutputFormat 中写入数据的方法。如果 AVPacket 中的 flag 标记中包含 AV_PKT_FLAG_UNCODED_FRAME,就会调用 AVOutputFormat 的 write_uncoded_frame()函数;如果不包含那个标记,就会调用 write_packet()函数。write_packet()实际上是一个函数指针,指向特定的 AVOutputFormat 中的实现函数。

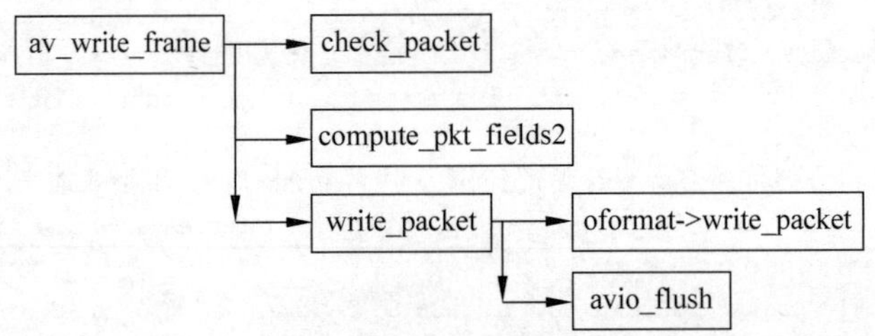

图 7-6 av_write_frame()函数的内部流程

11. av_interleaved_write_frame()函数简介

av_interleaved_write_frame()函数对音视频包进行缓存并检查 PTS,这是区别于 av_write_frame()函数的地方,它的声明位于 libavformat/avformat.h 文件中,代码如下:

```
//chapter7/7.2.help.txt
/**
 * Write a packet to an output media file ensuring correct interleaving.
 * 将数据包写入输出媒体文件,确保正确地交织
 * This function will buffer the packets internally as needed to make sure the packets in the
output file are properly interleaved, usually ordered by increasing dts. Callers doing their
own interleaving should call av_write_frame() instead of this function.
```

```
* 此函数将根据需要在内部缓冲数据包,以确保输出文件中的数据包正确交错,通常通过增加 dts 排序.执行自己交织的调用方应调用 av_write_frame(),而不是此函数
* Using this function instead of av_write_frame() can give muxers advance
  knowledge of future packets, improving e.g. the behaviour of the mp4 muxer for VFR content in fragmenting mode.
* 使用此函数而不是 av_write_frame()可以为 muxer 提供高级知识来了解未来数据包,例如改善mp4 muxer 在碎片模式下对 VFR 内容的行为
* @param s media file handle:媒体文件句柄
* @param pkt: The packet containing the data to be written.被写入的包
* If the packet is reference-counted, this function will take ownership of this reference and unreference it later when it sees fit. If the packet is not reference-counted, libavformat will make a copy.如果对数据包进行引用计数,则此函数将获得此引用的所有权,并在以后认为合适时取消引用.如果数据包没有引用计数,则 libavformat 将复制一份
*   The returned packet will be blank (as if returned from av_packet_alloc()), even on error.即使出现错误,返回的数据包也将为空(就像从 av_packet_alloc()返回的一样)
*    This parameter can be NULL (at any time, not just at the end), to        flush the interleaving queues.此参数可以为 NULL(在任何时候,而不仅在末尾),以刷新交错队列.
*   Packet's @ref AVPacket.stream_index "stream_index" field must be set to the index of the corresponding stream in @ref AVFormatContext.streams "s->streams".数据包的流索引字段必须设置为@ref AVFormatContext 中对应流的索引
*   The timestamps (@ref AVPacket.pts "pts", @ref AVPacket.dts "dts") must be set to correct values in the stream's timebase (unless the      output format is flagged with the AVFMT_NOTIMESTAMPS flag, then      they can be set to AV_NOPTS_VALUE).时间戳(@ref AVPacket.pts "pts"、@ref AVPacket.dts "dts")必须设置为流时基中的正确值(除非输出格式标记有 AVFMT_NOTIMESTAMPS 标志,否则可以将其设置为 AV_NOPTS_VALUE)
*   The dts for subsequent packets in one stream must be strictly increasing (unless the output format is flagged with the   AVFMT_TS_NONSTRICT, then they merely have to be nondecreasing).
*    @ref AVPacket.duration "duration" should also be set if known.
* 一个流中后续数据包的 dts 必须严格增加(除非输出格式标记为 AVFMT_TS_NONSTRICT,否则它们只需不减少)@参考 AVPacket.如果知道持续时间,则应设置"持续时间"
* @return :0 on success, a negative AVERROR on error.
* 如果成功,则返回 0,否则返回负数.
* @see av_write_frame(), AVFormatContext.max_interleave_delta
*/
int av_interleaved_write_frame(AVFormatContext *s, AVPacket *pkt);
```

av_interleaved_write_frame()函数的内部调用流程如图 7-7 所示。

av_interleaved_write_frame()函数调用了 interleave_packet()函数,该函数的代码如下:

```
//chapter7/7.2.help.txt
static int interleave_packet(AVFormatContext *s, AVPacket *out, AVPacket *in, int flush)
{
    if (s->oformat->interleave_packet) {
        int ret = s->oformat->interleave_packet(s, out, in, flush);
```

```
        if (in)
            av_free_packet(in);
        return ret;
    } else
        return ff_interleave_packet_per_dts(s, out, in, flush);
}
```

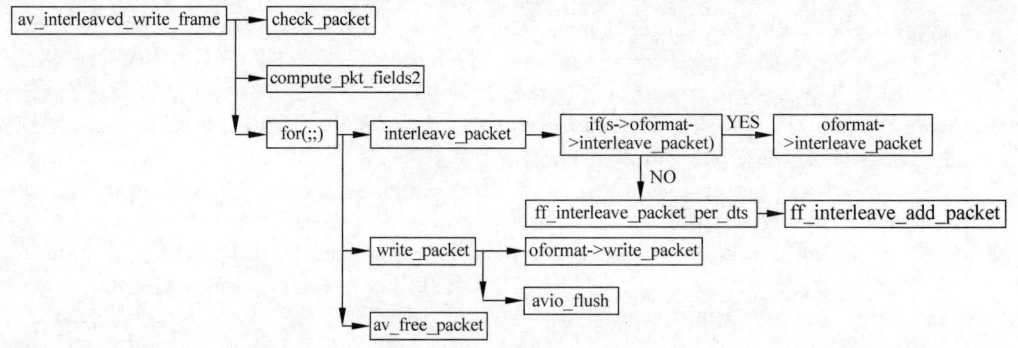

图 7-7 av_interleaved_write_frame()函数的内部流程

代码逻辑比较简单,如果 AVOutputFormat 有 interleave_packet 函数指针,则调用,否则调用 ff_interleave_packet_per_dts()函数,然后调用 ff_interleave_add_packet()函数把 pkt 加入缓存(内部会根据 DTS 进行排序),最后从缓存中取出第 1 个 pkt 并返回。

7.3 FFmpeg 解封装案例实战

音视频文件一般由音频流、视频流和同步信息组成,通过某种标准格式进行组合生成封装格式,如.mp4、.avi、.flv、.mkv 等。在底层,只能解析纯视频或者音频数据,不能直接处理封装的文件,所以需要将封装的音视频文件分离为音频、视频和字幕等其他辅助信息,这样才能播放音视频文件。使用 FFmpeg 对音视频文件或网络流可以实现解封装操作,将压缩的音视频包提取出来,存储为单独的文件或转封装为其他格式。

1. FFmpeg 的解封装流程简介

FFmpeg 的解封装流程,如图 7-8 所示,具体步骤如下:

(1) 调用 avformat_open_input() 函数注册解封装上下文 AVFormatContext。

(2) 调用 av_find_best_stream() 函数获取音视频流的索引。

(3) 调用 av_packet_alloc() 函数为解封装后的数据包 AVPacket 分配空间。

(4) 调用 av_read_frame() 函数开始解封装,可以获得音视频包 AVPacket。

FFmpeg 的解封装的相关 API 及说明信息如下:

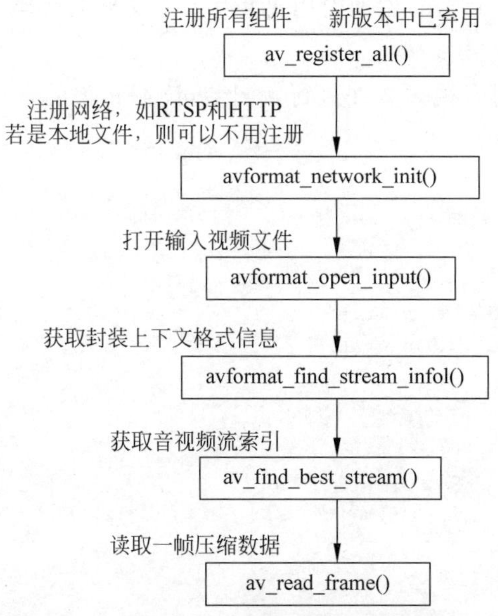

图 7-8 FFmpeg 解封装流程及相关 API

```
//chapter7/7.3.help.txt
/* 1.初始化相关函数 */
//av_register_all();          //注册所有的解封装和加封装格式,新版本中不用手工调用
avformat_open_input();        //打开并解析一个封装,调用之前确保 av_register_all 已调用
avformat_find_stream_info();  //查找文件格式索引
av_find_best_stream();        //查找音频流或视频流的索引,分开处理音频和视频
avformate_close_input();      //关闭输入文件,并释放封装上下文,将 ic 置为 NULL
av_read_frame();              //读取具体的音视频帧数据:AVPacket

/* 2.AVPacket 相关函数 */
av_packet_alloc();            //AVPacket 空间创建并初始化
av_packet_clone();            //创建空间并将引用计数加 1
av_packet_ref();              //手动给引用计数加 1,在此之前确保 AVPacket 已创建
av_packet_unref();            //手动给引用计数减 1
av_packet_free();             //清空 AVPacket 对象,并减引用计数
av_init_packet();             //默认值
av_packet_from_data();        //将自定义数据转换成 AVPacket 包
av_copy_packet();             //已抛弃,用 av_packet_clone 替代
```

2. FFmpeg 解封装之遍历音视频包案例实战

首先打开 Qt Creator,创建一个 Qt Console 工程,具体操作步骤可以参考"1.4 搭建 FFmpeg 的 Qt 开发环境",工程名称为 QtFFmpeg5_Chapter7_001。由于使用的是 FFmpeg 5.0.1 的 64 位开发包,所以编译套件应选择 64 位的 MSVC 或 MinGW,然后打开配置文件

QtFFmpeg5_Chapter7_001.pro，添加引用头文件及库文件的代码。具体操作可以参照前几章的相关内容，这里不再赘述。

使用FFmpeg可以对音视频文件进行解封装，读取相关的音视频包(AVPacket)，代码如下(详见注释信息)：

```
//chapter7/QtFFmpeg5_Chapter7_001/demuxer_iterate_avpacket.cpp
#include <iostream>
extern "C" {
    #include "libavcodec/avcodec.h"
    #include "libavformat/avformat.h"
}

static double r2d(AVRational r)                              //分数转浮点数
{//需要防止分母为0
    return (r.den == 0) ? 0 : ((double)r.num / (double)r.den);
}

int main(void)
{
    const char       * path = "d:/_movies/__test/ande_10.mp4";//视频文件路径
    char             errorMsg[1024] = { 0 };                 //存放错误信息
    AVFormatContext * ic           = NULL;                   //解封装上下文

    //========== 1.创建解封装上下文 ==========
    //av_register_all();                                     //注册所有加解封装器
    //0表示自动选择解封装器,opts可有可无
    int ret = avformat_open_input(&ic, path, 0, NULL);
    if (ret != 0)                                            //判断是否打开成功
    {
        av_strerror(ret, errorMsg, sizeof(errorMsg) - 1);    //获取错误信息
        std::cout << "open " << path << " failed! : " << errorMsg << std::endl;
        return -1;                                           //打开失败
    }

    //========== 2.获取流信息 ==========
    //并不是所有格式文件都需要调用(例如MP4),此处统一调用
    ret = avformat_find_stream_info(ic, 0);

    //========== 3.获取音视频流的索引 ==========
    int videoStream = av_find_best_stream(ic, AVMEDIA_TYPE_AUDIO, -1, -1, NULL, 0);
    int audioStream = av_find_best_stream(ic, AVMEDIA_TYPE_VIDEO, -1, -1, NULL, 0);

    //========== 4.开始解封装 ==========
    AVPacket * pkt = av_packet_alloc();                      //创建AVPacket并初始化
    int nPackIndex = 0;                                      //记录解封装出来的包的索引
```

```
    for (;;)                                            //解封装,得到的是压缩后的数据
    {
        ret = av_read_frame(ic, pkt);                   //读取具体的音视频帧数据
        if (ret != 0)                                   //读取失败或达到文件末尾
        {
            std::cout << " =============== end =========== \n";
            break;
        }
        nPackIndex++;
        std::cout << " index:" << nPackIndex;
        std::cout << " Bytes:" << pkt->size;
        std::cout << " pts:" << pkt->pts;
        std::cout << " dts:" << pkt->dts;
        //将 pts 转换成毫秒,方便进行同步
std::cout <<"num:"<< ic->streams[pkt->stream_index]->time_base.num;
std::cout <<",den:"<< ic->streams[pkt->stream_index]->time_base.den;
std::cout <<"pts-ms:"<< pkt->pts * (r2d(ic->streams[pkt->stream_index]->time_base) *
1000);
        if (pkt->stream_index == videoStream)       //视频帧
            std::cout << " Video" << std::endl;
        else if (pkt->stream_index == audioStream)  //视频帧
            std::cout << " Audio" << std::endl;

     //清理 AVPacket 中的所有空间数据,并且将 data 与 size 置 0
        av_packet_unref(pkt);
    }

    av_packet_free(&pkt);                               //清空 AVPacket 对象
    if (ic)                                             //判断 ic 是否已经被释放
        avformat_close_input(&ic);                      //释放封装上下文,并把 ic 置 0

    return 0;
}
```

该案例的代码逻辑如下:

(1) 调用 avformat_open_input() 函数注册解封装上下文 AVFormatContext。

(2) 调用 av_find_best_stream() 函数获取音视频流的索引。

(3) 调用 av_packet_alloc() 函数为解封装后的数据包 AVPacket 分配空间。

(4) 调用 av_read_frame() 函数开始解封装,可以获得音视频包 AVPacket。在代码中循环读取音视频包,然后打印 PTS、DTS 和 time_base 等信息。若该函数的返回值不等于 0,则说明遇到文件尾或异常情况,此时直接退出循环。

(5) 调用 avformat_close_input() 函数关闭流并释放资源,调用 av_packet_free()函数释放包空间。

在调用 avformat_find_stream_info() 函数之后，AVFormatContext 里已经存放与视频相关的信息，可以用作其他处理，也可以封装为一个小函数，下面展示如何获取一些基本的音视频参数信息，代码如下：

```
//chapter7/QtFFmpeg5_Chapter7_001/demuxer_iterate_avpacket.cpp
static int printSomeInfo(AVFormatContext * ic,const char * path)
{
    int videoStream = 0;                                //视频流索引
    int audioStream = 1;                                //音频流索引
int64_t totalMs = ic->duration /(AV_TIME_BASE/1000); //获取视频总时长,单位为 ms
    av_dump_format(ic, 0, path, 0);                     //打印分辨率、比特率、帧率等详细信息
    std::cout << "duration:" << totalMs << "ms" << std::endl;

    //获取所有流信息,可能包含音频、视频、字幕等流信息
    for (unsigned int i = 0; i < ic->nb_streams; ++i)
    {
        AVStream * as = ic->streams[i];               //音频、视频或字幕等流信息
        if (as->codecpar->codec_type == AVMEDIA_TYPE_AUDIO)      //音频
        {
            audioStream = i;                                     //音频流索引
            std::cout << " ***  " << i << "Audio Info *** " << std::endl;
std::cout << "sample_rate:" << as->codecpar->sample_rate << std::endl;
std::cout << "channels:" << as->codecpar->channels << std::endl;
//一帧数据存储的是单通道样本数量
std::cout << "frame_size:" << as->codecpar->frame_size << std::endl;
        }
        else if (as->codecpar->codec_type == AVMEDIA_TYPE_VIDEO) //视频
        {
            videoStream = i;                                     //视频流索引
            std::cout << " ***  " << i << "Video Info *** " << std::endl;
            std::cout << "width:" << as->codecpar->width << std::endl;
            std::cout << "height:" << as->codecpar->height << std::endl;
            //注意,可能没有流媒体数据宽和高,需要解码之后才能获取;音频不存在该参数
            std::cout << "fps:" << r2d(as->avg_frame_rate) << std::endl;
        }
        std::cout << "format:" << as->codecpar->format << std::endl;
        std::cout << "codec_id:" << as->codecpar->codec_id << "\n\n";
    }
    return 0;
}
```

在项目中新增一个文件 demuxer_iterate_avpacket.cpp，将上述代码复制进去，编译并运行，如图 7-9 所示。

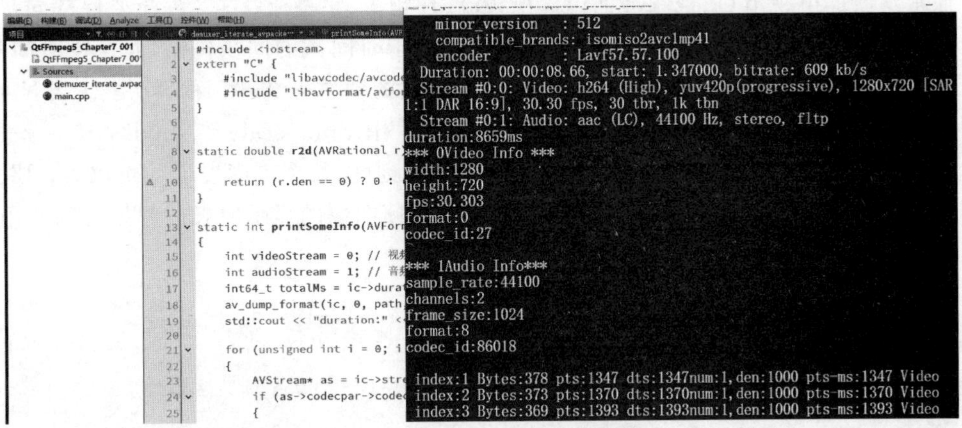

图 7-9　FFmpeg 解封装并遍历音视频包

7.4　FFmpeg 封装格式之时间基与时间刻度

音视频容器中使用时间戳而不是帧率来控制视频（和音频）帧的时间分量。

1. 时间基与时间刻度

在音视频领域，常常会看到 time_scale 和 time_base 这样的概念，它们是倒数关系。从常识角度来看，现行的时间单位有小时（h）、分钟（min）、秒（s）、毫秒（ms）、微秒（μs）等。下面分析时、分、秒各自的时间刻度与时间基。

（1）对于小时，知道 1h=60min，也就是将 1h 细分为 60 个刻度，每个刻度就是 1min。1h 的时间刻度（time_scale）有 60 个，每个刻度的时间由时间基（time_base）表示，一个时间基就代表 1/60h，也就是 1min，因此，time_scale=60，time_base=1/60h=1min。

（2）对于分钟，时间刻度（time_scale）也是 60 个，但每个刻度，也就是时间基（time_base）代表 1/60min，即 1s，因此，time_scale=60，time_base=1/60min=1s。

（3）对于秒，时间刻度（time_scale）是 1000 个，每个刻度，也就是时间基（time_base）代表 1/1000s，即 1ms，因此，time_scale=1000，time_base=1/1000s=1ms。

由此可见，本质上就是不同精度的时间度量单位的表示，这些约定俗成的转换规则就是所谓的时间转换标准。

在音视频领域，常看到以下代码：

```
//chapter7/7.4.help.txt
time_scale = 1000,time_base = 1/1000
time_scale = 30000,time_base = 1/30000
time_scale = 90000, time_base = 1/90000
```

通常观看的电视节目、视频等都包含视频流、音频流、字幕流；这3种流要保持同步(通俗地讲就是嘴型、声音、字幕都要匹配上)，就需要基于时间戳的同步机制，而这段时间戳就是所谓的PTS(显示时间戳)。以视频为例，假设视频的帧率为25帧/秒，就是1s要显示25帧图像，那么每帧图像的显示时长为40ms。如果采用time_scale=90 000，time_base=1/90000s来度量PTS，意思是将1s划分为90 000个刻度，每个刻度表示1/90000s；那么要将25帧图像以time_sclae=90 000在1s内均分，每帧图像的显示时长的起始时刻就用pts表示，具体说明如下：

```
//chapter7/7.4.help.txt
第1帧:pts = 0,//注意:90000 ÷ 25 = 3600
第2帧:pts = 3600,转换为时间就是 3600 * time_base = 0.04s = 40ms,即第2帧图像的显示的起始时刻为40ms
第3帧:pts = 7200,转换为时间就是 7200 * time_base = 0.08s = 80ms,即第2帧图像的显示的起始时刻为80ms
......:以此类推.
```

不同精度的时间度量在表现形式上不同，但在时间度量上是一样的。例如对于25帧/秒的视频来讲，如果1s的时间刻度time_scale=1000，time_base=1/1000，则每帧图像占40个time_base，1000÷25=40ms。如果将1s的时间刻度提高为time_scale=90 000，time_base=1/90000s，则每帧图像占3600个time_base，90000÷25也是40ms。

简单来讲，因为视频流、音频流、字幕流的采样精度不同，为了使不同流同步，需要足够精度time_scale来表示pts，以达到音视频同步的目标。

各种封装格式的时间基(time_base)与时间刻度(timescale)如图7-10所示。

	time_base(AVRational)	备注
FIV	{1,1000}	ms
TS	{1,90000}	
MP4	视频 {1,16000} 音频 {1,44100} {1,48000}等	demux的时候AVStream的time_scale是从文件的mdhd box中获取的
MKV	{1,1000}等	和time_scale有关

图7-10 不同封装格式的时间基与时间刻度

注意：AVRational是一个表示分数的结构体类型，表达形式为{x,y}，x为分子，y为分母，因此，如果时间基(time_base)是{1,90 000}，则对应的时间刻度(time_scale)就是90 000。

例如输入文件为 FLV 格式，输出文件为 MP4 格式，命令行如下：

```
ffmpeg -ss 10 -i sample.flv -t 5 -c copy -vframes 600  -y out.mp4
```

FLV 封装格式的视频和音频的 time_base 是{1,1000}。保存为 MP4 格式时，视频的 time_base 默认为{1,16000}，而音频的 time_base 默认为采样率，例如{1, 48000}，一般情况下音频的 timescale 等于音频的采样率，如图 7-11 所示。

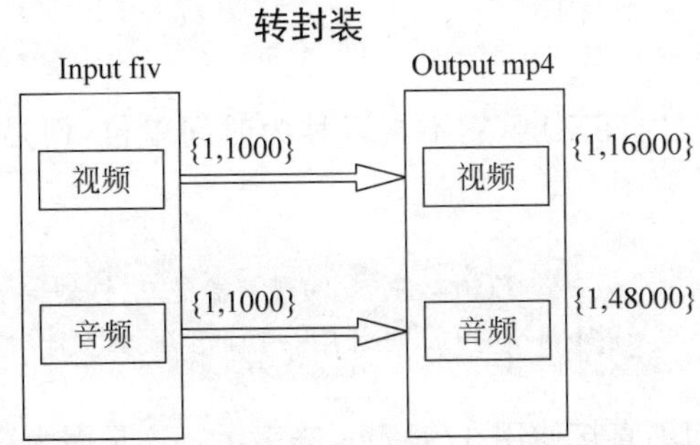

图 7-11 FLV 格式转换为 MP4 格式的时间基与时间刻度

2. FFmpeg 中的时间基与时间刻度

从常识角度来看，现行的时间单位有小时(h)、分钟(min)、秒(s)、毫秒(ms)、微秒(μs)等。这种以微秒/毫秒/秒为单位的时间刻度是为大多数开发者所熟悉的，但是进入 FFmpeg 后，需要引进新的时间单位：时间基(time_base)。

FFmpeg 中的内部计时单位为时间基(AV_TIME_BASE)，代码中的所有时间都是以它为一个单位的，例如 AVStream 中的 duration，即这个流的长度为 duration 个 AV_TIME_BASE。AV_TIME_BASE 的定义如下：

```
#define         AV_TIME_BASE   1000000
```

FFmpeg 中有另外一个宏 AV_TIME_BASE_Q，它是时间基的分数表示，实际上它是 AV_TIME_BASE 的倒数，代码如下：

```
#define         AV_TIME_BASE_Q   (AVRational){1, AV_TIME_BASE}
```

FFmpeg 中的 AVRatioal 结构体可以表达分数，代码如下：

```
//chapter7/7.4.help.txt
typedef struct AVRational{ //[数]有理数
    int num; //numerator 分子
    int den; //denominator 分母
} AVRational;
```

FFmpeg 提供了一个把 AVRatioal 结构转换成 double 的函数，代码如下：

```
//chapter7/7.4.help.txt
static inline double av_q2d(AVRational a){
/**
 * Convert rational to double. 将 rational 转换为 double
 * @param a rational to convert
**/
    return a.num / (double) a.den;
}
```

time_base 的意思就是时间刻度，它不再以秒为时间单位，而是将 1s 划分为多个刻度。例如下面的代码：

```
AVRational fps = {1,25};          //帧率为 25 的视频素材，每秒划分为 25 等份
AVRational sample = {1,44100}     //采样率 44100HZ 音频，每次采样持续时间为 1/44100 s
```

一般采用 time_base 而不直接使用 1/90000s 来表示。这是因为这种分数形式计算机是不认识的，会直接转换为 1.1111111111111112e-05，这种浮点数经多轮计算，精度损失会累积。

可以根据 pts 来计算一帧在整个视频中的时间位置，代码如下：

```
timestamp(s) = pts * av_q2d(st->time_base)
```

计算视频长度的方法，代码如下：

```
time(s) = st->duration * av_q2d(st->time_base)
```

这里的 st 是一个 AVStream 对象指针。

时间基与时间戳的转换，代码如下：

```
timestamp(FFmpeg 内部时间戳) = AV_TIME_BASE * time(s)
time(s) = AV_TIME_BASE_Q * timestamp(FFmpeg 内部时间戳)
```

当需要把视频跳转到 N 秒时可以使用下面的方法，代码如下：

```
int64_t timestamp = N * AV_TIME_BASE;
av_seek_frame(fmtctx, index_of_video, timestamp, AVSEEK_FLAG_BACKWARD);
```

FFmpeg 提供了不同时间基之间的转换函数，代码如下：

```
int64_t av_rescale_q(int64_t a, AVRational bq, AVRational cq);
```

这个函数的作用是计算 a * bq/cq，把时间戳从一个时间基调整到另外一个时间基。在

进行时间基转换时，应该首选这个函数，因为它可以避免溢出的情况发生。

举一个常见的例子，如果需要搜索到2s处，则需要经过下列运算，代码如下：

```
//chapter7/7.4.help.txt
const AVRational timebase = {1, AV_TIME_BASE};
int64_t timestamp = 2 * AV_TIME_BASE;  //通用时间单位, 2s
int64_t seekTo = av_rescale_q(timestamp, timebase, pFormatCtx->streams[videoStream]->
time_base);
ret = avformat_seek_file(pFormatCtx, pFormatCtx->streams[videoStream]->index, INT64_
MIN, seekTo, INT64_MAX, 0);
if(ret < 0){
    printf("seek to : %lld error", seekTo);
}
```

虽然 avformat_seek_file()函数需要的是一个 int64_t 的时间戳，但如果直接把 timestamp 传进去，seek 得到的目标时刻并不一定是2s处。因为 FFmpeg 内部使用的是时间刻度的累加值。从这个例子容易看出通用时间戳和 FFmpeg 时间基的区别，时间戳需要经过转换变成 time_base 才能正确地被 FFmpeg 识别。

FFmpeg 的源码中 timescale 设置的地方，例如 FLV 封装格式中设置 timescale 的代码如下：

```
//chapter7/7.4.help.txt
static AVStream *create_stream(AVFormatContext *s, int codec_type)
{
    FLVContext *flv   = s->priv_data;
    AVStream *st = avformat_new_stream(s, NULL);
    ...
    avpriv_set_pts_info(st, 32, 1, 1000); /* 32 bit pts in ms */
    flv->last_keyframe_stream_index = s->nb_streams - 1;
    add_keyframes_index(s);
    return st;
}
```

MP4 封装格式中设置 timescale 的代码如下：

```
//chapter7/7.4.help.txt
static int mov_init(AVFormatContext *s)
{
    MOVMuxContext *mov = s->priv_data;
AVDictionaryEntry *global_tcr = av_dict_get(s->metadata, "timecode", NULL, 0);
    int i, ret;

    /* Default mode == MP4 */
    mov->mode = MODE_MP4;
for (i = 0; i < s->nb_streams; i++) {
        AVStream *st = s->streams[i];
```

```
        MOVTrack *track= &mov->tracks[i];
AVDictionaryEntry *lang = av_dict_get(st->metadata, "language", NULL,0);

        track->st  = st;

            //视频的 timescale
            if (mov->video_track_timescale) {
                track->timescale = mov->video_track_timescale;
            } else {
track->timescale = st->time_base.den;   //编码器的 time_base,这里默认为帧率
while(track->timescale < 10000)            //如果没有大于 10 000,则一直翻倍
//按照这个逻辑,如果帧率是 24,则结果为 12 288; 如果帧率为 25,则结果为 12 800
track->timescale *= 2;
            }
            ...
        } else if (st->codecpar->codec_type == AVMEDIA_TYPE_AUDIO) {
            //音频的 timescale 就是采样率
            track->timescale = st->codecpar->sample_rate;
             ...
            }
        } else if (st->codecpar->codec_type == AVMEDIA_TYPE_SUBTITLE) {
            track->timescale = st->time_base.den;
        } else if (st->codecpar->codec_type == AVMEDIA_TYPE_DATA) {
            track->timescale = st->time_base.den;
        } else {
            track->timescale = MOV_TIMESCALE;
        }
        if (mov->mode == MODE_ISM)
            track->timescale = 10000000;
        //设置 timescale
        avpriv_set_pts_info(st, 64, 1, track->timescale);
        ...
        }
    }
```

7.5 FFmpeg 解封装后直接存储 AVPacket

使用 FFmpeg 对音视频文件解封装后,可以将音视频流分别存储到不同文件中。

1. FFmpeg 解封装后直接将音视频包存储到文件中

假如输入的音视频文件中包含 H.264 视频流和 AAC 音频流,解封装后,将音视频包分别存储到不同的文件中。核心流程和大部分代码与“7.3 解封装案例实战”所述基本相同,核心代码如下:

```
//chapter7/QtFFmpeg5_Chapter7_001/demuxer_avpacket_tofile.cpp
...
//视频、音频文件存储路径
//========== 4.开始解封装 ==========
const char * audiofile = "./test_audio.aac";
const char * videofile = "./test_video.h264";
FILE * faudio = fopen(audiofile, "wb");
FILE * fvideo = fopen(videofile, "wb");                    //注意;要用 wb 二进制模式
AVPacket * pkt = av_packet_alloc();                        //创建 AVPacket 并初始化
int nPackIndex = 0;
for (;;)                                                   //解封装,得到的是压缩后的数据
{
        ret = av_read_frame(ic, pkt);                      //读取具体的音视频帧数据
        if (ret != 0)                                      //读取失败或达到文件末尾
        {
            std::cout << " ========== end ======= \n";
            break;
        }
        nPackIndex++;
        if (pkt->stream_index == audioStream) {           //音频包,直接存入文件中
            fwrite(pkt->data, 1, pkt->size, faudio);
        }
        else if (pkt->stream_index == videoStream) {      //视频包,直接存入文件中
            fwrite(pkt->data, 1, pkt->size, fvideo);
        }
     //清理 AVPacket 中的所有空间数据,并且将 data 与 size 置 0
        av_packet_unref(pkt);
}
if (faudio)  fclose(faudio);
if (fvideo)  fclose(fvideo);
...
```

在项目中新增一个文件 demuxer_avpacket_tofile.cpp,将上述代码复制进去,编译并运行,如图 7-12 所示。

注意:fopen(audiofile, "wb")函数的第 2 个参数,这里的 wb 代表使用二进制方式写文件,如果省略 b,则代表以文本模式写文件,会出现播放失败的情况。

---

2. 解封装后得到的 H.264 码流和 AAC 码流无法播放

在上述案例中,已经生成了 test_video.h264 和 test_audio.aac 两个文件,分别用于存储视频流和音频流,但是无法播放,如图 7-13 所示。

1) 无法播放的原因

查看源输入文件中的音视频流信息,信息如下:

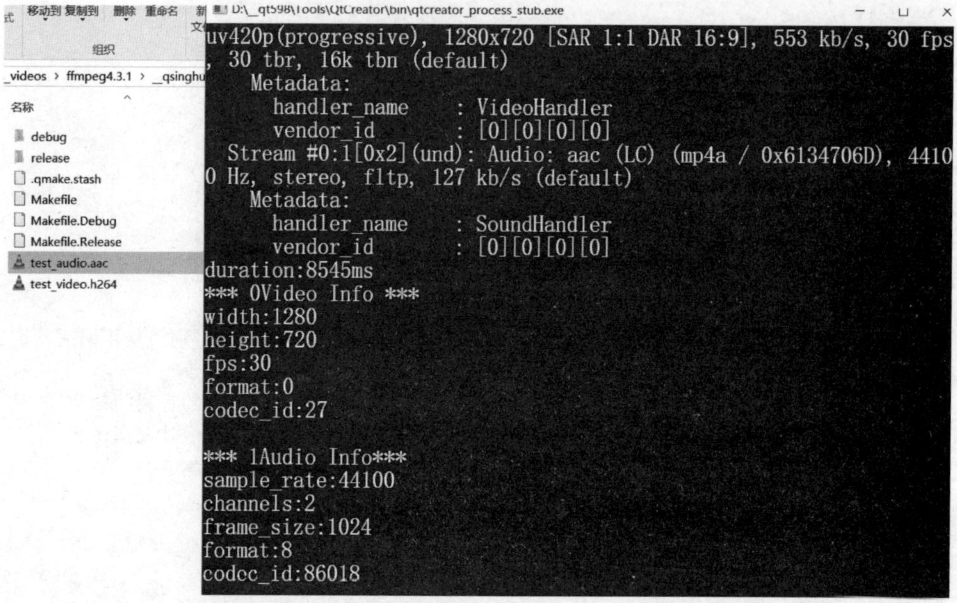

```
uv420p(progressive), 1280x720 [SAR 1:1 DAR 16:9], 553 kb/s, 30 fps
, 30 tbr, 16k tbn (default)
    Metadata:
      handler_name    : VideoHandler
      vendor_id       : [0][0][0][0]
  Stream #0:1[0x2](und): Audio: aac (LC) (mp4a / 0x6134706D), 4410
0 Hz, stereo, fltp, 127 kb/s (default)
    Metadata:
      handler_name    : SoundHandler
      vendor_id       : [0][0][0][0]
duration:8545ms
*** 0Video Info ***
width:1280
height:720
fps:30
format:0
codec_id:27

*** 1Audio Info***
sample_rate:44100
channels:2
frame_size:1024
format:8
codec_id:86018
```

图 7-12　FFmpeg 解封装并提取音视频流后存储到本地文件

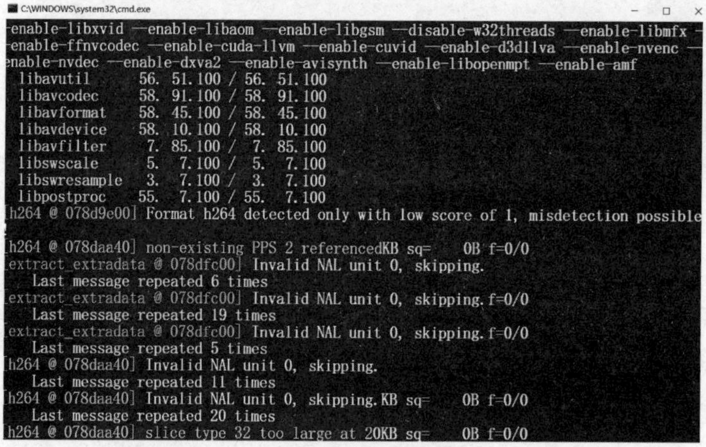

```
-enable-libxvid --enable-libaom --enable-libgsm --disable-w32threads --enable-libmfx -
-enable-ffnvcodec --enable-cuda-llvm --enable-cuvid --enable-d3d11va --enable-nvenc -
enable-nvdec --enable-dxva2 --enable-avisynth --enable-libopenmpt --enable-amf
  libavutil      56. 51.100 / 56. 51.100
  libavcodec     58. 91.100 / 58. 91.100
  libavformat    58. 45.100 / 58. 45.100
  libavdevice    58. 10.100 / 58. 10.100
  libavfilter     7. 85.100 /  7. 85.100
  libswscale      5.  7.100 /  5.  7.100
  libswresample   3.  7.100 /  3.  7.100
  libpostproc    55.  7.100 / 55.  7.100
[h264 @ 078d9c00] Format h264 detected only with low score of 1, misdetection possible

[h264 @ 078daa40] non-existing PPS 2 referencedKB sq=    0B f=0/0
[extract_extradata @ 078dfc00] Invalid NAL unit 0, skipping.
    Last message repeated 6 times
[extract_extradata @ 078dfc00] Invalid NAL unit 0, skipping.f=0/0
    Last message repeated 19 times
[extract_extradata @ 078dfc00] Invalid NAL unit 0, skipping.f=0/0
    Last message repeated 5 times
[h264 @ 078daa40] Invalid NAL unit 0, skipping.
    Last message repeated 11 times
[h264 @ 078daa40] Invalid NAL unit 0, skipping.KB sq=    0B f=0/0
    Last message repeated 20 times
[h264 @ 078daa40] slice type 32 too large at 20KB sq=    0B f=0/0
```

图 7-13　FFmpeg 提取音视频流后直接存储到本地文件但无法播放

```
//chapter5/7.5.help.txt
    Stream #0:0(und): Video: h264 (High) (avc1 / 0x31637661), yuv420p,
    640x352, 748 kb/s, 23.98 fps, 23.98 tbr, 24k tbn, 47.95 tbc (default)

    Stream #0:1(und): Audio: aac (LC) (mp4a / 0x6134706D),
    44100 Hz, stereo, fltp, 128 kb/s (default)
```

MP4 封装格式是基于 QuickTime 容器格式定义的，媒体描述与媒体数据分开。从

MP4 得到的 H.264 和 AAC 码流是 ES 流，它们缺失解码时必要的起始码 SPS、PPS 及 AAC 的 adts 头。这是导致提取出来的 H.264 码流无法播放的主要原因。常规的 H.264 帧数据保存格式是 annexb，即具有起始码 0x000001 或 0x00000001 的码流格式。MPEG-TS 文件中保存的视频码流存在起始码，而在 MP4 文件中的 H.264 码流是没有起始码的。

MP4 文件中所有数据都封装在 Box 中（对应 QuickTime 中的 atom），即 MP4 文件由若干个 Box 组成，每个 Box 有长度和类型，每个 Box 中还可以包含另外的子 Box，因此，这种包含子 Box 的封装也可被称为 Container Box。Box 是构成 MP4 文件的基本单元，一个 MP4 文件由若干个 Box 组成，并且每个 Box 中还可以包含另外的子 Box。MP4 格式结构中包括 3 个最顶层的 Box，即 ftyp、moov、mdat，其中，ftyp 是整个 MP4 文件的第 1 个 Box，也是唯一的一个，它主要用于确定当前文件的类型（例如 MP4）；moov 保存了视频的基本信息，例如时间信息、track 信息及媒体索引等；mdat 保存了视频和音频数据。需要注意的是，moov Box 和 mdat Box 在文件中出现的顺序不是固定的，但是 ftyp Box 必须第 1 个出现。MP4 文件的结构如图 7-14 所示。

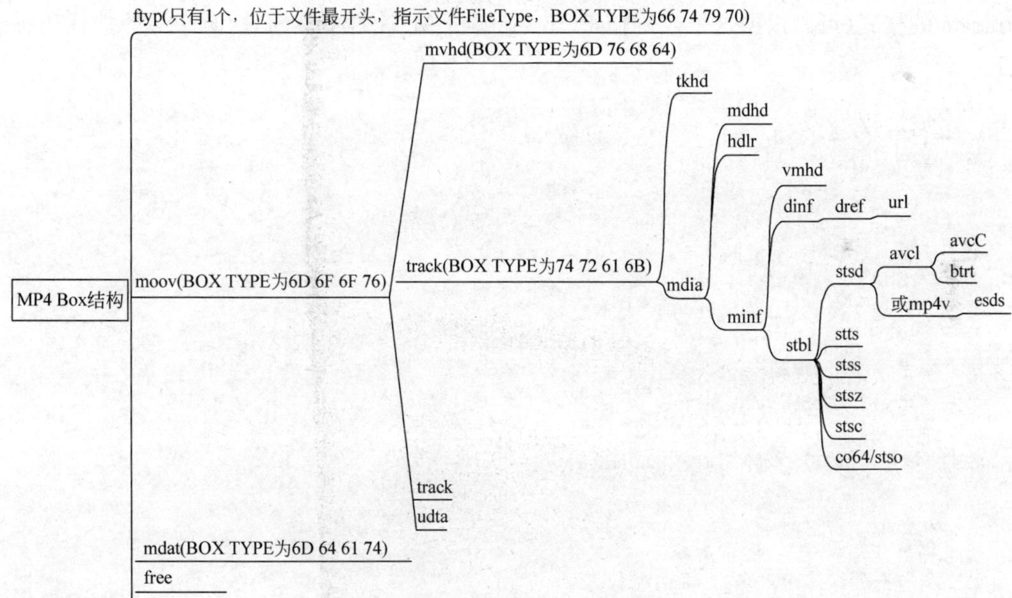

图 7-14 MP4 的 Box 结构

H.264 视频编码格式主要分为两种形式，即带起始码的 H.264 码流和不带起始码的 H.264 码流，其中，前者就是比较熟悉的 AnnexB 格式；后者就是指 AVCC（也称为 AVC1）格式。

（1）AnnexB 模式，传统模式，有 startcode、SPS 和 PPS 参数存储在 ES 中。

（2）MP4 模式（AVC1），没有 startcode、SPS 和 PPS 及其他信息被封装在容器中，每个帧前面是这个帧的长度（4 字节）。

AnnexB 格式的伪代码如下：

```
[start code]NALU | [start code] NALU |...
```

这种格式比较常见，也就是每个帧前面都有 0x00 00 00 01 或者 0x00 00 01 作为起始码。H.264 文件就是采用的这种格式，每个帧前面都要有个起始码。SPS、PPS 等关键参数信息也作为一类 NALU 存储在这个码流中，一般在码流的最前面。也就是说这种格式包含 VCL 和 非 VCL 类型的 NALU。

AVCC 格式的伪代码如下：

```
([extradata]) | ([length] NALU) | ([length] NALU) | ...
```

这种模式也叫 AVC1 格式，没有起始码，每个帧最前面几字节（通常 4 字节）是帧长度。这里的 NALU 一般没有 SPS、PPS 等参数信息，参数信息属于额外数据（extradata）存在其他地方。例如 FFmpeg 中解析 MP4 文件后 SPS、PPS 等参数信息存在于 streams[index]->codecpar->extradata 字段中。也就是说，这种码流通常只包含 VCL 类型的 NALU。这些 extradata 的格式（可以根据这个规则使 FFmpeg 解析 MP4 文件的 SPS 和 PPS）的伪代码描述如下：

```
//chapter7/7.5.help.txt
第 1 字节:version (通常 0x01)
第 2 字节:avc profile (值同第 1 个 SPS 的第 2 字节)
第 3 字节:avc compatibility (值同第 1 个 SPS 的第 3 字节)
第 4 字节:avc level (值同第 1 个 SPS 的第 3 字节)
第 5 字节前 6 位:保留全 1
第 5 字节后 2 位:NALU Length 字段大小减 1,
                  这个值通常为 3,即 NAL 码流中使用 3 + 1 = 4 字节表示 NALU 的长度
第 6 字节前 3 位:保留,全 1
第 6 字节后 5 位:SPS NALU 的个数,通常为 1
第 7 字节开始后接 1 个或者多个 SPS 数据
SPS 结构 [16 位 SPS 长度][SPS NALU data]

SPS 数据后
第 1 字节:PPS 的个数,通常为 1
第 2 字节开始接 1 个或多个 PPS 数据
PPS 结构 [16 位 PPS 长度][SPS NALU data]
```

在 MP4 文件结构中，所有的多媒体数据都存储在 mdata Box 中，并且 mdata 中的媒体数据没有同步字，也没有分隔符，只能根据索引（位于 moov 中）进行访问，也就意味着 mdata Box 存储的 H.264 码流和 AAC 码流可能没有使用起始码（0x00 00 00 01 或 0x00 00 01）或 adts 头进行分隔，这一点可以通过 mp4info 软件解析 MP4 文件得到其封装的音、视频数据格式为 mp4a 和 AVC1 得到证实。根据 H.264 编码格式相关资料可知，H.264 视频编码格式主要分为两种形式，即带起始码的 H.264 码流和不带起始码的 H.264 码流，其中，前者就是我们比较熟悉的 H.264、X.264，后者就是指 AVC1。

MP4 容器格式存储 H.264 数据没有开始代码。相反,每个 NALU 都以长度字段为前缀,以字节为单位给出 NALU 的长度。长度字段的大小可以不同,通常是 1、2 或 4 字节。另外,在标准 H.264 中,SPS 和 PPS 存在于 NALU header 中,而在 MP4 文件中,SPS 和 PPS 存在于 AVCDecoderConfigurationRecord 结构中,序列参数集 SPS 作用于一系列连续的编码图像,而图像参数集 PPS 作用于编码视频序列中的一个或多个独立的图像。如果解码器没能正确地接收到这两个参数集,则其他 NALU 也是无法解码的。具体来讲,MP4 文件中 H.264 的 SPS、PPS 存储在 avcC Box 中(moov-> track-> mdia-> minf-> stbl-> stsd-> avc1-> avcC)。

MP4 文件中编码信息是存储在文件开始或者文件末尾的。FFmpeg 使用 av_read_frame(AVFormatContext * s, AVPacket * pkt)函数读 MP4 文件,读到数据包(AVPacket * pkt)里面的仅仅是 VCL 编码数据 NAL,并且这个编码数据是 AVCC 格式组织的码流(没有起始码),所以直接保存成.h264 文件是无法直接播放的。

2) 解决无法播放的问题

提取 MP4 文件中的 H.264 码流后直接保存到本地文件,这个本地文件是无法被解码播放的,因为保存的 H.264 文件没有 SPS、PPS 等参数信息,并且每个 NALU 缺少起始码。幸运的是,FFmpeg 提供了一个名为 h264_mp4toannexb 的过滤器,该过滤器实现了对 SPS、PPS 的提取和对起始码的添加。对于 MP4 文件来讲,在 FFmpeg 中一个 AVPacket 可能包含一个或者多个 NALU,例如 SPS、PPS 和 I 帧可能存在同一个 NALU 中,并且每个 NALU 前面没有起始码,取而代之的是表述该 NALU 的长度信息,占 4 字节。AVPacket.data 结构如图 7-15 所示。

3. 与 h264_mp4toannexb 过滤器相关的 API

FFmpeg 提供了多种用于处理某些格式的封装转换的位流(bit stream)过滤器,例如 aac_adtstoasc、h264_mp4toannexb 等,可以通过命令行 ffmpeg-bsfs 查看所有的位流过滤器,如图 7-16 所示。使用 h264_mp4toannexb 过滤器将 H.264 码流的 MP4 封装格式(AVCC、AVC1)转换为 AnnexB 格式,即从 AVC1 格式转换为 H.264(AnnexB)格式。

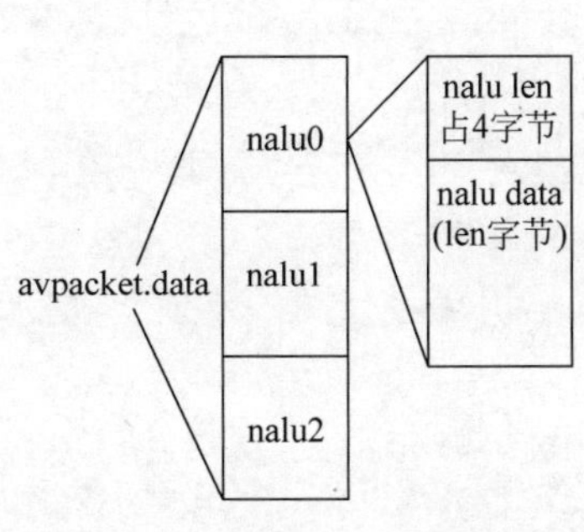

图 7-15　AVPacket 与 NALU 的关系

图 7-16　FFmpeg 的位流过滤器

1）初始化 **h264_mp4toannexb** 过滤器

该过程主要包括创建指定名称的过滤器 AVBitStreamFilter、为过滤器创建上下文结构体 AVBSFContext、复制上下文参数及初始化 AVBSFContext 等操作，具体的代码如下：

```
//chapter7/QtFFmpeg5_Chapter7_001/demuxer_avpacket_tofile2.cpp
//注意,添加头文件: #include <libavcodec/bsf.h>
/** (1) 创建 h264_mp4toannexb 比特流过滤器结构体 AVBitStreamFilter
 *  声明位于/libavcodec/avcodec.h
 *  typedef struct AVBitStreamFilter {
 *       //过滤器名称
 *       const char *name;
 *       //过滤器支持的编码器 ID 列表
 *       const enum AVCodecID *codec_ids;
 *       const AVClass *priv_class;
 *       ...
 *   }
 * */
const AVBitStreamFilter *avBitStreamFilter = av_bsf_get_by_name("h264_mp4toannexb");
if(!avBitStreamFilter) {
    RLOG_E("get AVBitStreamFilter failed");
    return -1;
}
/** (2)创建给定过滤器上下文结构体 AVBSFContext,该结构体存储了过滤器的状态
 *  声明在../libavcodec/avcodec.h
 *  typedef struct AVBSFContext {
 *       ...
 *       const struct AVBitStreamFilter *filter;
 *       //输入输出流参数信息
 *       //调用 av_bsf_alloc()后被创建分配
 *       //调用 av_bsf_init()后被初始化
 *       AVCodecParameters *par_in;
 *       AVCodecParameters *par_out;
 *       //输入输出 packet 的时间基
 *       //在调用 av_bsf_init()之前被设置
 *       AVRational time_base_in;
 *       AVRational time_base_out;
 *  }
 * */
ret = av_bsf_alloc(avBitStreamFilter, &avBSFContext);
if(ret < 0) {
    RLOG_E_("av_bsf_alloc failed,err = %d", ret);
    return ret;
}
/** (3) 将输入流相关参数复制到过滤器的 AVBSFContext */
int ret = avcodec_parameters_copy(gavBSFContext->par_in,
```

```
                            inputFormatCtx -> streams[id_video_stream] ->
codecpar);
if(ret < 0) {
    RLOG_E_("copy codec params to filter failed,err = %d", ret);
    return ret;
}
/** (4) 使过滤器进入准备状态.在所有参数被设置完毕后调用 */
ret = av_bsf_init(avBSFContext);
if(ret < 0) {
    RLOG_E_("Prepare the filter failed,err = %d", ret);
    return ret;
}
```

2）处理 AVPackt

该过程主要是将解封装得到的 H.264 数据包 AVPacket 通过 av_bsf_send_packet()函数提交给过滤器处理，待处理完毕后，再调用 av_bsf_receive_packet()函数读取处理后的数据。需要注意的是，输入一个 packet 可能会产生多个输出 packets，因此，可能需要反复调用 av_bsf_receive_packet()函数直到读取所有的输出 packets，即等待该函数返回 0，具体的代码如下：

```
//chapter7/QtFFmpeg5_Chapter7_001/demuxer_avpacket_tofile2.cpp
/** (5) 将输入 packet 提交到过滤器处理 */
int ret = av_bsf_send_packet(avBSFContext, avPacket);
if(ret < 0) {
    av_packet_unref(avPacket);
    av_init_packet(avPacket);
    return ret;
}
/** (6) 循环读取过滤器,直到返回 0,表明读取完毕 */
for(;;) {
    int flags = av_bsf_receive_packet(avBSFContext, avPacket);
    if(flags == EAGAIN) {
        continue;
    } else {
        break;
    }
}
```

3）释放过滤器所分配的所有资源

```
//chapter7/QtFFmpeg5_Chapter7_001/demuxer_avpacket_tofile2.cpp
/** (7) 释放过滤器资源 */
if(avBSFContext) {
    av_bsf_free(&avBSFContext);
}
```

4. 修复 H. 264 码流无法播放的问题

测试的 MP4 音视频文件中包含 H. 264 视频流和 AAC 音频流(暂时不处理),解封装后,先将 H. 264 码流使用 h264_mp4toannexb 过滤器进行处理,即将不带起始码的 AVCC 格式的视频包转换为带起始码的 AnnexB 格式的视频包,然后将音视频包分别存储到不同的文件中。整体流程及相关的 API 如图 7-17 所示。

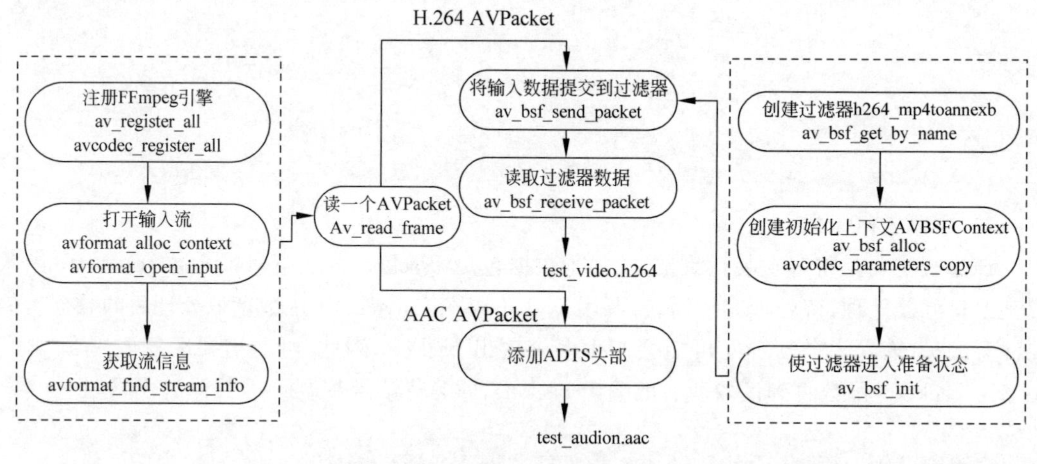

图 7-17 FFmpeg 解封装后使用 h264_mp4toannexb 过滤器

核心流程和大部分代码与"7.3 解封装案例实战"所述基本相同,核心代码如下:

```
//chapter7/QtFFmpeg5_Chapter7_001/demuxer_avpacket_tofile2.cpp
...
//========== 4.开始解封装 ==========
const char * audiofile = "./test_audio2.aac";
const char * videofile = "./test_video2.h264";
FILE * faudio = fopen(audiofile, "wb");
FILE * fvideo = fopen(videofile, "wb");
AVPacket * pkt = av_packet_alloc(); //创建 AVPacket 并初始化
int nPackIndex = 0;

printf("AVBSFContext ......begin ......\n");
//从 MP4 中抽取的 AVPacket 没有头部信息(SPS、PPS、IDR), 无法直接写入文件形成 H.264
//使用 AVBSFContext 包装
AVBSFContext * absCtx = NULL; //要释放空间
const AVBitStreamFilter * absFilter = NULL;
AVCodecParameters * codecpar = NULL;

absFilter = av_bsf_get_by_name("h264_mp4toannexb"); //查找位流过滤器
printf("av_bsf_get_by_name ......begin ......\n");
```

```
if(!absFilter){
    cout << "get bsfilter failed" << endl;
    return -1;
}
re = av_bsf_alloc(absFilter, &absCtx);  //分配空间
CERR(re);

//将流信息复制进上下文中
codecpar = ic->streams[videoStream]->codecpar;  //视频流的/编解码参数
avcodec_parameters_copy(absCtx->par_in, codecpar);

printf("avcodec_parameters_copy ......begin ......\n");
re = av_bsf_init(absCtx); //初始化位流过滤器
CERR(re);

AVPacket pkt2;  //如果是指针的形式,则需要初始化//av_init_packet(pkt2);

printf("for  av_read_frame......begin ......\n");
for (;;)    //解封装,得到的是压缩后的数据
{
    ret = av_read_frame(ic, pkt); //读取具体的音视频帧数据

    if (ret != 0)  //读取失败或达到文件末尾
    {
        std::cout << "=============== end ============= \n";
        break;
    }
    nPackIndex++;
    if (pkt->stream_index == audioStream) {//音频包,直接存入文件中
        fwrite(pkt->data, 1, pkt->size, faudio);
    }
    else if (pkt->stream_index == videoStream) {//视频包
        //fwrite(pkt->data, 1, pkt->size, fvideo);  //不能直接存储,否则无法播放
        //pkt 发送给过滤线程
        re = av_bsf_send_packet( absCtx,  pkt);
        CERR(re);
        while (1) {//收包,注意可能有多个包,需要用循环
            re = av_bsf_receive_packet(absCtx, &pkt2);
            if (re == AVERROR(EAGAIN) || re == AVERROR_EOF)
                break;
   //此时,已经添加了起始码,然后写入文件中.
            fwrite((const char *)pkt2.data, 1, pkt2.size, fvideo);
            av_packet_unref(&pkt2);
        }
    }
```

```
    av_packet_unref(pkt);   //清理 AVPacket 中的所有空间数据,并且将 data 与 size 置 0
}
av_bsf_free(&absCtx);   //释放位流过滤器
...
```

在该案例中,先查找位流过滤器 h264_mp4toannexb,然后在 av_read_frame()函数读取数据包之后,判断如果是视频包,则调用 av_bsf_send_packet()函数,将不带起始码的 AVPacket 发送给过滤器,经过滤器处理后通过 av_bsf_receive_packet()函数读取的是带起始码的 AVPacket,并且也添加了 SPS、PPS 等参数信息。此时,再将新的数据包写入文件中,这样就可以直接用 VLC 或 ffplay 播放了。

在项目中新增一个文件 demuxer_avpacket_tofile2.cpp,将上述代码复制进去,编译并运行,生成了 test_video2.h264 文件,直接用 VLC 打开便可以播放,用 MediaInfo 查看视频流信息,如图 7-18 所示,然后使用 UltraEdit 打开该文件,以十六机制方式查看,会发现很多 00 00 00 01 或 00 00 01 开头的字符串,这些是 H.264 的起始码,如图 7-19 所示。

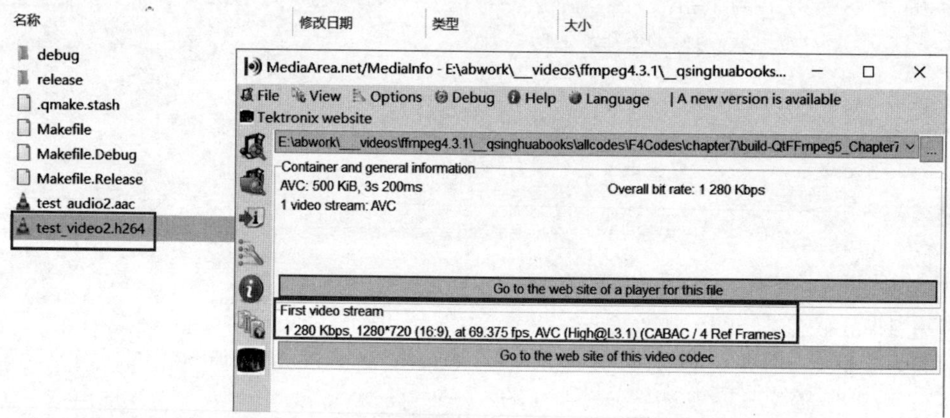

图 7-18 使用 h264_mp4toannexb 过滤器处理后的 H.264 码流信息

```
00000000h: 00 00 00 01 67 64 00 1F AC D9 40 50 05 BB 01 10 ;
00000010h: 00 00 03 00 10 00 00 03 03 C0 F1 83 19 60 00 00 ;
00000020h: 00 01 68 EB E3 CB 22 C0 00 00 01 65 88 84 00 37 ;
00000030h: FF FE F6 F0 FE 05 36 56 04 50 97 11 CD F5 7F EC ;
00000040h: 6E 93 12 88 59 79 93 05 F8 CB 00 00 03 00 00 03 ;
00000050h: 00 00 03 00 00 03 00 09 1B D0 BC 1E CE CA 76 4B ;
00000060h: C3 00 00 03 00 00 03 00 6A 40 00 64 40 00 A1 80 ;
00000070h: 01 E8 D0 00 96 95 E2 54 CA 3C D8 21 C8 55 4F 0B ;
00000080h: 67 D5 BF AC 07 3A 08 E7 4D 6D 70 C7 E7 2F 4B 41 ;
00000090h: 49 8C CD CA 9C 76 1E F1 D8 84 21 CD 1D B5 00 FF ;
000000a0h: 3D 00 7B B2 67 EE 21 82 48 D9 A9 2F 9A 27 37 EA ;
000000b0h: 68 79 84 D9 DC F9 4B 25 54 4C E5 42 8E 9C 56 DE ;
000000c0h: 01 34 1F 11 68 B8 34 19 92 4E 54 32 A3 B0 D4 11 ;
000000d0h: 06 38 5D 08 D5 04 71 D4 0D 59 6D 5A 59 DE 31 A2 ;
000000e0h: D4 55 5D 54 FC 6D E6 55 A2 9C 3C E3 62 1F 96 1D ;
000000f0h: DD 14 F2 28 E2 84 C0 FD 7D 6C B6 03 77 AC 47 3B ;
```

图 7-19 使用 h264_mp4toannexb 过滤器处理后的 H.264 码流带有起始码

5. 修复 AAC 码流无法播放的问题

AAC 是高级音频编码(Advanced Audio Coding)的缩写，出现于 1997 年，最初是基于 MPEG-2 的音频编码技术，其目的是取代 MP3 格式。2000 年，MPEG-4 标准出台，AAC 重新集成了其他技术(PS 和 SBR 等)，为区别于传统的 MPEG-2 AAC，故含有 SBR 或 PS 特性的 AAC 又称为 MPEG-4 AAC。AAC 编码分为两种方式，一种是 AAC_ADIF，另一种是 AAC_ADTS。

1) AAC 格式简介

ADIF 的全称是 Audio Data Interchange Format，适合文件传输，只在文件头存储媒体参数，数据帧只包含裸数据。这种格式的特征是可以确定地找到这个音频数据的开始，不需在音频数据流中间开始解码，即它的解码必须在明确定义的开始处进行。ADIF 只有一个统一的头，所以必须得到所有的数据后解码。故这种格式常用在磁盘文件中。AAC 的 ADIF 文件格式如图 7-20 所示，ADIF 头信息位于 AAC 文件的起始处，接下来就是连续的 Raw Data Blocks。

header()	raw_data_stream()

图 7-20　ADIF 的文件格式

ADTS 的全称是 Audio Data Transport Stream，适合流传输，每个数据帧都会存储媒体参数。这种格式的特征是它是一个有同步字的比特流，解码可以在这个流中的任何位置开始。它的特征类似于 MP3 数据流格式。简单来说，ADTS 可以在任意帧解码，也就是说它每帧都有头信息。AAC 的 ADTS 文件中一帧的格式如图 7-21 所示。帧同步的目的在于找出帧头在比特流中的位置，AAC ADTS 格式的帧头同步字为 12 比特的二进制的 1111 1111 1111。ADTS 的头信息由两部分组成，其一为固定头信息，紧接着是可变头信息。固定头信息中的数据每帧都相同，而可变头信息则在帧与帧之间可变。

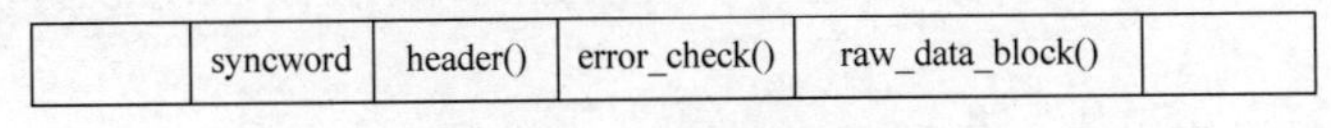

图 7-21　ADTS 的帧格式

2) AAC 码流无法播放的原因

使用 FFmpeg 从 MP4 文件中提取出来的 AAC 码流是没有参数信息的，只包括裸音频数据，当直接将这些数据存储到文件中时播放器是无法播放的，因为无法获取核心的音频编解码参数，包括声道数、采样率和采样格式等。

3) ADTS 头结构分析

使用 FFmpeg 做 demux 时，当把 AAC 音频的 ES 流从 MP4 或 FLV 等封装格式中抽出来后送给播放器时是不能播放的。一般的 AAC 解码器需要把 AAC 的 ES 流打包成 ADTS 的格式，即在 AAC ES 流前添加 7 字节的 ADTS header。

AAC 音频文件的每帧都由一个 ADTS 头和 AAC ES(AAC 音频数据)组成。ADTS 头包含了AAC文件的采样率、通道数、帧数据长度等信息。ADTS头分为固定头信息和可变头信息两部分，固定头信息在每个帧中都是一样的，可变头信息在各个帧中并不是固定值。ADTS头一般是7字节的长度，如(固定头28b+可变头28b)/8=7B，如果需要对数据进行CRC校验，则会有2字节的校验码，所以ADTS头的实际长度是7字节或9字节。ADTS的固定头和可变头结构如图7-22所示。

ADTS 的固定头信息

Syntax	No. of bits	Mnemonic
adts_fixed_header()		
{		
Syncword	12	bslbf
ID	1	bslbf
Layer	2	uimsbf
protection_absent	1	bslbf
Profile	2	uimsbf
sampling_frequency_index	4	uimsbf
private_bit	1	bslbf
channel_configuration	3	uimsbf
original/copy	1	bslbf
Home	1	bslbf
Emphasis	2	bslbf
}		

ADTS的可变头信息

Syntax	No. of bits	Mnemonic
adts_variable_header()		
{		
copyright_identification_bit	1	bslbf
copyright_identification_start	1	bslbf
aac_frame_length	13	bslbf
adts_buffer_fullness	11	bslbf
no_raw_data_blocks_in_frame	2	uimsbf
}		

图7-22　ADTS的固定头与可变头的字段结构

ADTS头的固定头信息在每个帧中都是一样的，各个字段的含义如下。

(1) syncword：帧同步标识一个帧的开始，固定为0xFFF。

(2) ID：MPEG标示符。0表示MPEG-4，1表示MPEG-2。

(3) layer：固定为'00'。

(4) protection_absent：标识是否进行误码校验。0表示有CRC校验，1表示没有CRC校验。

(5) profile：标识使用哪个级别的AAC。1代表AAC Main；2代表AAC LC (Low Complexity)；3代表AAC SSR (Scalable Sample Rate)；4代表AAC LTP (Long Term Prediction)。

(6) sampling_frequency_index：标识使用的采样率的下标。

(7) private_bit：私有位，编码时设置为0，解码时忽略。

(8) channel_configuration：标识声道数。

(9) original_copy：编码时设置为0，解码时忽略。

(10) home：编码时设置为0，解码时忽略。

可变头信息，各个字段的含义如下：

(1) copyrighted_id_bit：编码时设置为0，解码时忽略。

(2) copyrighted_id_start：编码时设置为0，解码时忽略。

(3) aac_frame_length：ADTS帧长度包括ADTS长度和AAC声音数据长度的和，即aac_frame_length = (protection_absent == 0 ? 9 : 7) + audio_data_length。

(4) adts_buffer_fullness：固定为0x7FF。表示码率是可变的码流。

(5) number_of_raw_data_blocks_in_frame：表示当前帧有number_of_raw_data_blocks_in_frame+1个原始帧(一个AAC原始帧包含一段时间内1024个采样及相关数据)。

4) 修复AAC码流无法播放

使用FFmpeg调用av_read_frame()函数读取音视频帧，获得AVPacket之后，如果是音频帧，则应先写入ADTS头，然后写音频帧数据，增加一个函数，根据采样率、声道数等参数来生成ADTS头，代码如下：

```
//chapter7/QtFFmpeg5_Chapter7_001/demuxer_avpacket_tofile2.cpp
static const int sampleFrequencyTable[] = {//音频采样率
    96000,
    88200,
    64000,
    48000,
    44100,
    32000,
    24000,
    22050,
    16000,
    12000,
    11025,
    8000,
    7350
};

//根据声道数、采样率、profile等参数获取ADTS音频数据传输流的头
static int makeADTSHeader(char * adtsHeader, int packetSize, int profile, int sampleRate, int
channels)
{
    int sampleFrequencyIndex = 3;            //48000:默认
    int adtsLength = packetSize + 7;


    for (int i = 0; i < sizeof(sampleFrequencyTable) / sizeof(sampleFrequencyTable[0]); i++)
    {
        if (sampleRate == sampleFrequencyTable[i])
        {
            sampleFrequencyIndex = i;
            break;
        }
```

```
    }
    adtsHeader[0] = 0xff;                       //syncwork:0xfff

    adtsHeader[1] = 0xf0;                       //syncwork:0xfff
    adtsHeader[1] |= (0 << 3);                  //MPEG Version:0 for MPEG-4, 1 for MPEG-2
    adtsHeader[1] |= (0 << 1);                  //Layer:0
    adtsHeader[1] |= 1;                         //protection absent:1

    adtsHeader[2] = (profile << 6);             //profile:profile
    //sampling frequency index: sampling_frequency_index
    adtsHeader[2] |= (sampleFrequencyIndex & 0x0f) << 2;
    adtsHeader[2] |= (0 << 1);                  //private bit : 0
    adtsHeader[2] |= (channels & 0x04) >> 2; //channel configuration: channels
    adtsHeader[3] = (channels & 0x03) << 6;  //channel configuration: channels
    adtsHeader[3] |= (0 << 5);
    adtsHeader[3] |= (0 << 4);
    adtsHeader[3] |= (0 << 3);
    adtsHeader[3] |= (0 << 2);
    adtsHeader[3] |= ((adtsLength & 0x1800) >> 11);
    adtsHeader[4] = (uint8_t)((adtsLength & 0x7f8) >> 3); //frame length
    adtsHeader[5] = (uint8_t)((adtsLength & 0x7) >> 5); //frame length
    adtsHeader[5] |= 0x1f;                      //buffer fullness: 0x7ff
    adtsHeader[6] = 0xfc;                       //buffer fullness: 0x7ff
    return 0;
}
...
for (;;)                                        //解封装,得到的是压缩后的音视频包 AVPacket
{
    ret = av_read_frame(ic, pkt); //读取具体的音视频帧数据
    if (pkt->stream_index == audioStream) {//音频包,直接存入文件中
        //先写入 ADTS 头
        char adtsHeader[7] = {0};
        makeADTSHeader(adtsHeader,pkt->size,
            ic->streams[audioStream]->codecpar->profile,
            ic->streams[audioStream]->codecpar->sample_rate,
            ic->streams[audioStream]->codecpar->channels);
            ret = fwrite(adtsHeader, 1, 7, faudio);

        //然后写入 AAC 音频数据
        fwrite(pkt->data, 1, pkt->size, faudio);
    }
    ...
}
...
```

将上述代码添加到 demuxer_avpacket_tofile2.cpp 文件中,根据 av_read_frame()函数

得到的包类型判断，如果是音频包，则调用 makeADTSHeader()函数添加 ADTS 头，然后写入 AAC 音频数据。使用 ffplay 播放生成的 AAC 文件，如图 7-23 所示。

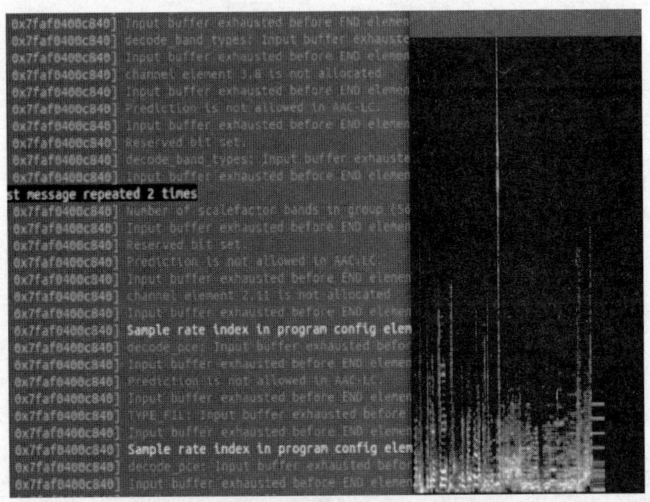

图 7-23　添加 ADTS 头后使用 ffplay 播放

7.6　FFmpeg 转封装案例实战

使用 FFmpeg 实现音视频封装格式的转换主要包括解封装和重新封装两个步骤。

1. FFmpeg 解封装与封装的操作步骤

使用 FFmpeg 实现音视频格式解封装的主要步骤如下：

(1) 注册相关模块，需要调用 avformat_network_init()函数。

(2) 打开文件、获取的封装信息上下文 AVFormatContext，需要调用 avformat_open_input()函数。

(3) 获取媒体文件音视频信息，这一步会填充 AVFormatContext 内部变量，需要调用 avformat_find_stream_info()函数。

(4) 获取音视频流 ID。一般有两种方法：第 1 种是遍历 AVFormatContext 内部所有的 stream，如果 stream 的 codec_type 对应为 audio/video，则记录当前 stream 的 ID；第 2 种是直接调用 FFmpeg 提供的 av_find_best_stream()函数，这样就可以获取相应类型的流 ID 了。

(5) 获取流的每帧数据，需要调用 av_read_frame()函数。

(6) 关闭文件，需要调用 avformat_close_input()函数。

使用 FFmpeg 实现音视频格式封装的主要步骤如下：

(1) 注册相关模块，需要调用 avformat_network_init()函数。

(2) 根据即将输出的文件名、获取的封装信息上下文 AVFormatContext,需要调用 avformat_alloc_output_context2()函数。

(3) 打开输出文件 IO,需要调用 avio_open()函数。

(4) 添加音视频流,需要调用 avformat_new_stream()函数。

(5) 封装文件头信息,需要调用 avformat_write_header()函数。

(6) 向文件中写入数据包,如果包含视频、音频等多个码流的数据包,则按照时间戳大小交织写入,需要调用 av_interleaved_write_frame()函数。

(7) 封装文件尾信息,需要调用 av_write_trailer()函数。

(8) 关闭操作。

2. FFmpeg 转封装的案例实战

使用 FFmpeg 实现音视频封装格式的转换,需要先解封装,获得 AVPacket,然后重新封装,主要代码如下(详见注释信息):

```
//chapter7/QtFFmpeg5_Chapter7_001/demuxer_mp4toflv.cpp
/*将 MP4 格式转换成 FLV 格式*/
#define __STDC_CONSTANT_MACROS
extern "C"{ //C++调用 C
#include <libavutil/timestamp.h>
#include <libavformat/avformat.h>
}

//注意:该宏的定义要放到 libavformat/avformat.h 文件下边
static char av_error[1024] = { 0 };
#define av_err2str(errnum) av_make_error_string(av_error, AV_ERROR_MAX_STRING_SIZE, errnum)

int main(int argc, char **argv)
{
    //1. 结构体与变量
    AVOutputFormat *ofmt = NULL;  //输出格式
    AVFormatContext *ifmt_ctx = NULL, *ofmt_ctx = NULL; //输入、输出上下文
    AVPacket pkt;
    int ret, i;
    int stream_index = 0;
    int *stream_mapping = NULL; //数组用于存放输出文件流的 Index
    int stream_mapping_size = 0; //输入文件中流的总数量

    const char *in_filename  = "d:/_movies/__test/ande_10.mp4";;
    const char *out_filename = "test_2.flv";

    //2. 打开输入文件:avformat_open_input
    //打开输入文件后为 ifmt_ctx 分配内存
```

```
    if ((ret = avformat_open_input(&ifmt_ctx, in_filename, 0, 0)) < 0) {
        fprintf(stderr, "Could not open input file '%s'", in_filename);
        goto end;
    }

    //3. avformat_find_stream_info
    //检索输入文件的流信息
    if ((ret = avformat_find_stream_info(ifmt_ctx, 0)) < 0) {
        fprintf(stderr, "Failed to retrieve input stream information");
        goto end;
    }

    //打印输入文件相关信息
    av_dump_format(ifmt_ctx, 0, in_filename, 0);

    //4. 为输出上下文环境分配内存:avformat_alloc_output_context2
    avformat_alloc_output_context2(&ofmt_ctx, NULL, NULL, out_filename);
    if (!ofmt_ctx) {
        fprintf(stderr, "Could not create output context\n");
        ret = AVERROR_UNKNOWN;
        goto end;
    }

    //输入文件流的数量
    stream_mapping_size = ifmt_ctx->nb_streams;

    //分配 stream_mapping_size 段内存,每段内存大小是 sizeof(*stream_mapping)
    stream_mapping = (int *)av_mallocz_array(stream_mapping_size, sizeof(*stream_
mapping));
    if (!stream_mapping) {
        ret = AVERROR(ENOMEM);
        goto end;
    }

    //输出文件格式
    ofmt = (AVOutputFormat *)ofmt_ctx->oformat;

    //5. 创建输出流:avformat_new_stream
    //遍历输入文件中的每路流,对于每路流都要创建一个新的流进行输出
    for (i = 0; i < ifmt_ctx->nb_streams; i++) {
        AVStream *out_stream; //输出流
        AVStream *in_stream = ifmt_ctx->streams[i]; //输入流
        AVCodecParameters *in_codecpar = in_stream->codecpar; //编解码参数

        //只保留音频、视频、字幕流,其他的流不需要
        if (in_codecpar->codec_type != AVMEDIA_TYPE_AUDIO &&
```

```
            in_codecpar->codec_type != AVMEDIA_TYPE_VIDEO &&
            in_codecpar->codec_type != AVMEDIA_TYPE_SUBTITLE) {
            stream_mapping[i] = -1;
            continue;
        }

        //对于输出的流的 index 重写编号
        stream_mapping[i] = stream_index++;

        //创建一个对应的输出流
        out_stream = avformat_new_stream(ofmt_ctx, NULL);
        if (!out_stream) {
            fprintf(stderr, "Failed allocating output stream\n");
            ret = AVERROR_UNKNOWN;
            goto end;
        }

        //直接将输入流的编解码参数复制到输出流中
        ret = avcodec_parameters_copy(out_stream->codecpar, in_codecpar);
        if (ret < 0) {
            fprintf(stderr, "Failed to copy codec parameters\n");
            goto end;
        }
        out_stream->codecpar->codec_tag = 0;
    }

    //打印要输出的多媒体文件的详细信息
    av_dump_format(ofmt_ctx, 0, out_filename, 1);

    //6. 打开输出文件:avio_open
    if (!(ofmt->flags & AVFMT_NOFILE)) {
        ret = avio_open(&ofmt_ctx->pb, out_filename, AVIO_FLAG_WRITE);
        if (ret < 0) {
            fprintf(stderr, "Could not open output file '%s'", out_filename);
            goto end;
        }
    }

    //7. 写入新的多媒体文件的头:avformat_write_header
    ret = avformat_write_header(ofmt_ctx, NULL);
    if (ret < 0) {
        fprintf(stderr, "Error occurred when opening output file\n");
        goto end;
    }

    while (1) {
```

```
        AVStream * in_stream, * out_stream;

        //8. 循环读取每帧数据:av_read_frame
        //循环读取每帧数据
        ret = av_read_frame(ifmt_ctx, &pkt);
        if (ret < 0) //读取完后退出循环
            break;

        in_stream  = ifmt_ctx->streams[pkt.stream_index];
        if (pkt.stream_index >= stream_mapping_size ||
            stream_mapping[pkt.stream_index] < 0) {
            av_packet_unref(&pkt);
            continue;
        }
        //按照输出流的 index 给 pkt 重新编号
        pkt.stream_index = stream_mapping[pkt.stream_index];
        //根据 pkt 的 stream_index 获取对应的输出流
        out_stream = ofmt_ctx->streams[pkt.stream_index];

        //9. 不同封装格式的时间基转换:av_rescale_q_rnd
        //对 pts、dts、duration 进行时间基转换,不同封装格式的时间基都不一样
        //不转换会导致音视频同步问题
        pkt.pts = av_rescale_q_rnd(pkt.pts, in_stream->time_base, out_stream->time_
base, (enum AVRounding)(AV_ROUND_NEAR_INF|AV_ROUND_PASS_MINMAX));
        pkt.dts = av_rescale_q_rnd(pkt.dts, in_stream->time_base, out_stream->time_
base, (enum AVRounding)(AV_ROUND_NEAR_INF|AV_ROUND_PASS_MINMAX));
        pkt.duration = av_rescale_q(pkt.duration, in_stream->time_base, out_stream->
time_base);
        pkt.pos = -1;

        //10. 交织写入音视频包:av_interleaved_write_frame
        //将处理好的 pkt 写入输出文件
        ret = av_interleaved_write_frame(ofmt_ctx, &pkt);
        if (ret < 0) {
            fprintf(stderr, "Error muxing packet\n");
            break;
        }
        av_packet_unref(&pkt);
    }

    //11. 写入文件尾:av_write_trailer
    //写入新的多媒体文件尾
    av_write_trailer(ofmt_ctx);
end:

    //12. 关闭文件、释放资源
    avformat_close_input(&ifmt_ctx);

    /* close output */
```

```
    if (ofmt_ctx && !(ofmt->flags & AVFMT_NOFILE))
        avio_closep(&ofmt_ctx->pb);
    avformat_free_context(ofmt_ctx);

    av_freep(&stream_mapping);

    if (ret < 0 && ret != AVERROR_EOF) {
        fprintf(stderr, "Error occurred: %s\n", av_err2str(ret));
        return 1;
    }

    return 0;
}
```

在该案例中，具体步骤及用到的 API 如下：

(1) 定义结构体与变量，包括 AVOutputFormat、AVFormatContext、AVPacket 等。

(2) 打开输入文件，需要调用 avformat_open_input()函数。

(3) 检索输入文件的流信息，需要调用 avformat_find_stream_info()函数。

(4) 为输出上下文环境分配内存，需要调用 avformat_alloc_output_context2()函数。

(5) 创建输出流，需要调用 avformat_new_stream()函数。

(6) 打开输出文件，需要调用 avio_open()函数。

(7) 写入新的多媒体文件的头，需要调用 avformat_write_header()函数。

(8) 循环读取每帧数据，需要调用 av_read_frame()函数。

(9) 不同封装格式的时间基转换，需要调用 av_rescale_q_rnd()函数。

(10) 交织写入音视频包，需要调用 av_interleaved_write_frame()函数。

(11) 写入文件尾，需要调用 av_write_trailer()函数。

(12) 关闭文件、释放资源，包括 avformat_close_input()、avformat_free_context()、av_freep()、avio_closep()等函数。

在项目中新增一个文件 demuxer_mp4toflv. cpp，将上述代码复制进去，编译并运行，生成 test_2. FLV 文件，用 MediaInfo 观察 MP4 源文件和生成的 FLV 文件，如图 7-24 所示。

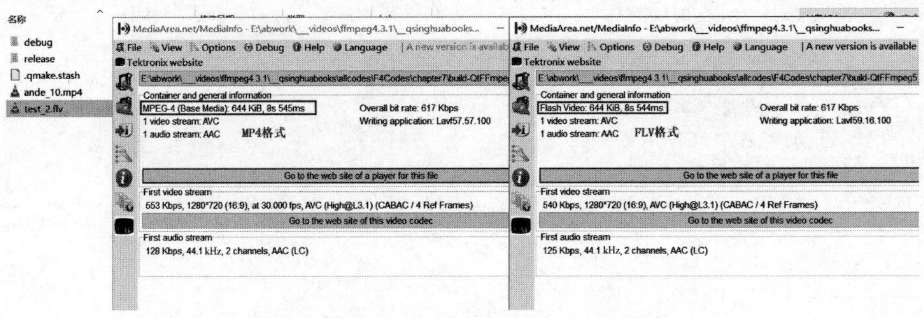

图 7-24 转封装前后的音视频流信息对比

第 8 章

CHAPTER 8

AVCodec 编解码层理论及案例实战

FFmpeg 作为音视频领域的开源工具，几乎可以实现所有针对音视频的处理，官方提供的 SDK 可以实现音视频编码、解码、封装、解封装、转码、缩放及添加水印等功能。前几章已经完成了解封装与封装的操作，解封装后获得的是 AVPacket 类型的音视频包，需要送给解码器才可以得到原始的音视频帧 AVFrame，例如视频帧 YUV 或音频帧 PCM 等。编解码过程中需要使用 avcodec_send_packet()、avcodec_receive_frame()、avcodec_send_frame()、avcodec_receive_packet()等函数，也需要处理时间基转换等。

7min

8.1 编解码原理流程及 API 解析

视频编解码的过程比较复杂，包括各种编解码及编解码算法等，比较耗费 CPU，也可以使用 GPU 实现硬件加速。例如从摄像头读取数据（YUV/MJPEG 格式），解码播放，同时编码保存为 MP4 本地文件的过程包括视频的解封装、解码、格式转换、显示、编码、封装保存等步骤。

1. 视频解码过程简介

解码实现的是将压缩域的视频数据解码为像素域的 YUV 数据。实现的过程如图 8-1 所示。

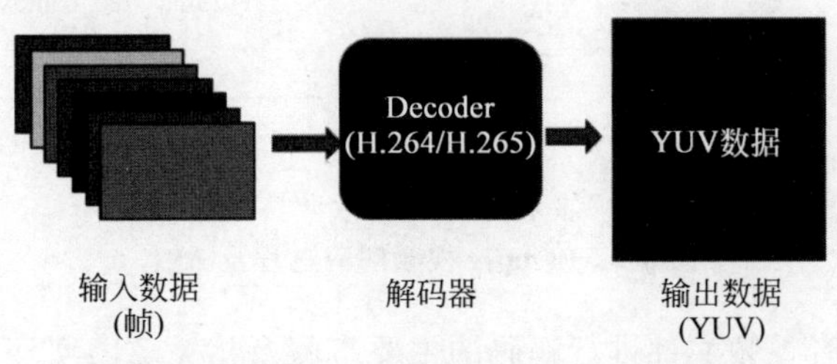

图 8-1　FFmpeg 将视频解码为 YUV 格式

从图 8-1 可以看出，大致可以分为以下 3 个步骤：

(1) 需要有待解码的压缩域的视频。

(2) 根据压缩域的压缩格式获得解码器。

(3) 解码器的输出即为像素域的 YUV 数据。

该流程的大致思路如下：

(1) 输入数据。首先分配一块内存，用于存放压缩域的视频数据；其次对内存中的数据进行预处理，使其分为一个一个的 AVPacket 结构(AVPacket 结构的简单介绍如上面的编码实现)；最后将 AVPacket 结构中的 data 数据传到解码器。

(2) 解码器。首先，利用 CODEC_ID 获取注册的解码器；其次，将预处理过的视频数据传到解码器进行解码。

(3) 输出数据。在 FFmpeg 中，解码后的数据存放在 AVFrame 中，之后将 AVFrame 中的 data 字段的数据存放到输出文件中。

2. 视频解码流程及主要 API

使用 FFmpeg 进行解码会用到一些结构体和 API，整体流程如图 8-2 所示。

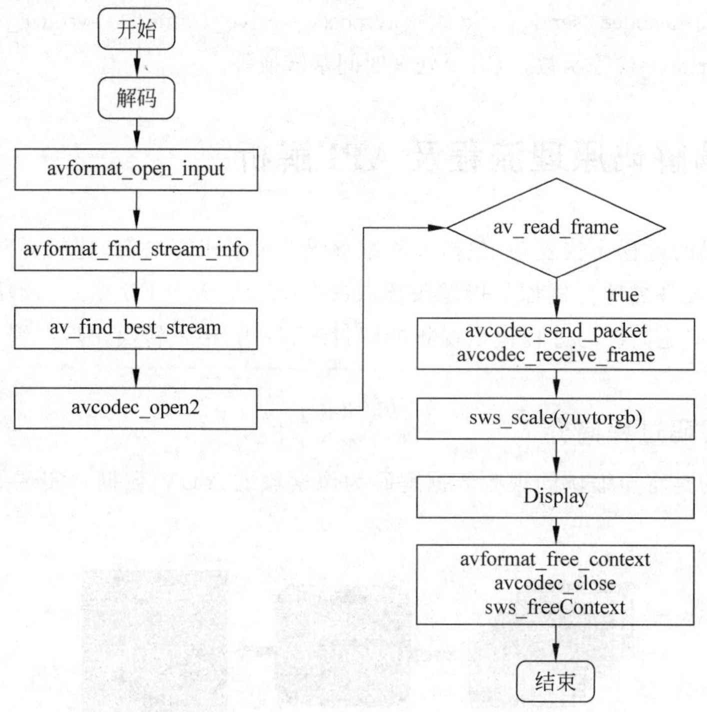

图 8-2 FFmpeg 视频解码过程及 API

使用 FFmpeg 对音视频文件进行解码的主要步骤及相关 API 如下。

(1) avformat_open_input()：打开输入文件，初始化输入视频码流的 AVFormatContext。

(2) avformat_find_stream_info()：查找音视频流的详细信息。

(3) av_find_best_stream():查找最匹配的流,例如视频流或音频流。

(4) avcodec_open2():打开解码器。

(5) av_read_frame():从输入文件中读取一个音视频包 AVPacket。

(6) avcodec_send_packet():给解码器发送压缩的音视频包。

(7) avcodec_receive_frame():从解码器中获取解压后的音视频帧(YUV 或 PCM)。

(8) sws_scale():实现颜色空间转换或图像缩放等操作,以方便渲染。

(9) avformat_close_input():关闭文件,并调用其他几个相关的 API 释放资源。

注意:FFmpeg 解码流程的前几个步骤与解封装是一样的,解码前必须先解封装。

---

3. 视频编码过程简介

视频编码过程主要是将视频帧 YUV 数据编码为压缩域的音视频包,编码格式包含了 H.264 和 H.265 等类型。实现的过程如图 8-3 所示。

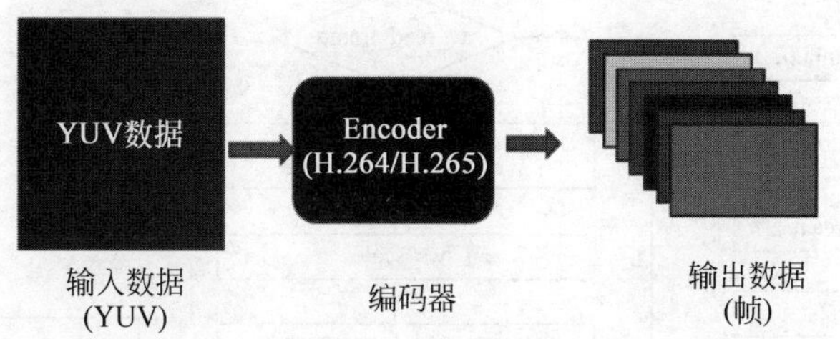

图 8-3 FFmpeg 将 YUV 压缩为 H.264 视频

可以看出视频编码的大概流程如下:

(1) 需要有未压缩的 YUV 原始数据。

(2) 根据想要编码的格式选择特定的编码器。

(3) 编码器的输出即为编码后的视频帧。

该流程的大致思路如下:

(1) 存放待压缩的 YUV 原始数据。可以利用 FFmpeg 提供的 AVFrame 结构体,并根据 YUV 数据填充 AVFrame 结构的视频宽、高、像素格式;根据视频宽、高、像素格式可以分配存放数据的内存大小,以及字节对齐情况。AVFrame 结构体的分配可使用 av_frame_alloc()函数,该函数会对 AVFrame 结构体的某些字段设置默认值,它会返回一个指向 AVFrame 的指针或 NULL 指针。AVFrame 结构体的释放只能通过 av_frame_free()函数来完成。

(2) 获取编码器。利用想要压缩的格式,例如 H.264、H.265、MPEG2 等,获取注册的编解码器,编解码器在 FFmpeg 中用 AVCodec 结构体表示,对于编解码器,肯定要对其进行配置,包括待压缩视频的宽、高、像素格式、比特率等信息,对这些信息,FFmpeg 提供了一个专门的结构体 AVCodecContext。

(3) 存放编码后压缩域的视频帧。FFmpeg 中用来存放压缩编码数据相关信息的结构体为 AVPacket。最后将 AVPacket 存储的压缩数据写入文件即可。

注意：av_frame_alloc()函数只能分配 AVFrame 结构体本身，不能分配它的 data buffers 字段指向的内容，该字段的指向要根据视频的宽、高、像素格式信息手动分配，例如可以使用 av_image_alloc()函数。

---

4. 视频编码流程及主要 API

使用 FFmpeg 进行编码会用到一些结构体和 API，整体流程如图 8-4 所示。

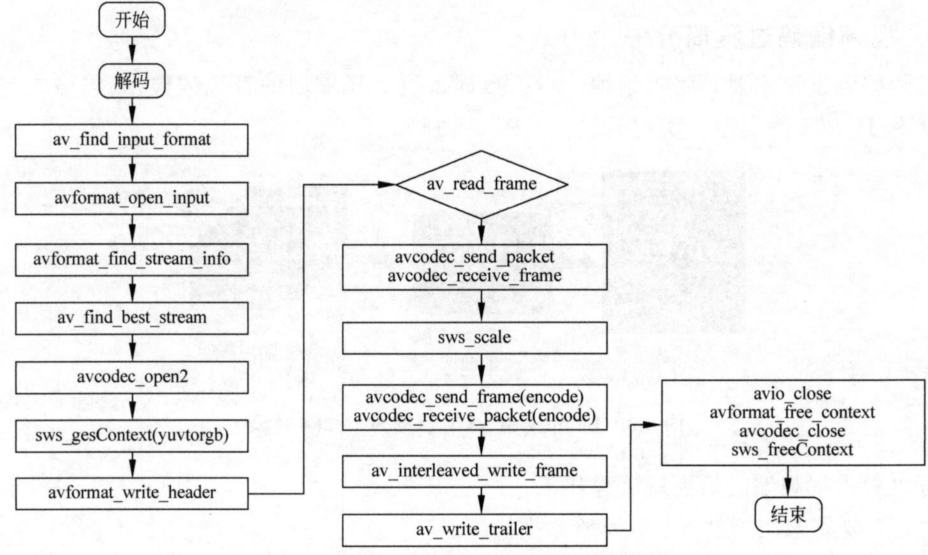

图 8-4 FFmpeg 视频编码过程及 API

使用 FFmpeg 进行编码，需要先有数据源，这里使用 FFmpeg 读取音视频源(如本地文件或摄像头数据)。先进行解封装、解码，获得原始的音视频帧(YUV 或 PCM)，然后进行编码、封装，写入文件中或进行直播推流。

由此可见，先进行解封装、解码是为了获得原始的音视频帧，然后进行编码、封装，使用 FFmpeg 进行编码、封装的主要流程及 API 如下。

(1) avcodec_open2()：根据设置的编解码参数，打开解码器。

(2) avformat_write_header()：根据封装格式写文件头信息。

(3) avcodec_send_frame()：向编码器发送原始的音视频帧(YUV 或 PCM)。

(4) avcodec_receive_packet()：从编码器中获取压缩后的音视频包(AVPacket)。

(5) av_interleaved_write_frame()：往输出文件中交织地写音视频包。

(6) av_write_trailer()：根据封装格式写文件尾信息。

(7) avcodec_close()：关闭编码器，并调用其他相关 API 释放资源。

8.2 解码流程与案例实战

使用 FFmepg 播放音视频的主要步骤包括解协议、解封装、解码、音视频同步、播放等，如图 8-5 所示，其中对应数据格式的转换流程为多媒体文件→流→包→帧。

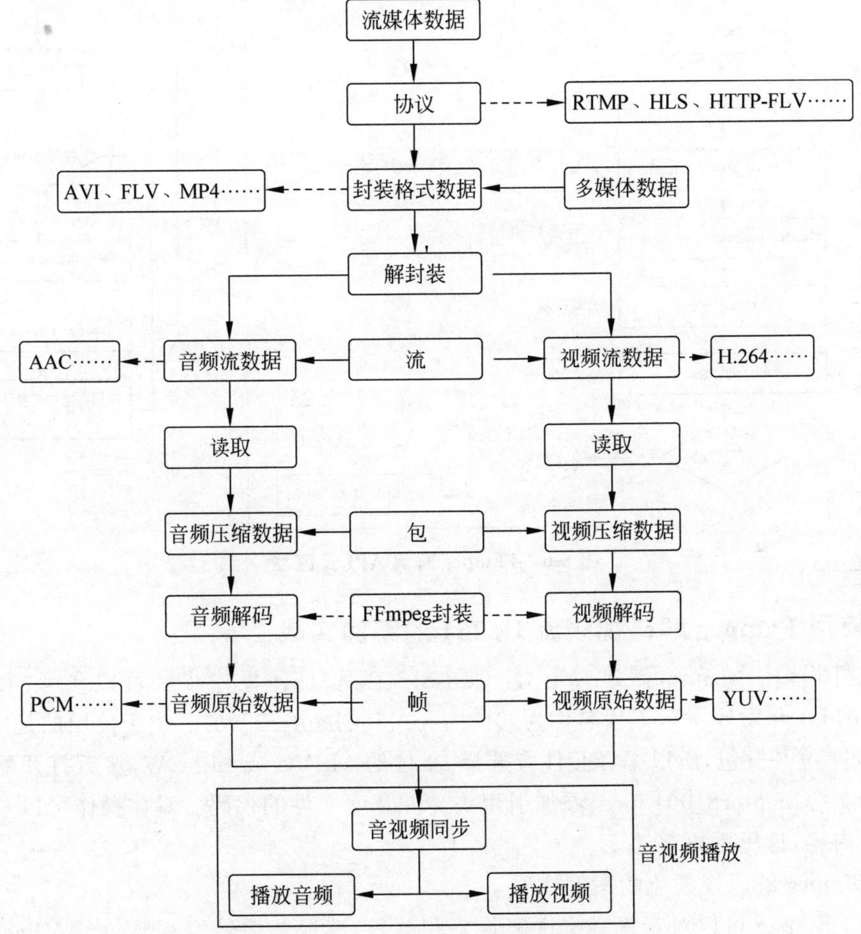

图 8-5 FFmpeg 解码音视频并播放的完整流程

1. 使用 FFmpeg 解码的 API 及流程

使用 FFmpeg 获取多媒体文件中的音视频流并解码的详细步骤及相关的 API 主要分为 4 步，第 1 步是解封装，第 2 步是循环读取数据源，第 3 步是解码，第 4 步是释放资源。解码过程中所使用的结构体主要包括 AVFormatContext、AVCodecParameters、AVCodecContext、AVCodec、AVPacket、AVFrame 等。该流程的主要步骤及 API 如图 8-6 所示。

注意：使用 FFmpeg 进行编解码需要引用头文件 libavcodec/avcodec.h。

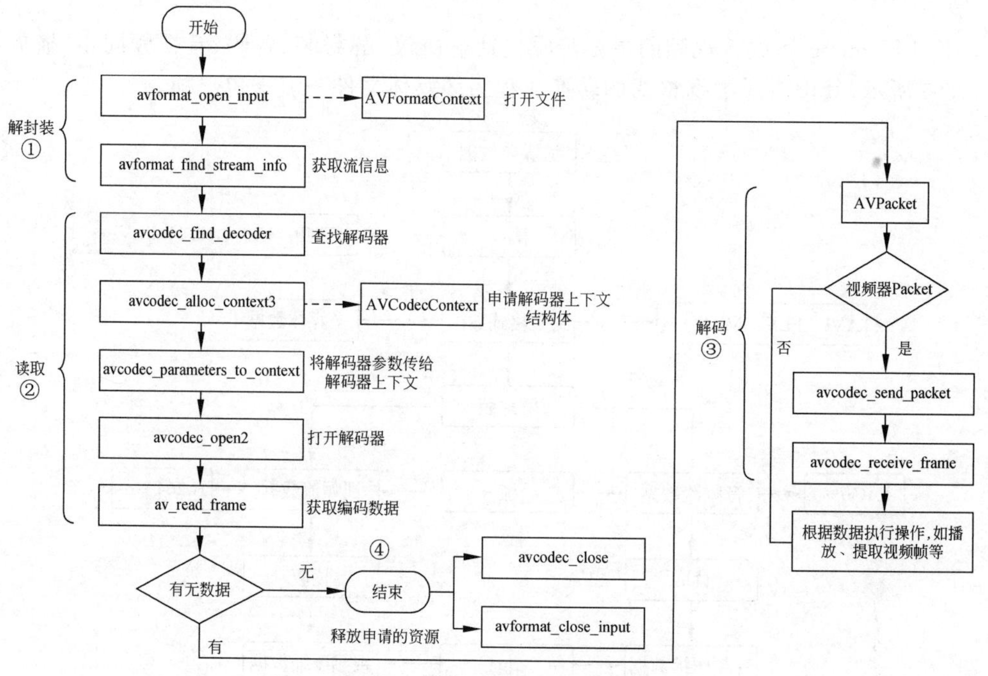

图 8-6　FFmpeg 解码 API 及流程

2. 使用 FFmpeg 解码视频流 H.264 的案例实战

首先打开 Qt Creator，创建一个 Qt Console 工程，具体操作步骤可以参考"1.4 搭建 FFmpeg 的 Qt 开发环境"，工程名称为 QtFFmpeg5_Chapter8_001。由于使用的是 FFmpeg 5.0.1 的 64 位开发包，所以编译套件应选择 64 位的 MSVC 或 MinGW，然后打开配置文件 QtFFmpeg5_Chapter8_001.pro，添加引用头文件及库文件的代码。具体操作可以参照前几章的相关内容，这里不再赘述。

1) FFmpeg 解码视频流的案例代码

使用 FFmpeg 可以对音视频文件解封装并解码，读取相关的音视频包（AVPacket），然后进行解码（视频帧会解码出 YUV 格式），代码如下（详见注释信息）：

```
//chapter8/QtFFmpeg5_Chapter8_001/decode_avframe_tofile.cpp
extern"C" {
#include "libavcodec/avcodec.h"
#include "libavformat/avformat.h"
}

int main(int argc, char *argv[])
```

```
{
    int ret = 0;
    //文件地址
    const char * filePath = "d:/_movies/__test/ande_10.mp4";

    //1.声明所需的变量
    AVFormatContext * fmtCtx = NULL;
    AVCodecContext * codecCtx = NULL;
    AVCodecParameters * avCodecPara = NULL;
    AVCodec * codec = NULL;

    //包:压缩后的
    AVPacket * pkt = NULL;
    //帧:解压后的
    AVFrame * frame = NULL;

    do {
        //2.打开输入文件
        //创建 AVFormatContext 结构体,内部存放着描述媒体文件或媒体流的基本信息
        fmtCtx = avformat_alloc_context();
        //打开本地文件
        ret = avformat_open_input(&fmtCtx, filePath, NULL, NULL);
        if (ret) {
            printf("cannot open file\n");
            break;
        }
        //3.获取多媒体文件信息
        ret = avformat_find_stream_info(fmtCtx, NULL);
        if (ret < 0) {
            printf("Cannot find stream information\n");
            break;
        }

        //4.查找视频流的索引号
        //通过循环查找多媒体文件中包含的流信息,直到找到视频类型的流,并记录该索引值
        int videoIndex = -1;
        for (int i = 0; i < fmtCtx->nb_streams; i++) {
if(fmtCtx->streams[i]->codecpar->codec_type == AVMEDIA_TYPE_VIDEO) {
                videoIndex = i;
                break;
            }
        }

        //如果 videoIndex 为 -1,则说明没有找到视频流
        if (videoIndex == -1) {
            printf("cannot find video stream\n");
```

```
            break;
        }

        //打印流信息
        av_dump_format(fmtCtx, 0, filePath, 0);

        //5.查找解码器
        avCodecPara = fmtCtx->streams[videoIndex]->codecpar;
        const AVCodec * codec = avcodec_find_decoder(avCodecPara->codec_id);
        if (codec == NULL) {
            printf("cannot open decoder\n");
            break;
        }

        //6.创建解码器上下文,并复制参数
        codecCtx = avcodec_alloc_context3(codec);
        ret = avcodec_parameters_to_context(codecCtx, avCodecPara);
        if (ret < 0) {
            printf("parameters to context fail\n");
            break;
        }

        //7.打开解码器
        ret = avcodec_open2(codecCtx, codec, NULL);
        if (ret < 0) {
            printf("cannot open decoder\n");
            break;
        }

        //8.创建 AVPacket 和 AVFrame 结构体
        pkt = av_packet_alloc();
        frame = av_frame_alloc();

        //9.循环读取视频帧(解封装)
        int idxVideo = 0;   //记录视频帧数
        while (av_read_frame(fmtCtx, pkt) >= 0) {
            //读取的是一帧视频,将数据存入 AVPacket 结构体中
            //判断是否对应视频流的帧
            if (pkt->stream_index == videoIndex) {

                //10.将音视频包数据发送到解码器
                ret = avcodec_send_packet(codecCtx, pkt);
                if (ret == 0) {
//11. 接收解码器中出来的音视频帧(AVFrame)
//接收的帧不一定只有一个,可能为 0 个或多个
//例如 H.264 中存在 B 帧,会参考前帧和后帧数据得出图像数据
```

```
//即读到 B 帧时不会产出对应数据,直到后一个有效帧读取时才会有数据,此时就有 2 帧
                    while (avcodec_receive_frame(codecCtx, frame) == 0) {
                        //此处就可以获取视频帧中的图像数据 -> frame.data
                        //可以通过 openCV、openGL、SDL 方式进行显示
                        //也可以保存到文件中
                        idxVideo++;
                        printf("decode a frame: %d\n", idxVideo);
                    }
                }
            }
            av_packet_unref(pkt);  //重置 pkt 的内容
        }

        //12. 冲刷解码器的缓冲,切记,该步骤非常重要.否则容易丢失最后的几帧
        //此时缓存区中还存在数据,需要发送空包刷新
        ret = avcodec_send_packet(codecCtx, NULL);
        if (ret == 0) {
            while (avcodec_receive_frame(codecCtx, frame) == 0) {
                idxVideo++;
                printf("flush(null).decode a frame: %d\n", idxVideo);
            }
        }
        printf("There are %d frames int total.\n", idxVideo);
    } while (0);

    //13.释放所有相关资源
    avcodec_close(codecCtx);
    avformat_close_input(&fmtCtx);
    av_packet_free(&pkt);
    av_frame_free(&frame);

    return 0;
}
```

在项目中新增一个文件 decode_avframe_tofile.cpp,将上述代码复制进去,编译并运行,如图 8-7 所示。使用 FFmpeg 对音视频文件进行解码,遵循固定的模式和流程,具体如下:

(1) 声明所需的变量,主要包括 AVFormatContext、AVCodecContext、AVCodecParameters、AVCodec、AVPacket 和 AVFrame 等。

(2) 打开输入文件,需要调用 avformat_open_input()函数。

(3) 获取多媒体文件信息,需要调用 avformat_find_stream_info()函数。

(4) 查找音视频流的索引号,可以遍历 AVFormatContext 的 streams 数组,或者直接调用 av_find_best_stream()函数。

(5) 查找解码器,需要调用 avcodec_find_decoder()函数。

(6) 创建解码器上下文,并复制参数,需要调用 avcodec_parameters_to_context()函数。

(7) 打开解码器,需要调用 avcodec_open2()函数。

(8) 创建 AVPacket 和 AVFrame 结构体,需要调用 av_packet_alloc()和 av_frame_alloc()函数。

(9) 循环读取视频帧,需要调用 av_read_frame()函数。

(10) 将音视频包数据发送到解码器,需要调用 avcodec_send_packet()函数。

(11) 接收解码器中出来的音视频帧(AVFrame),需要调用 avcodec_receive_frame()函数。接收的帧不一定只有一个,可能为 0 个或多个,需要用 while 循环来读取。

(12) 冲刷解码器的缓冲,此时缓存区中还存在数据,需要发送空包刷新。该步骤非常重要,如果不执行,则容易丢失最后的几帧。

(13) 释放所有相关资源,需要调用 avcodec_close()、avformat_close_input()、av_packet_free()、av_frame_free()等函数。

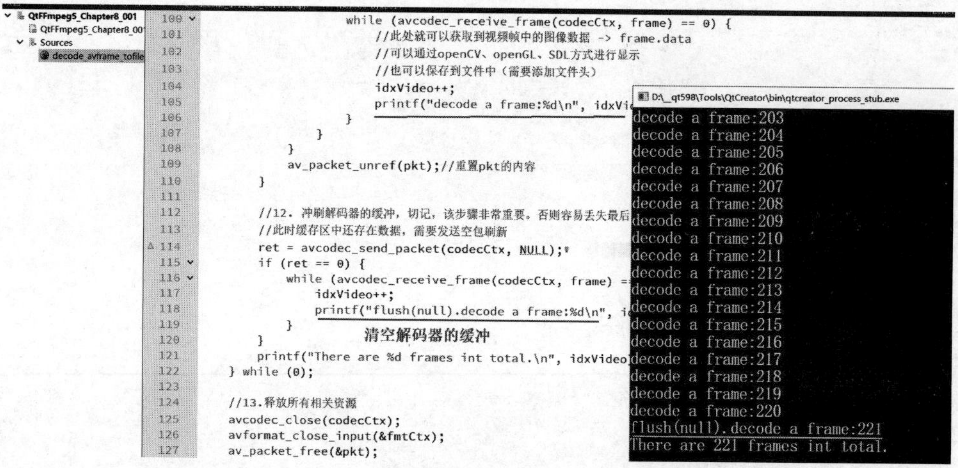

```
                while (avcodec_receive_frame(codecCtx, frame) == 0) {
                    //此处就可以获取到视频帧中的图像数据 -> frame.data
                    //可以通过openCV、openGL、SDL方式进行显示
                    //也可以保存到文件中(需要添加文件头)
                    idxVideo++;
                    printf("decode a frame:%d\n", idxVi
                }
            }
        }
        av_packet_unref(pkt);//重置pkt的内容
    }

    //12. 冲刷解码器的缓冲,切记,该步骤非常重要。否则容易丢失最后
    //此时缓存区中还存在数据,需要发送空包刷新
    ret = avcodec_send_packet(codecCtx, NULL);
    if (ret == 0) {
        while (avcodec_receive_frame(codecCtx, frame) =
            idxVideo++;
            printf("flush(null).decode a frame:%d\n", i
        }
    }
    printf("There are %d frames int total.\n", idxVideo
} while (0);

//13.释放所有相关资源
avcodec_close(codecCtx);
avformat_close_input(&fmtCtx);
av_packet_free(&pkt);
```

清空解码器的缓冲

```
decode a frame:203
decode a frame:204
decode a frame:205
decode a frame:206
decode a frame:207
decode a frame:208
decode a frame:209
decode a frame:210
decode a frame:211
decode a frame:212
decode a frame:213
decode a frame:214
decode a frame:215
decode a frame:216
decode a frame:217
decode a frame:218
decode a frame:219
decode a frame:220
flush(null).decode a frame:221
There are 221 frames int total.
```

图 8-7 FFmpeg 解码视频的 Qt 工程

2) FFmpeg 解码相关的结构体

使用 FFmpeg 解码所涉及的结构体包括 AVFormatContext、AVCodecParameters、AVCodecContext、AVCodec、AVPacket 和 AVFrame 等。

(1) AVCodecParameters 和 AVCodecContext 结构体用于存储编解码相关的参数,在较新的 FFmpeg 版本中使用 AVStream.codecpar(struct AVCodecParameter)结构体代替了 AVStream.codec(struct AVCodecContext)结构体。AVCodecParameter 是从 AVCodecContext 中分离出来的,AVCodecParameter 中没有函数,里面存放着解码器所需的各种参数,但 AVCodecContext 结构体仍然是编解码时不可或缺的结构体,其中 avcodec_parameters_to_context()函数用于将 AVCodecParameter 的参数传给 AVCodecContext。这两个结构体的

主要字段的代码如下：

```
//chapter8/8.2.help.txt
//其中截取部分较为重要的数据
typedef struct AVCodecParameters {
    enum AVMediaType codec_type;        //编解码器的类型(视频、音频等)
    enum AVCodecID codec_id;            //标示特定的编码器
    int bit_rate;                       //平均比特率

    int sample_rate;                    //采样率(音频)
    int channels;                       //声道数(音频)
    uint64_t channel_layout;            //声道格式

    int width, height;                  //宽和高(视频)
    int format;                         //像素格式(视频)/采样格式(音频)
    ...
} AVCodecParameters;

typedef struct AVCodecContext {
    //在 AVCodecParameters 中的属性 AVCodecContext 都有
    struct AVCodec * codec;             //采用的解码器 AVCodec(H.264、MPEG2 等)

    enum AVSampleFormat sample_fmt;     //采样格式(音频)
    enum AVPixelFormat pix_fmt;         //像素格式(视频)
    ...
}AVCodecContext;
```

(2) AVCodec 解码器结构体对应一个具体的编码器或解码器，其中的主要字段的代码如下：

```
//chapter8/8.2.help.txt
//其中截取部分较为重要的数据
typedef struct AVCodec {
    const char * name;        //编解码器短名字(形如"h264")
    const char * long_name;   //编解码器全称(形如"H.264 / AVC / MPEG-4 AVC / MPEG-4 part 10")
    enum AVMediaType type;    //媒体类型:视频、音频或字母
    enum AVCodecID id;        //标示特定的编码器

    const AVRational * supported_framerates;       //支持的帧率(仅视频)
    const enum AVPixelFormat * pix_fmts;           //支持的像素格式(仅视频)

    const int * supported_samplerates;             //支持的采样率(仅音频)
    const enum AVSampleFormat * sample_fmts;       //支持的采样格式(仅音频)
    const uint64_t * channel_layouts;              //支持的声道布局(仅音频)
    ...
}AVCodec ;
```

(3) AVPacket 结构体用于存储解码前的音视频数据,即包,主要字段的代码如下:

```
//chapter8/8.2.help.txt
//其中截取部分较为重要的数据
typedef struct AVPacket {
    AVBufferRef * buf;    //管理 data 指向的数据
    uint8_t * data;       //压缩编码的数据
    int size;             //data 的大小
    int64_t pts;          //显示时间戳
    int64_t dts;          //解码时间戳
    int stream_index;     //标识该 AVPacket 所属的视频/音频流
    ...
}AVPacket ;
```

AVPacket 本身并不包含压缩的数据,通过 data 指针引用数据的缓存空间可以使多个 AVPacket 共享同一个数据缓存(AVBufferRef、AVBuffer),相关的几个 API 函数的代码如下:

```
//chapter8/8.2.help.txt
av_read_frame(pFormatCtx, packet);  //读取 Packet
av_packet_ref(dst_pkt,packet); //dst_pkt 和 packet 共享同一个数据缓存空间,引用计数 + 1
av_packet_unref(dst_pkt); //释放 pkt_pkt 引用的数据缓存空间,引用计数 - 1
```

(4) AVFrame 结构体用于存储解码后数据的结构体,即帧,主要字段的代码如下:

```
//chapter8/8.2.help.txt
//其中截取部分较为重要的数据
typedef struct AVFrame {
    //解码后的原始数据(对视频来讲是 YUV 或 RGB,对音频来讲是 PCM)
    uint8_t * data[AV_NUM_DATA_POINTERS];
    //data 中"一行"数据的大小.注意:未必等于图像的宽,一般大于图像的宽
    int linesize[AV_NUM_DATA_POINTERS];
    int width, height;  //视频帧的宽和高(1920x1080、1280x720 等)
    int format;         //解码后的原始数据类型(YUV420、YUV422、RGB24 等)
    int key_frame;      //是否是关键帧
    enum AVPictureType pict_type;       //帧类型(I、B、P 等)
    AVRational sample_aspect_ratio;     //图像宽高比(16:9、4:3 等)
    int64_t pts;                        //显示时间戳
    int coded_picture_number;           //编码帧序号
    int display_picture_number;         //显示帧序号

    int nb_samples;                     //音频采样数
    ...
}AVFrame ;
```

3）FFmpeg 与解码相关的 API

（1）avcodec_find_decoder()函数可根据解码器 ID 查找到对应的解码器，代码如下：

```
AVCodec * avcodec_find_decoder(enum AVCodecID id);           //通过 id 查找解码器
AVCodec * avcodec_find_decoder_by_name(const char * name); //通过解码器名字查找
```

与解码器对应的是编码器，也有相应的查找函数，代码如下：

```
AVCodec * avcodec_find_encoder(enum AVCodecID id);           //通过 id 查找编码器
AVCodec * avcodec_find_encoder_by_name(const char * name); //通过编码器名字查找
```

参数 enum AVCodecID id 代表解码器 ID，可以从 AVCodecParameters 中获取；如果成功就返回一个 AVCodec 指针，如果没有找到就返回 NULL。

（2）avcodec_alloc_context3()函数会生成一个 AVCodecContext 并根据解码器给属性设置默认值，代码如下：

```
AVCodecContext * avcodec_alloc_context3(const AVCodec * codec);
```

参数 const AVCodec * codec 代表解码器指针，会根据解码器分配私有数据并初始化默认值。如果成功就返回一个 AVCodec 指针，如果创建失败就返回 NULL。

（3）avcodec_parameters_to_context()函数将 AVCodecParameters 中的属性赋值给 AVCodecContext，代码如下：

```
//chapter8/8.2.help.txt
int avcodec_parameters_to_context(AVCodecContext * codec,
                                  const AVCodecParameters * par){
    //将 par 中的属性赋值给 codec
    codec->codec_type = par->codec_type;
    codec->codec_id   = par->codec_id;
    codec->codec_tag  = par->codec_tag;
    ...
}
```

参数 AVCodecContext * codec 代表需要被赋值的 AVCodecContext；参数 const AVCodecParameters * par 代表提供属性值的 AVCodecParameters。当返回数值大于或等于 0 时代表成功，当失败时会返回一个负值。

（4）avcodec_open2()函数用于打开音频解码器或者视频解码器，代码如下：

```
int avcodec_open2(AVCodecContext * avctx, const AVCodec * codec, AVDictionary ** options);
```

参数 AVCodecContext * avctx 代表已经初始化完毕的 AVCodecContext；参数 const AVCodec * codec 用于打开 AVCodecContext 中的解码器，之后 AVCodecContext 会使用

该解码器进行解码；参数 AVDictionary ** options 用于指定各种参数，基本填 NULL 即可。返回 0 表示成功，若失败则会返回一个负数。

(5) av_read_frame()函数用于获取音视频(编码)数据，即从流中获取一个 AVPacket 数据。将文件中存储的内容分割成包，并为每个调用返回一个包，代码如下：

```
int av_read_frame(AVFormatContext * s, AVPacket * pkt);
```

参数 AVFormatContext * s 代表 AVFormatContext 结构体；参数 AVPacket * pkt 通过 data 指针引用数据的缓存空间，本身不存储数据。返回 0 表示成功，失败或读到了文件结尾则会返回一个负数。函数为什么是 av_read_frame 而不是 av_read_packet，这是因为早期 FFmpeg 设计时没有包的概念，而是编码前的帧和编码后的帧，不容易区分。之后才产生包的概念，但出于编程习惯或向前兼容的原因，方法名就这样延续了下来。

(6) avcodec_send_packet()函数用于向解码器发送一个包，让解码器进行解析，代码如下：

```
int avcodec_send_packet(AVCodecContext * avctx, const AVPacket * avpkt);
```

参数 AVCodecContext * avctx 代表 AVCodecContext 结构体，必须使用 avcodec_open2 打开解码器；参数 const AVPacket * avpkt 是用于解析的数据包。返回 0 表示成功，如果失败，则返回负数的错误码，异常值说明如下。

- AVERROR(EAGAIN)：当前不接受输出，必须重新发送。
- AVERROR_EOF：解码器已经刷新，并且没有新的包可以发送。
- AVERROR(EINVAL)：解码器没有打开，或者这是一个编码器。
- AVERRO(ENOMEN)：无法将包添加到内部队列。

(7) avcodec_receive_frame()函数用于获取解码后的音视频数据(音视频原始数据，如 YUV 和 PCM)，代码如下：

```
int avcodec_receive_frame(AVCodecContext * avctx, AVFrame * frame);
```

参数 AVCodecContext * avctx 代表 AVCodecContext 结构体；参数 AVFrame * frame 用于接收解码后的音视频数据的帧。返回 0 表示成功，其余情况表示失败，异常值说明如下。

- AVERROR(EAGAIN)：此状态下输出不可用，需要发送新的输入才能解析。
- AVERROR_EOF：解码器已经刷新，并且没有新的包可以发送。
- AVERROR(EINVAL)：解码器没有打开，或者这是一个编码器。

调用 avcodec_receive_frame 方法时不需要通过 av_packet_unref 解引用，因为在该方法内部已经调用过 av_packet_unref 方法解引用。严格来讲，除 AVERROR(EAGAIN)和 AVERROR_EOF 两种错误情况之外的报错，应该直接退出程序。

3. 将解码出来的 YUV 直接存储到文件中

至此已经将视频解码成功，然后可以将解码后的 YUV 帧数据直接存储到文件中。笔者测试的是 H.264 编码的视频流，FFmpeg 解码出来后是 YUV420P 格式的帧数据，所以存储到本地文件的主要代码如下：

```
//chapter8/8.2.help.txt
FILE * fp_yuv = fopen("testyuv.yuv", "wb+");
...
while (av_read_frame(fmtCtx, pkt) >= 0) {
    while (avcodec_receive_frame(codecCtx, frame) == 0) {
        //可以保存到文件中,FFmpeg 解码 H.264 码流后的格式为 YUV420P
        idxVideo++;
        printf("decode a frame: %d\n", idxVideo);
        int linesize2 = codecCtx->width * codecCtx->height;
        fwrite(frame->data[0], 1, linesize2 , fp_yuv);
        fwrite(frame->data[1], 1, linesize2  / 4, fp_yuv);
        fwrite(frame->data[2], 1, linesize2  / 4, fp_yuv);
    }


}
...
fclose(fp_yuv);
```

将上述代码添加到 decode_avframe_tofile.cpp 文件中，编译并运行，会生成一个 testyuv.yuv 文件，使用 YUVPlayer 播放器打开此文件，选择正确的宽和高，像素格式为 YUV420P，运行效果如图 8-8 所示。

注意：使用 YUVPlayer 播放 YUV 文件，必须选择正确的视频宽、高和颜色空间格式。

---

4. YUV420p 及 YUV420sp

在 YUV420 中，一像素对应一个 Y，一个 2×2 的小方块对应一个 U 和 V。对于所有 YUV420 图像，它们的 Y 值排列是完全相同的，只有 Y 的图像就是灰度图像。

YUV420sp 与 YUV420p 的数据格式的区别在于 UV 排列上的完全不同。YUV420p 是先把 U 存放完后，再存放 V，分为 3 个平面，Y、U、V 各占一个平面，而 YUV420sp 是 UV、UV 这样交替存放的，分为两个平面，Y 占一个平面，UV 交织在一起占一个平面。根据此理论，就可以准确地计算出一个 YUV420 在内存中存放的大小，其中 Y=width×height(Y 亮度点总数)，$U=Y\div4$(U 色度点总数)，$V=Y\div4$(V 色度点总数)，所以 YUV420 数据在内存中的大小是 width×height×3÷2 字节，例如一个分辨率为 8×4 的 YUV 图像，它的格式如图 8-9 所示。

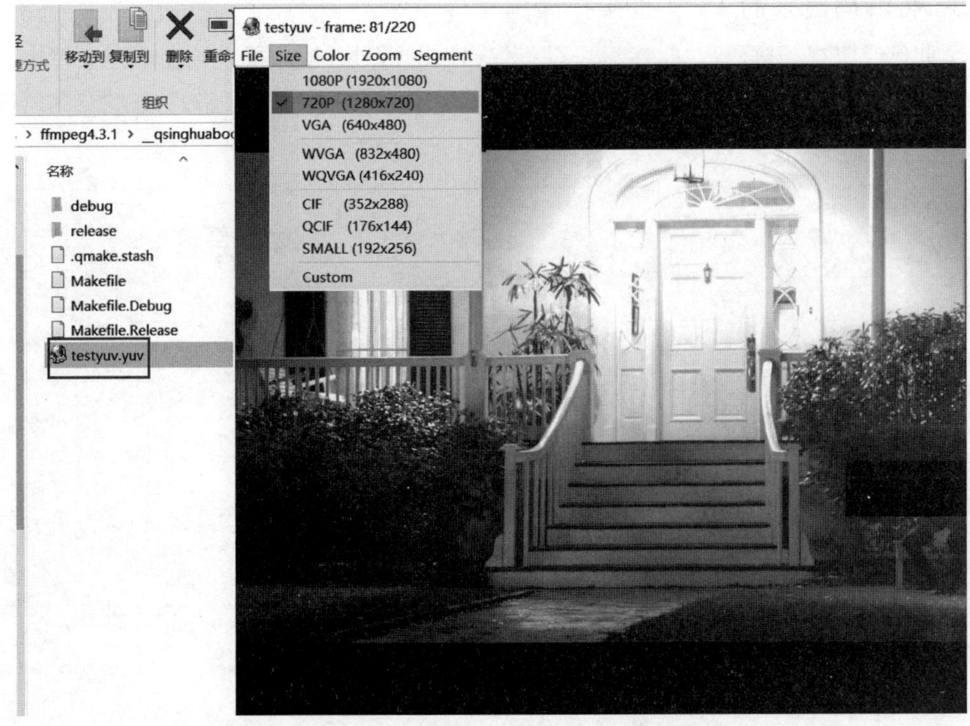

图 8-8 FFmpeg 解码视频并存储为 YUV 文件，然后播放

Y1	Y2	Y3	Y4	Y5	Y6	Y7	Y8
Y9	Y10	Y11	Y12	Y13	Y14	Y15	Y16
Y17	Y18	Y19	Y20	Y21	Y22	Y23	Y24
Y25	Y26	Y27	Y28	Y29	Y30	Y31	Y32
U1	V1	U2	V2	U3	V3	U4	V4
U5	V5	U6	V6	U7	V7	U8	V8

YUV420sp格式

Y1	Y2	Y3	Y4	Y5	Y6	Y7	Y8
Y9	Y10	Y11	Y12	Y13	Y14	Y15	Y16
Y17	Y18	Y19	Y20	Y21	Y22	Y23	Y24
Y25	Y26	Y27	Y28	Y29	Y30	Y31	Y32
U1	U2	U3	U4	U5	U6	U7	U8
V1	V2	V3	V4	V5	V6	V7	V8

YUV420p数据格式

图 8-9 YUV420p 与 YUV420sp 在内存中的分布情况

以格式为 YUV420p、宽为 720、高为 480 的图像为例，总大小为 720×480×3÷2 字节，分为 3 部分：

(1) *Y* 分量：720×480 字节。

(2) *U*(Cb)分量：720×480÷4 字节。

(3) *V*(Cr)分量：720×480÷4 字节。

这 3 部分内部均是行优先存储，三部分之间按 *Y*、*U*、*V* 顺序存储，如下所示。

(1) 0～720×480 字节是 *Y* 分量值。

(2) 720×480～720×480×5÷4 字节是 *U* 分量。

(3) 720×480×5÷4～720×480×3÷2 字节是 *V* 分量。

注意：关于 YUV 和 PCM 的详细讲解可参考笔者在清华大学出版社出版的另一本书《FFmpeg 入门详解——命令行与音视频特效原理及应用》。

5. 使用 FFmpeg 解码音频流 AAC 并存储到文件的案例实战

使用 FFmpeg 可以对音视频文件解封装并解码，读取相关的音视频包（AVPacket），然后进行解码（音频帧会解码出 PCM 格式），代码与解码视频几乎完全相同，这里不再赘述，音频部分的相关代码如下（详见注释信息）：

```
//chapter8/QtFFmpeg5_Chapter8_001/decode_pcm_tofile.cpp
...
FILE * fp_pcm = fopen("testpcm.pcm", "wb + ");
while (av_read_frame(fmtCtx, pkt) >= 0) {
    //读取的是一帧音频，将数据存入 AVPacket 结构体中
    //判断是否对应音频流的帧
    if (pkt -> stream_index == audioIndex) {

        //10.将音视频包数据发送到解码器
        ret = avcodec_send_packet(codecCtx, pkt);
        if (ret == 0) {
            //11. 接收解码器中出来的音视频帧(AVFrame)
            //接收的帧不一定只有一个，可能为 0 个或多个
            while (avcodec_receive_frame(codecCtx, frame) == 0) {
                //此处就可以获取音频帧中的 pcm 数据 -> frame.data
                //可以保存到文件中
                idxVideo++;
                printf("decode a frame: %d\n", idxVideo);
                //int linesize2 = codecCtx -> width * codecCtx -> height;

                //只针对音频 pcm 的打包格式，packed
                //如果是平面模式(planar)，则只输出第 0 个声道(左声道)
                //计算：每个采样点的字节数 * 采样点的总数
                size_t unpadded_linesize = frame -> nb_samples *
    av_get_Bytes_per_sample((enum AVSampleFormat)frame -> format);

/* Write the raw audio data samples of the first plane. This works fine for packed formats (e.g.
AV_SAMPLE_FMT_S16). However, most audio decoders output planar audio, which uses a separate
plane of audio samples for each channel (e.g. AV_SAMPLE_FMT_S16P). In other words, this code
will write only the first audio channel in these cases.
    写入第 1 个平面的原始音频数据样本.这适用于压缩格式(例如 AV_SAMPLE_FMT_S16).
    然而，大多数音频解码器输出平面音频，即这为每个通道使用单独的音频采样平面(例如 AV_
SAMPLE_FMT_S16P).换句话说，在这些情况下，此代码将只写入第 1 个音频通道
You should use libswresample or libavfilter to convert the frame to packed data. 应该使用
libswresample 或 libavfilter 将帧转换为压缩数据
```

```
*/
        fwrite(frame->extended_data[0], 1, unpadded_linesize, fp_pcm);

        //ffplay -f f32le -ac 1 -ar 44100 -i testpcm.pcm:命令行播放

/*
P表示Planar(平面),其数据格式的排列方式为 (特别记住,该处是以nb_samples采样点来交错的,
而不是以字节交错)
        LLLLLLRRRRRRLLLLLLRRRRRRLLLLLLRRRRRRL...(每个LLLLLLRRRRRR为一个音频帧)
不带P的数据格式(交错排列)的排列方式为
        LRLRLRLRLRLRLRLRLRLRLRLRLRLRLRLRLRLRLRL...(每个LR为一个音频样本)
*/

                }
            }
            av_packet_unref(pkt);   //重置pkt的内容
        }
}
fclose(fp_pcm);
...
```

在项目中新增一个文件decode_pcm_tofile.cpp,将decode_avframe_tofile.cpp文件中的内容复制进去,然后将上述代码移植到decode_pcm_tofile.cpp文件中,并删除与解码视频相关的代码。编译并运行,会生成testpcm.pcm文件,如图8-10所示。

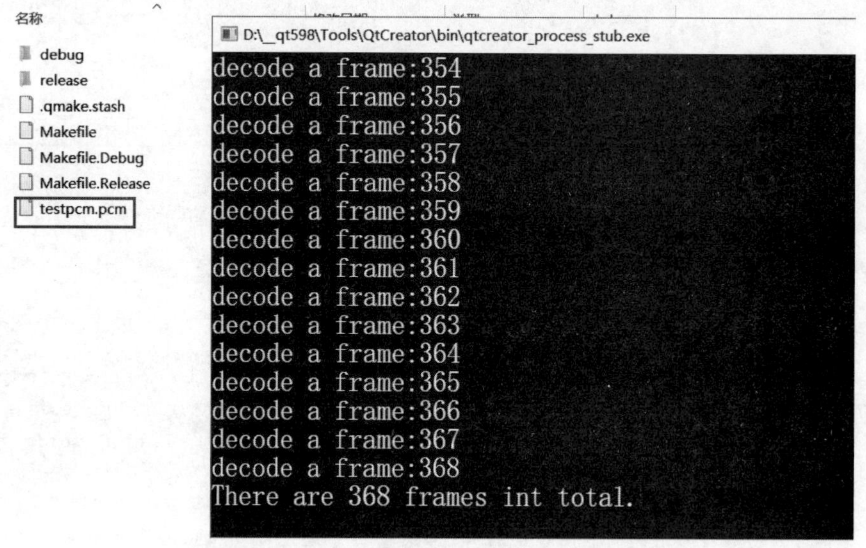

图8-10 FFmpeg解码音频并存储为PCM文件

使用ffplay可以播放PCM文件,但是需要提供相关的参数,命令如下:

```
ffplay -f f32le -ac 1 -ar 44100 testpcm.pcm
```

运行该命令，播放效果如图 8-11 所示。该命令行中的-f 参数为 f32le，因为 FFmpeg 解码 AAC 音频帧后的采样格式为 fltp；-ac 参数代表声道数，这里是 1，因为写文件时只写了第 1 个通道的数据（frame-> extended_data[0]）；-ar 参数代表采样率，该音频的采样率为 44100。可以使用命令行查询 FFmpeg 支持的编解码器的参数信息，命令如下：

```
ffmpeg -h decoder=aac
```

该命令的输出信息如下：

```
//chapter8/8.2.help.txt
Decoder aac [AAC (Advanced Audio Coding)]:
    General capabilities: dr1 chconf
    Threading capabilities: none
    Supported sample formats: fltp//注意 AAC 的解码后采样格式为 fltp
    Supported channel layouts: mono stereo 3.0 4.0 5.0 5.1 7.1(wide)
AAC decoder AVOptions:
  -dual_mono_mode    <int>         .D..A.... Select the channel to decode for dual mon
o (from -1 to 2) (default auto)
     auto            -1            .D..A.... autoselection
     main            1             .D..A.... Select Main/Left channel
     sub             2             .D..A.... Select Sub/Right channel
     both            0             .D..A.... Select both channels
```

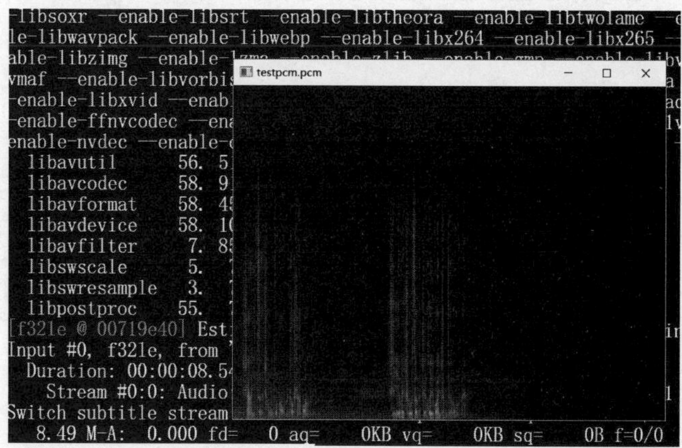

图 8-11 FFplay 播放 PCM 文件

6. PCM 简介

PCM（Pulse-Code Modulation，脉冲编码调制）是音频原始数据，是采样器（如话筒）电信号转化的数字信号，这就是常说的采样到量化的过程，所以其实 PCM 不仅可以用在音频录制方面，还可以用在其他电信号转数字信号的所有场景。由这样一段原始数据组成的音频文件叫 PCM 文件，通常以.pcm 结尾。一个 PCM 文件的大小取决于以下几个元素：

(1) 采样率：是指每秒电信号采集数据的频率，常见的音频采样率有 8000Hz、16000Hz、44100Hz、48000Hz、96000Hz 等。

(2) 采样位深：表示每个电信号用多少位来存储，例如 8 位的采样位深能够划分的等级位为 256 份，人耳的可识别音频率为 20～20000Hz，那么每个位的误差就达到了 80Hz，这便使音频的还原度大幅降低，但是它的大小也相应地减小了，更有利于音频传输。早期的电话就使用了比较低的采样率来达到更稳定的通话质量。对于采样位深其实远没有 8 位、16 位、32 位这么简单，对于计算机来讲 16 位既可以用 short 表示，也可以用 16 位 int 表示；32 位既可以用 32 位 int 表示，也可以用 32 位 float 表示；除此之外还有有符号和无符号之分，所以在编解码时需要注意这些具体的格式。

(3) 采样通道：常见的有单通道和双通道，双通道能区分左右耳的声音，单通道两只耳朵听到的都是一样的声音。通常追求立体感时会使用双通道，所以双通道采集的声音也叫立体声。除此之外，还有要求更高的 2.1、5.1、6.1、7.1 等通道类型，这些规格对录制音频筒有一定要求。

(4) 数据存储方式：表明数据是以交叉方式存储还是以分通道的方式存储，交叉排列只针对多通道的音频文件，单通道的音频文件不存在交叉排列。采样通道和数据存储方式决定了数据具体如何存储。如果是单声道的文件，则采样数据按时间的先后顺序依次存入。如果是双声道，则通常按照 LRLRLR 的方式存储，存储时还和机器的大小端有关。例如 PCM 的存储方式为小端模式，存储 Data 数据的排列如图 8-12 所示。

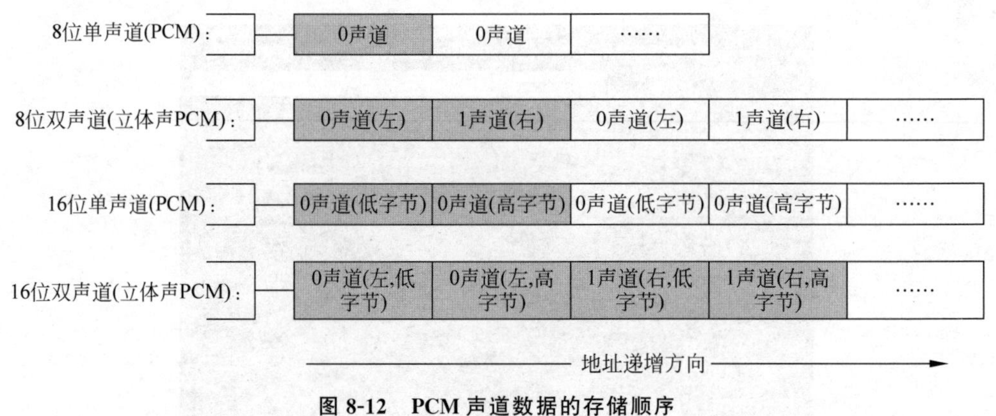

图 8-12 PCM 声道数据的存储顺序

8.3 编程流程与案例实战

使用 FFmpeg 可以将 YUV 视频帧编码为 H.264/H.265 等格式视频流，然后还可以封装为 MP4、FLV 等格式。编码流程与解码流程类似，将解码器替换为编码器，在细节上稍有差异，整体流程如图 8-13 所示。

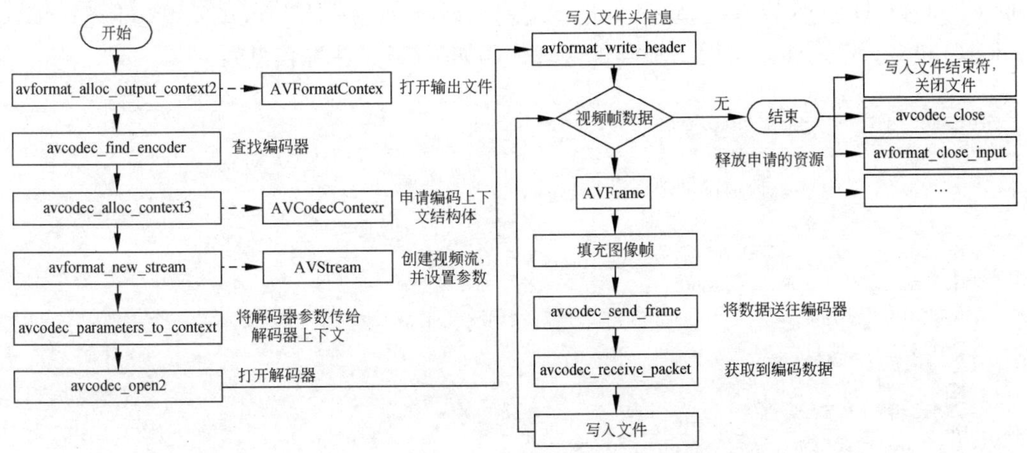

图 8-13 FFmpeg 的编码流程及 API

1. 使用 FFmpeg 将 YUV 编码为 H.264 的案例实战

使用 FFmpeg 可以实现 H.264 编码，编译 FFmpeg 时需要集成第三方的开源编码器 libx264，然后可以生成 AnnexB 结构的 H.264 码流，直接可以播放。可以使用 FFmpeg 从一个 MP4 视频文件中提取视频流，并解码为 YUV420p 格式，命令如下：

```
ffmpeg -i test_1280x720.mp4 -t 5 -r 25 -pix_fmt yuv420p yuv420p_1280x720.yuv
```

该命令行提取了 5s 的视频，解码为 YUV420p 格式，直接存储到本地文件中。使用 FFmpeg 将 YUV 编码为 H.264 的步骤如下：

(1) 查找编码器 H.264，并准备编码器的上下文参数。
(2) 打开编码器，并初始化编码器上下文参数。
(3) 根据像素格式计算一帧图像的字节数。
(4) 分配 AVFrame 的内存空间，并初始化。
(5) 分配 AVPacket 的内存空间，并初始化。
(6) 打开输入文件和输出文件。
(7) 循环读取 YUV 帧，并填充 AVFrame。
(8) 将 AVFrame 送入编码器。
(9) 从编码器获取 AVPacket。
(10) 将编码出来的 H.264 数据包(带起始码)直接写入文件中。
(11) 清空编码器的缓冲区，读取剩余的帧。
(12) 关闭文件，释放资源。

该过程使用了 AVCodec、AVCodecContext、AVFrame 和 AVPacket 等结构体，使用的 API 函数包括 avcodec_find_encoder()、avcodec_alloc_context3()、avcodec_open2()、av_image_get_buffer_size()、av_image_fill_arrays()、avcodec_send_frame()、avcodec_receive_packet()和 avcodec_close()等。完整的实现代码如下(详见注释信息)：

```
//chapter8/QtFFmpeg5_Chapter8_001/yuvtoh264.cpp
/**
 *  视频编码,从本地读取 YUV 数据进行 H.264 编码
 */
#define __STDC_CONSTANT_MACROS
#define __STDC_FORMAT_MACROS
//解决 C++调用 PRId64 的问题,原来这个是定义给 C 用的,C++要用它,就要定义一个__STDC_FORMAT_
MACROS 宏显式地打开它

#include <stdio.h>
#include <stdlib.h>
#include <string.h>
extern "C"{
    #include <libavformat/avformat.h>
    #include <libavcodec/avcodec.h>
    #include <libavutil/time.h>
    #include <libavutil/opt.h>
    #include <libavutil/imgutils.h>
}
//注意:该宏的定义要放到 libavformat/avformat.h 文件下边
static char av_error[10240] = { 0 };
#define av_err2str(errnum) av_make_error_string(av_error, AV_ERROR_MAX_STRING_SIZE,
errnum)

int main(){
    //ffmpeg -i test_1280x720.flv -t 5 -r 25 -pix_fmt yuv420p yuv420p_1280x720.yuv
    const char *out_h264_file = "yuv420p_1280x720.h264"; //通过上述命令行获取 YUV 测试
//文件

    int fps = 25; //编码帧率
    int width = 1280; //分辨率
    int height = 720;

    //1. 查找编码器 H.264,并准备编码器的上下文参数
    AVCodec * codec = (AVCodec * )avcodec_find_encoder(AV_CODEC_ID_H264);
    AVCodecContext *avcodec_context = avcodec_alloc_context3(codec);
    //时间基,pts 和 dts 的时间单位
    //pts(解码后帧被显示的时间),dts(视频帧送入解码器的时间)的时间单位
    avcodec_context->time_base.den = fps;    //pts
    avcodec_context->time_base.num = 1;       //1s,时间基与帧率互为倒数
```

```
avcodec_context->codec_id = AV_CODEC_ID_H264;

avcodec_context->codec_type = AVMEDIA_TYPE_VIDEO;  //表示视频类型
avcodec_context->pix_fmt = AV_PIX_FMT_YUV420P;     //视频数据像素格式

avcodec_context->width = width;                    //视频宽和高
avcodec_context->height = height;

//2. 打开编码器,并初始化编码器上下文参数
int ret = avcodec_open2(avcodec_context, codec, nullptr);
if (ret) {
    return -1;
}

//3. 根据像素格式计算一帧图像的字节数
//计算出每帧的数据:像素格式 * 宽 * 高
//1382400 = 1280 * 720 * 1.5, YUV420p一像素占1.5字节
int buffer_size = av_image_get_buffer_size(avcodec_context->pix_fmt,
                                           avcodec_context->width,
                                           avcodec_context->height,
                                           1);
//真正存储一帧图像的缓冲区
uint8_t *out_buffer = (uint8_t *)av_malloc(buffer_size);

//4. 分配AVFrame的内存空间,并初始化
AVFrame *frame = av_frame_alloc();
av_image_fill_arrays(frame->data,
                     frame->linesize,
                     out_buffer,
                     avcodec_context->pix_fmt,
                     avcodec_context->width,
                     avcodec_context->height,
                     1);
frame->format = AV_PIX_FMT_YUV420P;                //像素格式及宽和高
frame->width = width;
frame->height = height;

//5. 分配AVPacket的内存空间,并初始化
AVPacket *av_packet = av_packet_alloc();           //分配包空间
av_init_packet(av_packet);                         //在堆空间分配的包,必须初始化

//一帧YUV420p图像的字节数
uint8_t * file_buffer = (uint8_t *)av_malloc(width * height * 3 / 2);

//6. 打开输入文件和输出文件
FILE *in_file = fopen("d:/_movies/__test/yuv420p_1280x720.yuv", "rb");
```

```
    FILE * outfile = fopen(out_h264_file, "wb");
    if (!outfile) {
        fprintf(stderr, "Could not open % s\n", out_h264_file);
        exit(1);
    }
    int i = 0;

    while (true) {
        //7. 循环读取 YUV 帧,并填充 AVFrame
        //读取 YUV 帧数据,注意 YUV420p 的长度 = width * height * 3 / 2
        if (fread(file_buffer, 1, width * height * 3 / 2, in_file) <= 0) {
            break;
        } else if (feof(in_file)) {
            break;
        }

//封装 YUV 帧数据,需要详细理解 YUV420p 的内存结构
frame->data[0] = file_buffer;                         //Y 数据的起始位置在数组中的索引
frame->data[1] = file_buffer + width * height;        //U 数据的起始位置在数组中的索引
frame->data[2] = file_buffer + width * height * 5 / 4; //V 数据的起始位置
        frame->linesize[0] = width;                   //Y 数据的行宽
        frame->linesize[1] = width / 2;               //U 数据的行宽
        frame->linesize[2] = width / 2;               //V 数据的行宽
        frame->pts = i;                               //编解码层的 pts,每次递增 1 即可
        i++;

        //8. 将 AVFrame 送入编码器
        avcodec_send_frame(avcodec_context, frame);    //将 YUV 帧数据送入编码器

        while(true) {                                 //有可能返回 0 帧或多帧
            //9. 从编码器获取 AVPacket,从编码器中取出 H.264 帧
            int ret = avcodec_receive_packet(avcodec_context, av_packet);
            if (ret) {
                av_packet_unref(av_packet);
                break;
            }

            //10. 将编码出来的 H.264 数据包(带起始码)直接写入文件中
            fwrite(av_packet->data, 1, av_packet->size, outfile);
        }
    }

    //11. 清空编码器的缓冲区,读取剩余的帧
    avcodec_send_frame(avcodec_context, nullptr);
    while(true) {
        int ret = avcodec_receive_packet(avcodec_context, av_packet);
```

```
        if (ret) {
            av_packet_unref(av_packet);
            break;
        }

        //将编码出来的 H.264 数据包(带起始码)直接写入文件中
        fwrite(av_packet->data, 1, av_packet->size, outfile);
    }

    //12.关闭文件,释放资源
    fclose(in_file);
    fclose(outfile);
    avcodec_close(avcodec_context);
    av_free(frame);
    av_free(out_buffer);
    av_packet_free(&av_packet);

    return 0;
}
```

2. AVFrame 及相关 API

使用 FFmpeg 编码或解码,始终离不开 AVFrame 结构体,它用于存储一帧未压缩的音视频帧,例如 YUV 或 PCM 格式音视频帧数据。该结构体的字段非常多,这里只列举几个重要字段,代码如下(详见注释信息):

```
//chapter8/8.3.help.txt
typedef struct AVFrame {
#define AV_NUM_DATA_POINTERS 8

uint8_t *data[AV_NUM_DATA_POINTERS];
/**
     * For video, size in Bytes of each picture line.
       对视频来讲,是每帧图像行的字节数
     * For audio, size in Bytes of each plane.
     * 对于音频来讲,是每个通道的数据的大小
     * For audio, only linesize[0] may be set. For planar audio, each channel
     * plane must be the same size.
      对于音频来讲,只有 linesize[0]必须被设置,对于 planar 格式的音频,每个通道必须
      被设置成相同的尺寸

     * For video the linesizes should be multiples of the CPUs alignment
     * preference, this is 16 or 32 for modern desktop CPUs.
     * Some code requires such alignment other code can be slower without
     * correct alignment, for yet other it makes no difference.
```

```
    对于视频来讲,linesizes 应该是 CPU 对齐首选项的倍数,对于现代桌面 CPU,通常是 16
或 32.
     * @note The linesize may be larger than the size of usable data -- there
     * may be extra padding present for performance reasons.
      linesize 的大小可能比实际有用的数据大
      在渲染时可能会有额外的距离呈现:之前遇到的绿色条纹
      AV_NUM_DATA_POINTERS 的默认值为 8
     */
    int linesize[AV_NUM_DATA_POINTERS];

    /**
     * pointers to the data planes/channels.
     * For video, this should simply point to data[].
     对于视频来讲,指向的是 data[]
     * For planar audio, each channel has a separate data pointer, and
       对 plannar 格式的 audio 数据来讲,每个通道有一个分开的 data 指针
     * linesize[0] contains the size of each channel buffer.
       linesize[0]包括了每个通道的缓冲区的尺寸
     * For packed audio, there is just one data pointer, and linesize[0]
       对于 packed 格式的 audio,只有一个 data 指针,linesize[o]
     * contains the total size of the buffer for all channels.
     *   包括了所有通道的尺寸的和.
     * Note: Both data and extended_data should always be set in a valid frame,
     * but for planar audio with more channels that can fit in data,
     * extended_data must be used in order to access all channels.
       data 和 extended_data 在一个正常的 AVFrame 中,通常会被设置,但是对于
       一个 plannar 格式会有多个通道,并且当 data 无法装下所有通道的数据时,
       extended_data 必须被使用,用来存储多出来的通道的数据的指针
     */
    uint8_t **extended_data;

    /** 视频帧的宽和高
     * width and height of the video frame:
     */
    int width, height;

    /** 音频帧的采样数
     * number of audio samples (per channel) described by this frame
     */
    int nb_samples;

    /** 音频或视频的采样格式:
     * format of the frame, -1 if unknown or unset
     * Values correspond to enum AVPixelFormat for video frames,
     * enum AVSampleFormat for audio)
     */
```

```
    int format;

    /** 是否为关键帧
     * 1 -> keyframe, 0 -> not
     */
    int key_frame;

     /** 显示时间戳:单位是时间基
     * Presentation timestamp in time_base units (time when frame should be shown to user).
     */
    int64_t pts;
    ...

}
```

相关的几个 API 介绍如下：

(1) av_frame_alloc()：申请 AVFrame 结构体空间，同时会对申请的结构体初始化。注意，这个函数只是创建 AVFrame 结构的空间，AVFrame 中的 uint8_t * data[AV_NUM_DATA_POINTERS]的内存空间此时为 NULL，是不会自动创建的。

(2) av_frame_free()：释放 AVFrame 的结构体空间。它不仅用于释放结构体空间，还涉及 AVFrame 中的 uint8_t * data[AV_NUM_DATA_POINTERS]字段的释放问题。如果 AVFrame 中的 uint8_t * data[AV_NUM_DATA_POINTERS]中的引用计数为 1，则释放 data 的空间。

(3) av_frame_ref(AVFrame * dst, const AVFrame * src)：对已有 AVFrame 的引用，这个引用做了两项工作，第一项是将 src 属性内容复制到 dst；第二项是对 AVFrame 中的 uint8_t * data[AV_NUM_DATA_POINTERS]字段引用计数加 1。

(4) av_frame_unref(AVFrame * frame)：对 frame 释放引用，做了两项工作，第一项是将 frame 的各个属性初始化；第二项是如果 AVFrame 中的 uint8_t * data[AV_NUM_DATA_POINTERS]中的引用为 1，则释放 data 的空间，如果 data 的引用计数大于 1，则由别的 AVFrame 检测释放。

(5) av_frame_get_buffer()：这个函数用于建立 AVFrame 中的 uint8_t * data[AV_NUM_DATA_POINTERS]内存空间，使用这个函数之前 AVFrame 结构中的 format、width、height 必须赋值，否则该函数无法知道创建多少字节的内存空间。

(6) av_image_get_buffer_size()：该函数的作用是通过指定像素格式、图像宽、图像高来计算所需的内存大小，函数声明的代码如下：

```
int av_image_get_buffer_size(enum AVPixelFormat pix_fmt, int width, int height, int align);
```

重点说明参数 align：此参数用于设定内存对齐的对齐数，也就是按多大的字节进行内存对齐。例如设置为 1，表示按 1 字节对齐，那么得到的结果就是与实际的内存大小一样。

再例如设置为 4，表示按 4 字节对齐，也就是内存的起始地址必须是 4 的整倍数。

(7) av_image_alloc()：此函数的功能是按照指定的宽、高、像素格式来分析图像内存，函数声明的代码如下：

```
int av_image_alloc(uint8_t *pointers[4], int linesizes[4],   int w, int h, enum AVPixelFormat
pix_fmt, int align);
```

该函数用于返回所申请的内存空间的总大小；如果是负值，则表示申请失败。各个参数如下。

- pointers[4]：保存图像通道的地址。如果是 RGB，则前 3 个指针分别指向 R、G、B 的内存地址。第 4 个指针保留不用。
- linesizes[4]：保存图像每个通道的内存对齐的步长，即一行对齐内存的宽度，此值的大小等于图像宽度。
- w：要申请内存的图像宽度。
- h：要申请内存的图像高度。
- pix_fmt：要申请内存的图像的像素格式。
- align：用于内存对齐的值。

(8) av_image_fill_arrays()：该函数自身不具备内存申请功能，此函数类似于格式化已经申请的内存，即通过 av_malloc()函数申请的内存空间，函数声明的代码如下：

```
int av_image_fill_arrays(uint8_t *dst_data[4], int dst_linesize[4],
    const uint8_t *src,   enum AVPixelFormat pix_fmt, int width, int height, int align);
```

参数具体说明如下。

- dst_data[4]：[out]，对申请的内存格式化为三个通道后，分别保存其地址。
- dst_linesize[4]：[out]，格式化的内存的步长(内存对齐后的宽度)。
- *src：[in]，av_alloc()函数申请的内存地址。
- pix_fmt：[in]，申请 src 内存时的像素格式。
- width：[in]，申请 src 内存时指定的宽度。
- height：[in]，申请 scr 内存时指定的高度。
- align：[in]，申请 src 内存时指定的对齐字节数。

3. 使用 FFmpeg 将 YUV 编码为 H.264 并封装为 MP4 的案例实战

使用 FFmpeg 将 YUV 编码为 H.264，然后封装为 MP4 的步骤如下。

(1) 查找编码器 H.264，并准备编码器的上下文参数。

(2) 打开编码器，并初始化编码器上下文参数。

(3) 创建一路输出流，将编码上下文参数复制到 AVStream.codecpar 字段中。

(4) 根据像素格式计算一帧图像的字节数。

(5) 写输出文件的头信息(FFmpeg 会根据输出封装格式自动判断)。

(6) 根据像素格式、宽、高计算一帧图像的字节数。

(7) 分配 AVFrame 的内存空间,并初始化。

(8) 分配 AVPacket 的内存空间,并初始化。

(9) 打开输入文件和输出文件。

(10) 循环读取 YUV 帧,并填充 AVFrame。

(11) 将 AVFrame 送入编码器。

(12) 从编码器获取 AVPacket。

(13) 将编码出来的 H.264 数据包(带起始码)直接写入文件中。

(14) 时间基转换,将编码层的时间基转换为封装层的时间基,需要调用 av_packet_rescale_ts()函数。

(15) 将视频帧写入输出文件中,需要调用 av_interleaved_write_frame()函数。

(16) 清空编码器的缓冲区,读取剩余的帧。

(17) 关闭文件,释放资源。

完整的实现代码如下(详见注释信息):

```
//chapter8/QtFFmpeg5_Chapter8_001/yuvtomp4.cpp
/**
*   视频编码,从本地读取 YUV 数据进行 H.264 编码
*/
#define __STDC_CONSTANT_MACROS
#define __STDC_FORMAT_MACROS
//解决 C++调用 PRId64 的问题,原来这个是定义给 C 用的,C++要用它,就要定义一个__STDC_FORMAT_
//MACROS 宏显式地打开它

#include <stdio.h>
#include <stdlib.h>
#include <string.h>
extern "C"{
    #include <libavformat/avformat.h>
    #include <libavcodec/avcodec.h>
    #include <libavutil/time.h>
    #include <libavutil/opt.h>
    #include <libavutil/imgutils.h>
}
//注意:该宏的定义要放到 libavformat/avformat.h 文件下边
static char av_error[10240] = { 0 };
#define av_err2str(errnum) av_make_error_string(av_error, AV_ERROR_MAX_STRING_SIZE,
errnum)

int main(){
    //ffmpeg -i test_1280x720.flv -t 5 -r 25 -pix_fmt yuv420p yuv420p_1280x720.yuv
```

```
const char * out_h264_file = "yuv420p_1280x720.h264"; //通过上述命令行获取 yuv 测试文件
const char * out_mp4_path =  "new_test.mp4";

int fps = 25; //编码帧率
int width = 1280; //分辨率
int height = 720;

AVFormatContext * avformat_context = NULL;
//1. 根据文件后缀名判断,初始化输出的封装格式上下文,并打开输出文件
avformat_alloc_output_context2(&avformat_context, NULL, NULL, out_mp4_path);
if (avio_open(&avformat_context->pb, out_mp4_path, AVIO_FLAG_WRITE) < 0) {//打开输出文件
    return -1;
}

//2. 查找编码器 H.264,并准备编码器的上下文参数
AVCodec * codec = (AVCodec * )avcodec_find_encoder(AV_CODEC_ID_H264);
AVCodecContext * avcodec_context = avcodec_alloc_context3(codec);
//时间基,pts 和 dts 的时间单位
//pts(解码后帧被显示的时间),dts(视频帧送入解码器的时间)的时间单位
avcodec_context->time_base.den = fps;   //pts
avcodec_context->time_base.num = 1;  //1s,时间基与帧率互为倒数
avcodec_context->codec_id = AV_CODEC_ID_H264;

avcodec_context->codec_type = AVMEDIA_TYPE_VIDEO;   //表示视频类型
avcodec_context->pix_fmt = AV_PIX_FMT_YUV420P;   //视频数据像素格式

avcodec_context->width = width;  //视频的宽和高
avcodec_context->height = height;


//3. 创建一路输出流,将编码上下文参数复制到 AVStream.codecpar 字段中
AVStream * avvideo_stream = avformat_new_stream(avformat_context, NULL);  //创建一个流
avcodec_parameters_from_context(avvideo_stream->codecpar, avcodec_context);
avvideo_stream->time_base = avcodec_context->time_base;
avvideo_stream->codecpar->codec_tag = 0;


//4. 打开编码器,并初始化编码器上下文参数
int ret = avcodec_open2(avcodec_context, codec, nullptr);
if (ret) {
    return -1;
}

//5. 写输出文件的头信息(FFmpeg 会根据输出封装格式自动判断)
int avformat_write_header_result = avformat_write_header(avformat_context, NULL);
if (avformat_write_header_result != AVSTREAM_INIT_IN_WRITE_HEADER) {
```

```
    return -1;
}

//6. 根据像素格式计算一帧图像的字节数
//计算出每帧的数据：像素格式 * 宽 * 高
//1382400 = 1280 * 720 * 1.5,YUV420p 一像素占 1.5 字节
int buffer_size = av_image_get_buffer_size(avcodec_context->pix_fmt,
                                           avcodec_context->width,
                                           avcodec_context->height,
                                           1);
//真正存储一帧图像的缓冲区
uint8_t * out_buffer = (uint8_t *)av_malloc(buffer_size);

//7. 分配 AVFrame 的内存空间,并初始化
AVFrame * frame = av_frame_alloc();
av_image_fill_arrays(frame->data,
                     frame->linesize,
                     out_buffer,
                     avcodec_context->pix_fmt,
                     avcodec_context->width,
                     avcodec_context->height,
                     1);
frame->format = AV_PIX_FMT_YUV420P; //像素格式及宽和高
frame->width = width;
frame->height = height;

//8. 分配 AVPacket 的内存空间,并初始化
AVPacket * av_packet = av_packet_alloc(); //分配包空间
av_init_packet(av_packet); //在堆空间分配的包,必须初始化

//一帧 YUV420p 图像的字节数
uint8_t * file_buffer = (uint8_t *)av_malloc(width * height * 3 / 2);

//9. 打开输入文件和输出文件
FILE * in_file = fopen("d:/_movies/__test/yuv420p_1280x720.yuv", "rb");
FILE * outfile = fopen(out_h264_file, "wb");
if (!outfile) {
    fprintf(stderr, "Could not open %s\n", out_h264_file);
    exit(1);
}
int i = 0;

while (true) {
    //10. 循环读取 YUV 帧,并填充 AVFrame
    //读取 YUV 帧数据,注意 YUV420p 的长度 = width * height * 3 / 2
    if (fread(file_buffer, 1, width * height * 3 / 2, in_file) <= 0) {
```

```
            break;
        } else if (feof(in_file)) {
            break;
        }

        //封装 YUV 帧数据
        frame->data[0] = file_buffer;   //Y 数据的起始位置在数组中的索引
        frame->data[1] = file_buffer + width * height;   //U 数据的起始位置在数组中
//的索引
        frame->data[2] = file_buffer + width * height * 5 / 4;   //V 数据的起始位置在数
//组中的索引
        frame->linesize[0] = width;   //Y 数据的行宽
        frame->linesize[1] = width / 2;   //U 数据的行宽
        frame->linesize[2] = width / 2;   //V 数据的行宽
        frame->pts = i; //编解码层的 pts,每次递增 1 即可
        i++;

        //11. 将 AVFrame 送入编码器
        avcodec_send_frame(avcodec_context, frame);   //将 YUV 帧数据送入编码器

        while(true) {//有可能返回 0 帧或多帧
            //12. 从编码器获取 AVPacket,从编码器中取出 H.264 帧
            int ret = avcodec_receive_packet(avcodec_context, av_packet);
            if (ret) {
                av_packet_unref(av_packet);
                break;
            }

            //13. 将编码出来的 H.264 数据包(带起始码)直接写入文件中
            fwrite(av_packet->data, 1, av_packet->size, outfile);

//14. 时间基转换,将编码层的时间基转换为封装层的时间基
av_packet_rescale_ts(av_packet, avcodec_context->time_base, avvideo_stream->time_base);
            av_packet->stream_index = avvideo_stream->index;

//15. 将视频帧写入输出文件中
//将帧写入视频文件中,与 av_write_frame 的区别是,将对 packet 进行缓存和 pts 检查
            av_interleaved_write_frame(avformat_context, av_packet);

        }
    }

    //16. 清空编码器的缓冲区,读取剩余的帧
    avcodec_send_frame(avcodec_context, nullptr);
    while(true) {
        int ret = avcodec_receive_packet(avcodec_context, av_packet);
```

```
        if (ret) {
            av_packet_unref(av_packet);
            break;
        }

        //将编码出来的H.264数据包(带起始码)直接写入文件中
        fwrite(av_packet->data, 1, av_packet->size, outfile);

        //14. 时间基转换,将编码层的时间基转换为封装层的时间基
        av_packet_rescale_ts(av_packet, avcodec_context->time_base, avvideo_stream->
time_base);
        av_packet->stream_index = avvideo_stream->index;

        //15. 将视频帧写入输出文件中
        //将帧写入视频文件中,与av_write_frame的区别是将对packet进行缓存和pts检查
        av_interleaved_write_frame(avformat_context, av_packet);

    }

    //17.关闭文件,释放资源
    fclose(in_file);
    fclose(outfile);
    avcodec_close(avcodec_context);
    av_free(frame);
    av_free(out_buffer);
    av_packet_free(&av_packet);

    av_write_trailer(avformat_context);
    avio_close(avformat_context->pb);
    avformat_free_context(avformat_context);

    return 0;
}
```

该案例在上述“编码为H.264后直接存储到文件”的案例基础上，添加了“输出到MP4封装格式”的功能，大部分流程相同。

1）程序运行效果分析

在工程中添加文件yuvtomp4.cpp，将代码复制进去，编译并运行，如图8-14所示。使用MediaInfo观察生成的MP4文件，如图8-15所示。

2）根据封装格式创建输出文件

该案例用于创建MP4格式的输出文件，核心代码如下：

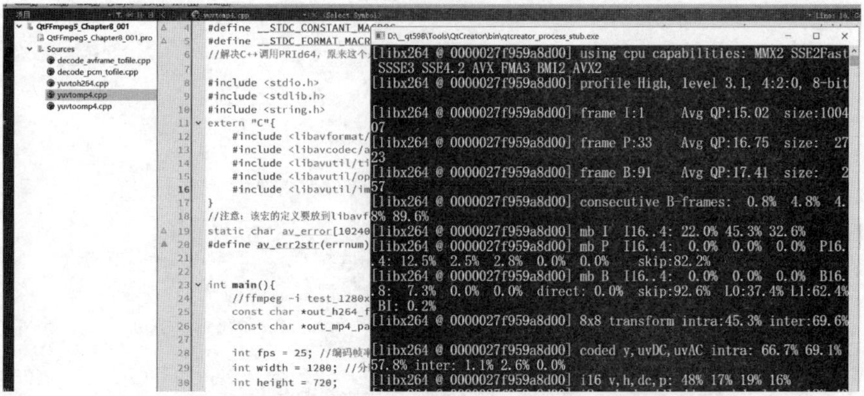

图 8-14　FFmpeg 将 YUV 编码并封装为 MP4 的代码

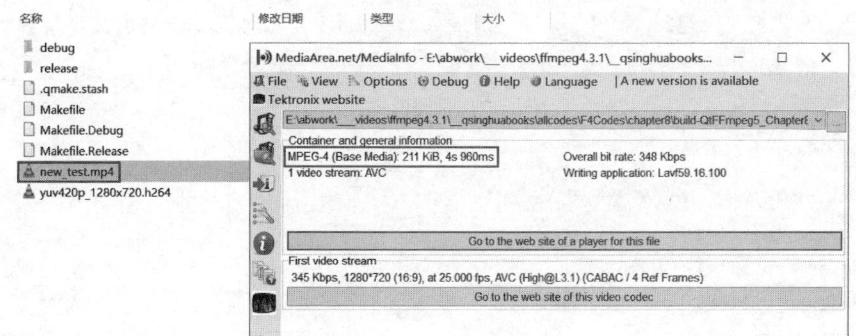

图 8-15　FFmpeg 将 YUV 编码并封装为 MP4 文件的流信息

```
//chapter8/8.3.help.txt
const char * out_mp4_path =  "new_test.mp4";
AVFormatContext * avformat_context = NULL;
//1. 根据文件后缀名判断,初始化输出的封装格式上下文,并打开输出文件
avformat_alloc_output_context2(&avformat_context, NULL, NULL, out_mp4_path);
if (avio_open(&avformat_context->pb, out_mp4_path, AVIO_FLAG_WRITE) < 0) {//打开输出文件
   return -1;
}
//2. 写输出文件的头信息(FFmpeg 会根据输出封装格式自动判断)
int avformat_write_header_result = avformat_write_header(avformat_context, NULL);
...
//3. 时间基转换,将编码层的时间基转换为封装层的时间基
av_packet_rescale_ts(av_packet, avcodec_context->time_base, avvideo_stream->time_base);
av_packet->stream_index = avvideo_stream->index;

//4. 将视频帧写入输出文件中
//将帧写入视频文件中,与 av_write_frame 的区别是将对 packet 进行缓存和 pts 检查
av_interleaved_write_frame(avformat_context, av_packet);
```

(1) 调用 avformat_alloc_output_context2()函数为 AVFormatContext 结构体分配内存空间,并根据文件名判断封装格式,这里为 MP4 格式。

(2) 调用 avio_open()函数打开输出文件。

(3) 调用 avformat_write_header()函数写输出文件的头信息。

(4) 调用 av_packet_rescale_ts()函数将编码层的时间基转换为封装层的时间基。

(5) 调用 av_interleaved_write_frame()函数将视频帧写入输出文件中。

注意:FFmpeg 的其他封装格式的代码与流程,与 MP4 格式几乎完全相同。

---

4. 使用 FFmpeg 将 H.264 码流封装为 MP4 文件的案例实战

从 H.264 码流封装为 MP4 文件的过程并不涉及编码操作。H.264 码流带有起始码,需要先用 FFmpeg 解封装,获得原始的 NALU,再封装为 MP4 格式,完整的代码如下:

```
//chapter8/QtFFmpeg5_Chapter8_001/h264tomp4.cpp
#include <stdio.h>
//如果不加 extern "C",则无法正确地编译
extern "C"
{
    #include "libavformat/avformat.h"
};

int main(int argc, char* argv[])
{
    AVOutputFormat *ofmt = NULL; //输出格式
    //创建输入 AVFormatContext 对象和输出 AVFormatContext 对象
    AVFormatContext *ifmt_ctx = NULL, *ofmt_ctx = NULL;
    AVPacket pkt;
    const char *in_filename = "yuv420p_1280x720.h264";   //输入文件名
    const char *out_filename = "yuv420p_1280x720_h264.mp4";  //输出文件名
    int ret, i;
    int stream_index = 0;
    int *stream_mapping = NULL;
    int stream_mapping_size = 0;

    //1. 打开 H.264 视频文件
    if ((ret = avformat_open_input(&ifmt_ctx, in_filename, 0, 0)) < 0) {
        return -1;
    }
    //2.获取视频文件信息
    if ((ret = avformat_find_stream_info(ifmt_ctx, 0)) < 0) {
        return -1;
    }
```

```
    //打印信息
    av_dump_format(ifmt_ctx, 0, in_filename, 0);

    //3.输出文件分配空间
    avformat_alloc_output_context2(&ofmt_ctx, NULL, NULL, out_filename);
    if (!ofmt_ctx) {
        return -1;
    }

    //4.映射并创建输出流
    stream_mapping_size = ifmt_ctx->nb_streams;
    stream_mapping = (int *)av_mallocz_array(stream_mapping_size, sizeof(*stream_
mapping));
    if (!stream_mapping) {
        return -1;
    }
    ofmt = (AVOutputFormat *)ofmt_ctx->oformat;
    for (i = 0; i < ifmt_ctx->nb_streams; i++) {
        AVStream *out_stream;
        AVStream *in_stream = ifmt_ctx->streams[i];
        AVCodecParameters *in_codecpar = in_stream->codecpar;

        if (in_codecpar->codec_type != AVMEDIA_TYPE_VIDEO) {
                stream_mapping[i] = -1;
                continue;
        }

        stream_mapping[i] = stream_index++;
        out_stream = avformat_new_stream(ofmt_ctx, NULL);   //创建流
        if (!out_stream) {
            //fprintf(stderr, "Failed allocating output stream\n");
            return -1;
        }
        //复制编解码参数
        ret = avcodec_parameters_copy(out_stream->codecpar, in_codecpar);
        if (ret < 0) {
            return -1;
        }
        out_stream->codecpar->codec_tag = 0;
        printf("fps = %d\n", in_stream->r_frame_rate);
    }

    //5. 打开输出文件
    if (!(ofmt->flags & AVFMT_NOFILE)) {
        ret = avio_open(&ofmt_ctx->pb, out_filename, AVIO_FLAG_WRITE);
        if (ret < 0) {
```

```
            return -1;
        }
    }

    //6. 写入文件头信息
    ret = avformat_write_header(ofmt_ctx, NULL);
    if (ret < 0) {
        return -1;
    }
    int m_frame_index = 0;

    while (1) {//开始循环读取视频流,并获取 pkt 信息
        AVStream *in_stream, *out_stream;

        //7. 循环读取音视频压缩包:AVPacket
        ret = av_read_frame(ifmt_ctx, &pkt);
        if (ret < 0)
            break;

        in_stream   = ifmt_ctx->streams[pkt.stream_index];
        if (pkt.stream_index >= stream_mapping_size ||
            stream_mapping[pkt.stream_index] < 0) {
                av_packet_unref(&pkt);
                continue;
        }

        pkt.stream_index = stream_mapping[pkt.stream_index];
        out_stream = ofmt_ctx->streams[pkt.stream_index];

        //如果没有时间戳信息,则需要自己添加时间戳,不然转换出来的是没有时间的
        if(pkt.pts == AV_NOPTS_VALUE){
            //Write PTS
            AVRational time_base1 = in_stream->time_base;
//Duration between 2 frames (us) :编解码层的时间基是帧率的倒数
//AV_TIME_BASE 是 FFmpeg 内部的时间单位,1000000;r_frame_rate:帧率
            int64_t calc_duration = (double)AV_TIME_BASE/av_q2d(in_stream->r_frame_rate);
            pkt.pts = (double)(m_frame_index * calc_duration)/(double)(av_q2d(time_base1)
* AV_TIME_BASE);
            pkt.dts = pkt.pts;
            pkt.duration = (double)calc_duration/(double)(av_q2d(time_base1) * AV_TIME_BASE);
            printf("AV_NOPTS_VALUE, fps = %d,calc_duration = %d,pts = %d, duration = %d\n",
                    in_stream->r_frame_rate,calc_duration,pkt.pts, pkt.dts);
        }

        //8. 时间基转换:从一种格式到另一种格式
        /* copy packet:时间基转换,包括 pts,dts,duration */
```

```
        pkt.pts = av_rescale_q_rnd(pkt.pts, in_stream->time_base, out_stream->time_
base, (AVRounding)(AV_ROUND_NEAR_INF|AV_ROUND_PASS_MINMAX));
        pkt.dts = av_rescale_q_rnd(pkt.dts, in_stream->time_base, out_stream->time_
base, (AVRounding)(AV_ROUND_NEAR_INF|AV_ROUND_PASS_MINMAX));
        pkt.duration = av_rescale_q(pkt.duration, in_stream->time_base, out_stream->
time_base);
        pkt.pos = -1;

        //9.交织写入音视频帧
        ret = av_interleaved_write_frame(ofmt_ctx, &pkt);
        if (ret < 0) {
            break;
        }
        av_packet_unref(&pkt);
        m_frame_index++;
        printf("m_frame_index = %d,\n", m_frame_index);
    }

    //10.写入文件尾信息
    av_write_trailer(ofmt_ctx);

    //11.关闭文件、释放相关内存空间
    avformat_close_input(&ifmt_ctx);
    //close output
    if (ofmt_ctx && !(ofmt->flags & AVFMT_NOFILE))
        avio_closep(&ofmt_ctx->pb);
    avformat_free_context(ofmt_ctx);
    av_freep(&stream_mapping);

    return 0;
}
```

该案例的主要步骤如下：

(1) 打开 H.264 视频文件，需要调用 avformat_open_input()函数。

(2) 获取视频文件信息，需要调用 avformat_find_stream_info()函数。

(3) 为输出格式分配空间，需要调用 avformat_alloc_output_context2()函数。

(4) 映射并创建输出流，需要调用 avformat_new_stream()函数。

(5) 打开输出文件，需要调用 avio_open()函数。

(6) 写入文件头信息，需要调用 avformat_write_header()函数。

(7) 循环读取音视频压缩包(AVPacket)，需要调用 av_read_frame()函数。

(8) 时间基转换，从一种格式到另一种格式，需要调用 av_rescale_q_rnd()函数。

(9) 交织写入音视频帧，需要调用 av_interleaved_write_frame()函数。

(10) 写入文件尾信息，需要调用 av_write_trailer()函数。

(11) 关闭文件,释放相关内存空间,需要调用 avformat_close_input()、avformat_free_context()和 avio_closep()等函数。

在工程中添加一个文件 h264tomp4.cpp,将上述代码复制进去,编译并运行,会生成 yuv420p_1280x720_h264.mp4 文件,如图 8-16 所示。

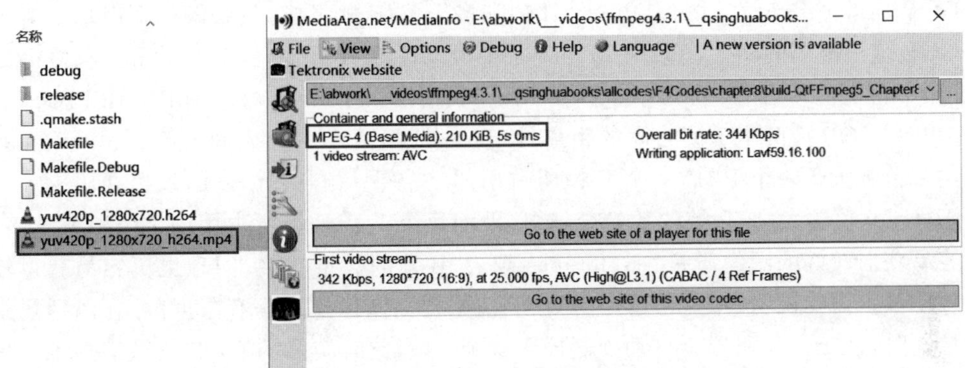

图 8-16 FFmpeg 将 H.264 码流转封装为 MP4 文件

8.4 FFmpeg 编解码与时间基详解

音视频同步是一个比较复杂的技术点,在 FFmpeg 中,时间基(time_base)是时间戳(timestamp)的单位,时间戳值乘以时间基,就可以得到实际的时刻值(以秒等为单位)。

1. GOP 与 PTS/DTS

编解码中有几个非常重要的基础概念,包括 I/P/B/IDR 帧、GOP、DTS 及 PTS 等。视频的播放过程可以简单地理解为一帧一帧的画面按照时间顺序呈现出来的过程,就像在一个本子的每一页画上画,然后快速翻动的感觉,但是在实际应用中,并不是每帧都是完整的画面,因为如果每帧画面都是完整的图片,则一个视频的体积就会很大,这样对于网络传输或者视频数据存储来讲成本太高,所以通常会对视频流中的一部分画面进行压缩编码处理。由于压缩处理的方式不同,视频中的画面帧就分为不同的类别,其中包括 I 帧、P 帧和 B 帧。

1) I/P/B/IDR 帧

I 帧常称为关键帧,包含一幅完整的图像信息,属于帧内编码图像,不含运动向量,在解码时不需要参考其他帧图像,因此在 I 帧图像处可以切换频道,而不会导致图像丢失或无法解码。I 帧图像用于阻止误差的累积和扩散。在闭合式 GOP 中,每个 GOP 的第 1 个帧一定是 I 帧,并且当前 GOP 的数据不会参考前后 GOP 的数据。

即时解码刷新帧(Instantaneous Decoding Refresh picture,IDR)是一种特殊的 I 帧。当解码器解码到 IDR 帧时,会将前后向参考帧列表(Decoded Picture Buffer,DPB)清空,将已解码的数据全部输出或抛弃,然后开始一次全新的解码序列。IDR 帧之后的图像不会参考 IDR 帧之前的图像。

P 帧是帧间编码帧，利用之前的 I 帧或 P 帧进行预测编码。B 帧是帧间编码帧，利用之前和(或)之后的 I 帧或 P 帧进行双向预测编码。B 帧不可以作为参考帧。

2）GOP

GOP 是指一组连续的图像，由一个 I 帧和多个 B/P 帧组成，是编解码器存取的基本单位。GOP 结构常用的两个参数是 M 和 N，M 用于指定 GOP 中首个 P 帧和 I 帧之间的距离，N 用于指定一个 GOP 的大小。例如 M＝1，N＝15，GOP 结构为 IPBBPBBPBBPBBPB IPBBPBB。GOP 指两个 I 帧之间的距离，Reference 指两个 P 帧之间的距离。一个 I 帧所占用的字节数大于一个 P 帧，一个 P 帧所占用的字节数大于一个 B 帧，所以在码率不变的前提下，GOP 值越大，P、B 帧的数量会越多，平均每个 I、P、B 帧所占用的字节数就越多，也就更容易获取较好的图像质量；Reference 越大，B 帧的数量越多，同理也更容易获得较好的图像质量。需要说明的是，通过提高 GOP 值来提高图像质量是有限度的，在遇到场景切换的情况时，H.264 编码器会自动强制插入一个 I 帧，此时实际的 GOP 值被缩短了。另一方面，在一个 GOP 中，P、B 帧是由 I 帧预测得到的，当 I 帧的图像质量比较差时，会影响到一个 GOP 中后续 P、B 帧的图像质量，直到下一个 GOP 开始才有可能得以恢复，所以 GOP 值也不宜设置得过大。同时，由于 P、B 帧的复杂度大于 I 帧，所以过多的 P、B 帧会影响编码效率，使编码效率降低。另外，过长的 GOP 还会影响搜索操作的响应速度，由于 P、B 帧是由前面的 I 或 P 帧预测得到的，所以搜索操作需要直接定位，当解码某个 P 或 B 帧时，需要先解码得到本 GOP 内的 I 帧及之前的 N 个预测帧才可以，GOP 值越长，需要解码的预测帧就越多，搜索响应的时间也越长。

GOP 通常有两种，包括闭合式 GOP 和开放式 GOP。闭合式 GOP 只需参考本 GOP 内的图像，不需参考前后 GOP 的数据。这种模式决定了，闭合式 GOP 的显示顺序总是以 I 帧开始并以 P 帧结束。开放式 GOP 中的 B 帧解码时可能要用到其前一个 GOP 或后一个 GOP 的某些帧。码流里面包含 B 帧时才会出现开放式 GOP。开放式 GOP 和闭合式 GOP 中 I 帧、P 帧、B 帧的依赖关系如图 8-17 所示。

3）DTS 和 PTS

DTS 表示 packet 的解码时间。PTS 表示 packet 解码后数据的显示时间。音频中 DTS 和 PTS 是相同的。视频中由于 B 帧需要双向预测，并且 B 帧依赖于其前和其后的帧，因此含 B 帧的视频解码顺序与显示顺序不同，即 DTS 与 PTS 不同。当然，不包含 B 帧的视频，其 DTS 和 PTS 是相同的。下面以一个开放式 GOP 为例，说明视频流的解码顺序和显示顺序，如图 8-18 所示。

(1) 采集顺序指图像传感器采集原始信号得到的图像帧的顺序。

(2) 编码顺序指编码器编码后图像帧的顺序，在存储到磁盘的本地视频文件中图像帧的顺序与编码顺序相同。

(3) 传输顺序指编码后的流在网络传输过程中图像帧的顺序。

(4) 解码顺序指解码器解码图像帧的顺序。

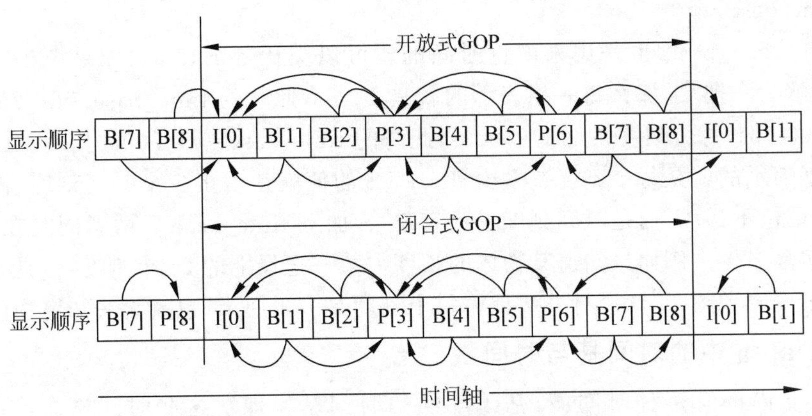

图 8-17 开放式 GOP 和闭合式 GOP

(5) 显示顺序指图像帧在显示器上显示的顺序。

(6) 采集顺序与显示顺序相同；编码顺序、传输顺序和解码顺序相同。

其中，B[1]帧依赖于 I[0]帧和 P[3]帧，因此 P[3]帧必须比 B[1]帧先解码。这就导致了解码顺序和显示顺序的不一致，后显示的帧需要先解码。一般的解码器中有帧缓存队列，以 GOP 为单位，这样就可以使 B 帧参考其后边的帧。

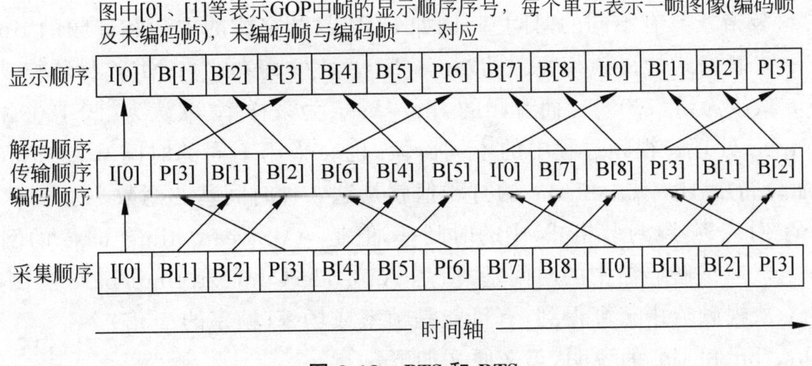

图 8-18 PTS 和 DTS

上面讲解了视频帧、DTS、PTS 相关的概念，下面来介绍音视频同步。在一个媒体流中，除了视频以外，通常还包括音频。音频的播放，也有 DTS、PTS 的概念，但是音频没有类似视频中的 B 帧，不需要双向预测，所以音频帧的 DTS、PTS 顺序是一致的。音频视频混合在一起播放，就呈现了常常看到的广义的视频。在音视频一起播放时，通常需要面临一个问题：怎么去同步它们，以免出现画不对声的情况。要实现音视频同步，通常需要选择一个参考时钟，参考时钟上的时间是线性递增的，编码音视频流时依据参考时钟上的时间给每帧数据打上时间戳。在播放时，读取数据帧上的时间戳，同时参考当前参考时钟上的时间来安排播放。这里的说的时间戳就是前面说的 PTS。实践中，可以选择同步视频到音频、同步音频到视频、同步音频和视频到外部时钟。

4）time_base

时间基(time_base)也是用来度量时间的。可以类比 duration。如果把 1s 分为 25 等份,可以理解为一把尺,那么每一格表示的就是 1/25s,此时的 time_base={1,25}。如果把 1s 分成 90000 份,每个刻度就是 1/90000s,此时的 time_base={1,90000}。

时间基表示的就是每个刻度是多少秒。PTS 的值就是占多少个时间刻度(占多少个格子)。它的单位不是秒,而是时间刻度。只有 PTS 加上 time_base 后两者同时在一起,才能表达出时间是多少。例如只知道某物体的长度占某一把尺上的 20 个刻度,但是不知道这把尺总共是多少厘米的,那就没有办法计算每个刻度是多少厘米,也就无法知道物体的长度。

2. FFmpeg 中的时间基与时间戳

FFmpeg 内部有多种时间戳,基于不同的时间基。理解这些时间概念,有助于通过 FFmpeg 进行音视频开发。在 FFmpeg 内部,时间基(time_base)是时间戳(timestamp)的单位,时间戳值乘以时间基,可以得到实际的时刻值(以秒等为单位)。例如,一个视频帧的 dts 是 40,pts 是 160,其 time_base 是 1/1000 秒,那么可以计算出此视频帧的解码时刻是 40 毫秒(40/1000),显示时刻是 160 毫秒(160/1000)。FFmpeg 中时间戳(pts/dts)的类型是 int64_t 类型,如果把一个 time_base 看作一个时钟脉冲,则可把时间戳(pts/dts)看作时钟脉冲的计数。

1）tbn、tbc 与 tbr

不同的封装格式具有不同的时间基,例如 FLV 封装格式的视频和音频的 time_base 是{1,1000};ts 封装格式的视频和音频的 time_base 是{1,90000};MP4 封装格式中的视频的 time_base 默认为{1,16000},而音频的 time_base 为采样率(默认为{1, 48000})。

在 FFmpeg 处理音视频过程中的不同阶段,也会采用不同的时间基。FFmepg 中有 3 种时间基,命令行中 tbr、tbn 和 tbc 的打印值就是这 3 种时间基的倒数。

(1) tbn:对应容器(封装格式)中的时间基,值是 AVStream.time_base 的倒数。

(2) tbc:对应编解码器中的时间基,值是 AVCodecContext.time_base 的倒数。

(3) tbr:从视频流中猜算得到,有可能是帧率或场率(帧率的 2 倍)。

关于 tbr、tbn 和 tbc 的说明,英文原文如下:

```
//chapter8/8.4.help.txt
There are three different time bases for time stamps in FFmpeg. The
values printed are actually reciprocals of these, i.e. 1/tbr, 1/tbn and
1/tbc.

tbn is the time base in AVStream that has come from the container, I
think. It is used for all AVStream time stamps.

tbc is the time base in AVCodecContext for the codec used for a
particular stream. It is used for all AVCodecContext and related time
stamps.
```

```
tbr is guessed from the video stream and is the value users want to see
when they look for the video frame rate, except sometimes it is twice
what one would expect because of field rate versus frame rate.
```

下面通过 ffprobe 来探测不同格式的音视频文件，命令行及主要输出信息如下：

```
//chapter8/8.4.help.txt
----------FLV 格式----------------
//注意:[tbr:30,  tbc:60,  tbn:1k, fps:30]
D:\_movies\__test>ffprobe  ande_10.flv
Input #0, flv, from 'ande_10.flv':
  Metadata:
    major_brand     : isom
    minor_version   : 512
    compatible_brands: isomiso2avc1mp41
    encoder         : Lavf57.57.100
  Duration: 00:00:08.66, start: 1.347000, bitrate: 609 Kb/s
    Stream #0:0: Video: h264 (High), yuv420p(progressive), 1280x720 [SAR 1:1 DAR 16:9],
30.30 fps, 30 tbr, 1k tbn, 60 tbc
    Stream #0:1: Audio: aac (LC), 44100 Hz, stereo, fltp

----------MP4 格式----------------
//注意:[tbr:30,  tbc:60,  tbn:16k, fps:30]
D:\_movies\__test>ffprobe  ande_10.mp4
Input #0, mov,mp4,m4a,3gp,3g2,mj2, from 'ande_10.mp4':
  Metadata:
    major_brand     : isom
    minor_version   : 512
    compatible_brands: isomiso2avc1mp41
    encoder         : Lavf57.57.100
  Duration: 00:00:08.55, start: 0.000000, bitrate: 617 Kb/s
    Stream #0:0(und): Video: h264 (High) (avc1 / 0x31637661), yuv420p, 1280x720 [SAR 1:1 DAR
16:9], 553 Kb/s, 30 fps, 30 tbr, 16k tbn, 60 tbc (default)
    Metadata:
      handler_name    : VideoHandler
    Stream #0:1(und): Audio: aac (LC) (mp4a / 0x6134706D), 44100 Hz, stereo, fltp, 127
Kb/s (default)
    Metadata:
      handler_name    : SoundHandler
```

2）内部时间基

除以上 3 种时间基外，FFmpeg 还有一个内部时间基 AV_TIME_BASE，以及分数形式的 AV_TIME_BASE_Q，代码如下：

```
//chapter8/8.4.help.txt
//Internal time base represented as integer
#define AV_TIME_BASE            1000000

//Internal time base represented as fractional value
#define AV_TIME_BASE_Q          (AVRational){1, AV_TIME_BASE}
```

注意：AV_TIME_BASE 及 AV_TIME_BASE_Q 用于 FFmpeg 内部函数处理，使用此时间基计算得到的时间值表示的是微秒。

FFmpeg 的很多结构中有 AVRational time_base 这样的一个成员，它是 AVRational 结构的，代码如下：

```
//chapter8/8.4.help.txt
typedef struct AVRational{
    int num; //< numerator      分子
    int den; //< denominator   分母
} AVRational;
```

AVRational 这个结构用于标识一个分数，num 为分数，den 为分母。实际上 time_base 的意思就是时间的刻度。例如{1,25}代表时间刻度就是 1/25，而{1,9000}代表时间刻度就是 1/90 000。那么，在刻度为 1/25 的体系下的 time=5，转换成在刻度为 1/90 000 体系下的时间(time)为 18 000(5×1÷25×90 000)。

3）时间转换函数

因为时间基不统一，所以当时间基变化时，需要对时间戳进行转换。转换思路很简单：先将原时间戳以某一中间时间单位（这里取国际通用时间单位：秒）为单位进行转换，然后以新的时间基为单位进行转换，即可得到新的时间戳。由转换思路可知，转换过程即先做个乘法再做个除法，涉及除法就有除不尽的情况，就有舍入问题，FFmpeg 专门为时间戳转换提供了 API，即 av_rescale_q_rnd()函数，一定要使用该 API，提高转换精度，以免给片源未来的播放带来问题。

av_q2d()函数用于将时间从 AVRational 形式转换为 double 形式。AVRational 是分数类型，double 是双精度浮点数类型，转换后的单位为秒。转换前后的值基于同一时间基，仅仅是数值的表现形式不同而已。该函数的实现代码如下：

```
//chapter8/8.4.help.txt
/**
 * Convert an AVRational to a `double`.
 * @param a AVRational to convert
 * @return `a` in floating-point form
```

```
 * @see av_d2q()
 */
static inline double av_q2d(AVRational a){
    return a.num / (double) a.den;
}
```

av_q2d()使用方法的伪代码如下：

```
//chapter8/8.4.help.txt
AVStream stream;
AVPacket packet;
//packet 播放时刻值
timestamp(单位秒) = packet.pts × av_q2d(stream.time_base);
//packet 播放时长值
duration(单位秒) = packet.duration × av_q2d(stream.time_base);
```

av_rescale_q()用于不同时间基的转换，用于将时间值从一种时间基转换为另一种时间基。这个函数的作用是计算 a * bq/cq，把时间戳从一个时间基调整到另外一个时间基。在进行时间基转换时，应该首选这个函数，因为它可以避免溢出的情况发生，代码如下：

```
//chapter8/8.4.help.txt
/**
 * Rescale a 64 - bit integer by 2 rational numbers.
 * The operation is mathematically equivalent to `a × bq / cq`.
 * This function is equivalent to av_rescale_q_rnd() with #AV_ROUND_NEAR_INF.
 * @see av_rescale(), av_rescale_rnd(), av_rescale_q_rnd()
 */
int64_t av_rescale_q(int64_t a, AVRational bq, AVRational cq) av_const;
```

av_packet_rescale_ts()用于将 AVPacket 中各种时间值从一种时间基转换为另一种时间基，代码如下：

```
//chapter8/8.4.help.txt
/**
 * Convert valid timing fields (timestamps / durations) in a packet from one
 * timebase to another. Timestamps with unknown values (AV_NOPTS_VALUE) will be ignored.
 *
 * @param pkt packet on which the conversion will be performed
 * @param tb_src source timebase, in which the timing fields in pkt are
 *               expressed
 * @param tb_dst destination timebase, to which the timing fields will be
 *               converted
 */
void av_packet_rescale_ts(AVPacket *pkt, AVRational tb_src, AVRational tb_dst);
```

例如把流时间戳转换到内部时间戳,代码如下:

```
//把某个视频帧的 pts 转换成内部时间基准
av_rescale_q(AVFrame->pts, AVStream->time_base, AV_TIME_BASE_Q);
```

FFmpeg 中进行搜索时(av_seek_frame),时间戳必须基于流时间基准,例如搜索到第5s的主要代码如下:

```
//chapter8/8.4.help.txt
//首先计算出基于视频流时间基准的时间戳
int64_t timestamp_in_stream_time_base = av_rescale_q(5 * AV_TIME_BASE, AV_TIME_BASE_Q,
video_stream_->time_base);
//然后搜索
av_seek_frame(av_format_context, video_stream_index, timestamp_in_stream_time_base, AVSEEK_
FLAG_BACKWARD);
```

3. 转封装过程中的时间基转换

容器中的时间基(AVStream.time_base,对应 tbn)的定义代码如下:

```
//chapter8/8.4.help.txt
typedef struct AVStream {
    ...
    /** 这是表示帧时间戳的基本时间单位(秒)
     * This is the fundamental unit of time (in seconds) in terms
     * of which frame timestamps are represented.
     *
     * decoding: set by libavformat,解码时被 libavformat 设置
     * encoding: May be set by the caller before avformat_write_header() to
     *           provide a hint to the muxer about the desired timebase. In
     *           avformat_write_header(), the muxer will overwrite this field
     *           with the timebase that will actually be used for the timestamps
     *           written into the file (which may or may not be related to the
     *           user-provided one, depending on the format).
     * 编码时:可以由调用方在 avformat_write_header()之前设置,以向 muxer 提供有关所需时基
的提示.在 avformat_write_header()中,muxer 将使用实际用于写入文件的时间戳的时基覆盖此字段
(可能与用户提供的时间戳相关,也可能与用户提供的时间戳无关,具体取决于格式)
     */
    AVRational time_base; //封装格式(容器)中的时间基
    ...
}
```

AVStream.time_base 是 AVPacket 中 pts 和 dts 的时间单位,输入流与输出流中 time_base 按以下方式确定。

(1) 对于输入流：打开输入文件后，调用 avformat_find_stream_info()函数可获取每个流中的 time_base。

(2) 对于输出流：打开输出文件后，调用 avformat_write_header()函数可根据输出文件的封装格式确定每个流的 time_base 并写入输出文件中。

在转封装(将一种封装格式转换为另一种封装格式)过程中，与时间基转换相关的代码如下：

```
//chapter8/8.4.help.txt
av_read_frame(ifmt_ctx, &pkt);   //读取音视频包
//in_stream:输入流; out_stream:输出流
pkt.pts = av_rescale_q_rnd(pkt.pts, in_stream->time_base, out_stream->time_base, AV_
ROUND_NEAR_INF|AV_ROUND_PASS_MINMAX);
pkt.dts = av_rescale_q_rnd(pkt.dts, in_stream->time_base, out_stream->time_base, AV_
ROUND_NEAR_INF|AV_ROUND_PASS_MINMAX);
pkt.duration = av_rescale_q(pkt.duration, in_stream->time_base, out_stream->time_base);
```

使用 av_packet_rescale_ts()函数可以完成与上面代码相同的效果，代码如下：

```
//chapter8/8.4.help.txt
//从输入文件中读取 packet
av_read_frame(ifmt_ctx, &pkt);
//将 packet 中的各时间值从输入流封装格式时间基转换到输出流封装格式时间基
av_packet_rescale_ts(&pkt, in_stream->time_base, out_stream->time_base);
```

这里的时间基 in_stream->time_base 和 out_stream->time_base 是容器中的时间基(对应 tbn)。

例如 FLV 封装格式的 time_base 为{1,1000}，ts 封装格式的 time_base 为{1,90000}，可以使用 FFmpeg 的命令行将 FLV 封装格式转换为 TS 封装格式。先抓取原文件(FLV)前 4 帧的显示时间戳，命令行及输出内容如下：

```
//chapter8/8.4.help.txt
ffprobe -show_frames -select_streams v xxx.flv | grep pkt_pts     //Linux
ffprobe -show_frames -select_streams v xxx.flv | findstr pkt_pts //Windows
//显示内容如下:
pkt_pts=40
pkt_pts_time=0.040000
pkt_pts=80
pkt_pts_time=0.080000
pkt_pts=120
pkt_pts_time=0.120000
pkt_pts=160
pkt_pts_time=0.160000
```

再抓取转换的文件(TS)前 4 帧的显示时间戳,命令行及输出内容如下:

```
//chapter8/8.4.help.txt
ffprobe -show_frames -select_streams v xxx.ts | grep pkt_pts   //Linux
ffprobe -show_frames -select_streams v xxx.ts | findstr pkt_pts//Windows
//显示内容如下:
pkt_pts=3600
pkt_pts_time=0.040000
pkt_pts=7200
pkt_pts_time=0.080000
pkt_pts=10800
pkt_pts_time=0.120000
pkt_pts=14400
pkt_pts_time=0.160000
```

可以发现,对于同一个视频帧,它们在不同封装格式中的时间基(tbn)不同,所以时间戳(pkt_pts)也不同,但是计算出来的时刻值(pkt_pts_time)是相同的。例如第 1 帧的时间戳,计算关系的代码如下:

```
//chapter8/8.4.help.txt
40   × {1,1000} ==   3600 × {1,90000} == 0.040000
80   × {1,1000} ==   7200 × {1,90000} == 0.080000
120 × {1,1000} == 10800 × {1,90000} == 0.120000
160 × {1,1000} == 14400 × {1,90000} == 0.160000
```

4. 转码过程中的时间基转换

编解码器中的时间基(AVCodecContext.time_base,对应 tbc)的定义代码如下:

```
//chapter8/8.4.help.txt
typedef struct AVCodecContext {
    ...

    /**
     * This is the fundamental unit of time (in seconds) in terms  of which frame timestamps are represented. For fixed-fps content,   timebase should be 1/framerate and timestamp increments should be  identically 1.
     * 这是表示帧时间戳的基本时间单位(秒).对于固定的 fps 内容,时间基应为 1/帧速率,时间戳增量应为 1.
     * This often, but not always is the inverse of the frame rate or field rate  for video. 1/time_base is not the average frame rate if the frame rate is not constant.这通常(但并非总是)与视频的帧速率或场速率相反.如果帧速率不是常数,则 1/time_base 不是平均帧速率.
     *
     * Like containers, elementary streams also can store timestamps, 1/time_base  is the unit in which these timestamps are specified.与容器一样,基本流也可以存储时间戳,1/time_base 是指定这些时间戳的单位.
```

```
     * As example of such codec time base see ISO/IEC 14496 - 2:2001(E) vop_time_increment_
resolution and fixed_vop_rate  (fixed_vop_rate == 0 implies that it is different from the
framerate)作为此类编解码器时基的示例,可参见 ISO/IEC 14496 - 2:2001(E)vop_time_increment_
resolution 和 fixed_vop_rate(fixed_vop_rate == 0 表示它与帧速率不同).
     *
     * - encoding: MUST be set by user.编码时必须由用户设置该字段.
     * - decoding: the use of this field for decoding is deprecated.解码时不推荐使用此字段
进行解码.Use framerate instead.而是应该使用帧率字段 framerate.
     */
    AVRational time_base;   //编解码中的时间基

    ...
}
```

上述注释指出,AVCodecContext.time_base 是帧率的倒数,每帧时间戳递增 1,那么 tbc 就等于帧率。编码过程中,应由用户设置好此参数。解码过程中,此参数已过时,建议直接使用帧率倒数作为时间基。

注意:根据注释中的建议,在实际使用时,在视频解码过程中,不使用 AVCodecContext.time_base,而用帧率倒数作为时间基;视频编码过程中,用户需要将 AVCodecContext.time_base 设置为帧率的倒数。

不同的封装格式,时间基(time_base)是不一样的。另外,整个转码过程,不同的数据状态对应的时间基也不一致。例如用 MPEG-TS 封装格式,帧率为 25 帧/秒,非压缩时的数据(YUV 或者其他)在 FFmpeg 中对应的结构体为 AVFrame,它的时间基为 AVCodecContext 的 time_base,为帧率的倒数(AVRational{1,25}),而压缩后的数据(结构体为 AVPacket)对应的时间基为 AVStream 的 time_base,MPEG-TS 的时间基为 AVRational{1,90000}。

由于数据状态不同,时间基不一样,所以必须对时间基进行转换,例如在 1/25 时间刻度下占 5 格,在 1/90 000 时间刻度下占 18 000 格。这就是 pts 的转换。根据 pts 来计算一帧在整个视频中的时间位置,代码如下:

```
timestamp(s) = pts * av_q2d(st->time_base)
```

duration 和 pts 单位一样,duration 表示当前帧的持续时间占多少格。或者理解为两帧的间隔时间占多少格。计算 duration,代码如下:

```
time(s) = st->duration * av_q2d(st->time_base)
```

1）解码过程中的时间基转换

想要播放一个视频,需要获得视频画面和音频数据,然后对比一下时间,让音视频的时间对齐，再放入显示器和扬声器中播放。在 FFmpeg 里，对于视频，它把画面一帧一帧地增加，认为是一个单元，例如一个帧率为 10 帧/秒的视频，那么在 1s 内它就以 1、2、3、4、5、6、7、8、9、10 这样的方式进行计数，可以简单地认为这里的 1、2、…、10 就是其中的一个时间戳(pts)。

AVStream.time_base 是 AVPacket 中 pts 和 dts 的时间单位。解码时通过 av_read_frame()函数将数据读到 AVPacket，此时 AVPacket 有一个 pts，该 pts 是以 AVStream.time_base 为基准的。需要将这个 pts 转换成解码后的 pts，可以通过 av_packet_rescale_ts()函数来把 AVStream 的 time_base 转换成 AVCodecContext 的 time_base。对于视频来讲，这里的 AVCodecContext 的 time_base 是帧率的倒数。

通过解码后得到视频帧 AVFrame，这里的 AVFrame 会有一个 pts，该 pts 是以 AVCodecContext 的 time_base 为基准的，如果要显示这帧画面，还需要转换成显示的时间，即从 AVCodecContext 的 time_base 转换成 AV_TIME_BASE(1 000 000)的 timebase，最后得到的才是日常习惯使用的微秒单位。视频解码过程中的时间基转换处理的代码如下：

```
//chapter8/8.4.help.txt
AVFormatContext *ifmt_ctx;
AVStream *in_stream;
AVCodecContext *dec_ctx;
AVPacket packet;
AVFrame *frame;

//从输入文件中读取编码帧:AVPacket
av_read_frame(ifmt_ctx, &packet);

//先获取解码层的时间基(等于帧率的倒数)
int raw_video_time_base = av_inv_q(dec_ctx->framerate);
//时间基转换:将 AVStream 的时间基转换为 AVCodecContext 的时间基
av_packet_rescale_ts(packet, in_stream->time_base, raw_video_time_base);

//解码
avcodec_send_packet(dec_ctx, packet)
avcodec_receive_frame(dec_ctx, frame);
```

2）编码过程中的时间基转换

前面解码部分得到了一个 AVFrame，并且得到了以微秒为基准的 pts。如果要去编码，就要逆过来，通过调用 av_rescale_q()函数将 pts 转换成编码器(AVCodecContext)的 pts，转换成功后，就可以压缩了。压缩过程需要调用 avcodec_send_frame()和 avcodec_receive_packet()函数，然后得到 AVPacket。此时会有一个 pts，该 pts 是以编码器为基准的，所以需要再次调用 av_packet_rescale_ts()函数将编码器的 pts 转换成 AVStream 的 pts，最后才可以写入文件或者流中。视频编码过程中的时间基转换处理的代码如下：

```
//chapter8/8.4.help.txt
AVFormatContext *ofmt_ctx;
AVStream *out_stream;
AVCodecContext *dec_ctx;
AVCodecContext *enc_ctx;
AVPacket packet;
AVFrame *frame;

//编码
avcodec_send_frame(enc_ctx, frame);
avcodec_receive_packet(enc_ctx, packet);

//时间基转换
packet.stream_index = out_stream_idx; //写入文件中,对应的流索引
enc_ctx->time_base = av_inv_q(dec_ctx->framerate); //编码层的时间基,帧率的倒数
//将编码层的时间基转换为封装层的时间基(AVStream.time_base)
av_packet_rescale_ts(&opacket, enc_ctx->time_base, out_stream->time_base);

//将编码帧写入输出媒体文件
av_interleaved_write_frame(o_fmt_ctx, &packet);
```

3）时间基转换所涉及的数据结构与时间体系

FFmpeg 中时间基转换涉及的数据结构包括 AVStream 和 AVCodecContext。如果由某个解码器产生固定帧率的码流，则 AVCodecContext 中的 time_base 根据帧率来设定，如帧率为 25 帧/秒，那么 time_base 为{1,25}。

AVStream 中的 time_base 一般根据其采样频率设定，例如 MPEG-TS 封装格式的时间基为{1,90000}，在某些场景下涉及 pts 的计算时，就涉及两个 Time 的转换，以及到底取哪里的 time_base 进行转换。

(1) 场景 1：编码器产生的帧，直接存入某个容器的 AVStream 中，那么此时 packet 的 Time 要从 AVCodecContext 的 Time 转换成目标 AVStream 的 Time。

(2) 场景 2：从一种容器中 demux(解复用)出来的源 AVStream 的 packet，存入另一个容器中的 AVStream。此时的 time_base 应该从源 AVStream 的 Time 转换成目的 AVStream 的 time_base 下的 Time。

所以问题的关键还是要理解，不同的场景下取到的数据帧的 Time 是相对哪个时间体系的。

(1) demux(解复用)出来的帧的 Time：是相对于源 AVStream 的 time_base。

(2) 编码器出来的帧的 Time：是相对于源 AVCodecContext 的 time_base。

(3) mux(复用)存入文件等容器的 Time：是相对于目的 AVStream 的 time_base。

4）视频流编解码过程中的时间基转换

视频需要按帧播放，解码后的原始视频帧的时间基为帧率的倒数(1/framerate)，视频

解码过程中的时间基转换处理,代码如下:

```
//chapter8/8.4.help.txt
AVFormatContext * ifmt_ctx;
AVStream * in_stream;
AVCodecContext * dec_ctx;
AVPacket packet;
AVFrame * frame;

//从输入文件中读取编码帧
av_read_frame(ifmt_ctx, &packet);

//时间基转换:先计算解码时的帧率倒数
int raw_video_time_base = av_inv_q(dec_ctx->framerate);
//将 AVStream 的时间基转换为 AVCodecContext 的时间基
av_packet_rescale_ts(packet, in_stream->time_base, raw_video_time_base);

//解码
avcodec_send_packet(dec_ctx, packet)
avcodec_receive_frame(dec_ctx, frame);
```

视频编码过程中的时间基转换处理,代码如下:

```
AVFormatContext * ofmt_ctx;
AVStream * out_stream;
AVCodecContext * dec_ctx;
AVCodecContext * enc_ctx;
AVPacket packet;
AVFrame * frame;

//编码
avcodec_send_frame(enc_ctx, frame);
avcodec_receive_packet(enc_ctx, packet);

//时间基转换
packet.stream_index = out_stream_idx;
enc_ctx->time_base = av_inv_q(dec_ctx->framerate);  //编码层的时间基;帧率的倒数
av_packet_rescale_ts(&opacket, enc_ctx->time_base, out_stream->time_base);

//将编码帧写入输出媒体文件
av_interleaved_write_frame(o_fmt_ctx, &packet);
```

5)音频流编解码过程中的时间基转换

音频按采样点播放,解码后原始音频帧的时间基为采样率的倒数(1/sample_rate)。音频解码过程中的时间基转换处理,代码如下:

```
//chapter8/8.4.help.txt
AVFormatContext * ifmt_ctx;
AVStream * in_stream;
AVCodecContext * dec_ctx;
AVPacket packet;
AVFrame * frame;

//从输入文件中读取编码帧
av_read_frame(ifmt_ctx, &packet);

//时间基转换
int raw_audio_time_base = av_inv_q(dec_ctx->sample_rate);   //采样率倒数
//将封装层的 AVStream.time_base 转换为编解码层的时间基
av_packet_rescale_ts(packet, in_stream->time_base, raw_audio_time_base);

//解码
avcodec_send_packet(dec_ctx, packet)
avcodec_receive_frame(dec_ctx, frame);
```

音频编码过程中的时间基转换处理，代码如下：

```
//chapter8/8.4.help.txt
AVFormatContext * ofmt_ctx;
AVStream * out_stream;
AVCodecContext * dec_ctx;
AVCodecContext * enc_ctx;
AVPacket packet;
AVFrame * frame;

//编码
avcodec_send_frame(enc_ctx, frame);
avcodec_receive_packet(enc_ctx, packet);

//时间基转换
packet.stream_index = out_stream_idx;
enc_ctx->time_base = av_inv_q(dec_ctx->sample_rate);   //采样率倒数
//将转换为编解码层的时间基及封装层的 AVStream.time_base
av_packet_rescale_ts(&opacket, enc_ctx->time_base, out_stream->time_base);

//将编码帧写入输出媒体文件
av_interleaved_write_frame(o_fmt_ctx, &packet);
```

第9章 AVFilter过滤器层理论及案例实战

CHAPTER 9

FFmpeg除了具有强大的封装/解封装、编/解码功能之外，还包含了一个非常强大的组件，即滤镜AVFilter。AVFilter组件常用于多媒体处理与编辑。FFmpeg本身提供了多种滤镜，例如旋转、加水印、多宫格等。用户也可以添加自定义模块，在编译时可以使用./configure脚本灵活配置。在doc/examples目录，有具体的使用例子，filtering_video.c和filtering_audio.c文件分别展示了如何处理图像和声音。每个滤镜都是一个AVFilter，实际处理时多个滤镜组合成一张图(Filter Graph)进行处理。图的起点是个特殊的滤镜buffer(用于video)或者abuffer(用于audio)，终点则是特殊的滤镜buffersink或者abuffersink，功能含义与英文一致。把解码后的AVFrame从buffer、abuffer滤镜加入滤镜图，然后从buffersink或abuffersink读出，这样就完成了滤镜处理。

9.1 过滤器层的架构原理解析

使用FFmpeg可以实现简单的音视频转码功能，也可以实现很多复杂的音视频特效。FFmpeg提供了很多实用且强大的滤镜(filter、过滤器)，例如overlay、scale、trim、setpts等，通过复杂滤镜(-filter-complex)的表达式功能，可以将多个滤镜组装成一个调用图，实现更为复杂的视频剪辑功能。

9.1.1 FFmpeg包含滤镜的转码流程

FFmpeg包含滤镜的转码流程如图9-1所示。

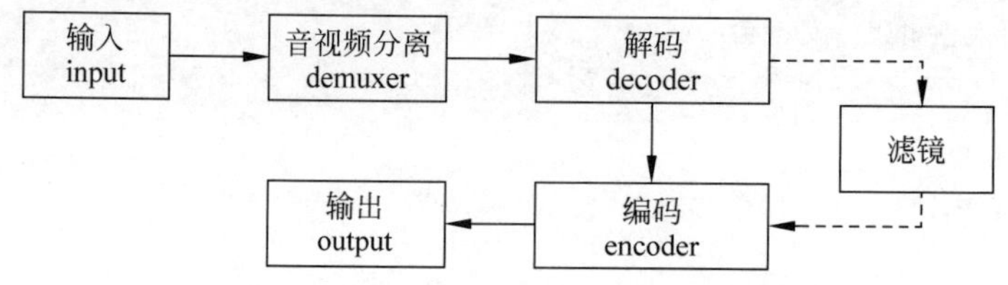

图9-1 FFmpeg包含过滤器的流程图

滤镜前后画的是虚线，表示可有可无。在术语中，过滤指的是在编码之前针对解码器解码出来的原始数据(音视频帧)进行处理的动作，滤镜也可以称为过滤器。FFmpeg 内置了大概近 400 种滤镜，可以用 ffmpeg-filters 命令查看所有的滤镜，也可以用命令 ffmpeg-h filter=xxx 查看或者查看官方文档了解每种滤镜。

按照处理数据的类型还可以分为音频 filter、视频 filter、字幕 filter，FFmpeg 可以通过 filter 将音视频实现出非常多不同的 filter 效果，视频可以实现缩放、合并、裁剪、旋转、水印添加、倍速等效果，音频可以实现回声、延迟、去噪、混音、音量调节、变速等效果。可以通过 filter 不同方式的组合去定制出想要的音视频特效。

实际上在大部分音视频的处理过程中离不开滤镜，多个滤镜可以结合在一起使用形成滤镜链或者滤镜图，在每个滤镜中，不仅可以对输入源进行处理，A 滤镜处理好的结果还可以作为 B 滤镜的输入参数，通过 B 滤镜继续处理。针对滤镜的处理，FFmpeg 提供了两种处理方式，即简单滤镜和复杂滤镜。

9.1.2 FFmpeg 责任链模式简介

责任链模式(Chain of Responsibility Pattern)是一种设计模式。在责任链模式里，很多对象由每个对象对其下家进行引用而连接起来，从而形成一条链。请求在这个链上传递，直到链上的某个对象决定处理此请求。发出这个请求的客户端并不知道链上的哪一个对象最终处理这个请求，这使系统可以在不影响客户端的情况下动态地重新组织和分配责任，操作流程如图 9-2 所示。

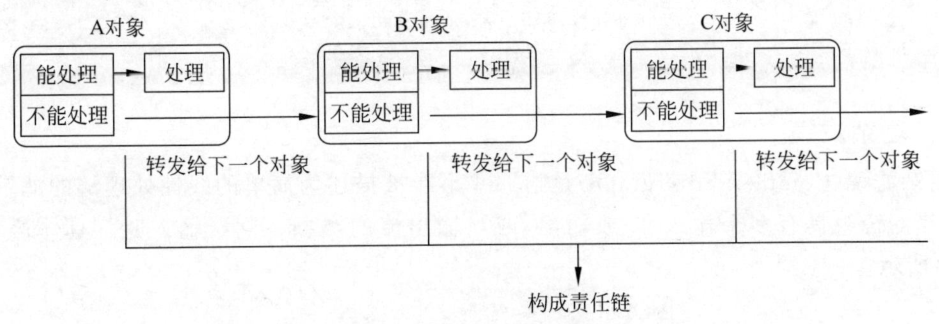

图 9-2 责任链设计模式

责任链设计模式类似于《红楼梦》中的“击鼓传花”游戏。

9.1.3 简单滤镜和复杂滤镜之间的区别

FFmpeg 提供了简单滤镜和复杂滤镜，简单滤镜只有一个输入和一个输出，复杂滤镜有多个输入。

1. 简单滤镜

简单滤镜(Simple Filtergraph)是指只有一个输入和一个输出,实际就是添加在解码和编码步骤之间的操作,简单滤镜需要配置每个流的筛选器选项(视频和音频分别使用-vf 和-af 别名),具体流程如图 9-3 所示。注意一些滤镜会改变帧属性但是不会改变帧内容:例如 fps 滤镜将改变帧的数量,但是不会去修改一帧数据中存储的内容;又例如 setpts 滤镜,仅仅会修改帧的时间戳,然后就完成了这帧数据的处理而没有改变帧内数据。

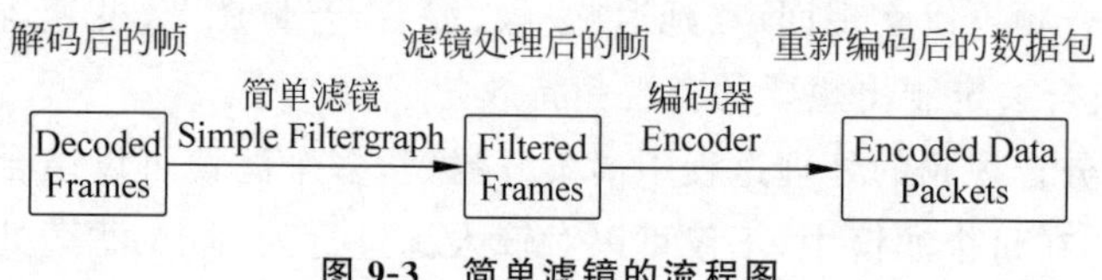

图 9-3 简单滤镜的流程图

-vf 是-filter:v 的简写,还可以使用-filter:a 或者-af 针对音频流进行处理。

-filter 的语法规则如下:

```
- filter[:stream_specifier] filtergraph (output,per - stream)
```

stream_specifier 流的类型一般用 a 表示音频,v 表示视频,filtergraph 表示具体的滤镜,例如可以用 scale 滤镜。

例如使用简单滤镜-vf 的 drawtext 给视频添加系统时间水印,命令如下:

```
//chapter9/9.1.txt
ffmpeg - ss 0 - t 3 - i test4.mp4 - vf "drawtext = fontsize = 100:x = n * 5:y = 100:fontcolor =
red:box = 1:text = '%{localtime}'" - y test4 - drawtext - 3.mp4
```

2. 复杂滤镜

复杂滤镜(Complex Filtergraph)是指那些不能被描述为简单的线性处理链的滤镜组。例如,当滤镜组具有多个输入和/或输出,或当输出流的类型不同于输入时。具体流程如图 9-4 所示。

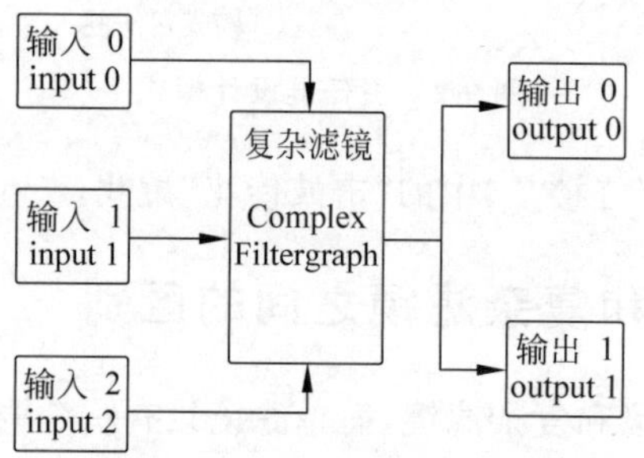

图 9-4 复杂滤镜的流程图

先来测试一个复杂滤镜的案例,命令如下:

```
ffmpeg -ss 0 -t 3 -i test4.mp4  -i logo.png -filter_complex
"overlay=x=50:y=50" -y test4-overlay-0.mp4
```

复杂滤镜图使用-filter_complex 选项来表示,与-vf 的不同在于它有多个输入。该选项是全局的,-lavfi 选项等同于-filter_complex,一个具体的例子就是 overlay 滤镜,该滤镜有两个视频输入,一个视频输出,输出视频是在一个输入视频上覆盖另一个视频后的叠加效果。注意这个选项是全局的,因为复杂滤镜图天然就不会二义性地关联到单个流或者文件。相对于简单滤镜,复杂滤镜是可以处理任意数量输入和输出效果的滤镜图,它几乎无所不能。

9.1.4 FFmpeg 滤镜流程图

FFmpeg AVFilter 在使用过程中的流程如图 9-5 所示。

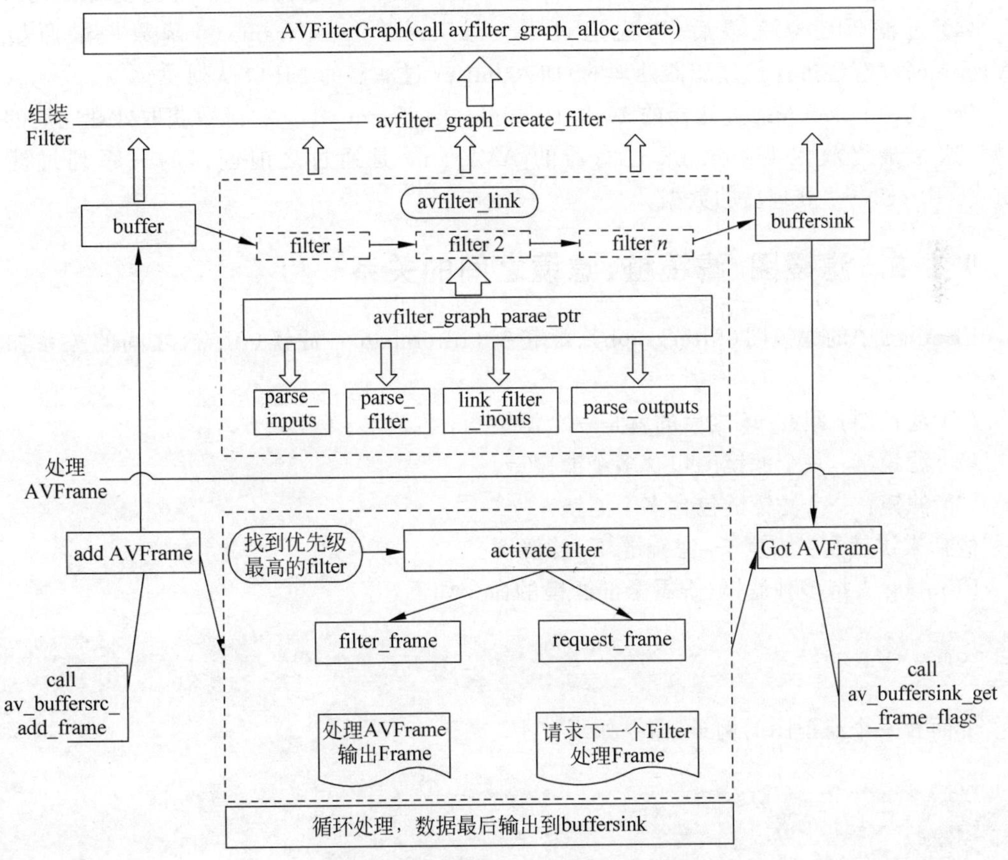

图 9-5 FFmpeg AVFilter 的使用流程

下面解释一下该流程图中的主要步骤与概念。

(1) 最顶端的 AVFilterGraph 主要管理加入的过滤器,其中加入的过滤器是通过 avfilter_graph_create_filter()函数来创建并加入的,这个函数的返回类型是 AVFilterContext (其封装了 AVFilter 的详细参数信息)。

(2) buffer 和 buffersink 这两个过滤器是 FFmpeg 内部已经实现好的,buffer 表示源,用来向后面的过滤器提供数据输入(其实就是原始的 AVFrame); buffersink 过滤器是最终输出的(过滤器链处理后的数据 AVFrame),其他的诸如 filter1、filter2、filter3 等过滤器是由 avfilter_graph_parse_ptr()函数解析外部传入的过滤器描述字符串自动生成的,内部也是通过 avfilter_graph_create_filter()来创建过滤器的。

(3) 上面的 buffer、filter1、filter2、filter *n*、buffersink 之间是通过 avfilter_link()函数进行关联的(通过 AVFilterLink 结构),子过滤器和过滤器之间通过 AVFilterLink 进行关联,前一个过滤器的输出就是下一个过滤器的输入。注意,除了源和接收过滤器之外,其他的过滤器至少有一个输入和输出。这个逻辑比较容易理解,中间的过滤器处理完 AVFrame 后,得到新的处理后的 AVFrame 数据,然后把新的 AVFrame 数据作为下一个过滤器的输入。

(4) 过滤器建立完成后,首先通过 av_buffersrc_add_frame()函数把最原始的 AVFrame(没有经过任何过滤器处理的)加入 buffer 过滤器的 FIFO 队列。

(5) 调用 buffersink 过滤器的 av_buffersink_get_frame_flags()函数获取处理完后的数据帧,这个最终放入 buffersink 过滤器的 AVFrame 是通过之前创建的一系列过滤器(fiter1、filter2、…)处理后的数据。

9.1.5 滤镜图、滤镜链、滤镜之间的关系

FFmpeg 中的滤镜图(filtergraph)、滤镜链(filterchain)、滤镜(filter)之间的关系如下所述。

(1) 滤镜图:跟在-vf 之后的就是一个滤镜图。

(2) 滤镜链:一个滤镜图包含多个滤镜链。

(3) 滤镜:一个滤镜链包含多个滤镜。

概括来讲就是:滤镜 ∈ 滤镜链 ∈ 滤镜图。

FFmpeg 支持多种滤镜,查看全部滤镜的命令如下:

```
ffmpeg -filters
```

下面看一个滤镜图的例子,命令如下:

```
//chapter9/9.1.txt
ffmpeg -i test4.mp4 -vf
"[in]scale=640:480[wm];movie='logo.png',scale=92.25:80.88[logo];[wm][logo]overlay=
main_w-overlay_w-24.0:24.0[out]" -y test4-filtergraph-1.mp4
```

在该案例中，有一个滤镜图，包含 3 个滤镜链。

(1) [in]scale=640.0:480.0[wm]：[in]表示输入的文件(test4.mp4)，scale=640.0:480.0 表示将原输入视频缩放为宽(640)、高(480)；[wm]表示本滤镜链的别名，因为后边的滤镜链可能会通过这个名称来引用本滤镜的输出视频。

(2) movie='logo.png',scale=92.25:80.88[logo]：movie 表示图片水印，并缩放为(92.25:80.88)，然后给自己的输出命名为[logo]，供后续的滤镜链使用。

(3) [wm][logo]overlay=main_w-overlay_w-24.0:24.0[out]：[wm]表示第 1 个滤镜链的输出内容，[logo]表示第 2 个滤镜链的输出内容，overlay 表示将[logo]叠加到视频[wm]的指定位置(main_w-overlay_w-24.0:24.0)，即视频宽度(main_w)减去图片水印的宽度(overlay_w)再减去 24，高度为 24，相当于在视频的右上角位置添加了一张图片水印。最后的[out]表示这个滤镜链的输出内容。

可以看到，滤镜链是使用英文分号(;)来分隔的，滤镜链中的滤镜使用英文逗号(,)来分隔；滤镜链没有指定输入或者输出，默认使用前面滤镜链的输出作为自己的输入，输出后给后面的滤镜链作为输入。

在该案例中，将原输入视频(test4.mp4)缩放为 640:480，将图片水印(logo.png)缩放为 92.25:80.88，然后在视频的右上角添加水印(main_w-overlay_w-24.0:24.0)，转码后的效果如图 9-6 所示。

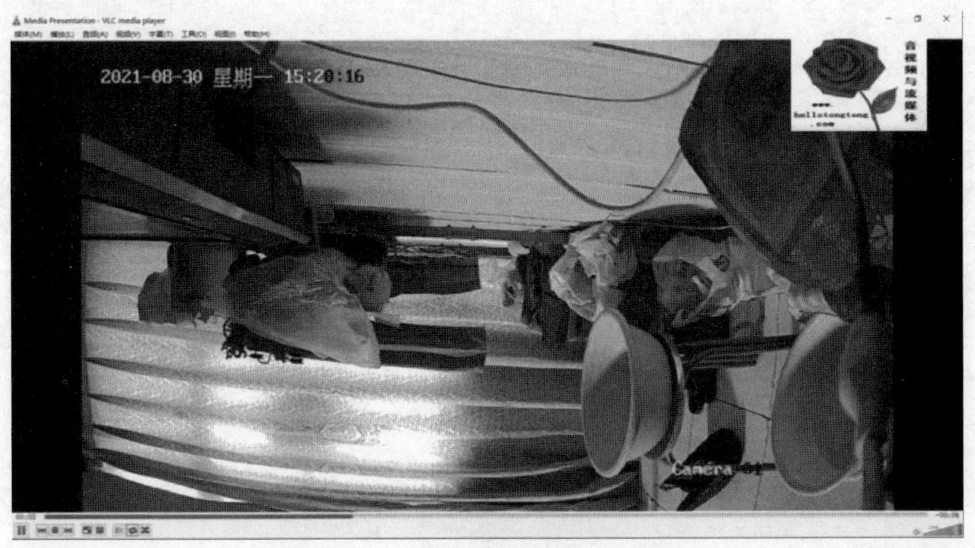

图 9-6 过滤器图及过滤器链的案例

9.1.6 FFmpeg 滤镜相关的重要结构体

在使用 FFmpeg 开发时，使用 AVFilter 的流程较为复杂，涉及的核心数据结构主要包括 AVFilterGraph（滤镜图）、AVFilterContext（过滤器上下文）、AVFilter（过滤器）、AVFilterLink（过滤器链）、AVFilterInOut（过滤器输入输出）和 AVFilterPad 等。在 FFmpeg 中有多种多样的滤镜，可以把这些滤镜当成一个个小工具，专门用于处理视频和音频数据，以便实现一定的目标。例如 overlay 这个滤镜，可以将一张图画覆盖到另一张图画上；transport 这个滤镜可以对图画进行旋转等。

（1）一个 filter 的输出可以作为另一个 filter 的输入，因此多个 filter 可以组织成为一个网状的 Filter Graph，从而实现更加复杂或者综合的任务。在 libavfilter 模块中，用类型 AVFilter 来表示一个 filter，每个 filter 都是经过注册的，其特性是相对固定的，而 AVFilterContext 则表示一个真正的 filter 实例，这和 AVCodec 及 AVCodecContext 的关系是类似的。AVFilter 中最重要的特征就是其所需的输入和输出。该结构体的代码如下：

```
//chapter9/others.txt
/**
 * Filter definition. This defines the pads a filter contains, and all the
 * callback functions used to interact with the filter.
 * 过滤器定义.这定义了过滤器包含的 pad,以及用于与过滤器交互的所有回调函数
 */
typedef struct AVFilter {
    const char *name;                //过滤器名称
    const char *description;         //描述信息
    const AVFilterPad *inputs;       //输入引脚
    const AVFilterPad *outputs;      //输出引脚
    const AVClass *priv_class;
    int flags;

    //private API
    ...
} AVFilter;
```

（2）AVFilterContext 表示一个 AVFilter 的实例，在实际使用 filter 时，就是使用这个结构体。AVFilterContext 在被使用前，它必须被初始化，即需要对 filter 进行一些选项上的设置，通过初始化告诉 FFmpeg 已经做了相关的配置，该结构体的代码如下：

```
//chapter9/others.txt
/** An instance of a filter :过滤器实例 */
struct AVFilterContext {
    const AVClass *av_class;      //<  filters common options
    const AVFilter *filter;       //< the AVFilter of which this is an instance
    char *name;                   //< name of this filter instance

    AVFilterPad    *input_pads;   //< array of input pads
    AVFilterLink **inputs;        //< array of pointers to input links
```

```
    unsigned     nb_inputs;             //< number of input pads

    AVFilterPad    * output_pads;       //< array of output pads
    AVFilterLink ** outputs;            //< array of pointers to output links
    unsigned     nb_outputs;            //< number of output pads

    void * priv;                        //< private data for use by the filter
    struct AVFilterGraph * graph;       //< filtergraph this filter belongs to

    ...
};
```

(3) AVFilterInGraph 表示一个 Filter Graph(滤镜图),当然它也包含了 Filter Chain(滤镜链)的概念。Filter Graph 包含了诸多 Filter Context 实例,并负责它们之间的链接(link),Filter Graph 会负责创建、保存、释放这些相关的 Filter Context 和 link,一般不需要用户进行管理。除此之外,它还有线程特性和最大线程数量的字段。Fiter Graph 的操作有分配一个 graph、往 graph 中添加一个 Filter Context、添加一个 Filter Graph、对 filter 进行 link 操作、检查内部的 link 和 format 是否有效、释放 graph 等,该结构体的代码如下:

```
//chapter9/others.txt
typedef struct AVFilterGraph {
    const AVClass * av_class;
    AVFilterContext ** filters;
    unsigned nb_filters;

     /**
      * Opaquc objcct for libavfilter internal use.
      */
    AVFilterGraphInternal * internal;

    ...
} AVFilterGraph;
```

(4) AVFilterLink 表示两个过滤器之间的链接,其中包含指向存在此链接的源过滤器和目标过滤器的指针,以及相关 pad 的索引。此外,此链接还包含过滤器之间协商和商定的参数,如图像尺寸、格式等,该结构体的代码如下:

```
//chapter9/others.txt
/**
 * A link between two filters. This contains pointers to the source and
 * destination filters between which this link exists, and the indexes of
 * the pads involved. In addition, this link also contains the parameters
 * which have been negotiated and agreed upon between the filter, such as
```

```
 * image dimensions, format, etc.
 *
 * Applications must not normally access the link structure directly.
 * Use the buffersrc and buffersink API instead.
 * In the future, access to the header may be reserved for filters
 * implementation.
 * 应用程序通常不能直接访问链接结构体,而是改用 buffersrc 和 buffersink API.
 * 将来,可以为过滤器实现保留对头部的访问权限
 */
struct AVFilterLink {
    AVFilterContext *src;        //< source filter
    AVFilterPad *srcpad;         //< output pad on the source filter

    AVFilterContext *dst;        //< dest filter
    AVFilterPad *dstpad;         //< input pad on the dest filter

    ...
}
```

(5) AVFilterInOut 表示过滤器链输入/输出的链接列表。这主要适用于 avfilter_graph_parse()/avfilter_graph_parse2()函数,用于与调用者已打开的(未连接的)输入和输出进行通信。此结构体规定了过滤器图中所包含的每个未连接的 pad(引脚/衬垫)建立连接时所需的过滤器上下文和 pad 的索引,该结构体代码如下:

```
//chapter9/others.txt
/**
 * A linked-list of the inputs/outputs of the filter chain.
 * This is mainly useful for avfilter_graph_parse() / avfilter_graph_parse2(), where it is
used to communicate open (unlinked) inputs and outputs from and  to the caller. This struct
specifies, per each not connected pad contained in the graph, the filter context and the pad
index required for establishing a link.
 */
typedef struct AVFilterInOut {
    /** unique name for this input/output in the list */
    char *name;

    /** filter context associated to this input/output */
    AVFilterContext *filter_ctx;

    /** index of the filt_ctx pad to use for linking */
    int pad_idx;

    /** next input/input in the list, NULL if this is the last */
    struct AVFilterInOut *next;
} AVFilterInOut;
```

(6) AVFilterPad 代表一个 filter 的输入或输出端口，每个 filter 都可以有多个输入和多个输出，只有输出 pad 的 filter 称为 source，只有输入 pad 的 filter 称为 sink，该结构体代码如下：

```
//chapter9/others.txt
/** 用于输入或输出的过滤器衬垫
  * A filter pad used for either input or output.
  */
struct AVFilterPad {
    /**
     * Pad name. The name is unique among inputs and among outputs, but an
     * input may have the same name as an output. This may be NULL if this
     * pad has no need to ever be referenced by name.
     * pad 名称.名称在输入和输出之间是唯一的，但输入的名称可能与输出的名称相同.
     * 如果此 pad 不需要通过名称引用，则此值可能为空
     */
    const char *name;

    /**
     * AVFilterPad type. 类型:音频、视频等
     */
    enum AVMediaType type;

    /** 标志值
     * A combination of AVFILTERPAD_FLAG_* flags.
     */
    int flags;

    /**
     * Callback functions to get a video/audio buffers. If NULL,
     * the filter system will use ff_default_get_video_buffer() for video
     * and ff_default_get_audio_buffer() for audio.
     * 回调函数获取视频/音频缓冲区.如果为空，则过滤器系统将对视频使用 ff_default_get_
video_buffer()，对音频使用 ff_default_get_audio_buffer().
     * 该联合体的状态由类型字段 type 来决定
     * The state of the union is determined by type.
     * 只适用于 input pads
     * Input pads only.
     */
    union {
        AVFrame *(*video)(AVFilterLink *link, int w, int h);
        AVFrame *(*audio)(AVFilterLink *link, int nb_samples);
    } get_buffer;

    /** 过滤回调函数.这是过滤器接收包含音频/视频数据的帧并进行处理的地方
```

```
        * Filtering callback. This is where a filter receives a frame with
        * audio/video data and should do its processing.
        * 只适用于 input pads
        * Input pads only.
        *
        * @return >= 0 on success, a negative AVERROR on error. This function
        * must ensure that frame is properly unreferenced on error if it
        * hasn't been passed on to another filter. 如果返回非负数,则表示成功,负数表示失败. 此
函数必须确保帧未传递到另一个筛选器,在出错时正确地取消引用该帧
        */
      int (*filter_frame)(AVFilterLink *link, AVFrame *frame);

      ...
};
```

9.2 DirectShow 框架原理与流程解析

DirectShow 是一个 Windows 平台上的流媒体框架,原名为 ActiveMovie,现在一部分 API 仍保留了 AM 的前缀,例如 AM_MEDIA_TYPE 和 IAMVideoAccelerator。DirectShow 提供了高质量的多媒体流采集和回放功能。它支持多种多样的媒体文件格式,包括 ASF、MPEG、AVI、MP3 和 WAV 等,同时支持使用 WDM 驱动或早期的 VFW 驱动进行多媒体流的采集。DirectShow 整合了其他的 DirectX 技术,能自动地侦测并使用可利用的音视频硬件加速,也能支持没有硬件加速的系统。DirectShow 简化了媒体回放、格式转换和采集工作,但与此同时,它也为用户自定义的解决方案提供了底层流控制框架,从而使用户可以自行创建支持新的文件格式或其他用途的 DirectShow 组件。

1. Windows 平台的多媒体框架

Windows 平台上的流媒体框架如图 9-7 所示。

DirectShow 是 Windows 平台上的流媒体框架(DirectX)的一个组成部分。DirectX 主要包括:

(1) DirectX Graphics:集成了以前的 DirectDraw 和 Direct3D 技术,DirectDraw 主要负责二维加速,以实现对显卡内存和系统内存的直接操作,Direct3D 主要提供三维绘图硬件接口,它是开发三维 DirectX 游戏的基础。

(2) DirectInput:主要支持输入服务(包括鼠标、键盘、游戏杆),同时支持输出设备。

(3) DirectPlay:主要提供多人网络游戏的通信、组织功能。

(4) DirectSetup:主要提供自动安装 DirectX 组件的 API 功能。

(5) DirectMusic:主要支持 MIDI 音乐合成和播放功能。

(6) DirectSound:主要提供音频捕捉、回放、音效处理、硬件加速、直接设备访问等

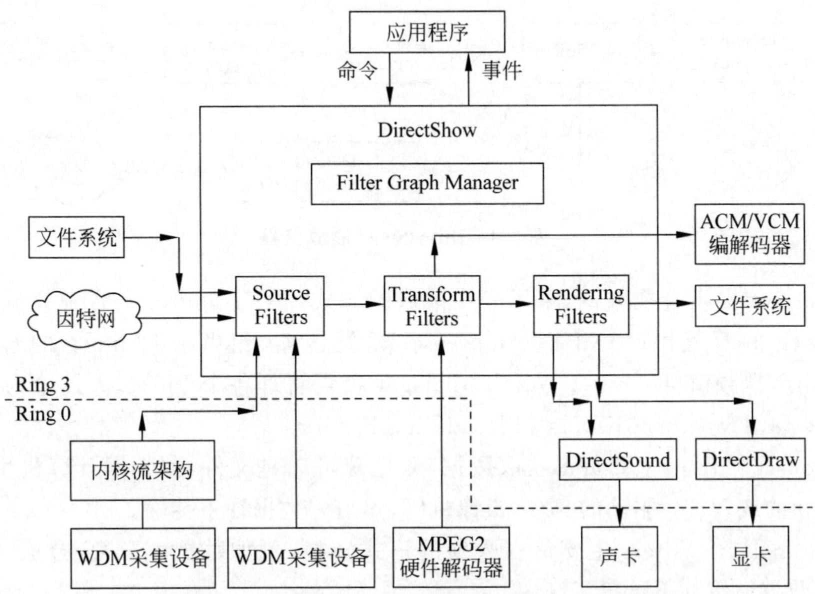

图 9-7 Windows 平台上的流媒体框架

功能。

(7) DirectShow：为在 Windows 平台上处理各种格式的媒体文件的回放、音视频采集等高性能要求的多媒体应用提供了完整的解决方案。

(8) DirectX Media Objects：DirectShow Filter 的简化模型，提供更方便的流数据处理方案。

DirectShow 集成了 DirectX 家族中其他成员（如 DirectDraw、DirectSound 等）的技术，可以说是 DirectX 中的一位"集大成者"。经过几个版本的发展，DirectShow 架构日趋成熟。现在的图像特效越来越多了，例如浮雕、马赛克、相框等，多媒体应用开发所面临的挑战如下：

(1) 多媒体数据量巨大，应如何保证数据处理的高效性。

(2) 如何让音频和视频时刻保持同步。

(3) 如何用简单的方法处理复杂的媒体源问题，包括本地文件、计算机网络、广播电视及其他一些数码产品等。

(4) 如何处理各种各样的媒体格式问题，包括 AVI、ASF、MPEG、DV、MOV 等。

(5) 如何支持目标系统中不可预知的硬件。

该框架设计的初衷就是尽量地让应用程序开发人员从复杂的数据传输、硬件差异、同步性等工作中解脱出来，总体应用框架和底层工作由 DirectShow 来完成，这样，基于 DirectShow 框架开发多媒体应用程序就会变得非常简单。

2. DirectShow 播放音视频的流程

使用 DirectShow 播放一个媒体文件的流程如图 9-8 所示。

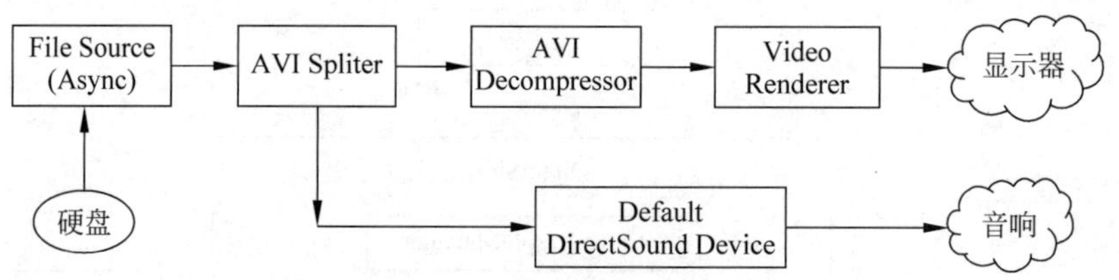

图 9-8 DirectShow 播放流程

File Source 提供音视频源，采用异步读取的方式；AVI Spliter 是音视频流分离器，相当于 FFmpeg 的解复用；AVI Decompressor 是解压缩，相当于 FFmpeg 的解码；Video Renderer 用于视频渲染。Filter Graph Manager 负责管理各个 Filter，大致分为 3 类，包括 Source Filters、Transform Filters 和 Rendering Filters。

(1) Source Filters 主要负责获取数据，数据源可以是文件、因特网计算机里的采集卡(WDM 驱动的或 VFW 驱动的)数字摄像机等，然后将数据往下传输。

(2) Transform Filters 主要负责数据的格式转换，例如数据流分离/合成、解码/编码等，然后将数据继续往下传输。

(3) Rendering Filters 主要负责数据的最终去向，将数据送给显卡、声卡进行多媒体的演示，或者输出到文件进行存储。

3. DirectShow 的开发接口

DirectX 采用了 COM 标准，DirectShow 是一套完全基于 COM 的应用系统，对于 DirectShow 应用程序开发人员来讲，对 COM 知识的了解不需要很深，更多是 COM 组件的“使用”问题。这些问题包括如何创建 COM 组件、如何得到组件对象上的接口及调用接口方法、如何管理组件对象(需要熟悉 COM 的引用计数机制)等。DirectShow 常用的开发接口如下。

(1) IFilterGraph：过滤通道接口。

(2) IFilterGraph2：增强的 IFilterGraph。

(3) IGraphBuilder：最为重用的 COM 接口，用于手动或者自动构造过滤通道 Filter Graph Manager。

(4) IMediaControl：用来控制流媒体的接口，例如流的启动和停止暂停等。

(5) IMediaEvent：播放事件接口，该接口在 Filter Graph 发生一些事件时用来创建事件的标志信息并传送给应用程序。

(6) IMediaEventEx：扩展播放事件接口。

(7) IMediaPosition：播放的位置和速度控制接口，控制播放位置只能通过设置时间来控制。

(8) IMediaSeeking：另一个播放的位置和播放速度控制接口，在位置选择方面功能较强。设置播放格式，多种控制播放方式，常用的有 TIME_FORMAT_MEDIA_TIME(单位为 100 纳秒)和 TIME_FORMAT_FRAME(按帧播放)。

(9) IBasicAudio：声音控制接口。

(10) IBasicVideo：图像控制接口，例如获取比特率、宽度、高度等信息。

(11) IVideoWindow：显示窗口控制接口，例如控制 caption 显示、窗口位置等。

(12) ISampleGrabber：捕获图像接口，可用于抓图。

(13) IVideoFrameStep：控制单帧播放的接口。

9.3 FFmpeg 过滤器层的重要 API 解析

使用 FFmpeg 的过滤器可以完成很多复杂的音视频特效，但使用过程相对比较复杂。这里重点介绍 FFmpeg 使用过滤器的步骤及几个重要的 API。

9.3.1 FFmpeg 中使用过滤器的步骤

FFmpeg 中使用过滤器的步骤大概分为 3 部分：过滤器构建、数据加工、资源释放。

1. 过滤器构建

过滤器构建主要包括创建图，创建各个过滤器等，代码及注释如下：

```
//chapter9/ffmpeg-avfilter-help.txt
1.分配 AVFilterGraph
AVFilterGraph* graph = avfilter_graph_alloc();

2.创建过滤器源
char srcArgs[256] = {0};
AVFilterContext *srcFilterCtx;
AVFilter* srcFilter = avfilter_get_by_name("buffer");
avfilter_graph_create_filter(&srcFilterCtx, srcFilter ,"out_buffer", srcArgs, NULL, graph);

3.创建接收过滤器
AVFilterContext *sinkFilterCtx;
AVFilter* sinkFilter = avfilter_get_by_name("buffersink");
avfilter_graph_create_filter(&sinkFilterCtx, sinkFilter,"in_buffersink", NULL, NULL,
graph);

4.生成源和接收过滤器的输入输出
/*这里主要是把源和接收过滤器封装给 AVFilterInOut 结构,使用这个中间结构来把过滤器字符串
解析并连接进 graph.*/

AVFilterInOut *inputs = avfilter_inout_alloc();
AVFilterInOut *outputs = avfilter_inout_alloc();
outputs->name       = av_strdup("in");
outputs->filter_ctx = srcFilterCtx;
outputs->pad_idx    = 0;
```

```
outputs->next        = NULL;
inputs->name         = av_strdup("out");
inputs->filter_ctx   = sinkFilterCtx;
inputs->pad_idx      = 0;
inputs->next         = NULL;
/*这里源对应的AVFilterInOut的name最好定义为in,接收对应的name为out,因为FFmpeg源码里
默认会通过这个name来对默认的输出和输入进行查找.*/

5.通过解析过滤器字符串添加过滤器
const *char filtergraph = "[in1]过滤器名称=参数1:参数2[out1]";
int ret = avfilter_graph_parse_ptr(graph, filtergraph, &inputs, &outputs, NULL);
/*这里过滤器是以字符串形式描述的,其格式为[in]过滤器名称=参数[out],过滤器之间用逗号或
分号分隔,如果过滤器有多个参数,则参数之间用冒号分隔,其中[in]和[out]分别为过滤器的输入和
输出,可以有多个.*/

6.检查过滤器的完整性
avfilter_graph_config(graph, NULL);
```

2. 数据加工

数据加工主要包括向源过滤器加入frame,以及从buffersink接收frame,代码如下：

```
//chapter9/ffmpeg-avfilter-help.txt
1.向源过滤器加入AVFrame
AVFrame* frame; //这是解码后获取的数据帧
int ret = av_buffersrc_add_frame(srcFilterCtx, frame);

2.从buffersink接收处理后的AVFrame
int ret = av_buffersink_get_frame_flags(sinkFilterCtx, frame, 0);
//现在就可以使用处理后的AVFrame,例如显示或播放出来
```

3. 释放资源

使用结束后,调用avfilter_graph_free()等函数释放相关的资源,代码如下：

```
void avfilter_inout_free(AVFilterInOut **inout);
void avfilter_graph_free(AVFilterGraph **graph);
```

9.3.2 AVFilter的API

FFmpeg过滤器部分包含很多API,这里按照类别进行介绍。

1. 滤镜初始化

(1) avfilter_graph_alloc()：成功后,得到AVFilterGraph结构体,它是filter部分范围

最广的结构体，AVFilterContext 都是它的成员。它是使用 FFmpeg 过滤器时第 1 个被调用的函数，函数的代码如下：

```
AVFilterGraph * avfilter_graph_alloc (void) ;
```

(2) avfilter_graph_create_filter()：创建过滤器实例并将其添加到现有 graph 中，函数的代码如下：

```
int avfilter_graph_create_filter(AVFilterContext ** filt_ctx, const AVFilter * filt,const
char * name, const char * args, void * opaque, AVFilterGraph * graph_ctx)
```

(3) avfilter_inout_alloc()：分配一个 AVFilterInout 结构体，后面的 avfilter_graph_parse()函数需要用到，函数的代码如下：

```
AVFilterInOut * avfilter_inout_alloc(void);
```

(4) avfilter_graph_parse_ptr()：滤镜解析器，用于解析用户传递的滤镜字符串，函数的代码如下：

```
int avfilter_graph_parse_ptr(AVFilterGraph * graph, const char * filters,  AVFilterInOut **
open_inputs_ptr, AVFilterInOut ** open_outputs_ptr, void * log_ctx);
```

视频特效需要许多滤镜组合而成，例如视频缩放和旋转，先通过 scale 滤镜将视频缩放，然后通过 transpose 滤镜旋转。此时需要将用户的行为传递给代码，即通过此 API 中的 const char * filters 参数去指定。例如视频缩放成 78:24，然后逆时针旋转 90°，对应的字符串如下：

```
const char * filters  = "scale = 78:24,transpose = cclock";
```

(5) avfilter_graph_config()：在滤镜初始化完成时去调用，检查滤镜是否初始化成功，以及各个模块是否连接正确。如果返回值大于或等于 0，则说明成功，否则表示失败，函数的代码如下：

```
int avfilter_graph_config(AVFilterGraph * graphctx, void * log_ctx);
```

2. 数据转换

滤镜初始化成功之后，就可以对音视频数据进行特效处理了。共包括两个 API，一个负责将转换前的 frame 推到滤镜，另一个接收完成特效处理的 frame，函数的代码如下：

```
int  av_buffersrc_add_frame_flags(AVFilterContext * ctx, AVFrame * frame, int flags);
int  av_buffersink_get_frame(AVFilterContext * ctx, AVFrame * frame);
```

3. 释放资源

AVFilter 提供了与释放资源相关的 API，例如 avfilter_inout_free()函数用于释放 AVFilterInOut 对应的内存空间，avfilter_graph_free()函数用于释放 AVFilterGraph，连 AVFilterContext 也一并释放，代码如下：

```
void avfilter_inout_free(AVFilterInOut ** inout);
void avfilter_graph_free(AVFilterGraph ** graph);
```

4. 其他 API

AVFilter 还有很多其他用途的 API，伪代码及注释如下：

```
//chapter9/ffmpeg-avfilter-help.txt
(1) unsigned avfilter_version (void):返回 libavfilter_version_int 常量.
(2) const char * avfilter_configuration (void):返回 libavfilter 构建时配置.
(3) const char * avfilter_license (void):返回 libavfilter 许可证.
(4) int avfilter_pad_count (const AVFilterPad * pads):获取空终止的 avfilterpads 数组中的元素数.
(5) const char * avfilter_pad_get_name (const AVFilterPad * pads, int pad_idx) 获取 avfilterpad 的名称.
(6) enum AVMediaType avfilter_pad_get_type (const AVFilterPad * pads, int pad_idx):获取 avfilterpad 的类型.
(7) int avfilter_link (AVFilterContext * src, unsigned srcpad, AVFilterContext * dst, unsigned dstpad):将两个过滤器连接在一起.
(8) void avfilter_link_free (AVFilterLink ** link): 释放 * link 中的链接,并将其指针设置为 NULL.
(9) int avfilter_config_links (AVFilterContext * filter) :协商所有输入过滤器的媒体格式、尺寸等.
(10) int avfilter_process_command (AVFilterContext * filter, const char * cmd, const char * arg, char * res, int res_len, int flags):让过滤器实例处理一个命令.
(11) const AVFilter * av_filter_iterate (void ** opaque):遍历所有注册的过滤器.
(12) const AVFilter * avfilter_get_by_name (const char * name):获取与给定名称匹配的筛选器定义.
(13) int avfilter_init_str (AVFilterContext * ctx, const char * args):用提供的参数初始化过滤器.
(14) int avfilter_init_dict (AVFilterContext * ctx, AVDictionary ** options):用提供的选项字典初始化过滤器.
(15) void avfilter_free (AVFilterContext * filter):释放筛选器上下文.
(16) int avfilter_insert_filter (AVFilterLink * link, AVFilterContext * filt, unsigned filt_srcpad_idx, unsigned filt_dstpad_idx):在现有链接的中间插入过滤器.
(17) const AVClass * avfilter_get_class (void).
(18) AVFilterGraph * avfilter_graph_alloc (void):分配过滤图.
(19) AVFilterContext * avfilter_graph_alloc_filter (AVFilterGraph * graph, const AVFilter * filter, const char * name):在过滤器图中创建新的过滤器实例.
```

```
(20) AVFilterContext * avfilter_graph_get_filter:(AVFilterGraph * graph, const char * name):
从图形中获取由实例名称标识的过滤器实例.
(21) int avfilter_graph_create_filter (AVFilterContext ** filt_ctx, const AVFilter * filt,
const char * name, const char * args, void * opaque, AVFilterGraph * graph_ctx):创建过滤器实
例并将其添加到现有图形中.
(22) void avfilter_graph_set_auto_convert (AVFilterGraph * graph, unsigned flags):启用或禁
用图形内部的自动格式转换.
(23) int avfilter_graph_config (AVFilterGraph * graphctx, void * log_ctx):检查有效性并配置
图表中的所有链接和格式.
(24) void avfilter_graph_free (AVFilterGraph ** graph):释放一张图,销毁它的链接,并将
* graph 设置为 NULL.
(25) AVFilterInOut * avfilter_inout_alloc (void):分配一个 avfilterinout 条目.
(26) void avfilter_inout_free (AVFilterInOut ** inout):释放提供的 avfilterinout 列表,并将
* inout 设置为 NULL.
(27) int avfilter_graph_parse (AVFilterGraph * graph, const char * filters, AVFilterInOut
* inputs, AVFilterInOut * outputs, void * log_ctx):将字符串描述的图形添加到图形中.
(28) int avfilter_graph_parse_ptr (AVFilterGraph * graph, const char * filters, AVFilterInOut
** inputs, AVFilterInOut ** outputs, void * log_ctx):同上.
(29) int avfilter_graph_parse2 (AVFilterGraph * graph, const char * filters, AVFilterInOut
** inputs, AVFilterInOut ** outputs):同上.
(30) int avfilter_graph_send_command (AVFilterGraph * graph, const char * target, const char
* cmd, const char * arg, char * res, int res_len, int flags):向一个或多个过滤器实例发送
命令.
(31) int avfilter_graph_queue_command (AVFilterGraph * graph, const char * target, const char
* cmd, const char * arg, int flags, double ts):为一个或多个过滤器实例排队命令.
(32) char * avfilter_graph_dump (AVFilterGraph * graph, const char * options):将图形转储为
人类可读的字符串表示形式.
(33) int avfilter_graph_request_oldest (AVFilterGraph * graph):在最早的接收链路上请求帧.
```

5. AVFilterContext 初始化方法

AVFilterContext 的初始化方法有 3 个 API,包括 avfilter_init_str()、avfilter_init_dict()和 avfilter_graph_create_filter(),代码如下:

```
//chapter9/ffmpeg-avfilter-help.txt
/*
使用提供的参数初始化 filter.
参数 args:表示用于初始化 filter 的 options.该字符串必须使用 ":" 来分隔各个键-值对, 而键-
值对的形式为 'key=value'.如果不需要设置选项,则 args 为空.
除了可以用这种方式设置选项外,还可以利用 AVOptions API 直接对 filter 设置选项.
返回值:如果成功,则返回 0;如果失败,则返回一个负的错误值.
*/
int avfilter_init_str(AVFilterContext * ctx, const char * args);

/*
```

```
使用提供的参数初始化 filter.
参数 options:以 dict 形式提供的 options.
返回值:如果成功,则返回 0,如果失败,则返回一个负的错误值
注意:这个函数和 avfilter_init_str 函数的功能是一样的,只不过传递的参数形式不同. 但是当传入的 options 中有不被 filter 所支持的参数时,这两个函数的行为是不同的:
avfilter_init_str 调用会失败,而这个函数则不会失败,它会将不能应用于指定 filter 的 option 通过参数 options 返回,然后继续执行任务.
*/
int avfilter_init_dict(AVFilterContext *ctx, AVDictionary **options);


/**
 * 创建一个 Filter 实例(根据 args 和 opaque 的参数),并添加到已存在的 AVFilterGraph.
 * 如果创建成功,则 *filt_ctx 会指向一个创建好的 Filter 实例,否则会指向 NULL.
 * @return 如果失败,则返回负数,否则返回大于或等于 0 的数.
 */
int avfilter_graph_create_filter(AVFilterContext **filt_ctx, const AVFilter *filt, const char *name, const char *args, void *opaque, AVFilterGraph *graph_ctx);
```

6. AVFilterGraph 相关的 API

AVFilterGraph 表示一个 Filter Graph,当然它也包含了 Filter Chain 的概念。graph 包含了诸多 Filter Context 实例,并负责它们之间的 link,graph 会负责创建、保存、释放这些相关的 Filter Context 和 link,一般不需要用户进行管理。Filter Graph 的操作包括分配一个 graph、往 graph 中添加一个 Filter Context、添加一个 Filter Graph、对 filter 进行 link 操作、检查内部的 link 和 format 是否有效、释放 graph 等。相关的 API 及代码如下:

```
//chapter9/ffmpeg-avfilter-help.txt
/*
  分配一个空的 Filter Graph.
  如果成功,则返回一个 Filter Graph,如果失败,则返回 NULL.
 */
AVFilterGraph *avfilter_graph_alloc(void);


/*  创建一个新的 filter 实例:
    在 Filter Graph 中创建一个新的 filter 实例.这个创建的实例尚未初始化.
    详细描述:在 graph 中创建一个名称为 name 的 filter 类型的实例.
    如果创建失败,则返回 NULL.如果创建成功,则返回 Filter Context 实例.创建成功后的实例会加入 graph 中,可以通过 AVFilterGraph.filters 或者 avfilter_graph_get_filter() 获取.
 */
AVFilterContext *avfilter_graph_alloc_filter(AVFilterGraph *graph, const AVFilter *filter, const char *name);
```

```
/*
   返回 graph 中的名为 name 的 Filter Context.
 */
AVFilterContext *avfilter_graph_get_filter(AVFilterGraph *graph, const char *name);


/*
在 Filter Graph 中创建一个新的 Filter Context 实例,并使用 args 和 opaque 初始化这个实例.
参数 filt_ctx:返回成功创建的 filter context
返回值:如果成功,则返回正数,如果失败,则返回负的错误值.
 */
int avfilter_graph_create_filter(AVFilterContext **filt_ctx, const AVFilter *filt, const
char *name, const char *args, void *opaque,  AVFilterGraph *graph_ctx);


/* 配置 AVFilterGraph 的链接和格式:
  检查 graph 的有效性,并配置其中所有的连接和格式.
  如果有效,则返回大于或等于 0 的数,否则返回一个负值的 AVERROR.
 */
int avfilter_graph_config(AVFilterGraph *graphctx, void *log_ctx);

/* 释放 AVFilterGraph:
   释放 graph,摧毁内部的连接,并将其置为 NULL.
 */
void avfilter_graph_free(AVFilterGraph **graph);

/*
  在一个已经存在的 link 中间插入一个 Filter Context.
  参数 filt_srcpad_idx 和 filt_dstpad_idx:指定 filt 要连接的输入和输出 pad 的 index.
  如果成功,则返回 0.
 */
int avfilter_insert_filter(AVFilterLink *link, AVFilterContext *filt,
    unsigned filt_srcpad_idx, unsigned filt_dstpad_idx);


/*   将一个字符串描述的 Filter Graph 加入一个已经存在的 graph 中.
    注意:调用者必须提供 inputs 列表和 outputs 列表.它们在调用这个函数之前必须是已知的.
inputs 参数用于描述已经存在的 graph 的输入 pad 列表,也就是说,对新的被创建的 graph 来讲,它
们是 output.
      outputs 参数用于已经存在的 graph 的输出 pad 列表,对新的被创建的 graph 来讲,它们是
input.
    如果成功,则返回大于或等于 0 的数,如果失败,则返回负的错误值.
 */
int avfilter_graph_parse(AVFilterGraph *graph, const char *filters,
                         AVFilterInOut *inputs, AVFilterInOut *outputs,
                         void *log_ctx);
```

```
/*
    和 avfilter_graph_parse 类似.不同的是 inputs 和 outputs 参数,既做输入参数,也做输出参数.在函数返回时,它们将会保存 graph 中所有的处于 open 状态的 pad.返回的 inout 应该使用 avfilter_inout_free() 释放.
    注意:在字符串描述的 graph 中,第 1 个 filter 的输入如果没有被一个字符串标识,则默认其标识为"in",最后一个 filter 的输出如果没有被标识,则默认为"output".
    intpus:作为输入参数时,用于保存已经存在的 graph 的 Open Inputs,可以为 NULL.
     作为输出参数时,用于保存这个 parse 函数之后,仍然处于 open 的 inputs,当然如果传入 NULL,则并不输出.
    outputs:同上.
*/
int avfilter_graph_parse_ptr(AVFilterGraph *graph, const char *filters,
                             AVFilterInOut **inputs, AVFilterInOut **outputs, void *log_ctx);

/*
    和 avfilter_graph_parse_ptr 函数类似,不同的是,inputs 和 outputs 函数不作为输入参数,仅作为输出参数,返回字符串描述的新的被解析的 graph 在这个 parse 函数后,仍然处于 open 状态的 inputs 和 outputs.
    使用完毕后,返回的 inputs 或 outputs 应该使用 avfilter_inout_free() 释放.
    如果成功,则返回 0,如果失败,则返回负的错误值.
*/
int avfilter_graph_parse2(AVFilterGraph *graph, const char *filters,
                          AVFilterInOut **inputs, AVFilterInOut **outputs);

/*
  将 graph 转换为可读的字符串描述.
  参数 options:未使用,忽略它.
*/
char *avfilter_graph_dump(AVFilterGraph *graph, const char *options);
```

7. Buffer 和 BufferSink 相关的 API

Buffer 和 BufferSink 作为 graph 的输入点和输出点来和用户进行交互,其 API 如下:

```
//chapter9/ffmpeg-avfilter-help.txt
//buffersrc flag
enum {
    //不去检测 format 的变化
    AV_BUFFERSRC_FLAG_NO_CHECK_FORMAT = 1,

    //立刻将 frame 推送到 output
    AV_BUFFERSRC_FLAG_PUSH = 4,

    //对输入的 frame 新建一个引用,而非接管引用
```

```
    //如果 frame 是引用计数的,则对它创建一个新的引用;否则复制 frame 中的数据
    AV_BUFFERSRC_FLAG_KEEP_REF = 8,
};

/*
    向 buffer_src 添加一个 frame.
    默认情况下,如果 frame 是引用计数的,则这个函数将会接管其引用并重新设置 frame.
    但这个行为可以由 flags 来控制.如果 frame 不是引用计数的,则复制该 frame.
    如果函数返回一个 error,则 frame 并未被使用.frame 为 NULL 时,表示 EOF.
    如果成功,则返回大于或等于 0 的数,如果失败,则返回负的 AVERROR.
*/
int av_buffersrc_add_frame_flags(AVFilterContext *buffer_src, AVFrame *frame, int flags);

/*
    将一个 frame 添加到 src filter.
    这个函数等同于没有 AV_BUFFERSRC_FLAG_KEEP_REF 的 av_buffersrc_add_frame_flags() 函数.
*/
int av_buffersrc_add_frame(AVFilterContext *ctx, AVFrame *frame);

/*
   将一个 frame 添加到 src filter.
   这个函数等同于设置了 AV_BUFFERSRC_FLAG_KEEP_REF 的 av_buffersrc_add_frame_flags() 函数.
*/
int av_buffersrc_write_frame(AVFilterContext *ctx, const AVFrame *frame);

/*
    从 sink 中获取已进行 filtered 处理的帧,并将其放到参数 frame 中.
    参数 ctx:指向 buffersink 或 abuffersink 类型的 filter context.
    参数 frame:获取的被处理后的 frame,使用后必须使用 av_frame_unref() / av_frame_free()释
放它.
    如果成功,则返回非负数,如果失败,则返回负的错误值,如 EAGAIN(表示需要新的输入数据来产
生 filter 后的数据)和 AVERROR_EOF(表示不会再有新的输入数据).
*/
int av_buffersink_get_frame_flags(AVFilterContext *ctx, AVFrame *frame, int flags);

/*
     同 av_buffersink_get_frame_flags,不过不能指定 flag.
*/
int av_buffersink_get_frame(AVFilterContext *ctx, AVFrame *frame)

/*
和 av_buffersink_get_frame 相同,不过这个函数是针对音频的,而且可以指定读取的取样数.此时
ctx 只能指向 abuffersink 类型的 filter context.
*/
int av_buffersink_get_samples(AVFilterContext *ctx, AVFrame *frame, int nb_samples);
```

9.4 FFmpeg过滤器案例实战

可以通过命令行方式和API方式来使用FFmpeg的过滤器，API开发方式主要围绕AVFilterGraph和AVFilter等核心结构体将需要调用的过滤器组件通知FFmpeg框架，由FFmpeg内部来完成这些核心功能。

9.4.1 FFmpeg命令行方式体验过滤器

为了更方便地理解FFmpeg的过滤器，先使用命令行方式来体验一下。

1. 给视频添加图片水印

给一个MP4视频文件添加一张图片水印，具体命令如下：

```
//chapter9/9.1.txt
ffmpeg -i test4.mp4  -vf "movie=logo.png[logo];[in][logo]overlay=10:10 [out]" -y test4
-logo.mp4
```

在该案例中，输入文件test4.mp4是一个普通的视频文件，通过-vf过滤器来将一张LOGO图片(logo.png)添加到这个视频中指定的位置，然后重新转码，生成一个新的视频文件(test4-logo.mp4)。注意logo.png的路径，与输入文件的路径一样，都在当前工作目录中。原视频文件、LOGO及转码后的视频文件如图9-9所示。可以看出，该命令在输入视频文件的左上角位置添加了一张LOGO图片，下面解释该命令中的几个参数。

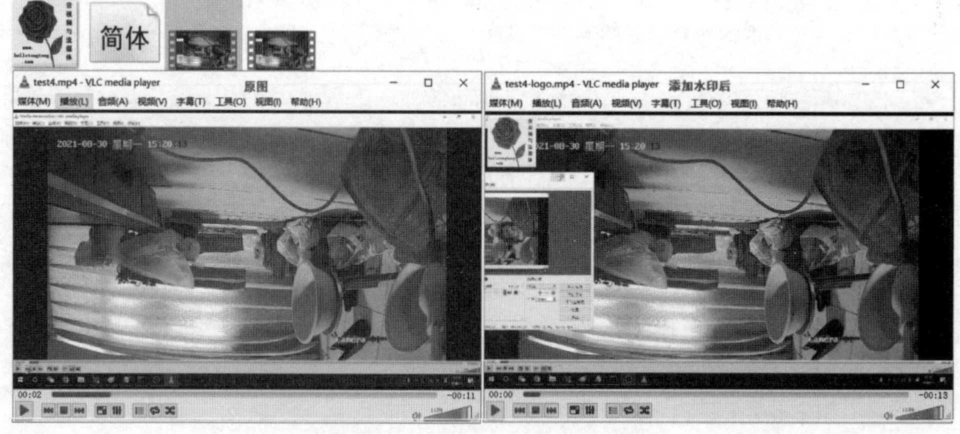

图9-9 原视频与添加LOGO后的视频

(1) -vf：视频过滤器(Video Filter)。

(2) movie：后跟一张图片，注意图片路径可以用相对路径或绝对路径。

(3) [logo]：给 logo.png 这张图片取一个别名，这里为[logo]，也可以是[abc]等。

(4) [in]：代表输入文件，这里是 test4.mp4。

(5) overlay：用于指定 LOGO 的位置、大小等。

(6) [out]：代表输出，即给输入的视频添加 LOGO 后的输出文件。

(7) movie=logo.png[logo];[in][logo] overlay=10:10 [out]：表示为 logo.png 取一个别名[logo]，然后给输入文件[in]添加这个[logo]，位置是 10:10，最后输出文件别名为[out]。注意，[in]是特殊的符号，不可以修改名称，并且[in][logo]的顺序不可以改变。

2. 多个过滤器链

过滤器链(Filter Chain)以英文分号分隔，修改上述命令行，将 logo.png 缩放，具体命令如下：

```
//chapter9/9.1.txt
ffmpeg -i test4.mp4  -vf
"movie = logo.png[logo];[logo]scale = 100: -1[logo2];[in][logo2]overlay = 10:10 [out]" -y
test4 - logo2.mp4
```

在该案例中，先指定图片水印的路径 movie=logo.png，命名为[logo]，然后将[logo]重新缩放，宽度为 100 像素，高度−1 表示等比率缩放，命名为[logo2]，然后使用 overlay 过滤器将[logo2]负载到[in]的左上角(10:10)坐标的位置，将输出结果命名为[out]，其中，[in]表示输入的视频，这里为 test4.mp4。

9.4.2 FFmpeg 的 API 方式实现过滤器

FFmpeg 的过滤器是针对 AVFrame 进行操作的，这里提供了一个存储 YUV 的本地文件，格式为 YUV420p，分辨率为 352×288，文件名为 ande_352x288_yuv420p.yuv。可以通过 FFmpeg 命令行获取 YUV 文件，命令如下：

```
ffmpeg -ss 0 -t 5  -i ande_10.mp4 -pix_fmt yuv420p -s 352x288 -y ande_352x288_yuv420p.
yuv
```

用 YUVPlayer.exe 来播放这个 YUV 文件，要选择好对应的视频宽和高(352×288)，以及颜色空间格式(YUV420p)，播放效果如图 9-10 所示，然后准备一张 my_logo.png 图片，效果如图 9-11 所示。

1. AVFilter 添加图片水印的案例代码

可以使用 FFmpeg 的 AVFilter 技术将水印图片添加到视频上，具体步骤如下：

(1) 准备变量，主要包括 AVFrame、AVFilterGraph、AVFilterContex、AVFilterInOut 和 AVFilter 等。

(2) 为 AVFilterGraph 分配内存空间，需要调用 avfilter_graph_alloc()函数。

(3) 创建源过滤器(buffer):需要调用 avfilter_graph_create_filter()函数。

图 9-10 原始的 YUV 视频

图 9-11 原始的 LOGO 图片

(4) 创建目标过滤器(buffersink):需要调用 avfilter_graph_create_filter()函数。

(5) 准备输入输出端口(AVFilterInOut):需要调用 avfilter_inout_alloc()函数。

(6) 将一串通过字符串描述的 Graph 添加到 FilterGraph 中,需要调用 avfilter_graph_parse_ptr()和 avfilter_graph_config()函数。

(7) 准备输入输出帧(AVFrame):需要调用 av_frame_alloc()函数。

(8) 从本地文件中读取原始的 YUV420p 的一帧数据:需要调用 fread()函数,每次读取 YUV420p 一帧大小的字节数。

(9) 往源滤波器 buffer 中输入待处理的数据:需要调用 av_buffersrc_add_frame()函数。

(10) 从目的滤波器 buffersink 中输出处理完的数据:需要调用 av_buffersink_get_frame()函数。

(11) 将过滤器处理后的最终帧 AVFrame 写入本地文件中:需要调用 fwrite()函数。

(12) 释放资源:需要调用 avfilter_graph_free()和 av_frame_free()函数。

各个步骤中都需要使用相关的结构体及 API,详细的代码如下:

```
//chapter9/QtFFmpeg5_Chapter9_001/avfiltertest.cpp
#include <stdio.h>
#include <stdlib.h>
#include <string.h>
extern "C"{
    #include <libavformat/avformat.h>
    #include <libavcodec/avcodec.h>
    #include <libavutil/time.h>
    #include <libavutil/opt.h>
    #include <libavutil/imgutils.h>
    #include <libavfilter/avfilter.h>
```

```
    #include <libavfilter/buffersrc.h>
    #include <libavfilter/buffersink.h>
}

int main(int argc, char * argv[])
{
    int ret;
    //1. 准备变量
    AVFrame * frame_in = NULL;
    AVFrame * frame_out = NULL;
    unsigned char * frame_buffer_in = NULL;
    unsigned char * frame_buffer_out = NULL;

    //过滤器实例
    AVFilterContext * buffersink_ctx = NULL;
    AVFilterContext * buffersrc_ctx = NULL;
    //过滤器图
    AVFilterGraph * filter_graph = NULL;

    static int video_stream_index = -1;

    //Input YUV
    FILE * fp_in = fopen("ande_352x288_yuv420p.yuv", "rb+");
    if (fp_in == NULL)
    {
        printf("Error open input file.\n");
        return -1;
    }
    int in_width = 352;
    int in_height = 288;

    //Output YUV
    FILE * fp_out = fopen("output_352x288_yuv420p.yuv", "wb+");
    if (fp_out == NULL)
    {
        printf("Error open output file.\n");
        return -1;
    }

    //构建 Filter Graph
    //步骤 1:注册所有的 filter,这样后续才能通过 "buffer" 等识别到具体的 Filter
    //FFmpeg 4.0 不再需要提前注册
    //avfilter_register_all();

    //filter 功能描述
```

```
    const char * filter_descr = "movie = my_logo.png[wm];[wm]scale = 100: - 1[wm2];[in][wm2]
overlay = 5:5[out]";
    //const char * filter_descr = "drawtext = fontfile = arial.ttf:x = w - tw : fontcolor
 = white : fontsize = 30 : text = ' % {localtime\: % H\\\: % M\\\: % S";

    char args[512] = {0};

    //定义:特殊的 filter.buffer 表示 Filter Graph 中的输入 filter,原始数据就往这个节点输入
    //定义:特殊的 filter.buffer sink 表示 Filter Graph 中的输出 filter,处理后的数据从这个节
//点输出
    //AVFilter ** buffersrc = (AVFilter ** )av_malloc( sizeof(AVFilter * ));
    const AVFilter * buffersrc = avfilter_get_by_name("buffer");  //源过滤器
    const AVFilter * buffersink = avfilter_get_by_name("buffersink");   //目标过滤器

    //输入输出端口
    AVFilterInOut * outputs = avfilter_inout_alloc();
    AVFilterInOut * inputs = avfilter_inout_alloc();

    enum AVPixelFormat pix_fmts[] = { AV_PIX_FMT_YUV420P, AV_PIX_FMT_NONE };
    //定义
    AVBufferSinkParams * buffersink_params;


    //2:开辟内存空间
    filter_graph = avfilter_graph_alloc();

    /* buffer video source: the decoded frames from the decoder will be inserted here. */
    snprintf(args, sizeof(args),
        "video_size = % dx % d:pix_fmt = % d:time_base = % d/ % d:pixel_aspect = % d/ % d",
        in_width, in_height, AV_PIX_FMT_YUV420P,1, 25, 1, 1);

    //3. 创建源过滤器:buffer
    ret = avfilter_graph_create_filter(&buffersrc_ctx, buffersrc, "in", args, NULL, filter_
graph);
    if (ret < 0)
    {
        printf("Cannot create buffer source\n");
        return ret;
    }

    /* buffer video sink: to terminate the filter chain. */
    buffersink_params = av_buffersink_params_alloc();
    buffersink_params -> pixel_fmts = pix_fmts; //理论上是指:所支持的视频格式

    //创建一个滤波器实例 AVFilterContext,并添加到 AVFilterGraph 中
    //4. 创建目标过滤器:buffersink
```

```
    ret = avfilter_graph_create_filter(&buffersink_ctx, buffersink, "out",NULL, buffersink
_params, filter_graph);
    //ret = avfilter_graph_create_filter(&buffersink_ctx, buffersink, "out", NULL, NULL,
filter_graph);
    av_free(buffersink_params);
    if (ret < 0)
    {
        printf("Cannot create buffer sink\n");
        return ret;
    }

    //5. 准备输入输出端口
    /* Endpoints for the filter graph. */
    outputs->name = av_strdup("in");
    outputs->filter_ctx = buffersrc_ctx;
    outputs->pad_idx = 0;
    outputs->next = NULL;

    inputs->name = av_strdup("out");
    inputs->filter_ctx = buffersink_ctx;
    inputs->pad_idx = 0;
    inputs->next = NULL;


    //6. 将一串通过字符串描述的 Graph 添加到 FilterGraph 中
    if ((ret = avfilter_graph_parse_ptr(filter_graph, filter_descr, &inputs, &outputs,
NULL)) < 0)
        return ret;

    if ((ret = avfilter_graph_config(filter_graph, NULL)) < 0)
        return ret;


    //7. 准备输入输出帧:AVFrame
    frame_in = av_frame_alloc();
    frame_buffer_in = (unsigned char *)av_malloc(av_image_get_buffer_size(AV_PIX_FMT_
YUV420P, in_width, in_height, 1));
    av_image_fill_arrays(frame_in->data, frame_in->linesize, frame_buffer_in,AV_PIX_FMT
_YUV420P, in_width, in_height, 1);

    frame_out = av_frame_alloc();
    frame_buffer_out = (unsigned char *)av_malloc(av_image_get_buffer_size(AV_PIX_FMT_
YUV420P, in_width, in_height, 1));
    av_image_fill_arrays(frame_out->data, frame_out->linesize, frame_buffer_out,AV_PIX_
FMT_YUV420P, in_width, in_height, 1);
```

```
    frame_in->width = in_width;
    frame_in->height = in_height;
    frame_in->format = AV_PIX_FMT_YUV420P;


    int iFrameIndex = 0;
    while (1)
    {
        //8. 从本地文件中读取原始的 YUV420p 的一帧数据
        if (fread(frame_buffer_in, 1, in_width * in_height * 3 / 2, fp_in) != in_width * in_
height * 3 / 2)
        {
            break;
        }
        //input Y,U,V
        frame_in->data[0] = frame_buffer_in;
        frame_in->data[1] = frame_buffer_in + in_width * in_height;
        frame_in->data[2] = frame_buffer_in + in_width * in_height * 5 / 4;
        frame_in->linesize[0] =  in_width;
        frame_in->linesize[1] =  in_width / 2;
        frame_in->linesize[2] =  in_width / 2;

        //在使用 movie 添加水印时需要更新 frame 的时间戳
        frame_in->pts++;
        frame_in->pts = frame_in->pts * 40;

        //9. 往源滤波器 buffer 中输入待处理的数据
        if (av_buffersrc_add_frame(buffersrc_ctx, frame_in) < 0)
        {
            printf("Error while add frame.\n");
            break;
        }

        //10. 从目的滤波器 buffersink 中输出处理完的数据
        ret = av_buffersink_get_frame(buffersink_ctx, frame_out);
        if (ret < 0)
            break;

        //output Y,U,V
        //11. 将过滤器处理后的最终帧 AVFrame 写入本地文件中
        if (frame_out->format == AV_PIX_FMT_YUV420P)
        {
            for (int i = 0; i < frame_out->height; i++)
            {
                fwrite(frame_out->data[0] + frame_out->linesize[0] * i, 1, frame_out->
width, fp_out);
```

```
            }
            for (int i = 0; i<frame_out->height / 2; i++)
            {
                fwrite(frame_out->data[1] + frame_out->linesize[1] * i, 1, frame_out->
width / 2, fp_out);
            }
            for (int i = 0; i<frame_out->height / 2; i++)
            {
                fwrite(frame_out->data[2] + frame_out->linesize[2] * i, 1, frame_out->
width / 2, fp_out);
            }
        }
        printf("Process %d frame!\n", ++iFrameIndex);
        av_frame_unref(frame_out);
    }

    //12. 释放资源
    fclose(fp_in);
    fclose(fp_out);

    av_frame_free(&frame_in);
    av_frame_free(&frame_out);
    avfilter_graph_free(&filter_graph);

    return 0;

}
```

首先打开 Qt Creator，创建一个 Qt Console 工程，具体操作步骤可以参考“1.4 搭建 FFmpeg 的 Qt 开发环境”，工程名称为 QtFFmpeg5_Chapter9_001。由于使用的是 FFmpeg 5.0.1 的 64 位开发包，所以编译套件应选择 64 位的 MSVC 或 MinGW，然后打开配置文件 QtFFmpeg5_Chapter9_001.pro，添加引用头文件及库文件的代码。具体操作可以参照前几章的相关内容，这里不再赘述。

在工程中添加文件 avfiltertest.cpp，将上述代码复制进去，编译并运行，会生成一个新的文件 output_352x288_yuv420p.yuv，用 YUVPlayer 打开，效果如图 9-12 所示。

2. AVFilter 关键技术点解析

1）初始化 FilterGraph

准备 AVFilterGraph、AVFilterContex、AVFilterInOut 和 AVFilter 等类型的结构体变量，并分配内存空间。有两个特殊的 filter，包括 buffer 和 buffersink。buffer 表示 Filter Graph 中的输入 filter，原始数据就往这个节点输入；buffersink 表示 Filter Graph 中的输出 filter，处理后的数据从这个节点输出，然后调用 avfilter_graph_alloc() 函数创建 AVFilterGraph 实例。最后调用 avfilter_graph_parse_ptr() 函数将 AVFilterGraph、

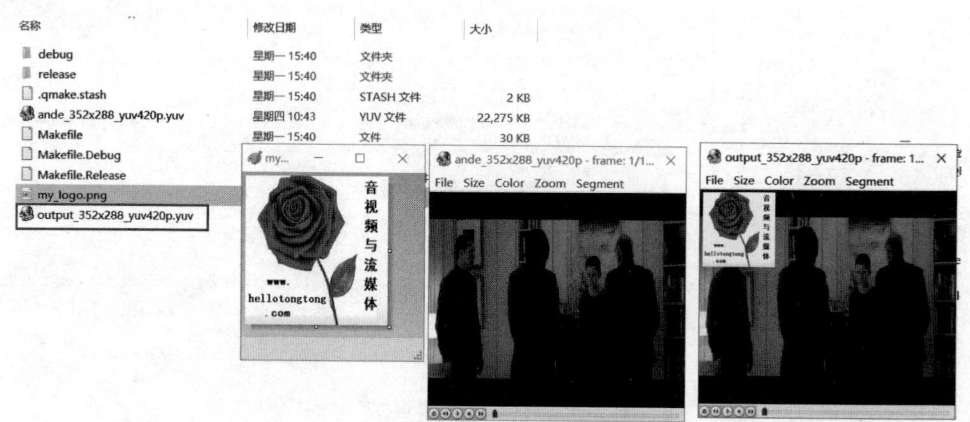

图 9-12 使用 API 方式给视频添加 LOGO

AVFilterContex、AVFilterInOut 和 AVFilter 的实例关联起来，该函数的代码如下：

```
avfilter_graph_parse_ptr(filter_graph, filter_descr,&inputs, &outputs, NULL)
```

第 2 个参数 filter_descr 是具体的过滤器选项，是一个字符串，传递给 FFmpeg 框架，由 FFmpeg 内部根据名称来调用对应的过滤器，以此来完成各个滤镜功能，并可以组合成复杂的音视频特效。案例中的 filter_descr 的代码如下：

```
const char * filter_descr = "movie = my_logo.png[wm];[wm]scale = 100: - 1[wm2];[in][wm2]
overlay = 5:5[out]";
```

该过滤器字符串的含义是指定 movie 图片路径，然后通过 scale 滤镜将该图片缩放(宽度为 100px，高度等比例缩放)，最后通过 overlay 滤镜将这个缩放后的 logo 图片添加到输入的视频上。

注意：更多的过滤器特效及使用方法可以参考笔者的另一本书《FFmpeg 入门详解——命令行与音视频特效原理及应用》。

2）数据加工

数据加工主要包括向源过滤器加入 frame，以及从 buffersink 接收 frame，先准备 AVFrame 并分配内存。从源文件中读取一帧 YUV420p 大小的数据并填充好源 AVFrame，调用 av_buffersrc_add_frame() 函数向源滤波器 buffer 中输入待处理的数据，然后调用 av_buffersink_get_frame()函数从目的滤波器 buffersink 中输出处理完的数据(目标 AVFrame)，最后通过 fwrite()函数写入文件中即可，代码如下：

```
//chapter9/QtFFmpeg5_Chapter9_001/avfiltertest.cpp
while (1)
```

```
{
        //8. 从本地文件中读取出原始的 YUV420p 的一帧数据
        if (fread(frame_buffer_in, 1, in_width * in_height * 3 / 2, fp_in) != in_width * in_
height * 3 / 2)
        {
            break;
        }
        //input Y,U,V
        frame_in->data[0] = frame_buffer_in;
        frame_in->data[1] = frame_buffer_in + in_width * in_height;
        frame_in->data[2] = frame_buffer_in + in_width * in_height * 5 / 4;
        frame_in->linesize[0] =  in_width;
        frame_in->linesize[1] =  in_width / 2;
        frame_in->linesize[2] =  in_width / 2;

        //在使用 movie 添加水印时需要更新 frame 的时间戳
        frame_in->pts++;
        frame_in->pts = frame_in->pts * 40;


        //9. 往源滤波器 buffer 中输入待处理的数据
        if (av_buffersrc_add_frame(buffersrc_ctx, frame_in) < 0)
        {
            printf("Error while add frame.\n");
            break;
        }

        //10. 从目的滤波器 buffersink 中输出处理完的数据
        ret = av_buffersink_get_frame(buffersink_ctx, frame_out);
        if (ret < 0)
            break;

        //output Y,U,V
        //11. 将过滤器处理后的最终帧 AVFrame 写入本地文件中
        if (frame_out->format == AV_PIX_FMT_YUV420P)
        {
            for (int i = 0; i < frame_out->height; i++)
            {
                fwrite(frame_out->data[0] + frame_out->linesize[0] * i, 1, frame_out-
>width, fp_out);
            }
            for (int i = 0; i < frame_out->height / 2; i++)
            {
                fwrite(frame_out->data[1] + frame_out->linesize[1] * i, 1, frame_out-
>width / 2, fp_out);
            }
```

```
                for (int i = 0; i<frame_out->height / 2; i++)
                {
                    fwrite(frame_out->data[2] + frame_out->linesize[2] * i, 1, frame_out->width / 2, fp_out);
                }
            }
            printf("Process %d frame!\n", ++iFrameIndex);
            av_frame_unref(frame_out);
}
```

3）释放资源

完成过滤器操作后，需要释放对应的资源，包括过滤器及 AVFrame 的实例，代码如下：

```
//chapter9/QtFFmpeg5_Chapter9_001/avfiltertest.cpp
    fclose(fp_in);
    fclose(fp_out);

    av_frame_free(&frame_in);
    av_frame_free(&frame_out);
    avfilter_graph_free(&filter_graph);
```

3. AVFilter 添加水印后再编码为 H.264

在上述案例中，将输入的 YUV 视频帧添加水印后，直接将输出的 YUV 存储到本地文件中。也可以使用 H.264 编码后，再存储到文件中。关于 AVFilter 的流程和代码完全不变，只需添加 H.264 的编码器初始化代码及 H.264 的编码功能函数，主要代码如下：

```
//chapter9/QtFFmpeg5_Chapter9_001/avfiltertoh264.cpp
...//省略代码.在第 7 步之后,添加如下 H.264 编码器初始化的代码
//H264.P1. 查找编码器 H.264, 并准备编码器的上下文参数
AVCodec * codec = (AVCodec * )avcodec_find_encoder(AV_CODEC_ID_H264);
AVCodecContext * avcodec_context = avcodec_alloc_context3(codec);
//时间基,pts 和 dts 的时间单位
//pts(解码后帧被显示的时间), dts(视频帧送入解码器的时间)的时间单位
avcodec_context->time_base.den = fps;  //pts
avcodec_context->time_base.num = 1;  //1s,时间基与帧率互为倒数
avcodec_context->codec_id = AV_CODEC_ID_H264;

avcodec_context->codec_type = AVMEDIA_TYPE_VIDEO;  //表示视频类型
avcodec_context->pix_fmt = AV_PIX_FMT_YUV420P;  //视频数据像素格式

avcodec_context->width = in_width;  //视频的宽和高
avcodec_context->height = in_height;
```

```
//H264.P2. 打开编码器器,并初始化编码器上下文参数
ret = avcodec_open2(avcodec_context, codec, nullptr);
if (ret) {
    return -1;
}

//H264.P3. 根据像素格式计算一帧图像的字节数
//计算出每帧的数据:像素格式 * 宽 * 高
//152,064 = 352 * 288 * 1.5, YUV420p 一像素占 1.5 字节
int buffer_size = av_image_get_buffer_size(avcodec_context->pix_fmt,
                                           avcodec_context->width,
                                           avcodec_context->height,
                                           1);
//真正存储一帧图像的缓冲区
uint8_t *out_buffer = (uint8_t *)av_malloc(buffer_size);

//H264.P4. 分配 AVFrame 的内存空间,并初始化
AVFrame *frame = av_frame_alloc();
av_image_fill_arrays(frame->data,
                     frame->linesize,
                     out_buffer,
                     avcodec_context->pix_fmt,
                     avcodec_context->width,
                     avcodec_context->height,
                     1);
frame->format = AV_PIX_FMT_YUV420P;        //像素格式及宽和高
frame->width = in_width;
frame->height = in_height;

//H264.P5. 分配 AVPacket 的内存空间,并初始化
AVPacket *av_packet = av_packet_alloc();   //分配包空间
av_init_packet(av_packet);                 //在堆空间分配的包,必须初始化

while (true) {
    //循环读取 YUV 帧,并填充 AVFrame
    //读取 YUV 帧数据,注意 YUV420p 的长度 = width * height * 3 / 2
    //8. 从本地文件中读取出原始的 YUV420P 的一帧数据
    if (fread(frame_buffer_in, 1, in_width*in_height * 3 / 2, fp_in) != in_width*in_height
* 3 / 2)
    {
        break;
    }
    //input Y,U,V
    frame_in->data[0] = frame_buffer_in;
    frame_in->data[1] = frame_buffer_in + in_width*in_height;
    frame_in->data[2] = frame_buffer_in + in_width*in_height * 5 / 4;
    frame_in->linesize[0] =  in_width;
    frame_in->linesize[1] =  in_width / 2;
    frame_in->linesize[2] =  in_width / 2;
```

```
        //在使用 movie 添加水印时需要更新 frame 的时间戳
        frame_in->pts++;
        frame_in->pts = frame_in->pts * 40;
        printf("iFrameIndex = %d\n", ++iFrameIndex);

        //9. 往源滤波器 buffer 中输入待处理的数据
        if (av_buffersrc_add_frame(buffersrc_ctx, frame_in) < 0)
        {
            printf("Error while add frame.\n");
            break;
        }

        //10. 从目的滤波器 buffersink 中输出处理完的数据
        ret = av_buffersink_get_frame(buffersink_ctx, frame_out);
        if (ret < 0)
            break;
        frame_out->pts = iFrameIndex;                    //注意更新一下 frame_out 的时间戳

        //11. 将 AVFrame 送入编码器
        avcodec_send_frame(avcodec_context, frame_out); //将最终加水印后的 YUV 帧数据送入编码器

        while(true) {                                    //有可能返回 0 帧或多帧
            //12. 从编码器获取 AVPacket,从编码器中取出 H.264 帧
            int ret = avcodec_receive_packet(avcodec_context, av_packet);
            if (ret) {
                av_packet_unref(av_packet);
                break;
            }

            //13. 将编码出来的 H.264 数据包(带起始码)直接写入文件中
            fwrite(av_packet->data, 1, av_packet->size, fp_out);
        }

        av_frame_unref(frame_out);
    }

    //14. 清空编码器的缓冲区,读取剩余的帧
    avcodec_send_frame(avcodec_context, nullptr);
    while(true) {
        int ret = avcodec_receive_packet(avcodec_context, av_packet);
        if (ret) {
            av_packet_unref(av_packet);
            break;
        }
```

```
        //将编码出来的 H.264 数据包(带起始码)直接写入文件中
        fwrite(av_packet->data, 1, av_packet->size, fp_out);
    }
    ...
```

在工程中添加文件 avfiltertoh264.cpp，将上述代码移植进去，编译并运行，效果如图 9-13 所示。成功后，会生成一个新文件 output_352x288_yuv420p.h264，播放该视频文件，如图 9-14 所示。可以看出，编码压缩后的 H.264 文件非常小。

图 9-13　对 AVFilter 生成的 YUV 进行 H.264 编码

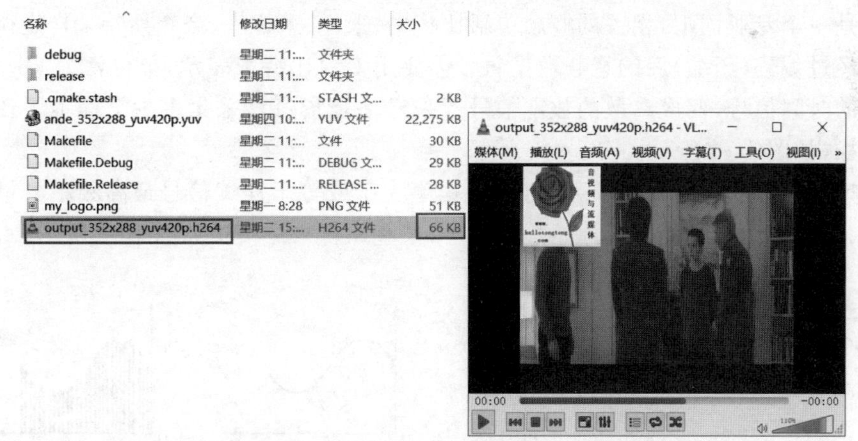

图 9-14　播放带图片水印的 H.264 视频

在 Ubuntu 中编译该程序的命令如下：

```
gcc -o avfiltertoh264 avfiltertoh264.cpp -I
/root/ffmpeg-5.0.1/install5/include/
-L /root/ffmpeg-5.0.1/install5/lib/ -lavcodec -lavformat -lavutil -lavdevice -
lavfilter -lswscale -lswresample -lstdc++
```

第10章 SWResample 音频重采样理论及案例实战

CHAPTER 10

2min

FFmpeg 的 libswresample 模块提供了音频重采样功能。音频重采样过程是先建立原始音频信号,然后重新采样。重采样分为上采样和下采样,其中上采样需要插值,下采样需要抽取。从高采样率到低采样率转换是一种有损过程,FFmpeg 提供了若干选项和算法进行重采样。

10.1 音频重采样简介

10.1.1 音频基础

音频是一个专业词汇,相关的概念包括比特率、采样、采样率、奈奎斯特采样定律等。比特率表示经过编码(压缩)后的音频数据每秒需要用多少比特来表示,单位常为 kb/s。采样是把连续的时间信号,变成离散的数字信号。采样率是指每秒采集多少个样本。音频数据的离散抽样,如图 10-1 所示。

奈奎斯特采样定律(Nyquist)规定当采样率大于或等于连续信号最高频率分量的 2 倍时,采样信号可以用来完美重构原始连续信号,奈奎斯特采样模拟如图 10-2 所示。

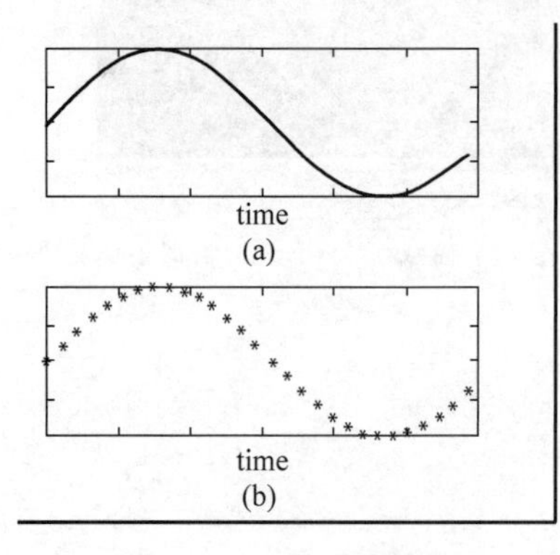

图 10-1　音频离散抽样

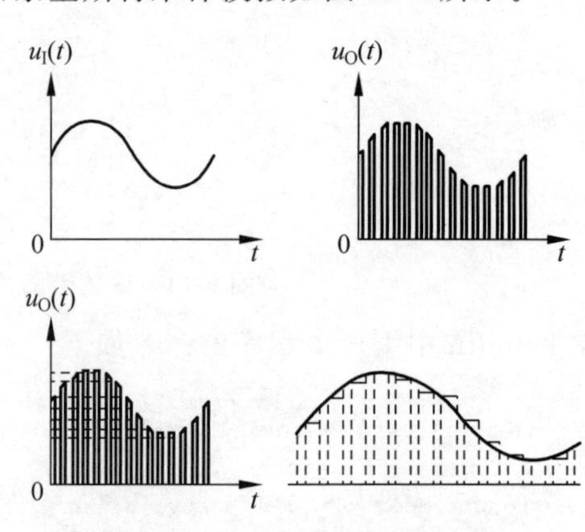

图 10-2　奈奎斯特采样模拟图

10.1.2 PCM 简介

脉冲编码调制(Pulse Code Modulation,PCM)是一种模数转换的最基本编码方法。它把模拟信号转换成数字信号的过程称为模/数转换,主要包括 3 个步骤:第 1 步是采样,在时间轴上对信号数字化。第 2 步是量化,在幅度轴上对信号数字化。第 3 步是编码,按一定格式记录采样和量化后的数字数据。编码的过程首先用一组脉冲采样时钟信号与输入的模拟音频信号相乘,相乘的结果即输入信号在时间轴上的数字化,然后对采样以后的信号幅值进行量化。最简单的量化方法是均衡量化,这个量化的过程由量化器来完成。对经量化器 A/D 变换后的信号再进行编码,即把量化的信号电平转换成二进制码组,这样就得到了离散的二进制输出数据序列 $x(n)$,n 表示量化的时间序列,$x(n)$的值就是 n 时刻量化后的幅值,以二进制的形式表示和记录。

数字音频是一种利用数字化手段对声音进行录制、存放、编辑、压缩或播放的技术,它是随着数字信号处理技术、计算机技术、多媒体技术的发展而形成的一种全新的声音处理手段。数字音频的主要应用领域是音乐后期制作和录音。计算机数据的存储是以 0、1 的形式存取的,那么数字音频就是首先将音频文件转化,接着将这些电平信号转化成二进制数据保存,播放时就把这些数据转换为模拟的电平信号再送到扬声器播出,数字声音和一般磁带、广播、电视中的声音就存储播放方式而言有着本质区别。相比而言,它具有存储方便、存储成本低廉、存储和传输的过程中没有声音的失真、编辑和处理非常方便等特点。

数字音频涉及的基础概念非常多,包括采样、量化、编码、采样率、采样数、声道数、音频帧、比特率、PCM 等。从模拟信号到数字信号的过程包括采样、量化、编码 3 个阶段,如图 10-3 所示。

常见的 PCM 格式有 8 位和 16 位两种(另外也有 32 位的格式),8 位是指每个 PCM 数据的值由一字节(8 位)来表示,而 16 位是指每个 PCM 数据的值由两字节(16 位)来表示,分为高 8 位和低 8 位。PCM 音频格式还具有单声道和双声道等的区分,如果是单声道的音频文件,则采样数据按时间的先后顺序依次存入(有时也会采用 LRLRLR 方式存储,另一个声道的数据为 0);如果是双声道就按照 LRLRLR(L 表示 Left、R 表示 Right)的方式存储,存储时还和机器的大小端有关。大端模式如图 10-4 所示。

10.1.3 PCM 重采样

音频重采样主要是对 PCM 格式进行操作,包括采样率、声道数、采样格式这三大参数。例如音频降噪过程中需要借助重采样实现,一般情况下从计算机端采集到的音频数据是 44.1kHz/48kHz 的 16 位/8 位双通道的 PCM 数据,而对于目前一些通用开源的降噪库(例如 Speex/WebRTC)来讲对送入降噪声频频率是有特定要求的,所以需要对音频进行重采样。音频重采样主要完成的功能如下:

(1) 实现通道数、音频格式相同,但采样频率不同的音频重采样。

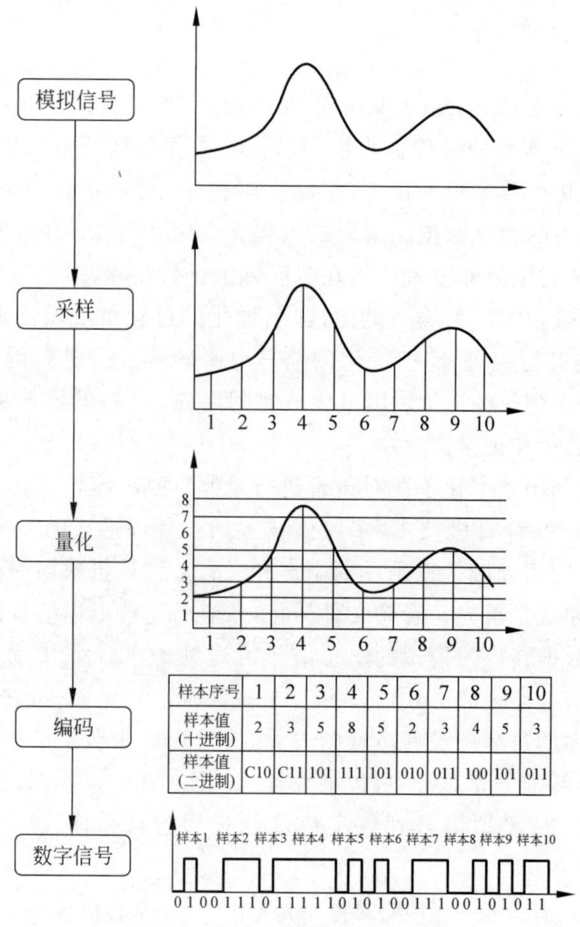

图 10-3 音频的采样、量化、编码

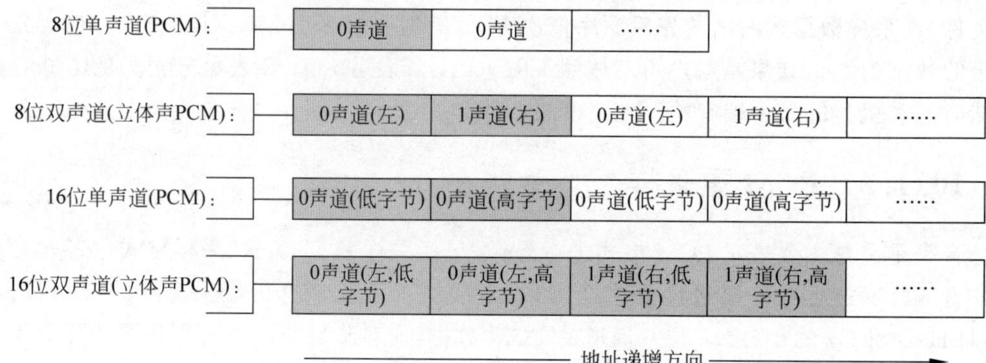

图 10-4 单声道与双声道的 PCM 存储结构

(2) 实现音频格式相同、采样频率相同,但通道数不同的音频重采样。

注意：音频重采样包括三大参数(采样率、采样格式和声道数)和两大存储模式(Packed 和 Planar,即打包模式/交织模式和平面模式)。

学习 PCM 重采样,需要了解一些基本概念。

(1) 采样率(Sample Rate)：每秒采样多少次,以 Hz 为单位。例如 1Hz 表示每秒对原始信号采样 1 次,1kHz 表示每秒采样 1000 次。1MHz 表示每秒采样 1 000 000 次。根据场景的不同,采样率也有所不同,采样率越高,声音的还原程度越高,质量就越好,同时占用空间会变大。例如通话时的采样率为 8kHz,常用的媒体采样率为 44kHz,一些蓝光影片采样率高达 1MHz。

(2) 位深度(Bit-depth)：表示用多少个二进制位来描述采样数据,一般为 8b 或 16b,位深越大,对模拟信号的描述越真实,对声音的描述更加准确。常用的模拟信号位深如下。

- 8b：2^8 = 256,有 256 个等级可以用于衡量真实的模拟信号。
- 16b：2^16 = 65 536,有 65 536 个等级可以用于衡量真实的模拟信号。
- 24b：2^24 = 16 666 216,有 16 666 216 个等级可以用于衡量真实的模拟信号。

(3) 字节序：表示音频 PCM 数据存储的字节序是大端存储(big-endian)还是小端存储(little-endian),为了使数据处理效率更高,通常为小端存储。

(4) 声道数(Channel Number)：当前 PCM 文件中包含的声道数,如单声道(mono)、双声道(stereo)等。

(5) 声道布局：包括立体声、低音炮(2.1 声道)、5.1 环绕立体声等。

(6) 采样数据是否有符号(Sign)：要表达的就是字面上的意思,需要注意的是,使用有符号的采样数据不能用无符号的方式播放。以 FFmpeg 中常见的 PCM 数据格式 s16le 为例：它描述的是有符号 16 位小端 PCM 数据。s 表示有符号,16 表示位深,le 表示小端存储。

(7) 比特率：没有压缩的音频数据(PCM)的比特率＝采样频率×采样精度×通道数。

(8) 码率：压缩后的音频数据的比特率,常见的码率有 96Kb/s、128Kb/s、192Kb/s 等。

(9) 音频帧：音频帧的概念没有视频帧那么清晰,绝大多数视频编码格式可以简单地认为一帧就是编码后的一张图像,音频帧的帧长如下：

- 可以指每帧采样数播放的时间,如 MP3 标准文档规定每帧为 1152 个采样点,如果采样率为 48kHz,则每帧的时长为 24ms；AAC 标准文档则每帧有 1024 个采样点,如果采样率为 48kHz,则每帧的时长为 21.33ms。音频采样过程中,只有攒够一帧数据后才会送给编码器。
- 也可以指压缩后每帧的数据长度。

10.1.4　C 语言实现 PCM 重采样

可以使用 FFmpeg 的命令行获取原始 PCM 素材,例如将一个 MP3 格式的音频文件解码为采样率是 8kHz、声道数是 1、采样格式是 s16le 的 PCM 格式，命令如下：

```
ffmpeg -i gu10s.mp3  -ar 8000 -ac 1 -f s16le -y gu10s-ar8000_ac1_s16le.pcm
```

可以使用 ffplay.exe 来测试这个 PCM 文件，播放效果如图 10-5 所示，命令如下：

```
ffplay -ar 8000 -ac 1 -f s16le -i gu10s-ar8000_ac1_s16le.pcm
```

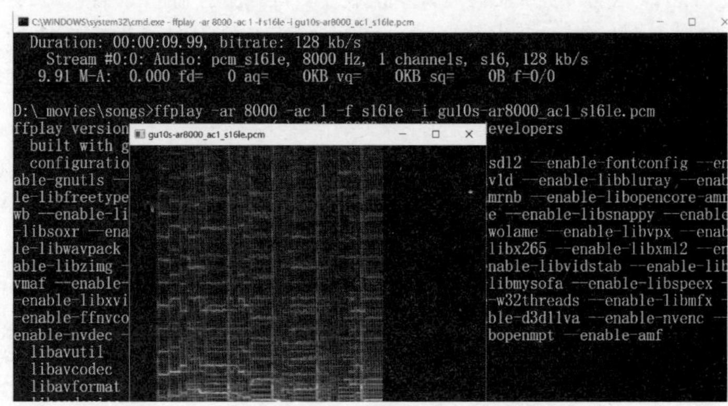

图 10-5 ffplay 播放 PCM 数据

1. 从 8kHz 重采样为 16kHz

为了方便理解 PCM 重采样，这里举一个例子，将这个采样率是 8kHz、声道数是 1、采样格式是 s16le 的 PCM 进行重采样，新的采样率是 16kHz、声道数是 1、采样格式是 s16le。也就是说只有采样率提高了一倍，其他参数不变。转换的原理比较简单，从 8kHz 升到 16kHz，升了 1 倍，也就是说在同一时间的单位区间内，8kHz 采样 1 个点，而 16kHz 采样 2 个点。将前者的采样点复制两份出来即可，如图 10-6 所示。

图 10-6 从 8kHz 重采样到 16kHz

实现采样率从 8kHz 到 16kHz 的 C 语言代码如下：

```
//chapter10/c_sample.txt
//8kHz 到 16kHz：采样格式为 s16le，signed 16 位
//一个采样点占 16 位：2 字节
int ChangePcm8KTo16K_1(char * p8K, int i8KLen, char * p16K, int i16KLen)
{
    int i = 0;
    int iInx = 0;

    if (p8K == NULL || p16K == NULL || i8KLen == 0 || i16KLen < (i8KLen * 2))
    {
```

```
        return -1;
    }

    //以采样点为单位,这里的声道数都为1
    //8kHz 变 16kHz,所以需要插值,复制一份即可
    for (i = 1, iInx = 0; i < i8KLen;)
    {
        //这里相当于左声道.将一个采样点复制两份出来
        p16K[iInx++] = p8K[i - 1];    //s16le 的一个采样点占 16 位,即 2 字节
        p16K[iInx++] = p8K[i];
        p16K[iInx++] = p8K[i - 1];
        p16K[iInx++] = p8K[i];

        i += 2;
        //printf("index = %d ", i);
    }

    return iInx;
}
```

2. 从 8kHz、1 声道重采样为 16kHz、2 声道

将这个采样率是 8kHz、声道数是 1、采样格式是 s16le 的 PCM 进行重采样,新的采样率是 16kHz、声道数是 2、采样格式是 s16le。也就是说采样率提高了一倍,同时声道数也提升了一倍,其他参数不变。转换的原理比较简单,从 8kHz 升到 16kHz,升了 1 倍;从 1 声道升为 2 声道,升了 1 倍。也就是说在同一时间的单位区间内,前者采样 1 个点,而后者采样 4 个点。将前者的采样点复制 4 份出来即可,相当于从单声道变为左右两个声道,并且采样率提高了一倍,如图 10-7 所示。

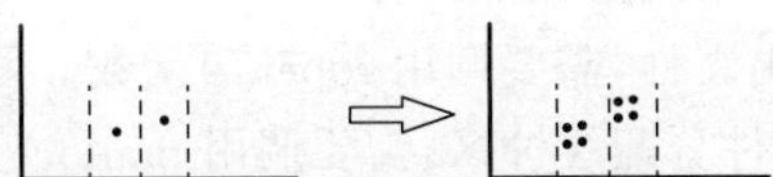

图 10-7 从 8kHz、单声道重采样到 16kHz、双声道

实现采样率从 8kHz、1 声道到 16kHz、2 声道的 C 语言代码如下:

```
//chapter10/c_sample.txt
int ChangePcm8KTo16K_2(char * p8K, int i8KLen, char * p16K, int i16KLen)
{
    int i = 0;
    int iInx = 0;

    if (p8K == NULL || p16K == NULL || i8KLen == 0 || i16KLen < (i8KLen * 2))
    {
```

```
        return -1;
    }

    //以采样点为单位,按照 LRLRLR 方式插值即可
    //8kHz 变 16kHz,所以需要插值,复制一份即可
    for (i = 1, iInx = 0; i < i8KLen;)
    {
        //这里相当于左声道
        p16K[iInx++] = p8K[i - 1];   //s16le 的一个采样点占 16 位,即 2 字节
        p16K[iInx++] = p8K[i];
        p16K[iInx++] = p8K[i - 1];
        p16K[iInx++] = p8K[i];

        //双声道需要再复制一份:相当于右声道
        p16K[iInx++] = p8K[i - 1];
        p16K[iInx++] = p8K[i];
        p16K[iInx++] = p8K[i - 1];
        p16K[iInx++] = p8K[i];

        i += 2;
        //printf("index = %d ", i);
    }

    return iInx;
}
```

3. 测试重采样效果

对上述用命令行方式生成的 gu10s-ar8000_ac1_s16le.pcm 文件进行重采样,新的采样率为 16kHz、声道数为 2、采样格式为 s16le,大概步骤如下:

(1) 打开输入文件和输出文件,需要调用 fopen()函数。

(2) 为输入文件、输出文件分配缓冲区,需要调用 malloc()函数。

(3) 实现 PCM 重采样,需要调用 ChangePcm8KTo16K_2()函数。

(4) 关闭文件并释放内存,需要调用 fclose()和 free()函数。

完整的 C 语言代码如下:

```
//chapter10/c_sample.txt
int main(){
    //1. 打开输入文件和输出文件
    const char* filename = "gu10s-ar8000_ac1_s16le.pcm";
    FILE* fp_in = fopen(filename, "ab+");
    FILE *fp_out = fopen("out-gu10s-ar16000_ac2_s16le.pcm", "wb+");

    //输入文件的大小:字节数
```

```
    fseek(fp_in, 0, SEEK_END);
    int buff_len = ftell(fp_in);

    fseek(fp_in, 0, SEEK_SET);

    //2. 为输入文件和输出文件分配缓冲区
    char * pInData = (char * )malloc(buff_len);
    memset(pInData, 0, buff_len);
    fread(pInData, sizeof(unsigned char), buff_len, fp_in);

    int buff_out_len = buff_len * 4;
    char * pOutData = (char * )malloc(buff_out_len);
    memset(pOutData, 0, buff_out_len);

    int nLOutLen = 0;

    //3. 实现 PCM 重采样
    ChangePcm8KTo16K_2(pInData, buff_len, pOutData, buff_out_len);
    fwrite(pOutData, 1, buff_out_len, fp_out);

    //4. 关闭文件并释放内存
    fclose(fp_in);
    fclose(fp_out);
    free(pInData);
    free(pOutData);
    printf("ok.bye\n");
    return 0;
}
```

首先打开 Qt Creator，创建一个 Qt Console 工程，具体操作步骤可以参考"1.4 搭建 FFmpeg 的 Qt 开发环境"，工程名称为 QtFFmpeg5_Chapter10_001。由于使用的是 FFmpeg 5.0.1 的 64 位开发包，所以编译套件应选择 64 位的 MSVC 或 MinGW，然后打开配置文件 QtFFmpeg5_Chapter10_001.pro，添加引用头文件及库文件的代码。具体操作可以参照前几章的相关内容，这里不再赘述。

将上述代码复制到 main.cpp 文件中，编译并运行，会生成新的 out-gu10s-ar16000_ac2_s16le.pcm 文件，如图 10-8 所示。可以看出，重采样后的文件大小约是源文件的 4 倍。

名称	修改日期	类型	大小
debug	星期三 10:52	文件夹	
release	星期三 10:51	文件夹	
.qmake.stash	星期三 10:51	STASH 文件	2 KB
gu10s-ar8000_ac1_s16le.pcm	星期三 10:49	PCM 文件	157 KB
Makefile	星期三 10:51	文件	30 KB
Makefile.Debug	星期三 10:51	DEBUG 文件	22 KB
Makefile.Release	星期三 10:51	RELEASE 文件	22 KB
out-gu10s-ar16000_ac2_s16le.pcm	星期三 14:49	PCM 文件	625 KB

图 10-8　C 语言实现 PCM 重采样

使用 ffplay.exe 可以测试这个新的 PCM 文件，效果如图 10-9 所示，命令如下：

```
ffplay -ar 16000 -ac 2 -f s16le -i out-gu10s-ar16000_ac2_s16le.pcm
```

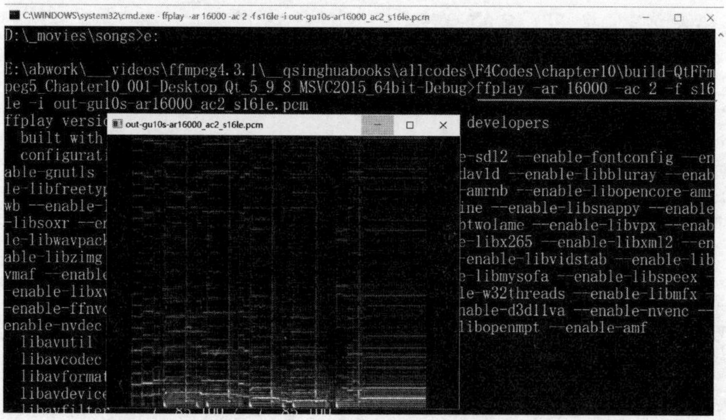

图 10-9 ffplay 播放 C 语言重采样后的 PCM 文件

10.2 SWResample 库结构简介

FFmpeg 中重采样的功能由 libswresample 库（简写为 lswr）提供。lswr 提供了高度优化的转换音频的采样频率、声道格式或样本格式的功能，主要功能如下。

（1）采样频率转换：对音频的采样频率进行转换处理，例如把音频从一个高的 44100Hz 的采样频率转换到 8000Hz。从高采样频率到低采样频率的音频转换是一个有损的过程。FFmpeg 提供了多种重采样选项和算法。

（2）声道格式转换：对音频的声道格式进行转换处理，例如将立体声转换为单声道。当输入通道不能映射到输出流时，这个过程是有损的，因为它涉及不同的增益因素和混合等。

（3）样本格式转换：对音频的样本格式进行转换处理，例如把 s16 格式的 PCM 数据转换为 s8 格式或者 f32 格式的 PCM 数据。

（4）还提供了 Packed 和 Planar 包装格式之间相互转换功能，以及其他音频转换功能，如拉伸和填充，通过专门的设置来启用。

10.2.1 FFmpeg 与 PCM 格式

PCM（Pulse Code Modulation，脉冲编码调制）音频数据是未经压缩的音频采样数据裸流，它是由模拟信号经过采样、量化、编码转换而成的标准数字音频数据。可以使用 ffplay 来播放 PCM 文件，命令如下：

```
//播放格式为 f32le,单声道,采样频率为 48000Hz 的 PCM 数据
ffplay -f f32le -ac 1 -ar 48000 pcm_audio
```

使用ffmpeg-formats命令获取FFmpeg支持的音视频格式，其中可以找到支持的PCM格式，命令及输出信息如下：

```
//chapter10/ffmpeg-formats.txt
ffmpeg -formats
--------以下是输出信息----------
DE alaw            PCM A-law
DE f32be           PCM 32-bit floating-point big-endian
DE f32le           PCM 32-bit floating-point little-endian
DE f64be           PCM 64-bit floating-point big-endian
DE f64le           PCM 64-bit floating-point little-endian
DE mulaw           PCM mu-law
DE s16be           PCM signed 16-bit big-endian
DE s16le           PCM signed 16-bit little-endian
DE s24be           PCM signed 24-bit big-endian
DE s24le           PCM signed 24-bit little-endian
DE s32be           PCM signed 32-bit big-endian
DE s32le           PCM signed 32-bit little-endian
DE s8              PCM signed 8-bit
DE u16be           PCM unsigned 16-bit big-endian
DE u16le           PCM unsigned 16-bit little-endian
DE u24be           PCM unsigned 24-bit big-endian
DE u24le           PCM unsigned 24-bit little-endian
DE u32be           PCM unsigned 32-bit big-endian
DE u32le           PCM unsigned 32-bit little-endian
DE u8              PCM unsigned 8-bit
```

输出信息中的s表示有符号、u表示无符号、f表示浮点数、be表示大端、le表示小端。

10.2.2 Packed和Planar的区别

FFmpeg中音视频数据主要有Packed(打包的)和Planar(平面的)两种存储方式，对于双声道音频来讲，Packed方式为两个声道的数据交错存储；Planar方式为两个声道分开存储。假设一个L/R为一个采样点，数据存储的方式如下：

```
Packed: L R L R L R L R
Planar: L L L L R R R R
```

FFmpeg音频解码后的数据存放在AVFrame结构中。对于Packed格式，frame.data[0]或frame.extended_data[0]中包含所有的音频数据。对于Planar格式，frame.data[i]

或者 frame. extended_data[i]表示第 i 个声道的数据(假设声道 0 是第 1 个),AVFrame. data 数组的大小固定为 8,如果声道数超过 8,则需要从 frame. extended_data 数组中获取声道数据。

下面为 FFmpeg 内部存储音频使用的采样格式,所有的 Planar 格式后面都由字母 P 进行标识,代码如下:

```
//chapter10/AVSampleFormat.list.txt
enum AVSampleFormat {
    AV_SAMPLE_FMT_NONE = -1,
    AV_SAMPLE_FMT_U8,      //< unsigned 8 bits
    AV_SAMPLE_FMT_S16,     //< signed 16 bits
    AV_SAMPLE_FMT_S32,     //< signed 32 bits
    AV_SAMPLE_FMT_FLT,     //< float
    AV_SAMPLE_FMT_DBL,     //< double

    AV_SAMPLE_FMT_U8P,     //< unsigned 8 bits, planar
    AV_SAMPLE_FMT_S16P,    //< signed 16 bits, planar
    AV_SAMPLE_FMT_S32P,    //< signed 32 bits, planar
    AV_SAMPLE_FMT_FLTP,    //< float, planar
    AV_SAMPLE_FMT_DBLP,    //< double, planar
    AV_SAMPLE_FMT_S64,     //< signed 64 bits
    AV_SAMPLE_FMT_S64P,    //< signed 64 bits, planar

    AV_SAMPLE_FMT_NB       //< Number of sample formats. DO NOT USE if linking dynamically
};
```

需要注意的是,Planar 模式是 FFmpeg 内部存储模式,实际使用的音频文件基本上是 Packed 模式的。FFmpeg 解码不同格式的音频输出的音频采样格式不是一样的。测试发现,其中 AAC 解码输出的数据为浮点型的 AV_SAMPLE_FMT_FLTP 格式,MP3 解码输出的数据为 AV_SAMPLE_FMT_S16P 格式。具体采样格式可以查看解码后的 AVFrame 中的 format 成员或解码器的 AVCodecContext 中的 sample_fmt 成员。Planar 或者 Packed 模式直接影响到保存文件时写文件的操作,操作数据时一定要先检测音频采样格式。

以双声道为例,带 P(Planar)的数据格式在存储时其左声道和右声道的数据是分开存储的,左声道的数据存储在 frame. data[0]中,右声道的数据存储在 frame. data[1],每个声道的所占用的字节数分别为 frame. linesize[0]、frame. linesize[1]。不带 P(Packed)的音频数据在存储时按照 LRLRLR…的格式交替存储在 frame. data[0]中,frame. linesize[0] 表示总的数据量。

可以使用 FFmpeg 的命令行查看某种解码器支持的输出音频采样格式,例如查看 AAC、MP3 的命令如下:

```
//chapter10/ffmpeg-h-decoder=aac.txt
ffmpeg -h decoder=aac
---------AAC 解码器的信息-------------
Decoder aac [AAC (Advanced Audio Coding)]:
    General capabilities: dr1 chconf
    Threading capabilities: none
    Supported sample formats: fltp //AV_SAMPLE_FMT_FLTP
    Supported channel layouts: mono stereo 3.0 4.0 5.0 5.1 7.1(wide)
AAC decoder AVOptions:
  -dual_mono_mode      <int>        .D..A.... Select the channel to decode for dual mon
o (from -1 to 2) (default auto)
     auto              -1           .D..A.... autoselection
     main              1            .D..A.... Select Main/Left channel
     sub               2            .D..A.... Select Sub/Right channel
     both              0            .D..A.... Select both channels

====================
ffmpeg -h decoder=mp3
---------MP3 解码器的信息-------------
Decoder mp3 [MP3 (MPEG audio layer 3)]:
    General capabilities: dr1
    Threading capabilities: none
    Supported sample formats: s16p s16
    #支持的输出格式为 AV_SAMPLE_FMT_S16P、AV_SAMPLE_FMT_S16
```

10.2.3 音频播放时间计算

以采样率 44100Hz 来计算，每秒 44100 个采样点(sample)，而 AAC 标准文档规定正常一帧为 1024 个 sample，可知每帧播放时间为 1024×1000ms÷44100≈23.2ms，得到每帧播放时间大约为 23.2ms，更精确的是 23.21995464852608ms，具体公式如下：

一帧播放时间(毫秒)=样本数(nb_samples)×1000ms÷采样率　　(10-1)

另外需要注意，1024×1000÷44100=23.21995464852608ms，约等于 23.2ms，精度损失了 0.011995464852608ms，那么累计 10 万帧，误差将大于为 1199ms。如果与视频一起播放就会有音视频同步的问题。如果按照 23.2 去计算 PTS(0、23.2、46.4、…)就会有累积误差。

10.2.4 C 语言分离左右声道

对于 s16le、Packed 格式的 PCM 数据，可以按照双声道的 LRLRLRLR...的 PCM 音频数据，通过交叉读取的方式来分离左右声道的数据。例如对上文中重采样生成的 out-gu10s-ar16000_ac2_s16le.pcm 文件进行左右声道分离，代码如下：

```
//chapter10/c_pcm_split.txt
static int pcm_s16le_split(const char * file, const char * out_lfile, const char * out_rfile) {
    FILE * fp = fopen(file, "rb+");
    if (fp == NULL) {
        printf("open %s failed\n", file);
        return -1;
    }
    FILE * fp1 = fopen(out_lfile, "wb+");
    if (fp1 == NULL) {
        printf("open %s failed\n", out_lfile);
        return -1;
    }
    FILE * fp2 = fopen(out_rfile, "wb+");
    if (fp2 == NULL) {
        printf("open %s failed\n", out_rfile);
        return -1;
    }
    char * sample = (char *)malloc(4);
    while(!feof(fp)) {
        fread(sample, 1, 4, fp);
        //L
        fwrite(sample, 1, 2, fp1);
        //R
        fwrite(sample + 2, 1, 2, fp2);
    }
    free(sample);
    fclose(fp);
    fclose(fp1);
    fclose(fp2);
    return 0;
}

int main(){
    pcm_s16le_split("out-gu10s-ar16000_ac2_s16le.pcm",
                    "out-gu10s-ar16000_ac2_s16le-left.pcm",
                    "out-gu10s-ar16000_ac2_s16le-right.pcm");
    printf("split ok\n");

    return 0;
}
```

将上述代码复制到 main.cpp 文件中，编译并运行，会生成两个 PCM 文件，分别对应源文件的左、右声道的数据，使用 ffplay 播放，如图 10-10 所示，播放命令如下：

```
ffplay -ar 16000 -ac 1 -f s16le -i out-gu10s-ar16000_ac2_s16le-left.pcm
```

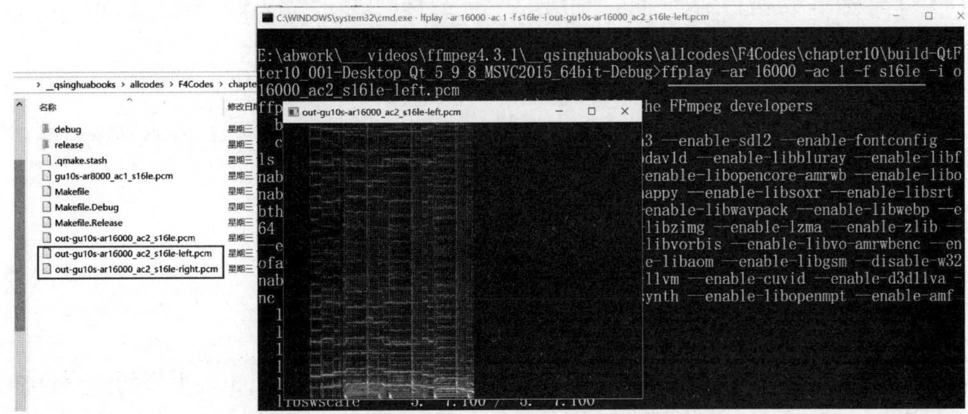

图 10-10 C 语言实现 PCM 数据的左右声道分离

10.2.5 lswr 的使用流程及 API 简介

使用 lswr 进行重采样的处理流程如图 10-11 所示。

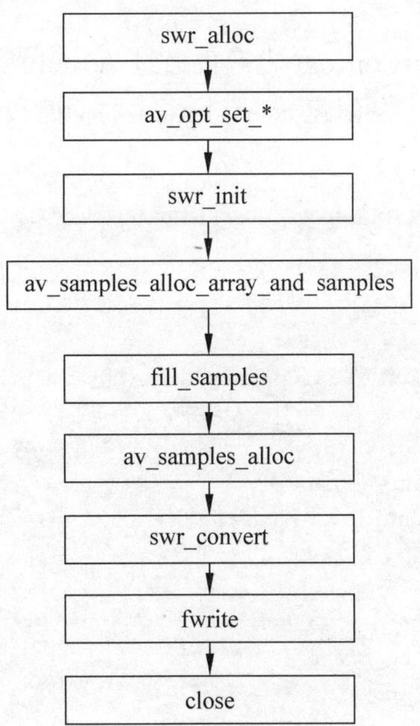

图 10-11 FFmpeg 重采样的流程及相关 API

该流程图中的步骤如下。

(1) 创建上下文环境：重采样过程上下文环境为 SwrContext 数据结构。

(2) 参数设置：将转换的参数设置到 SwrContext 类型的变量中。

(3) SwrContext 初始化：需要调用 swr_init()函数。

(4) 分配样本数据内存空间：使用 av_samples_alloc_array_and_samples()、av_samples_alloc()等工具函数。

(5) 开启重采样转换：通过重复地调用 swr_convert()函数来完成。

(6) 重采样转换完成，释放相关资源：通过 swr_free()函数释放 SwrContext 相关的内存。

相关的几个函数说明如下。

(1) swr_alloc()：创建 SwrContext 对象。

(2) av_opt_set_*()：设置输入和输出音频的信息。

(3) swr_init()：初始化 SwrContext。

(4) av_samples_alloc_array_and_samples：根据音频格式分配相应大小的内存空间。

(5) av_samples_alloc：根据音频格式分配相应大小的内存空间。在转换过程中对输出内存大小进行调整。

(6) swr_convert：进行重采样转换。

1. 创建上下文环境

重采样过程上下文环境为 SwrContext 数据结构(SwrContext 的定义没有对外暴露)，创建 SwrContext 的方式有以下两种。

(1) swr_alloc()：创建 SwrContext 之后再通过 AVOptions 的 API 设置参数。

(2) swr_alloc_set_opts()：在创建 SwrContext 的同时设置必要的参数。

两个函数声明的代码如下：

```
//chapter10/others.txt
struct SwrContext * swr_alloc();

struct SwrContext * swr_alloc_set_opts(
    //如果为 NULL,则创建一个新的 SwrContext,否则对已有的 SwrContext 进行参数设置
    struct SwrContext *    s,
    int64_t                out_ch_layout, //输出的声道格式,AV_CH_LAYOUT_*
    enum AVSampleFormat   out_sample_fmt,
    int                    out_sample_rate,
    int64_t                in_ch_layout,
    enum AVSampleFormat   in_sample_fmt,
    int                    in_sample_rate,
    int                    log_offset,
    void *                  log_ctx
);
```

2. 参数设置

参数设置的方式有以下两种：

(1) AVOptions 的 API,包括一系列 av_opt_sex_xxx 的相关函数。

(2) swr_alloc_set_opts():如果第 1 个参数为 NULL,则创建一个新的 SwrContext,否则对已有的 SwrContext 进行参数设置。

假定要进行重采样转换:将"f32le 格式、采样频率 48kHz、5.1 声道格式"的 PCM 数据重采样转换为"s16le 格式、采样频率 44.1kHz、立体声格式"的 PCM 数据。

(1) swr_alloc()函数的使用方式,代码如下:

```
//chapter10/others.txt
SwrContext * swr = swr_alloc();
av_opt_set_channel_layout(swr, "in_channel_layout", AV_CH_LAYOUT_5POINT1, 0);
av_opt_set_channel_layou(swr, "out_channel_layout", AV_CH_LAYOUT_STEREO, 0);
av_opt_set_int(swr, "in_sample_rate", 48000, 0);
av_opt_set_int(swr, "out_sample_rate", 44100, 0);
av_opt_set_sample_fmt(swr, "in_sample_fmt", AV_SAMPLE_FMT_FLPT, 0);
av_opt_set_sample_fmt(swr, "out_sample_fmt", AV_SAMPLE_FMT_S16, 0);
```

(2) swr_alloc_set_opts()函数的使用方式,代码如下:

```
//chapter10/others.txt
SwrContext * swr = swr_alloc_set_opts(NULL,  //we're allocating a new context
                        AV_CH_LAYOUT_STEREO,  //out_ch_layout:输出的声道布局
                        AV_SAMPLE_FMT_S16,    //out_sample_fmt:输出的采样格式
                        44100,                //out_sample_rate:输出的采样率
                        AV_CH_LAYOUT_5POINT1,  //in_ch_layout:输入的声道布局
                        AV_SAMPLE_FMT_FLTP,   //in_sample_fmt:输入的采样格式
                        48000,                //in_sample_rate:输入的采样率
                        0,                    //log_offset
                        NULL);                //log_ctx
```

3. SwrContext 初始化

设置好参数后,必须调用 swr_init()对 SwrContext 进行初始化。如果需要修改转换的参数,则需要操作的步骤如下:

(1) 重新进行参数设置。

(2) 再次调用 swr_init()。

4. 分配样本数据的内存空间

重采样转换之前需要分配内存空间,用于保存重采样的输出数据,内存空间的大小跟通道个数、样本格式、容纳的样本个数等有关。libavutil 中的 samples 处理 API 提供了一些函数,方便管理样本数据,例如 av_samples_alloc()函数用于分配存储采样点的缓冲区(buffer)。av_sample_alloc()函数的声明代码如下:

```
//chapter10/others.txt
/**
 * @param[out] audio_data  输出数组,每个元素是指向一个通道的数据的指针.
 * @param[out] linesize    aligned size for audio buffer(s), may be NULL
 * @param nb_channels      通道的个数.
 * @param nb_samples       每个通道的样本个数.
 * @param sample_fmt       采样格式.
 * @param align            buffer size alignment (0 = default, 1 = no alignment)
 * @return                 如果成功,则返回大于 0 的数,如果错误,则返回负数.
 */
int av_samples_alloc(uint8_t ** audio_data, int * linesize, int nb_channels,
                     int nb_samples, enum AVSampleFormat sample_fmt, int align);
```

5. 开启重采样转换

重采样转换是通过重复地调用 swr_convert()函数来完成的。swr_convert()函数声明的代码如下：

```
//chapter10/others.txt
 * @param out:输出缓冲区,当 PCM 数据为 Packed 包装格式时,只有 out[0]会被填充数据.
 * @param out_count : 每个通道可存储输出 PCM 数据的 sample 数量.
 * @param in: 输入缓冲区,当 PCM 数据为 Packed 包装格式时,只有 in[0]需要填充数据.
 * @param in_count: 输入 PCM 数据中每个通道可用的 sample 数量.
 *
 * @return   : 返回每个通道输出的 sample 数量,当发生错误时返回负数.
 */
int swr_convert(struct SwrContext * s, uint8_t ** out, int out_count,
                                const uint8_t ** in , int in_count);
```

该函数的说明信息如下：

(1) 如果没有提供足够的空间用于保存输出数据,则采样数据会缓存在 swr 中。可以通过 swr_get_out_samples()函数获取下一次调用 swr_convert()函数时在给定输入样本数量下输出样本数量的上限,以此来提供足够的空间。

(2) 如果对采样频率进行转换,则转换完成后采样数据可能会缓存在 swr 中,它期待提供更多的输入数据。

(3) 如果实际上并不需要更多的输入数据,则可调用 swr_convert()函数,其中参数 in_count 应设置为 0,以便获取缓存在 swr 中的数据。

(4) 转换结束之后需要冲刷 swr_context 的缓冲区,可调用 swr_convert()函数,其中参数 in 应设置为 NULL,参数 in_count 应设置为 0。

下面的案例演示了重采样转换处理的流程,其中假定依照上面的参数设置,get_input()和 handle_output()函数分别用于读取输入的 PCM 数据,以及存储输出的 PCM 数据,伪代码如下：

```
//chapter10/others.txt
uint8_t ** input;
int in_samples;
while (get_input(&input, &in_samples)) {
    uint8_t * output;
    int out_samples = av_rescale_rnd(swr_get_delay(swr, 48000) +
                                     in_samples, 44100, 48000, AV_ROUND_UP);
    av_samples_alloc(&output, NULL, 2, out_samples,
                     AV_SAMPLE_FMT_S16, 0);
    out_samples = swr_convert(swr, &output, out_samples,
                                     input, in_samples);
    handle_output(output, out_samples);
    av_freep(&output);
}
```

6. 释放相关资源

重采样转换结束之后,需要调用 swr_free()、av_freep()等函数来释放相关内存。

10.3 SWResample 音频重采样案例实战

所谓的重采样,就是改变音频的采样率(Sample Rate)、采样格式(Sample Format)和声道数(Channels)等参数,使之按照期望的参数进行转换。常见的音频重采样的场景如下:

(1) 在 FFmpeg 解码音频时,不同的音源有不同的采样格式、采样率和声道数等,在解码后的数据中这些参数也会不一致。如果接下来需要使用解码后的音频数据做其他操作,则这些参数的不一致会导致有很多额外的工作。此时直接对其进行重采样,获取用户指定的音频参数就会方便很多了。

(2) 将音频进行 SDL 播放时,因为当前的 SDL 2.0 不支持 Planar 格式,也不支持浮点型(AV_SAMPLE_FMT_FLTP)的格式,而最新的 FFmpeg 会将 AAC 音频解码为 AV_SAMPLE_FMT_FLTP 格式,因此就需要对其重采样,使之可以在 SDL 2.0 上进行播放。

10.3.1 SwrContext 使用步骤解析

与 lswr 的交互是通过 SwrContext 完成的,它是不透明的,所以所有参数必须使用 AVOptions API 设置。为了使用 lswr,需要做的第一件事就是分配 SwrContext,可以使用 swr_alloc()或 swr_alloc_set_opts()函数来完成。如果使用 swr_alloc()函数,则必须通过 AVOptions API(形如 av_opt_set_xxx 的函数)设置选项参数。而 swr_alloc_set_opts()函数提供了相同的功能,并且可以在同一语句中设置一些常用选项。

例如,将设置从平面浮动(AV_SAMPLE_FMT_FLTP)样本格式到交织的带符号 16 位整数(AV_SAMPLE_FMT_S16)样本格式的转换,从 48kHz 到 44.1kHz 的下采样,以及从

5.1 声道(AV_CH_LAYOUT_ 5POINT1)到立体声(AV_CH_LAYOUT_ STEREO)的下混合(使用默认混合矩阵)。可以使用以下两种代码方式。

(1) 使用 swr_alloc()函数,代码如下:

```
//chapter10/others.txt
SwrContext * swr = swr_alloc();
av_opt_set_channel_layout(swr, "in_channel_layout", AV_CH_LAYOUT_ 5POINT1, 0);
av_opt_set_channel_layout(swr, "out_channel_layout", AV_CH_LAYOUT_ STEREO, 0);
av_opt_set_int(swr, "in_sample_rate", 48000, 0) ;
av_opt_set_int(swr, "out_sample_rate", 44100, 0) ;
av_opt_set_sample_fmt(swr, "in_sample_fmt", AV_SAMPLE_FMT_FLTP, 0 );
av_opt_set_sample_fmt(swr, "out_sample_fmt", AV_SAMPLE_FMT_S16, 0 );
```

(2) 使用 swr_alloc_set_opts()函数,代码如下:

```
//chapter10/others.txt
SwrContext * swr_alloc_set_opts(NULL,//we're allocating a new context
                                AV_CH_LAYOUT_STEREO, //out_ch_layout
                                AV_SAMPLE_FMT_S16, //out_sample_fmt
                                44100, //out_sample_rate
                                AV_CH_LAYOUT_5POINT1, //in_ch_layout
                                AV_SAMPLE_FMT_FLTP, //in_sample_fmt
                                48000, //in_sample_rate
                                0, //log_offset
                                NULL//log_ctx
                                );
```

一旦设置了所有值,必须调用 swr_init()函数进行初始化。如果需要更改转换参数,则可以使用 AVOptions 来更改参数,如上面第 1 个例子所述;或者使用 swr_alloc_set_opts()函数,但是第一个参数是分配的上下文,然后,必须再次调用 swr_init()函数。

转换本身通过重复调用 swr_convert()函数来完成。注意,如果提供的输出空间不足或采样率转换完成后,样本则可能会在 swr 中缓冲,这需要"未来"样本。可以随时通过使用 swr_convert()函数(参数 in_count 可以设置为 0)来检索不需要将来输入的样本。在转换结束时,可以通过调用具有 NULL 参数的 swr_convert()函数来刷新重采样的缓冲区。

10.3.2 使用 lswr 实现 PCM 重采样案例实战

在 10.1.4 节中,用 C 语言实现了 PCM 重采样,但功能很简单,仅实现了从 8kHz 采样率到 16kHz 采样率的转换。FFmpeg 中重采样的功能由 libswresample 库提供,lswr 提供了高度优化的转换音频的采样频率、声道格式或样本格式的功能,使用起来非常方便。下面使用 FFmpeg 将原始 PCM 的格式(44100Hz、单声道、AV_SAMPLE_FMT_S16)进行重采样,转换为新的格式(48000Hz、双声道、AV_SAMPLE_FMT_FLT)。这个流程大概分为以下几步：

(1) 准备音频重采样的各项参数，包括声道数、采样率和采样格式等。

(2) 初始化音频重采样上下文(SwrContext)，可以调用 swr_alloc()函数。

(3) 设置音频重采样的各个参数选项，通过调用 av_opt_set_xxx 系列的函数实现。

(4) 初始化音频重采样上下文，需要调用 swr_init()函数。

(5) 为输入、输出采样点数据分配内存空间(注意这里涉及内存对齐的问题)，需要调用 av_samples_alloc_array_and_samples()函数。

(6) 循环读取 PCM 数据，按照 AAC 一帧的字节数(src_linesize)进行读取，本案例中直接通过 fread()函数从本地文件中读取 PCM 数据。

(7) 真正的重采样转换，需要调用 swr_convert()函数。

(8) 将转换后的 PCM 数据写入文件中，需要通过 av_samples_get_buffer_size()函数计算目标字节数(注意必须未对齐，即真实的 PCM 数据的字节数)，然后通过 fwrite()函数写入本地文件中。

(9) 关闭文件及释放资源，需要调用 swr_free()、av_freep()和 fclose()等函数。

该案例的完整代码如下(注释信息非常详细，建议读者认真阅读)：

```
//chapter10/QtFFmpeg5_Chapter10_001/audio_resample.cpp
#define __STDC_CONSTANT_MACROS
#define __STDC_FORMAT_MACROS
extern "C"
{
#include <inttypes.h>
#include <stdio.h>
#include <libavutil/opt.h>
#include <libavutil/channel_layout.h>
#include <libavutil/samplefmt.h>
#include <libswresample/swresample.h>
}

//获取采样格式
static int get_format_from_sample_fmt(char *fmt,
                                      enum AVSampleFormat sample_fmt)
{
    int i;
    struct sample_fmt_entry {
        enum AVSampleFormat sample_fmt; const char *fmt_be, *fmt_le;
    } sample_fmt_entries[] = {
        { AV_SAMPLE_FMT_U8,  "u8",    "u8"    },
        { AV_SAMPLE_FMT_S16, "s16be", "s16le" },
        { AV_SAMPLE_FMT_S32, "s32be", "s32le" },
        { AV_SAMPLE_FMT_FLT, "f32be", "f32le" },
        { AV_SAMPLE_FMT_DBL, "f64be", "f64le" },
```

```
    };

    for (i = 0; i < FF_ARRAY_ELEMS(sample_fmt_entries); i++) {
        struct sample_fmt_entry * entry = &sample_fmt_entries[i];
        if (sample_fmt == entry->sample_fmt) {
            strcpy(fmt, AV_NE(entry->fmt_be, entry->fmt_le));
            printf("--->OKok: %s\n", fmt);
            return 0;
        }
    }

    fprintf(stderr,
            "Sample format %s not supported as output format\n",
            av_get_sample_fmt_name(sample_fmt));
    return AVERROR(EINVAL);
}

int main (int argc, char ** argv)
{
    //音频重采样:声道、采样率、采样格式.存储模式分为 Packed、Planar
    /* 1. 准备音频重采样的各项参数 */
    //声道布局
    int64_t src_ch_layout = AV_CH_LAYOUT_MONO,
            dst_ch_layout = AV_CH_LAYOUT_STEREO;    //AV_CH_LAYOUT_SURROUND;
    //声道数:可以根据声道布局算出来
    int src_nb_channels = 0, dst_nb_channels = 0;

    //采样率
    int src_rate = 8000, dst_rate = 44100;
    uint8_t ** src_data = NULL, ** dst_data = NULL;

    //采样格式
    enum AVSampleFormat src_sample_fmt = AV_SAMPLE_FMT_S16;
    //可以尝试各种输出格式,如 AV_SAMPLE_FMT_FLT 和 AV_SAMPLE_FMT_S32
    enum AVSampleFormat  dst_sample_fmt = AV_SAMPLE_FMT_FLT;
    //一个音频帧的采样点数及字节数
    //注意:AAC 标准规定一帧是 1024 个采样点.MP3 一帧是 1152 个采样点
    int src_linesize, dst_linesize;
    int src_nb_samples = 1024, dst_nb_samples, max_dst_nb_samples;

    //输入和输出文件:这里是固定的.读者可以自由灵活地设置
    FILE * pInputFile = fopen("gu10s-ar8000_ac1_s16le.pcm", "rb");
    const char * dst_filename = "gu10s-ar441000_ac2_fmt.pcm";
    FILE * dst_file;
    int dst_bufsize;
    char fmt[64] = {0};
```

```
    struct SwrContext * swr_ctx;
    double t;
    int ret;
    //ffplay - f s32le - channel_layout 3 - channels 2 - ar 44100 gu10s - ar441000_ac2_
s32.pcm
    //ffplay - f f32le - channel_layout 3 - channels 2 - ar 44100 gu10s - ar441000_ac2_
fmt.pcm

    dst_file = fopen(dst_filename, "wb");
    if (!dst_file) {
        fprintf(stderr, "Could not open destination file % s\n", dst_filename);
        exit(1);
    }

    /* 2. 初始化音频重采样上下文:SwrContext */
    swr_ctx = swr_alloc();
    if (!swr_ctx) {
        fprintf(stderr, "Could not allocate resampler context\n");
        ret = AVERROR(ENOMEM);
        goto end;
    }

    /* 3. 设置音频重采样的各个参数选项 */
    av_opt_set_int(swr_ctx, "in_channel_layout",    src_ch_layout, 0);
    av_opt_set_int(swr_ctx, "in_sample_rate",       src_rate, 0);
    av_opt_set_sample_fmt(swr_ctx, "in_sample_fmt", src_sample_fmt, 0);

    av_opt_set_int(swr_ctx, "out_channel_layout",    dst_ch_layout, 0);
    av_opt_set_int(swr_ctx, "out_sample_rate",       dst_rate, 0);
    av_opt_set_sample_fmt(swr_ctx, "out_sample_fmt", dst_sample_fmt, 0);

    /* 4. 初始化音频重采样上下文:swr_init() */
    if ((ret = swr_init(swr_ctx)) < 0) {
        fprintf(stderr, "Failed to initialize the resampling context\n");
        goto end;
    }

    /* 5. 为输入和输出采样点数据分配内存空间 */
    /* 5.1 计算一帧输入音频的字节数,并为输入采样点数据分配内存空间 */
    src_nb_channels = av_get_channel_layout_nb_channels(src_ch_layout);
    ret = av_samples_alloc_array_and_samples(
                &src_data, &src_linesize,
                src_nb_channels, src_nb_samples, src_sample_fmt, 0);
    if (ret < 0) {
        fprintf(stderr, "Could not allocate source samples\n");
        goto end;
```

```
    }
    printf("src_nb_channels = %d,src_linesize = %d\n", src_nb_channels,src_linesize);
    //该案例中的输出为 src_nb_channels = 1,src_linesize = 2048,

    /* compute the number of converted samples: buffering is avoided
     * ensuring that the output buffer will contain at least all the
     * converted input samples */
    //计算目标采样点数
    max_dst_nb_samples = dst_nb_samples =
        av_rescale_rnd(src_nb_samples, dst_rate, src_rate, AV_ROUND_UP);
    printf("max_dst_nb_samples = %d\n", max_dst_nb_samples);
    //该案例中输出的采样点数为 max_dst_nb_samples = 5645
    /* 5.2 计算一帧输出音频的字节数,并为输出采样点数据分配内存空间 */
    /* buffer is going to be directly written to a rawaudio file, no alignment */
    dst_nb_channels = av_get_channel_layout_nb_channels(dst_ch_layout);
    printf("dst_nb_channels = %d\n", dst_nb_channels);
    ret = av_samples_alloc_array_and_samples(&dst_data, &dst_linesize, dst_nb_channels,dst
_nb_samples, dst_sample_fmt, 0);
    if (ret < 0) {
        fprintf(stderr, "Could not allocate destination samples\n");
        goto end;
    }
    printf("dst_nb_channels = %d,dst_linesize = %d\n", dst_nb_channels,dst_linesize);
    //该案例中的输出为 dst_nb_channels = 2,dst_linesize = 45312(字节对齐)
    //注意,采样点数所占内存是以采样点数必须被 32 整除来计算的
    //5645/32 = 176.40625,然后取整,即 32 * 177 = 5664
    //根据声道数、采样格式来计算,即 5664 * 2 * 4 = 45312

    t = 0;
    int iRealRead;
    do {
        /* generate synthetic audio */
        //fill_samples((double *)src_data[0], src_nb_samples, src_nb_channels, src_rate, &t);
        /* 6. 循环读取 PCM 数据,按照 AAC 一帧的字节数:src_linesize */
        iRealRead = fread((double *)src_data[0], 1, src_linesize, pInputFile);

        /* compute destination number of samples:计算目标采样点数 */
        dst_nb_samples = av_rescale_rnd(swr_get_delay(swr_ctx, src_rate) +
                                        src_nb_samples, dst_rate, src_rate, AV_ROUND_UP);
        printf("dst_nb_samples = %d\n", dst_nb_samples);

        if (dst_nb_samples > max_dst_nb_samples) {
            av_freep(&dst_data[0]);
            ret = av_samples_alloc(dst_data, &dst_linesize, dst_nb_channels,
                                   dst_nb_samples, dst_sample_fmt, 1);
            if (ret < 0)
```

```
                break;
            max_dst_nb_samples = dst_nb_samples;
        }

        /* convert to destination format */
        printf("src_nb_samples: %d, dst_nb_samples: %d\n", src_nb_samples, dst_nb_
samples);
        /* 7. 真正的重采样转换 */
        ret = swr_convert(swr_ctx,
                          dst_data, dst_nb_samples,
                          (const uint8_t **)src_data, src_nb_samples);
        if (ret < 0) {
            fprintf(stderr, "Error while converting\n");
            goto end;
        }
        //注意:这里计算真实的输出 PCM 数据的字节数是未对齐的.注意最后一个参数是 1
        dst_bufsize = av_samples_get_buffer_size(&dst_linesize, dst_nb_channels, ret, dst_
sample_fmt, 1);
        printf("dst_bufsize: %d, \n",dst_bufsize);
        if (dst_bufsize < 0) {
            fprintf(stderr, "Could not get sample buffer size\n");
            goto end;
        }
        printf("t: %f in: %d out: %d ,dst_bufsize: %d\n",
               t, src_nb_samples, ret, dst_bufsize);

        /* 8. 将转换后的 PCM 数据写入文件中 */
        //注意:这里只针对 Packed 模式,直接写入 PCM 数据
        //如果是 Planar 模式,则只能写入第 1 个通道的数据,是不完整的
        fwrite(dst_data[0], 1, dst_bufsize, dst_file);
    } while (iRealRead > 0);

    printf("Resampling succeeded. Play the output file with the command:\n");
    //get the sample format name from  AVSampleFormat
    get_format_from_sample_fmt((char *)fmt, dst_sample_fmt);
    printf("ffplay -f %s -channel_layout %d -channels %d -ar %d %s\n",
      fmt,(int)dst_ch_layout, dst_nb_channels,dst_rate, dst_filename);
    fflush(stdout);

end:
    /* 9. 关闭文件和释放资源 */
    fclose(dst_file);
    if (src_data)
        av_freep(&src_data[0]);
    av_freep(&src_data);
    if (dst_data)
```

```
        av_freep(&dst_data[0]);
    av_freep(&dst_data);
    swr_free(&swr_ctx);
    return ret < 0;
}
```

在项目中添加 audio_resample.cpp 文件，将上述代码复制进去，编译并运行，如图 10-12 所示。运行成功后，会生成一个 PCM 文件（gu10s-ar441000_ac2_fmt.pcm），并且输出了使用 ffplay 播放该 PCM 文件的命令，代码如下：

```
//chapter10/QtFFmpeg5_Chapter10_001/audio_resample.cpp.ffplay.txt
ffplay -f f32le -channel_layout 3 -channels 2 -ar 44100 gu10s-ar441000_ac2_fmt.pcm
# -f f32le:代表案例中的目标采样格式 AV_SAMPLE_FMT_FLT
# -channels 2:代表双声道,声道布局为 AV_CH_LAYOUT_STEREO
# -ar 44100: 代表采样率为 44100
```

图 10-12　FFmpeg 代码实现 PCM 重采样后

打开 cmd 窗口，跳转到该目录下，输入命令，播放效果如图 10-13 所示。

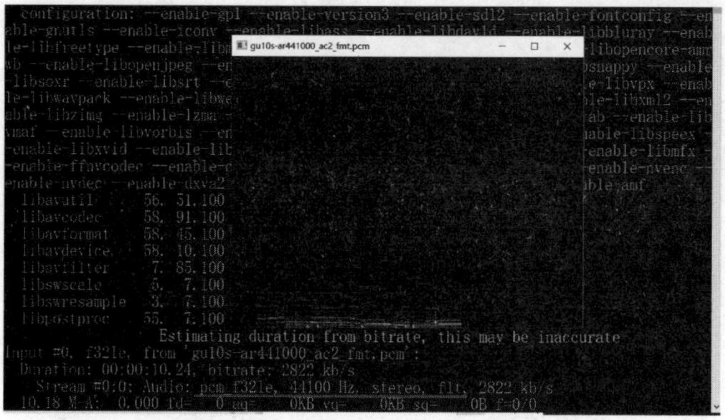

图 10-13　FFmpeg 重采样后的 PCM 数据及播放效果

10.3.3 Packed 模式转 Planar 模式

在上述案例中输入和输出的 PCM 格式都是 Packed 模式，如果输出格式为 P 结尾的，例如 AV_SAMPLE_FMT_S32P、AV_SAMPLE_FMT_FLTP 或 AV_SAMPLE_FMT_S16P 等，此时，则需要根据声道数来遍历 dst_data 数组，将所有通道的 PCM 按照 LRLR...的格式写入本地文件中。代码与 10.3.2 节中的代码基本一致，核心代码如下：

```
//chapter10/QtFFmpeg5_Chapter10_001/packed2planar.cpp
...
//采样格式
enum AVSampleFormat  src_sample_fmt = AV_SAMPLE_FMT_S16;
enum AVSampleFormat  dst_sample_fmt = AV_SAMPLE_FMT_S32P;  //P结尾:Planar模式
...
/* 7. 真正的重采样转换 */
int convert_samples = swr_convert(swr_ctx,
                    dst_data, dst_nb_samples,
                    (const uint8_t **)src_data, src_nb_samples);
if (ret < 0) {
    fprintf(stderr, "Error while converting\n");
    goto end;
}
//注意:这里计算真实的输出 PCM 数据的字节数,是未对齐的.注意最后一个参数是 1
dst_bufsize = av_samples_get_buffer_size(&dst_linesize, dst_nb_channels,
                                         ret, dst_sample_fmt, 1);
printf("dst_bufsize: %d, \n",dst_bufsize);
if (dst_bufsize < 0) {
    fprintf(stderr, "Could not get sample buffer size\n");
    goto end;
}
printf("t: %f in: %d out: %d ,dst_bufsize: %d\n",
       t, src_nb_samples, ret, dst_bufsize);

/* 8. 将转换后的 PCM 数据写入文件中 */
//注意:这里只针对 Packed 模式,直接写入 PCM 数据.如果是 Planar 模式,则是有问题的
//fwrite(dst_data[0], 1, dst_bufsize, dst_file);

int dst_fmt_size = av_get_Bytes_per_sample(dst_sample_fmt);
//判断是否为平面模式
if (av_sample_fmt_is_planar(dst_sample_fmt))
{
    //conver into packed mode: 平面模式如何存储成打包模式的 PCM 文件
    //planar convert to packed:需要遍历所有的通道
    for (int i = 0; i < convert_samples; i++) //dst samples
        for (int ch = 0; ch < dst_nb_channels; ch++) //dst channels
        {
            //fwrite(buffer, unit, number, fp);
```

```
            //out_data[0]:left channel, 1 Byte,
            //以采样点为单位
            fwrite(dst_data[ch] + dst_fmt_size * i, 1, dst_fmt_size, dst_file);
        }
}
else
{
    fwrite(dst_data[0], 1, dst_fmt_size, dst_file);
}
...
```

注意：使用 FFmpeg 实现 PCM 的打包模式转平面模式，完全遵循 lswr 的标准流程，但存储模式会影响 AVFrame 数据的读写。对于 Packed 的数据，frame－> data[]只有一个维度，即所有数据都是在 frame－> data[0]中，而对于 Planar 的数据，frame－> data[]有多维，每个维度(frame－> data[i])存放不同声道的数据，所以写入本地文件时，需要将平面模式的各个通道交织在一起，以方便使用 ffplay 进行播放测试。

在项目中添加 packed2planar. cpp 文件，将上述代码复制进去，编译并运行，会生成新的 PMC 文件(guang10s-s32p-48000-ch2. pcm)，使用 ffplay 播放该文件，效果如图 10-14 所示，命令如下：

```
ffplay -f s32le -channel_layout 3 -channels 2 -ar 48000
gu10s-ar480000_ac2_s32p.pcm
```

在 Ubuntu 中编译该程序的命令如下：

```
//chapter10/ubuntu.compile.txt
gcc -o packed2planar packed2planar.cpp    -I
/root/ffmpeg-5.0.1/install5/include/ -L /root/ffmpeg-5.0.1/install5/lib/   -lavcodec -
lavformat -lavutil -lavdevice   -lswscale -lswresample -lstdc++
```

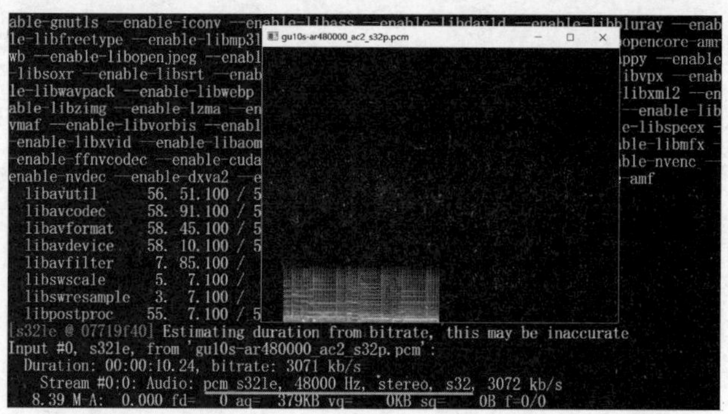

图 10-14　打包模式转平面模式

第 11 章

CHAPTER 11

SWScale 图像缩放与颜色空间转换

色彩空间，又称作颜色模型、颜色空间。常见的色彩空间有 RGB、YUV 和 HSV 等，而 RGB 色彩空间是由 R、G、B 三基色组成的，通过这 3 种基础色，可以混合出所有的颜色。

2min

在计算机图像处理和计算机图形学中，图像缩放(Image Scaling)是指对数字图像的大小进行调整的过程。图像缩放是一种非平凡的过程，需要在处理效率及结果的平滑度(Smoothness)和清晰度(Sharpness)上进行权衡。当一张图像的大小增加之后，组成图像的像素的可见度将会变得更高，从而使图像表现得“软”。相反地，缩小一张图像将会增强它的平滑度和清晰度。

FFmpeg 提供了 libswscale 库，用来做图像缩放及颜色空间转换等操作。在处理图片数据时，经常有诸如缩放尺寸、转化像素格式的需求。这些操作较为简单，在 FFmpeg 中是很常见的操作，其效率对 FFmpeg 影响较大。

11.1 色彩空间转换的原理简介

色彩是人的眼睛对于不同频率的光线的不同感受，色彩既是客观存在的(不同频率的光)又是主观感知的，有认识差异，所以人类对于色彩的认识经历了极为漫长的过程，直到近代才逐步完善起来，但人类仍不能说对色彩完全了解并准确表述了，许多概念不是那么容易理解。“色彩空间”一词源于西方的 Color Space，又称作“色域”，在色彩学中，人们建立了多种色彩模型，以一维、二维、三维甚至四维空间坐标来表示某一色彩，这种坐标系统所能定义的色彩范围即色彩空间。

1. RGB 与 YUV 简介

RGB 色彩空间由 R、G、B 三基色组成。三原色分别是红、绿、蓝，广泛用于 BMP、TIFF、PPM 等。任何颜色都可以通过按一定比例混合三原色产生。如果每个色度成分用 8b 表示，则取值范围为[0,255]。RGB 色彩空间的主要目的是在电子系统中检测、表示和显示图像，例如电视和计算机，但是在传统摄影中也有应用。RGB 模型空间是一个正方体，如

图 11-1 所示。

YUV 色彩空间是一种亮度与色度分离的色彩格式。早期的电视都是黑白的,即只有亮度值,即 Y。有了彩色电视以后,加入了 U 和 V 两种色度,形成现在的 YUV。YUV 能更好地反映 HVS 的特点。YUV 是被欧洲电视系统所采用的一种颜色编码方法。采用 YUV 色彩空间的重要性是它的亮度信号 Y 和色度信号 U、V 是分离的。如果只有 Y 信号分量而没有 U、V 信号分量,则这样表示的图像就是黑白灰度图像。彩色电视采用 YUV 空间正是为了用亮度信号 Y 解决彩色电视机与黑白电视机的兼容问题,使黑白电视机也能接收彩色电视信号。

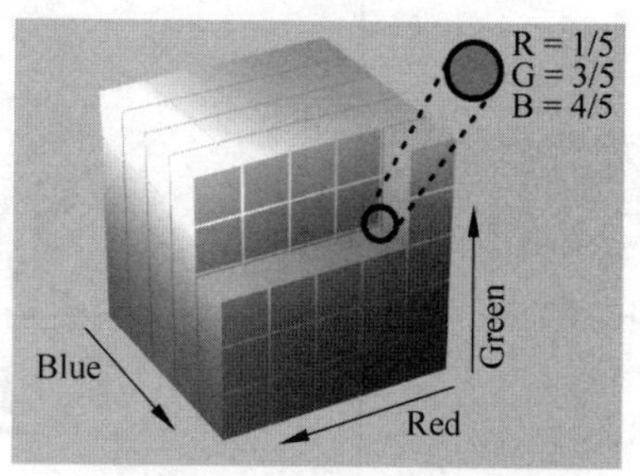

图 11-1 RGB 正方体模型空间

2. 图像缩放及相关算法简介

缩小图像(或称为下采样(Subsampled)或降采样(Downsampled))的主要目的有两个,第一是使图像符合显示区域的大小;第二是生成对应图像的缩略图。

放大图像,或称为上采样(Upsampling)、图像插值(Interpolating),主要目的是放大原图像,从而可以显示在更高分辨率的显示设备上。对图像的缩放操作并不能带来更多关于该图像的信息,因此图像的质量将不可避免地受到影响,但是确实有一些缩放方法能够增加图像的信息,从而使缩放后的图像质量超过原图质量。

除了为了适应显示区域而缩小图片外,图像缩小技术更多地被用来产生预览图片。图像放大技术一般被用来令一个较小的图像填充一个大的屏幕。当放大一张图像时,有时不能获得更多的细节,因此图像的质量将不可避免地下降,但是有很多技术可以保证在放大图像(增加像素)时使图像的质量不变。假设要将图像放大两倍,可以有很多种算法,如下所示。

(1) 最简单的方法为邻域插值,即将每个原像素原封不动地复制后映射到扩展后所对应的四像素中,这种方法在放大图像的同时保留了所有的原图像的信息,但是会产生锯齿现象。

(2) 双线性插值的效果对于放大的图像而言较邻域插值来得平滑,但是使图像变得模糊而且仍然会有一部分锯齿现象。

(3) 双三次插值比双线性插值更好。

(4) 对于低分辨率或颜色很少的(通常是从 2 到 256 色)图像的放大问题,效果最好的算法是 hq2x 算法或类似的缩放算法。这些算法将会产生锐边并保留大量的细节,对于照片(及有许多色阶的光栅图像)的缩放算法可以参考一种被称为超采样(Supersampling)的反锯齿算法。

图像放大大多采用内插值方法,即在原有图像像素的基础上在像素之间采用合适的插值算法插入新的元素。常见的插值算法分为传统插值法、基于边缘的插值法和基于区域的插值法。

1）传统差值原理和评价

在传统图像插值算法中，邻插值较简单，容易实现，但是，该方法会在新图像中产生明显的锯齿边缘和马赛克现象。双线性插值法具有平滑功能，能有效地克服邻法的不足，但会退化图像的高频部分，使图像细节变模糊。

2）基于边缘的图像插值算法

为了克服传统方法的不足，提出了许多边缘保护的插值方法，对插值图像的边缘有一定的增强，使图像的视觉效果更好，边缘保护的插值方法可以分为两类：基于原始低分辨图像边缘的方法和基于插值后高分辨率图像边缘的方法。

3）基于区域的图像插值算法

首先将原始低分辨率图像分割成不同区域，然后将插值点映射到低分辨率图像，判断其所属区域，最后根据插值点的邻域像素设计不同的插值公式，计算插值点的值。

11.2 SWScale 库结构简介

FFmpeg 的 libswscale 模块提供了高级别的图像转换 API。它允许进行图像缩放和像素格式转换，例如将图像从 1080p 转换成 720p 缩放或者将图像数据从 YUV420p 转换成 YUYV 或者 YUV 转 RGB 等图像格式转换。当获取一个视频 Frame 后，相关的视频数据都存放在这个帧中（AVFrame），其中 linesize 字段中保存了图片的每行的字节大小，因此，在 Frame 中，图片以行为基本单位进行操作，这点在转化过程中体现得比较明显。

1. SwsContext 结构体

SwsContext 是 libswscale 中执行图片转化的结构体，图片转化的操作围绕它展开，函数声明的代码如下：

```
//chapter11/others.txt
struct SwsContext * sws_getContext(
            int srcW, /* 输入图像的宽度 */
            int srcH, /* 输入图像的高度 */
            enum AVPixelFormat srcFormat, /* 输入图像的像素格式 */
            int dstW, /* 输出图像的宽度 */
            int dstH, /* 输出图像的高度 */
            enum AVPixelFormat dstFormat, /* 输出图像的像素格式 */
            int flags,/* 选择缩放算法(只有当输入输出图像大小不同时有效),一般选择 SWS_
FAST_BILINEAR */
            SwsFilter * srcFilter, /* 输入图像的滤波器信息,若不需要,则传 NULL */
            SwsFilter * dstFilter, /* 输出图像的滤波器信息,若不需要,则传 NULL */
            const double * param /* 特定缩放算法需要的参数(?),默认为 NULL */
            );
```

该函数分配并返回一个可用的 SwsContext 结构体变量，然后使用 sws_scale()函数来执行转换操作，参数及返回值说明如下：

(1) 前 3 个参数用于指定源图片的 width、height、format。

(2) 后 3 个参数用于指定目标图片的 width、height、format。

(3) 后面的 4 个参数主要是一些过滤算法，置 0 或者 NULL 即可。

(4) 如果成功，则返回分配的 SwsContext，如果失败，则返回 NULL。

2. sws_getCachedContext()函数

sws_getCachedContext()函数用于获取缓存的 SwsContext 结构体变量，如果为空，则创建一个新的，函数声明的代码如下：

```
//chapter11/others.txt
struct SwsContext *sws_getCachedContext(struct SwsContext *context,
        int srcW, int srcH, enum AVPixelFormat srcFormat,
        int dstW, int dstH, enum AVPixelFormat dstFormat,
        int flags, SwsFilter *srcFilter,
        SwsFilter *dstFilter, const double *param);
```

该函数用于检测传入的 context 参数是否可以复用，如果可以复用，则直接返回 context，否则重新分配一个。如果分配 context 时的参数和此时传入的参数相同(不包括 srcFilter 和 dstFilter)，则可复用；如果不同，则不可复用，此时释放 context，然后重新分配一个 SwsContext。

sws_getContext()函数可以用于多路码流转换，为每个不同的码流都指定一个不同的转换上下文，而 sws_getCachedContext()函数只能用于一路码流转换。

3. sws_scale()函数

sws_scale()函数用于执行图像缩放或颜色空间格式转换等操作，函数声明的代码如下：

```
//chapter11/others.txt
int sws_scale(struct SwsContext *c, const uint8_t *const srcSlice[],
              const int srcStride[], int srcSliceY, int srcSliceH,
              uint8_t *const dst[], const int dstStride[]);
```

该函数对图片执行 scale 操作，参数及返回值说明如下。

(1) c：要使用的 SwsContext 的指针，即转换格式的上下文，也就是 sws_getContext()函数返回的结果。

(2) srcslice：保存源图片数据的平面缓存区的指针数组，即 Frame.data。可以理解为输入图像的每种颜色通道的数据指针，其实就是解码后的 AVFrame 中的 data[]数组。因为不同像素的存储格式不同，所以 srcSlice[]维数也有可能不同。

以 YUV420p 为例，它是 Planar 格式，它的内存中的排布如下：

```
YYYYYYYY UUUU VVVV
```

使用FFmpeg解码后存储在AVFrame的data[]数组中时，各个数组元素中的数据如下：

```
//chapter11/others.txt
data[0]:Y分量：Y1, Y2, Y3, Y4, Y5, Y6, Y7, Y8……
data[1]:U分量：U1, U2, U3, U4……
data[2]:V分量：V1, V2, V3, V4……
```

linesize[]数组中保存的是对应通道的数据宽度，如下所示。

```
//chapter11/others.txt
linesize[0]:Y分量的宽度
linesize[1]:U分量的宽度
linesize[2]:V分量的宽度
```

而RGB24是Packed格式，在data[]数组中则只有一维，存储方式如下：

```
data[0]: R1, G1, B1, R2, G2, B2, R3, G3, B3, R4, G4, B4……
```

这里要特别注意，linesize[0]的值并不一定等于图片的宽度，有时为了对齐各解码器的CPU，实际尺寸会大于图片的宽度，这点在编程时（例如OpengGL硬件转换/渲染）要特别注意，否则解码出来的图像会异常。

（3）srcStride：保存源图片平面数据的行的字节数，即Frame.linesize。可以理解为输入图像的每种颜色通道的跨度。也就是每个通道的行宽度，对应的是解码后的AVFrame中的linesize[]数组。根据它可以确立下一行的起始位置，不过stride和width不一定相同，原因如下：

- 由于数据帧存储的对齐，有可能会向每行后面增加一些填充字节，所以stride＝width＋N。
- Packed色彩空间下，每像素几个通道数据混合在一起，例如RGB24，每像素3字节连续存放，所以stride＝width×3，下一行的位置需要跳过3×width字节。

（4）srcSliceY：从第几行开始执行scale操作。

（5）srcSliceH：一共要执行scale操作的行数，配合上一个参数，表示对从第srcSliceY行开始的共srcSliceH行进行转化操作。参数srcSliceY和srcSliceH用于定义在输入图像上的处理区域，srcSliceY是起始位置，srcSliceH是处理多少行。如果srcSliceY＝0，srcSliceH＝height，则表示一次性处理完整个图像。这种设置是为了多线程并行处理，例如可以创建两个线程，第1个线程处理[0, h/2－1]行，第2个线程处理[h/2, h－1]行，以此来并行处理加快速度。

(6) dst：同 srcSlice，但指向目标图片。

(7) dstStride：同 srcStride，但指向目标图片。参数 dst 和 dstStride 用于定义输出图像信息，其中 dst 是指输出的每种颜色通道数据指针，dstStride 是指每种颜色通道行字节数。

(8) 返回值：转化后 dst 图片的高度(height)。

4. sws_freeContext()函数

sws_freeContext()函数用于释放相关的内存，函数声明如下：

```
void sws_freeContext(struct SwsContext * swsContext);
```

11.3 SWScale 图片色彩空间转换案例实战

1. YUV 的内存结构

YUV 是一种颜色编码方法，它和 RGB(红绿蓝)颜色体系相对应，它们之间能通过公式相互转换，而 YUV 区别于 RGB 的重要一点是采用 YUV 色彩空间亮度信号 Y 和色度信号 U、V 是分离的，这样就使亮度 Y 和色差 UV 三个信号分别进行编码，用同一信道发送出去。

在摄像头之类编程中经常会碰到 YUV 格式，研究证明，人眼对亮度的敏感超过色度。利用这个原理，可以把色度信息减少一点，人眼也无法察觉这一点。这种操作达到的效果就是对于一张图片使用 YUV 格式保存将占用更少的存储空间。

在 RGB32 格式中，一像素要占用 4 字节空间 32 比特位，并且 RGB 格式每个点的数据是连继保存在一起的，而 YUV 格式根据采样方式的不同，每像素所占用的空间是不同的。

1) YUV 的采样方式

YUV 采样方式，主要描述像素 Y、U、V 分量采样比例，即表达每像素时，Y、U、V 分量的数目，通常有 3 种方式，包括 YUV4:4:4、YUV4:2:2 和 YUV4:2:0，如图 11-2 所示。

(1) YUV4:4:4 采样，每个 Y 对应一组 UV 分量。

(2) YUV4:2:2 采样，每两个 Y 共用一组 UV 分量。

(3) YUV4:2:0 采样，每四个 Y 共用一组 UV 分量。

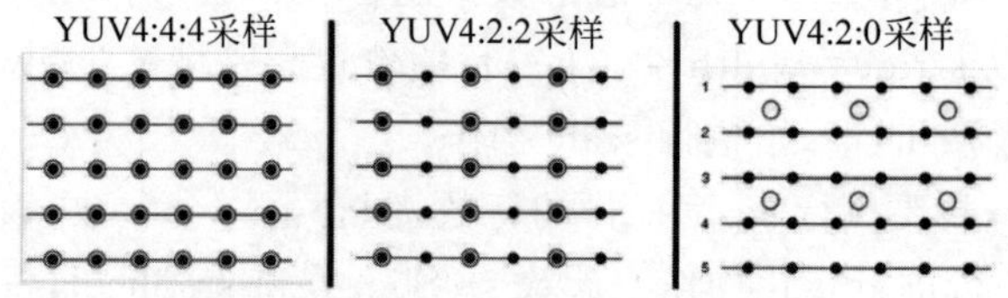

图 11-2　YUV 采样方式

用图直观地表示采集的方式，以黑点表示采样该像点的 Y 分量，以空心圆圈表示采用该像素的 U、V 分量。

采样四像素下各种 YUV 采样格式的对比,如下所示。

(1) 使用 YUV4:4:4 采样,一共要进行 12 次采样,分别为 4 个 Y、4 个 U、4 个 V,对每个 Y、U、V 需要 8 个比特位,就需要 12×8=96 比特位,平均计算则每像素需要 96÷4=24 个比特位(3 字节)来表示。

(2) 使用 YUV4:2:2 采样,一共要进行 8 次采样,分别为 4 个 Y、2 个 U、2 个 V,所以需要 8×8 =64 比特位,平均每像素 64÷4=16 比特位(2 字节)。

(3) 使用 YUV4:2:0 采样,一共要进行 6 次采样(第 1 行对应 4 个 Y、2 个 U、0 个 V,第 2 行对应 4 个 Y、0 个 U、2 个 V),所以需要 6×8 =48 比特位,平均每像素 48÷4=12 比特位(1.5 字节)。

2) YUV 的内存结构

YUV 格式的每个点不是连续保存的,可以根据 UV 分量的保存类型把 YUV 存储格式分为以下几种。

(1) 紧缩格式(Packed Formats):将 Y、U、V 值储存成宏像素(Macro Pixels)阵列,和 RGB 的存放方式类似。Y 占独立的一个平面,UV 交织在一起,表达方式以 sp 结尾,例如 YUV420sp。

(2) 平面格式(Planar Formats):将 Y、U、V 的 3 个分量分别存放在不同的矩阵中,表达方式以 p 结尾,例如 YUV420p。

YUV 分为很多种格式,内存布局的伪代码如下:

```
//chapter11/others.txt
I420: YYYYYYYY UU VV      =>YUV420p
YV12: YYYYYYYY VV UU      =>YUV420p
NV12: YYYYYYYY UVUV       =>YUV420sp
NV21: YYYYYYYY VUVU       =>YUV420sp
```

3) YUV 数据的转换

程序在运行时,有时需要根据需求对所处理的 YUV 数据进行转换。例如程序处理需要 YUV420sp 数据,而当前数据是 YUV420p,那么就需要对数据进行处理,如图 11-3 所示。

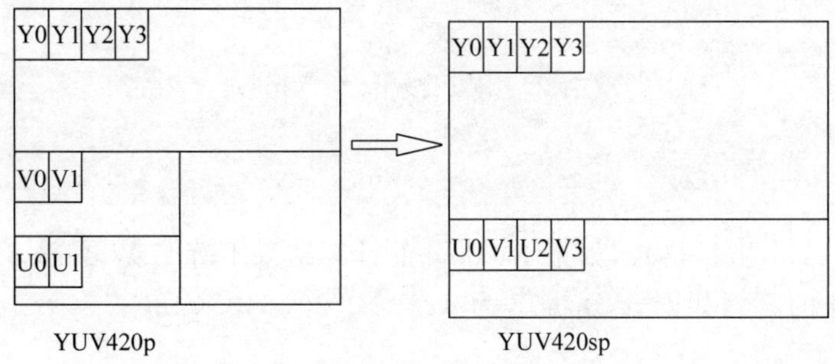

图 11-3 YUV420p 转 YUV420sp

在处理从 YUV420p 数据格式到 YUV420sp 数据格式时，对于已经对齐的分辨率(如 1280×720、640×480)YUV420p 数据格式是完全对齐(16 位对齐)的，而像 176×144 这样的分辨率，对应的 YUV420p 不是 16 位对齐，需要补空白位，以使 176×144 这样的分辨率能 16 位对齐。

YUV420sp 数据大小的计算，代码如下：

```
size = width * heigh * 1.5;
```

YUV420p 数据大小的计算，代码如下：

```
//chapter11/others.txt
size = stride * height;
stride = ALIGN(width /2, 16) = width + padding ;
static int ALIGN(int x, int y) {
    return (x + y - 1) & ~(y - 1);  //y must be a power of 2.
}
```

其中 Stride 是指当视频图像存储在内存时，图像的每行末尾可能包含一些扩展的内容(与 size 是否 16 位对齐有关)，这些扩展的内容只影响图像如何存储在内存中，但是不影响图像如何显示出来。Stride 就是这些扩展内容的名称，Stride 也被称作 Pitch，如果图像的每行像素末尾拥有扩展内容，Stride 的值一定大于图像的宽度值，如图 11-4 所示。

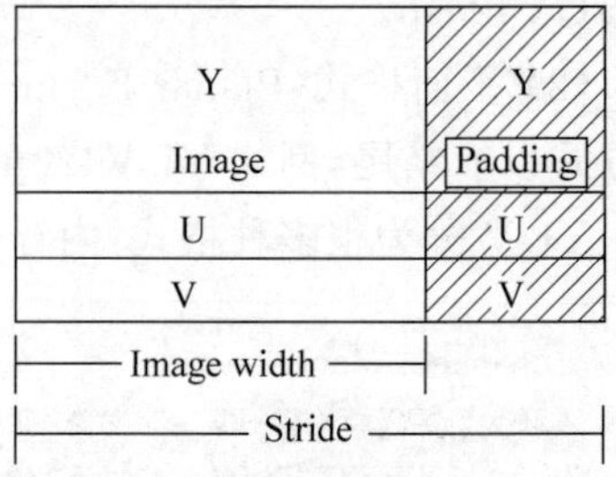

图 11-4　YUV 的 Stride 与 Padding

Padding 可能有要看 size 是否 16 位对齐，Padding 也可能不在末尾，视具体 size 确定，其计算代码如下：

```
//chapter11/others.txt
Padding = ALIGN(Width/2,16);
Stride = Padding + Width = ALIGN(Width/2,16) + Width
Size = Stride * Height;

static int ALIGN(int x, int y) {
     return (x + y - 1) & ~(y - 1);  //y must be a power of 2.

}
```

对于 YUV420p 数据格式，如果 Padding 的计算结果不等于 Width÷2，则该分辨率就不是 16 位对齐的。例如对于分辨率为 1280×720、640×480、176×144 的计算代码如下：

```
//chapter11/others.txt
//1. 1280 * 720
Stride = 1280 + Padding = 1280 + 640 = 1920
Padding = ALIGN(1280/2,16) = 640
Size = Stride * Height = 1920 * 720 =1382400


//2. 640 * 480
Stride = 640 + Padding = 640 + 320 = 960
Padding = ALIGN(640/2,16) = 320
Size = Stride * Height = 960 * 480 = 460800


//3. 176 * 144
Stride = 176 + Padding = 176 + 96 = 272
//176 ÷ 2 = 88,但是计算得到 96,该 size 不是 16 位对齐
Padding = ALIGN(176/2,16) = 96
Size = Stride * Height = 272 * 144 = 39168
```

对于 YUV420sp 数据格式的 size = width × heigh ×1.5，分辨率为 1280×720、640×480、176×144 的计算代码如下：

```
//chapter11/others.txt
//1. 1280 * 720
size = width * heigh * 1.5 = 1280 * 720 * 1.5 = 1382400;
//该 size 是 16 位对齐,YUV420p 和 YUV420sp 数据大小一致,都为 1382400

//2. 640 * 480
size = width * heigh * 1.5 = 640 * 480 * 1.5 = 460800
//该 size 是 16 位对齐,YUV420p 和 YUV420sp 数据大小一致,都为 460800


//3. 176 * 144
size = width * heigh * 1.5 = 176 * 144 * 1.5 = 38016
//该 size 不是 16 位对齐,YUV420p 的数据大小为 39168,YUV420sp 的数据大小为 38016
```

4）FFmpeg 支持的像素格式

FFmpeg 支持很多种像素格式，这里只列举几个 RGB 与 YUV 相关的格式，代码如下：

```
//chapter11/AVPixelFormat.list.txt
enum AVPixelFormat {
    AV_PIX_FMT_NONE = -1,
    AV_PIX_FMT_YUV420P,   //< planar YUV 4:2:0, 12bpp, (1 Cr & Cb sample per 2x2 Y samples)
    AV_PIX_FMT_YUYV422,   //< packed YUV 4:2:2, 16bpp, Y0 Cb Y1 Cr
```

```
    AV_PIX_FMT_RGB24,     //< packed RGB 8:8:8, 24bpp, RGBRGB...
    AV_PIX_FMT_BGR24,     //< packed RGB 8:8:8, 24bpp, BGRBGR...
    AV_PIX_FMT_YUV422P,   //< planar YUV 4:2:2, 16bpp, (1 Cr & Cb sample per 2x1 Y samples)
    AV_PIX_FMT_YUV444P,   //< planar YUV 4:4:4, 24bpp, (1 Cr & Cb sample per 1x1 Y samples)
    AV_PIX_FMT_YUV410P,   //< planar YUV 4:1:0,  9bpp, (1 Cr & Cb sample per 4x4 Y samples)
    AV_PIX_FMT_YUV411P,   //< planar YUV 4:1:1, 12bpp, (1 Cr & Cb sample per 4x1 Y samples)
    AV_PIX_FMT_GRAY8,     //<        Y        ,  8bpp
    AV_PIX_FMT_MONOWHITE, //<        Y        ,  1bpp, 0 is white, 1 is black, in each Byte pixels are ordered from the msb to the lsb
    AV_PIX_FMT_MONOBLACK, //<        Y        ,  1bpp, 0 is black, 1 is white, in each Byte pixels are ordered from the msb to the lsb
    AV_PIX_FMT_PAL8,      //< 8 bits with AV_PIX_FMT_RGB32 palette
    AV_PIX_FMT_YUVJ420P,  //< planar YUV 4:2:0, 12bpp, full scale (JPEG), deprecated in favor of AV_PIX_FMT_YUV420P and setting color_range
    AV_PIX_FMT_YUVJ422P,  //< planar YUV 4:2:2, 16bpp, full scale (JPEG), deprecated in favor of AV_PIX_FMT_YUV422P and setting color_range
    AV_PIX_FMT_YUVJ444P,  //< planar YUV 4:4:4, 24bpp, full scale (JPEG), deprecated in favor of AV_PIX_FMT_YUV444P and setting color_range
    AV_PIX_FMT_UYVY422,   //< packed YUV 4:2:2, 16bpp, Cb Y0 Cr Y1
    AV_PIX_FMT_UYYVYY411, //< packed YUV 4:1:1, 12bpp, Cb Y0 Y1 Cr Y2 Y3
    AV_PIX_FMT_BGR8,      //< packed RGB 3:3:2,  8bpp, (msb)2B 3G 3R(lsb)
    AV_PIX_FMT_BGR4,      //< packed RGB 1:2:1 bitstream,  4bpp, (msb)1B 2G 1R(lsb), a Byte contains two pixels, the first pixel in the Byte is the one composed by the 4 msb bits
    AV_PIX_FMT_BGR4_BYTE, //< packed RGB 1:2:1,  8bpp, (msb)1B 2G 1R(lsb)
    AV_PIX_FMT_RGB8,      //< packed RGB 3:3:2,  8bpp, (msb)2R 3G 3B(lsb)
    AV_PIX_FMT_RGB4,      //< packed RGB 1:2:1 bitstream,  4bpp, (msb)1R 2G 1B(lsb), a Byte contains two pixels, the first pixel in the Byte is the one composed by the 4 msb bits
    AV_PIX_FMT_RGB4_BYTE, //< packed RGB 1:2:1,  8bpp, (msb)1R 2G 1B(lsb)
    AV_PIX_FMT_NV12,      //< planar YUV 4:2:0, 12bpp, 1 plane for Y and 1 plane for the UV components, which are interleaved (first Byte U and the following Byte V)
    AV_PIX_FMT_NV21,      //< as above, but U and V Bytes are swapped

    AV_PIX_FMT_ARGB,      //< packed ARGB 8:8:8:8, 32bpp, ARGBARGB...
    AV_PIX_FMT_RGBA,      //< packed RGBA 8:8:8:8, 32bpp, RGBARGBA...
    AV_PIX_FMT_ABGR,      //< packed ABGR 8:8:8:8, 32bpp, ABGRABGR...
    AV_PIX_FMT_BGRA,      //< packed BGRA 8:8:8:8, 32bpp, BGRABGRA...

    AV_PIX_FMT_GRAY16BE,  //<        Y        , 16bpp, big-endian
    AV_PIX_FMT_GRAY16LE,  //<        Y        , 16bpp, little-endian
    AV_PIX_FMT_YUV440P,   //< planar YUV 4:4:0 (1 Cr & Cb sample per 1x2 Y samples)
    AV_PIX_FMT_YUVJ440P,  //< planar YUV 4:4:0 full scale (JPEG), deprecated in favor of AV_PIX_FMT_YUV440P and setting color_range
    AV_PIX_FMT_YUVA420P,  //< planar YUV 4:2:0, 20bpp, (1 Cr & Cb sample per 2x2 Y & A samples)
    AV_PIX_FMT_RGB48BE,   //< packed RGB 16:16:16, 48bpp, 16R, 16G, 16B, the 2-Byte value for each R/G/B component is stored as big-endian
```

```
    AV_PIX_FMT_RGB48LE,   //< packed RGB 16:16:16, 48bpp, 16R, 16G, 16B, the 2-Byte value
for each R/G/B component is stored as little-endian

    AV_PIX_FMT_RGB565BE,  //< packed RGB 5:6:5, 16bpp, (msb)   5R 6G 5B(lsb), big-endian
    AV_PIX_FMT_RGB565LE,  //< packed RGB 5:6:5, 16bpp, (msb)   5R 6G 5B(lsb), little-endian
    AV_PIX_FMT_RGB555BE,  //< packed RGB 5:5:5, 16bpp, (msb)1X 5R 5G 5B(lsb), big-endian,
X=unused/undefined
    AV_PIX_FMT_RGB555LE,  //< packed RGB 5:5:5, 16bpp, (msb)1X 5R 5G 5B(lsb), little-endian,
X=unused/undefined

    AV_PIX_FMT_BGR565BE,  //< packed BGR 5:6:5, 16bpp, (msb)   5B 6G 5R(lsb), big-endian
    AV_PIX_FMT_BGR565LE,  //< packed BGR 5:6:5, 16bpp, (msb)   5B 6G 5R(lsb), little-endian
    AV_PIX_FMT_BGR555BE,  //< packed BGR 5:5:5, 16bpp, (msb)1X 5B 5G 5R(lsb), big-endian ,
X=unused/undefined
    AV_PIX_FMT_BGR555LE,  //< packed BGR 5:5:5, 16bpp, (msb)1X 5B 5G 5R(lsb), little-endian,
X=unused/undefined

...
};
```

2. SWScale 实现图像缩放案例实战

使用 FFmpeg 可以将一个 352×288 分辨率的 YUV420p 格式的视频，转换为 640×480 分辨率的 YUV420p 格式，主要步骤如下：

(1) 准备 YUV420p 格式转换相关的变量，需要理解 YUV 的内存结构。

(2) 初始化 SwsContext。

(3) 从本地文件中读取一帧 YUV420p 的图像，并填充 YUV 的内存指针数组。

(4) 图像缩放，需要调用 sws_scale()函数。

(5) 将缩放后的 YUV420p 数据复制到缓冲区，并写入文件。

(6) 释放资源，关闭文件。

可以使用 FFmpeg 的命令行转换出一个 YUV420p 格式的测试视频，命令如下：

```
ffmpeg -ss 0 -t 1 -i a.mp4 -pix_fmt yuv420p -s 352x288 -y
test_352x288_yuv420p.yuv
```

使用 SwsContext 实现 YUV 格式的图像缩放，完整代码如下：

```
//chapter11/QtFFmpeg5_Chapter11_001/main.cpp
extern "C"{
#include <libswscale/swscale.h>
}

#define SRCFILE "test_352x288_yuv420p.yuv"
```

```
#define DSTFILE  "out_640x480_yuv420p.yuv"

int main ()
{
    //1. 准备 YUV420p 格式转换相关的变量
    //原始 YUV 的宽和高
    const int in_width = 352;
    const int in_height = 288;
    //目的 YUV 的宽和高
    const int out_width = 640;
    const int out_height = 480;

    //一帧 YUV420p 图像的字节数
    const int read_size = in_width * in_height * 3 / 2;
    const int write_size = out_width * out_height * 3 / 2;
    struct SwsContext * img_convert_ctx;

    //YUV 的内存指针数组,以及对应的行宽度
    uint8_t * inbuf[4];
    uint8_t * outbuf[4];
    int inlinesize[4] = {in_width, in_width/2, in_width/2, 0};
    int outlinesize[4] = {out_width, out_width/2, out_width/2, 0};
/*
```

以 YUV420p 为例，它是 Planar 格式，它的内存中的排布如下：

```
YYYYYYYY UUUU VVVV
```

使用 FFmpeg 解码后存储在 AVFrame 的 data[]数组中，各个数组元素中的数据如下：

```
data[0]:Y 分量: Y1, Y2, Y3, Y4, Y5, Y6, Y7, Y8…
data[1]:U 分量: U1, U2, U3, U4…
data[2]:V 分量: V1, V2, V3, V4…
```

linesize[]数组中保存的是对应通道的数据宽度，如下所示。

```
linesize[0]:Y 分量的宽度
linesize[1]:U 分量的宽度
linesize[2]:V 分量的宽度
*/

    //计算一帧 YUV420p 的字节数:width * height * 3/2
    uint8_t in_size_per_frame[read_size];
    uint8_t out_size_per_frame[write_size];
```

```
FILE * fin = fopen(SRCFILE, "rb");
FILE * fout = fopen(DSTFILE, "wb");

if(fin == NULL) {
    printf("open input file % s error.\n", SRCFILE);
    return - 1;
}

if(fout == NULL) {
    printf("open output file % s error.\n", DSTFILE);
    return - 1;
}

//为 YUV420p 分配内存空间
inbuf[0] = (uint8_t * )malloc(in_width * in_height);
inbuf[1] = (uint8_t * )malloc(in_width * in_height/4);
inbuf[2] = (uint8_t * )malloc(in_width * in_height/4);
inbuf[3] = NULL;

outbuf[0] = (uint8_t * )malloc(out_width * out_height);
outbuf[1] = (uint8_t * )malloc(out_width * out_height/4);
outbuf[2] = (uint8_t * )malloc(out_width * out_height/4);
outbuf[3] = NULL;

//2.初始化 SwsContext
img_convert_ctx = sws_getContext(
    in_width, in_height, AV_PIX_FMT_YUV420P,
    out_width, out_height, AV_PIX_FMT_YUV420P,
    SWS_POINT,NULL, NULL, NULL);
if(img_convert_ctx == NULL) {
    fprintf(stderr, "Cannot initialize the conversion context!\n");
    return - 1;
}

//3.从本地文件中读取一帧 YUV420p 的图像,并填充 YUV 的内存指针数组
fread(in_size_per_frame, 1, read_size, fin);

memcpy(inbuf[0], in_size_per_frame, in_width * in_height);
memcpy(inbuf[1],in_size_per_frame + in_width * in_height, in_width * in_height/4);
memcpy(inbuf[2], in_size_per_frame + (in_width * in_height * 5/4), in_width * in_height/4);

//4.图像缩放:sws_scale
sws_scale(img_convert_ctx, inbuf, inlinesize,
    0, in_height, outbuf, outlinesize);
```

```
    //5.将缩放后的 YUV420p 数据复制到缓冲区,并写入文件
    memcpy(out_size_per_frame, outbuf[0], out_width * out_height);
    memcpy(out_size_per_frame + out_width * out_height, outbuf[1], out_width * out_height/4);
    memcpy(out_size_per_frame + (out_width * out_height * 5/4), outbuf[2], out_width * out_
height/4);

    fwrite(out_size_per_frame, 1, write_size, fout);

    //6.释放资源,关闭文件
    sws_freeContext(img_convert_ctx);

    fclose(fin);
    fclose(fout);
    free(inbuf[0]);
    free(inbuf[1]);
    free(inbuf[2]);

    free(outbuf[0]);
    free(outbuf[1]);
    free(outbuf[2]);

    return 0;
}
```

需要注意的是,本案例中的代码仅读取了一帧 YUV420p 的图像,然后进行缩放操作。如果想转换所有的输入文件中的 YUV 帧,则需要使用循环判断是否到文件尾,然后依次转换即可。

首先打开 Qt Creator,创建一个 Qt Console 工程,具体操作步骤可以参考"1.4 搭建 FFmpeg 的 Qt 开发环境",工程名称为 QtFFmpeg5_Chapter11_001。由于使用的是 FFmpeg 5.0.1 的 64 位开发包,所以编译套件应选择 64 位的 MSVC 或 MinGW,然后打开配置文件 QtFFmpeg5_Chapter11_001.pro,添加引用头文件及库文件的代码。具体操作可以参照前几章的相关内容,这里不再赘述。

将上述代码复制到 main.cpp 文件中,编译并运行,会生成一个新的 YUV 文件,但只有一帧。使用 YUVPlayer.exe 可以测试一下输入视频和输出视频,如图 11-5 所示。

3. SWScale 实现颜色格式转换案例实战

使用 FFmpeg 可以将一个 352×288 分辨率的 YUV420p 格式的视频转换为 640×480 分辨率的 RGBA 格式。步骤与上个案例基本类似,需要注意的是 RGBA 是 Packed 模式,它的一像素占 32 比特位(4 字节),所以 linesize 等于图像宽度的 4 倍,主要代码如下:

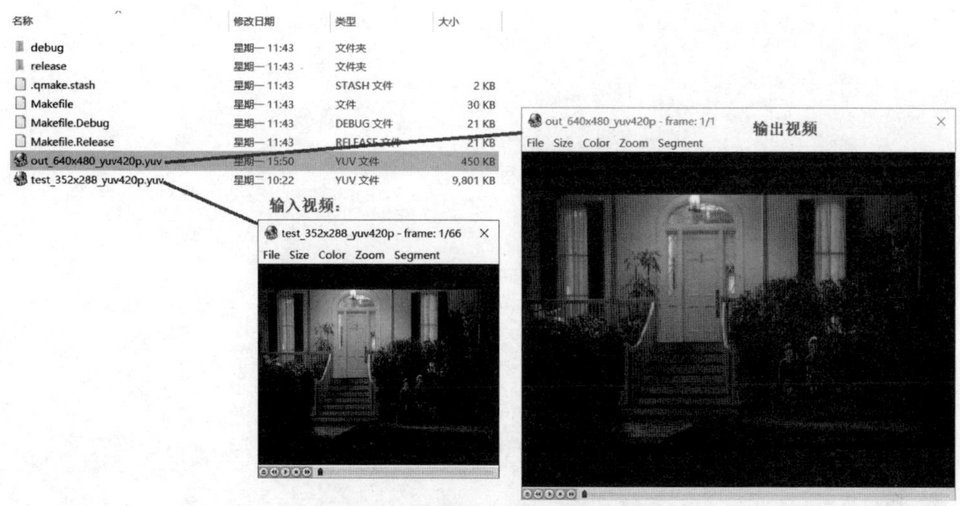

图 11-5 SWScale 实现图像缩放

```
//chapter11/QtFFmpeg5_Chapter11_001/yuv420ptorgba.cpp
#include <iostream>
#include <fstream>
using namespace std;
extern "C"{
#include <libswscale/swscale.h>
}

#define YUV_FILE "test_352x288_yuv420p.yuv"
#define RGBA_FILE "out_640x480_rgba.rgb"

#define YUV_WIDTH 352
#define YUV_HEIGHT 288

#define RGB_WIDTH 640
#define RGB_HEIGHT 480

int main()
{
//1.申请3个用于存放YUV数据的数组并设置好linesize
        unsigned char *yuv[3];
        int yuv_linesize[3] = { YUV_WIDTH, YUV_WIDTH / 2, YUV_WIDTH / 2 };
        yuv[0] = new unsigned char[YUV_WIDTH * YUV_HEIGHT ];
        yuv[1] = new unsigned char[YUV_WIDTH * YUV_HEIGHT / 4];
        yuv[2] = new unsigned char[YUV_WIDTH * YUV_HEIGHT  / 4];
//2.申请一个用于存放RGBA数据的数组并设置好linesize
        unsigned char * rgba = new unsigned char[RGB_WIDTH * RGB_HEIGHT * 4];
```

```
        int rgba_linesize = RGB_WIDTH * 4;   //RGBA 的一像素占 4 字节

//3.打开 YUV_FILE 文件和 RGBA_FILE 文件
        ifstream ifs;
        ifs.open(YUV_FILE, ios::binary);
        if(!ifs){
                cout << "open file failed" << endl;
                return -1;
        }
        ofstream ofs;
        ofs.open(RGBA_FILE, ios::binary);
        if(!ofs){
                cout << "open file yuv2rgb.rgb file failed" << endl;
                return -2;
        }
//4.循环转换至文件结束,转换时要用到 SwsContex 对象
        SwsContext * yuv2rgb = nullptr; //yuv -> rgba
        for(;;){
                //读取一帧的 YUV 数据
                ifs.read((char *)yuv[0], YUV_WIDTH * YUV_HEIGHT);
                ifs.read((char *)yuv[1], YUV_WIDTH * YUV_HEIGHT / 4);
                ifs.read((char *)yuv[2], YUV_WIDTH * YUV_HEIGHT / 4);
                //获取 YUV 转 RGBA 的上下文
                yuv2rgb = sws_getCachedContext(
//转换上下文,如果是 nullptr,则创建一个新的
                    yuv2rgb,
                    YUV_WIDTH, YUV_HEIGHT,              //输入数据的宽和高
                    AV_PIX_FMT_YUV420P,                 //输入的像素格式
                    RGB_WIDTH, RGB_HEIGHT,              //输出数据的宽和高
                    AV_PIX_FMT_RGBA,                    //输出的像素格式
                    SWS_BILINEAR,                       //选择变换算法,双线性插值算法
                    0,0,0                               //过滤器参数
                    );
                if(!yuv2rgb){
                        cout << "sws_getCacheContext failed" << endl;
                        return -4;
                }
//5.通过格式转换上下文 yuv2rgb 开始转换
                int ret = sws_scale(yuv2rgb,
                                        yuv,            //输入数据
                                        yuv_linesize,   //输入数据行字节数
                                        0,              //图像层次
                                        YUV_HEIGHT,     //输入高度
                                        &rgba,          //输出的数据
                                        &rgba_linesize  //输出的行大小
                );
```

```
                cout << ret << " " << flush;
                //写入文件
                ofs.write((char * )rgba, RGB_WIDTH  * RGB_HEIGHT  * 4);
                if(ifs.eof()) break;
        }
//6. 关闭文件和释放资源
        ifs.close();
        ofs.close();
        sws_freeContext(yuv2rgb);
        delete [] yuv[0]; //清理空间
        delete [] yuv[1]; //清理空间
        delete [] yuv[2]; //清理空间
        delete [] rgba;   //清理空间

}
```

新建一个文件 yuv420ptorgba.cpp，将上述代码复制进去，编译并运行，会生成一个新的 RGBA 文件。使用 YUVPlayer.exe 可以测试一下输出视频（颜色选择 RGB32、大小选择 640×480），如图 11-6 所示。

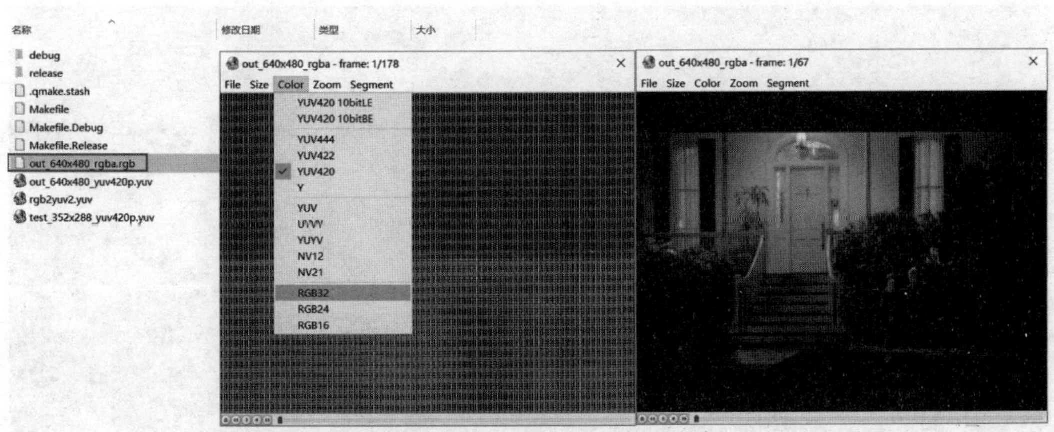

图 11-6　SWScale 实现 YUV420p 转 RGBA

4. Ubuntu 编译并运行程序

将 yuv420ptorgba.cpp 复制到 Ubuntu 中，编译命令如下：

```
//chapter11/ubuntu.compile.txt
gcc -o yuv420ptorgba yuv420ptorgba.cpp  -I
/root/ffmpeg-5.0.1/install5/include/
-L /root/ffmpeg-5.0.1/install5/lib/  -lavcodec -lavformat -lavutil -lavdevice -
lswscale -lstdc++
```

编译成功后会生成 yuv420ptorgba 可执行文件，将 test_352x288_yuv420p. yuv 文件复制到同路径下，运行即可，如图 11-7 所示。

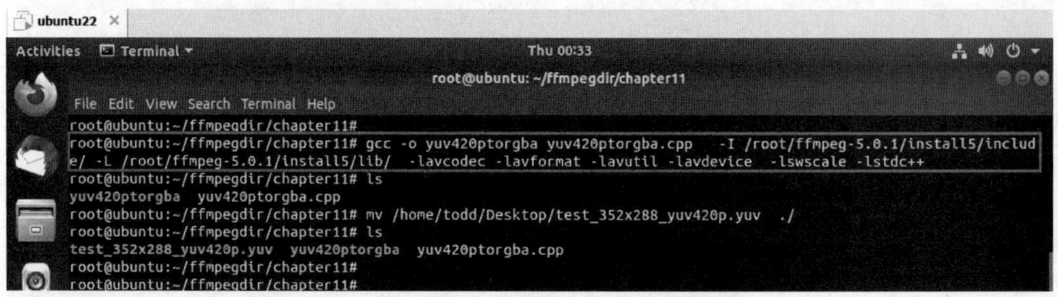

图 11-7 Ubuntu 中编译 yuv420ptorgba. cpp

运行成功后，会生成一个 out_640x480_rgba. rgb 文件，可以使用 ffplay 播放，如图 11-8 所示，播放命令如下：

```
ffplay  -s 640x480 -pixel_format rgb32 -i out_640x480_rgba.rgb
```

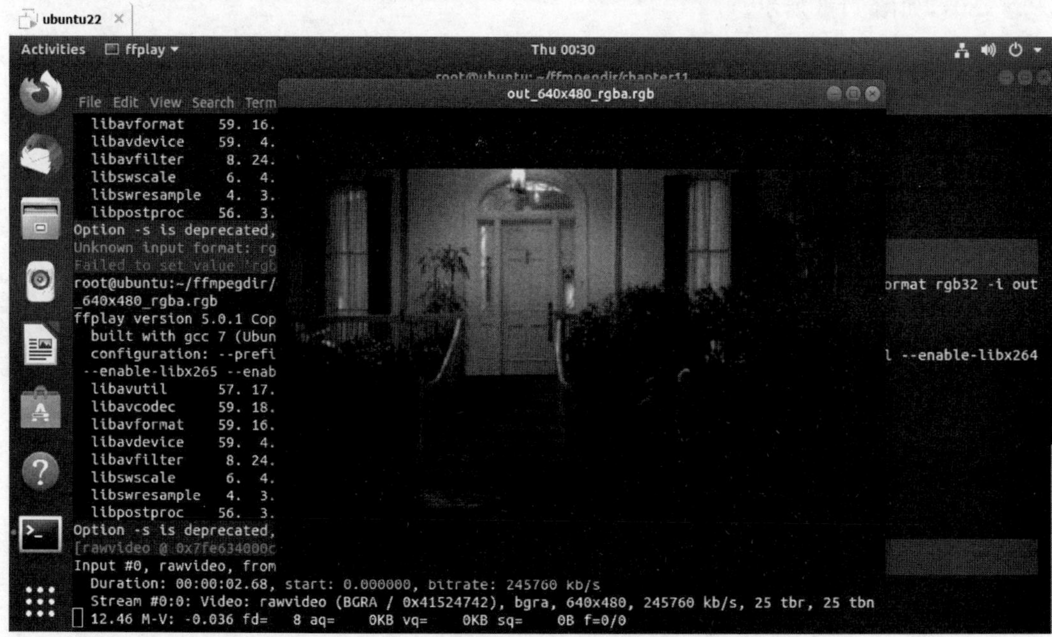

图 11-8 Ubuntu 中播放 RGBA 文件颜色失真

观察播放效果，会发现颜色失真，这是因为指定的颜色格式错误，修改命令后可以正常显示颜色，如图 11-9 所示，具体命令如下：

```
ffplay   -s 640x480 -pixel_format rgba -i out_640x480_rgba.rgb
```

图 11-9　Ubuntu 中播放 RGBA 文件颜色正常

第 12 章 AVDevice 设备读写理论及案例实战

CHAPTER 12

4min

使用 FFmpeg 的 libavdevice 库可以读取计算机(或其他设备上)的多媒体设备的数据，或者输出到指定的多媒体设备上。使用 FFmpeg 命令行可以查看支持的所有设备，命令及输出信息如下(笔者的系统为 Windows 10)：

```
//chapter12/others.txt
ffmpeg -devices
//输出信息如下
Devices:
D. = Demuxing supported
.E = Muxing supported
--
D  dshow            DirectShow capture
D  gdigrab          GDI API Windows frame grabber
D  lavfi            Libavfilter virtual input device
E  sdl,sdl2         SDL2 output device
D  vfwcap           VfW video capture
```

12.1 AVDevice 的使用步骤及 API 解析

在 FFmpeg 中，所有设备都被看作"文件"，所使用的数据结构和 API 与打开本地文件完全相同。本地视频文件中提供的视频格式一般是 H.264、H.265、MPEG2、MPEG4 等，本地摄像头提供的视频格式一般是 YUYV422 或 MJPEG 等，网络摄像头还可以提供 RTSP 流。

由此可见，使用 FFmpeg 打开摄像头与打开本地文件几乎类似，所使用的结构体包括 AVFormatContext 和 AVInputFormat，使用的 API 包括 avformat_alloc_context()、av_find_input_format()和 avformat_open_input()等。使用 FFmpeg 打开摄像头的步骤与注意事项如下：

（1）引入 libavdevice 的头文件和库文件。

（2）为 AVFormatContext 结构体变量分配内存空间。

（3）调用 av_find_input_format()函数指定输入格式。

（4）调用 avformat_open_input()函数打开摄像头。

（5）循环读取摄像头数据，获得视频帧，进行后续处理。

1. 引入 libavdevice 的头文件和库文件

使用 libavdevice 时需要包括其头文件，代码如下：

```
#include "libavdevice/avdevice.h"
```

在程序中需要注册 libavdevice 库，代码如下：

```
avdevice_register_all();
```

2. 使用 libavdevice 打开设备的 API 简介

引入头文件和库文件，并调用 avdevice_register_all()函数之后，就能够使用 libavdevice 的功能了，使用 libavdevice 读取数据和直接打开本地视频文件的步骤基本一致，这是因为系统的设备也被 FFmpeg 看作一种输入的格式（AVInputFormat）。例如使用 FFmpeg 打开一个普通的视频文件的代码如下：

```
AVFormatContext *pFormatCtx = avformat_alloc_context();
avformat_open_input(&pFormatCtx, "test.h265",NULL,NULL);
```

使用 libavdevice 时，唯一的不同在于首先要查找用于输入的设备，可以使用 av_find_input_format()函数来完成，代码如下：

```
//chapter12/others.txt
AVFormatContext *pFormatCtx = avformat_alloc_context();
AVInputFormat *ifmt = av_find_input_format("vfwcap");
avformat_open_input(&pFormatCtx, 0, ifmt,NULL);
```

上述代码首先指定 VFW 设备作为输入设备，然后在 URL 中指定打开第 0 个设备（在笔者的 Windows 10 计算机上是摄像头设备）。

在 Windows 平台上除了可以使用 VFW 设备作为输入设备之外，还可以使用 DirectShow 作为输入设备，代码如下：

```
//chapter12/others.txt
AVFormatContext *pFormatCtx = avformat_alloc_context();
AVInputFormat *ifmt=av_find_input_format("dshow");
avformat_open_input(&pFormatCtx,"video=CameraNameXXX",ifmt,NULL) ;
```

上述代码首先指定了 dshow 设备作为输入设备，需要注意以下几点：

(1) URL 的格式是"video={设备名称}"，注意设备名称外面不能加引号。例如在上述样例中 URL 是"video=CameraNameXXX"，而不能写成"video=\"CameraNameXXX\""，否则就无法打开设备。这与直接使用 ffmpeg.exe 打开 dshow 设备是不同的，命令如下：

```
ffmpeg -list_options true -f dshow -i video="CameraNameXXX"
```

(2) dshow 的设备名称必须提前获取，可以通过 FFmpeg 编程实现，代码如下：

```
//chapter12/others.txt
//Show Device
void show_dshow_device(){
    AVFormatContext *pFormatCtx = avformat_alloc_context();
    AVDictionary* options = NULL;
    av_dict_set(&options,"list_devices","true",0);
    AVInputFormat *iformat = av_find_input_format("dshow");
    printf("Device Info------\n");
    avformat_open_input(&pFormatCtx,"video=dummy",iformat,&options);
    avformat_close_input(&pFormatCtx);
    avformat_free_context(pFormatCtx);
}
```

3. 使用 libavdevice 打开设备的命令行简介

上述代码实际上相当于输入了一条命令行，命令如下：

```
ffmpeg -list_devices true -f dshow -i dummy
```

执行该命令后，在笔者的计算机中输出的信息如图 12-1 所示。可以看出有一个摄像头，名称为 Lenovo EasyCamera，还有一个话筒，名称为话筒（Realtek High Definition Audio）。

```
  libavdevice    58. 10.100 / 58. 10.100
  libavfilter     7. 85.100 /  7. 85.100
  libswscale      5.  7.100 /  5.  7.100
  libswresample   3.  7.100 /  3.  7.100
  libpostproc    55.  7.100 / 55.  7.100
[dshow @ 058fe680] DirectShow video devices (some may be both video and audio devices)

[dshow @ 058fe680]  "Lenovo EasyCamera"
[dshow @ 058fe680]     Alternative name "@device_pnp_\\?\usb#vid_05e3&pid_0510&mi_00#6
&1ad13052&0&0000#{65c8773d-8f56-11d0-a3b9-00a0c9223196}\global"
[dshow @ 058fe680]  "e2eSoft VCam"
[dshow @ 058fe680]     Alternative name "@device_sw_{860BB310-5D01-11D0-BD3B-00A0C911C
E86}\e2eSoft VCam"
[dshow @ 058fe680] DirectShow audio devices
[dshow @ 058fe680]  "立体声混音 (Realtek High Definition Audio)"
[dshow @ 058fe680]     Alternative name "@device_cm_{33D9A762-90C8-11D0-BD43-00A0C911C
E86}\wave_{89193F06-6C4D-473E-A4AA-1D6EE48E2E5D}"
[dshow @ 058fe680]  "话筒(Realtek High Definition Audio)"
[dshow @ 058fe680]     Alternative name "@device_cm_{33D9A762-90C8-11D0-BD43-00A0C911C
E86}\wave_{48F76E0A-FC10-427A-B37A-7B55619538DC}"
dummy: Immediate exit requested
```

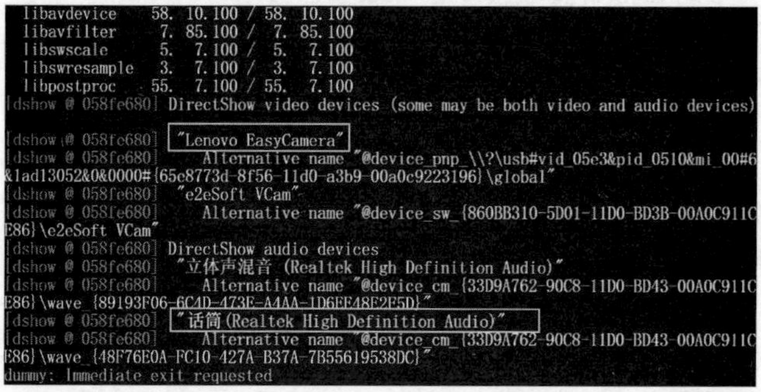

图 12-1 FFmpeg 命令行查询音视频设备

可以使用 FFmpeg 命令行从摄像头读取数据并编码为 H.264，最后保存成本地文件

test1.mkv,命令如下：

```
ffmpeg -f dshow -i video="Lenovo EasyCamera" -vcodec libx264 test1.mkv
```

可以使用 ffplay 直接播放摄像头的数据,命令如下：

```
ffplay -f dshow -i video="Lenovo EasyCamera"
```

如果设备名称正确,会直接打开本机的摄像头,如图 12-2 所示。

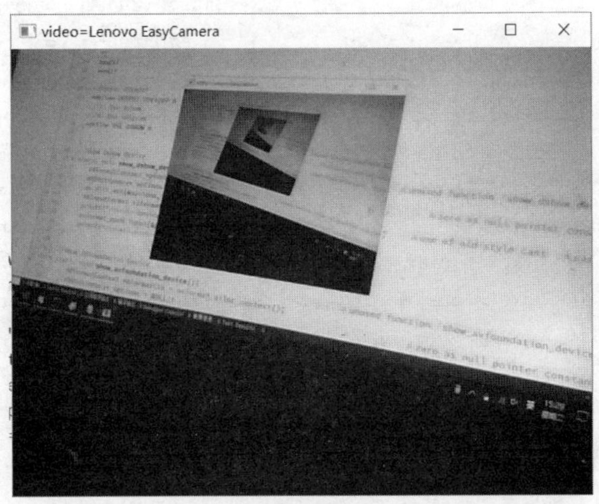

图 12-2　ffplay 播放本地摄像头采集的数据

除了可以使用 DirectShow 作为输入外,使用 VFW 也可以读取摄像头的数据,例如播放摄像头数据的命令如下：

```
ffplay -f vfwcap -i 0
```

如上述命令行不用输入设备名称,默认打开本地摄像头,效果如图 12-3 所示。

图 12-3　ffplay 使用 VFW 方式播放摄像头采集的数据

此外,可以使用 FFmpeg 的 list_options 查看设备的选项,命令如下:

```
ffmpeg -list_options true -f dshow -i video="Lenovo EasyCamera"
```

该命令行会输出这个摄像头设备的具体参数信息,笔者计算机上的输出信息如下:

```
//chapter12/dshow-out.txt
[dshow @ 0705e680] DirectShow video device options (from video devices)
[dshow @ 0705e680]  Pin "捕获" (alternative pin name "0")
[dshow @ 0705e680]   pixel_format=yuyv422  min s=640x480 fps=30 max s=640x480 fps=30
[dshow @ 0705e680]   pixel_format=yuyv422  min s=640x480 fps=30 max s=640x480 fps=30
[dshow @ 0705e680]   pixel_format=yuyv422  min s=160x120 fps=30 max s=160x120 fps=30
[dshow @ 0705e680]   pixel_format=yuyv422  min s=160x120 fps=30 max s=160x120 fps=30
[dshow @ 0705e680]   pixel_format=yuyv422  min s=176x144 fps=30 max s=176x144 fps=30
[dshow @ 0705e680]   pixel_format=yuyv422  min s=176x144 fps=30 max s=176x144 fps=30
[dshow @ 0705e680]   pixel_format=yuyv422  min s=320x240 fps=30 max s=320x240 fps=30
[dshow @ 0705e680]   pixel_format=yuyv422  min s=320x240 fps=30 max s=320x240 fps=30
[dshow @ 0705e680]   pixel_format=yuyv422  min s=352x288 fps=30 max s=352x288 fps=30
[dshow @ 0705e680]   pixel_format=yuyv422  min s=352x288 fps=30 max s=352x288 fps=30
[dshow @ 0705e680]   pixel_format=yuyv422  min s=640x480 fps=30 max s=640x480 fps=30
[dshow @ 0705e680]   pixel_format=yuyv422  min s=640x480 fps=30 max s=640x480 fps=30
video=Lenovo EasyCamera: Immediate exit requested
```

可以设置摄像头的参数,例如将摄像头分辨率设置为 640×480,代码如下:

```
ffplay -s 640x480 -f dshow -i video="Lenovo EasyCamera"
```

将分辨率设置为 352×288,代码如下:

```
ffplay -s 352x288 -f dshow -i video="Lenovo EasyCamera"
```

注意:设置摄像头或话筒的参数时,需要将这些选项放到-i 之前。

12.2 AVDevice 的 API 方式采集本地摄像头获取的数据

使用 API 的方式可以更加方便灵活地完成各种音视频设备的采集工作,包括本地设备及网络设备。

1. 查询设备信息

在笔者的 Windows 10 系统中,查询 DirectShow 音视频设备的代码如下:

```
//chapter12/QtFFmpeg5_Chapter12_001/main.cpp
#include <stdio.h>

extern "C"
{
#include "libavcodec/avcodec.h"
#include "libavformat/avformat.h"
#include "libswscale/swscale.h"
#include "libavdevice/avdevice.h"
};

//Show Dshow Device,命令行为
//ffmpeg -list_devices true -f dshow -i dummy
static void show_dshow_device(){
    AVFormatContext *pFormatCtx = avformat_alloc_context();
    AVDictionary* options = NULL;                //指定选项
    av_dict_set(&options, "list_devices", "true", 0);
    //指定输入格式:dshow
    AVInputFormat *iformat = (AVInputFormat *)av_find_input_format("dshow");
    printf("========Device Info=============\n");
    avformat_open_input(&pFormatCtx,"video=dummy",iformat,&options);
    printf("=================================\n");
    avformat_close_input(&pFormatCtx);        //关闭输入的设备
    avformat_free_context(pFormatCtx);        //释放相关资源
}

int main (int argc, char *argv[])
{
    //Register Device
    avdevice_register_all();
    show_dshow_device();
}
```

首先打开 Qt Creator,创建一个 Qt Console 工程,具体操作步骤可以参考"1.4 搭建 FFmpeg 的 Qt 开发环境",工程名称为 QtFFmpeg5_Chapter12_001。由于使用的是 FFmpeg 5.0.1 的 64 位开发包,所以编译套件应选择 64 位的 MSVC 或 MinGW,然后打开配置文件 QtFFmpeg5_Chapter12_001.pro,添加引用头文件及库文件的代码。具体操作可以参照前几章的相关内容,这里不再赘述。

将上述代码复制到 main.cpp 文件中,编译并运行,效果如图 12-4 所示。

2. 以 VFW 方式打开摄像头

使用 FFmpeg 可以用 VFW 方式打开本地摄像头,主要用到了 AVFormatContext 结构体,以及 avformat_alloc_context()、av_find_input_format("vfwcap")、avformat_open_input()、avformat_close_input(&pFormatCtx)和 avformat_free_context()等函数,代码如下:

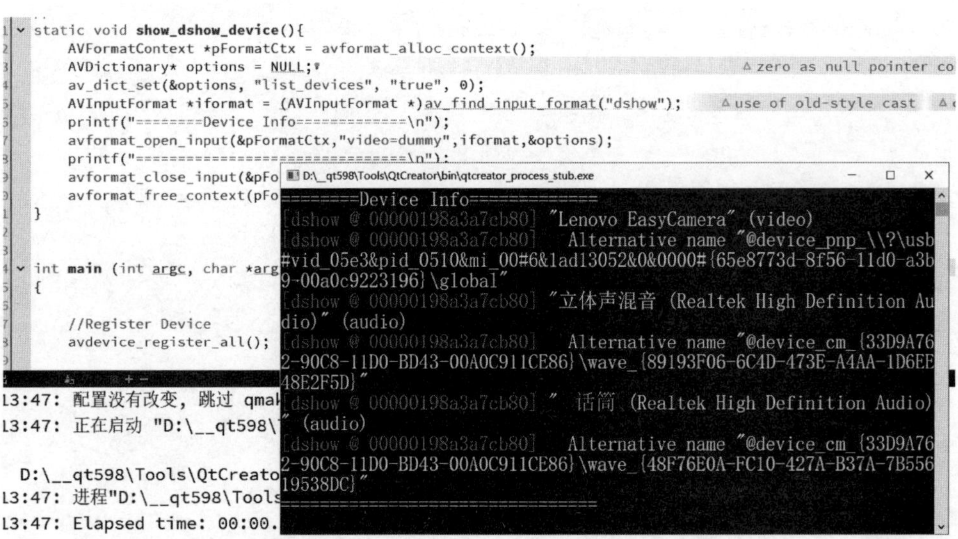

```
static void show_dshow_device(){
    AVFormatContext *pFormatCtx = avformat_alloc_context();
    AVDictionary* options = NULL;                          △ zero as null pointer co
    av_dict_set(&options, "list_devices", "true", 0);
    AVInputFormat *iformat = (AVInputFormat *)av_find_input_format("dshow");   △ use of old-style cast
    printf("========Device Info=============\n");
    avformat_open_input(&pFormatCtx,"video=dummy",iformat,&options);
    printf("================================\n");
    avformat_close_input(&pFo
    avformat_free_context(pFo
}

int main (int argc, char *arg
{

    //Register Device
    avdevice_register_all();
```

```
D:\__qt598\Tools\QtCreator\bin\qtcreator_process_stub.exe
========Device Info=============
[dshow @ 00000198a3a7cb80] "Lenovo EasyCamera" (video)
[dshow @ 00000198a3a7cb80]  Alternative name "@device_pnp_\\?\usb#vid_05e3&pid_0510&mi_00#6&1ad13052&0&0000#{65e8773d-8f56-11d0-a3b9-00a0c9223196}\global"
[dshow @ 00000198a3a7cb80] "立体声混音 (Realtek High Definition Audio)" (audio)
[dshow @ 00000198a3a7cb80]  Alternative name "@device_cm_{33D9A762-90C8-11D0-BD43-00A0C911CE86}\wave_{89193F06-6C4D-473E-A4AA-1D6EE48E2F5D}"
[dshow @ 00000198a3a7cb80] "  话筒 (Realtek High Definition Audio)" (audio)
[dshow @ 00000198a3a7cb80]  Alternative name "@device_cm_{33D9A762-90C8-11D0-BD43-00A0C911CE86}\wave_{48F76E0A-FC10-427A-B37A-7B55619538DC}"
================================
```

```
13:47: 配置没有改变, 跳过 qmak
13:47: 正在启动 "D:\__qt598\
  D:\__qt598\Tools\QtCreato
13:47: 进程"D:\__qt598\Tools
13:47: Elapsed time: 00:00.
```

图 12-4　FFmpeg 的 API 方式查询本地音视频设备

```
//chapter12/QtFFmpeg5_Chapter12_001/main.cpp
static int OpenCameraByVFW(){
    AVFormatContext * pFormatCtx;
    int             i, videoindex;
    //1.分配内存
    pFormatCtx = avformat_alloc_context();
    const AVInputFormat * ifmt = av_find_input_format("vfwcap");

    //2.打开摄像头
    avformat_open_input(&pFormatCtx, 0, ifmt,NULL);

    //3.查找流信息
    if(avformat_find_stream_info(pFormatCtx, NULL) < 0)
    {
        printf("Couldn't find stream information.\n");
        return -1;
    }
    videoindex = -1;
    for(i = 0; i < pFormatCtx->nb_streams; i++){
        //查找视频流
        if(pFormatCtx->streams[i]->codecpar->codec_type == AVMEDIA_TYPE_VIDEO)
        {
            videoindex = i;
            break;
        }
    }
```

```
    if(videoindex == -1)
    {
        printf("Didn't find a video stream.\n");
        return -1;
    }
    else{
        printf("Find a video stream: %d.\n", videoindex);
    }

    //4.关闭输入设备并释放资源
    avformat_close_input(&pFormatCtx);
    avformat_free_context(pFormatCtx);
}
```

将上述代码复制到 main.cpp 文件中，编译并运行，可以看到找到了视频流，流 ID 为 0，如图 12-5 所示。

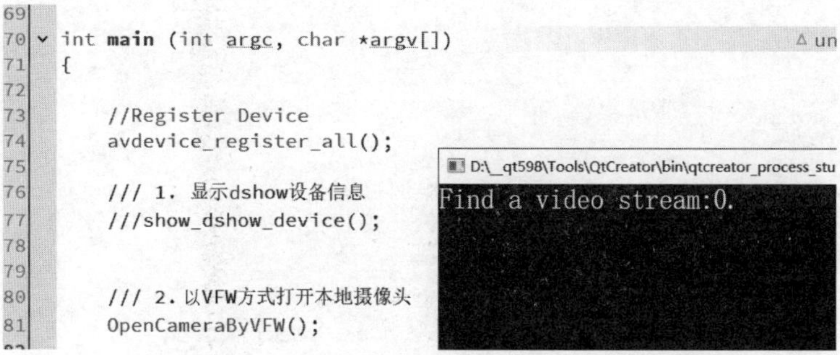

图 12-5 FFmpeg 的 API 方式查询本地音视频设备

注意：使用 FFmpeg 的 libavdevice 库，需要调用 avdevice_register_all()函数。

---

3. 以 dShow 方式打开摄像头

使用 FFmpeg 可以用 DirectShow 方式打开本地摄像头，主要用到了 AVFormatContext 结构体，以及 avformat_alloc_context()、av_find_input_format("dshow")、avformat_open_input()、avformat_close_input(&pFormatCtx)和 avformat_free_context()等函数，代码如下：

```
//chapter12/QtFFmpeg5_Chapter12_001/main.cpp
static int OpenCameraByDShow(){
    AVFormatContext *pFormatCtx;
    int             i, videoindex;
    //1.分配内存
    pFormatCtx = avformat_alloc_context();
```

```
    const AVInputFormat * ifmt = av_find_input_format("dshow");

    //2.打开摄像头
    avformat_open_input(&pFormatCtx, "video = Lenovo EasyCamera", ifmt,NULL);

    //3.查找流信息
    if(avformat_find_stream_info(pFormatCtx, NULL) < 0)
    {
        printf("Couldn't find stream information.\n");
        return -1;
    }
    videoindex = -1;
    for(i = 0; i < pFormatCtx->nb_streams; i++){
        //查找视频流
        if(pFormatCtx->streams[i]->codecpar->codec_type == AVMEDIA_TYPE_VIDEO)
        {
            videoindex = i;
            break;
        }
    }
    if(videoindex == -1)
    {
        printf("Didn't find a video stream.\n");
        return -1;
    }
    else{
        printf("Find a video stream: %d.\n", videoindex);
    }

    //4.关闭输入设备并释放资源
    avformat_close_input(&pFormatCtx);
    avformat_free_context(pFormatCtx);
}
```

将上述代码复制到 main.cpp 文件中，编译并运行，可以看到找到了视频流，流 ID 为 0，如图 12-6 所示。使用 VFW 和 dshow 的方式几乎完全类似，代码如下：

```
//chapter12/QtFFmpeg5_Chapter12_001/main.cpp
//1.以 VFW 方式打开摄像头
const AVInputFormat * ifmt = av_find_input_format("vfwcap");
avformat_open_input(&pFormatCtx, 0, ifmt,NULL);

//2.以 dshow 方式打开摄像头
const AVInputFormat * ifmt = av_find_input_format("dshow");
avformat_open_input(&pFormatCtx, "video = Lenovo EasyCamera", ifmt,NULL);
```

可以看出，主要有两点不同，如下所示。

(1) av_find_input_format()函数传递的参数不同，一个是 vfwcap，另一个是 dshow。

(2) avformat_open_input()函数的第 2 个参数不同，一个是 0，另一个是具体的摄像头名称。

```
static int OpenCameraByDShow(){
    AVFormatContext *pFormatCtx;
    int             i, videoindex;
    ///1.分配内存
    pFormatCtx = avformat_alloc_context();
    const AVInputFormat *ifmt = av_find_input_format("dshow");

    ///2.打开摄像头
    avformat_open_input(&pFormatCtx, "video=Lenovo EasyCamera", ifmt,NULL);

    ///3.查找流信息
    if(avformat_find_stream_info(p
    {
        printf("Couldn't find stre
        return -1;
    }
    videoindex = -1;
    for(i = 0; i < pFormatCtx->nb_
        ///查找视频流
        if(pFormatCtx->streams[i]-
        {
            videoindex = i;
            break;
        }
    }
    if(videoindex == -1)
```


图 12-6　FFmpeg 的 dshow 方式打开摄像头

4. 以 dshow 方式打开摄像头读取 YUYV422 原始码流

这里使用 dshow 方式打开摄像头，读取原始码流，笔者本地的摄像头图像格式为 YUYV422、分辨率为 640×480、帧率为 30。使用 FFmpeg 读取本地摄像头数据并将原始码流保存为一个 YUV 文件，主要步骤如下：

(1) 定义相关的变量，并分配内存。

(2) 打开摄像头，需要调用 av_find_input_format()和 avformat_open_input()函数。

(3) 查找流信息，需要调用 avformat_find_stream_info()函数。

(4) 查找解码器，需要调用 avcodec_find_decoder()函数。

(5) 复制解码器上下文参数，需要调用 avcodec_parameters_to_context()函数。

(6) 打开解码器，需要调用 avcodec_open2()函数。

(7) 准备存储数据的结构体，包括 AVPacket 和 AVFrame。

(8) 循环读取摄像头的数据，需要调用 av_read_frame()函数。

(9) 发送给解码器，需要调用 avcodec_send_packet()函数。

(10) 从解码器中得到摄像头的原始视频帧，需要调用 avcodec_receive_frame()函数。

(11) 关闭输入设备并释放资源。

YUV420p 指的是 Planar YUV 4:2:0、12bpp，一帧图像的大小为 1.5 倍的 Width×

Height；它的数据存储在 AVFrame.data[0]、data[1]、data[2]这 3 个位置。

YUYV422 指的是 Packed YUV 4:2:2、16bpp，一帧图像的大小为 2 倍的 Width×Height；它的存放位置为 AVFrame.data[0]（注意 RGB24 也在 AVFrame.data[0]中的一个位置存放），所以在存储 YUYV422 时，只用考虑 AVFrame.data[0]的数据，代表原始像素字节流，顺序为 Y0 Cb Y1 Cr，而 AVFrame.linesize[0]代表一行像素占用的字节数，代码如下：

```
//chapter12/QtFFmpeg5_Chapter12_001/main.cpp
//11.将原始视频帧 YUYV422 存入本地文件中
for(int i = 0;i < frame_yuyv422 -> height;i++){
      fwrite((char * )(frame_yuyv422 -> data[0] +
                i * frame_yuyv422 -> linesize[0]),
                1, frame_yuyv422 -> linesize[0], outFile);
}
```

将该案例的功能封装为一个新的函数，名称为 OpenCameraByDShowGetAVPacket，代码如下：

```
//chapter12/QtFFmpeg5_Chapter12_001/main.cpp
//以 dshow 方式打开摄像头,并保存原始码流
static int OpenCameraByDShowGetAVPacket(){
    AVFormatContext * pFormatCtx;
    int             i, videoindex;
    AVCodecContext  * pCodecCtx;
    AVCodec         * pCodec;

    //1.分配内存
    pFormatCtx = avformat_alloc_context();
    const AVInputFormat * ifmt = av_find_input_format("dshow");

    //2.打开摄像头
    avformat_open_input(&pFormatCtx, "video = Lenovo EasyCamera", ifmt,NULL);

    //3.查找流信息
    if(avformat_find_stream_info(pFormatCtx, NULL) < 0)
    {
        printf("Couldn't find stream information.\n");
        return -1;
    }
    videoindex = -1;
    for(i = 0; i < pFormatCtx -> nb_streams; i++){
        //查找视频流
        if(pFormatCtx -> streams[i] -> codecpar -> codec_type == AVMEDIA_TYPE_VIDEO)
        {
```

```
            videoindex = i;
            break;
        }
    }
    if(videoindex == -1)
    {
        printf("Didn't find a video stream.\n");
        return -1;
    }
    else{
        printf("Find a video stream: %d.\n", videoindex);
    }


    //4.查找解码器
    pCodec = (AVCodec *)avcodec_find_decoder(pFormatCtx->streams[videoindex]->codecpar
->codec_id);
    if(pCodec == NULL)
    {
        printf("Codec not found.\n");
        return -1;
    }

    //5.复制解码器上下文参数
    pCodecCtx = avcodec_alloc_context3(pCodec);
    avcodec_parameters_to_context(pCodecCtx, pFormatCtx->streams[videoindex]->codecpar);
    printf("VideoStream:Frame.Width=%d,Height=%d\n",
           pCodecCtx->width, pCodecCtx->height);

    //6.打开解码器
    if(avcodec_open2(pCodecCtx, pCodec, NULL) < 0)
    {
        printf("Could not open codec.\n");
        return -1;
    }

    //7.准备存储数据的结构体:AVPacket、AVFrame
    AVPacket *pkt = av_packet_alloc();
    if(!pkt){
        cout << "av_packet_alloc error" << endl;
        system("pause");
        return 1;
    }

    AVFrame *frame_yuyv422 = av_frame_alloc();
```

```
    if(!frame_yuyv422){
    cout << "av_frame_alloc error" << endl;
    system("pause");
    return 1;
}

//打开输出视频的文件
const char * out_path = "out_yuyv422.yuv";
FILE * outFile = fopen(out_path, "wb");

int frame_count = 0;                                          //记录获取的帧数

//8.循环读取摄像头的数据:av_read_frame
while(av_read_frame(pFormatCtx, pkt) >= 0 && frame_count < 10){ //这里只获取 10 帧
    if(pkt->stream_index == videoindex){                       //找到视频流
        //9.发送给解码器
        if(avcodec_send_packet(pCodecCtx,pkt) != 0){
            cout << "avcodec_send_packet error ..." << endl;
            break;
        }
        //10.从解码器中得到摄像头的原始视频帧
        while(avcodec_receive_frame(pCodecCtx,frame_yuyv422) == 0){
            frame_count++;

            //AV_PIX_FMT_YUYV422packed YUV 4:2:2, 16bpp
            cout << "decoding:" << pCodecCtx->frame_number
                 << "linesize[0]:" << frame_yuyv422->linesize[0]
                 << "frame_yuv->height:" << frame_yuyv422->height
                 << "frame_yuv->width:" << frame_yuyv422->width <<  endl;

            //11.将原始视频帧 YUYV422 存入本地文件中
            for(int i = 0;i < frame_yuyv422->height;i++){
                fwrite((char *)(frame_yuyv422->data[0] +
                        i * frame_yuyv422->linesize[0]),
                        1, frame_yuyv422->linesize[0], outFile);
            }

            av_frame_unref(frame_yuyv422);
        }
    }
    av_packet_unref(pkt);
}

//12.关闭输入设备并释放资源
av_packet_free(&pkt);
avcodec_close(pCodecCtx);
```

```
    avcodec_free_context(&pCodecCtx);
    av_frame_free(&frame_yuyv422);
    fclose(outFile);
    avformat_close_input(&pFormatCtx);
    avformat_free_context(pFormatCtx);
}
```

将上述代码复制到 main. cpp 文件中，编译并运行，会生成一个 YUV 文件，用 YUVPlayer. exe 打开（像素格式选择 YUYV、分辨率选择 640×480），效果如图 12-7 所示。

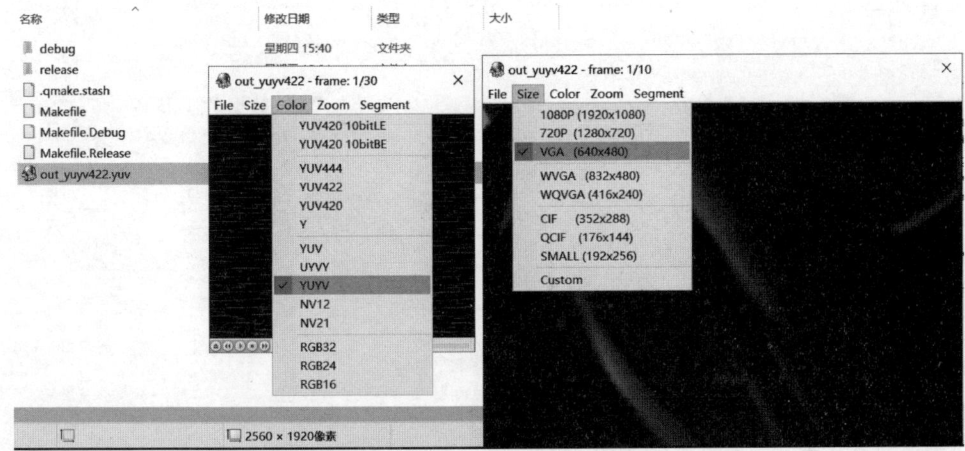

图 12-7 YUVPlayer 播放生成的 YUYV422 文件

5. SWScale 将 YUYV422 转换为 YUV420p

在上述案例中读取了摄像头的原始视频帧，格式为 YUYV422，现在使用 SWScale 将它转换为 YUV420p，主要分为以下几个步骤：

(1) 申请一个用于存放 YUV420p 数据的数组并设置好 linesize。

(2) 获取 SWScale 转换上下文，需要调用 sws_getContext()函数。

(3) SWScale 实现格式转换，需要调用 sws_scale()函数。

(4) 将 YUV420p 视频帧数据写入本地文件中。

由于其他代码完全相同，这里只给出关于 SWScale 格式转换的代码，核心代码如下：

```
//chapter12/QtFFmpeg5_Chapter12_001/main.cpp
//SWScale.1,申请一个用于存放 YUV420p 数据的数组并设置好 linesize
const int newWidth = pCodecCtx->width;
const int newHeight = pCodecCtx->height;
const int yuv420p_linesize = newWidth * newHeight * 3 / 2;
AVFrame *frame_yuv420p = av_frame_alloc();
//用于存储 YUV420p 数据的真实缓冲区
```

```
int nYUV420PFrameSize = av_image_get_buffer_size(
        AV_PIX_FMT_YUV420P, newWidth, newHeight, 1);
uint8_t * pszYUV420PBuffer = (uint8_t * )av_malloc(
        nYUV420PFrameSize * sizeof(uint8_t));
//av_image_fill_arrays 给 pFrameYUV 初始化一些字段,并且填充 data 和 linesize
//将 pszYUV420PBuffer 挂载在 frame_yuv420p 帧的图片缓存指针,需要手动删除
av_image_fill_arrays(frame_yuv420p->data, frame_yuv420p->linesize,
        pszYUV420PBuffer, AV_PIX_FMT_YUV420P,newWidth, newHeight, 1);

//SWScale.2,获取 SWScale 转换上下文
//格式转换上下文
SwsContext * yuyv422Toyuv420p = nullptr; //yuyv422 -> yuv420p
yuyv422Toyuv420p = sws_getContext(
                pCodecCtx->width, pCodecCtx->height, //输入数据的宽和高
                pCodecCtx->pix_fmt,                  //输入的像素格式
                newWidth, newHeight,                 //输出数据的宽和高
                AV_PIX_FMT_YUV420P,                  //输出的像素格式
                SWS_BICUBIC,                         //选择变换算法
                0,0,0                                //过滤器参数
                );
if(!yuyv422Toyuv420p){
        cout << "sws_getCacheContext failed" << endl;
        return -4;
}
//准备输出文件:用于存储 YUV420p 数据
const char * out_yuv420p_path = "out_yuv420p.yuv";
FILE * outFile_yuv420p = fopen(out_yuv420p_path, "wb");

//注意:以下代码在 while(avcodec_receive_frame...)循环的代码块中
//SWScale.3, SWScale 实现格式转换:yuyv422 -> yuv420p
int ret = sws_scale(yuyv422Toyuv420p,
                frame_yuyv422->data,             //输入数据:YUYV422
                frame_yuyv422->linesize,         //输入数据行字节数
                0,                               //图像层次
                frame_yuyv422->height,           //输入高度
                frame_yuv420p->data,             //输出的数据:YUV420p
                frame_yuv420p->linesize          //输出的行大小
);

if(ret < 0 ){
        cout << "sws_scale failed" << endl;
        return -4;
}

//SWScale.4,将 YUV420p 写入本地文件中
uint8_t * avY = frame_yuv420p->data[0];
```

```
uint8_t * avU = frame_yuv420p->data[1];
uint8_t * avV = frame_yuv420p->data[2];
//输出 YUV 数据
int y_size = newWidth * newHeight;          //YUV420p 的一帧图像的亮度字节数
fwrite(avY, 1, y_size, outFile_yuv420p);     //Y
fwrite(avU, 1, y_size / 4, outFile_yuv420p);  //U
fwrite(avV, 1, y_size / 4, outFile_yuv420p);  //V
```

注意：av_frame_alloc()函数仅仅为 AVFrame 分配必要的空间，但不负责图像数据缓冲区，需要手工分配并做好关联，代码中通过 av_image_fill_arrays()函数完成。

将上述代码复制到 OpenCameraByDShowGetAVPacket()函数中，编译并运行，会生成一个新的文件(out_yuv420p.yuv)，如图 12-8 所示。

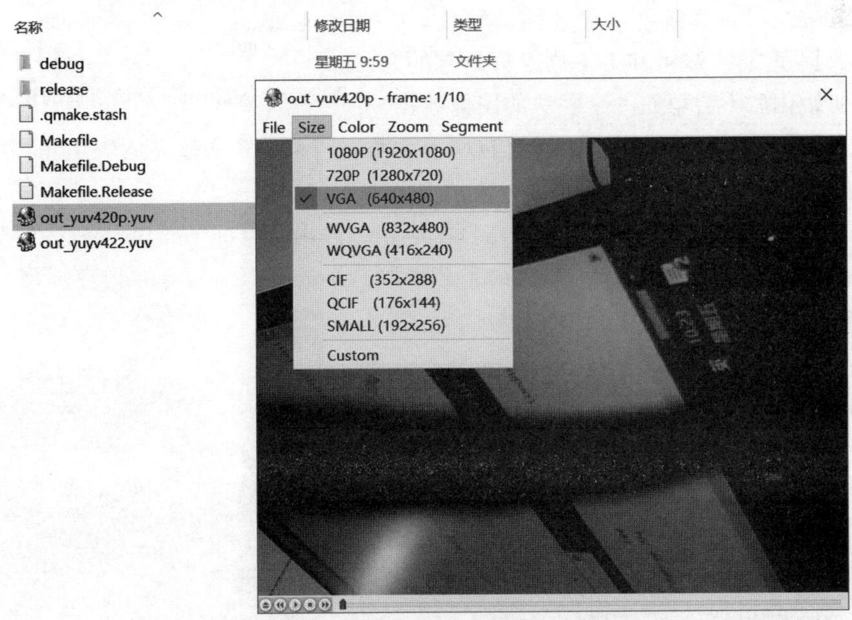

图 12-8　YUVPlayer 播放生成的 YUV420p 文件

6. AVFrame 的两种数据填充方式

AVFrame 是 FFmpeg 用来存储无压缩的音视频原始数据的结构体，使用时需要注意以下几点：

(1) AVFrame 的创建必须使用 av_frame_alloc()函数来创建结构体，并为结构体初始化内存，但是仅初始化，并不负责分配真正的用于存储帧数据的缓冲区。

(2) AVFrame 是一个典型的创建一次可以不停地复用的结构体。每次复用结束后需要调用 av_frame_unref()函数来释放对其他结构的引用，保证下次可以再次复用。

（3）可以使用 av_frame_move_ref()函数来做 AVFrame 之间的引用复制。

（4）释放 AVFrame 必须使用 av_frame_free()函数。

AVFrame 描述的数据通常通过 AVBuffer API 引用计数。底层缓冲区的引用存储在 AVFrame.buf 或 AVFrame.extended_buf 中。如果设置了至少一个引用，即 AVFrame.buf[0]不等于 NULL，则 AVFrame 被认为是引用计数。在这种情况下，每个平面（Plane）数据必须包含在 AVFrame.buf 或 AVFrame.extended_buf 的一个缓冲区中。所有数据可能只有一个缓冲区，或者每个平面可能有一个单独的缓冲区，或者介于两者之间的任何内容。

在解码中，AVFrame 是解码器的输出；在编码中，AVFrame 是编码器的输入，如图 12-9 所示，Decoded Frames 的数据类型是 AVFrame。

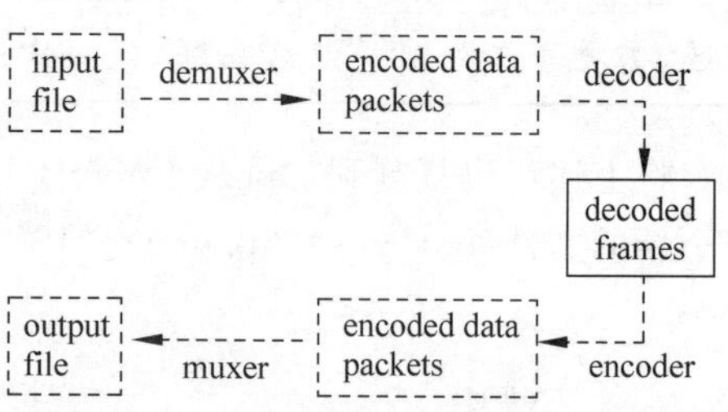

图 12-9　AVFrame 及编解码的输入输出

平时使用 AVFrame 数据结构时，首先需要调用 av_frame_alloc()函数对其进行初始化，初始化后的数据里 data 数组和 buf 数组都是空的，也就是说初始化后不会填充一个默认的图像数据（毕竟初始化时不需要知道图片的任何信息）。主要有两种方式来填充 AVFrame。

1）使用 av_image_fill_arrays()函数来填充 AVFrame

调用 av_image_fill_arrays()函数，先自己申请一段内存空间 tmpBuffer，然后填充到目标 AVFrame 中，但是这种方式常常会由于疏忽释放 tmpBuffer 而导致内存泄漏。这种方式的主要代码如下：

```
//chapter12/QtFFmpeg5_Chapter12_001/others.txt
//填充方式一
int frameWidth = 640, framHeight = 480;
int frameSize = av_image_get_buffer_size(AV_PIX_FMT_RGB24, width, height, 1);
uint8_t * tmpBuffer = (uint8_t * )av_malloc(frameSize * sizeof(uint8_t));
//调用 av_frame_alloc 分配 AVFrame 空间
AVFrame * frameRGB24 = av_frame_alloc();
frameRGB24 -> width  = frameWidth;
frameRGB24 -> height = framHeight;
frameRGB24 -> format = AV_PIX_FMT_RGB24;
ret = av_image_fill_arrays(frameRGB24 -> data, frameRGB24 -> linesize, tmpBuffer, AV_PIX_FMT
_RGB24, frameWidth, framHeight, 1);

//释放：注意一定要手工释放，否则会导致内存泄漏
av_free(tmpBuffer);
av_frame_free(&frameRGB24);
```

2）使用 av_frame_get_buffer()函数来填充 AVFrame

使用 av_frame_get_buffer()函数也可以填充 AVFrame。对于视频 AVFrame，只用在

调用函数之前设置好图像的宽、高和图像格式等信息；对于音频需要设置好 nb_samples、channel_layout 和采样格式等信息。此函数将填充 AVFrame. data 和 AVFrame. buf 数组，并在必要时分配和填充 AVFrame. extended_data 和 AVFrame. extended_buf，而且采用这种方式填充 AVFrame 的 data 后，在最后释放时调用 av_frame_free()函数可以直接释放 AVFrame 的所有内存，不会出现内存泄漏的问题。这种方式的主要代码如下：

```
//chapter12/QtFFmpeg5_Chapter12_001/others.txt
//填充方式二
AVFrame * frameRGB = av_frame_alloc();
frame->width = 640;
frame->height = 480;
frame->format = AV_PIX_FMT_RGB24;
av_frame_get_buffer(frameRGB, 1);

//释放
av_frame_free(&frameRGB)
```

3）两种填充方式的小结

可以将 av_frame_get_buffer()函数理解为自动为 AVFrame 分配空间，而将 av_image_fill_arrays()函数可以理解为手动填充。在初始化一个 AVFrame 时，如果需要填充自己准备好的数据(如捕获到的屏幕图像数据)，最好调用 av_image_fill_arrays()函数，但是在使用后，一定要注意手工释放 data 所指向的内存空间。如果用一个 AVFrame 初始化是为了继承 SWScale 转换的数据，则可以选择 av_frame_get_buffer()函数进行初始化，这样在释放时直接调用 av_frame_free()函数即可，不用担心内存泄漏问题。

AVFrame 有两个非常重要的字段，一个是 data，另一个是 buf，代码如下：

```
//chapter12/QtFFmpeg5_Chapter12_001/others.txt
/**
     * pointer to the picture/channel planes.
     * This might be different from the first allocated Byte. For video,
     * it could even point to the end of the image data.
     *
     * All pointers in data and extended_data must point into one of the
     * AVBufferRef in buf or extended_buf.
     *
     * Some decoders access areas outside 0,0 - width,height, please
     * see avcodec_align_dimensions2(). Some filters and swscale can read
     * up to 16 Bytes beyond the planes, if these filters are to be used,
     * then 16 extra Bytes must be allocated.
     *
     * NOTE: Pointers not needed by the format MUST be set to NULL.
     *
```

```
    * @attention In case of video, the data[ ] pointers can point to the
    * end of image data in order to reverse line order, when used in
    * combination with negative values in the linesize[ ] array.
    */
   uint8_t *data[AV_NUM_DATA_POINTERS];

/**
* AVBuffer references backing the data for this frame. All the pointers in
    * data and extended_data must point inside one of the buffers in buf or
    * extended_buf. This array must be filled contiguously -- if buf[i] is
    * non-NULL then buf[j] must also be non-NULL for all j < i.
* There may be at most one AVBuffer per data plane, so for video this array
    * always contains all the references. For planar audio with more than
* AV_NUM_DATA_POINTERS channels, there may be more buffers than can fit in
    * this array. Then the extra AVBufferRef pointers are stored in the
    * extended_buf array.
    */
   AVBufferRef *buf[AV_NUM_DATA_POINTERS];
```

av_frame_free()函数的释放过程较简单，主要是调用 av_frame_unref()函数对 AVFrame 结构体内部的一些指针数据进行释放，并调用 av_freep()函数，以此来释放 AVFrame 结构体自身的内存。

而 av_frame_unref()函数主要调用 av_buffer_unref()函数将 buf 替换为 NULL。代码中并没有直接释放 data 数组，而只对 buf 进行了操作。需要关注的是 AVFrame 中 buf 这个成员。这个 buf 字段是用来标记是否是"引用的"(ref)，注意这里 buf 是一个数组，数组名 buf 本身不为 NULL，但是子元素值默认为 NULL。av_frame_unref()函数就是针对 AVFrame 的 buf 数组逐个调用 av_buffer_unref()函数。

在使用 av_frame_get_buffer()函数进行填充时，调用了 get_video_buffer()函数或 get_audio_buffer()函数，并将 buf[0]->data 的指针赋值给了 AVFrame 结构体的 data 字段，也就是说 AVFrame 中的 buf 和 data 指向的是同一块内存地址，所以通过 av_frame_get_buffer()函数得到的 AVFrame 调用 av_frame_free()函数时，在释放 buf 的同时，data 也就被释放了。

在 AVFrame 结构体中，buf 和 data 数组所指向的是同一块数据区域，在释放内存时调用 av_frame_free 时，只会释放 buf。调用 av_frame_get_buffer 填充时，FFmpeg 会将这两部分一起初始化，所以释放时只释放 buf，data 部分也会一起被释放。调用 av_image_fill_arrays 填充时，只会更改 AVFrame 中的 data 部分，不会改变 buf，所以释放时 data 不会随着 buf 的释放而释放，需要自己手动释放这部分空间。

7. 封装 H.264 编码器

在上述案例中已经使用 SWScale 库将 YUYV422 的原始帧像素转换为了 YUV420p，

这里可以使用 H.264 进行编码。为了使代码结构清晰，可以将 H.264 编码的功能封装成一个独立的 C++类，取名为 T3FFmpegH264Encoder2，主要包括初始化、编码及释放资源三大部分，头文件的主要代码如下：

```
//chapter12/QtFFmpeg5_Chapter12_001/t3ffmpegh264encoder2.h
#ifndef T3FFMPEGH2645ENCODER2_H
#define T3FFMPEGH2645ENCODER2_H

extern "C"{
    #include <libavformat/avformat.h>
    #include <libavcodec/avcodec.h>
    #include <libavutil/imgutils.h>
    #include <libavutil/opt.h>
};
#include <iostream>
using namespace  std;

class T3FFmpegH264Encoder2
{
public:
    T3FFmpegH264Encoder2();

    //init, encode,  quit
    int initLibx264();
    int quitLibx264();
    //inpara: camera one frame (yuv420p)
    int encodeLibx264OneFrame(AVFrame * pFrameYUV420p);
    void setOutfile(const char * strfilename){strcpy(this->m_outfile, strfilename);}
    void setVideoWidth(int ww){in_w =  ww;}
    void setVideoHeight(int hh) {in_h = hh; }

private:
    int _encode(AVCodecContext *avCodecCtx,
                AVPacket * pack,
                AVFrame  * frame,
                FILE* fp = NULL);

private:
    AVFormatContext *pFormatCtx;
    AVOutputFormat *pOutputFmt;
    AVCodecContext *pCodecCtx;
    AVCodec *pCodec;
    AVPacket *pkt;
    AVFrame *m_pFrame;
```

```
    FILE * out_file;
    char  m_outfile[512];
    uint8_t * pFrameBuf;
    int m_frameIndex;
    int in_w, in_h;
};

#endif //T3FFMPEGH2645ENCODER2_H
```

构造函数主要用于初始化各种成员变量,代码如下:

```
//chapter12/QtFFmpeg5_Chapter12_001/t3ffmpegh264encoder2.cpp
T3FFmpegH264Encoder2::T3FFmpegH264Encoder2()
{
    //init the member variables to zero
    pFormatCtx = NULL;
    pOutputFmt = NULL;
    pCodecCtx = NULL;
    pCodec = NULL;
    pkt = NULL;
    m_pFrame = NULL;

    out_file = NULL;
    pFrameBuf = NULL;
    m_frameIndex = 0;
    memset(m_outfile, 0, 512);

    in_w = 640;   //默认的宽、高
    in_h = 480;
}
```

initLibx264()函数用于初始化编码器,包括分配包空间、帧空间及编码器的各项参数等,然后打开编码器,代码如下:

```
//chapter12/QtFFmpeg5_Chapter12_001/t3ffmpegh264encoder2.cpp
int T3FFmpegH264Encoder2::initLibx264(){
    //1: define  variables: structures, .....
    //2: openfile,
    //3: ffmpeg: workflow,
    //init, open_input, find_stream_info
    //codec:
    //sws_context

    //read local file: binary
    //yuvtest1 - 352x288 - yuv420p.yuv
```

```
    //output file:

    int nFrameNum = 100;
    out_file = fopen(this->m_outfile, "wb");
    if (out_file == NULL) {
        printf("cannot create out file\n");
        return -1;
    }

    //prepare codec
    uint8_t * pFrameBuf = NULL;
    int frame_buf_size = 0;
    int y_size = 0;
    int nEncodedFrameCount = 0;

    //av_register_all();
    pFormatCtx = avformat_alloc_context();
    pOutputFmt = (AVOutputFormat *)av_guess_format(NULL, this->m_outfile, NULL);
    pFormatCtx->oformat = pOutputFmt;

    //除了以下方法,另外还可以使用 avcodec_find_encoder_by_name()获取 AVCodec
    pCodec = (AVCodec *)avcodec_find_encoder(pOutputFmt->video_codec);
    if (!pCodec) {
        //cannot find encoder
        return -1;
    }
    pCodecCtx = avcodec_alloc_context3(pCodec);
    if (!pCodecCtx) {
        //failed get AVCodecContext
        return -1;
    }
//分配包空间:AVPacket
    pkt = av_packet_alloc();
    if (!pkt){
        return -1;
    }
//编码器的各种参数设置:这里是固定的,读者可以灵活地设置
    pCodecCtx->codec_id = pOutputFmt->video_codec;
    pCodecCtx->codec_type = AVMEDIA_TYPE_VIDEO;
    pCodecCtx->pix_fmt = AV_PIX_FMT_YUV420P;
    pCodecCtx->width = in_w;
    pCodecCtx->height = in_h;
    pCodecCtx->time_base.num = 1;
    pCodecCtx->time_base.den = 30;
    //pCodecCtx->time_base = (AVRational){ 1, 30};
```

```
    pCodecCtx->bit_rate = 400000;
    pCodecCtx->gop_size = 30;
    //pCodecCtx->framerate = (AVRational){ 30, 1 };
    pCodecCtx->qmin = 10;
    pCodecCtx->qmax = 51;
    //Optional Param
    pCodecCtx->max_b_frames = 2;

    //encode
    //Set Option
    AVDictionary *param = NULL;
    //H.264
    if (pCodecCtx->codec_id == AV_CODEC_ID_H264) {
        //av_dict_set(&param, "profile", "main", 0);
        av_dict_set(&param, "preset", "slow", 0);
        av_dict_set(&param, "tune", "zerolatency", 0);
    }
//打开编码器
    if (avcodec_open2(pCodecCtx, pCodec, &param) < 0) {
        //failed to open codec
        return -1;
    }
//分配帧空间:AVFrame
    m_pFrame = av_frame_alloc();
    if (!m_pFrame) {
        fprintf(stderr, "Could not allocate the video frame data\n");
        return -1;
    }
    m_pFrame->format = pCodecCtx->pix_fmt;
    m_pFrame->width = pCodecCtx->width;
    m_pFrame->height = pCodecCtx->height;
//分配帧空间,如果使用 av_frame_get_buffer 函数,则会自动管理内存
    int ret = av_frame_get_buffer(m_pFrame, 1);
    if (ret < 0) {
        fprintf(stderr, "Could not allocate the video frame data\n");
        return -1;
    }

//下面这种方式需要手工管理内存
//frame_buf_size = av_image_get_buffer_size(pCodecCtx->pix_fmt, pCodecCtx->width,
pCodecCtx->height, 1);
//pFrameBuf = (uint8_t *)av_malloc(frame_buf_size);
//av_image_fill_arrays(m_pFrame->data, m_pFrame->linesize,
//pFrameBuf, pCodecCtx->pix_fmt, pCodecCtx->width, pCodecCtx->height, 1);

    y_size = pCodecCtx->width * pCodecCtx->height;
```

```
    printf("h.264 encoder init ok ......\n");
    return 0;
}
```

quitLibx264()函数用于释放相关资源，代码如下：

```
//chapter12/QtFFmpeg5_Chapter12_001/t3ffmpegh264encoder2.cpp
int T3FFmpegH264Encoder2::quitLibx264()
{
    //flush the encoder
    uint8_t endcode[] = { 0, 0, 1, 0xb7 }; //end of sequence
    _encode(pCodecCtx, pkt,  NULL, out_file);

    //add sequence end code to have a real MPEG file
    fwrite(endcode, 1, sizeof(endcode), out_file);

    avcodec_free_context(&pCodecCtx);
    avformat_free_context(pFormatCtx);
    av_frame_free(&m_pFrame);
    av_packet_free(&pkt);
    //av_free(pFrameBuf);


    if (out_file)
        fclose(out_file);

    return 0;
}
```

encodeLibx264OneFrame()函数调用了私有函数_encode()，用于接收一帧 YUV420p 的数据，然后进行编码，输出 AVPacket 类型的数据，最后写到本地文件中，代码如下：

```
//chapter12/QtFFmpeg5_Chapter12_001/t3ffmpegh264encoder2.cpp
//encode per frame for the local camera: libx264
int T3FFmpegH264Encoder2::encodeLibx264OneFrame(AVFrame * pFrameYUV420p){
    //Read local camera: yuv420p
    if(pFrameYUV420p){
        int  ret = av_frame_make_writable(m_pFrame);
        if (ret < 0) {
            printf("av_frame_make_writable: %d", ret);
            return -1;
        }

        //pointer to local frame
```

```
        m_pFrame->data[0] = pFrameYUV420p->data[0];   //Y
        m_pFrame->data[1] = pFrameYUV420p->data[1];   //U
        m_pFrame->data[2] = pFrameYUV420p->data[2];   //V

        m_pFrame->linesize[0]  = pFrameYUV420p->linesize[0];
        m_pFrame->linesize[1]  = pFrameYUV420p->linesize[1];
        m_pFrame->linesize[2]  = pFrameYUV420p->linesize[2];

        //PTS
        pFrameYUV420p->pts = m_pFrame->pts = m_frameIndex++;

        //encode
        _encode(pCodecCtx, pkt, m_pFrame,  out_file);
    }
    else{
        _encode(pCodecCtx, pkt, nullptr,  out_file);
    }

    return 0;
}

int T3FFmpegH264Encoder2::_encode(
            AVCodecContext * pCodecCtx,
            AVPacket * pPkt,
            AVFrame  * pFrame,
            FILE * out_file /* = NULL */){//pole
    //step 1: avcodec_send_frame
    //step 2: avcodec_receive_packet

    int got_packet = 0;
    int ret = avcodec_send_frame(pCodecCtx, pFrame);
    if (ret < 0) {
        //failed to send frame for encoding
        printf("avcodec_send_frame < 0 ,failed: %d\n", ret);
        return -1;
    }
    printf("avcodec_send_frame ok: %d", ret);
    while (!ret) {
        ret = avcodec_receive_packet(pCodecCtx, pPkt);
        printf("avcodec_receive_packet : %d\n", ret);
        if (ret == AVERROR(EAGAIN) || ret == AVERROR_EOF) {
            return 0;
```

```
        }else if (ret < 0) {
            //error during encoding
            return -1;
        }

        printf("Write frame %d, size= %d\n", pPkt->pts, pPkt->size);
        //write the pack data to local file
        fwrite(pPkt->data, 1, pPkt->size, out_file);
        av_packet_unref(pPkt);
    }

    return 0;
}
```

8. 将 YUV420p 帧数据编码为 H.264

使用封装好的 H.264 编码器将 YUV420p 格式的帧数据进行编码，并存储到本地文件中。在 OpenCameraByDShowGetAVPacket()函数中添加一些代码，即可完成编码功能，代码如下：

```
//chapter12/QtFFmpeg5_Chapter12_001/t3ffmpegh264encoder2.cpp
...
//libx264 -- 1:初始化编码器
T3FFmpegH264Encoder2 objFmpgH264Encoder;
objFmpgH264Encoder.setOutfile( "oouttest2.h264" );
objFmpgH264Encoder.setVideoWidth(newWidth);
objFmpgH264Encoder.setVideoHeight(newHeight);
objFmpgH264Encoder.initLibx264();

//8.循环读取摄像头的数据:av_read_frame
//这里只获取 60 帧
while(av_read_frame(pFormatCtx, pkt) >= 0 && frame_count < 60){
    ...
    //sws_scale(......);  //将摄像头数据转换为 YUV420p 格式
    //libx264 -- 2:编码一帧
    objFmpgH264Encoder.encodeLibx264OneFrame( frame_yuv420p  );
}

//libx264 -- 3:清空编码器并释放资源
objFmpgH264Encoder.quitLibx264();
...
```

至此已经完成的功能包括读取摄像头数据、使用 SWScale 进行格式转换、使用 libx264 进行编码并存储到本地文件中，编译并运行，如图 12-10 所示。

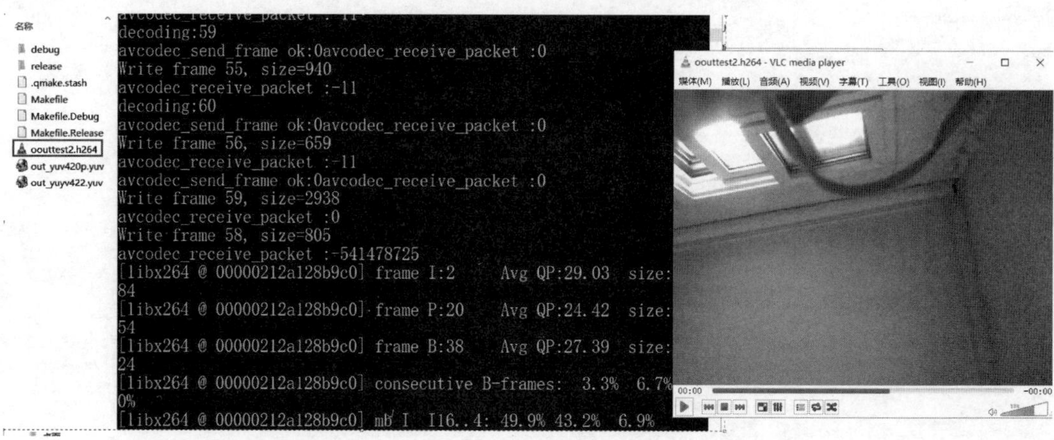

图 12-10 对 YUV 文件进行 H.264 编码并播放

12.3 VMWare 中的 Ubuntu 采集本地摄像头获取的数据

需要先在 Linux 系统中安装 FFmpeg，准备 USB 摄像头，然后才可以使用 FFmpeg 采集摄像头获取的数据。

1. VMware 中的 Ubuntu 连接 USB 摄像头

VMware 中的 Ubuntu 连接 USB 摄像头的具体操作步骤如下：

（1）笔者安装的是 Ubuntu18.04（在 VMware 下），可先在 Windows 系统下确认摄像头驱动是否安装完成，在 Windows“设备管理器”→“图像设备”下确认存在摄像头设备，如图 12-11 所示。

（2）如果第 1 步确认没有问题，右击我的计算机，选择“管理”→“服务”，在右侧的服务列表中找到 VMware USB Arbitration Service，然后启动该项服务，如图 12-12 所示。

（3）启动 VMware，在“虚拟机”→“可移动设备”下确认是否存在 Camera 设备，如 Vmware 不支持当前摄像头，将无法找到 Camera 设备。笔者这里的名称为 Genesys Logic USB2.0 UVC PC Camera，然后单击右侧的“连接(断开与主机的链接)”，如图 12-13 所示。

（4）连接完成后，在 Ubuntu 系统中确定 USB 设备是否加载成功，如图 12-14 所示，命令如下：

```
lsusb

ls /dev/video0
```

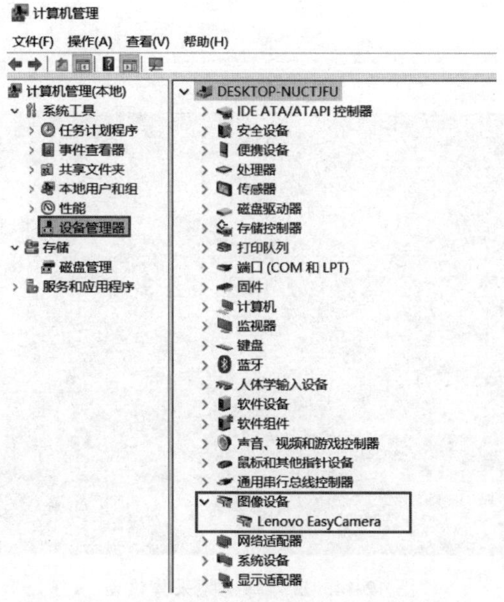

图 12-11　检查 Windows 设备管理器中的摄像头

计算机管理
文件(F) 操作(A) 查看(V) 帮助(H)
计算机管理(本地)
系统工具
任务计划程序
事件查看器
共享文件夹
本地用户和组
性能
设备管理器
存储
磁盘管理
服务和应用程序
服务
WMI 控件
SQL Server 配置管

服务

VMware USB Arbitration Service
停止此服务
重启动此服务
描述:
Arbitration and enumeration of USB devices for virtual machines

名称	描述	状态	启动类型	登录为
Virtual Disk	提供...		手动	本地系...
Visual Studio Standard Collector Service	Visu...		手动	本地系...
VMware Authorization Service	Aut...	正在...	手动	本地系...
VMware DHCP Service	DH...		手动	本地系...
VMware NAT Service	Net...		手动	本地系...
VMware USB Arbitration Service	Arbi...	正在...	手动	本地系...
VMware Workstation Server	Re...		手动	本地系...
Volume Shadow Copy	管理...		手动	本地系...
WalletService	电子...		手动	本地系...
WarpJITSvc	Pro...		手动(触...	本地服...
Web 帐户管理器	We...	正在...	手动	本地系...
WebClient	使基...		手动(触...	本地服...
Windows Audio	管理...	正在...	自动	本地服...
Windows Audio Endpoint Builder	管理...	正在...	自动	本地系...
Windows Biometric Service	Win...		手动(触...	本地系...
Windows Camera Frame Server	允许...		手动(触...	本地服...
Windows Connect Now - Config Registrar	WC...		手动	本地服...
Windows Connection Manager	根据...	正在...	自动(触...	本地服...
Windows Defender Advanced Threat Protection Service	Win...		手动	本地系...

图 12-12　启动 WMware USB Arbitration 服务

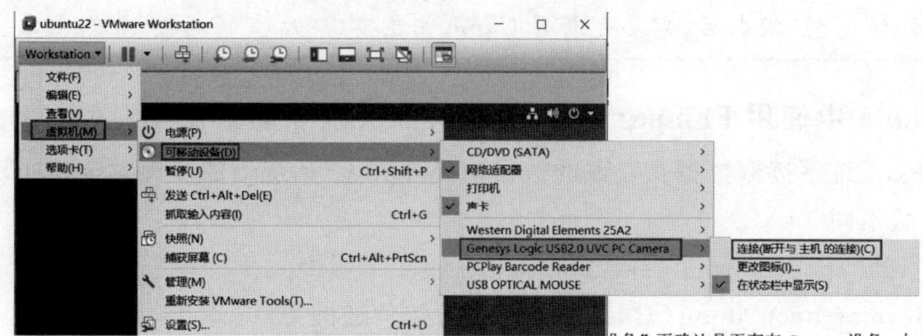

图 12-13　检查虚拟机中的摄像头

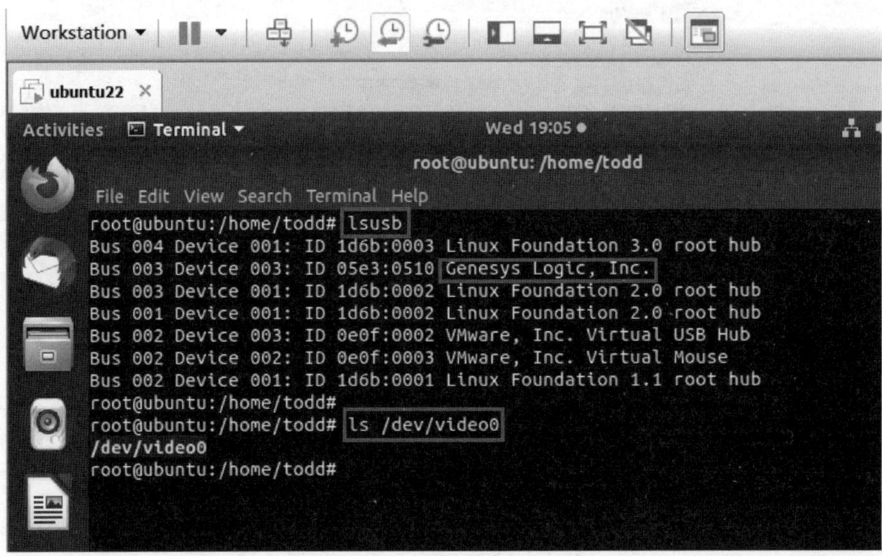

图 12-14　ls 列举视频采集设备

(5) 打开 Ubuntu Shell 终端，需要安装 cheese 来测试摄像头，命令如下：

```
sudo apt - get install cheese
#输入 cheese 即可
cheese
```

安装完成后，在 Shell 终端启动 cheese，如果以上操作都正常，则应该可以看到摄像头灯点亮并且 cheese 窗口显示视频，如图 12-15 所示。

(6) 有时以上操作都正常，但 cheese 出来的视频窗口有可能是黑屏。此时需要切换 USB 版本，在 VMware Workstation 的"虚拟机"→"虚拟机设置"→"USB 控制器"下，查看"USB 兼容性"，如果当前是 USB 2.0 就修改为 USB 3.0，反之就修改为 USB 2.0，如图 12-16 所示，然后在"虚拟机"→"可移动设备"下重新连接 Camera，这样 cheese 就可以正常出视频了（笔者的计算机中需要切换到 USB 3.0 才能正常显示视频画面）。

注意：切换 USB 版本后，需要先断开 Camera 连接，然后重新连接，否则无效。

---

2. Ubuntu 中使用 FFmpeg 读取 USB 摄像头获取的数据

在 Linux 系统下读取摄像头获取的数据与 Windows 系统下的步骤完全相同，最大的区别是输入参数不同。

(1) av_find_input_format()函数中传递的参数是 v4l2。

(2) avformat_open_input()函数的第 2 个参数传递的是/dev/video0。

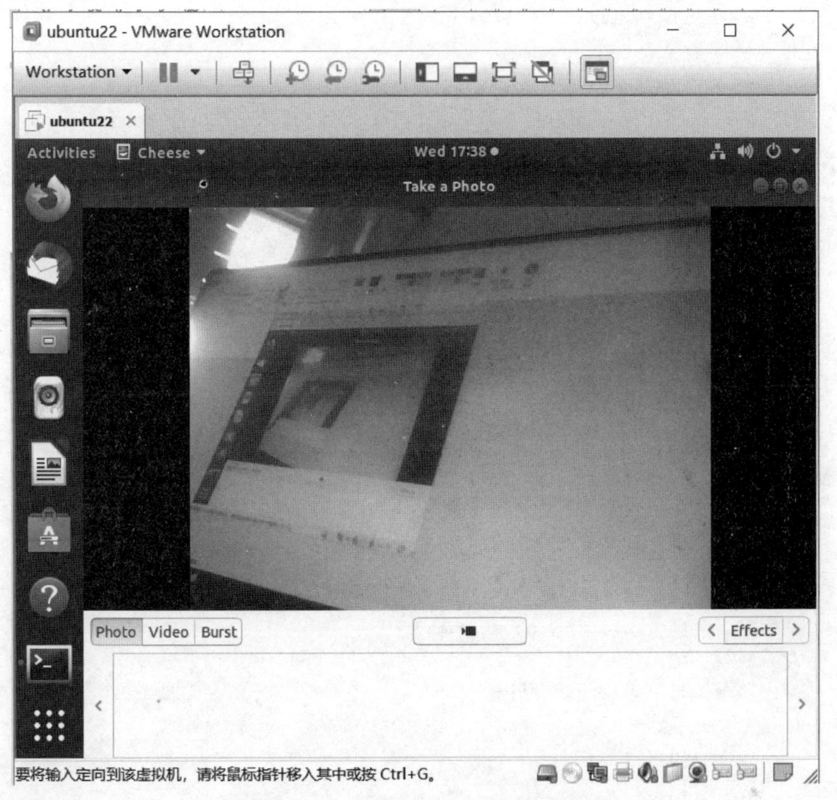

图 12-15　使用 cheese 测试摄像头

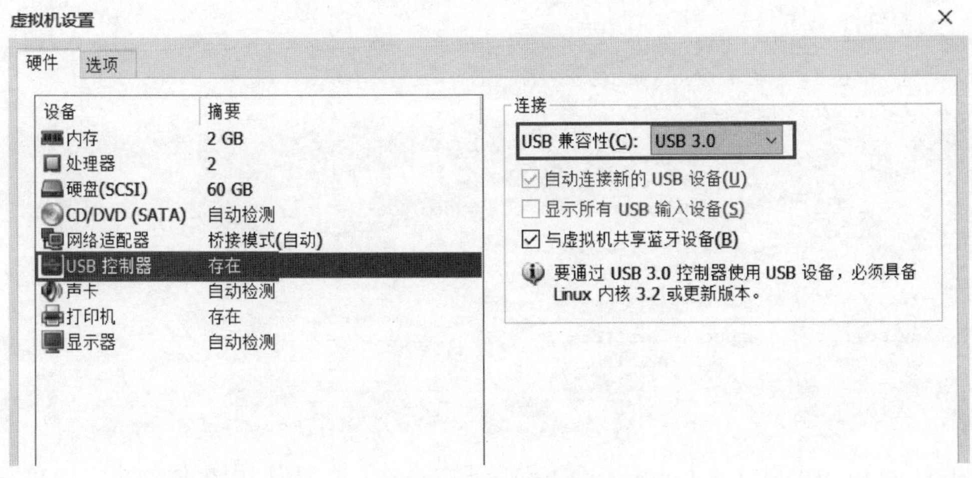

图 12-16　USB 兼容性调整

其他地方的代码几乎完全相同，将其封装为一个函数，名称为 OpenCameraInUbuntu()，代码如下：

```
//chapter12/QtFFmpeg5_Chapter12_001/main.cpp
//Ubuntu 打开摄像头
static int OpenCameraInUbuntu(){
    AVFormatContext * pFormatCtx;
    int             i, videoindex;
    //1.分配内存
    pFormatCtx = avformat_alloc_context();
    const AVInputFormat * ifmt = av_find_input_format("v4l2");

    //2.打开摄像头
    avformat_open_input(&pFormatCtx, "/dev/video0", ifmt,NULL);

    //3.查找流信息
    if(avformat_find_stream_info(pFormatCtx, NULL) < 0)
    {
        printf("Couldn't find stream information.\n");
        return -1;
    }
    videoindex = -1;
    for(i = 0; i < pFormatCtx->nb_streams; i++){
        //查找视频流
        if(pFormatCtx->streams[i]->codecpar->codec_type == AVMEDIA_TYPE_VIDEO)
        {
            videoindex = i;
            break;
        }
    }
    if(videoindex == -1)
    {
        printf("Didn't find a video stream.\n");
        return -1;
    }
    else{
        printf("Find a video stream: %d.\n", videoindex);
    }

    //4.关闭输入设备并释放资源
    avformat_close_input(&pFormatCtx);
    avformat_free_context(pFormatCtx);
}
```

在 Ubuntu 中引用“1.3 Linux 平台下编译 FFmpeg 5.0 源码”中生成的头文件和库文件，这些文件保存在源码根目录下的 install5 文件夹下，笔者的实际路径为/root/ffmpeg-5.0.1/install5/。打开 Shell 终端，输入命令 gcc -o main111 main.cpp，此时会提示找不到 avcodec.h 头文件，所以需要用-I 指定头文件路径，具体命令如下：

```
//chapter12/QtFFmpeg5_Chapter12_001/main.cpp.linux.compile.txt
gcc -o main111 main.cpp -I /root/ffmpeg-5.0.1/install5/include/ -L
/root/ffmpeg-5.0.1/install5/lib/  -lavcodec -lavformat -lavutil -lavdevice
-lswscale -lstdc++
./main111
```

编译成功后，运行可执行文件./main111，会输出视频流的ID，如图12-17所示。

注意：Linux环境下需要在/etc/ld.so.conf文件中配置ffmpeg-5.0.1的运行时动态库的环境变量信息，详情可以参考“1.3 Linux平台下编译FFmpeg 5.0源码”。

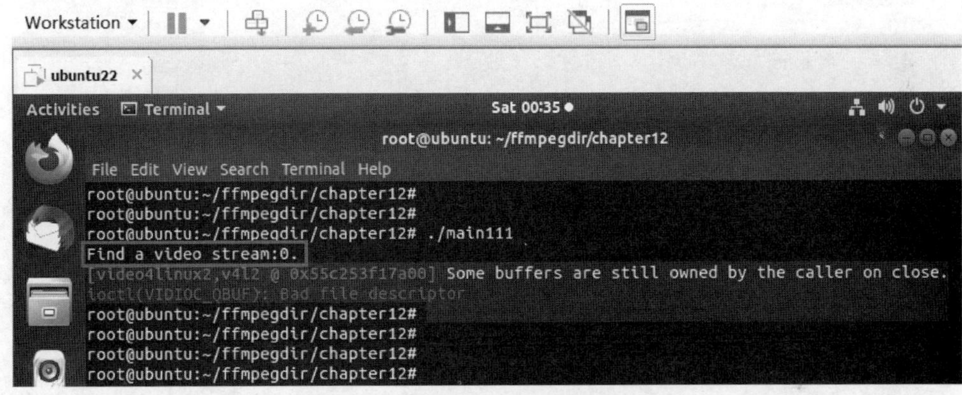

图12-17 Ubuntu中查询视频流ID

3. Ubuntu中使用FFmpeg读取USB摄像头获取的数据并编码为H.264

在OpenCameraByDShowGetAVPacket()函数中实现了完整的读取摄像头、使用SWScale缩放为YUV420p、编码为H.264码流等功能，在Windows系统下已经顺利调试成功。在Linux系统中只需修改读取摄像头的相关代码，其他地方完全不用修改，核心代码如下：

```
//chapter12/QtFFmpeg5_Chapter12_001/main.cpp
//Ubuntu下打开摄像头，并保存YUYV422原始码流
//使用SWScale转换为YUV420p
//使用H.264进行编码
static int OpenCameraByDShowGetAVPacket(){
    AVFormatContext *pFormatCtx;
    int             i, videoindex;
    AVCodecContext  *pCodecCtx;
    AVCodec         *pCodec;

    //1.分配内存
    pFormatCtx = avformat_alloc_context();
    //const AVInputFormat *ifmt = av_find_input_format("dshow");
```

```
    const AVInputFormat * ifmt = av_find_input_format("v4l2");

//2.打开摄像头
//avformat_open_input(&pFormatCtx, "video = Lenovo EasyCamera", ifmt,NULL);
    avformat_open_input(&pFormatCtx, "/dev/video0", ifmt,NULL);

    ...
}

int main (int argc, char * argv[])
{
    //Register Device
    avdevice_register_all();

    //3. 显示 dshow 设备信息
    //show_dshow_device();


    //4. 以 VFW 方式打开本地摄像头
    //OpenCameraByVFW();


    //5. 以 dshow 方式打开本地摄像头
    //OpenCameraByDShow();

    //6. Ubuntu 打开本地摄像头
    //OpenCameraInUbuntu();

    OpenCameraByDShowGetAVPacket();

    ...
}
```

编译并运行，具体命令如下：

```
//chapter12/QtFFmpeg5_Chapter12_001/main.cpp.linux.compile.txt
gcc -o main222 main.cpp t3ffmpegh264encoder2.cpp -I
/root/ffmpeg-5.0.1/install5/include/ -L
/root/ffmpeg-5.0.1/install5/lib/ -lavcodec -lavformat -lavutil -lavdevice -lswscale -
lstdc++
./main222
```

编译成功后，会生成 main222 可执行文件，如图 12-18 所示，然后运行./main222，此时会捕获摄像头数据并进行 H.264 编码，如图 12-19 所示。运行完毕后，会生成 oouttest2.h264 文件，使用 ffplay 可以播放测试，如图 12-20 所示。

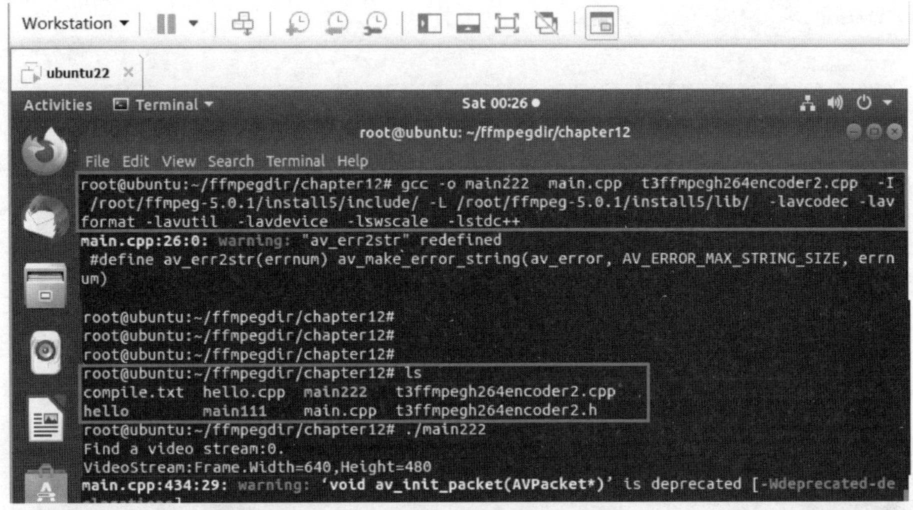

图 12-18　Ubuntu 中编译程序 main222

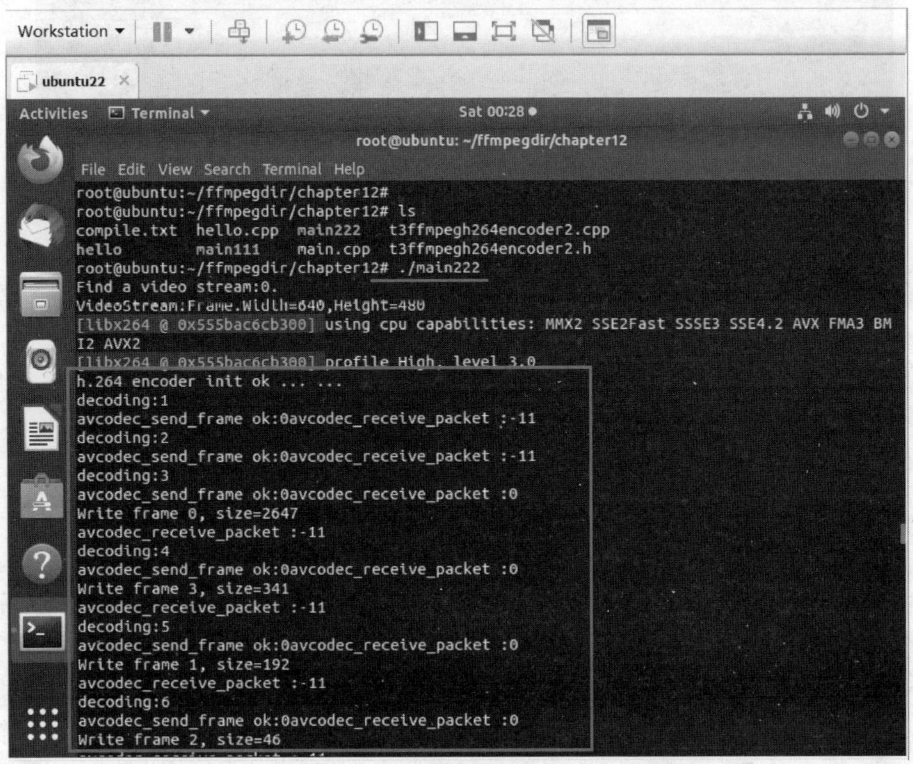

图 12-19　Ubuntu 中运行 main222 的输出信息

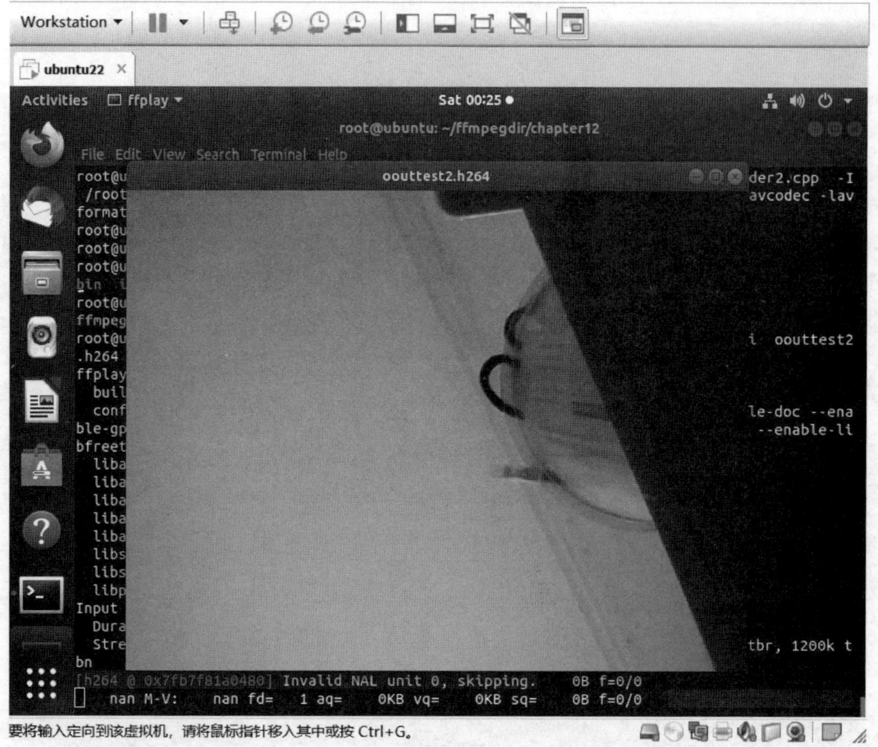

图 12-20 Ubuntu 中使用 ffplay 播放编码后的 H.264 文件

12.4 AVDevice 的 API 方式采集话筒获取的数据

使用 FFmpeg 可以很方便地采集话筒的 PCM 数据，并可以做 PCM 重采样等工作。打开话筒与打开摄像头的步骤完全一致，获取的原始数据是 PCM 音频采样数据。

1. FFmpeg 采样格式及 PCM 音频简介

FFmpeg 音频参数主要有以下 3 个。

(1) 声道数(nb_channels)：常见的有单声道、双声道、5.1 环绕立体声道。

(2) 采样频率(sample_rate)：每秒取得声音样本的次数。把音频文件放大，实际上都是一个一个的点，一秒有多少个横坐标的点，就是该音频的采样频率，如图 12-21 所示。

(3) 采样格式(sample_fmt)：主要描述的是采样深度或比特深度，决定了文件的动态分辨率，类似照片分辨率。每个样本所含的比特越多，代表着动态范围越大。这并不意味着比特深度越高，音量越大，而是更高的比特深度听起来会更加真实，因为它们可以尽量减少音频失真度。采样深度描述的是每个点的纵坐标的刻度到底有多细。纵坐标越粗，音频失真越大。反之越细，音频失真越小，如图 12-21 所示。

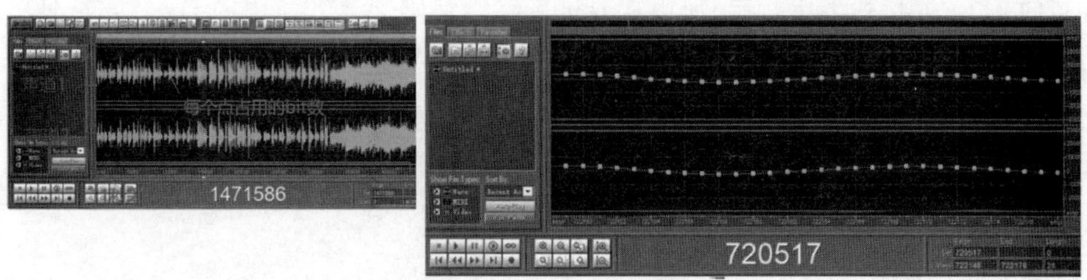

图 12-21 音频轨道及采样点

目前 FFmpeg 支持的采样格式(sample_fmt)使用一个枚举来定义,代码如下:

```
//chapter12/AVSampleFormat.list.txt
enum AVSampleFormat {
    AV_SAMPLE_FMT_NONE = -1,
    AV_SAMPLE_FMT_U8,      //< unsigned 8 bits -->0
    AV_SAMPLE_FMT_S16,     //< signed 16 bits -->1
    AV_SAMPLE_FMT_S32,     //< signed 32 bits -->2
    AV_SAMPLE_FMT_FLT,     //< float
    AV_SAMPLE_FMT_DBL,     //< double

    AV_SAMPLE_FMT_U8P,     //< unsigned 8 bits, planar
    AV_SAMPLE_FMT_S16P,    //< signed 16 bits, planar
    AV_SAMPLE_FMT_S32P,    //< signed 32 bits, planar
    AV_SAMPLE_FMT_FLTP,    //< float, planar
    AV_SAMPLE_FMT_DBLP,    //< double, planar
    AV_SAMPLE_FMT_S64,     //< signed 64 bits
    AV_SAMPLE_FMT_S64P,    //< signed 64 bits, planar

//< Number of sample formats. DO NOT USE if linking dynamically
    AV_SAMPLE_FMT_NB
};
```

其中 P 结尾的格式代表 Planar(平面模式),不带 P 结尾的格式则为 Packed(打包模式),Packed 和 Planar 的含义如下。

(1) Packed:多个声道数据交错存放,所有声道的数据交错排放在 frame.data[0],数据长度为 linesize[0](单位是字节)。

(2) Planar:每个声道数据单独存放,声道 0 的起始地址为 frame.data[0],声道 1 的起始地址为 frame.data[1],以此类推。每个声道的数据长度相等,都为 linesize[0](单位是字节)。

2. FFmpeg 打开话筒并读取音频流信息案例解析

使用 FFmpeg 打开话筒需要调用 av_find_input_format()函数设置格式信息,本案例中传递的参数是 dshow,然后调用 avformat_open_input()函数,其中第 2 个参数需要传递话筒名称,笔者本地筒名称为"audio=话筒 (Realtek High Definition Audio)",但是 FFmpeg

只能接收 UTF-8 格式的字符串，所以需要进行字符编码。笔者使用的 Qt 开发工具默认的字符编码为 GB2312 格式，为此可以封装两个小函数，代码如下：

```
//chapter12/QtFFmpeg5_Chapter12_001/audiopcm.cpp
#include <locale>
#include <vector>
#include <string>
#include <codecvt>

std::string GB2312_to_utf8(std::string const &strGB2312)
{
    std::vector<wchar_t> buff(strGB2312.size());
    #ifdef _MSC_VER
    std::locale loc("zh-CN");
    #else
    std::locale loc("zh_CN.GB18030");
    #endif
    wchar_t* pwszNext = nullptr;
    const char* pszNext = nullptr;
    mbstate_t state = {};
    int res = std::use_facet<std::codecvt<wchar_t, char, mbstate_t> >(loc).in(state,
strGB2312.data(), strGB2312.data() + strGB2312.size(), pszNext, buff.data(), buff.data()
+ buff.size(), pwszNext);

    if (std::codecvt_base::ok == res)
    {
        std::wstring_convert<std::codecvt_utf8<wchar_t>> cutf8;
        return cutf8.to_Bytes(std::wstring(buff.data(), pwszNext));
    }

    return "";

}

std::string utf8_to_GB2312(std::string const &strUtf8)
{
    std::wstring_convert<std::codecvt_utf8<wchar_t>> cutf8;
    std::wstring wTemp = cutf8.from_Bytes(strUtf8);
    #ifdef _MSC_VER
    std::locale loc("zh-CN");
    #else
    std::locale loc("zh_CN.GB18030");
    #endif
    const wchar_t* pwszNext = nullptr;
    char* pszNext = nullptr;
```

```
    mbstate_t state = {};

    std::vector<char> buff(wTemp.size() * 2);
    int res = std::use_facet<std::codecvt<wchar_t, char, mbstate_t>>
        (loc).out(state,
        wTemp.data(), wTemp.data() + wTemp.size(), pwszNext,
        buff.data(), buff.data() + buff.size(), pszNext);

    if (std::codecvt_base::ok == res)
    {
        return std::string(buff.data(), pszNext);
    }
    return "";
}
```

注意：如果直接向 FFmpeg 传递 GB2312 编码的字符串，则无法打开话筒，并提示相关错误信息。

使用 FFmpeg 打开话筒的主要步骤如下：

(1) 注册设备，需要调用 avdevice_register_all()函数。

(2) 分配格式上下文空间，需要调用 avformat_alloc_context()函数。

(3) 设置格式 dshow，需要调用 av_find_input_format()函数。

(4) 打开设备，需要调用 avformat_open_input()函数。

(5) 获取流的详细信息，需要调用 avformat_find_stream_info()函数。

(6) 查找对应的解码器，需要调用 avcodec_find_decoder()函数。

(7) 打开解码器，需要调用 avcodec_open2()函数。

(8) 关闭输入设备并释放资源，需要调用 avformat_close_input()、avformat_free_context()和 avcodec_close()等函数。

可以将该功能封装为 openMicroPhone()函数，代码如下：

```
//chapter12/QtFFmpeg5_Chapter12_001/audiopcm.cpp
static void openMicroPhone(){
    AVFormatContext *avFmtCtx = nullptr;
    AVInputFormat *avInputFmt = nullptr;
    AVCodecContext *avCodecCtx = nullptr;
    AVCodec *avCodec = nullptr;

    int audioStreamIndex = -1;
    int ret = -1;

    //codec . parameters
```

```
    int sampleRate = 0;
    int bitRate =   0;
    int bitPerSample = 0;
    int channels   = 0;
    int sampleFmt = 0;
    bool bInited = false;

    //open microphone
    do{
        //1.设置格式 dshow
        //register devices: audio, video
        avdevice_register_all();
        avFmtCtx = avformat_alloc_context();
        avInputFmt = (AVInputFormat *)av_find_input_format("dshow");
        if (!avInputFmt) {
            bInited = false;
            break;
        }

        //必须是 UTF 编码
        //qt5: toUtf8
        //改为本地的话筒名称,在大部分系统中应将话筒改为麦克风
std::string strNameASCII = "audio=话筒 (Realtek High Definition Audio)";
const char * strName = "audio=话筒 (Realtek High Definition Audio)";
        //AnsiToUTF8(strNameASCII.c_str(), strNameASCII.length());
        //2.打开设备
        ret = avformat_open_input(&avFmtCtx,
             strNameASCII.c_str(),                  //必须传入 UTF-8 编码的字符串
             //GB2312_to_utf8(strNameASCII).c_str(), //utf8
             avInputFmt, NULL);
        if (ret != 0) {
            bInited = false;
            printf("avformat_open_input failed: %d\n", ret);
            break;
        }

        //调用此 API 之后,avFmtCtx 参数已经很丰富了
        //3.进一步获取流的详细信息
        ret = avformat_find_stream_info(avFmtCtx, NULL);
        if (ret < 0) {
            printf("avformat_find_stream_info = %d\n", ret);
            bInited = false;
            break ;
        }

        //查找音频流的索引
```

```
        for (int i = 0; i < avFmtCtx->nb_streams; i++) {
    if (avFmtCtx->streams[i]->codecpar->codec_type == AVMEDIA_TYPE_AUDIO) {
                audioStreamIndex = i;
                break;
            }
        }
        printf("audioStreamIndex = %d\n", audioStreamIndex);


        //打开解码器:话筒(PCM),也需要解码
        //我本地话筒:s16le_44100
        //4.根据话筒的 PCM 编码 id,来查找对应的解码器
        avCodec = (AVCodec *)avcodec_find_decoder(
          avFmtCtx->streams[audioStreamIndex]->codecpar->codec_id);
        if (avCodec == NULL) {
            printf("avcodec_find_decoder = %d\n", ret);
            bInited = false;
            break ;
        }
        //copy audio stream parameters
        avCodecCtx = avcodec_alloc_context3(avCodec);
        avcodec_parameters_to_context(avCodecCtx,
            avFmtCtx->streams[audioStreamIndex]->codecpar);
        printf("AudioStream:Channels = %d,SampleRate = %d\n",
               avCodecCtx->channels, avCodecCtx->sample_rate);

        //AV_CODEC_ID_PCM_S16LE = 0x10000,
        printf("codec_id = %d\n", avCodecCtx->codec_id);    //codec_id = 65536

        //5. 打开解码器
        ret = avcodec_open2(avCodecCtx, avCodec, NULL);
        if (ret != 0) {
            printf("avcodec_open2 = %d\n", ret);
            bInited = false;
            break ;
        }
        sampleRate = avCodecCtx->sample_rate;                //44100
        bitRate = avCodecCtx->bit_rate;                      //1411200
        bitPerSample = avCodecCtx->bits_per_coded_sample;   //16
        channels = avCodecCtx->channels;                     //2
        sampleFmt = avCodecCtx->sample_fmt;                  //AV_SAMPLE_FMT_S16

        printf("sampleRate = %d\n", sampleRate);
        printf("bitRate = %d\n", bitRate);
        printf("bitPerSample = %d\n", bitPerSample);
        printf("channels = %d\n", channels);
```

```
        printf("sampleFmt = %d\n", sampleFmt);

        bInited = true;
    }while(0);


    if(!bInited){
        printf("Inited failed......\n");
    }
    else{
        printf("Inited success......\n");
    }
    //6. 关闭输入设备并释放资源
    avformat_close_input(&avFmtCtx);
    avformat_free_context(avFmtCtx);
    avcodec_close(avCodecCtx);

}
```

在项目新增一个 C++文件(audiopcm.cpp),将上述代码复制进去,编译并运行,由于传入的字符串 strNameASCII.c_str()是 GB2312 编码,所以无法打开话筒,如图 12-22 所示,然后调用 GB2312_to_utf8()函数将字符串 strNameASCII 转换为 UTF-8 编码格式,再重新运行,这样就可以打开话筒了,并获取音频流的相关信息,如图 12-23 所示。可以看出,笔者本地筒的采样率为 44100、声道数为 2、采样格式为 1(对应的枚举项为 AV_SAMPLE_FMT_S16,在命令行中写为 s16le)。

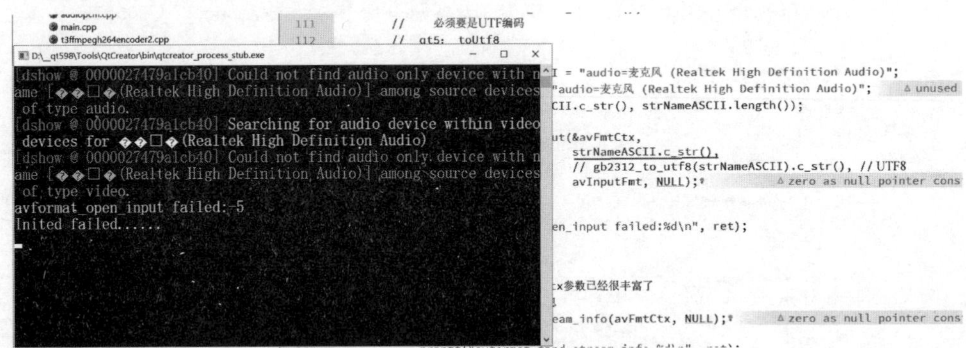

图 12-22 FFmpeg 打开话筒失败

3. FFmpeg 打开话筒并将 PCM 数据存储到本地文件

在上述案例中已经打开话筒并读取了相关的音频参数,根据具体的音频格式已经打开了解码器,然后就可以循环读取音频包(这里为 PCM 格式)了,送给解码器并读取解码后的音频帧,最后存储到本地文件中。主要使用的 API 包括 av_read_frame()、avcodec_send_

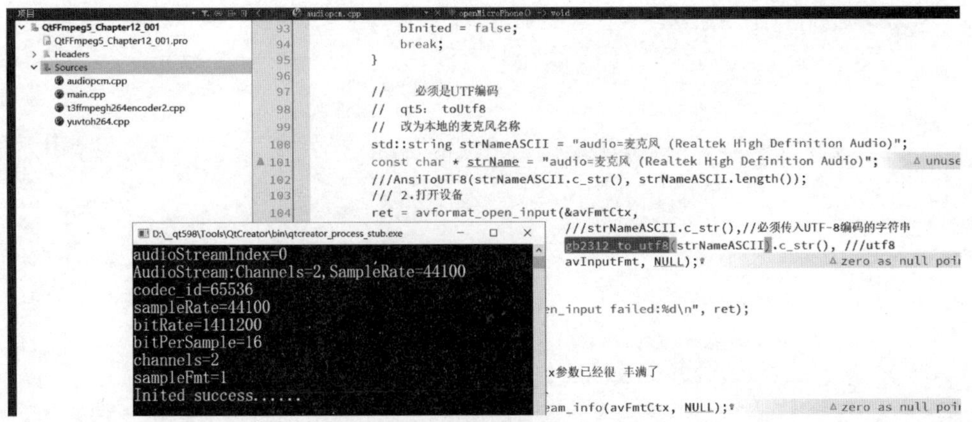

图 12-23 FFmpeg 打开话筒成功

packet()和 avcodec_receive_frame()等函数,数据结构包括 AVPacket 和 AVFrame,主要代码如下:

```
//chapter12/QtFFmpeg5_Chapter12_001/audiopcm.cpp
//6. 开始循环,读取话筒的"音频帧"
//AVPacket: 压缩的包(264,aac,mp3, 265, pcm(s16le - 44100 - ch2), yuv422)
//AVFrame:原始的帧(yuv, pcm(aac: pcm --> fltp), yuv420p)
//av_read_frame():读出来的是 AVPacket
//解码: avcodec_send_packet()
//avcodec_receive_frame(),
//可以直接存储为 PCM 文件,用 ffplay 播放
//也可以重采样,--> fltp,然后送给 AAC 的编码器,此时 VLC 就可以播放了
//"拿来主义":而不要"抄来主义"

//可以把此函数封装为 CPP 类,_running 作为成员变量,增加 Stop()函数,注意线程同步机制
bool _running = true;
AVPacket *packet = av_packet_alloc();
AVFrame  *frame  = av_frame_alloc();

while(_running){
  //每次都要初始化包
  av_init_packet(packet);
  ret = av_read_frame(avFmtCtx, packet);   //读取话筒的音频包
  if (ret < 0) {
      printf("av_read_frame return < 0, error\n");
      break;
  }

  //判断是否为音频包
  if (packet->stream_index == audioStreamIndex) {
```

```
    //将收到话筒的 AVPacket 发送给 ffmpeg 自带的解码器
    //264:libx264,openh264:第三方的编码器
    ret = avcodec_send_packet(avCodecCtx, packet);
    if (ret < 0) {
        printf("avcodec_send_packet return < 0, error\n");
        break ;
    }

    while (ret >= 0)
    {
      /* avcodec_receive_frame:从解码器收取原始的音频帧
          Note that the function will always call
          * av_frame_unref(frame) before doing anything else.
          * 引用计数机制:它会自动调用 av_frame_unref 函数.
       */
      ret = avcodec_receive_frame(avCodecCtx, frame);
      if (ret == AVERROR(EAGAIN) ) {
          //printf("avcodec_receive_frame EAGAIN, error\n");
          break;
      }
      if ( ret == AVERROR_EOF) {
          printf("avcodec_receive_frame AVERROR_EOF OKOk\n");
          break;
      }
      printf("avcodec_receive_frame OK, %d\n", nAudioFrame++);
      //frame->nb_samples : 采样点的个数
      //计算一帧音频的字节数:采样点数 * 每个采样点的字节数
      int frameBytes = frame->nb_samples *
              av_get_Bytes_per_sample((AVSampleFormat)frame->format);
              //s16le: 16 位 s, 2Bytes
              //s32le: 32 位 s, 4Bytes

      //将 PCM 写入文件
      //只针对 Packed 模式
      //如果是 Planar 模式,则需要了解 PCM 重采样的专业知识
      //效果比价差,尽量重采样
      fwrite(frame->data[0], 1, frame->linesize[0], fpPCMRaw);

      //释放
      //av_frame_unref(frame);  //注意:不用手工调用这个函数
    }

  }
  //这个必须手工调用
  //The packet must be freed with av_packet_unref() when
  //* it is no longer needed.
```

```
    av_packet_unref(packet);
  }

  //关闭输入设备并释放资源
  avformat_close_input(&avFmtCtx);
  avformat_free_context(avFmtCtx);
  avcodec_close(avCodecCtx);
  fclose(fpPCMRaw);
  av_packet_free(&packet);
  av_frame_free(&frame);
```

将上述代码复制到 openMicroPhone()函数中，在打开解码器之后，开始循环读取话筒的数据，并解析为 PCM 格式，存储到本地文件中，如图 12-24 所示。

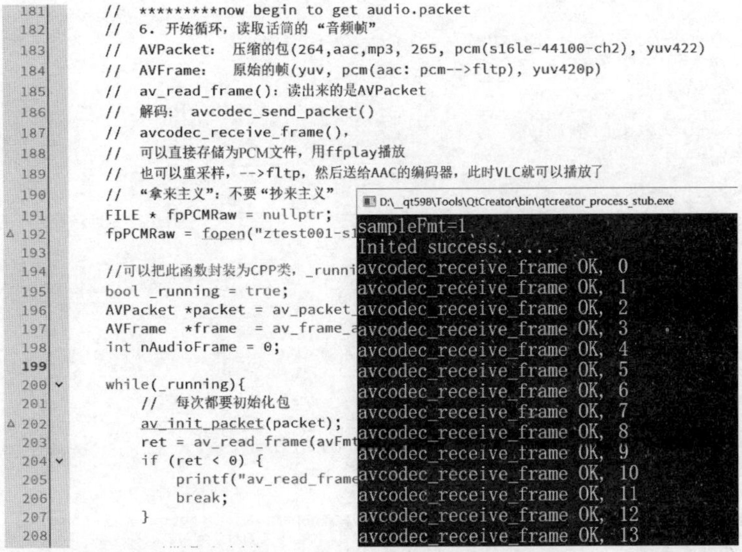

```
// *********now begin to get audio.packet
// 6. 开始循环，读取话筒的"音频帧"
// AVPacket: 压缩的包(264,aac,mp3, 265, pcm(s16le-44100-ch2), yuv422)
// AVFrame:  原始的帧(yuv, pcm(aac: pcm-->fltp), yuv420p)
// av_read_frame(): 读出来的是AVPacket
// 解码: avcodec_send_packet()
// avcodec_receive_frame(),
// 可以直接存储为PCM文件，用ffplay播放
// 也可以重采样，-->fltp，然后送给AAC的编码器，此时VLC就可以播放了
// "拿来主义": 不要"抄来主义"
FILE * fpPCMRaw = nullptr;
fpPCMRaw = fopen("ztest001-s1

//可以把此函数封装为CPP类，_runni
bool _running = true;
AVPacket *packet = av_packet_
AVFrame  *frame  = av_frame_a
int nAudioFrame = 0;

while(_running){
    // 每次都要初始化包
    av_init_packet(packet);
    ret = av_read_frame(avFmt
    if (ret < 0) {
        printf("av_read_frame
        break;
    }
```

```
D:\_qt598\Tools\QtCreator\bin\qtcreator_process_stub.exe
sampleFmt=1
Inited success......
avcodec_receive_frame OK, 0
avcodec_receive_frame OK, 1
avcodec_receive_frame OK, 2
avcodec_receive_frame OK, 3
avcodec_receive_frame OK, 4
avcodec_receive_frame OK, 5
avcodec_receive_frame OK, 6
avcodec_receive_frame OK, 7
avcodec_receive_frame OK, 8
avcodec_receive_frame OK, 9
avcodec_receive_frame OK, 10
avcodec_receive_frame OK, 11
avcodec_receive_frame OK, 12
avcodec_receive_frame OK, 13
```

图 12-24 FFmpeg 打开话筒并存储 PCM

然后使用 ffplay.exe 测试这个 PCM 音频文件，播放效果如图 12-25 所示，具体的命令行如下：

```
ffplay -ac 2 -ar 44100 -f s16le -i ztest001-s16le-44100-1.pcm
```

4. FFmpeg 打开话筒采集 PCM 数据并进行重采样

在上述案例中已经打开话筒并将读取的原始 PCM 数据存储到了本地文件中，使用 ffplay.exe 可以播放。可以在获取原始 PCM 数据后进行音频重采样，主要使用 SwrContext 结构体，以及几个相关的 API，包括 swr_alloc_set_opts()、swr_init()、swr_convert()和 swr_free()等函数（详细用法可以参考本书的第 10 章），主要代码如下：

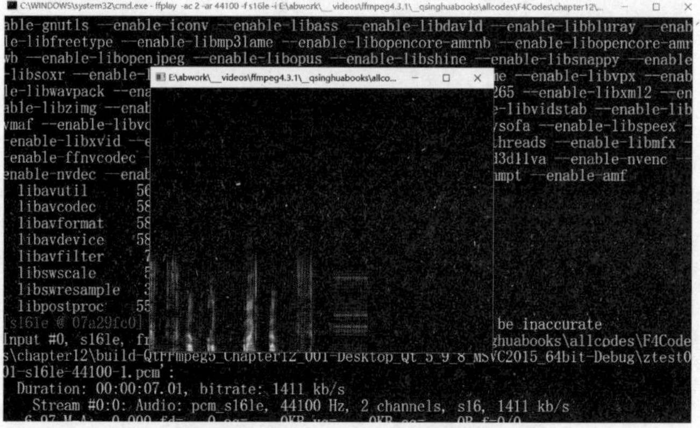

图 12-25　ffplay 播放 PCM 文件

```
//chapter12/QtFFmpeg5_Chapter12_001/audiopcm.cpp
...
//7. PCM 重采样
//output.pcm.parameters:输出 PCM 的参数
int output_channels = 2;
int output_rate = 48000;
AVSampleFormat output_sample_fmt = AV_SAMPLE_FMT_S32; //AV_SAMPLE_FMT_FLTP

//input.pcm.parameters:输入 PCM 的参数
int input_channels = avCodecCtx->channels;
int input_rate = avCodecCtx->sample_rate;
AVSampleFormat input_sample_fmt = avCodecCtx->sample_fmt;

printf("channels[%d=>%d],rate[%d=>%d],sample_fmt[%d=>%d]\n",
input_channels,output_channels,
input_rate,output_rate,
input_sample_fmt,output_sample_fmt);
//初始化并分配参数
SwrContext* resample_ctx = NULL;
resample_ctx = swr_alloc_set_opts(resample_ctx,
     av_get_default_channel_layout(output_channels),
     output_sample_fmt,output_rate,
     av_get_default_channel_layout(input_channels),
     input_sample_fmt, input_rate,
     0,NULL);
if(!resample_ctx){
printf("av_audio_resample_init fail!!!\n");
return ;
}
swr_init(resample_ctx);   //初始化结构体

int size = 0;
uint8_t* out_buffer = (uint8_t*)av_malloc(MAX_AUDIO_FRAME_SIZE);
```

```
int nAudioFrame = 0;

...
while (ret >= 0)//从解码器中接收原始的 PCM 帧
{
    /*
        Note that the function will always call
         * av_frame_unref(frame) before doing anything else.
         * 引用计数机制
     */
    ret = avcodec_receive_frame(avCodecCtx, frame);
    //对原始的 PCM 帧进行重采样(48000,2channels,s32le)
    memset(out_buffer,0x00,sizeof(out_buffer));
    int out_samples = swr_convert(resample_ctx,
                                 &out_buffer,
                                 frame->nb_samples,
                                 (const uint8_t **)frame->data,
                                 frame->nb_samples);
    if(out_samples > 0){
    size = av_samples_get_buffer_size(NULL,output_channels ,
        out_samples,       output_sample_fmt,1);
        //这个存储只支持打包模式,如果是 Planar 模式,则需要了解 PCM 重采样的专业知识
        fwrite(out_buffer, 1, size, fpPCM);
    }
}
...
swr_free(&resample_ctx);
```

将上述代码封装到一个新函数 audioCapturePcmAndResample()中，包括打开话筒、读取 PCM 原始帧、重采样等功能，编译并运行，会生成一个重采样后的 PCM 文件(ztest001-s32le-48000-2.pcm)，如图 12-26 所示。

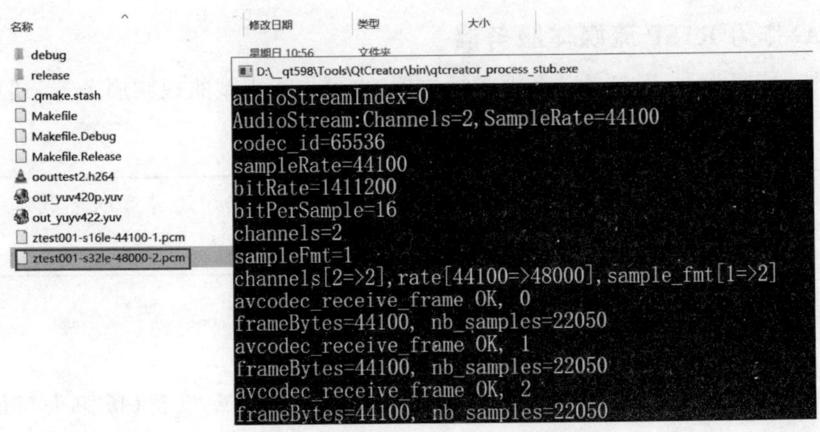

图 12-26　FFmpeg 对 PCM 进行重采样

使用 ffplay. exe 可以测试这个 PCM 文件，播放效果如图 12-27 所示，具体命令如下：

```
ffplay -ar 48000 -ac 2 -f s32le  -i ztest001-s32le-48000-2.pcm
```

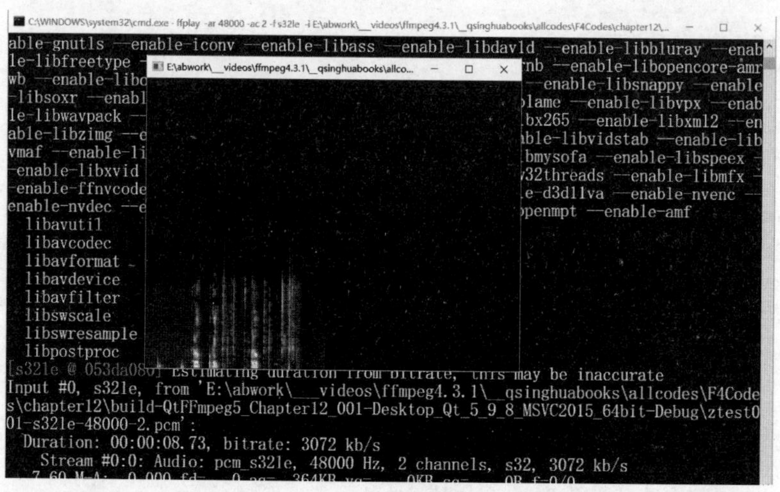

图 12-27　ffplay 播放重采样后的 PCM 文件

12.5　FFmpeg 读取网络视频流并解码为 YUV

使用 FFmpeg 可以抓取网络视频流，支持各种常见的网络协议，包括 RTSP、RTMP、HLS 等。本节内容以抓取 RTSP 流为例进行讲解，其他网络协议几乎完全相同。为了方便起见，首先使用 VLC 推送 RTSP 流(读者也可以使用海康或大华的 IPC 进行测试)，然后使用 FFmpeg 抓取网络视频流并解码为 YUV420p。

1. VLC 作为 RTSP 流媒体服务器

VLC 的功能很强大，不仅是一个视频播放器，也可作为小型的视频服务器，还可以一边播放一边转码，把视频流发送到网络上。

注意：笔者用的 VLC 版本(v2.2.4)比较旧，但功能很稳定。读者可以下载本书对应资料中的文件 vlc_2.2.4.0.exe，或者也可以尝试从官网下载新版本。

VLC 作为 RTSP 流媒体服务器的具体步骤如下：

(1) 单击主菜单中"媒体"下的"流"。

(2) 在弹出的对话框中单击"添加"按钮，选择 DirectShow 设备(摄像头与话筒)，如图 12-28 所示。

(3) 单击页面下方的"串流"，添加串流协议，如图 12-29 所示。

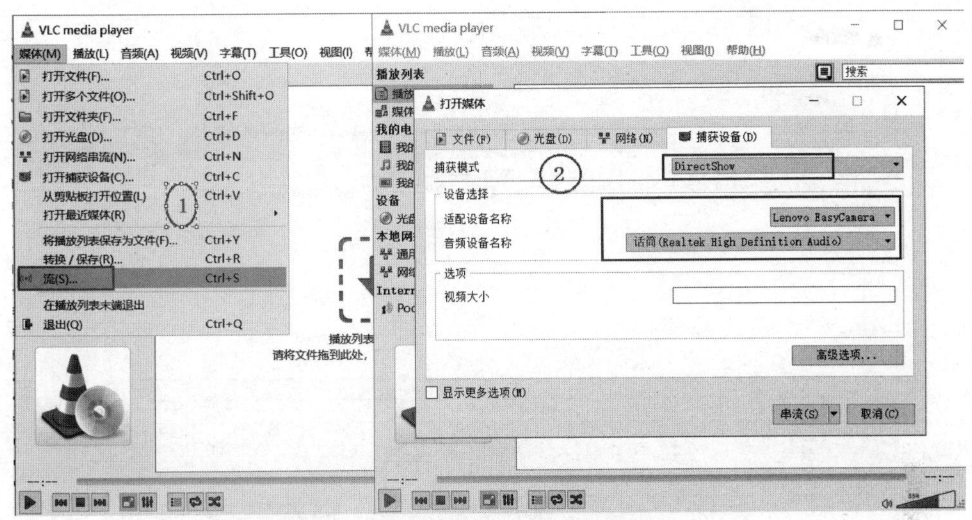

图 12-28 VLC 流媒体服务器之打开本地文件

图 12-29 VLC 流媒体服务器之添加串流协议

(4) 该页面会显示刚才选择的本地视频文件,然后单击“下一步”按钮,如图 12-30 所示。

(5) 在该页面单击“添加”按钮,选择具体的流协议,例如这里选择 RTSP 下拉项,然后单击“下一步”按钮;在 RTSP 选项页面,端口项输入 8554(RTSP 的默认端口是 554),路径项输入/test1,然后单击“下一步”按钮,如图 12-31 所示。

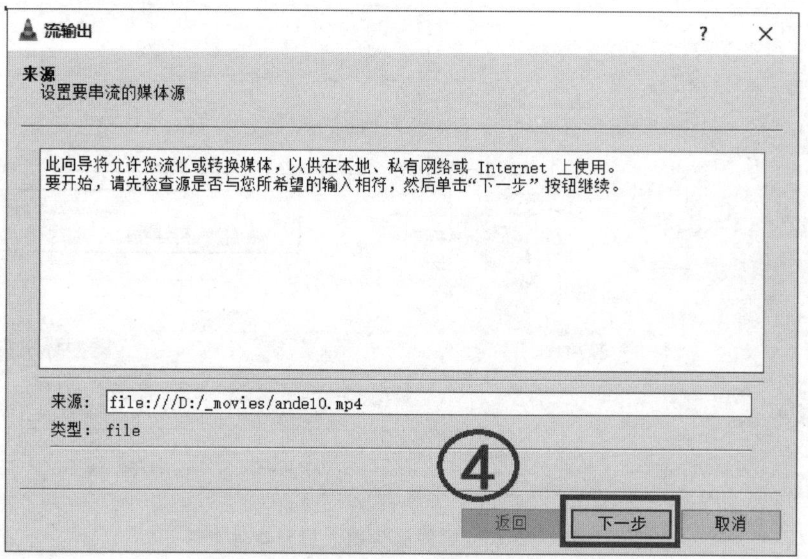

图 12-30 VLC 流媒体服务器之文件来源

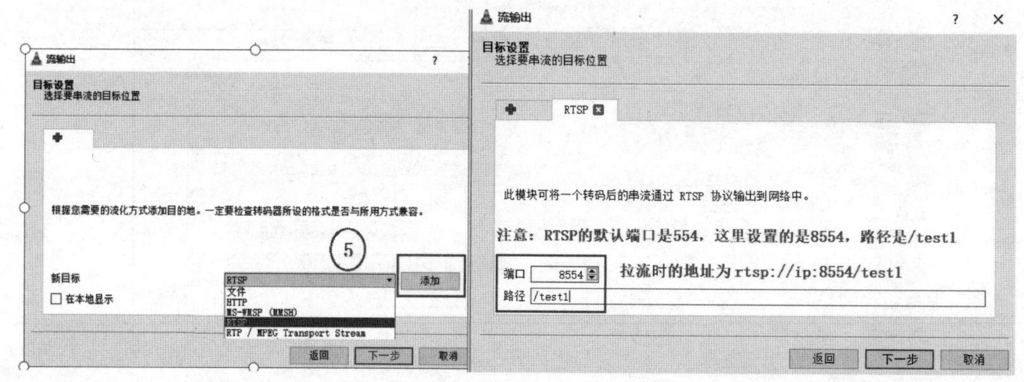

图 12-31 VLC 流媒体服务器之选择 RTSP 协议

注意：这里的 RTSP 流地址为 rtsp://ip:8554/test1，将 ip 改为本地的 IP 地址。

---

(6) 在该页面的下拉列表框列表中选择 Video- H.264 + MP3(TS)，然后单击“下一步”按钮，如图 12-32 所示。

注意：一定要选中“激活转码”，并且需要是 TS 流格式。

---

(7) 在该页面可以看到 VLC 生成的所有串流输出参数，然后单击“流”按钮即可，如图 12-33 所示。

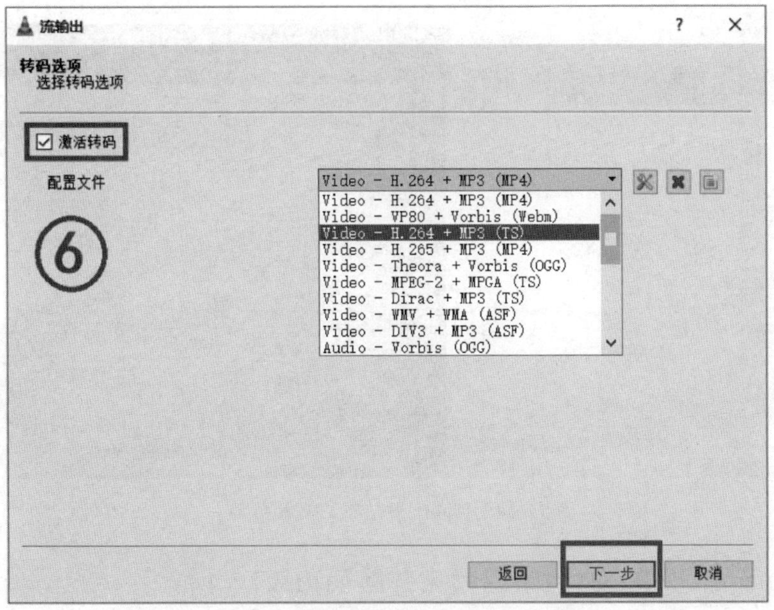

图 12-32 VLC 流媒体服务器之 H.264+MP3(TS)

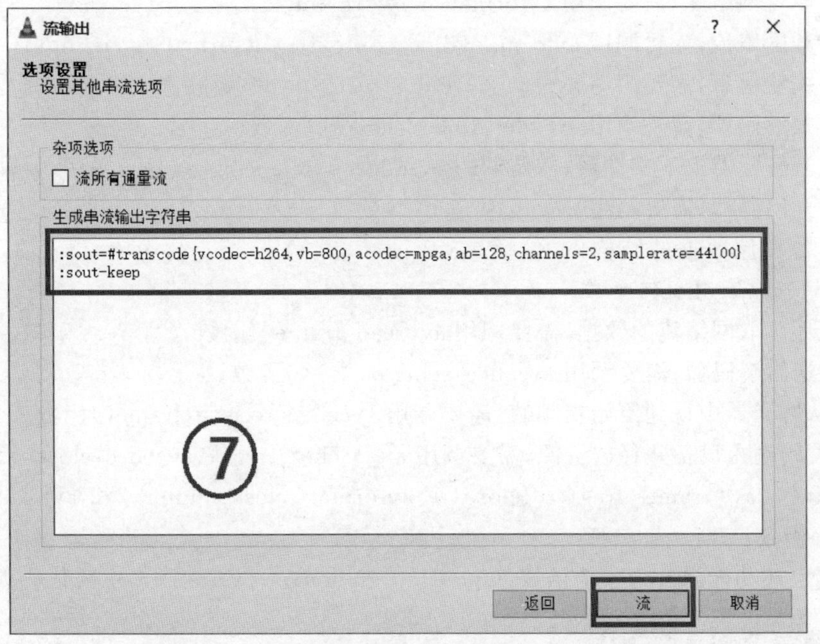

图 12-33 VLC 流媒体服务器之串流输出参数字符串

(8) 使用 VLC 推流成功后,使用 ffplay 播放这个 RTSP 流,如图 12-34 所示。

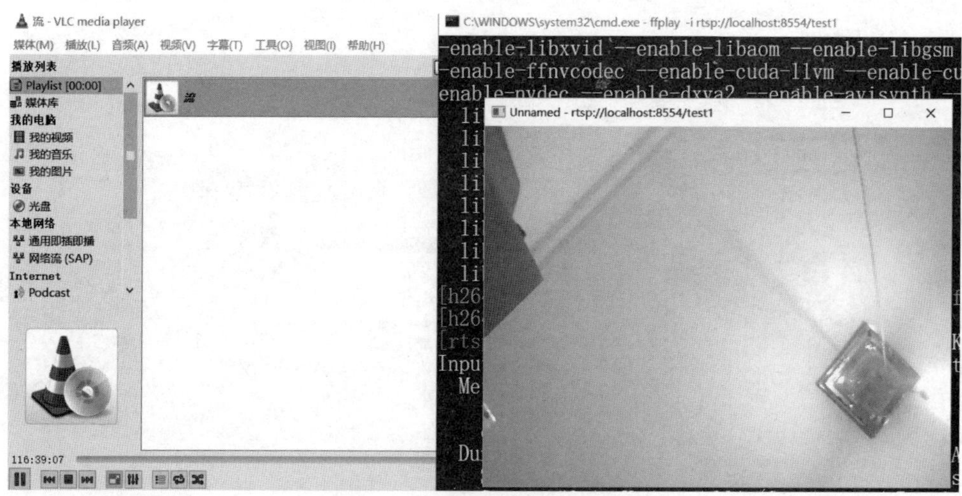

图 12-34 ffplay 播放 RTSP 视频流

2. FFmpeg 抓取 RTSP 网络视频流并解码为 YUV420p

使用 FFmpeg 打开网络流与打开本地文件的步骤完全相同,使用的 API 及数据结构也完全相同,但需要先调用 avformat_network_init()函数来注册网络库,主要步骤如下:

(1) 初始化网络库,需要调用 avformat_network_init()函数。

(2) 打开网络流,需要调用 avformat_alloc_context()、avformat_open_input()等函数。

(3) 查找流信息,需要调用 avformat_find_stream_info()函数。

(4) 查找解码器,需要调用 avcodec_find_decoder()函数。

(5) 复制解码器上下文参数,需要调用 avcodec_parameters_to_context()函数。

(6) 打开解码器,需要调用 avcodec_open2()函数。

(7) 准备存储数据的结构体,包括 AVPacket 和 AVFrame 结构体,以及 av_packet_alloc()和 av_frame_alloc()函数。

(8) 循环读取网络流的数据,需要调用 av_read_frame()函数。

(9) 发送给解码器,需要调用 avcodec_send_packet()函数。

(10) 从解码器中得到原始视频帧,需要调用 avcodec_receive_frame()函数。

(11) 关闭输入设备并释放资源,需要调用 av_packet_free()、avcodec_close()、avcodec_free_context()、av_frame_free()、fclose()、avformat_close_input()和 avformat_free_context()等函数。

可以将上述功能封装为一个函数(OpenNetCameraGetAVFrame),主要代码如下:

```
//chapter12/QtFFmpeg5_Chapter12_001/getnetcamera.cpp
#include <stdio.h>
extern "C"
```

```
{
#include "libavcodec/avcodec.h"
#include "libavformat/avformat.h"
#include "libswscale/swscale.h"
#include "libavdevice/avdevice.h"
#include "libavutil/imgutils.h"
};

#include <iostream>
using namespace  std;

#define __STDC_CONSTANT_MACROS

//打开网络摄像头,读取 RTSP 流,解析出 H.264 包,并解码
static int OpenNetCameraGetAVFrame(const char * url){
    AVFormatContext *pFormatCtx;
    int             i, videoindex;
    AVCodecContext  *pCodecCtx;
    AVCodec         *pCodec;

    //1.初始化网络库,使用 RTSP 网络流时必须先执行
    avformat_network_init();

    //2.打开网络流
    pFormatCtx = avformat_alloc_context();
    avformat_open_input(&pFormatCtx, url, NULL, NULL);

    //3.查找流信息
    if(avformat_find_stream_info(pFormatCtx, NULL) < 0)
    {
        printf("Couldn't find stream information.\n");
        return -1;
    }
    videoindex = -1;
    for(i = 0; i < pFormatCtx->nb_streams; i++){
        //查找视频流
        if(pFormatCtx->streams[i]->codecpar->codec_type == AVMEDIA_TYPE_VIDEO)
        {
            videoindex = i;
            break;
        }
    }
    if(videoindex == -1)
    {
        printf("Didn't find a video stream.\n");
        return -1;
```

```
    }
    else{
        printf("Find a video stream: %d.\n", videoindex);
    }


    //4.查找解码器
    pCodec = (AVCodec *)avcodec_find_decoder(pFormatCtx->streams[videoindex]->codecpar
->codec_id);
    if(pCodec == NULL)
    {
        printf("Codec not found.\n");
        return -1;
    }

    //5.复制解码器上下文参数
    pCodecCtx = avcodec_alloc_context3(pCodec);
    avcodec_parameters_to_context(pCodecCtx, pFormatCtx->streams[videoindex]->
codecpar);
    printf("VideoStream:Frame.Width = %d,Height = %d\n",
           pCodecCtx->width, pCodecCtx->height);

    //6.打开解码器
    if(avcodec_open2(pCodecCtx, pCodec, NULL) < 0)
    {
        printf("Could not open codec.\n");
        return -1;
    }

    //7.准备存储数据的结构体:AVPacket、AVFrame
    AVPacket *pkt = av_packet_alloc();
    if(!pkt){
        cout << "av_packet_alloc 错误" << endl;
        system("pause");
        return 1;
    }

    AVFrame *frame_yuv420p = av_frame_alloc();
        if(!frame_yuv420p){
        cout << "av_frame_alloc 错误" << endl;
        return 1;
    }
    int frame_count = 0;   //记录获取的帧数

    // 填充 AVFrame 方式
    frame_yuv420p->width = pCodecCtx->width;
```

```
    frame_yuv420p->height = pCodecCtx->height;
    frame_yuv420p->format = AV_PIX_FMT_YUV420P;
    av_frame_get_buffer(frame_yuv420p, 1);

    //准备输出文件:用于存储 YUV420p 数据
    const char * out_yuv420p_path = "out_yuv420p-url1.yuv";
    FILE * outFile_yuv420p = fopen(out_yuv420p_path, "wb");


    //8.循环读取网络流的数据:av_read_frame,这里只获取 60 帧
    while(av_read_frame(pFormatCtx, pkt) >= 0 && frame_count < 60){
        if(pkt->stream_index == videoindex){                    //找到视频流
            //9.发送给解码器
            if(avcodec_send_packet(pCodecCtx,pkt) != 0){
                cout << "avcodec_send_packet error ..." << endl;
                break;
            }
            //10.从解码器中得到摄像头的原始视频帧
            while(avcodec_receive_frame(pCodecCtx, frame_yuv420p) == 0){
                frame_count++;
                //AV_PIX_FMT_YUYV420p
                cout << "decoding:" << pCodecCtx->frame_number << endl;

                uint8_t *avY = frame_yuv420p->data[0];
                uint8_t *avU = frame_yuv420p->data[1];
                uint8_t *avV = frame_yuv420p->data[2];
                //输出 YUV 数据
                 //YUV420p 的一帧图像的亮度字节数
                int y_size = pCodecCtx->width * pCodecCtx->height;
                fwrite(avY, 1, y_size, outFile_yuv420p);      //Y
                fwrite(avU, 1, y_size / 4, outFile_yuv420p),  //U
                fwrite(avV, 1, y_size / 4, outFile_yuv420p);  //V

            }
        }
        av_packet_unref(pkt);
    }

    //11.关闭输入设备并释放资源
    av_packet_free(&pkt);
    avcodec_close(pCodecCtx);
    avcodec_free_context(&pCodecCtx);
    av_frame_free(&frame_yuv420p);
    fclose(outFile_yuv420p);
    avformat_close_input(&pFormatCtx);
    avformat_free_context(pFormatCtx);

    return 0;
}
```

在项目中新增一个 C++文件(getnetcamera. cpp),将上述代码复制进去,编译并运行,如图 12-35 所示。案例中抓取了 60 个视频包,解码为 YUV420p,并存储到本地文件中(out_yuv420p-url1. yuv),使用 YUVPlayer. exe 播放这个文件,如图 12-36 所示。

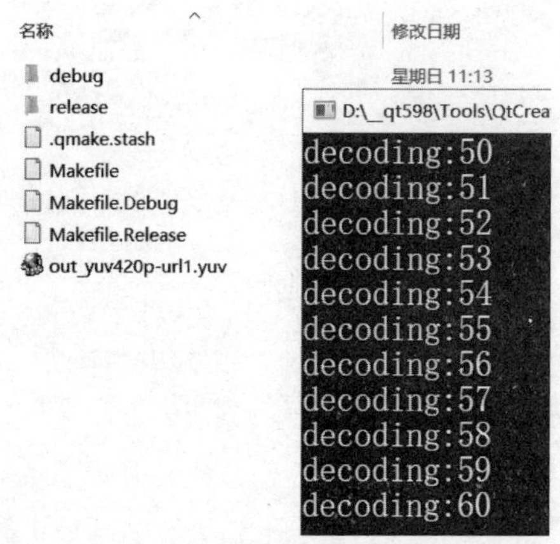

图 12-35 FFmpeg 抓取 RTSP 视频流并解码为 YUV

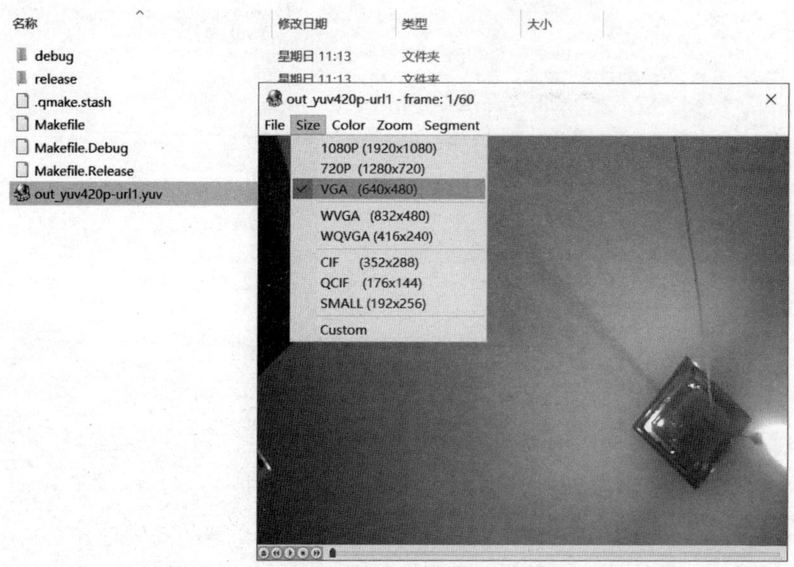

图 12-36 YUVPlayer 播放解码后的 YUV 文件

12.6 给摄像头实时添加水印后编码为 H. 264

使用 FFmpeg 可以打开本地摄像头获取原始视频帧,并编码为 H. 264。在进行 H. 264 编码之前,可以通过 AVFilter 添加水印。

1. 封装 AVFilter 过滤器

为了方便代码复用，可以将 FFmpeg 的 AVFilter 过滤器功能封装成一个 C++类（T3FFmpegAVFilterWrapper），用到的结构体主要包括 AVFilterContext、AVFilterGraph、AVFilter 和 AVFilterInOut 等，头文件的代码如下：

```
//chapter12/QtFFmpeg5_Chapter12_001/t3ffmpegavfilterwrapper.h
#ifndef T3FFMPEGAVFILTERWRAPPER_H
#define T3FFMPEGAVFILTERWRAPPER_H
extern "C"
{
#include "libavcodec/avcodec.h"
#include "libavformat/avformat.h"
#include "libswscale/swscale.h"
#include "libavdevice/avdevice.h"
#include "libavutil/imgutils.h"
#include <libavfilter/avfilter.h>
#include <libavfilter/buffersrc.h>
#include <libavfilter/buffersink.h>
};

//注意:此处输入的 AVFrame 格式是定死的,读者可以根据情况来灵活地修改
#define MAX_FILTER_STRING_SIZE 4096
//const char * filter_descr = "movie=my_logo.png[wm];[wm]scale=180:-1[wm2];[in][wm2]
overlay=5:5[out]";
//
class T3FFmpegAVFilterWrapper
{
public:
    T3FFmpegAVFilterWrapper();
    ~T3FFmpegAVFilterWrapper();
    bool IsReady(){
        if(filter_descr[0] == '\0'){
            printf("Not inited, please call SetFilterString() first\n");;
            return false;
        }
        return this->bInitedOk;
    }

    void Init();
    void Quit();
    void SetFilterAndWidthHeight(const char * filter, int w, int h){
        strcpy(filter_descr, filter);
        frameWidth  = w;
        frameHeight = h;
```

```
    };
    bool AddSrcFrame(AVFrame * srcFrame);   //添加源 AVFrame
    bool GetDstFrame(AVFrame * dstFrame);   //获取过滤后的 AVFrame

private:
    //过滤器实例
    AVFilterContext *buffersink_ctx = nullptr;
    AVFilterContext *buffersrc_ctx = nullptr;
    //过滤器图
    AVFilterGraph *filter_graph = nullptr;
    //filter 功能描述
    //const char *filter_descr = "movie=my_logo.png[wm];[wm]scale=180:-1[wm2];[in]
[wm2]overlay=5:5[out]";
    char filter_descr[MAX_FILTER_STRING_SIZE] = {0};
    char args[256] = {0};

    //定义:特殊的 filter,buffer 表示 Filter Graph 中的输入 filter,原始数据就往这个节点输入
    //定义:特殊的 filter,Buffer Sink 表示 Filter Graph 中的输出 filter,处理后的数据从这个节
//点输出

    //AVFilter **buffersrc = (AVFilter**)av_malloc( sizeof(AVFilter*));
    AVFilter *buffersrc = nullptr;         //源过滤器
    AVFilter *buffersink = nullptr;        //目标过滤器

    //输入输出端口
    AVFilterInOut *outputs = nullptr;
    AVFilterInOut *inputs  = nullptr;
    AVFilterInOut *outputs_origin = nullptr;
    AVFilterInOut *inputs_origin  = nullptr;

    //定义
    AVBufferSinkParams *buffersink_params = nullptr;

    int frameWidth = 640, frameHeight = 480;
    int ret = -1;
    bool bInitedOk = false;
    int frame_count = 0;
};

#endif //T3FFMPEGAVFILTERWRAPPER_H
```

在该类中,声明了几个私有的成员变量和几个公共的成员函数,关于 AVFilter 更详细的知识点可参考本书的第 9 章。源文件 t3ffmpegh264encoder2.cpp 中主要包括公共成员函数,以及一个静态全局变量 pix_fmts,如图 12-37 所示。

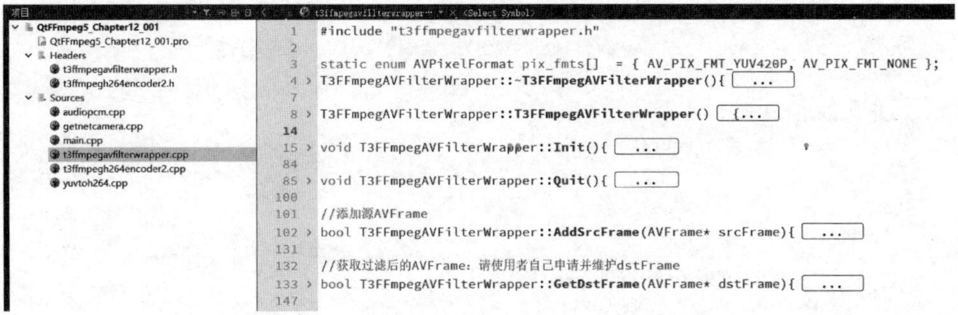

图 12-37 t3ffmpegh264encoder2.cpp 的代码结构

1）构造函数

构造函数 T3FFmpegAVFilterWrapper::T3FFmpegAVFilterWrapper()主要是对 bInitedOk 和 filter_descr 赋值，用来防止未初始化而直接调用其他功能函数导致崩溃的情况，代码如下：

```
//chapter12/QtFFmpeg5_Chapter12_001/t3ffmpegavfilterwrapper.cpp
static enum AVPixelFormat pix_fmts[]  = { AV_PIX_FMT_YUV420P, AV_PIX_FMT_NONE };

T3FFmpegAVFilterWrapper::T3FFmpegAVFilterWrapper()
{
    bInitedOk = false;
    filter_descr[0] = '\0';

}
```

2）Init()函数

Init()函数用来完成过滤器的初始化工作，首先判断过滤字符串(filter_descr)及帧的宽度和高度(frameWidth、frameHeight)是否被赋值，如果已经赋值，则继续，否则直接退出，然后对过滤器相关的几个成员变量(buffersink_ctx、buffersrc_ctx、filter_graph、buffersrc、buffersink、outputs、inputs 等)进行赋值并分配内存等工作。最终将这些变量有机地整合在一起，使用 FFmpeg 过滤器的框架及流程基本就在于此。该函数的代码如下：

```
//chapter12/QtFFmpeg5_Chapter12_001/t3ffmpegavfilterwrapper.cpp
void T3FFmpegAVFilterWrapper::Init(){
    if(filter_descr[0] == '\0' || frameWidth == 0 || frameHeight == 0){
        printf("Not inited, please call SetFilterString() first\n");;
        return;
    }

    //1:创建过滤器及端口
    //源过滤器 //目标过滤器
```

```
    buffersrc = (AVFilter *)avfilter_get_by_name("buffer");
    buffersink = (AVFilter *)avfilter_get_by_name("buffersink");

    //输入输出端口
    outputs_origin = outputs = avfilter_inout_alloc();
    inputs_origin = inputs  = avfilter_inout_alloc();

    //2:开辟内存空间
    filter_graph = avfilter_graph_alloc();
printf("avfilter_graph_alloc ok\n");
    /* buffer video source: the decoded frames from the decoder will be inserted here. */
    //注意:参数是写死的
    snprintf(args, sizeof(args),
        "video_size=%dx%d:pix_fmt=%d:time_base=%d/%d:pixel_aspect=%d/%d",
        frameWidth, frameHeight, AV_PIX_FMT_YUV420P, 1, 30, 1, 1);

    //3. 创建源过滤器:buffer
    ret = avfilter_graph_create_filter(&buffersrc_ctx, buffersrc, "in", args, NULL, filter_
graph);
    if (ret < 0)
    {
        printf("Cannot create buffer source\n");
        return ;
    }
printf("avfilter_graph_create_filter ok\n");
    /* buffer video sink: to terminate the filter chain. */
    buffersink_params = av_buffersink_params_alloc();
    buffersink_params->pixel_fmts = pix_fmts; //理论上是指所支持的视频格式

    //创建一个滤波器实例 AVFilterContext,并添加到 AVFilterGraph 中
    //4. 创建目标过滤器:buffersink
    ret = avfilter_graph_create_filter(&buffersink_ctx, buffersink, "out",NULL, buffersink
_params, filter_graph);
    av_free(buffersink_params);
    if (ret < 0)
    {
        printf("Cannot create buffer sink\n");
        return ;
    }

    //5. 准备输入输出端口
    /* Endpoints for the filter graph. */
    outputs->name = av_strdup("in");
    outputs->filter_ctx = buffersrc_ctx;
    outputs->pad_idx = 0;
    outputs->next = NULL;
```

```
    inputs->name = av_strdup("out");
    inputs->filter_ctx = buffersink_ctx;
    inputs->pad_idx = 0;
    inputs->next = NULL;


    //6. 将一串通过字符串描述的 Graph 添加到 FilterGraph 中
    if ((ret = avfilter_graph_parse_ptr(filter_graph, filter_descr,&inputs, &outputs,
NULL)) < 0)
        return ;

    if ((ret = avfilter_graph_config(filter_graph, NULL)) < 0)
        return ;

    printf("FFmpeg.avfilter .init.ok...\n");
    bInitedOk = true;
}
```

3）析构函数

析构函数 T3FFmpegAVFilterWrapper::～T3FFmpegAVFilterWrapper()主要调用了 Quit()函数，对相关的几个过滤器变量进行内存释放，为了防止野指针的出现，释放后将这些变量都重置为 NULL。这两个函数的代码如下：

```
//chapter12/QtFFmpeg5_Chapter12_001/t3ffmpegavfilterwrapper.cpp
T3FFmpegAVFilterWrapper::~T3FFmpegAVFilterWrapper(){
    Quit();
}

void T3FFmpegAVFilterWrapper::Quit(){
    if(buffersink_params){
        av_free(buffersink_params);buffersink_params = nullptr;
    }
    if(inputs_origin){
        avfilter_inout_free(&inputs_origin);inputs_origin = nullptr;
    }
    if(outputs_origin){
        avfilter_inout_free(&outputs_origin);outputs_origin = nullptr;
    }
    if(filter_graph){
        avfilter_graph_free(&filter_graph);filter_graph = nullptr;
    }
}
```

4）AddSrcFrame()函数

AddSrcFrame(AVFrame * srcFrame)函数用于向该构建好的过滤器中添加一个原始帧，参数 srcFrame 是从外部获取的 AVFrame 视频帧。为了防止“引用计数”问题导致崩溃的情况，在该函数中特意通过 av_frame_ref()函数将参数中的 srcFrame 引用过来，然后通过 av_buffersrc_add_frame()函数将帧数据传递给过滤器。该函数的完整代码如下：

```
//chapter12/QtFFmpeg5_Chapter12_001/t3ffmpegavfilterwrapper.cpp
//添加源 AVFrame
bool T3FFmpegAVFilterWrapper::AddSrcFrame(AVFrame * srcFrame){
    bool bAdded = false;
    if( ! this->IsReady() ){
        return false;
    }

    //特别注意:需要增加一个"引用",否则会崩溃
    //崩溃的原因为 If the frame is reference counted,
//this function will take ownership of the reference(s) and reset the frame.
    AVFrame * frame_yuv420p_bak = av_frame_alloc();
    av_frame_ref(frame_yuv420p_bak, srcFrame);

    //9. 往源滤波器 buffer 中输入待处理的数据
    frame_yuv420p_bak->pts = frame_count * 40;   //一定要修改 PTS
    if (av_buffersrc_add_frame(buffersrc_ctx, frame_yuv420p_bak) < 0)
    {
        printf("Error while add frame.\n");
        bAdded = false;
    }
    else{
        printf("av_buffersrc_add_frame ok: %d.\n", frame_count);
        bAdded = true;
    }

    av_frame_free(&frame_yuv420p_bak);
    frame_count++;

    return bAdded;
}
```

5）GetDstFrame()函数

GetDstFrame(AVFrame * dstFrame)函数用于从该构建好的过滤器中获取处理后的 AVFrame 视频帧，主要通过 av_buffersink_get_frame()函数来完成此功能，代码如下：

```
//chapter12/QtFFmpeg5_Chapter12_001/t3ffmpegavfilterwrapper.cpp
//获取过滤后的 AVFrame:使用者自己申请并维护 dstFrame
```

```
bool T3FFmpegAVFilterWrapper::GetDstFrame(AVFrame * dstFrame){
    if( ! this->IsReady() ){
        printf("Not Inited...failed...\n");
        return false;
    }

    //10. 从目的滤波器 buffersink 中输出处理完的数据
    ret = av_buffersink_get_frame(buffersink_ctx, dstFrame);
    if (ret < 0)
        return false;
    dstFrame->pts = frame_count;   //注意更新一下 frame_out 的时间戳
    printf("av_buffersink_get_frame ok: %d.\n", frame_count);
    return true;
}
```

2. 给摄像头添加水印后再编码为 H.264

使用封装好的 AVFilter 过滤器可以对 YUV420p 格式的视频帧数据进行处理，例如可以在左上角添加一张图片水印，然后发送给 H.264 编码器进行处理，最终存储到本地文件中。在 OpenCameraByDShowGetAVPacket()函数中添加一些代码，即可完成编码功能，代码如下：

```
//chapter12/QtFFmpeg5_Chapter12_001/t3ffmpegavfilterwrapper.cpp
...
//libx264--1:初始化编码器
T3FFmpegH264Encoder2 objFmpgH264Encoder;
objFmpgH264Encoder.setOutfile( "oouttest2.h264" );
objFmpgH264Encoder.setVideoWidth(newWidth);
objFmpgH264Encoder.setVideoHeight(newHeight);
objFmpgH264Encoder.initLibx264();

//avfilter--1:初始化过滤器
T3FFmpegAVFilterWrapper objAVFilterWrapper;
//filter 功能描述
const char * filter_descr = "movie=my_logo.png[wm];[wm]scale=180:-1[wm2];[in][wm2]
overlay=5:5[out]";
objAVFilterWrapper.SetFilterAndWidthHeight(filter_descr, newWidth, newHeight);
objAVFilterWrapper.Init();   //初始化过滤器

//目标 AVFrame,手工分配内存
AVFrame * frame_yuv420p_filter = av_frame_alloc();
frame_yuv420p_filter->width = newWidth;
frame_yuv420p_filter->height = newHeight;
frame_yuv420p_filter->format = AV_PIX_FMT_YUV420P;
av_frame_get_buffer(frame_yuv420p_filter, 1);
```

```
//8.循环读取摄像头的数据:av_read_frame,这里只获取 60 帧
while(av_read_frame(pFormatCtx, pkt) >= 0 && frame_count < 60){
    ......//省略代码
//在 sws_scale()缩放为 YUV420p 之后,添加如下代码
//avfilter--2:往源滤波器 buffer 中输入待处理的数据,一定要修改 PTS
//特别注意:需要增加一个"引用",否则会崩溃
//崩溃的原因为 If the frame is reference counted,
//this function will take ownership of the reference(s) and reset the frame.
    if(!objAVFilterWrapper.AddSrcFrame(frame_yuv420p)){
     break;
    }
    //printf("av_buffersrc_add_frame ok: %d.\n", frame_count);


//avfilter--3:从目的滤波器 buffersink 中输出处理完的数据
    if(!objAVFilterWrapper.GetDstFrame(frame_yuv420p_filter)){
     break;
    }
    //注意更新一下 frame_out 的时间戳,否则 libx264 编码器会异常
    frame_yuv420p_filter->pts = frame_count;
    printf("av_buffersink_get_frame ok: %d.\n", frame_count);


    //SWScale.4,将 YUV420p 写入本地文件中
    uint8_t *avY = frame_yuv420p_filter->data[0];
    uint8_t *avU = frame_yuv420p_filter->data[1];
    uint8_t *avV = frame_yuv420p_filter->data[2];
    //输出 YUV 数据
    int y_size = newWidth * newHeight; //YUV420p 的一帧图像的亮度字节数
    fwrite(avY, 1, y_size, outFile_yuv420p);        //Y
    fwrite(avU, 1, y_size / 4, outFile_yuv420p);    //U
    fwrite(avV, 1, y_size / 4, outFile_yuv420p);    //V


    //libx264--2:编码一帧
    objFmpgH264Encoder.encodeLibx264OneFrame( frame_yuv420p_filter  );

    //av_frame_unref(frame_yuv420p);                //注意此处不能解除引用
    av_frame_unref(frame_yuyv422);
    av_frame_unref(frame_yuv420p_filter);

...
```

将上述代码集成到 OpenCameraByDShowGetAVPacket()函数中,编译并运行,会在视

频帧的左上角添加一张图片水印,最终会生成一个 H.264 文件,效果如图 12-38 所示。

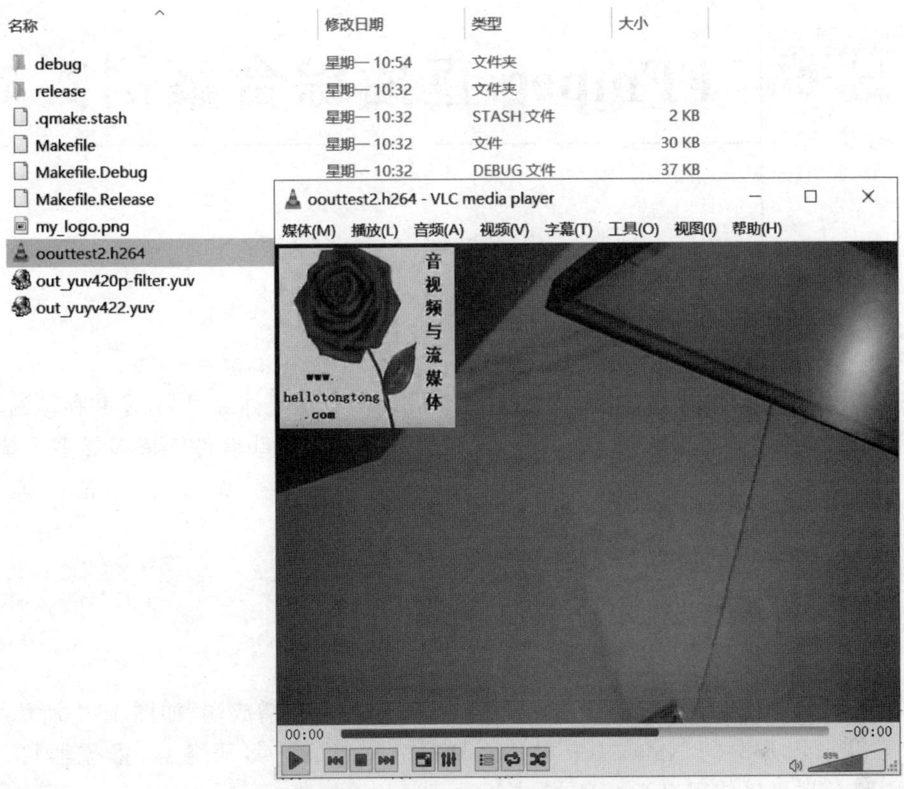

图 12-38 给摄像头添加水印后的效果

第13章 FFmpeg 直播综合案例实战

CHAPTER 13

4min

一般情况下,完整的流媒体服务器软件系统是一整套流媒体编码、分发和存储的软件系统,包含直播、点播、虚拟直播、剪切、转码、视频管理系统。这些软件支持多屏多系统播放,终端客户使用手机、平板、计算机、电视等终端,以及 iOS、安卓、Windows、Linux 等系统都能播放。

13.1 直播系统架构及流程简介

一个通用的视频直播系统至少包括推流端、服务器端和播放端,如图 13-1 所示。流媒体直播可以采用开源的 Nginx+RTMP、SRS、ZLMediaKit 等服务器,推流器可以使用 FFmpeg,播放器可以使用 ffplay、VLC 或各种开源的播放器。

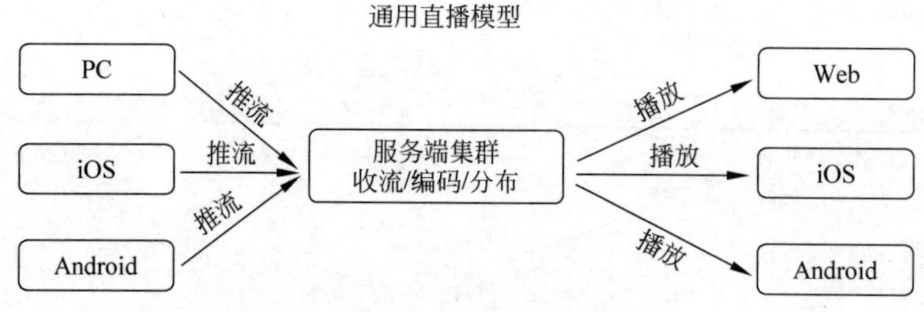

图 13-1　通用直播模块

完整的视频直播系统比较复杂,可以分为采集、前处理、编码、传输、解码、渲染等几个环节,以及信令控制及业务管理系统等,下面只进行简单介绍。

(1) 采集阶段:对于 iOS 系统是比较简单的,Android 系统则要做些机型适配工作,PC 最麻烦,会出现各种摄像头驱动问题。

(2) 前处理阶段:现在直播美颜已经是标配了,美颜算法需要用到 GPU 编程,需要图像处理算法,没有好的开源实现,要参考论文去研究。难点不在于美颜效果,而在于需要在 GPU 占用和美颜效果之间找平衡。GPU 虽然性能好,但是也是有功耗的,GPU 占用太高会导致手机发烫，而手机发烫会导致摄像头采集掉帧，可能原因是过热会导致 CPU 降低主频。

(3) 编码阶段：可以采用硬编码或软编码。软编码会导致 CPU 过热烫到摄像头，硬编码存在兼容性问题。编码要在分辨率、帧率、码率、GOP 等参数设计上找到最佳平衡点。

(4) 传输阶段：可以使用 CDN 服务，CDN 只提供了带宽和服务器间传输，要注意发送和接收端的网络连接抖动缓冲。如果不想卡顿，则必然要加大缓冲，这会导致延迟高，延迟高影响互动性，需要进行权衡。

(5) 解码阶段：建议使用硬解码，Android 上还存在一些兼容性问题。

(6) 渲染阶段：难点不在于绘制，而在于音画同步。

(7) 此外音频还有些问题要注意，例如降噪、音频编码器的选择、各种蓝牙耳机、各种播放模式的适配等，如果想做主播和观众连线聊天，还有个回声消除问题。另外还要考虑有信令控制、登录、鉴权、权限管理、状态管理等，各种应用服务、消息推送、聊天、礼物系统，以及支付系统、运营支持系统、统计系统等。后台还有数据库、缓存、分布式文件存储、消息队列、运维系统等。

13.2 流媒体服务器的搭建

VLC 可以作为小型的流媒体服务器使用，但不适合专业的直播应用。开源的流媒体服务器系统包括 Live555、EasyDarwin、SRS、ZLMediaKit、Nginx-RTMP/HTTP-FLV 等，这里笔者以 Nginx+RTMP/HTTP-FLV 为例来搭建流媒体服务器(读者完全可以使用 SRS、EasyDarwin 或 ZLMediaKit)。

在 Windows、Linux 系统中可以使用编译源码的方式安装 Nginx，并配置 RTMP 或 HTTP-FLV 模块，也可以直接在 Windows 系统中使用编译好的 Nginx 可执行文件，读者可以搜索文件 nginx-rtmp-hls-flv-win.rar，或者直接从本书对应的课件资料中下载。下载后解压，解压后的目录结构如图 13-2 所示。

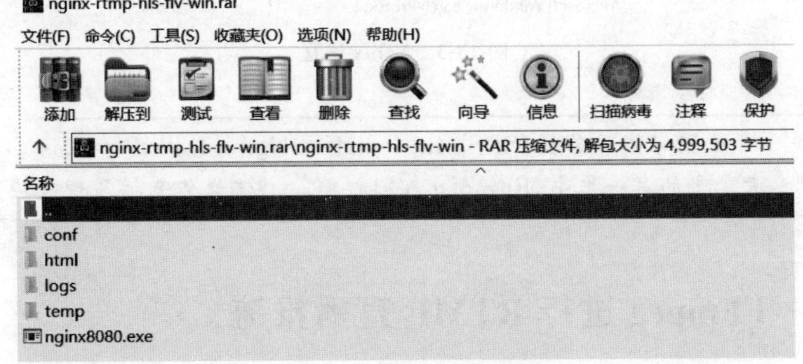

图 13-2　Nginx 目录结构

Nginx 的配置文件是 conf 目录下的 nginx.conf，默认配置的 Nginx 监听的端口为 80，如果 80 端口被占用，则可以修改为未被占用的端口（例如 8080），其中最主要的是添加 RTMP 模块的配置信息（与 HTTP 模块平级），代码如下：

```
//chapter13/nginx.conf - 1.txt
#添加 RTMP 服务
rtmp {
    server {
        listen 1935; #监听端口

        chunk_size 4000;
        application livetest { #直播应用名称：livetest
            live on;
            gop_cache on;
            hls on;
            hls_path html/hls;
        }
    }
}
```

直接双击 exe 可执行文件，即可启动 Nginx 进程，如图 13-3 所示。

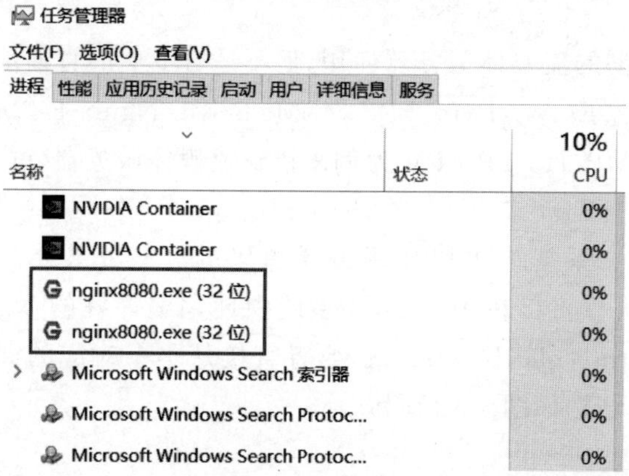

图 13-3 Nginx 进程

注意：关于开源流媒体服务器（SRS、ZLMediaKit、Nginx-RTMP 和 EasyDarwin 等）的详细讲解，可参考笔者的另一本书《FFmpeg 入门详解——流媒体直播原理及应用》。

13.3 FFmpeg 进行 RTMP 直播推流

RTMP 采用 TCP 协议作为其在传输层的协议，避免了多媒体数据在广域网传输过程中的丢包对质量造成的影响。此外 RTMP 协议传输的 FLV 封装格式支持的 H.264 视频编码方式可以在很低的码率下显示质量还不错的画面，非常适合网络带宽不足的情况下收看流媒体。RTMP 协议也有一些局限，RTMP 基于 TCP 协议，而 TCP 协议的实时性不如 UDP，也非常占用带宽。

1. RTMP 推流简介

RTMP 是 Real Time Messaging Protocol（实时消息传输协议）的首字母缩写。该协议基于 TCP，是一个协议簇，包括 RTMP 基本协议及 RTMPT、RTMPS、RTMPE 等多种变种。RTMP 是一种设计用来进行实时数据通信的网络协议，主要用来在 Flash、AIR 平台和支持 RTMP 协议的流媒体/交互服务器之间进行音视频和数据通信。支持该协议的软件包括 Adobe Media Server、Ultrant Media Server 和 Red5 等。RTMP 与 HTTP 一样，都属于 TCP/IP 四层模型的应用层。

RTMP 分为客户端和服务器端两部分，RTMP Client 与 RTMP Server 的交互流程需要经过握手、建立连接、建立流、播放/发送 4 个步骤。握手成功后，需要在建立连接阶段去建立客户端和服务器之间的"网络连接"。建立流阶段用于建立客户端和服务器之间的"网络流"。播放阶段用于传输音视频数据。RTMP 依赖于 TCP 协议，Client 和 Server 的整体交互流程如图 13-4 所示。

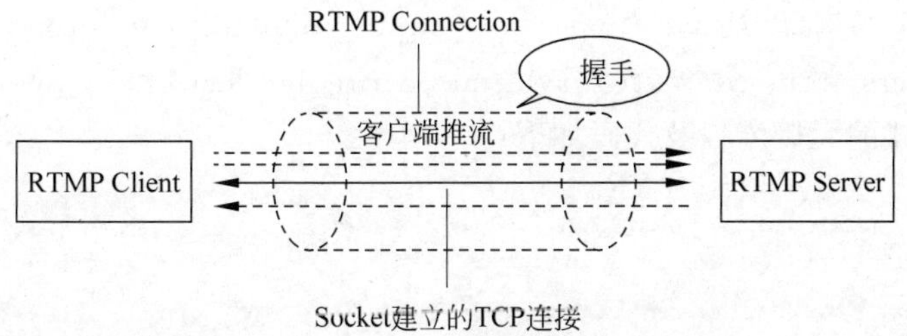

图 13-4　RTMP 客户端和服务器端交互流程

直播推流指的是把采集阶段封包好的内容传输到服务器的过程。其实就是将现场的视频信号传到网络的过程。"推流"对网络要求比较高，如果网络不稳定，直播效果就会很差，观众观看直播时就会发生卡顿等现象，观看体验就比较糟糕。要想用于推流还必须把音视频数据使用传输协议进行封装，变成流数据。

常用的流传输协议有 RTSP、RTMP、HLS 等，使用 RTMP 传输的延时通常在 1s 到 3s，对于手机直播这种对实时性要求非常高的场景，RTMP 也成为手机直播中最常用的流传输协议。最后通过一定的 QoS 算法将音视频流数据推送到网络端，通过 CDN 进行分发。直播中一般使用广泛的推流协议 RTMP，整体流程如图 13-5 所示。

2. FFmpeg 读取摄像头添加水印并经 H.264 编码后存储为 FLV 文件

在第 12 章的内容中，已经完成 FFmpeg 读取本地摄像头所获取的数据后进行 H.264 编码的功能，将编码后的 AVPacket 数据包直接存储到本地文件中，后缀名为.h264。现在

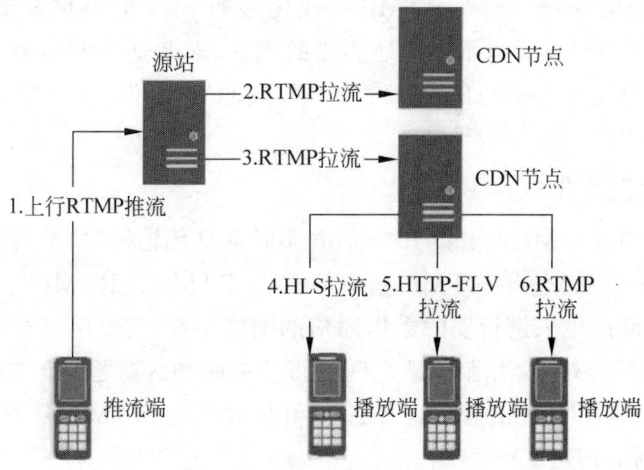

图 13-5 直播推流与拉流

将编码后的 AVPacket 数据包严格按照封装格式进行存储，例如可以存储到 FLV 类型的文件中。

1）**FFmpeg** 封装操作的流程及步骤

FFmpeg 封装操作相关的数据结构及 API 函数主要包括 AVFormatContext 和 AVStream 等数据结构，以及 avformat_alloc_output_context2()、avformat_new_stream()、avcodec_parameters_from_context()、avformat_write_header()和 av_write_trailer()等函数。创建封装格式的大概流程及代码如下：

```
//chapter13/ffmpeg-muxing-demo.txt
//封装格式，例如.flv、rtmp://...
AVFormatContext * m_oFmtCtx = nullptr;;
AVStream * vStream = nullptr;
//分配格式上下文空间
ret = avformat_alloc_output_context2(&m_oFmtCtx, nullptr, "flv", outFileName);
//手工创建一路流
vStream = avformat_new_stream(m_oFmtCtx, nullptr);
//AVFormatContext 第 1 个创建的流索引是 0，第 2 个创建的流索引是 1
int m_vOutVideoIndex = vStream->index;

//视频的时间基：一般取帧率的倒数
vStream->time_base = AVRational{ 1, 30 };

//将 codecCtx 中的参数传给输出流，这个参数非常重要
ret = avcodec_parameters_from_context(vStream->codecpar, pCodecCtx);
//打开输出文件
avio_open(&m_oFmtCtx->pb, outFileName, AVIO_FLAG_WRITE) ;
avformat_write_header(m_oFmtCtx, nullptr) ;
//往文件中循环写入压缩后的音视频帧数据
```

```
while(1){
    av_interleaved_write_frame(m_oFmtCtx, pkt);
}
//写文件尾信息
av_write_trailer(m_oFmtCtx);
```

2）创建 Qt 工程并移植第 12 章的代码

首先打开 Qt Creator，创建一个 Qt Console 工程，具体操作步骤可以参考“1.4 搭建 FFmpeg 的 Qt 开发环境”，工程名称为 QtFFmpeg5_Chapter13_001。由于使用的是 FFmpeg 5.0.1 的 64 位开发包，所以编译套件应选择 64 位的 MSVC 或 MinGW，然后打开配置文件 QtFFmpeg5_Chapter13_001.pro，添加引用头文件及库文件的代码。具体操作可以参照前几章的相关内容，这里不再赘述。创建成功后，工程结构如图 13-6 所示。

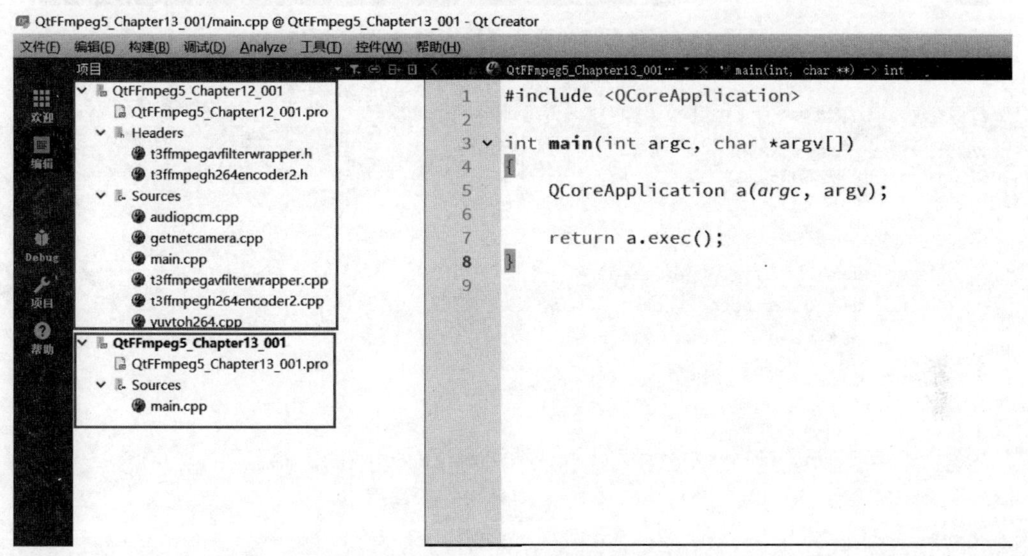

图 13-6 Qt 创建新工程

由于本章内容完全可以复用第 12 章的代码，所以直接将第 12 章工程 QtFFmpeg5_Chapter12_001 中的文件复制过来并添加到工程中，然后可以修改其中的内容。需要复制的文件包括 t3ffmpegavfilterwrapper.h、t3ffmpegavfilterwrapper.cpp、t3ffmpegh264encoder2.h、t3ffmpegh264encoder2.cpp，然后将 QtFFmpeg5_Chapter12_001 项目的 main.cpp 文件中的 OpenCameraByDShowGetAVPacket()函数复制到本章中的 mainc.cpp 文件中，并重命名为 OpenCameraByDShowToLive()，如图 13-7 所示。

3）修改 T3FFmpegH264Encoder2 类并添加封装为 FLV 的功能

在 t3ffmpegh264encoder2.h 头文件中添加几个相关输出格式的变量，主要包括 m_oFmtCtx 和 m_outfileFLVorRTMP 等，代码如下：

图 13-7　将现有的两个类移植到 Qt 新工程中

```
//chapter13/QtFFmpeg5_Chapter13_001/t3ffmpegh264encoder2.h
#ifndef T3FFMPEGH2645ENCODER2_H
#define T3FFMPEGH2645ENCODER2_H

extern "C"{
    #include <libavformat/avformat.h>
    #include <libavcodec/avcodec.h>
    #include <libavutil/imgutils.h>
    #include <libavutil/opt.h>
};
#include <iostream>
using namespace  std;


class T3FFmpegH264Encoder2
{
public:
    T3FFmpegH264Encoder2();

    //init, encode,  quit
    int initLibx264();
    int quitLibx264();
     int encodeLibx264OneFrame(AVFrame * pFrameYUV420p); //inpara: camera one frame
(yuv420p)
     void setOutfileH264(const char * strfilename){strcpy(this->m_outfileH264,
strfilename);}
    void setVideoWidth(int ww){in_w =  ww;}
    void setVideoHeight(int hh) {in_h = hh; }
```

```
    void setOutfileFLVorRTMP(const char * strfilename){strcpy(this->m_outfileFLVorRTMP,
strfilename);}

private:
    int _encode(AVCodecContext *avCodecCtx,
                AVPacket * pack,
                AVFrame  * frame,
                FILE* fp = NULL);

private:
    AVFormatContext *pFormatCtx;
    AVOutputFormat *pOutputFmt;
    AVCodecContext *pCodecCtx;
    AVCodec *pCodec;
    AVPacket *pkt;
    AVFrame *m_pFrame;

    FILE *out_file;
    char  m_outfileH264[512];
    uint8_t* pFrameBuf;
    int m_frameIndex;
    int in_w, in_h;

    //新添加的变量,封装格式:例如.flv、.mp4
    AVFormatContext* m_oFmtCtx;       //输出格式上下文
    int m_vOutVideoIndex = 0;         //新创建的视频流的索引号
    char  m_outfileFLVorRTMP[512];    //文件名或rtmp直播地址

};

#endif //T3FFMPEGH2645ENCODER2_H
```

在初始化编码器的 T3FFmpegH264Encoder2::initLibx264()函数中,添加封装格式 FLV 或 RTMP,主要包括创建输出格式上下文、创建输出流、复制流参数、打开输出文件、写文件头信息等,代码如下:

```
//chapter13/QtFFmpeg5_Chapter13_001/t3ffmpegh264encoder2.cpp
int T3FFmpegH264Encoder2::initLibx264(){
    ...

    //新增加的封装格式 FLV 和 RTMP 的代码:now outputforamt.wrapper
    ret = -1;
    AVStream *vStream = nullptr;
    //本地路径或直播推流路径
    if(this->m_outfileFLVorRTMP[0] == '\0'){
```

```
    strcpy(this->m_outfileFLVorRTMP, "test345.flv");}
const char * outFileName = this->m_outfileFLVorRTMP;
if (strstr(outFileName, ".flv")
        || strstr(outFileName, "rtmp://")){
    //ffmpeg ........ -f flv  rtmp://xxxxxxxxxx
    ret = avformat_alloc_output_context2(
            &m_oFmtCtx, nullptr, "flv", outFileName);
}
else{
    //MP4、MOV、MKV、TS 等
    ret = avformat_alloc_output_context2(
            &m_oFmtCtx, nullptr, nullptr, outFileName);
}

if (ret < 0)
{
    printf( "avformat_alloc_output_context2 failed\n");
    return -1;
}

//手工创建一路流
vStream = avformat_new_stream(m_oFmtCtx, nullptr);
if (!vStream)
{
    printf("can not new stream for output!\n");
    return -1;
}
//AVFormatContext 第 1 个创建的流索引是 0,第 2 个创建的流索引是 1
m_vOutVideoIndex = vStream->index;

//视频的时间基:一般取帧率的倒数
vStream->time_base = AVRational{ 1, 30 };

//将 codecCtx 中的参数传给输出流,这个参数非常重要
ret = avcodec_parameters_from_context(vStream->codecpar, pCodecCtx);
if (ret < 0)
{
    printf("Output avcodec_parameters_from_context,error code:\n") ;
    return -1;
}
//打开输出文件
if (!(m_oFmtCtx->oformat->flags & AVFMT_NOFILE))
{
    //fopen("xxx", "wb");
    //或者 rtmp://xxxxxxxxxxx
    if (avio_open(&m_oFmtCtx->pb, outFileName, AVIO_FLAG_WRITE) < 0)
```

```
        {
            printf("can not open output file handle!\n");
            return -1;
        }
    }
    else{
        printf("not open file::avio_open !\n");
    }
    //写文件头
    if (avformat_write_header(m_oFmtCtx, nullptr) < 0)
    {
        printf("can not write the header of the output file!\n");
        return -1;
    }

    printf("h.264 encoder init ok ......\n");
    return 0;
}
```

在退出并清理编码器的 T3FFmpegH264Encoder2::quitLibx264()函数中，需要调用 av_write_trailer()函数添加文件尾信息，并需要释放输出格式的上下文空间，代码如下：

```
//chapter13/QtFFmpeg5_Chapter13_001/t3ffmpegh264encoder2.cpp
int T3FFmpegH264Encoder2::quitLibx264()
{
    //flush the encoder
    uint8_t endcode[] = { 0, 0, 1, 0xb7 };      //end of sequence

    //清空编码器
    _encode(pCodecCtx, pkt,  NULL, out_file);

    //add sequence end code to have a real MPEG file
    fwrite(endcode, 1, sizeof(endcode), out_file);

    av_write_trailer(m_oFmtCtx);                  //写文件尾信息

    //释放资源
    avcodec_free_context(&pCodecCtx);
    avformat_free_context(pFormatCtx);
    av_frame_free(&m_pFrame);
    av_packet_free(&pkt);
    //av_free(pFrameBuf);

    avformat_free_context(m_oFmtCtx);             //释放输出格式的上下文
    if (out_file)
```

```
        fclose(out_file);

    return 0;
}
```

最后在编码并输出 AVPacket 数据后，调用 av_interleaved_write_frame(m_oFmtCtx，pkt)函数将压缩后的包 pkt 写入本地文件或推流到直播地址。在写入数据前，需要将编解码层的时间戳转换为封装层的时间戳，这个功能是通过调用 av_packet_rescale_ts()函数来完成的。该函数的代码如下：

```
//chapter13/QtFFmpeg5_Chapter13_001/t3ffmpegh264encoder2.cpp
int T3FFmpegH264Encoder2::_encode(
            AVCodecContext * pCodecCtx,
            AVPacket * pPkt,
            AVFrame  * pFrame,
            FILE * out_file /* = NULL */){//pole
    //step 1: avcodec_send_frame
    //step 2: avcodec_receive_packet

    int got_packet = 0;
    int ret = avcodec_send_frame(pCodecCtx, pFrame);
    if (ret < 0) {
        //failed to send frame for encoding
        printf("avcodec_send_frame < 0 ,failed: %d\n", ret);
        return -1;
    }
    printf("avcodec_send_frame ok: %d", ret);
    while (!ret) {
        ret = avcodec_receive_packet(pCodecCtx, pPkt);
        printf("avcodec_receive_packet : %d\n", ret);
        if (ret == AVERROR(EAGAIN) || ret == AVERROR_EOF) {
            return 0;
        }else if (ret < 0) {
            //error during encoding
            return -1;
        }

        printf("Write frame %d, size = %d\n", pPkt->pts, pPkt->size);
        //write the pack data to local file
        fwrite(pPkt->data, 1, pPkt->size, out_file);

        pkt->stream_index = m_vOutVideoIndex;
        //将 pts 从编码层的 timebase 转换成复用层的 timebase
```

```
        av_packet_rescale_ts(pkt, pCodecCtx->time_base, m_oFmtCtx->streams[m_vOutVideoIndex]
->time_base);
        printf( "m_vCurPts: %d" , pkt->pts);

        int ret = av_interleaved_write_frame(m_oFmtCtx, pkt);
        if (ret == 0)
            printf("flush Write video packet id: " ,m_frameIndex);
        else
            printf("flush video av_interleaved_write_frame failed, ret:" ,m_frameIndex);

        av_packet_unref(pPkt);
    }

    return 0;
}
```

在 mainc.cpp 文件中的 OpenCameraByDShowToLive()函数的主要流程如下：

(1) 使用 dshow 或 Ubuntu 方式打开摄像头，并保存 YUYV422 原始码流。

(2) 使用 SWScale 将 YUYV422 帧转换为 YUV420p 格式。

(3) 使用 H.264 进行编码，然后保存为 FLV 文件或进行 RTMP 直播推流。

OpenCameraByDShowToLive()函数的完整代码如下：

```
//chapter13/QtFFmpeg5_Chapter13_001/main.cpp
#include <stdio.h>

extern "C"
{
#include "libavcodec/avcodec.h"
#include "libavformat/avformat.h"
#include "libswscale/swscale.h"
#include "libavdevice/avdevice.h"
#include "libavutil/imgutils.h"
#include <libavfilter/avfilter.h>
#include <libavfilter/buffersrc.h>
#include <libavfilter/buffersink.h>
};
#include "t3ffmpegh264encoder2.h"
#include "t3ffmpegavfilterwrapper.h"

#include <iostream>
using namespace  std;

#define __STDC_CONSTANT_MACROS
//以 dshow 或 Ubuntu 方式打开摄像头,并保存 YUYV422 原始码流
```

```
//使用 SWScale 转换为 YUV420p
//使用 H.264 进行编码,然后保存为 FLV 文件或进行 RTMP 直播推流
static int OpenCameraByDShowToLive(){
    AVFormatContext * pFormatCtx;
    int             i, videoindex;
    AVCodecContext  * pCodecCtx;
    AVCodec         * pCodec;
    int ret = -1;

    //1.分配内存
    pFormatCtx = avformat_alloc_context();
    const AVInputFormat * ifmt = av_find_input_format("dshow");
    //const AVInputFormat * ifmt = av_find_input_format("v4l2");

    //2.打开摄像头
    avformat_open_input(&pFormatCtx, "video=Lenovo EasyCamera", ifmt,NULL);
    //avformat_open_input(&pFormatCtx, "/dev/video0", ifmt,NULL);

    //3.查找流信息
    if(avformat_find_stream_info(pFormatCtx, NULL) < 0)
    {
        printf("Couldn't find stream information.\n");
        return -1;
    }
    videoindex = -1;
    for(i = 0; i < pFormatCtx->nb_streams; i++){
        //查找视频流
        if(pFormatCtx->streams[i]->codecpar->codec_type == AVMEDIA_TYPE_VIDEO)
        {
            videoindex = i;
            break;
        }
    }
    if(videoindex == -1)
    {
        printf("Didn't find a video stream.\n");
        return -1;
    }
    else{
        printf("Find a video stream: %d.\n", videoindex);
    }


    //4.查找解码器
    pCodec = (AVCodec *)avcodec_find_decoder(pFormatCtx->streams[videoindex]->codecpar
->codec_id);
```

```
    if(pCodec == NULL)
    {
        printf("Codec not found.\n");
        return -1;
    }

    //5.复制解码器上下文参数
    pCodecCtx = avcodec_alloc_context3(pCodec);
    avcodec_parameters_to_context(pCodecCtx, pFormatCtx->streams[videoindex]->
codecpar);
    printf("VideoStream:Frame.Width=%d,Height=%d\n",
           pCodecCtx->width, pCodecCtx->height);

    //6.打开解码器
    if(avcodec_open2(pCodecCtx, pCodec, NULL) < 0)
    {
        printf("Could not open codec.\n");
        return -1;
    }

    //7.准备存储数据的结构体:AVPacket、AVFrame
    AVPacket *pkt = av_packet_alloc();
    if(!pkt){
        cout << "av_packet_alloc 错误" << endl;
        system("pause");
        return 1;
    }

    AVFrame *frame_yuyv422 = av_frame_alloc();
        if(!frame_yuyv422){
        cout << "av_frame_alloc 错误" << endl;
        system("pause");
        return 1;
    }

    //打开输出视频的文件
    const char * out_path = "out_yuyv422.yuv";
    FILE * outFile = fopen(out_path, "wb");

    int frame_count = 0;   //记录获取的帧数

    //SWScale.1,申请一个用于存放 YUV420p 数据的数组并设置好 linesize
    const int newWidth = pCodecCtx->width;
    const int newHeight = pCodecCtx->height;
    const int yuv420p_linesize = newWidth * newHeight * 3 / 2;
    AVFrame *frame_yuv420p = av_frame_alloc();
```

```
    // 填充 AVFrame 方式一
    //用于存储 YUV420p 数据的真实缓冲区
    int nYUV420PFrameSize = av_image_get_buffer_size(AV_PIX_FMT_YUV420P, newWidth,
newHeight, 1);
    uint8_t * pszYUV420PBuffer = (uint8_t *)av_malloc(nYUV420PFrameSize * sizeof(uint8_t));
    //av_image_fill_arrays 给 pFrameYUV 初始化一些字段,并且填充 data 和 linesize
    //将 pszYUV420PBuffer 挂载在 frame_yuv420p 帧的图片缓存指针,需要手动删除
//av_image_fill_arrays(frame_yuv420p->data, frame_yuv420p->linesize,
//pszYUV420PBuffer, AV_PIX_FMT_YUV420P,newWidth, newHeight, 1);

    //填充 AVFrame 方式二
    frame_yuv420p->width = newWidth;
    frame_yuv420p->height = newHeight;
    frame_yuv420p->format = AV_PIX_FMT_YUV420P;
    av_frame_get_buffer(frame_yuv420p, 1);


    //SWScale.2,获取 SWScale 转换上下文
    //格式转换上下文
    SwsContext * yuyv422Toyuv420p = nullptr;                    //yuyv422 -> yuv420p
    yuyv422Toyuv420p = sws_getContext(
                pCodecCtx->width, pCodecCtx->height,    //输入数据的宽和高
                pCodecCtx->pix_fmt,                     //输入的像素格式
                newWidth, newHeight,                    //输出数据的宽和高
                AV_PIX_FMT_YUV420P,                     //输出的像素格式
                SWS_BICUBIC,                            //选择变换算法
                0,0,0                                   //过滤器参数
                );
    if(!yuyv422Toyuv420p){
        cout << "sws_getCacheContext failed" << endl;
        return -4;
    }
    //准备输出文件:用于存储 YUV420p 数据
    const char * out_yuv420p_path = "out_yuv420p-filter.yuv";
    FILE * outFile_yuv420p = fopen(out_yuv420p_path, "wb");


    //libx264--1:初始化编码器
    T3FFmpegH264Encoder2 objFmpgH264Encoder;
    objFmpgH264Encoder.setOutfileH264( "oouttest2.h264" );
    objFmpgH264Encoder.setOutfileFLVorRTMP( "oouttest2.flv" );
    objFmpgH264Encoder.setVideoWidth(newWidth);
    objFmpgH264Encoder.setVideoHeight(newHeight);
    objFmpgH264Encoder.initLibx264();
```

```
    //avfilter -- 1:初始化过滤器
    T3FFmpegAVFilterWrapper objAVFilterWrapper;
    //filter 功能描述
    const char * filter_descr = "movie=my_logo.png[wm];[wm]scale=180:-1[wm2];[in][wm2]
overlay=5:5[out]";
    objAVFilterWrapper.SetFilterAndWidthHeight(filter_descr, newWidth, newHeight);
    objAVFilterWrapper.Init();
    AVFrame * frame_yuv420p_filter = av_frame_alloc();
    frame_yuv420p_filter->width = newWidth;
    frame_yuv420p_filter->height = newHeight;
    frame_yuv420p_filter->format = AV_PIX_FMT_YUV420P;
    av_frame_get_buffer(frame_yuv420p_filter, 1);


    //8.循环读取摄像头的数据:av_read_frame,这里只获取 60 帧
    while(av_read_frame(pFormatCtx, pkt) >= 0 && frame_count < 60){
        if(pkt->stream_index == videoindex){                    //找到视频流
            //9.发送给解码器
            if(avcodec_send_packet(pCodecCtx,pkt) != 0){
                cout << "avcodec_send_packet error ..." << endl;
                break;
            }
            //10.从解码器中得到摄像头的原始视频帧
            while(avcodec_receive_frame(pCodecCtx,frame_yuyv422) == 0){
                frame_count++;
                //AV_PIX_FMT_YUYV422,  packed YUV 4:2:2, 16bpp,
                cout << "decoding:" << frame_count << endl;

                //11.将原始视频帧 YUYV422 存入本地文件中
                for(int i = 0;i < frame_yuyv422->height;i++){
                    fwrite((char *)(frame_yuyv422->data[0] + i * frame_yuyv422->
linesize[0]),
                        1, frame_yuyv422->linesize[0], outFile);
                }

                //SWScale.3,SWScale 实现格式转换:yuyv422->yuv420p
                int ret = sws_scale(yuyv422Toyuv420p,
                                    frame_yuyv422->data,        //输入数据:YUYV422
                                    frame_yuyv422->linesize,    //输入数据行字节数
                                    0,                          //图像层次
                                    frame_yuyv422->height,      //输入高度
                                    frame_yuv420p->data,        //输出的数据:YUV420p
                                    frame_yuv420p->linesize     //输出的行大小
                );
```

```
                if(ret < 0 ){
                    cout << "sws_scale failed" << endl;
                    return -4;
                }

//avfilter--2:往源滤波器 buffer 中输入待处理的数据,一定要修改 PTS
//特别注意:需要增加一个"引用",否则会崩溃
//If the frame is reference counted,
//this function will take ownership of the reference(s) and reset the frame.
                if(!objAVFilterWrapper.AddSrcFrame(frame_yuv420p)){
                    break;
                }
                //printf("av_buffersrc_add_frame ok: %d.\n", frame_count);


                //avfilter--3:从目的滤波器 buffersink 中输出处理完的数据
                if(!objAVFilterWrapper.GetDstFrame(frame_yuv420p_filter)){
                    break;
                }
                //注意更新一下 frame_out 的时间戳,否则 libx264 编码器会异常
                frame_yuv420p_filter->pts = frame_count;
                printf("av_buffersink_get_frame ok: %d.\n", frame_count);


                //SWScale.4,将 YUV420p 写入本地文件中
                uint8_t *avY = frame_yuv420p_filter->data[0];
                uint8_t *avU = frame_yuv420p_filter->data[1];
                uint8_t *avV = frame_yuv420p_filter->data[2];
                //输出出 YUV 数据
int y_size = newWidth * newHeight; //YUV420p 的一帧图像的亮度字节数
                fwrite(avY, 1, y_size, outFile_yuv420p);        //Y
                fwrite(avU, 1, y_size / 4, outFile_yuv420p);    //U
                fwrite(avV, 1, y_size / 4, outFile_yuv420p);    //V


                //libx264--2:编码一帧
                objFmpgH264Encoder.encodeLibx264OneFrame( frame_yuv420p_filter  );

                //av_frame_unref(frame_yuv420p);                //注意此处不能解除引用
                av_frame_unref(frame_yuyv422);
                av_frame_unref(frame_yuv420p_filter);
            }
        }
        av_packet_unref(pkt);
    }
```

```
    //libx264 -- 3:清空编码器并释放资源
    objFmpgH264Encoder.quitLibx264();

    //avfilter -- 4:析构时会自动调用 Quit()函数清理资源
    //objAVFilterWrapper.Quit();


    //12.关闭输入设备并释放资源
    av_packet_free(&pkt);
    avcodec_close(pCodecCtx);
    avcodec_free_context(&pCodecCtx);
    av_frame_free(&frame_yuyv422);
    av_frame_free(&frame_yuv420p);
    av_frame_free(&frame_yuv420p_filter);
    av_free(pszYUV420PBuffer);

    fclose(outFile);
    fclose(outFile_yuv420p);
    avformat_close_input(&pFormatCtx);
    avformat_free_context(pFormatCtx);

    return 0;
}

int main (int argc, char * argv[])
{

    //Register Device
    avdevice_register_all();

    OpenCameraByDShowToLive();

    return 0;
}
```

编译并运行上述代码，会生成一个.flv 文件，注意一定要将 my_logo.png 文件复制到同目录下，否则在生成水印时会出错，如图 13-8 所示。

3. FFmpeg 读取摄像头添加水印并经 H.264 编码后进行 RTMP 直播推流

打开配置好的 Nginx 服务器，推流的应用为 livetest，在 Nginx 下的 nginx.conf 文件中添加相关配置信息，代码如下：

```
//chapter13/nginx.conf - 1.txt
#添加 RTMP 服务
```

```
rtmp {
    server {
        listen 1935; #监听端口

        chunk_size 4000;
        application livetest {
            live on;
            gop_cache on;
            hls on;
            hls_path html/hls;
        }
    }
}
```

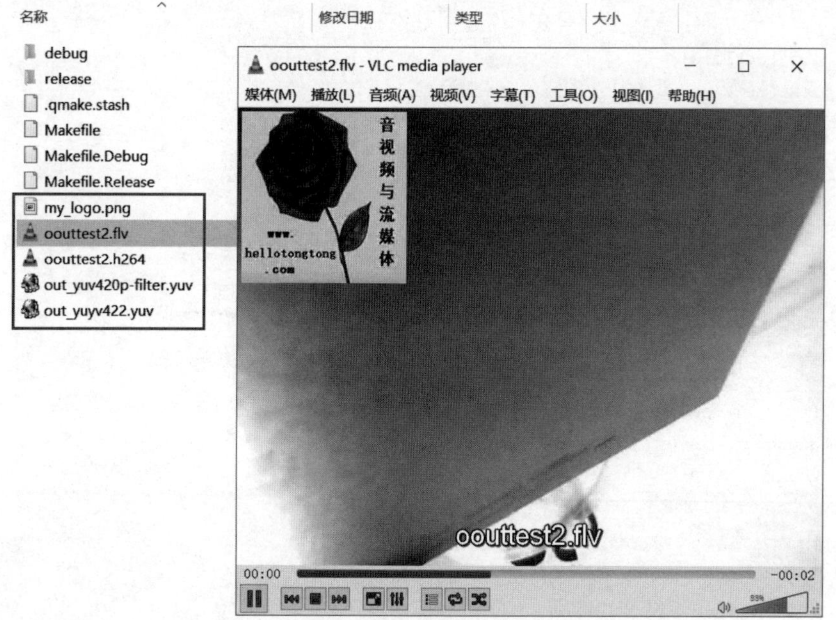

图 13-8　FFmpeg 读取摄像头＋添加水印＋H.264 编码＋封装为 FLV

由此可见，可以进行直播推流的地址为 rtmp://IP:1935/livetest/xxxxxx，其中 IP 为本机 IP，xxxxxx 为任意字母和数字的组合，例如 rtmp://127.0.0.1:1935/livetest/test1，然后修改代码中的推流地址，唯一需要修改的代码只有一行，代码如下：

```
//objFmpgH264Encoder.setOutfileFLVorRTMP( "oouttest2.flv" );
objFmpgH264Encoder.setOutfileFLVorRTMP( "rtmp://127.0.0.1:1935/livetest/test1" );
```

使用 VLC 进行播放，如图 13-9 所示；使用 ffplay.exe 进行播放，如图 13-10 所示。仅通过修改一行代码即可实现直播推流，可见 FFmpeg 框架与流程的通用性非常强。笔者封装了两个类 T3FFmpegAVFilterWrapper 和 T3FFmpegH264Encoder2，其功能分别是添加水印、使用 H.264 编码并封装为 FLV 或 RTMP。由此可见，代码复用的重要性，万一出现问题，跟踪排查起来也比较容易，但毕竟不是商用代码，建议读者在此基础上加工改造，逐步完善。

注意：过滤器字符串是非常灵活的，笔者添加的是一张图片水印，读者可以自己尝试文字跑马灯、镜面倒影等功能。

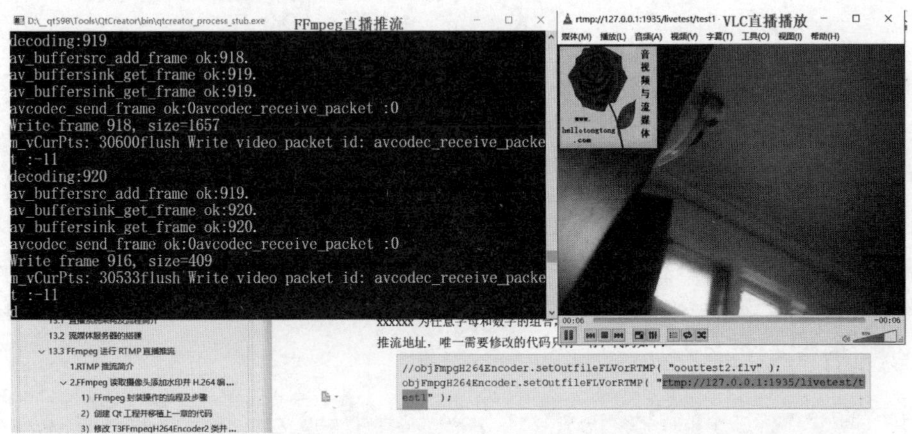

图 13-9 FFmpeg 读取摄像头＋添加水印＋H.264 编码＋RTMP 直播推流

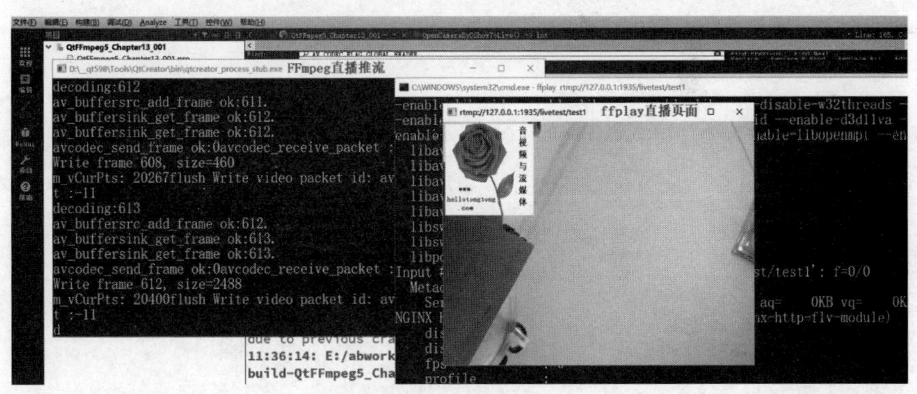

图 13-10 ffplay 直播拉流

13.4 两个 C++ 封装类的小结

如前文所述，笔者封装了两个类 T3FFmpegAVFilterWrapper 和 T3FFmpegH264Encoder2，分别完成了添加水印、使用 H.264 编码并封装为 FLV 或 RTMP 的功能，使用起来比较方便。个别参数是写死的，读者在此基础上可以灵活地修改。

1. FFmpeg 的过滤器类：T3FFmpegAVFilterWrapper

该类主要完成 FFmpeg 过滤器的功能，通过几个函数对外提供接口，代码如下：

```
//chapter13/QtFFmpeg5_Chapter13_001/t3ffmpegavfilterwrapper.h
    void Init(); //初始化
    void Quit(); //退出并清理资源
    void SetFilterAndWidthHeight(const char * filter, int w, int h){
        strcpy(filter_descr, filter);       //设置过滤器字符串,非常灵活
        frameWidth  = w;
        frameHeight = h;
    };
    bool AddSrcFrame(AVFrame * srcFrame);   //添加源 AVFrame
    bool GetDstFrame(AVFrame * dstFrame);   //获取过滤后的 AVFrame
```

在此基础上，读者即使不理解过滤器的细节内容，也可以完成复杂的过滤器功能。更多的过滤器知识点及案例可以参考笔者在清华大学出版社出版的另外一本书：《FFmpeg 入门详解——命令行及音视频特效原理及应用》。建议读者详细揣摩该封装类的细节内容，这里给出完整的头文件，代码如下：

```
//chapter13/QtFFmpeg5_Chapter13_001/t3ffmpegavfilterwrapper.h
#ifndef T3FFMPEGAVFILTERWRAPPER_H
#define T3FFMPEGAVFILTERWRAPPER_H
extern "C"
{
#include "libavcodec/avcodec.h"
#include "libavformat/avformat.h"
#include "libswscale/swscale.h"
#include "libavdevice/avdevice.h"
#include "libavutil/imgutils.h"
#include <libavfilter/avfilter.h>
#include <libavfilter/buffersrc.h>
#include <libavfilter/buffersink.h>
};

//注意:输入的 AVFrame 格式是写死的,读者可以根据情况来灵活地修改
#define MAX_FILTER_STRING_SIZE 4096
//const char * filter_descr = "movie=my_logo.png[wm];[wm]scale=180:-1[wm2];[in][wm2]
overlay=5:5[out]";
//
class T3FFmpegAVFilterWrapper
{
public:
    T3FFmpegAVFilterWrapper();
    ~T3FFmpegAVFilterWrapper();
```

```
    bool IsReady(){
        if(filter_descr[0] == '\0'){
            printf("Not inited, please call SetFilterString() first\n");;
            return false;
        }
        return this->bInitedOk;
    }

    void Init();
    void Quit();
    void SetFilterAndWidthHeight(const char * filter, int w, int h){
        strcpy(filter_descr, filter);
        frameWidth  = w;
        frameHeight = h;
    };
    bool AddSrcFrame(AVFrame * srcFrame);   //添加源 AVFrame
    bool GetDstFrame(AVFrame * dstFrame);   //获取过滤后的 AVFrame

private:
    //过滤器实例
    AVFilterContext * buffersink_ctx = nullptr;
    AVFilterContext * buffersrc_ctx = nullptr;
    //过滤器图
    AVFilterGraph * filter_graph = nullptr;
    //filter 功能描述
    //const char * filter_descr = "movie = my_logo.png[wm];[wm]scale = 180: - 1[wm2];[in]
[wm2]overlay = 5:5[out]";
    char filter_descr[MAX_FILTER_STRING_SIZE] = {0};
    char args[256] = {0};

    //定义:特殊的 filter,buffer 表示 Filter Graph 中的输入 filter,原始数据就往这个节点输入
    //定义:特殊的 filter,Buffer Sink 表示 Filter Graph 中的输出 filter,处理后的数据从这个节
//点输出

    //AVFilter ** buffersrc = (AVFilter ** )av_malloc( sizeof(AVFilter * ));
    AVFilter * buffersrc = nullptr;         //源过滤器
    AVFilter * buffersink = nullptr;        //目标过滤器

    //输入输出端口
    AVFilterInOut * outputs = nullptr;
    AVFilterInOut * inputs  = nullptr;
    AVFilterInOut * outputs_origin = nullptr;
    AVFilterInOut * inputs_origin  = nullptr;

    //定义
    AVBufferSinkParams * buffersink_params = nullptr;
```

```
    int frameWidth = 640, frameHeight = 480;
    int ret = -1;
    bool bInitedOk = false;
    int frame_count = 0;
};

#endif //T3FFMPEGAVFILTERWRAPPER_H
```

2. FFmpeg 的编码及封装类：T3FFmpegH264Encoder2

该类主要完成 H.264 编码，并封装为 FLV、MP4、RTMP 等格式，可以存储为本地文件，也可以直播推流。使用起来比较简单，但其中的一些参数是写死的，读者可以在此基础上灵活地改造，这里给出完整的头文件，代码如下：

```
//chapter13/QtFFmpeg5_Chapter13_001/t3ffmpegh264encoder2.h
#ifndef T3FFMPEGH2645ENCODER2_H
#define T3FFMPEGH2645ENCODER2_H

extern "C"{
    #include <libavformat/avformat.h>
    #include <libavcodec/avcodec.h>
    #include <libavutil/imgutils.h>
    #include <libavutil/opt.h>
};
#include <iostream>
using namespace  std;

class T3FFmpegH264Encoder2
{
public:
    T3FFmpegH264Encoder2();

    //init, encode,  quit
    int initLibx264();
    int quitLibx264();
    //inpara: camera one frame (yuv420p)
    int encodeLibx264OneFrame(AVFrame * pFrameYUV420p);
    void setOutfileH264(const char * strfilename){
        strcpy(this->m_outfileH264, strfilename);}
    void setVideoWidth(int ww){in_w =  ww;}
    void setVideoHeight(int hh) {in_h = hh; }
    void setOutfileFLVorRTMP(const char * strfilename){
        strcpy(this->m_outfileFLVorRTMP, strfilename);}
```

```
private:
    int _encode(AVCodecContext * avCodecCtx,
                AVPacket * pack,
                AVFrame  * frame,
                FILE * fp = NULL);

private:
    AVFormatContext * pFormatCtx;      //格式上下文空间
    AVOutputFormat * pOutputFmt;       //输出格式
    AVCodecContext * pCodecCtx;        //编码器上下文参数
    AVCodec * pCodec;
    AVPacket * pkt;
    AVFrame * m_pFrame;

    FILE * out_file;
    char  m_outfileH264[512];          //.h264 文件名
    uint8_t * pFrameBuf;
    int m_frameIndex;
    int in_w, in_h;

    //封装格式,例如.flv、.mp4
    AVFormatContext * m_oFmtCtx;       //输出格式上下文
    int m_vOutVideoIndex = 0;          //新创建的视频流的索引号
    char  m_outfileFLVorRTMP[512];     //.flv 文件名或 RTMP 直播地址

};

#endif //T3FFMPEGH2645ENCODER2_H
```

13.5　OpenCV4 基础操作及磨皮美颜

使用 FFmpeg 处理音频、视频比较强大,但针对图像细节的处理略显不足。可以考虑使用 OpenCV 这个强大的开源库,专门针对图像进行各种复杂算法的处理及应用。

注意:关于 OpenCV4 更详细的原理讲解及案例剖析,可以关注笔者后续的图书。

---

1. OpenCV4 配置开发环境

OpenCV4 的开发包包括 bin、include、lib 共 3 个文件夹,如图 13-11 所示。

配置开发环境主要包括头文件(.h)、库文件(.a/.lib)及运行时文件(.dll/.so),打开 Qt 项目的配置文件 QtFFmpeg5_Chapter13_001.pro,添加 OpenCV4 的头文件和库文件的路径,代码如下:

```
INCLUDEPATH += $$PWD/../../opencv4_64/include
LIBS += $$PWD/../../opencv4_64/lib/opencv_world410d.lib
```

_qsinghuabooks > allcodes > F4Codes > opencv4_64 >

名称	修改日期	类型
bin	星期二 15:12	文件夹
include	星期二 15:13	文件夹
lib	星期二 15:13	文件夹

图 13-11　OpenCV4 的开发包

上述代码可以放在 DEFINES 之后，如图 13-12 所示。

```
QT -= gui

CONFIG += c++11 console
CONFIG -= app_bundle

# The following define makes your compiler emit warnings if you use
# any Qt feature that has been marked deprecated (the exact warnings
# depend on your compiler). Please consult the documentation of the
# deprecated API in order to know how to port your code away from it.
DEFINES += QT_DEPRECATED_WARNINGS
INCLUDEPATH += $$PWD/../../opencv4_64/include
LIBS += $$PWD/../../opencv4_64/lib/opencv_world410d.lib

INCLUDEPATH += $$PWD/../../ffmpeg-n5.0-latest-win64-gpl-shared-5.0/include/
LIBS += -L$$PWD/../../ffmpeg-n5.0-latest-win64-gpl-shared-5.0/lib/ \
        -lavutil \
        -lavformat \
        -lavcodec \
        -lavdevice \
        -lavfilter \
        -lswresample \
        -lswscale \
        -lpostproc
```

图 13-12　在 Qt 项目中配置 OpenCV4 的开发环境

同时，需要将 opencv4_64/bin 所在路径添加到 PATH 环境变量中，如图 13-13 所示，否则运行程序时会提示找不到对应的动态库文件。

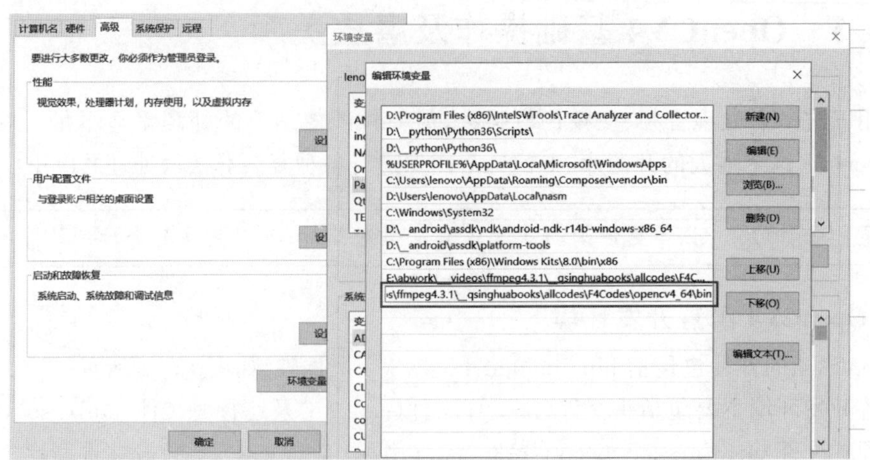

图 13-13　在 PATH 环境变量中配置 OpenCV4 的动态库路径

2. OpenCV4 读取摄像头实现腐蚀效果

使用 OpenCV4 需要先添加头文件,代码如下:

```
//chapter13/QtFFmpeg5_Chapter13_001/opencveffects.cpp
#include <opencv2/opencv.hpp>
#include <iostream>
using namespace  std;
using namespace  cv;
```

使用 OpenCV4 读取摄像头非常简单,比 FFmpeg 要容易很多。直接使用 VideoCapture 就可以完成对摄像头的操作,然后使用 Mat 数据结构可以存储原始帧,OpenCV 中的帧类型一般采取 BRG 格式(注意不是 RGB)。先定义一个 VideoCapture 类型的变量,代码如下:

```
//videocapture 结构创建一个 capture 视频对象
VideoCapture capture;
```

调用该类的 open()函数即可打开摄像头,参数是 int 类型,从 0 开始;调用 get()函数可以获取摄像头的各种参数,例如帧率、分辨率等;调用 read()函数或重载操作符>>可以读取一帧数据,返回 Mat 类型的帧数据,可以使用 imshow()将 Mat 帧显示到窗口上;调用 release()函数关闭摄像头并释放资源。完整代码如下(详见注释信息):

```
//chapter13/QtFFmpeg5_Chapter13_001/opencveffects.cpp
#include <opencv2/opencv.hpp>
#include <iostream>
using namespace  std;
using namespace  cv;
//读取摄像头并显示到窗口上
int main(int argc, char** argv)
{
    //videocapture 结构创建一个 capture 视频对象
    VideoCapture capture;
    //打开摄像头
    capture.open(0);
    if (!capture.isOpened()) {
        printf("could not load video data...\n");
        return -1;
    }
    //获取帧的视频宽度、视频高度、分辨率、帧率等
    int frames = capture.get(CAP_PROP_FRAME_COUNT);   //帧数:摄像头会返回-1
    double fps = capture.get(CAP_PROP_FPS);
    Size size = Size(capture.get(CAP_PROP_FRAME_WIDTH),
```

```
                capture.get(CAP_PROP_FRAME_HEIGHT));
    cout << frames << endl;
    cout << fps << endl;
    cout << size << endl;
    //创建视频中每张图片对象
    Mat frame;
    //namedWindow("video-demo", WINDOW_AUTOSIZE);
    //循环显示视频中的每张图片
    for (;;)
    {
        //将视频转给每张图进行处理
        capture >> frame;
        //省略对图片的处理
        //视频播放完退出
        if (frame.empty())break;
        imshow("video-src",frame);

        //在视频播放期间按键退出,每帧间隔 33ms
        if (waitKey(1000/fps) >= 0) break;
    }
    //释放
    capture.release();
    return 0;
}
```

新增一个 C++文件(OpencvEffects.cpp),将上述代码复制进去,编译并运行程序,会在控制台输出相关的信息,例如帧数为-1、帧率为 30、分辨率为 640×480,并弹出一个新窗口显示摄像头捕获的视频帧,如图 13-14 所示。

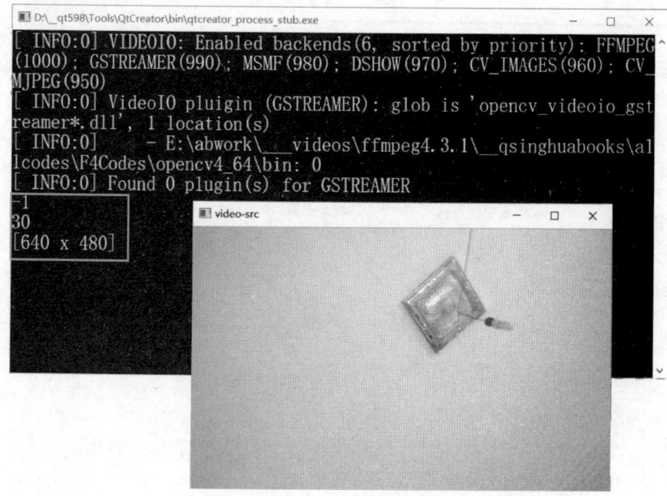

图 13-14　使用 OpenCV4 读取摄像头捕获的视频帧

通过 VideoCapture 的 get 函数可以获取摄像头的各类参数，传入的参数是枚举类型，代码如下：

```
//chapter13/QtFFmpeg5_Chapter13_001/VideoCaptureProperties.txt
enum VideoCaptureProperties {
       CAP_PROP_POS_MSEC        = 0, //!< Current position of the video file in milliseconds
       CAP_PROP_POS_FRAMES       = 1, //!< 0 - based index of the frame to be decoded/
captured next
       CAP_PROP_POS_AVI_RATIO   = 2, //!< Relative position of the video file: 0 = start of the
film, 1 = end of the film
       CAP_PROP_FRAME_WIDTH     = 3, //!< Width of the frames 宽度
       CAP_PROP_FRAME_HEIGHT    = 4, //!< Height of the frames 高度
       CAP_PROP_FPS              = 5, //!< Frame rate.帧率
       CAP_PROP_FOURCC      = 6, //!< 4 - character code of codec. see VideoWriter::fourcc
       CAP_PROP_FRAME_COUNT     = 7, //!< Number of frames in the video file
       CAP_PROP_FORMAT          = 8, //!< Format of the % Mat objects returned by VideoCapture::
retrieve()
       CAP_PROP_MODE             = 9, //!< Backend - specific value indicating the current
capture mode
       CAP_PROP_BRIGHTNESS      = 10, //!< Brightness of the image (only for those cameras that
support)
       CAP_PROP_CONTRAST        = 11, //!< Contrast of the image (only for cameras)
       CAP_PROP_SATURATION      = 12, //!< Saturation of the image (only for cameras)
       CAP_PROP_HUE             = 13, //!< Hue of the image (only for cameras)
       CAP_PROP_GAIN              = 14, //!< Gain of the image (only for those cameras that
support)
       CAP_PROP_EXPOSURE        = 15, //!< Exposure (only for those cameras that support)
       CAP_PROP_CONVERT_RGB    = 16, //!< Boolean flags indicating whether images should be
converted to RGB
       CAP_PROP_WHITE_BALANCE_BLUE_U = 17, //!< Currently unsupported
       CAP_PROP_RECTIFICATION = 18, //!< Rectification flag for stereo cameras (note: only
supported by DC1394 v 2.x backend currently)
       CAP_PROP_MONOCHROME      = 19,
       CAP_PROP_SHARPNESS       = 20,
       CAP_PROP_AUTO_EXPOSURE = 21, //!< DC1394: exposure control done by camera, user can
adjust reference level using this feature
       CAP_PROP_GAMMA           = 22,
       CAP_PROP_TEMPERATURE    = 23,
       CAP_PROP_TRIGGER         = 24,
       CAP_PROP_TRIGGER_DELAY = 25,
       CAP_PROP_WHITE_BALANCE_RED_V = 26,
       CAP_PROP_ZOOM             = 27,
       CAP_PROP_FOCUS           = 28,
       CAP_PROP_GUID             = 29,
       CAP_PROP_ISO_SPEED       = 30,
```

```
        CAP_PROP_BACKLIGHT      = 32,
        CAP_PROP_PAN            = 33,
        CAP_PROP_TILT           = 34,
        CAP_PROP_ROLL           = 35,
        CAP_PROP_IRIS           = 36,
        CAP_PROP_SETTINGS       = 37, //!< Pop up video/camera filter dialog (note: only
supported by DSHOW backend currently. The property value is ignored)
        CAP_PROP_BUFFERSIZE     = 38,
        CAP_PROP_AUTOFOCUS      = 39,
        CAP_PROP_SAR_NUM        = 40, //!< Sample aspect ratio: num/den (num)
        CAP_PROP_SAR_DEN        = 41, //!< Sample aspect ratio: num/den (den)
        CAP_PROP_BACKEND        = 42, //!< Current backend (enum VideoCaptureAPIs). Read-only
property
        CAP_PROP_CHANNEL        = 43, //!< Video input or Channel Number (only for those cameras
that support)
        CAP_PROP_AUTO_WB        = 44, //!< enable/ disable auto white-balance
        CAP_PROP_WB_TEMPERATURE = 45, //!< white-balance color temperature
#ifndef CV_DOXYGEN
        CV__CAP_PROP_LATEST
#endif
      };
```

3. OpenCV4 实现腐蚀效果

形态学(Morphology)一词通常表示生物学的一个分支，该分支主要研究动植物的形态和结构，而图像处理中指的形态学往往表示的是数学形态学(Mathematical Morphology)。它是一门建立在格论和拓扑学基础之上的图像分析学科，是数学形态学图像处理的基本理论。其基本的运算包括二值腐蚀和膨胀、二值开闭运算、骨架抽取、极限腐蚀、击中击不中变换、形态学梯度、顶帽(Top-hat)变换、颗粒分析、流域变换、灰值腐蚀和膨胀、灰值开闭运算、灰值形态学梯度等。

1) 形态学中膨胀与腐蚀

简单来讲，形态学操作就是基于形状的一系列图像处理操作。OpenCV 为进行图像的形态学变换提供了快捷和方便的函数，最基本的形态学操作有两种：膨胀(Dilation)和腐蚀(Erosion)，使用 dilate()和 erode()函数即可完成这两种操作。膨胀就是求局部最大值的操作。从数学方面来讲，膨胀或者腐蚀操作就是将图像(或图像的一部分区域，称为 A)与核(称为 B)进行卷积。核可以是任何的形状和大小，它拥有一个单独定义的参考点，称其为锚点(anchorpoint)。多数情况下，核的中间带有参考点和实心正方形或者圆盘，其实，可以把核视为模板或者掩码，而膨胀就是求局部最大值的操作，核 B 与图形卷积，即计算核 B 覆盖的区域的像素的最大值，并把这个最大值赋值给参考点指定的像素。这样就会使图像中的高亮区域逐渐增长。膨胀和腐蚀是相反的一对操作，所以腐蚀就是求局部最小值的操作，一般会把腐蚀和膨胀对应起来理解和学习。

2）图像卷积与卷积核

图像卷积操作可以看成一个窗口区域在另外一个大的图像上移动，对每个窗口覆盖的区域都进行点乘得到的值作为中心像素的输出值。窗口的移动是从左到右，从上到下的。窗口可以理解成一个指定大小的二维矩阵，里面有预先指定的值，该过程如图 13-15 所示。

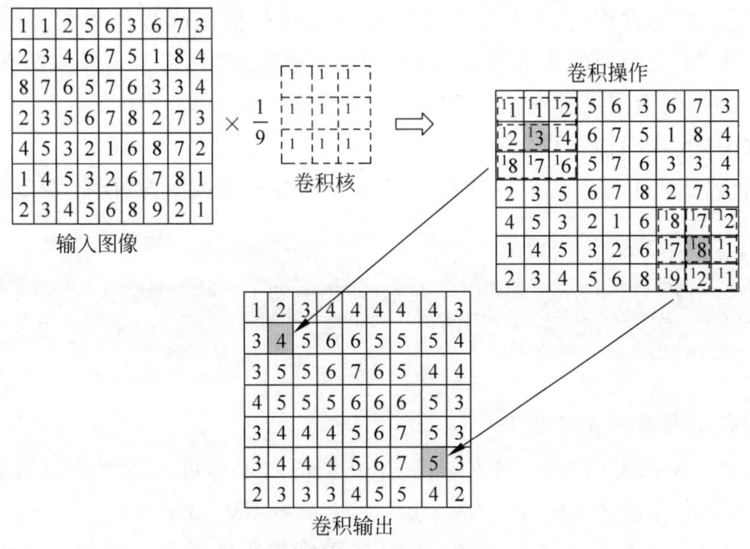

图 13-15 图像卷积操作

图像滤波是在尽量保留图像细节特征的条件下对目标图像的噪声进行抑制，是图像预处理中不可缺少的操作，其处理效果的好坏将直接影响后续图像处理和分析的有效性和可靠性。线性滤波是图像处理最基本的方法，它允许对图像进行处理，产生很多不同的效果。首先，需要一个二维的滤波器矩阵（卷积核）和一个要处理的二维图像，然后，对于图像的每像素计算它的邻域像素和滤波器矩阵的对应元素的乘积，最后加起来，作为该像素位置的值。这样就完成了滤波过程。对图像和滤波矩阵进行逐个元素相乘再求和的操作就相当于将一个二维的函数移动到另一个二维函数的所有位置，这个操作就叫卷积，其中卷积核定义规则如下：

（1）滤波器的大小应该是奇数，这样它才有一个中心，例如 3×3、5×5 或者 7×7。有了中心，也就有了半径的称呼，例如 5×5 大小的核对应的半径就是 2。

（2）滤波器矩阵所有的元素之和应该等于 1，这是为了保证滤波前后图像的亮度保持不变。注意这不是硬性要求。

（3）如果滤波器矩阵所有元素之和大于 1，则滤波后的图像就会比原图像更亮，反之，如果小于 1，则得到的图像就会变暗。如果和为 0，图像不会变黑，但也会非常暗。

（4）对于滤波后的结构，可能会出现负数或者大于 255 的数值。对这种情况，将它们直接截断到 0 和 255 之间即可。对于负数，也可以取绝对值。

在 OpenCV 甚至于平常的图像处理中，卷积核是一种最常用的图像处理工具。其主要通过确定的核块来检测图像的某个区域，之后根据所检测的像素与其周围存在的像素的亮度差值来改变像素明亮度，例如一个卷积核的伪代码如下：

```
Kernel33 = np.array([[-1,-1,-1],[-1,8,-1],[-1,-1,-1]])
```

这是一个[3,3]的卷积核，其作用是计算中央像素与周围临近像素的亮度差值，如果亮度差值差距过大，本身图像的中央亮度较低，则经过卷积核以后，中央像素的亮度会增加，即如果一像素比周围的像素更加突出，则提升其本身的亮度。

3) OpenCV4 实现腐蚀操作

erode()函数是使用像素邻域内的局部极小运算符来腐蚀图像，函数原型如下：

```
//chapter13/others.txt
void erode(InputArray src, OutputArray dst, InputArray Kernel, Point anchor = Point(-1, -1),
int iterations = 1, int borderType = BORDER_CONSTANT, const Scalar& borderValue =
morphologyDefaultBorderValue());
```

该函数的各个参数的含义如下。

(1) InputArray 类型的 src：输入图像，Mat 类的对象即可。图像的通道数可以是任意的，但是图像的深度应该是 CV_8U、CV_16U、CV_16S、CV_32F 或 CV_64F。

(2) OutputArray 类型的 dst：目标图像，需要和输入图像有一样的尺寸和类型。

(3) InputArray 类型的 Kernel：膨胀操作的核。当为 NULL 时，表示使用的是参考点位于中心 3×3 的核。

(4) Point 类型的 anchor：锚点的位置，默认值为(−1,−1)，表示位于中心。

(5) int 类型的 iterations：迭代的次数，默认值为 1。

(6) int 类型的 borderType：用于推断图像外部像素的某种边界模式，默认值为 BORDER_DEFAULT。

(7) const Scalar& 类型的 borderValue：一般采用默认值。

一般只需传入前 3 个参数，后面的 4 个参数有默认值。使用 erode()函数的案例代码如下：

```
//chapter13/others.txt
#include <iostream>
#include <opencv2/opencv.hpp>
#include <opencv2/imgproc/imgproc.hpp>
#include <opencv2/highgui/highgui.hpp>

using namespace std;
using namespace cv;
int main() {
    Mat srcImage;
```

```
    srcImage = imread("./1.jpg");                                  //读取图片

    Mat element;
    element = getStructuringElement(MORPH_RECT, Size(5, 5)); //卷积核

    Mat dstImage;
    erode(srcImage, dstImage, element);                            //腐蚀操作
    imwrite("erode.jpg", dstImage);                                //将腐蚀后的 Mat 写入本地文件
    return 0;
}
```

在该案例中，使用了 getStructuringElement()函数，它会返回指定形状和尺寸的结构元素，函数原型如下：

```
Mat getStructuringElement(int shape, Size esize, Point anchor = Point(-1, -1));
```

该函数的第 1 个参数表示内核的形状，有以下 3 种形状可以选择。

(1) 矩形：MORPH_RECT。

(2) 交叉形：MORPH_CROSS。

(3) 椭圆形：MORPH_ELLIPSE。

第 2 个和第 3 个参数分别是内核的尺寸及锚点的位置。一般在调用 erode()及 dilate()函数之前先定义一个 Mat 类型的变量来获得 getStructuringElement()函数的返回值。对于锚点的位置，有默认值 Point(−1,−1)，表示锚点位于中心点。element 形状依赖锚点位置，其他情况下，锚点只影响了形态学运算结果的偏移。

4）OpenCV4 对摄像头捕获的视频进行腐蚀操作

使用 OpenCV 读取摄像头的视频帧之后，可以调用 erode()函数进行腐蚀操作，代码如下：

```
//chapter13/QtFFmpeg5_Chapter13_001/opencveffects.cpp
//摄像头 + 膨胀、腐蚀
int main(int argc, char ** argv)
{
    //videocapture 结构创建一个 capture 视频对象
    VideoCapture capture;
    //打开摄像头
    capture.open(0);
    if (!capture.isOpened()) {
        printf("could not load video data...\n");
        return -1;
    }
    //获取帧的视频宽度、视频高度、分辨率、帧率等
    int frames = capture.get(CAP_PROP_FRAME_COUNT);    //帧数:摄像头会返回 - 1
```

```
    double fps = capture.get(CAP_PROP_FPS);
    Size size = Size(capture.get(CAP_PROP_FRAME_WIDTH),
                     capture.get(CAP_PROP_FRAME_HEIGHT));
    cout << frames << endl;
    cout << fps << endl;
    cout << size << endl;
    //创建视频中每张图片对象
    Mat frame;
    //namedWindow("video - demo", WINDOW_AUTOSIZE);
    //循环显示视频中的每张图片
    Mat edge;

//获取结构元素,定义卷积核
Mat element = getStructuringElement(MORPH_RECT, Size(7, 7), Point( - 1, - 1));
    Mat image_out;   //膨胀或腐蚀后的 Mat

    for (;;)
    {
        //将视频转给每张图进行处理
        capture >> frame;
        //省略对图片的处理
        //视频播放完退出
        if (frame.empty())break;
        imshow("video - src",frame);

        //dilate(frame, image_out, element, Point( - 1, - 1), 1);   //膨胀
        erode(frame, image_out, element, Point( - 1, - 1), 1);      //腐蚀
        imshow("image_out", image_out);


        //在视频播放期间按键退出
        if (waitKey(1000/fps) >= 0) break;
    }
    //释放
    capture.release();
    return 0;
}
```

编译并运行上述代码,会对摄像头捕获的视频帧进行腐蚀操作,如图 13-16 所示。

4. OpenCV4 实现轮廓效果

图像的边缘由图像中两个相邻的区域之间的像素集合组成,是指图像中一个区域的结束和另外一个区域的开始。也可以理解为,图像边缘就是图像中灰度值发生空间突变的像素的集合。梯度方向和幅度是图像边缘的两个性质,沿着跟边缘垂直的方向,像素值的变化幅度比较平缓,而沿着与边缘平行的方向,则像素值变化幅度比较大。于是,根据该变化特

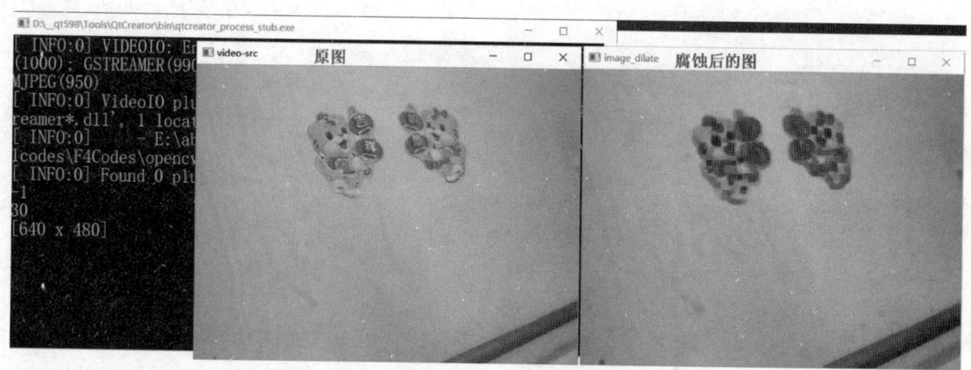

图 13-16　OpenCV4 的腐蚀操作

性，通常会采用计算一阶或者二阶导数的方法来描述和检测图像边缘。

基于边缘检测的图像分割方法的基本思路是首先检测出图像中的边缘像素，然后把这些边缘像素集合连接在一起便组成所要的目标区域边界。图像中的边缘可以通过对灰度值求导来检测确定，然而求导数可以通过计算微分算子实现。在数字图像处理领域，微分运算通常被差分计算所近似代替。使用 OpenCV 的 Canny()函数可以检测到图像的轮廓，并进行二值化处理，函数原型如下：

```
//chapter13/QtFFmpeg5_Chapter13_001/others.txt
CV_EXPORTS_W void Canny( InputArray image, OutputArray edges,
                         double threshold1, double threshold2,
                         int apertureSize = 3, bool L2gradient = false );
```

该函数的各个参数的含义如下：

(1) image：8 位输入图像。

(2) edges：输出边缘，单通道 8 位图像，与图像大小相同。

(3) threshold1：迟滞过程的第 1 个阈值。

(4) threshold2：迟滞过程的第 2 个阈值。

(5) aperturcSize：Sobel 算子的孔径大小。

(6) L2gradient：一个标志值，指示是否应用更精确的方式计算图像梯度幅值。

使用 OpenCV 读取摄像头的视频帧之后，调用 Canny()函数即可完成轮廓的提取，代码如下：

```
//chapter13/QtFFmpeg5_Chapter13_001/opencveffects.cpp
//摄像头 + Canny
int main (int argc, char ** argv)
{
    //videocapture 结构创建一个 capture 视频对象
    VideoCapture capture;
```

```
    //连接视频
    capture.open(0);
    if (!capture.isOpened()) {
        printf("could not load video data...\n");
        return -1;
    }
    int frames = capture.get(CAP_PROP_FRAME_COUNT);      //获取视频帧数目
    double fps = capture.get(CAP_PROP_FPS);              //获取每帧视频的频率
    //获取帧的视频宽度和视频高度
    Size size = Size(capture.get(CAP_PROP_FRAME_WIDTH), capture.get(CAP_PROP_FRAME_
HEIGHT));
    cout << frames << endl;
    cout << fps << endl;
    cout << size << endl;
    //创建视频中每张图片对象
    Mat frame;
    namedWindow("video-demo", WINDOW_AUTOSIZE);
    //循环显示视频中的每张图片
    Mat edgeMat;

    for (;;)
    {
        //将视频转给每张图进行处理
        capture >> frame;
        //省略对图片的处理
        //视频播放完退出
        if (frame.empty())break;
        imshow("video-demo",frame);

        //检测边缘图像,并二值化
        Canny(frame, edgeMat, 80, 180, 3, false);
        imshow("edge", edgeMat);


        //在视频播放期间按键退出
        if (waitKey(33) >= 0) break;
    }
    //释放
    capture.release();
    return 0;
}
```

编译并运行上述代码,可以提取图像中的轮廓并进行二值化(黑白图)处理,如图 13-17 所示。

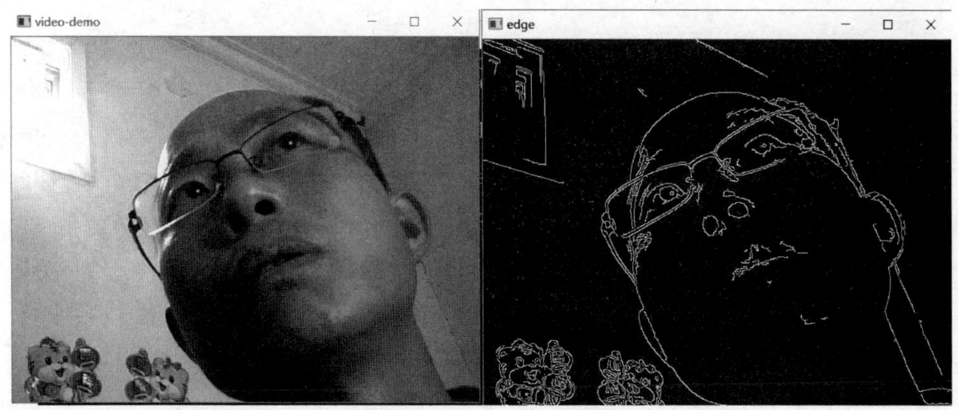

图 13-17　OpenCV4 提取轮廓

5. OpenCV4 实现磨皮美颜效果

皮肤美化处理主要包括磨皮和美白，磨皮需要把脸部皮肤区域处理得细腻、光滑，美白则需要将皮肤区域处理得白皙、红润。磨皮主要通过保边滤波器对脸部非器官区域进行平滑操作，达到脸部皮肤区域光滑的效果。一般来讲常用的保边滤波器主要有双边滤波、导向滤波、表面模糊滤波、局部均值滤波等，考虑到性能和效果的平衡，一般采用双边滤波或者导向滤波。双边滤波考虑了窗口区域内像素的欧氏距离和像素强度差异这两个维度，使其在进行平滑操作时具有保护边缘的特性。其优点是在 GPU 侧计算量小、资源消耗低，其缺点是无法去除色差较大的孤立点，如痘痘、黑痣等，并且磨皮后的效果较为生硬，而导向滤波则是根据窗口区域内纹理的复杂程度进行平滑程度的调节，在平坦区域趋近于均值滤波，在纹理复杂的区域则趋近于原图，窗口区域内纹理的复杂程度跟均值和方差强相关，既能够很好地处理平坦区域的各种噪点，又能较完整地保存好轮廓区域的信息，并且在 GPU 侧的计算并不复杂。

双边滤波(Bilateral Filter)是一种非线性的滤波方法，是结合图像的空间邻近度和像素值相似度的一种折中处理，同时考虑空域信息和灰度相似性，达到保边去噪的目的。具有简单、非迭代、局部的特点。双边滤波器的好处是可以做边缘保存(Edge Preserving)，一般用高斯滤波去降噪，会较明显地模糊边缘，对于高频细节的保护效果并不明显。双边滤波器顾名思义比高斯滤波多了一个高斯方差，它是基于空间分布的高斯滤波函数，所以在边缘附近，离得较远的像素不会太多影响边缘上的像素值，这样就保证了边缘附近像素值的保存，但是由于保存了过多的高频信息，对于彩色图像里的高频噪声，双边滤波器不能干净地滤掉，只能对于低频信息进行较好的滤波。OpenCV4 提供了双边滤波的函数，原型如下：

```
//chapter13/QtFFmpeg5_Chapter13_001/others.txt
void bilateralFilter( InputArray src,
                      OutputArray dst,
```

```
                    int d,
                    double sigmaColor,
                    double sigmaSpace,
                    int borderType = BORDER_DEFAULT );
```

该函数的各个参数的含义如下。

(1) InputArray 类型的 src：输入图像，即源图像，需要 8 位或者浮点型单通道、三通道的图像。

(2) OutputArray 类型的 dst：即目标图像，需要和源图片有一样的尺寸和类型。

(3) int 类型的 d：表示在过滤过程中每像素邻域的直径。如果将这个值设为非正数，则 OpenCV 会从第 5 个参数 sigmaSpace 来计算它。

(4) double 类型的 sigmaColor：颜色空间滤波器的 sigma 值。这个参数的值越大，就表明该像素邻域内有更宽广的颜色会被混合到一起，产生较大的半相等颜色区域。

(5) double 类型的 sigmaSpace：坐标空间中滤波器的 sigma 值，坐标空间的标准方差。它的数值越大，意味着越远的像素会相互影响，从而使更大的区域有足够相似的颜色获取相同的颜色。当 $d>0$ 时，d 指定了邻域大小且与 sigmaSpace 无关。否则 d 正比于 sigmaSpace。

(6) int 类型的 borderType：用于推断图像外部像素的某种边界模式。注意它有默认值 BORDER_DEFAULT。

使用 OpenCV 读取摄像头的视频帧之后，调用 bilateralFilter()函数即可实现双边滤波的效果，代码如下：

```
//chapter13/QtFFmpeg5_Chapter13_001/opencveffects.cpp
//摄像头 + 磨皮美颜
int main(int argc, char ** argv)
{
    //videocapture 结构创建一个 capture 视频对象
    VideoCapture capture;
    //连接视频
    capture.open(0);
    if (!capture.isOpened()) {
        printf("could not load video data...\n");
        return -1;
    }
    int frames = capture.get(CAP_PROP_FRAME_COUNT);   //获取视频帧数目
    double fps = capture.get(CAP_PROP_FPS);           //获取每帧视频的频率
    //获取帧的视频宽度和视频高度
    Size size = Size(capture.get(CAP_PROP_FRAME_WIDTH), capture.get(CAP_PROP_FRAME_
HEIGHT));
    cout << frames << endl;
    cout << fps << endl;
```

```
    cout << size << endl;
    //创建视频中每张图片对象
    Mat frame;
    namedWindow("video - demo", WINDOW_AUTOSIZE);
    //循环显示视频中的每张图片
    for (;;)
    {
        //将视频转给每张图进行处理
        capture >> frame;
        //省略对图片的处理
        //视频播放完退出
        if (frame.empty())break;
        imshow("video - src",frame);

        Mat bila_image;
        bilateralFilter(frame, bila_image, 0, 100, 10, 4);
        //pyrMeanShiftFiltering(frame, bila_image, 15, 30);
        imshow("bila_image", bila_image);

        //在视频播放期间按键退出
        if (waitKey(33) >= 0) break;
    }
    //释放
    capture.release();
    return 0;
}
```

编译并运行上述代码，可以实现磨皮美颜的效果，如图 13-18 所示。

注意：使用 OpenCV 的 bilateralFilter()函数可以进行磨皮美颜，但效果一般，更好的磨皮美颜算法需要研究专业的论文。同时，在直播场景下还要考虑性能问题。

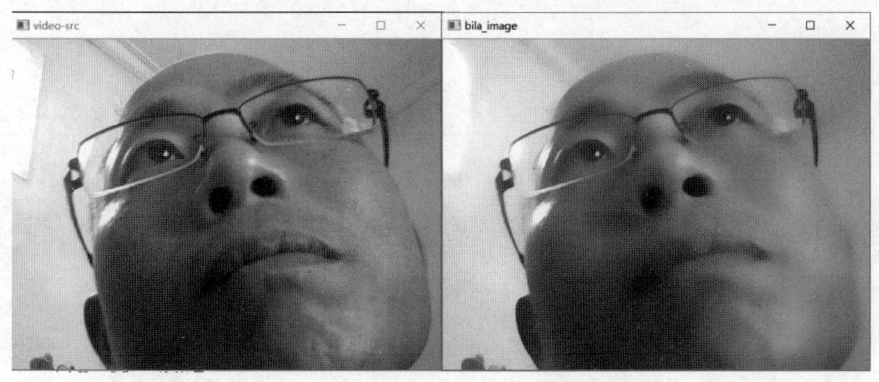

图 13-18 OpenCV4 的双边滤波及磨皮效果

13.6 OpenCV4 磨皮美颜并结合 FFmpeg 直播推流

使用 OpenCV4 读取摄像头视频帧并进行磨皮美颜处理，然后结合 FFmpeg 直播推流的主要步骤如下：

(1) 初始化 OpenCV4。

(2) 初始化 FFmpeg。

(3) 使用 OpenCV 循环读取摄像头视频帧并进行磨皮美颜处理。

(4) 颜色空间转换。

(5) 使用 FFmpeg 进行 H.264 编码。

(6) 搭建直播服务器。

(7) 使用 FFmpeg 直播推流。

(8) 直播拉流、播放，可以使用 ffplay 或 VLC 等播放器。

这些步骤在之前的章节中都已经讲过，这里不再赘述每个细节知识点。OpenCV 与 FFmpeg 存储视频帧的数据结构分别为 Mat(BGR24 格式)、AVFrame(YUV 格式)，这就涉及二者的转换问题。本质上讲，视频帧就是字节流，所以无论 Mat 还是 AVFrame 都是对二进制字节流的处理，它们之间可以通过 FFmpeg 的 SwsContext 实现颜色空间转换，主要代码如下：

```
//chapter13/QtFFmpeg5_Chapter13_001/others.txt
//1.准备 Mat 与 AVFrame
//AVFrame 的初始化
yuv420p = av_frame_alloc();
yuv420p->format = AV_PIX_FMT_YUV420P;
yuv420p->width = inWidth;
yuv420p->height = inHeight;

//Frame: BGR24
Mat frameMatBGR24;

//2.准备 SwsContext:颜色空间转换
SwsContext       *vsc = nullptr;     //video color space conversion
//颜色空间转换的初始化:BGR24 转换为 YUV420p
//注意:OpenCV 读取的帧是 BGR24 格式
//需要转换为 YUV420p 格式,传递给 H.264 编码器
vsc = sws_getCachedContext(vsc,
        inWidth, inHeight, AV_PIX_FMT_BGR24,
        inWidth, inHeight, AV_PIX_FMT_YUV420P,
        SWS_BICUBIC,                  //尺寸变化使用算法
        0,0,0);
```

```
//3.循环读取摄像头视频帧并进行磨皮美颜处理
if(!videoCap.grab()){
    continue;
}
if( ! videoCap.retrieve(frameMatBGR24)  ){
    continue;
}
imshow("src", frameMatBGR24);                                  //BGR

//4.颜色空间转换
yuv->pts = 0;
//分配 YUV 空间:自动内存管理
int ret = av_frame_get_buffer(yuv420p, 32);
//bgr24 to yuv420p
uint8_t* indata[AV_NUM_DATA_POINTERS] = {0};
//src data:indata[0] = frameMatBGR24.data;
indata[0] = frameMatBGR24.data;                                //摄像头的帧数据
//一行(宽)数据的字节数
int insize[AV_NUM_DATA_POINTERS] = { 0 };
insize[0] = frameMatBGR24.cols * frameMatBGR24.elemSize();
int h = sws_scale(vsc, indata, insize, 0, frameMatBGR24.rows,  //源数据
    yuv420p->data, yuv420p->linesize);
```

先使用 OpenCV4 抓取的 BGR24 格式的视频帧数据，接着进行磨皮美颜处理，然后调用 SwsScale 库将 Mat 转换为 AVFrame，最后就可以使用 FFmpeg 进行直播推流了，完整代码如下：

```
//chapter13/QtFFmpeg5_Chapter13_001/opencv4cameraffmpeglive.cpp
//opencv 头文件
#include <opencv2/opencv.hpp>
#include <iostream>

//FFmpeg 头文件
extern "C"
{
#include <libswscale/swscale.h>
#include <libavcodec/avcodec.h>
#include <libavformat/avformat.h>
}

using namespace  std;
using namespace  cv;
```

```
int main (int argc, char * argv[])
{

/*
  1.OpenCV4 读取摄像头视频帧
  2.FFmpeg 4 的初始化工作
  3.循环读取摄像头视频帧并进行磨皮美颜处理
  4.颜色空间转换
  5.H.264 编码
  6.搭建直播服务器
  7.直播推流
  8.直播拉流、播放
*/

    //nginx + rtmp:server
    const char * outUrl = "rtmp://127.0.0.1:1935/livetest/test123";

    //1.OpenCV4 读取摄像头视频帧
    VideoCapture videoCap(0);
    if( !videoCap.isOpened() ){
        cout << "open camera failed..." << endl;
        return -1;
    }
    //Frame: BGR24
    Mat frameMatBGR24;
    double fps = videoCap.get(CAP_PROP_FPS);
    int inWidth = videoCap.get(CAP_PROP_FRAME_WIDTH);
    int inHeight = videoCap.get(CAP_PROP_FRAME_HEIGHT);
    cout << "width:" << inWidth << ",height:" << inHeight << endl;

    //2. FFmpeg 4 的初始化工作
    //注册所有的编解码器
    //avcodec_register_all();

    //注册所有的封装器
    //av_register_all();

    //注册所有网络协议
    avformat_network_init();

    //格式上下文、编解码上下文等
    AVFormatContext *oc   = nullptr;       //output context
    AVCodecContext  *vc   = nullptr;       //video encoder
    AVFrame         *yuv420p = nullptr;    //Output Frame
    SwsContext      *vsc = nullptr;        //video color space conversion
```

```
try {
    //颜色空间转换的初始化
    //注意:OpenCV 读取的帧是 BGR24 格式
    //需要转换为 YUV420p 格式,传递给 H.264 编码器
    vsc = sws_getCachedContext(vsc,
                inWidth, inHeight, AV_PIX_FMT_BGR24,
                inWidth, inHeight, AV_PIX_FMT_YUV420P,
                SWS_BICUBIC,                        //尺寸变化使用算法
                0,0,0);

    if (!vsc)
    {
        cout << "sws_getCachedContext failed!" << endl;
        throw exception("sws_getCachedContext failed!");
    }

    //AVFrame 的初始化
    yuv420p = av_frame_alloc();
    yuv420p->format = AV_PIX_FMT_YUV420P;
    yuv420p->width = inWidth;
    yuv420p->height = inHeight;
    yuv420p->pts = 0;
    //分配 YUV 空间:自动内存管理
    int ret = av_frame_get_buffer(yuv420p, 32);
    if (ret != 0)
    {
        char buf[1024] = { 0 };
        av_strerror(ret, buf, sizeof(buf) - 1);
        throw exception(buf);
    }

    //处理编解码器
    AVCodec * codec = (AVCodec *)avcodec_find_encoder(AV_CODEC_ID_H264);
    if(!codec){
        throw exception("Can't find h264 encoder!");
    }

    vc = avcodec_alloc_context3(codec);
    if (!vc)
    {
        throw exception("avcodec_alloc_context3 failed!");
    }

    //配置编码器参数
    vc->flags |= AV_CODEC_FLAG_GLOBAL_HEADER;    //全局参数
```

```
vc->codec_id = codec->id;
vc->thread_count = 4;

vc->bit_rate = 500 * 1024 * 8;   //压缩后每秒视频的比特位大小：500KB
vc->width = inWidth;
vc->height = inHeight;
vc->time_base = { 1, (int)fps };
vc->framerate = { (int)fps, 1 };

//画面组的大小,多少帧间隔一个关键帧
//vc->gop_size = (int)fps * 1;
vc->gop_size = 15;
vc->max_b_frames = 0;
vc->pix_fmt = AV_PIX_FMT_YUV420P;

//打开编码器上下文
ret = avcodec_open2(vc, 0, 0);
if (ret != 0)
{
    char buf[1024] = { 0 };
    av_strerror(ret, buf, sizeof(buf) - 1);
    throw exception(buf);
}
cout << "avcodec_open2 success!" << endl;


//输出流的初始化
//创建输出封装器上下文
ret = avformat_alloc_output_context2(&oc, nullptr,"flv", outUrl);
if (ret != 0)
{
    char buf[1024] = { 0 };
    av_strerror(ret, buf, sizeof(buf) - 1);
    throw exception(buf);
}

//添加视频流
AVStream * vs = avformat_new_stream(oc, nullptr);
if (!vs)
{
    throw exception("avformat_new_stream failed");
}
vs->codecpar->codec_tag = 0;
avcodec_parameters_from_context(vs->codecpar, vc);

//dump
```

```
//the last para is, 0:input; 1:output
av_dump_format(oc, 0, outUrl, 1);


//打开 RTMP 的网络输出 IO
ret = avio_open(&oc->pb, outUrl, AVIO_FLAG_WRITE);
if (ret != 0)
{
    char buf[1024] = { 0 };
    av_strerror(ret, buf, sizeof(buf) - 1);
    throw exception(buf);
}

//write header
ret = avformat_write_header(oc, 0);
if (ret != 0)
{
    char buf[1024] = { 0 };
    av_strerror(ret, buf, sizeof(buf) - 1);
    throw exception(buf);
}

//read each frame from camera
AVPacket packet;
memset(&packet, 0, sizeof(AVPacket) );
int vpts = 0;

while(true){
    //read ==> grab + retrieve
    //3.循环读取摄像头视频帧并进行磨皮美颜处理
    if(!videoCap.grab()){
        continue;
    }
    if( ! videoCap.retrieve(frameMatBGR24)  ){
        continue;
    }
    imshow("src", frameMatBGR24);  //bgr24

    //opencv.solving:磨皮美颜
    Mat bila_image;
    bilateralFilter(frameMatBGR24, bila_image, 0, 100, 10, 4);
    imshow("bila_image", bila_image);


    //4.颜色空间转换
    //rgb to yuv
```

```
        uint8_t * indata[AV_NUM_DATA_POINTERS] = {0};
        //src data:indata[0] = frame.data;
        indata[0] = bila_image.data;                //磨皮后的帧数据
        //一行(宽)数据的字节数
        int insize[AV_NUM_DATA_POINTERS] = { 0 };
        insize[0] = frameMatBGR24.cols * frameMatBGR24.elemSize();
        int h = sws_scale(vsc, indata, insize, 0,
            frameMatBGR24.rows, yuv420p->data, yuv420p->linesize);
        if (h <= 0)
        {
            continue;
        }

        //5. H.264 编码
        yuv420p->pts = vpts++;                      //注意更新时间戳,否则编码器不工作
        ret = avcodec_send_frame(vc, yuv420p); //libx264:encoding
        if (ret != 0)
            continue;

        ret = avcodec_receive_packet(vc, &packet);
        if (ret != 0 || packet.size > 0)
        {
            //cout << " * " << pack.size << flush;
        }
        else
        {
            continue;
        }

        //7. 直播推流,注意这里封装为 RTMP 格式
        //需要转换时间基:将编解码层的时间基转换为封装层的时间基
        packet.pts = av_rescale_q(packet.pts, vc->time_base, vs->time_base);
        packet.dts = av_rescale_q(packet.dts, vc->time_base, vs->time_base);
        packet.duration = av_rescale_q(packet.duration, vc->time_base, vs->time_base);
        ret = av_interleaved_write_frame(oc, &packet);
        if (ret == 0)
        {
            cout << "#" << flush;
        }


        int key = waitKey(30);
        if(key == 27){                              //esc
            break;
        }
    }
```

```
    } catch (exception& ex) {
        if(videoCap.isOpened() ){
            videoCap.release();
        }

        if (vsc)
        {
            sws_freeContext(vsc);
            vsc = NULL;
        }

        if (vc)
        {
            avio_closep(&oc->pb);
            avcodec_free_context(&vc);
        }
        av_frame_free(&yuv420p);

        cerr << ex.what() << endl;
    }



    ///////////
    //at the end
    videoCap.release();


    return 0;
}
```

新建 C++文件(opencv4cameraffmpeglive.cpp),将上述代码复制进去,编译并运行。笔者使用 Nginx+RTMP 作为流媒体服务器,推流地址为 rtmp://127.0.0.1:1935/livetest/test123,然后使用 ffplay.exe 测试直播效果,如图 13-19 所示。

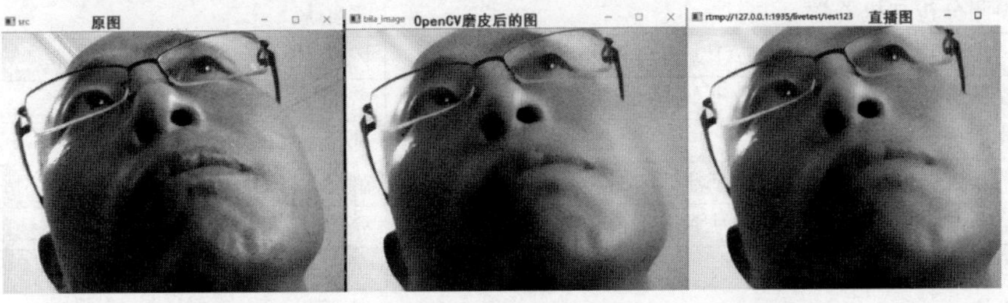

图 13-19 OpenCV4+FFmpeg 磨皮特效及直播推流

图书推荐

书　　名	作　　者
HarmonyOS 应用开发实战(JavaScript 版)	徐礼文
鸿蒙操作系统开发入门经典	徐礼文
鸿蒙应用程序开发	董昱
鸿蒙操作系统应用开发实践	陈美汝、郑森文、武延军、吴敬征
HarmonyOS 移动应用开发	刘安战、余雨萍、李勇军等
HarmonyOS App 开发从 0 到 1	张诏添、李凯杰
HarmonyOS 从入门到精通 40 例	戈帅
JavaScript 基础语法详解	张旭乾
华为方舟编译器之美——基于开源代码的架构分析与实现	史宁宁
Android Runtime 源码解析	史宁宁
鲲鹏架构入门与实战	张磊
鲲鹏开发套件应用快速入门	张磊
华为 HCIA 路由与交换技术实战	江礼教
深度探索 Go 语言——对象模型与 runtime 的原理、特性及应用	封幼林
深度探索 Flutter——企业应用开发实战	赵龙
Flutter 组件精讲与实战	赵龙
Flutter 组件详解与实战	[加]王浩然(Bradley Wang)
Flutter 跨平台移动开发实战	董运成
Dart 语言实战——基于 Flutter 框架的程序开发(第 2 版)	亢少军
Dart 语言实战——基于 Angular 框架的 Web 开发	刘仕文
IntelliJ IDEA 软件开发与应用	乔国辉
Vue+Spring Boot 前后端分离开发实战	贾志杰
Vue.js 企业开发实战	千锋教育高教产品研发部
Python 从入门到全栈开发	钱超
Python 全栈开发——基础入门	夏正东
Python 全栈开发——高阶编程	夏正东
Python 游戏编程项目开发实战	李志远
Python 人工智能——原理、实践及应用	杨博雄　主编,于营、肖衡、潘玉霞、高华玲、梁志勇　副主编
Python 深度学习	王志立
Python 预测分析与机器学习	王沁晨
Python 异步编程实战——基于 AIO 的全栈开发技术	陈少佳
Python 数据分析实战——从 Excel 轻松入门 Pandas	曾贤志
Python 数据分析从 0 到 1	邓立文、俞心宇、牛瑶
Python Web 数据分析可视化——基于 Django 框架的开发实战	韩伟、赵盼
Python 玩转数学问题——轻松学习 NumPy、SciPy 和 Matplotlib	张骞
Pandas 通关实战	黄福星
深入浅出 Power Query M 语言	黄福星

图书推荐

书　　名	作　　者
FFmpeg 入门详解——音视频原理及应用	梅会东
云原生开发实践	高尚衡
虚拟化 KVM 极速入门	陈涛
虚拟化 KVM 进阶实践	陈涛
边缘计算	方娟、陆帅冰
物联网——嵌入式开发实战	连志安
动手学推荐系统——基于 PyTorch 的算法实现(微课视频版)	於方仁
人工智能算法——原理、技巧及应用	韩龙、张娜、汝洪芳
跟我一起学机器学习	王成、黄晓辉
TensorFlow 计算机视觉原理与实战	欧阳鹏程、任浩然
分布式机器学习实战	陈敬雷
计算机视觉——基于 OpenCV 与 TensorFlow 的深度学习方法	余海林、翟中华
深度学习——理论、方法与 PyTorch 实践	翟中华、孟翔宇
深度学习原理与 PyTorch 实战	张伟振
AR Foundation 增强现实开发实战(ARCore 版)	汪祥春
ARKit 原生开发入门精粹——RealityKit + Swift + SwiftUI	汪祥春
HoloLens 2 开发入门精要——基于 Unity 和 MRTK	汪祥春
Altium Designer 20 PCB 设计实战(视频微课版)	白军杰
Cadence 高速 PCB 设计——基于手机高阶板的案例分析与实现	李卫国、张彬、林超文
Octave 程序设计	于红博
ANSYS 19.0 实例详解	李大勇、周宝
AutoCAD 2022 快速入门、进阶与精通	邵为龙
SolidWorks 2020 快速入门与深入实战	邵为龙
SolidWorks 2021 快速入门与深入实战	邵为龙
UG NX 1926 快速入门与深入实战	邵为龙
西门子 S7-200 SMART PLC 编程及应用(视频微课版)	徐宁、赵丽君
三菱 FX3U PLC 编程及应用(视频微课版)	吴文灵
全栈 UI 自动化测试实战	胡胜强、单镜石、李睿
pytest 框架与自动化测试应用	房荔枝、梁丽丽
软件测试与面试通识	于晶、张丹
智慧教育技术与应用	[澳]朱佳(Jia Zhu)
敏捷测试从零开始	陈霁、王富、武夏
智慧建造——物联网在建筑设计与管理中的实践	[美]周晨光(Timothy Chou)著;段晨东、柯吉译
深入理解微电子电路设计——电子元器件原理及应用(原书第 5 版)	[美]理查德·C. 耶格(Richard C. Jaeger)、[美]特拉维斯·N. 布莱洛克(Travis N. Blalock)著; 宋廷强　译
深入理解微电子电路设计——数字电子技术及应用(原书第 5 版)	[美]理查德·C. 耶格(Richard C. Jaeger)、[美]特拉维斯·N. 布莱洛克(Travis N. Blalock)著; 宋廷强　译
深入理解微电子电路设计——模拟电子技术及应用(原书第 5 版)	[美]理查德·C. 耶格(Richard C. Jaeger)、[美]特拉维斯·N. 布莱洛克(Travis N. Blalock)著; 宋廷强　译